INSTAND-Schriftenreihe Band 6

Institut für Standardisierung und Dokumentation im
Medizinischen Laboratorium e.V. (INSTAND) Düsseldorf

Wolfgang Erb (Hrsg.)

Leitfaden der
Spektro-
radiometrie

Mit Beiträgen von
L. Endres W. Erb H. Fietz D. Gundlach
M. Krystek K. Möstl A. Reule

Mit 120 Abbildungen und 31 Tabellen

Springer-Verlag
Berlin Heidelberg New York
London Paris Tokyo

Reihenherausgeber

Prof. Dr. med. Richard Merten
Brinckmannstraße 21, 4000 Düsseldorf 1
für
INSTAND, Institut für Standardisierung und Dokumentation
im Medizinischen Laboratorium e.V.
Johannes-Weyer-Straße 1, 4000 Düsseldorf 1

Bandherausgeber

Dr. rer. nat. Wolfgang Erb
Physikalisch-Technische Bundesanstalt
Bundesallee 100, 3300 Braunschweig

ISBN-13: 978-3-642-73841-8   e-ISBN-13: 978-3-642-73840-1
DOI: 10.1007/978-3-642-73840-1

CIP-Kurztitelaufnahme der Deutschen Bibliothek
Leitfaden der Spektroradiometrie / W. Erb (Hrsg.)
Berlin; Heidelberg; New York; London; Paris; Tokyo: Springer 1989
(INSTAND-Schriftenreihe; Bd. 6)

NE: Erb, Wolfgang [Hrsg.]; Spektroradiometrie; Institut für Standardisierung und Dokumentation
im Medizinischen Laboratorium: INSTAND-Schriftenreihe

Druck: Druckhaus Beltz, Hemsbach/Bergstraße
Bindearbeiten: J. Schäffer, Grünstadt

2123/3140-543210 – Gedruckt auf säurefreiem Papier

Vorwort

Die Spektroradiometrie hat durch die Verfügbarkeit empfindlicher Strahlungsempfänger und neuartiger Strahlungsquellen in den letzten Jahrzehnten für alle Spektralbereiche an Bedeutung gewonnen. Die Anwendungen reichen von der Messung der Strahlung ferner Sternensysteme über die Farbmessung an Textilien und Anstrichfarben bis zu klinisch-chemischen Untersuchungen z.B. des Blutserums.

In allen Fällen ist es erforderlich, Meßverfahren und eingesetzte Geräte sehr gut zu kennen, die tatsächlich gemessene Größe anzugeben und das erhaltene Ergebnis eindeutig darzustellen. Dies trifft in besonderer Weise für die medizinische Meßtechnik und den Umweltschutz zu, wo die Richtigkeit eines Meßergebnisses weitreichende Konsequenzen für Leben und Gesundheit von Menschen haben kann.

In den letzten Jahrzehnten haben in der chemischen und biochemischen Analytik in zunehmendem Umfang Messungen optischer Kennzahlen zur Bestimmung von Stoffkenngrößen, wie der Konzentration, Eingang gefunden. Eine herausragende Bedeutung haben Messungen des Transmissionsgrades bei klinisch-chemischen Untersuchungen im medizinischen Laboratorium erlangt, wo mehr als 80 % der Untersuchungen mit sog. *Absorptionsphotometern* durchgeführt werden.

Die medizinische Meßtechnik verdankt ihre Entwicklung im wesentlichen den wechselseitigen Beziehungen zwischen Medizin und Industrie. Die Industrie will Geräte meist schnell entwickeln und auf den Markt bringen, der Mediziner will in aller Regel ein einfach zu bedienendes und preiswertes Gerät haben. In den medizinischen Laboratorien findet man deshalb überwiegend solche Geräte vor, die einen Kompromiß zwischen Meßgenauigkeit und Zuverlässigkeit einerseits und zwischen Preis und Bedienbarkeit andererseits darstellen.

Der Arzt besitzt im allgemeinen nicht die Kenntnisse, um die meßtechnische Qualität der in seiner Disziplin verwendeten Geräte beurteilen zu können. Exakte Diagnosedaten setzen aber zuverlässige Meßgeräte und ihren sachgerechten Einsatz voraus. Eine staatliche Überwachung soll mit dazu beitragen, Patient wie auch Arzt vor falschen Diagnosen und Therapien als Folge von Fehlmessungen zu schützen. 1969 waren durch das Gesetz über das Meß- und Eichwesen (Eichgesetz) einige wenige der in der Heilkunde eingesetzten Geräte eichpflichtig. Aufgrund der ihm in der seit 1985 geltenden Fassung des Eichgesetzes gegebenen Ermächtigung hat der Bundesminister für Wirtschaft am 12. August 1988 die neue Eichordnung erlassen, die am 1. November 1988 in Kraft getreten ist (die Absorptionsphotometer betreffenden Passagen sind im Anhang zu diesem Band abgedruckt).

Danach dürfen Meßgeräte für quantitative Untersuchungen an Lösungen durch Messung des spektralen Absorptionsmaßes nur verwendet oder bereit gehalten werden, wenn sie zugelassen sind und die Übereinstimmung des Meßgerätes mit der Zulassung bescheinigt ist (Konformitätsbescheinigung). Weiterhin hat derjenige, der mit medizinischen Meßgeräten quantitative labormedizinische Untersuchungen durchführt, die Meßergebnisse durch Kontrolluntersuchungen (laborinterne Qualitätskontrollen) und durch regelmäßige Teilnahme an Vergleichsmessungen (Ringversuche) zu überwachen, und zwar gemäß Teil I Abschnitt 2 der Richtlinien der Bundesärztekammer zur Qualitätssicherung in medizinischen Laboratorien vom 16. Januar und 16. Oktober 1987 (Deutsches Ärzteblatt 1988, S. A-699). Der Abschnitt 2 der Anlage 15 zur Eichordnung bestimmt, daß Absorptionsphotometer als Einzelgerät oder als Bestandteil eines Analysensystems allgemein (zur Ausstellung einer Konformitätsbescheinigung) zugelassen sind. Sie müssen allerdings den von der Physikalisch-Technischen Bundesanstalt im August 1988 herausgegebenen Anforderungen an die meßtechnische Beschreibung entsprechen. (Abschnitt 2 der Anlage 15 zur Eichordnung und die PTB-Anforderungen sind ebenfalls in der Anlage abgedruckt.)

Dieser Band will einerseits dem Arzt dabei helfen, die meßtechnische Qualität seines "Photometers" besser beurteilen zu können, und andererseits den Geräteherstellern Hinweise geben, wie sie die geforderte meßtechnische Beschreibung ihrer Geräte auch Außenstehenden verständlich und zu den Produkten anderer Hersteller vergleichbar angeben können.

Zu diesem Zweck enthält dieses Buch die wichtigsten Grundlagen, Begriffe, Größen und Kennzahlen der Spektroradiometrie. Es ist zugleich als Einführung und Übersicht gedacht.

Die Autoren haben sich bemüht, nicht nur die in der Laboratoriumsmedizin Tätigen anzusprechen, sondern auch der Anwendung in anderen Gebieten der Spektroradiometrie Rechnung zu tragen. Sie hoffen, dadurch zu einer einheitlichen Sprachregelung beizutragen, die für die interdisziplinäre Kommunikation und die Les- und Vergleichbarkeit von Datenblätter eine notwendige Voraussetzung darstellt.

Bis auf eine Ausnahme waren alle Autoren an der Erarbeitung der Grundlagennorm DIN 5030 "Spektrale Strahlungsmessung" beteiligt. Sie haben darüberhinaus an den DIN-Normen 32 635 "Absorptionsspektralphotometrische Analyse von Lösungen" und 58 960 "Photometer für analytische Untersuchungen" mitgearbeitet.

Wegen der Größe des abzudeckenden Gebietes, der Verschiedenartigkeit praktischer Anwendungen und nicht zuletzt wegen des Fehlens eines geschlossenen Schrifttums hatten sie sich einer sehr arbeitsintensiven Aufgabe zu unterziehen. Diese konnte letztlich nur durch sehr engagierte Mitarbeiter aus verschiedenen Disziplinen in einer jahrelangen Zusammenarbeit erfolgreich bewältigt werden.

Herausgeber und Autoren bedanken sich hierfür sehr herzlich bei ihren Kollegen Prof. Dr. G. Bergmann (Bochum), Prof. Dr. G. Gauglitz (Tübingen), Dr.-Ing. G. Geutler (Berlin), Dr. A. von Klein-Wisenberg (Freiburg), Dr. H. Kunz (Braunschweig), Prof. Dr. K. Laqua (Dortmund) und Dr. W. Witte (Überlingen).

Braunschweig, im Dezember 1988   Dr. W. Erb

Inhaltsverzeichnis

1	**Einführung**	
	W. Erb (Braunschweig)	1
2	**Allgemeine Begriffe, Größen und Kennzahlen**	
	W. Erb (Braunschweig)	
2.1	*Begriffe*	5
2.2	*Größen*	8
2.3	*Materialkennzahlen*	20
3	**Strahler**	
	L. Endres und H. Fietz (München)	
3.1	*Einleitung*	23
3.2	*Klassifizierungsmerkmale*	23
3.2.1	*Art der spektralen Strahlungsverteilung*	25
3.2.2	*Nutzbarer Spektralbereich.*	27
3.2.3	*Nutzbare Strahlungsgrößen*	28
3.2.4	*Bedingungen für kalibrierfähige Strahler*	28
3.3	*Gliederung der Strahler nach der Art der Strahlungserzeugung*	29
3.3.1	*Strahlungsnormale*	29
3.3.1.1	*Schwarzer Strahler*	29
3.3.1.2	*Bandlampen*	32
3.3.2	*Drahtwendellampen.*	36
3.3.2.1	*Drahtlampen im Vakuum*	37
3.3.2.2	*Gasgefüllte Glühlampen.*	38
3.3.2.3	*Halogen-Glühlampen.*	39
3.3.3	*Zusammenstellung von Glühlampen für meßtechnische und wissenschaftliche Zwecke*	40
3.3.4	*Hinweise zum Betrieb von Glühlampen in der Meßtechnik*	41
3.3.5	*Kolbenlose thermische Strahler*	42
3.3.5.1	*Nernst-Brenner (-Stift)*	45
3.3.5.2	*Globar-Brenner*	47
3.3.5.3	*Auer-Brenner*	47
3.3.5.4	*Metallstrahler*	47
3.3.5.5	*Kohle*	49
3.3.5.6	*Strahlung von Gasen (Flammen)*	49

3.4   *Entladungslampen*   50
3.4.1   *Glimmlampen*   51
3.4.2   *Niederdruckentladung*   52
3.4.2.1   *Leuchtstofflampen*   52
3.4.2.2   *Natrium-Niederdruckentladung*   59
3.4.2.3   *Xenon-Niederdruckentladung*   60
3.4.2.4   *Xenon-Impulslampen (Blitzlampen)*   60
3.4.2.5   *Spektrallampen*   63
3.4.2.6   *Deuteriumlampen*   69
3.5   *Sonderstrahler*   70
3.5.1   *Funkenentladung*   70
3.5.2   *Hohlkathodenlampen*   70
3.5.3   *Elektrodenlose Lampen*   71
3.5.4   *Plasmabrenner*   71
3.6   *Hochdruckentladung*   72
3.6.1   *Quecksilberdampf-Hochdrucklampen (HQ-Lampen)*   72
3.6.1.1   *Hg-Hochdrucklampen mit Leuchtstoff*   74
3.6.1.2   *Mischlichtlampen*   74
3.6.2   *Halogen-Metalldampflampen*   75
3.6.3   *Natrium-Hochdrucklampen*   79
3.6.4   *Xenon-Hochdrucklampen*   82
3.6.5   *Wassergekühlte Krypton-Hochdrucklampen*   86
3.6.6   *Quecksilber-Höchstdrucklampe*   86
3.6.7   *Halogenmetall-Mittelbogenlampe*   88
3.7   *Laser*   89
3.7.1   *Festkörperlaser*   93
3.7.1.1   *Rubinlaser*   93
3.7.1.2   *Neodymlaser*   93
3.7.1.3   *Neodym-Glaslaser*   93
3.7.1.4   *Farbzentrenlaser*   94
3.7.2   *Farbstofflaser.*   94
3.7.3   *Gaslaser*   96
3.7.3.1   *Helium-Neon-Laser*   96
3.7.3.2   *Edelgas-Ionenlaser*   96
3.7.3.3 CO_2*-Laser*   97
3.7.3.4   *Excimer-Laser*   97
3.8   *Elektrolumineszenzstrahler*   97
3.9   *Lumineszenzdioden*   98
3.9.1   *Infrarot-Lumineszenzdioden*   98
3.9.2   *Lichtemittierende Lumineszenzdioden*   99
3.10   *Laserdioden* 100

4   **Empfänger**
K. Möstl (Braunschweig)

4.1   *Einleitung* 101

4.2   Typen von Empfängern 102
4.2.1   Thermischer Empfänger 102
4.2.1.1 Strahlungsthermoelement, Thermosäule 105
4.2.1.2 Bolometer 108
4.2.1.3 Pyroelektrischer Empfänger 112
4.2.2   Photoelektrischer Empfänger (Photoempfänger) 120
4.2.2.1 Photozelle, Photovervielfacher 122
4.2.2.2 Photoleiter, Photowiderstand 129
4.2.2.3 Photodiode, Photoelement, Phototransistor 134
4.2.3   Ortsauflösende Empfänger 146
4.2.4   Absolutempfänger (Empfängernormal) 150
4.3   Wichtige Empfängerkenngrößen 156
4.3.1   Empfängerfläche 156
4.3.2   Empfindlichkeit, spektrale Empfindlichkeit 158
4.3.3   Detektivität, normierte Detektivität 160
4.3.4   Externe und interne Quantenausbeute 163
4.3.5   Nutzbarer Spektralbereich 163
4.3.6   Frequenzgang der Empfindlichkeit 164
4.3.7   Anstiegs- und Abfallzeit, Zeitkonstante 164
4.3.8   Nichtlinearität, Linearitätsbereich 165
4.3.9   Inhomogenität, homogener Bereich, Anisotropie 168
4.3.10 Nachwirkung, Alterung 170
4.3.11 Temperaturgang, Temperaturkoeffizient 171
4.4   Spezielle Kenngrößen ortsauflösender Empfänger 172
4.5   Anhang: Lock-in Verstärker 175

5   Spektrale Aussonderung
A. Reule (Aalen)

5.1   Einleitung 179
5.2   Einrichtungen zur spektralen Zerlegung (Spektralapparate) .. 181
5.2.1   Dispersive Spektralapparate 181
5.2.2   Nichtdispersive Spektralapparate 186
5.2.3   Vorzerleger 187
5.3   Spektrale Beobachtungs-, Aufzeichnungs- und Meßgeräte 187
5.3.1   Spektroskope 187
5.3.2   Spektrographen 188
5.3.3   Spektrometer 189
5.3.4   Schmalbandphotometer 192
5.3.5   Breitbandphotometer 193
5.4   Komponenten von Spektralapparaten 194
5.4.1   Kollimatoren und Kamera 194
5.4.2   Dispersive Elemente 196
5.4.3   Prisma oder Prismensatz 200
5.4.4   Beugungsgitter 205

5.4.5   Zweistrahl-Interferometer 211
5.4.6   Vielstrahl-Interferometer........................... 214
5.4.7   Optische Filter 218
5.5   Kenngrößen für die spektrale Verteilung der ausgesonderten Strahlung .. 223
5.5.1   Lineardispersion (von dispersiven Spektralapparaten) 224
5.5.2   Spektrale Spaltbreite (von dispersiven Spektralapparaten) 225
5.5.3   Spektrale Durchlaß- und Gerätefunktion...................... 227
5.5.4   Spektrale Bruchteilwertbreiten 228
5.5.5   Kennzeichnende Wellenlängenangaben..................... 230
5.5.6   Heterochrome Fehlstrahlung 232
5.5.7   Fehlstrahlungsanteile............................. 233
5.6   Auflösung 236
5.6.1   Auflösbarer Wellenlängenabstand $\delta\lambda$ 236
5.6.2   Auflösungsvermögen R 240
5.6.3   Förderliche Größe der Eintrittsluke 241
5.7   Kenngrößen für Bestrahlungsstärke und Strahlungsleistung
       hinter Spektralapparaten 244
5.7.1   Allgemeine Gesetze für Bestrahlungsstärke und Strahlungsleistung...... 245
5.7.2   Bestrahlungsstärke und Strahlungsleistung hinter optischen Filtern...... 249
5.7.3   Bestrahlungsstärke bei dispersiven Spektralapparaten
       und hinter Interferometern 250
5.7.4   Optischer Leitwert von Monochromatoren und Interferometern 250
5.7.5   Spektraler optischer Leitwert von Monochromatoren und Interferometern. 254
5.7.6   Durchlaßprofil von Monochromatoren und Interferometern 258
5.7.7   Polarisationszustand der durchgelassenen Strahlung 262
5.8   Auswahl und Gebrauch
       von Spektralapparaten und spektralen Meßgeräten 265
5.8.1   Erfordernisse der Meßaufgabe......................... 266
5.8.2   Wahl des Meßverfahrens (hinsichtlich seines Zeitablaufes) 271
5.8.3   Wahl des Spektralapparates 272
5.8.4   Auswahlkriterien................................ 282
5.8.5   Beeinflussung der Eigenschaften durch den Benutzer............. 284
5.8.6   Übersicht über die wesentlichen Typen von Spektralapparaten 292

6   Spektrale Kennzahlen von Materialien

D. Gundlach (Berlin)

6.1   Einleitung 305
6.2   Grundlagen 305
6.3   Definition spektraler optischer Kennzahlen 310
6.3.1   Zahlen 311
6.3.2   Grade 312
6.3.2.1 Spezielle Kennzeichnung von Graden 312
6.3.3   Faktoren....................................... 315

6.3.4   *Maße* 316
6.3.5   *Koeffizienten*.. 317
6.4   *Parameter und Einflüsse*.................................. 318
6.5   *Hinweise* 319

7   Zusammenhang zwischen optischen Kennzahlen und Stoffkenngrößen bei spektrometrischen Analyseverfahren
       M. Krystek (Braunschweig)
7.1   *Einführung* 321
7.2   *Materialkennzahlen*...................................... 327
7.3   *Das Lambert-Beersche Absorptionsgesetz*.................. 330
7.4   *Form der Absorptionslinien*.............................. 333
7.5   *Integrale Absorption*.................................... 337
7.6   *Konzentrationsbestimmung bei fehlender Wechselwirkung*... 341
7.7   *Tautomerengleichgewichte*................................ 346
7.8   *Binäre Gleichgewichte*................................... 347
7.9   *Elektrolyte*... 352

8   Anhang
       bearbeitet von W. Erb (Braunschweig)
       Einführung 360
       Auszug aus der Eichordnung.............................. 361
       *Anlage 15 zur Eichordnung (**Absorptionsphotometer**)* .. 364
       *PTB-Anforderungen (Absorptionsphotometer: **Meßtechn. Beschreibung**)* .. 365

9   Literaturverzeichnis 371

10   Sachverzeichnis 377

Autorenverzeichnis

Dipl.-Phys. L. **Endres**
OSRAM GmbH, 8000 München 90

Dr. rer. nat. W. **Erb**
Physikalisch-Technische Bundesanstalt, 3300 Braunschweig

Dr. rer nat. H. **Fietz**
OSRAM GmbH, 8000 München 90

Dr. rer. nat. D. **Gundlach**
Bundesanstalt für Materialforschung und -prüfung, 1000 Berlin 45

Dr. rer. nat. M. **Krystek**
Physikalisch-Technische Bundesanstalt, 3300 Braunschweig

Dr. rer. nat. K. **Möstl**
Physikalisch-Technische Bundesanstalt, 3300 Braunschweig

Dr. rer. nat. A. **Reule**
7080 Aalen

1 Einführung

W. Erb (Braunschweig)

Optische Strahlung ist eine elektromagnetische Wellenstrahlung mit Wellenlängen aus dem Bereich von etwa 100 nm bis etwa 1 mm. Er umfaßt den infraroten (IR), den sichtbaren (VIS) und den ultravioletten (UV) Spektralbereich. Die genaue, durch Normen festgelegte, Einteilung (vgl. z. B. DIN 5030 Teil 2), kann der **Tabelle 1-1** entnommen werden. Durch diese Einteilung ist die Abgrenzung des optischen Spektralbereiches zu den längerwelligen Radiowellen auf der einen und zu der kürzerwelligen weichen Röntgenstrahlung auf der anderen Seite vorgenommen worden. Die Übergänge sind allerdings fließend.

Tabelle 1-1: Einteilung der Spektralbereiche der optischen Strahlung

Benennung der Strahlung	Kurzzeichen		Wellenlänge λ /nm	Frequenz ν / THz	Wellenzahl $\tilde{\nu}/10^3\,\mathrm{cm}^{-1}$
Vakuum UV	UV-C	VUV	100-200	3000-1500	100-50
Fernes UV		FUV	200-280	1500-1070	50-36
Mittleres UV	UV-B		280-315	1070-950	36-32
Nahes UV	UV-A		315-380	950-790	32-26
Licht	VIS		380-780	790-385	26-13
Nahes IR	NIR	IR-A	780-1400	385-215	13-7
		IR-B	1400-3000	215-100	7-3,3
Mittleres IR	IR-C	MIR	$3\cdot10^3-5\cdot10^4$	100-6	3,3-0,2
Fernes IR		FIR	$5\cdot10^4-1\cdot10^6$	6-0,3	0,2-0,01

Anmerkung: Die Spektralbereiche sind durch die Grenzwellenlängen im Vakuum festgelegt. Die obere Grenze ist nicht in den Bereich eingeschlossen. Die Werte für die Frequenz und die Wellenzahl sind gerundet.

Von besonderer Bedeutung für uns Menschen ist der sichtbare Spektralbereich. Im Gegensatz zur Umgangssprache heißt nur Strahlung dieses Bereiches Licht.

Es gehört zum Wesen der spektralen Strahlungsmessung (**Spektroradiometrie**), daß Strahlungsgrößen in Abhängigkeit von der Wellenlänge, der Frequenz oder der Wellenzahl der Strahlung gemessen oder auf ein Wellenlängen-, Frequenz- oder Wellenzahl-Intervall bezogen werden.

Die Wellenlänge ist die gebräuchlichste Größe zur Kennzeichnung der räumlichen Periodizität einer Welle. Zur Charakterisierung einer Wellenstrahlung eignet sich jedoch die Frequenz weit besser. Sie ist nämlich von dem Material, in dem sich die Strahlung ausbreitet, unabhängig. Mit der Frequenz lassen sich zudem viele Gesetze einfacher ausdrücken als mit der Wellenlänge. Manchmal findet man Wellenlängen- und Frequenzangaben nebeneinander. Es ist heute keine Seltenheit, daß die spektrale Lage der Emission eines Lasers durch eine Wellenlänge gekennzeichnet, ihre spektrale Breite aber als Frequenzbereich in MHz angegeben wird. Allerdings bleibt abzuwarten, ob sich künftig die im Bereich der Radio- und Mikrowellen bereits vollzogene Umstellung von Wellenlängen- auf Frequenzangaben auch im optischen Spektralbereich fortsetzen wird. Aus den genannten Gründen wäre sie konsequent und zu begrüßen. Sie erfordert jedoch eine Umgewöhnung, denn für das UV und VIS sind alle Tabellenwerte und im Gedächtnis haftenden Zahlenangaben Wellenlängen und für das IR meist Wellenzahlen.

Da im Augenblick eine Umstellung von Wellenlängen- auf Frequenzangaben kaum akzeptiert werden würde, wird in diesem Buch bei Begriffsfestlegungen, mathematischen Beziehungen und numerischen Angaben in der Regel die Wellenlänge benutzt.

Manche optischen Erscheinungen lassen sich mit dem Wellenbild der Strahlung nicht mehr beschreiben. Vielmehr erfordern sie die Beschreibung durch Teilchen. Wellen- und Teilchenbild sind auf die menschliche Vorstellungskraft abgestellt und scheinen miteinander unvereinbar.

Die Erfahrung des täglichen Lebens lehrt, daß glühende Materie Licht aussendet. Weil optische Strahlung als Energieform dem Energieerhaltungssatz unterliegt, muß die abgestrahlte Energie (Wärme- oder Temperaturstrahlung) dem Wärmeinhalt des Materials entzogen werden.

Optische Strahlung kann auch durch Zuführen elektrischer Energie (Gasentladung) oder energiereicher UV-Strahlung, sowie durch freie Elektronen und durch Energiezufuhr über chemische und biologische Reaktionen erzeugt werden. In diesen Fällen wird durch eine Zustandsänderung der Materie Energie "gespeichert" und anschliessend als optische Strahlung wieder freigesetzt. Diese Emission erfolgt bei Gasen in Form von Linien oder Banden, die sich jedoch bei hohem Gasdruck zu kontinuierlichen Spektren mit oft noch überlagerten Linien verbreitern. Bei Flüssigkeiten und Festkörpern werden wegen starker Wechselwirkungskräfte nahe benachbarter Atome oder Ionen in der Regel breitbandige oder kontinuierliche Spektren emittiert.

Die von einem Strahler emittierte Strahlung zeigt nicht nur eine wellenlängenabhängige Verteilung (Linien, Banden, Kontinuum), sondern ist im allgemeinen auch abhängig von dem Ort auf dem Strahler, von dem aus die Strahlung emittiert wird, und von der Ausstrahlungsrichtung.

Der Nachweis optischer Strahlung geschieht über ihre Wirkung beim Auftreffen auf Materie. Je größer die Wirkung (z.B. die Schwärzung einer photographischen Schicht) bei gleicher Ursache (Strahlung), desto empfindlicher ist der Strahlungsnachweis. Die Wirkung kann z.B. in Erwärmung, Erzeugung elektrischer Ladungsträger oder in biologischen oder chemischen Reaktionen bestehen. Einrichtungen, die eine der durch Strahlung hervorgerufenen Wirkungen für den Strahlungsnachweis ausnutzen und ein meßbares, meist elektrisches, Signal liefern, nennt man Strahlungsempfänger oder einfach Empfänger.

Zu den Empfängern, die eine herausragende Rolle spielen, gehört das visuelle System des Menschen.

Die Geschichte der optischen Strahlungsmessung ist eng verknüpft mit Fortschritten bei der Entwicklung von physikalischen Empfängern, wie etwa der Photoplatte oder des Photovervielfachers.

Die von einem Strahler ausgehende Strahlung gelangt häufig nicht auf direktem Wege, und somit nicht ohne Änderung ihrer spektralen und räumlichen Verteilung, zum Empfänger. Die Sonnenstrahlung z.B. muß erst die Erdatmosphäre durchdringen, ehe sie auf das menschliche Auge fällt. Trifft allgemein optische Strahlung auf ein Material auf, so wird ein Teil reflektiert, ein Teil durchgelassen und ein Teil absorbiert. Die Strahlung kann entweder gerichtet oder gestreut (diffus) oder mit einem gerichteten und einem diffusen Anteil reflektiert bzw. durchgelassen werden. Der absorbierte Anteil wird unter Umständen als Lumineszenzstrahlung im gleichen oder einem anderen Spektralbereich wieder abgestrahlt. Durch die Vielfalt der primären und sekundären Wechselwirkungseffekte erhält z.B. unsere Umwelt Farbe und Aussehen.

Die physikalischen Vorgänge Reflexion, Transmission und Absorption werden quantitativ durch Materialkennzahlen beschrieben. Diese hängen jedoch nicht nur vom Material selber ab (Art, Dicke, Oberflächenbeschaffenheit, u.ä.), sondern auch von der einfallenden Strahlung (spektrale Zusammensetzung, Polarisation, Kohärenz, u.ä.), von geometrischen Bedingungen (Einstrahlungs- und Meßwinkel, Öffnungswinkel des eingestrahlten und des bei der Messung erfaßten Bündels, u.ä.) und nicht zuletzt von der Art der Bewertung der Strahlung durch einen Empfänger (spektral, integral). Es ist zu beachten, daß reflektierte und durchgelassene Strahlung im allgemeinen polarisiert sind, auch wenn die einfallende Strahlung unpolarisiert ist.

Im Vergleich zu Transmissionsspektrometrie ist die Reflexionsspektrometrie noch relativ jung. Sie wird z.B. bei der Untersuchung trüber oder kolloider Systeme eingesetzt, wo die Transmissionsspektrometrie wegen der starken Streuung nur noch bedingt tauglich ist. Die Messung der Absorptionsspektren von Substanzen, die in feste Stoffe eingebettet oder an sie adsorbiert sind, erfolgt ausschließlich mit Methoden der Reflexionsspektrometrie.

Die spektrale Verteilung (Spektrum) der von einem Strahler emittierten Strahlung wird in der Praxis durch Aussonderung mehr oder weniger kleiner Spektralbereiche ermittelt. Um die spektrale Empfindlichkeit eines Empfängers oder die spektralen Materialkennzahlen messen zu können, muß Strahlung sehr kleiner Wellenlängenbereiche zur Verfügung stehen. Optische Einrichtungen zur Aussonderung von Strahlung solcher Wellenlängenbereiche werden Spektralapparate genannt. Je nachdem, ob die Strahlung in Abhängigkeit von der Wellenlänge räumlich aufgefächert wird oder eine räumliche Zerlegung nicht stattfindet, heißen die Spektralapparate dispersiv oder nichtdispersiv. Ein Vertreter der ersten Gruppe ist der Prismenmonochromator, bekannteste Beispiele für die zweite Gruppe sind die optischen Filter. Sowohl die dispersiven als auch die nichtdispersiven Spektralapparate dienen lediglich zur spektralen Aussonderung optischer Strahlung.

Viele Aufgabenstellungen, z.B. die Messung einer spektralen Materialkennzahl, erfordern komplette Meßeinrichtungen, also zusätzlich mit Strahlungsquelle, Empfänger und verschiedenen optischen Bauteilen ausgestattete Spektralapparate. Solche Geräte heißen, gleichgültig ob sie einen dispersiven Spektralapparat oder ein (nichtdispersives) Interferometer beinhalten, einheitlich Spektrometer.

Die Bezeichnung Photometer ist lediglich den mit Filtern ausgestatteten Geräten vorbehalten.

In der medizinischen Meßtechnik werden Spektrometer (in aller Regel durchweg noch "Photometer" genannt) zur quantitativen Bestimmung chemischer Bestandteile z.B. des Blutes herangezogen. Nicht selten wird übersehen, daß eine optische Messung unmittelbar nur eine optische Größe zu liefern vermag. Für eine quantitative Analyse muß also zusätzlich mindestens eine Beziehung zwischen dieser optischen Größe und einer Stoffkenngröße, meist der Konzentration, gegeben sein.

In DIN 58960 Teil 2 sind deshalb "Photometer" als Geräte zur vergleichenden Messung von vorzugsweise solchen spektralen Strahlungsgrößen definiert, die zur Kennzeichnung der optischen Eigenschaften von Analysenproben dienen und die Rückschlüsse auf die qualitative und quantitative Zusammensetzung der Analysenprobe ermöglichen. Dieser Begriffsfestlegung entnimmt man drei wesentliche Gesichtspunkte. Ein "Photometer" ist ein *Relativmeßgerät*, mit dem als Verhältnis zweier spektraler Strahlungsgrößen allein eine *optische Kennzahl gemessen* wird, aus der eine *Stoffeigenschaft* einer Analysenprobe *ermittelt* werden kann.

2 Allgemeine Begriffe, Größen und Kennzahlen

W. Erb (Braunschweig)

In diesem Kapitel werden diejenigen Begriffe, Größen und Kennzahlen optischer Strahlung behandelt (vgl. DIN 5030 Teil 1), die keinem der in den nachfolgenden Kapiteln dargestellten Teilbereichen der Spektroradiometrie speziell zuzuordnen sind.

2.1 Begriffe

Die *Radiometrie* und damit auch die *Spektroradiometrie* baut auf den drei Erscheinungsbildern Strahl, Welle und Quant der optischen Strahlung auf. Es ist zwar generell richtig, daß z.B. Mikrowellenstrahlung in erster Linie Welleneigenschaften zeigt, während Röntgenstrahlung vorwiegend Strahl- bzw. Quanteneigenschaften hat, jedoch sind für optische Strahlung alle drei Eigenschaften, wenn auch in unterschiedlichem Maße, von Bedeutung.

Die Spektroradiometrie beruht in wesentlichen Teilen auf der geometrischen Optik (Strahlenoptik). Diese nimmt an, daß die Wellennatur der Strahlung nicht zu einer Abweichung der räumlichen Strahlungsverteilung von dem durch geometrische Strahlengänge bestimmten Weg führt und vernachlässigt z.B. Beugungsphänomene.

Als **Beugung** bezeichnet man die durch die Wellennatur der Strahlung bedingte Abweichung von der geradlinigen Ausbreitung, die dann auftritt, wenn die Strahlung geometrisch begrenzt wird (Blende) oder auf periodische Strukturen (Gitter) auftrifft. Beugung ist untrennbar mit jeder Begrenzung eines Strahlenbündels verknüpft und darf nur vernachlässigt werden, wenn die geometrischen Abmessungen der Blenden oder Strukturen groß gegen die Wellenlänge sind und der Beobachtungsort nicht allzu weit hinter dem Objekt liegt, welches das Strahlenbündel begrenzt.

Eine zweite, wesentliche Voraussetzung der Spektroradiometrie ist die Inkohärenz der Strahlung. Das hat zur Folge, daß Interferenzeffekte vernachlässigt werden dürfen. Unter **Interferenz** versteht man die durch Überlagerung kohärenter Wellenzüge hervorgerufene Schwächung oder Verstärkung einer Strahlung.

Kohärent heißen solche Wellen, die eine konstante Phasendifferenz besitzen. Sie kommen zustande, wenn eine Welle durch Spiegel, Platten, Prismen oder Ähnliches geteilt wird. Die Interferenzen entstehen dann durch Überlagerung der Teilwellen.

Es gibt zwei Typen von Wellen, nämlich Transversal- und Longitudinalwellen. Eine Longitudinalwelle zeigt in allen Richtungen senkrecht zu ihrer Ausbreitungsrichtung gleiches Verhalten, während eine Transversalwelle z.B. nur in einer Ebene senkrecht zur Ausbreitungsrichtung schwingen kann. Mit der Entdeckung der optischen Polarisation war klar, daß das Wellenschema der Mechanik -auf die Optik übertragen- das Bild einer elektromagnetischen Transversalwelle bedeutet.

Mit Welle oder Wellenzug ist hier immer stillschweigend eine mathematische Welle gemeint, die räumlich und zeitlich unbegrenzt ist und eine einzige Wellenlänge besitzt. Physikalische Wellen sind grundsätzlich Wellengruppen, d.h. sie haben Anfang und Ende (zeitlich) und sind räumlich begrenzt. Ihnen entspricht stets ein gewisser Wellenlängenbereich.

Immer dann, wenn die Komponenten des Vektors der elektrischen (oder auch der magnetischen) Feldstärke in zwei nicht zusammenfallenden Richtungen in einer festen Phasenbeziehung zueinander stehen, spricht man von **Polarisation**. Polarisierte Strahlung kann aus unpolarisierter Strahlung durch Reflexion, Brechung, Doppelbrechung, Dichroismus und Streuung entstehen.

Optische Strahlung mit nur einer einzigen Wellenlänge wird **monochromatische Strahlung** genannt. Eine Spektrallinie, d.h. Strahlung, die beim Übergang zwischen zwei atomaren Energieniveaus verdünnter Gase emittiert wird, ist oft eine gute praktische Näherung. Spektrallinien stehen jedoch für meßtechnische Zwecke nur selten in ausreichender Anzahl, d.h. in hinreichend kleinen Wellenlängenabständen, zur Verfügung. Man ist deshalb in der Regel darauf angewiesen, den Weg der Aussonderung von Strahlung eines sehr kleinen Wellenlängenbereiches aus einem breiten Wellenlängenband zu beschreiten. Aus einem breiten Wellenlängenband läßt sich aber grundsätzlich immer nur Strahlung eines endlichen Bereiches aussondern. Strahlung in einem sehr kleinen Wellenlängenbereich $\Delta\lambda$ der durch die Angabe einer einzelnen Wellenlänge, der Schwerpunktwellenlänge $\bar{\lambda}$ ($\rightarrow$ 5.4.5), gekennzeichnet werden kann, heißt **quasi-monochromatische Strahlung**.

Der Verweis auf nachfolgende Kapitel und Abschnitte geschieht durch das Zeichen $\rightarrow$ (so bedeutet z.B. ($\rightarrow$ 5.4.5) den Verweis auf den Abschnitt 5.4.5 im Kapitel 5). Verweise auf vorangehende Abschnitte erfolgen in analoger Form durch das Zeichen $\leftarrow$ (z.B. bedeutet (1 $\leftarrow$) den Rückverweis auf das Kapitel 1).

Ist die Strahlung lückenlos aus unendlich vielen monochromatischen Anteilen zusammengesetzt, verteilt sie sich mit anderen Worten kontinuierlich auf einen größeren Wellenlängenbereich, spricht man von **Kontinuumstrahlung**. Eine solche Strahlung wird z.B. von einer Glühlampe ausgesandt.

Die wellenlängenabhängige Verteilung bzw. Zusammensetzung einer Strahlung nennt man **Spektrum**. Dieser Begriff bedeutete ursprünglich lediglich die Erscheinung, die bei der Zerlegung einer Strahlung in ihre monochromatischen Komponenten, z.B. durch ein Prisma, beobachtet wird. Er wird heute jedoch in einer umfassenderen Bedeutung gebraucht und auch für die Wellenlängenabhängigkeit von strahlungsphysikalischen Größen und von Materialkennzahlen benutzt. Der Begriff Spektrum ist also nicht mehr nur auf die spektrale Zusammensetzung oder die spektrale Zerlegung einer Strahlung beschränkt, sondern bedeutet allgemein eine Wellenlängen- bzw. Frequenzabhängigkeit. Entsprechend dem Substantiv Spektrum wird das Adjektiv **spektral** (und die Vorsilbe Spektro-) benutzt.

Im Vergleich zur Messung anderer physikalischer Größen ist die Unsicherheit des Ergebnisses einer Strahlungsmessung im allgemeinen groß. Einer der Gründe dafür ist die spektrale und räumliche Verteilung der Strahlung. Zu den vielen Faktoren, die für die Meßunsicherheit von Bedeutung sein können, gehören Rauschvorgänge. Sie verlaufen nichtperiodisch und können nur mit statistischen Kenngrößen beschrieben werden.

Unter **Rauschen** versteht man die statistisch verlaufende Schwankung der zu messenden Größe. Im optischen Teil des elektromagnetischen Spektrums sind die wesentlichen Rauschmechanismen durch die Teilchennatur der Strahlung bedingt. Photonenrauschen tritt grundsätzlich bereits bei jeder Strahlungsemission auf. Auf dem Weg vom Strahler zum Empfänger unterliegt der Photonenstrom weiteren Einflüssen, die zusätzliches Rauschen bewirken. Das Rauschen des Empfängers schließlich setzt einer Reduzierung der Meßunsicherheit eine weitere entscheidende Grenze.

Es ist einsichtig, daß eine Messung, bei der das einer physikalischen Größe entsprechende Signal im Rauschen verschwindet, kein Ergebnis zu liefern vermag. Ebenso einleuchtend ist, daß die (statistische) Meßunsicherheit um so kleiner wird, je höher das Signal über dem Rauschen liegt.

Sachverhalte dieser Art werden durch das **Signal-Rausch-Verhältnis** charakterisiert. Es ist definiert als Verhältnis der Meßgröße zu der durch das Rauschen bedingten Störgröße und hat die Dimension 1. Den Logarithmus des Signal-Rausch-Verhältnisses nennt man **Rauschabstand.**

Der Wert der mathematischen Funktion "Logarithmus" ist ebenso eine Zahl (oder eine Größe der Dimension und Einheit 1) wie ihr Argument. Dadurch ist man auf Logarithmen von Größenverhältnissen, d.h. von Brüchen aus zwei Größen gleicher Dimension, eingeschränkt. Die Größen werden, wenn sie der Leistung proportional sind, Leistungsgrößen genannt (z.B. elektrische Leistung). Sind ihre Quadrate der Leistung proportional, heißen sie Feldgrößen (z.B. Spannung, Kraft, Schalldruck).

Es sind zwei Arten von Logarithmen gebräuchlich, der natürliche Logarithmus (ln) und der Zehnerlogarithmus (lg). Historisch bedingt, wird der natürliche Logarithmus auf Verhältnisse von Feldgrößen F angewendet. Man merkt das durch das Hinweiszeichen Neper (Np) an. Wenn z.B. $a_1 = \ln(F_1/F_2) = 1$, also $F_1 = 2{,}718 \cdot F_2$ ist, schreibt man $a_1 = 1$ Np.

Andererseits wird der Zehnerlogarithmus auf solche Größenverhältnisse angewendet, die aus Leistungsgrößen P gebildet werden. Man kennzeichnet das durch das Hinweiszeichen Bel (B). Dementsprechend schreibt man $a_2 = 1$ B, wenn $a_2 = \lg(P_1/P_2) = 1$, also $P_1 = 10 \cdot P_2$ ist.

Im technischen Schrifttum hat sich jedoch international die bevorzugte Verwendung des **Dezibel** (dB) durchgesetzt: 1 dB = 1/10 B.

Wenn a_1 und a_2 sich auf gleiche Größen beziehen, dann gilt

$$a = \ln(I_1/I_2)\ \text{Np} = 2 \cdot \lg(I_1/I_2)\ \text{B} = 20 \cdot \lg(I_1/I_2)\ \text{dB}$$

Setzt man z.B. $I_1/I_2 = 10$, so ist $(\ln 10)$ Np = 20 dB. Daraus ergibt sich:

$$1\ \text{dB} = (\ln 10)/20\ \text{Np} = 0{,}115\ \text{Np}$$

So bedeutet z.B. die Angabe 100 dB für den Rauschabstand:

$$100\ \text{dB} = 20 \cdot \lg(\text{Meßgröße}/\text{Störgröße}) = 20 \cdot \lg 10^5,$$

d.h. das sog. Nutzsignal ist 10^5 mal größer als das sog. Rauschsignal.

2.2 Größen

Die von einem Strahler ausgehende Strahlung verteilt sich stets über einen mehr oder weniger großen Wellenlängen- und Raumwinkelbereich.

Wie in der Einführung zu diesem Buch (1 ←) bereits ausgeführt wurde, ist die **Wellenlänge** die gebräuchlichste Größe zur Kennzeichnung der räumlichen Periodizität einer Welle. Sie ist als der in Richtung der Wellenausbreitung gemessene Längenabstand zwischen aufeinanderfolgenden Punkten gleicher Phase definiert.

Die SI-Einheit (das Kürzel SI steht in allen Sprachen für das Internationale Einheitensystem) der Wellenlänge ist das Meter (m). In der Praxis wird für den sichtbaren Spektralbereich das Nanometer (nm) benutzt. Der Faktor mit dem die Einheit m multipliziert werden muß, um zu dem dezimalen Teil nm zu kommen, beträgt 10^{-9}:

$$1 \text{ nm} = 10^{-9} \text{ m} \qquad (2.2\text{-}1)$$

Bei Wellenlängenangaben muß man darauf achten, ob sie sich auf Vakuum oder auf Luft oder auf ein anderes Material beziehen. Im allgemeinen werden die Wellenlängen für Luft angegeben. Die Wellenlänge λ in einem Material ist gleich dem Quotienten aus der Wellenlänge λ_o im Vakuum und der Brechzahl $n(\lambda)$ des Materials.

Die Brechzahl von trockener Luft bei der Temperatur 15 °C und dem Druck 1013,25 hPa liegt für den sichtbaren Spektralbereich zwischen 1,00021 und 1,00029.

Bei optischen Strahlungsvorgängen ist die unabhängige Veränderliche die Zeit. Das kleinste Zeitintervall, nach dem sich ein periodischer Vorgang wiederholt, nennt man **Periodendauer** T und definiert die **Frequenz** ν als Kehrwert von T:

$$\nu = \frac{1}{T} \qquad (2.2\text{-}2)$$

Anschaulich bedeutet also die Frequenz die Anzahl der an einem raumfesten Punkt auftretenden Schwingungen pro Sekunde. Die SI-Einheit der Frequenz ist das Hertz (Hz), wobei

$$1 \,\mathrm{Hz} = 1\,\mathrm{s}^{-1} \qquad (2.2\text{-}3)$$

ist. Als praktische Einheit wird das Terahertz (THz) benutzt. Der Vorsatz Tera bedeutet Multiplikation der Einheit mit dem Faktor 10^{12}:

$$1 \,\mathrm{THz} = 10^{12}\,\mathrm{Hz} \qquad (2.2\text{-}4)$$

Neben der Wellenlänge und der Frequenz wird, insbesondere im infraroten Spektralbereich (IR), die **Wellenzahl** $\tilde{\nu}$ benutzt. Sie ist als Kehrwert der Wellenlänge definiert:

$$\tilde{\nu} = \frac{1}{\lambda} \qquad (2.2\text{-}5)$$

Die gebräuchliche Einheit für $\tilde{\nu}$ ist das reziproke Zentimeter (cm^{-1}). Zwischen Wellenzahl und Wellenlänge im Vakuum bzw. zwischen Wellenzahl und Frequenz bestehen die Beziehungen

$$\lambda_o \cdot \tilde{\nu} = 10000 \ \mu\mathrm{m} \cdot \mathrm{cm}^{-1} \qquad (2.2\text{-}6)$$

bzw.

$$\frac{\nu}{\tilde{\nu}} = 2{,}99792458 \cdot 10^{10} \ \text{Hz/cm}^{-1} \tag{2.2-7}$$

In einer Reihe von Fällen ist es üblich, statt der Wellenlänge oder der Frequenz die Photonenenergie Q in Elektronenvolt (eV) anzugeben. Photonenenergie und Wellenlänge im Vakuum sind durch die Beziehung

$$Q \cdot \lambda_o = 1{,}23977 \ \text{eV} \cdot \mu\text{m} \tag{2.2-8}$$

miteinander verknüpft, während zwischen Frequenz und Photonenenergie der Zusammenhang

$$\frac{Q}{\nu} = 4{,}1354 \cdot 10^{-15} \ \text{eV/Hz} \tag{2.2-9}$$

gilt.

Zur Charakterisierung der räumlichen Strahlungsverteilung dient der **Raumwinkel**. Er ist in völliger Analogie zum ebenen Winkel festgelegt.

Daß der Raumwinkel häufig Anlaß zu Verständnisschwierigkeiten gibt, liegt hauptsächlich daran, daß als Einheit für den ebenen Winkel meist Grad (°) gebraucht wird. Die Einheit Grad ist aber ähnlich wie andere Einheiten, die weit verbreitet sind und eine große Rolle spielen, zum SI-System systemfremd.

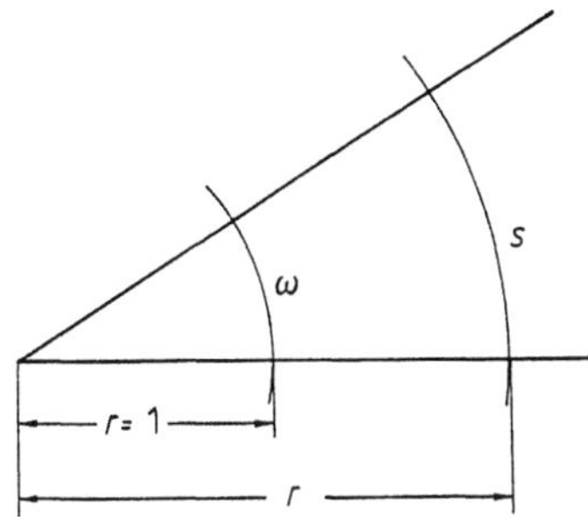

Abbildung 2.2-1: Festlegung des ebenen Winkels entweder durch den zum Kreis mit dem Radius r gehörenden Bogen s oder durch den Bogen ω des Einheitskreises.

Als (ergänzende) SI-Einheit des ebenen Winkels ist der Radiant (rad) festgelegt. Er ist der ebene Winkel zwischen zwei Radien eines Kreises, die aus dem Kreisumfang einen Bogen von der Länge des Radius ausschneiden. Der in **Abbildung 2.2-1** gezeichnete ebene Winkel ist danach durch den zum Kreis mit dem Radius r gehörenden Bogen s oder auch durch den Bogen ω des Einheitskreises, d.i. der Kreis mit dem Radius Eins, festgelegt. Es gilt (Strahlensatz):

$$\frac{s}{\omega} = \frac{r}{1} \tag{2.2-10}$$

$$\omega = \frac{s}{r} \tag{2.2-11}$$

Die (ergänzende) SI-Einheit des räumlichen Winkels, kurz Raumwinkel genannt, ist der Steradiant (sr). Er ist der Raumwinkel, dessen Scheitelpunkt im Mittelpunkt einer Kugel liegt und der aus der Kugeloberfläche eine Fläche gleich der eines Quadrates von der Seitenlänge des Kugelradius ausschneidet. Da die Oberfläche der Einheitskugel 4π beträgt, wird durch die Festlegung des zum Vollraum gehörenden Raumwinkels $\Omega = 4\pi$ sr die Raumwinkeleinheit festgelegt.

Für den in **Abbildung 2.2-2** gezeichneten Raumwinkel Ω gilt in Analogie zum ebenen Winkel ω:

$$\frac{A}{\Omega} = \frac{R^2}{1} \qquad\qquad (2.2\text{-}12)$$

$$\Omega = \frac{A}{R^2} \qquad\qquad (2.2\text{-}13)$$

mit A als der aus einer Kugel mit dem Radius R und Ω als der aus der Einheitskugel ausgeschnittenen Fläche.

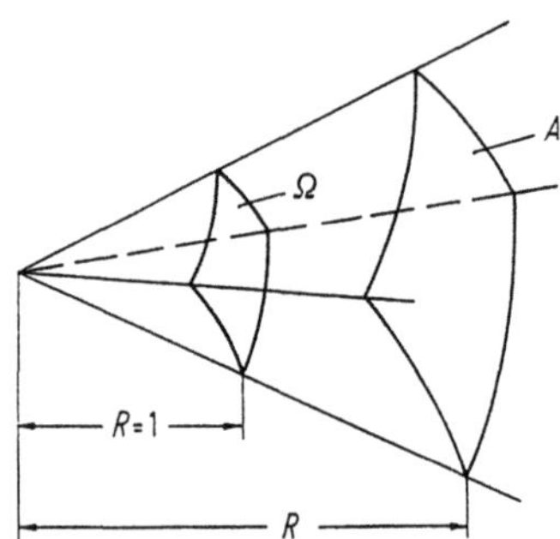

Abbildung 2.2-2: Zur Definition des Raumwinkels analog der Festlegung des ebenen Winkels.

Der Radiant und der Steradiant bilden die Klasse der ergänzenden SI-Einheiten. Es handelt sich bei ihnen um Einheiten für Größen der Dimension 1 (in der englischen Literatur wird häufig der Ausdruck "dimensionless" verwendet), wie man aus den Gleichungen (2.2-11) und (2.2-13) unmittelbar ablesen kann. Von den Organen der Meterkonvention ist noch nicht entschieden, ob die Einheitenzeichen rad und sr in den Ausdrücken hinzugesetzt werden sollen oder nicht.

Den Raumwinkel Ω bzw. sein Differential $d\Omega$ (differentieller Raumwinkel), unter dem ein differentielles Flächenelement von einem bestimmten Punkt O aus erscheint, erhält man auf die folgende anschauliche Weise (s. **Abbildung 2.2-3**). Der Punkt O wird als Ursprung des Koordinatensystems gewählt und um ihn die Einheitskugel konstruiert. Dann ist nach dem oben Gesagten die vom Kugelmittelpunkt ausgehende (Zentral-) Projektion des Flächenelementes dA auf die Oberfläche der Einheitskugel gleich dem differentiellen Raumwinkel $d\Omega$. Um den Zusammenhang zwischen dA und $d\Omega$ zu finden, werden beide Flächenelemente in Kugelkoordinaten (ϑ, φ) geschrieben. Durch geometrische Betrachtungen findet man:

$$d\Omega = \sin\vartheta \cdot d\vartheta \cdot d\varphi \qquad\qquad (2.2\text{-}14)$$

und

$$dA = \frac{R^2}{\cos \varepsilon} \cdot \sin \vartheta \cdot d\vartheta \cdot d\varphi \qquad (2.2\text{-}15)$$

$R = |\mathbf{R}|$ ist der Abstand des Flächenelementes dA vom Punkt 0 und ε der Winkel, den die Flächennormale $\mathbf{n}$ von dA mit der Projektionsrichtung $\mathbf{e} = \mathbf{R}/|\mathbf{R}|$ bzw. mit $\mathbf{R}$ bildet.

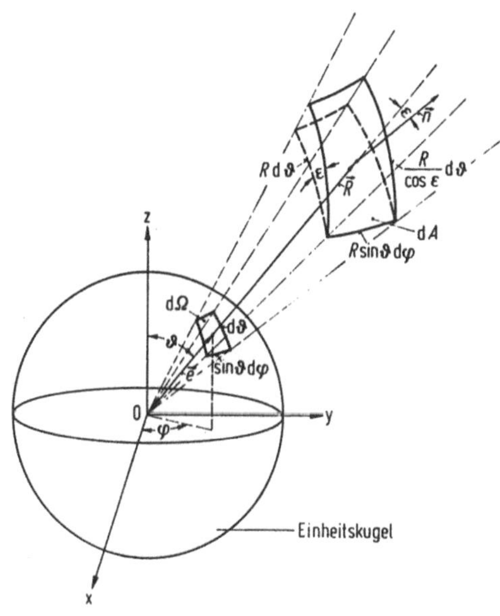

Abbildung 2.2-3: Zur Berechnung des Raumwinkels dΩ einer vom Punkt 0 aus gesehenen Fläche dA.

Aus den Gleichungen (2.2-14) und (2.2-15) ergibt sich die vom gewählten Koordinatensystem unabhängige Beziehung

$$d\Omega = \frac{\cos \varepsilon}{R^2} \cdot dA \qquad (2.2\text{-}16)$$

Hieraus erhält man den Raumwinkel Ω einer endlich großen Fläche A durch die Integration

$$\Omega = \int \frac{\cos \varepsilon}{R^2} \cdot dA \qquad (2.2\text{-}17)$$

Für die im allgemeinen mit einigem mathematischen Aufwand verbundene praktische Ausführung der Integration muß ein geeignetes Koordinatensystem gewählt werden.
Sehr oft hat man es mit Raumwinkeln zu tun, die durch den Mantel eines geraden Kreiskegels begrenzt sind (s. **Abbildung 2.2-4**). Ist α der halbe Öffnungswinkel des Kegels, so erhält man den Raumwinkel durch folgende einfache Überlegung. Die aus einer Kugel mit dem Radius R ausgeschnittene Kugelhaube mit der Höhe h hat die Fläche $A = 2\pi R h$. Wegen $h = R \cdot (1 - \cos\alpha)$ erhält man $A = 2\pi R^2 \cdot (1 - \cos\alpha)$ und

letztlich für den kegelförmigen Raumwinkel:

$$\Omega_{\triangledown} = 2\pi \cdot (1 - \cos \alpha)$$ (2.2-18)

Für eine Halbkugel (Halbraum) ist $\alpha = \pi / 2$ rad, so daß $\Omega = 2\pi$ sr wird. Entsprechend ergibt sich für eine Vollkugel (Vollraum) das oben bereits genannte Ergebnis, nämlich $\Omega = 4\pi$ sr.

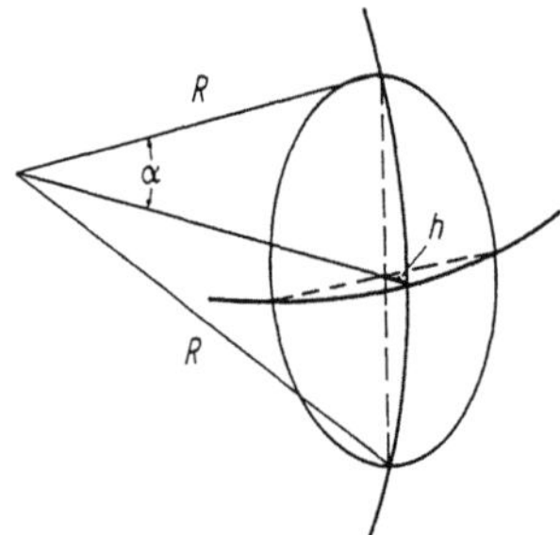

Abbildung 2.2-4: Raumwinkel eines geraden Kreiskegels mit dem halben Öffnungswinkel α.

Es ist üblich, geometrische Größen wie Flächen, ebene Winkel und Raumwinkel entweder durch den Index 1 oder den Index 2 zu kennzeichnen, je nachdem, ob sie sich auf die Einstrahlung (Index 1) oder die Ausstrahlung (Index 2) beziehen.

Die von einer Quelle ausgehende und die auf einen Empfänger auftreffende Strahlung läßt sich quantitativ durch eine der im Folgenden angegebenen Größen, die sog. **strahlungsphysikalischen Größen**, beschreiben.

Emittiert ein Körper (Strahler, Strahlungsquelle) während des Zeitintervalls dt die Energie dQ in Form optischer Strahlung (Strahlungsenergie), so ist seine **Strahlungsleistung (Strahlungsfluß)** durch

$$\Phi = \frac{dQ}{dt} \qquad\qquad (\text{vereinfacht: } \Phi = \frac{Q}{t})$$ (2.2-19)

gegeben. Die SI-Einheit der Strahlungsleistung ist das Watt (W).

Hier und im Folgenden werden neben den exakten differentiellen Beziehungen für die strahlungsphysikalischen Größen auch vereinfachte Beziehungen angegeben. Bei ihrem Gebrauch ist zu beachten, ob die Strahlungsleistung gleichmäßig über die Zeit, über die Fläche und im Raumwinkel verteilt ist. Nur dann gelten die vereinfachten Beziehungen exakt, sonst nur für die Mittelwerte.

Für die von einem Strahler pro Flächeneinheit dA_1 emittierte Strahlungsleistung $d\Phi$ gilt:

$$d\Phi = M \cdot dA_1 \qquad\qquad (\text{vereinfacht: } \Phi = M \cdot A_1)$$ (2.2-20)

M heißt **spezifische Ausstrahlung** und hat die SI-Einheit $W \cdot m^{-2}$.

Umhüllt man den Strahler mit einer beliebigen geschlossenen Fläche, so muß, da aus energetischen Gründen die gesamte durch diese Fläche hindurchtretende Strahlungsleistung nicht von Form und Größe der Fläche abhängen darf, die auf das Raumwinkelelement $d\Omega_1$ entfallende Strahlungsleistung $d\Phi$ dem Raumwinkelelement proportional sein

$$d\Phi = I \cdot d\Omega_1 \qquad\qquad \text{(vereinfacht: } \Phi = I \cdot \Omega_1 \text{)} \qquad (2.2\text{-}21)$$

Die Proportionalitätsgröße I heißt **Strahlstärke** und ist im allgemeinen eine Funktion der Ausstrahlungsrichtung. Die SI-Einheit der Strahlstärke ist $W \cdot sr^{-1}$.

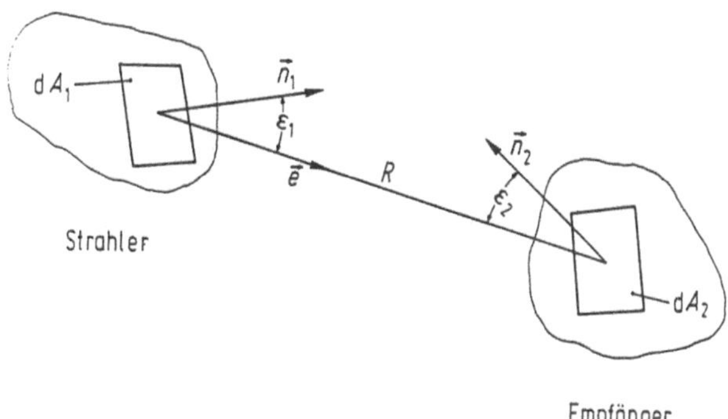

Abbildung 2.2-5: Strahlungsübertragung. dA_1, dA_2 Element der Strahler- bzw. Empfänger-fläche; ε_1, ε_2 Winkel zwischen der Flächennormalen und der Abstrahlungs- bzw. Einstrah-lungsrichtung; R Abstand zwischen den Flächenelementen dA_1 und dA_2

Die Abhängigkeit der Strahlstärke eines Strahlers von der Abstrahlungsrichtung (gege-ben durch den Einheitsvektor **e**) läßt sich durch den Winkel ε_1 zwischen der Flä-chennormalen **n** und der Abstrahlungsrichtung **e** (s. **Abbildung 2.2-5**) charakterisieren. Die funktionale Abhängigkeit $I = f(\varepsilon_1)$ kann man nur empirisch ermitteln. Für den idealisierten Grenzfall der vollkommen diffusen Emission ist die auf das Flächenele-ment dA_1 des Strahlers bezogene Strahlstärke, die in die durch ε_1 gegebene Richtung geht, dem Kosinus von ε_1 proportional:

$$dI = L \cdot \cos \varepsilon_1 \cdot dA_1 \qquad\qquad \text{(vereinfacht: } I = L \cdot A_1 \cdot \cos \varepsilon_1 \text{)} \qquad (2.2\text{-}22)$$

Die Proportionalitätsgröße L heißt **Strahldichte**. Sie hat die SI-Einheit $W \cdot sr^{-1} \cdot m^{-2}$. L ist nur für vollkommen diffuse Emission, wie sie angenähert bei der Sonne vorliegt, eine Konstante.

Die vom Strahler ausgehende Strahlungsleistung wird irgendwann auf einen Empfän-ger auftreffen. Ein Empfänger kann z.B. auch die oben erwähnte Hüllfläche um den Strahler sein. In diesem Fall wäre zu schreiben:

$$d\Phi = I \cdot d\Omega_2 \qquad\qquad\qquad (2.2\text{-}23)$$

Setzt man für $d\Omega_2$ die Definitionsgleichung (2.2-16) für das Raumwinkelelement ein, so erhält man

$$d\Phi = I \cdot \frac{\cos \varepsilon_2}{R^2} \cdot dA_2 = E \cdot dA_2 \qquad (\text{vereinfacht: } \Phi = E \cdot A_2) \qquad (2.2\text{-}24)$$

Die neu eingeführte Größe

$$E = I \cdot \frac{\cos \varepsilon_2}{R^2} \qquad (2.2\text{-}25)$$

heißt **Bestrahlungsstärke**. Ihre SI-Einheit stimmt mit der von M überein, ist also $W \cdot m^{-2}$. Sie ist ein Maß für die pro Zeiteinheit auf die Flächeneinheit auffallende Strahlungsenergie und im allgemeinen abhängig von dem Ort auf der Empfängerfläche.

Der Gleichung (2.2-25) entnimmt man, daß die Bestrahlungsstärke dem Quadrat des Abstandes R zwischen Empfänger und Strahler umgekehrt proportional ist (sog. **quadratisches Entfernungsgesetz**).

Eine bei akkumulierenden Empfängern (z.B. der menschlichen Haut) gebräuchliche Größe ist die **Bestrahlung**. Sie ist als Zeitintegral der Bestrahlungsstärke E über das Intervall $\Delta t = t_1 - t_2$ definiert:

$$H = \int_{t_1}^{t_2} E \cdot dt \qquad (\text{vereinfacht: } H = E \cdot \Delta t) \qquad (2.2\text{-}26)$$

Die Bestrahlung hat die SI-Einheit $W \cdot s \cdot m^{-2}$ bzw. $J \cdot m^{-2}$.

Zu jeder der oben angegebenen strahlungsphysikalischen Größen gibt es die entsprechende lichttechnische Größe (s. **Tabelle 2.2-1**).

Eine wichtige praktische Frage ist, welche Strahlungsleistung eine optische Anordnung von einem Strahler gegebener Strahldichte zu liefern vermag. Für den allgemeinen Fall, daß die Strahldichte L des Strahlers keine Konstante ist, läßt sich mit den Gleichungen (2.2-22) und (2.2-24) für die Strahlungsübertragung folgende Beziehung ableiten (**radiometrisches** bzw. **photometrisches Grundgesetz**):

$$d^2\Phi = L \cdot \frac{\cos \varepsilon_1 \cdot \cos \varepsilon_2}{R^2} \cdot dA_1 \cdot dA_2 \qquad (2.2\text{-}27)$$

Der im Grundgesetz auftretende Geometriefaktor wird in der Form

$$G_o = \int_{A_1} \int_{A_2} \frac{\cos \varepsilon_1 \cdot \cos \varepsilon_2}{R^2} \cdot dA_1 \cdot dA_2 \qquad (2.2\text{-}28)$$

als **geometrischer Leitwert** bezeichnet.

Gibt es in dem Material zwischen den Flächen A_1 und A_2 keine Absorptionsverluste und ist die Strahldichte L der Strahlerfläche A_1 von Ort und Richtung unabhängig, erhält man für die von A_1 nach A_2 gelangende Strahlungsleistung

$$\Phi = L \cdot G_o \qquad (2.2\text{-}29)$$

Das Produkt aus geometrischem Leitwert und dem Quadrat der Brechzahl n des Materials zwischen Strahlerfläche A_1 und Empfängerfläche A_2

$$G = n^2 \cdot G_0 \qquad\qquad (2.2\text{-}30)$$

nennt man **optischen Leitwert**.

Man kann zeigen, daß beim Übergang der Strahlung aus einem Material mit der Brechzahl n_1 in ein Material mit der Brechzahl n_2 der optische Leitwert konstant bleibt.

Für das Vakuum ist $G = G_0$, d.h. der geometrische Leitwert ist der optische Leitwert des Vakuums. Es besteht also eine vollständige Analogie zum elektrischen Leitwert.

Bei einer optischen Anordnung gibt es Verluste durch Absorption, Reflexion, Streuung und Beugung. Sie können durch eine Transmissionsgrad τ genannte Kennzahl ($\to$ 2.3) quantitativ beschrieben werden. Das Produkt

$$G_{eff} = \tau \cdot G \qquad\qquad (2.2\text{-}31)$$

heißt **effektiver optischer Leitwert**.

Bei richtiger Abbildung ist die durch ein optisches System übertragene Strahlungsleistung

$$\Phi = L \cdot G_{eff} = \tau \cdot L \cdot G = n^2 \cdot \tau \cdot L \cdot G_0 \qquad\qquad (2.2\text{-}32)$$

Bei den oben eingeführten strahlungsphysikalischen Größen ist die spektrale Verteilung der Strahlung noch nicht berücksichtigt. Dies geschieht nachfolgend durch Einführen der **spektralen Dichte der strahlungsphysikalischen Größen**. Die spektrale Dichte einer strahlungsphysikalischen Größe X ist als Differentialquotient aus dieser Größe und der Wellenlänge λ (oder auch der Frequenz ν) definiert

$$X_\lambda = \frac{dX}{d\lambda} \qquad\qquad (2.2\text{-}33)$$

Es ist üblich, das Formelzeichen der strahlungsphysikalischen Größe beizubehalten und zur Kennzeichnung der spektralen Dichte den Index λ (oder auch ν) anzuhängen.

Sofern keine Unklarheit entsteht und keine Verwechselung mit den unten eingeführten "spektralen Größen" ($\to$ 2.3) im Sinne von "monochromatischen Größen" zu befürchten ist, darf die "spektrale Dichte einer Größe" auch als "spektrale Größe" bezeichnet werden. Der Ausdruck "spektrale Dichte der Strahlungsleistung" verkürzt sich danach auf "spektrale Strahlungsleistung".

Zu beachten ist, daß sich X_λ und X_ν nicht nur in den Einheiten (W/nm bzw. W/THz) unterscheiden, sondern auch in ihrer Abhängigkeit von λ bzw. ν; dies gilt insbesondere für die Lage der Extrema der Funktionen $X_\lambda(\lambda)$ und $X_\nu(\nu)$. Wegen der Beziehung

$$c_0 = \lambda_0 \cdot \nu = n \cdot \lambda \cdot \nu \qquad\qquad (2.2\text{-}34)$$

bzw.

$$\lambda = \frac{c_o}{n \cdot \nu} \qquad\qquad (2.2\text{-}35)$$

sind die Skalen für λ und ν gegenläufig und es entsprechen gleiche Wellenlängenintervalle nicht auch gleichen Frequenzintervallen:

$$\frac{d\lambda}{d\nu} = - \frac{c_o}{n \cdot \nu^2} = - \frac{\lambda}{\nu} \qquad\qquad (2.2\text{-}36)$$

Bei Bezug auf ein konstantes Wellenlängenintervall ergibt sich damit ein anderer spektraler Verlauf als bei Bezug auf ein konstantes Frequenzintervall.

Die Nützlichkeit obiger Beziehungen erweist sich z.B., wenn man bestimmte Zahlenangaben in das einem vertraute Bild, sei es das Wellenlängen-, Frequenz- oder Wellenzahlbild, umrechnen möchte.

Wenn man gewohnt ist, im sichtbaren Spektralbereich zu arbeiten, verbindet man mit Wellenlängenangaben bestimmte Vorstellungen. In diese möchte man z.B. die Angabe "die spektrale Bandbreite der Mode eines Halbleiterlasers beträgt 100 MHz" übersetzen.

Nimmt man einen bei CD-Playern gebräuchlichen GaAs/(GaAl)As-Laser, dessen Betriebswellenlänge 850 nm betragen möge, so läßt sich seine spektrale Bandbreite im Wellenlängenbild wie folgt berechnen:

$$\frac{d\lambda}{d\nu} = - \frac{\lambda}{\nu}$$

Der Einfachheit halber sei angenommen, die Angaben 850 nm und 100 MHz bezögen sich aufs Vakuum.

Aus $c = \lambda \cdot \nu$ folgt $\nu = c/\lambda$. Setzt man das in die letzte Beziehung ein, so erhält man

$$d\lambda = - \frac{\lambda^2}{c} \cdot d\nu$$

Damit wird für das gewählte Beispiel:

$$d\lambda = \frac{(850 \cdot 10^{-9})^2}{2.998 \cdot 10^8} = 2.41 \cdot 10^{-14}\,\text{m} = 2.41 \cdot 10^{-5}\,\text{nm} \ (= 0.241\,\text{fm})$$

Im Vergleich zu den bei Monochromatoren für den sichtbaren Spektralbereich üblichen spektralen Halbwertbreiten in der Größenordnung nm ist das eine außerordentlich kleine Bandbreite.

Ein anderes Beispiel beziehe sich auf das Mittlere Infrarot (MIR): ein mit einer Auflösung von 2.5 cm^{-1} gemessenes Transmissionsspektrum von dampfförmigem Essigsäureisopropylester zeigt bei 280 cm^{-1} eine Absorptionsstelle.

Auch hier sei in guter Näherung angenommen, die Zahlenangaben bezögen sich auf das Vakuum. Es gilt

$$(1) \quad c = \lambda \cdot \nu$$

$$(2) \quad \lambda = \tilde{\nu}^{-1}$$

(3) $\dfrac{d\lambda}{d\nu} = -\dfrac{\lambda}{\nu}$

(4) $\lambda \cdot \tilde{\nu} = 10^4 \, \mu m \cdot cm^{-1}$

Aus (1) und (2) folgt $\nu = c \cdot \tilde{\nu}$ und $d\nu = c \cdot d\tilde{\nu}$, und aus (2) und (3) $d\lambda = -d\nu/(\nu \cdot \tilde{\nu})$, so daß man für das oben genannte Beispiel die beiden folgenden Umrechnungsformeln erhält, aus denen sich λ in nm ergibt, wenn $\tilde{\nu}$ in cm^{-1} eingesetzt wird:

$$\lambda = 10^7 \cdot \tilde{\nu}^{-1} = \frac{10^7}{280} = 3.57 \cdot 10^5 \, nm$$

$$|d\lambda| = \nu^{-2} \cdot d\tilde{\nu} = \frac{2.5}{280^2} = 3.19 \cdot 10^{-5} \, cm = 319 \, nm$$

Für die Umrechnung zwischen wellenlängen- und frequenzbezogenen Größen gelten für eine Stelle, die entweder durch die Wellenlänge λ oder die Frequenz $\nu = c_o/(n \cdot \lambda)$ gekennzeichnet ist, die folgenden Überlegungen.
Bei einer Kontinuumstrahlung ist für den infinitesimal kleinen Wellenlängenbereich $d\lambda$ (s. **Abbildung 2.2-6**) die (schraffierte) Fläche $X_\lambda \cdot d\lambda$ ein Maß z.B. für die Strahlungsleistung an der betreffenden Stelle des Spektrums. Diese Strahlungsleistung muß natürlich davon unabhängig sein, ob eine Wellenlängen- oder Frequenzdarstellung gewählt wird.
Es muß also gelten:

$$|X_\lambda \cdot d\lambda| = |X_\nu \cdot d\nu| \qquad\qquad (2.2-37)$$

Die Betragsstriche sind hier lediglich benutzt worden, um Mißverständnisse zu vermeiden, wenn bei mathematischer Ableitung (vgl. oben) ein Minuszeichen auftritt.

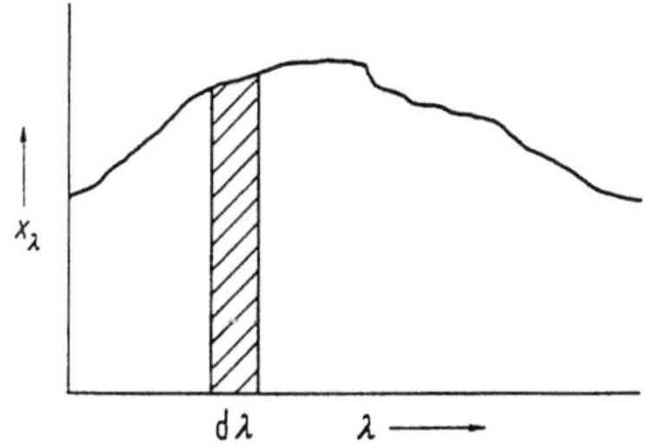

Abbildung 2.2-6: Zur Umrechnung zwischen wellenlängen- und frequenzbezogenen strahlungsphysikalischen Größen.
Steht X für die Strahlungsleistung, so ist die schraffierte Fläche ein Maß für die Strahlungsleistung an der betreffenden Stelle des Spektrums, und zwar unabhängig von einer Wellenlängen- oder Frequenzdarstellung.

Weiterhin gilt:

$$X_\lambda \cdot \lambda = X_\nu \cdot \nu \qquad\qquad (2.2-38)$$

$$X_\nu = \frac{n \cdot \lambda^2}{c_o} \cdot X_\lambda \qquad\qquad (2.2-39)$$

bzw.

$$X_\lambda = \frac{n \cdot \nu^2}{c_o} \cdot X_\nu \qquad\qquad (2.2-40)$$

Tabelle 2.2-1: Korrespondierende Größen und Einheiten der *Spektroradiometrie*,

SPEKTRORADIOMETRIE (spektrale strahlungsphys. Größen)	Symb.	Einheit	Vereinfachte Erklärung
spektrale Strahlungsenergie	$Q_{e\lambda}$	$\dfrac{W \cdot s}{nm}$	Spektrale Dichte der Strahlungsenergie: $Q_{e\lambda} = \dfrac{dQ}{d\lambda}$
spektrale Strahlungsleistung (Strahlungsfluß)	$\Phi_{e\lambda}$	$\dfrac{W}{nm}$	Quotient aus spektraler Strahlungsenergie $Q_{e\lambda}$ und Zeit t
auf Strahler bezogene Größen			
spektrale spezifische Ausstrahlung	$M_{e\lambda}$	$\dfrac{W}{m^2 \cdot nm}$	spektrale (Ausgangs-)Strahlungsleistung pro (Strahler-)Fläche
spektrale Strahlstärke	$I_{e\lambda}$	$\dfrac{W}{sr \cdot nm}$	spektrale (Ausgangs-)Strahlungsleistung je Raumwinkel
spektrale Strahldichte	$L_{e\lambda}$	$\dfrac{W}{m^2 \, sr \, nm}$	spektrale (Ausgangs-)Strahlungsleistung pro Fläche und Raumwinkel
auf Empfänger bezogene Größen			
spektrale Bestrahlungsstärke	$E_{e\lambda}$	$\dfrac{W}{m^2 \cdot nm}$	spektrale (Eingangs-) Strahlungsleistung pro (Empfänger-)Fläche
spektrale Bestrahlung	$H_{e\lambda}$	$\dfrac{W \cdot s}{m^2 \cdot nm}$	spektrale (Eingangs-) Strahlungsenergie pro (Empfänger-) Fläche

der *Radiometrie* und der *Photometrie*.

RADIOMETRIE (strahlungsphysikalische Größen)	Symb.	Einheit	PHOTOMETRIE (lichttechnische Größen)	Symb.	Einheit
Strahlungsenergie	Q_e	$W{\cdot}s$	Lichtmenge	Q_v	$lm{\cdot}s$
Strahlungsleistung (Strahlungsfluß)	Φ_e	W	Lichtstrom	Φ_v	lm (Lumen)
auf Strahler bezogene Größen					
spezifische Ausstrahlung	M_e	$\dfrac{W}{m^2}$	spezifische Lichtausstrahlung	M_v	$\dfrac{lm}{m^2}$
Strahlstärke	I_e	$\dfrac{W}{sr}$	Lichtstärke	I_v	cd
Strahldichte	L_e	$\dfrac{W}{m^2{\cdot}sr}$	Leuchtdichte	L_v	$\dfrac{cd}{m^2}$
auf Empfänger bezogene Größen					
Bestrahlungsstärke	E_e	$\dfrac{W}{m^2}$	Beleuchtungsstärke	E_v	lx (Lux)
Bestrahlung	H_e	$\dfrac{W{\cdot}s}{m^2}$	Belichtung	H_v	$lx{\cdot}s$

Für eine Linienstrahlung (monochromatische Strahlung) sind die strahlungsphysikalischen Größen unabhängig von der Darstellung als Funktion der Wellenlänge oder der Frequenz, so daß also:

$$X(\lambda_i) = X(\nu_i) \qquad (2.2\text{-}41)$$

In der Praxis arbeitet man aus Gründen der Zweckmäßigkeit oft mit normierten spektralen Dichtefunktionen:

$$S(\lambda) = \frac{X_\lambda(\lambda)}{X_\lambda(\lambda_o)} \qquad (2.2\text{-}42)$$

Der Bezugswert $X_\lambda(\lambda_o)$ kann prinzipiell frei gewählt werden. Die so eingeführte spektrale Dichtefunktion $S(\lambda)$ heißt **Strahlungsfunktion**.

2.3 Materialkennzahlen

Reflexion, Brechung, Transmission und Absorption sind Begriffe für bestimmte physikalische Phänomene beim Auftreffen optischer Strahlung auf Materialien. Diese Phänomene (Vorgänge) werden durch physikalische Größen qualitativ und quantitativ beschrieben. Die für die Beschreibung der Wechselwirkung optischer Strahlung mit Materialien (Glas, gepreßte Pulver, Lösungen u.a.) eingeführten Größen nennt man Materialkennzahlen. Gewöhnlich bezieht man sich bei ihrer Definition auf die Strahlungsleistung, die auf das Material auffällt. Materialkennzahlen können von einer Reihe von Parametern abhängen, wie z.B. der spektralen und räumlichen Verteilung der auf das Material auftreffenden und bei der Messung erfaßten Strahlung.
Im Folgenden werden nur die grundlegenden Kennzahlen definiert. Mit ihnen können nämlich die allgemeinen, lichttechnischen oder strahlungsphysikalischen Kennzahlen (s. DIN 5036 Teil 1) berechnet werden. Maßgebend für die Unterscheidung dieser Gruppen von Kennzahlen ist die sog. Bewertungsfunktion, das ist die **relative spektrale Empfindlichkeit** des (bewertenden) Strahlungsempfängers:

$$s(\lambda)_{rel} = \frac{s(\lambda)}{s(\lambda_o)} \qquad (2.3\text{-}1)$$

Die (**absolute**) **spektrale Empfindlichkeit** $s(\lambda)$ ist definiert als der Quotient aus differentieller Ausgangs- und Eingangsgröße als Funktion der Wellenlänge:

$$s(\lambda) = \frac{dY(\lambda)}{dX(\lambda)} \qquad (2.3\text{-}2)$$

Entsprechend ist $s(\lambda_o)$ die (absolute) spektrale Empfindlichkeit bei der Bezugs- (Normierungs-) wellenlänge λ_o.
Ausgangsgröße Y kann ein Photostrom, eine Thermospannung u.a. sein. Eingangsgröße ist eine Strahlungsgröße, und zwar im allgemeinen die Strahlungsleistung Φ oder die Bestrahlungsstärke E.
Die Kennzahlen bei monochromatischer Strahlung sind Funktionen der Wellenlänge λ.

Man bezeichnet sie durch denselben Ausdruck wie die entsprechende integrale Größe, jedoch mit dem vorangestellten Adjektiv "spektral", und benutzt dasselbe Formelzeichen, allerdings mit dem nachgestellten Klammerausdruck (λ), z.B. spektraler Reflexionsgrad $\rho(\lambda)$.

Auf die unterschiedliche Bedeutung des Begriffes "spektral" in diesem Fall gegenüber der bei strahlungsphysikalischen Größen zugelassenen Kurzbezeichnung für die spektrale Dichte sei noch einmal nachdrücklich hingewiesen.

Der **spektrale Reflexionsgrad** ist als Quotient der reflektierten (Symbol r) und der auffallenden (Symbol i) spektralen (Dichte der) Strahlungsleistung definiert:

$$\rho(\lambda) = \frac{\Phi_{\lambda r}}{\Phi_{\lambda i}} \qquad (2.3\text{-}3)$$

Die Strahlung kann gerichtet, diffus oder auch gemischt, d.h. sowohl mit einem gerichteten wie auch diffusen Anteil, reflektiert werden.

Völlig analog sind der **spektrale Transmissionsgrad** $\tau(\lambda)$ und der **spektrale Absorptionsgrad** $\alpha(\lambda)$ eingeführt:

$$\tau(\lambda) = \frac{\Phi_{\lambda t}}{\Phi_{\lambda i}} \qquad (2.3\text{-}4)$$

$$\alpha(\lambda) = \frac{\Phi_{\lambda a}}{\Phi_{\lambda i}} \qquad (2.3\text{-}5)$$

Die Indizes t und a stehen für die durchgelassene (transmittierte) bzw. die absorbierte spektrale Strahlungsleistung.

Die durch ein Material gehende Strahlung kann analog wie die reflektierte Strahlung gerichtet, diffus oder auch gemischt durchgelassen werden.

Reflexions-, Transmissions- und Absorptionsgrad sind Größen der Dimension 1. Für ein Material, das keine Strahlung emittiert, muß die Summe aus reflektierter, transmittierter und absorbierter Strahlungsleistung $(\Phi_{\lambda r} + \Phi_{\lambda t} + \Phi_{\lambda a})$ gleich der eingestrahlten Strahlungsleistung $\Phi_{\lambda i}$ sein, so daß bei gleichen Bedingungen für den Strahlungseinfall für jede Wellenlänge der Zusammenhang

$$\rho(\lambda) + \tau(\lambda) + \alpha(\lambda) = 1 \qquad (2.3\text{-}6)$$

gilt.

Den Definitionsgleichungen der drei Materialkennzahlen und auch dieser Beziehung entnimmt man, daß die Zahlenwerte für den Reflexions-, Transmissions- und Absorptionsgrad zwischen 0 und 1 bzw. zwischen 0 % und 100 % liegen müssen.

In einem optisch inhomogenen Material oder beim Durchgang durch die Grenzfläche zweier optisch verschiedener Materialien ändert sich die Ausbreitungsgeschwindigkeit einer Strahlung. Dieser Sachverhalt wird quantitativ durch die **spektrale Brechzahl**

$$n(\lambda) = \frac{c_o}{v(\lambda)} \qquad (2.3\text{-}7)$$

beschrieben, d.h. durch den Quotienten der Geschwindigkeit c_o der Strahlung im

Vakuum und der Phasengeschwindigkeit $v(\lambda)$ der monochromatischen Strahlung im Material. Für ein nicht absorbierendes, homogenes, isotropes Material ist die spektrale Brechzahl gleich dem Quotienten aus dem Sinus des Einfallswinkels ϵ_1 und dem Sinus des Brechungswinkels ϵ_2 beim Durchgang der Strahlung durch die Grenzfläche zwischen Vakuum und Material:

$$n(\lambda) = \frac{\sin \epsilon_1}{\sin \epsilon_2} \qquad\qquad (2.3\text{-}8)$$

Läßt man die Voraussetzung der Isotropie fallen, so verhält sich das Material in verschiedenen Richtungen unterschiedlich. Ein solches Material kann nicht mehr nur durch eine einzige spektrale Brechzahl charakterisiert werden.
Die Verhältnisse sind ebenfalls komplizierter, wenn das durchstrahlte Material merklich absorbiert.
Zwischen Frequenz ν, Wellenlänge λ im Material, Wellenzahl $\tilde{\nu}$, spektraler Brechzahl $n(\lambda)$ des Materials und der Geschwindigkeit c_o optischer Strahlung im Vakuum gelten die folgenden Beziehungen:

$$\lambda \cdot \nu = \frac{c_o}{n(\lambda)} = \frac{c_o}{n(\nu)} \qquad\qquad (2.3\text{-}9)$$

$$\lambda \cdot \tilde{\nu} = \frac{1}{n(\lambda)} = \frac{1}{n(\nu)} \qquad\qquad (2.3\text{-}10)$$

3 Strahler

L. Endres und H. Fietz (München)

3.1 Einleitung

Gegenstand dieses Kapitels ist die Beschreibung der Strahlungsquellen in ihren grund-
legenden Eigenschaften sowie die Darstellung der verwendbaren Strahlungsgrößen.
Die Vielfalt der Strahler, die in der Meßtechnik zum Einsatz kommen können, macht
es schwierig, eine Systematik aufzustellen.
Dennoch ist es unerläßlich, eine Klassifizierung zu versuchen, um für die jeweilige
Meßaufgabe die richtige Auswahl treffen zu können.
Wenn auch in der Praxis Abmessungen und Leistungsbedarf die ersten ins Auge fallen-
den Eigenschaften sind, so scheint es für den hier behandelten Aufgabenbereich doch
wesentlich zu sein, einen Schwerpunkt auf die Strahlungseigenschaften zu legen. Gemäß
DIN 5030 Teil 2 sind in **Tabelle 3.1-1** deshalb die in der Meßtechnik gebräuchlichen Strah-
ler unter diesen Gesichtspunkten zusammengestellt, um eine erste Auswahl nach strah-
lungsphysikalisch relevanten Merkmalen zu treffen.
Nähere Hinweise über die Eignung der Strahler finden sich in den nachfolgenden
Einzelbeschreibungen, die auf die Art der Strahlungserzeugung sowie auf wissens-
werte Sondereigenschaften eingehen. Verständlicherweise können im Rahmen dieser
Abhandlung die Informationen nicht vollständig sein und es wird sich nicht immer
vermeiden lassen, sich fehlende Informationen direkt von den Strahler-Herstellern zu
beschaffen. Hingewiesen werden soll in diesem Zusammenhang auf die Spezialliteratur über Lampentechnik sowie auf Handbücher verschiedener Gesellschaften, wie z.B.
der Lichttechnischen Gesellschaft in Deutschland oder der Illuminating Engeneering
Society in den USA.

3.2 Klassifizierungsmerkmale

Die verschiedenen Meßverfahren der Spektroradiometrie stellen unterschiedliche Anforderungen an die Strahler. Über die Verwendungsfähigkeit und den Grad der Tauglich-
keit für spezielle Aufgabenstellungen entscheiden zunächst die strahlungsphysikalischen
Eigenschaften des Strahlers, wie
- Art der spektralen Strahlungsverteilung
- nutzbarer Wellenlängenbereich
- nutzbare Strahlungsgröße
- zeitliche und räumliche Konstanz
- Absolutwert der Strahlungsgröße

Tabelle 3.1-1: Gebräuchliche Strahler zur Durchführung spektraler Strahlungsmessungen.

STRAHLER		NUTZBARER SPEKTRALBEREICH							
		UV-C VUV | FUV	UV-B	UV-A	VIS	NIR IR-A | IR-B		IR-C MIR |FIR	
Hohlraumstrahler	K								
Synchrotronstrahler und Speicherring	K								
Temperaturstrahler									
Wolframband- und -rohrlampen	K								
Drahtlampen (ungewendelt)	K								
Wendellampen	K								
Halogenglühlampen	K								
Nernst-Stift	S								
Globarstrahler (Silit)	S								
Auer-Brenner	S								
Metallstrahler, freibrennend	S								
Reinkohle	K								
Flammen (chemisch)	L								
Niederdruckentladung									
Glimmlampen	L								
Quecksilber-Niederdrucklampen	L								
Leuchtstofflampen	S								
Natrium Niederdrucklampen	L								
Spektrallampen	L								
Deuteriumlampen	L								
Funken	L								
Hohlkathodenlampen	L								
Elektrodenlose Lampen	L								
Hochdruckentladung									
Plasmabrenner	L								
Quecksilber-Hochdrucklampen	L								
Halogen-Metalldampflampen	S								
Quecksilber-Höchstdrucklampen	S								
Xenon-Hochdrucklampen	S								
Laser	L								
Luminophore	S								
Lumineszenzdioden	S								

Art der Strahlung:

K   Kontinuumsstrahlung
L   Linien und/oder Bandenstrahlung
S   Kontinuumsähnliche Strahlung z. T. mit Linien/Banden überlagert

Für die Auswahl können folgende weitere Merkmale wichtig sein
- Abmessungen
- Art der elektrischen Versorgung
- zulässige Brennlage
- zulässige Umgebungstemperatur
- Erschütterungsfestigkeit
- Zwangskühlung
- Lebensdauer
- Beschaffungspreis

3.2.1 Art der spektralen Strahlungsverteilung

Es wird unterschieden zwischen kontinuierlichen und diskontinuierlichen Spektren, wobei letztere sich wieder aufteilen in Linien- und Bandenspektren. Eine genaue Zuordnung ist nicht in allen Fällen möglich.

Ein Linienspektrum wie in **Abbildung 3.2-1** wird durch strahlende Energieübergänge von Elektronen in Atomen hervorgerufen.

Die Halbwertbreiten der Linien betragen in Abhängigkeit von den Druckverhältnissen und der Temperatur Bruchteile von Nanometern (**Abbildung 3.2-2**) bis einige Nanometer.

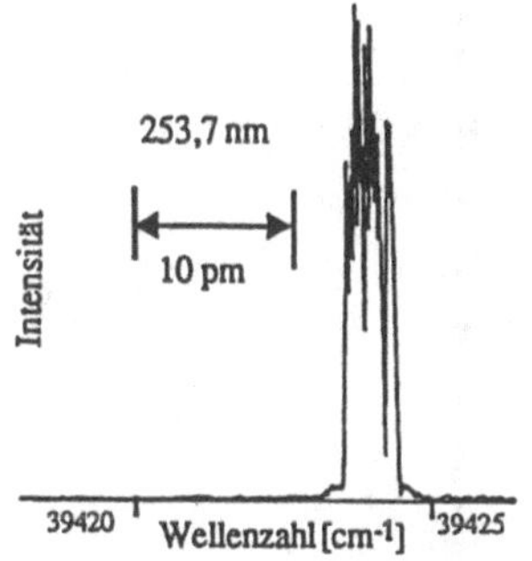

Abbildung 3.2-2: Linienkontur der aus einer Niederdruckentladung emittierten Hg-Linie 253,7 nm (Firmenschrift Oriel, 1988).

Durch angeregte Moleküle wird ein Bandenspektrum (siehe **Abbildung 3.2-3**) erzeugt. Es entsteht aus der Überlagerung von Elektronen-, Schwingungs- und Rotationsübergängen in den Molekülen. Zu Einzelheiten muß auf die Literatur (Herzberg, 1945, 1950; Davis, 1963; Albrecht, 1977; Kiefer, 1977) verwiesen werden.

Die Wellenzahlen (1 ⟵⟶) für die Elektronenübergänge liegen in der Größenordnung $1 \cdot 10^4$ cm^{-1} bis $5 \cdot 10^4$ cm^{-1}, die für die Schwingungsübergänge zwischen 100 cm^{-1} und 4000 cm^{-1} und die für die Rotationsübergänge zwischen 10 cm^{-1} und 200 cm^{-1}.

Kontinuumsstrahlung wird von heißen Festkörpern emittiert (siehe **Abbildung 3.3-1**). Sie werden daher auch als Temperaturstrahler bezeichnet.

L. Endres und H. Fietz

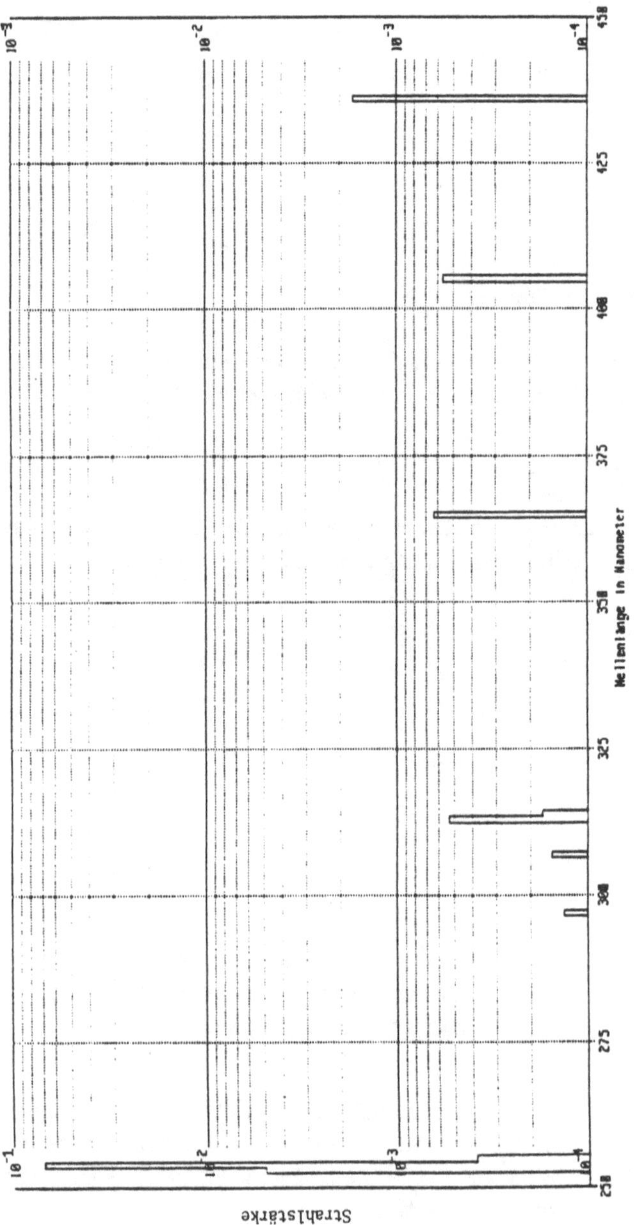

Abbildung 3.2-l: Linienspektrum einer Quecksilber-Niederdruckentladung.

Außerdem wird Kontinuumstrahlung von den bei Gasentladungen entstehenden Plasmen erzeugt. Sie kann verschiedene Ursprünge haben:
  - Rekombination von Elektronen und Ionen
  - Geschwindigkeitsänderungen bei Stößen von Elektronen
  - Elektronenübergänge aus Zuständen dicht unterhalb der Ionisierungsgrenze
Von Plasmen emittierte Linien können so stark verbreitert sein, daß sie über einen größeren Spektralbereich als Kontinuum in Erscheinung treten.

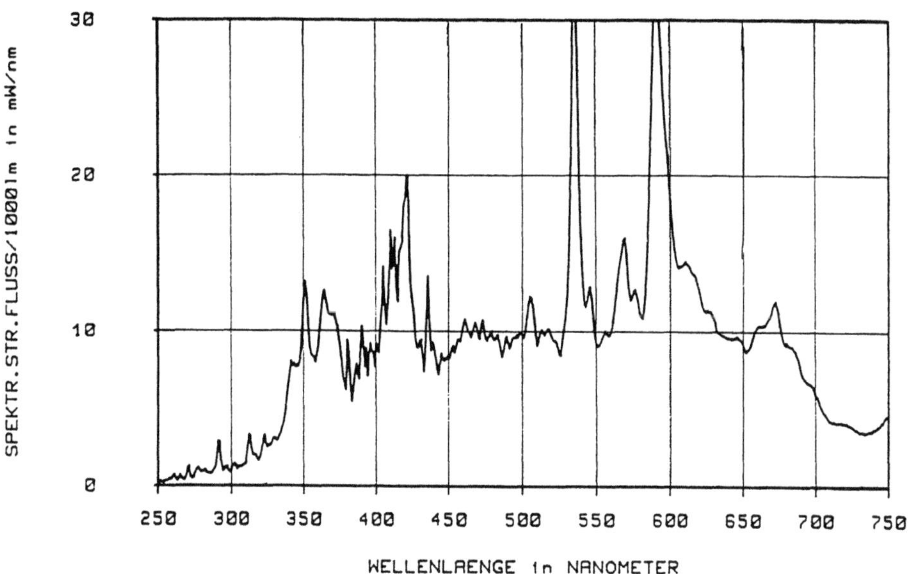

Abbildung 3.2-3: Typisches Bandenspektrum.

3.2.2 Nutzbarer Spektralbereich

Das Gebiet der optischen Strahlung wird in verschiedene Spektralbereiche eingeteilt (siehe **Tabelle 3.1-1**). Die Grenzen dieser Einteilung haben sich historisch entwickelt.
Als nutzbarer Spektralbereich wird in naheliegender Weise der Bereich festgelegt, in dem ein Strahler mit hinreichender Intensität und in der gewünschten Spektrumsart emittiert.
Informationen finden sich hierbei meist in den Produktinformationen der Hersteller.
Da fast jede künstliche Strahlungsquelle von einem Kolben umschlossen ist, kann sich eine zusätzliche Einschränkung des nutzbaren Spektralbereiches aus dem spektralen Transmissionsgrad des Kolbenmaterials ergeben. Angaben hierüber werden meist nicht veröffentlicht. Im Zweifelsfall muß nachgefragt oder durch eigene Messung Klarheit geschaffen werden.

3.2.3 Nutzbare Strahlungsgrößen

Abhängig von der Zielsetzung und dem vorgegebenen geometrischen Meßaufbau werden in der Spektroradiometrie unterschiedliche Strahlungsgrößen benötigt (**Tabelle 2.2-1** ←).
Anlehnend an DIN 5031 werden die Strahlergrößen
  - Strahldichte (2.2 ←)
  - Strahlstärke (2.2 ←)
  - Strahlungsleistung (Strahlungsfluß) (2.2 ←)
und die Empfängergröße
  - Bestrahlungsstärke (2.2 ←)
unterschieden.

Ein erstes Kriterium für die Eignung einer Strahlungsquelle liefert z.B. der Lampenaufbau. So besitzen Strahler mit kurzer Entladungsstrecke bzw. kleinen Leuchtkörpern in klarem Außenkolben meist günstige Voraussetzungen für Strahldichte- und Strahlstärkemessungen. Ist der Kolben hinreichend klein, sind für Strahlstärkemessungen auch mattierte Kolben geeignet.

Vorteilhaft zur Messung der Strahlungsleistung ist ein symmetrischer Aufbau des Leuchtkörpers bzw. ein mattierter Außenkolben.

Bei der Messung der Bestrahlungsstärke ist der Lampenaufbau ohne wesentlichen Einfluß. Wichtig ist hier die Anordnung des oder der Strahler zur gleichmäßigen Ausleuchtung des Meßfeldes. Zur Anwendung können auch Strahler mit Richtwirkung (Reflektorlampen) kommen.

3.2.4 Bedingungen für kalibrierfähige Strahler

Kalibrierfähigkeit muß von einem Strahler gefordert werden, der in irgendeiner Form die Funktion eines Normals übernehmen soll. Strahlungsnormale sind in der Spektroradiometrie wie auch in der Photometrie besonders wichtig, weil auch heute noch die Geräteeigenschaften nicht auf der Konstanz der Empfänger, sondern auf den Strahlungseigenschaften des Kalibriernormals basieren.

Die Prüfung, inwiefern ein Strahler kalibrierfähig ist, erfolgt nach zwei Gesichtspunkten, nämlich nach den geometrisch-optischen Eigenschaften und dem zeitlichen Verhalten der benutzten Strahlungsgröße. Geometrisch-optisch müssen folgende Bedingungen erfüllt sein (vgl. DIN 5030 Teil 2)
  - die spektrale **Strahldichte** muß innerhalb eines festzulegenden Meßfeldes ortsunabhängig und im bewerteten Raumwinkel richtungsunabhängig sein,
  - die **Strahlstärke** muß im bewerteten Raumwinkel richtungsunabhängig sein,
  - die räumliche Verteilung der **Strahlstärke** soll keine großen Gradienten aufweisen und isotrop sein,
  - die **Betrahlungsstärke** wird bei Verwendung von Strahlstärkenormalen nach dem quadratischen Abstandsgesetz (2.2 ←) berechnet, wobei der Abstand zwischen Strahler und Meßfeld sich auf den "Lichtschwerpunkt" und die "Feldoberfläche" bezieht und der sogenannte *Photometrische Grenzabstand* (näherungsweise das Zehnfache der linearen Leuchtkörperabmessung) nicht unterschritten wird.

Das zeitliche Verhalten einer Strahlungsgröße entscheidet über die Nutzungsdauer einer Kalibrierung. Man unterscheidet daher

- **sehr gute** zeitliche Konstanz: Der Strahler genügt bezüglich der Reproduzierbarkeit und zeitlichen Konstanz seiner Strahlungsgrößen innerhalb einer längeren Nutzungsdauer den Ansprüchen an Präzisionsmessungen.

- **gute** zeitliche Konstanz: Der Strahler zeigt unvorhersehbare kleine sprunghafte Änderungen der Werte seiner Strahlungsgrößen, wodurch die Reproduzierbarkeit beeinträchtigt wird, die zeitliche Konstanz in der Zeit zwischen den Sprüngen jedoch sehr gut ist. Solche Strahler sind als Standardstrahler nur bei regelmäßiger Kontrolle der Konstanz verwendbar. Diese erfolgt im allgemeinen durch Vergleich mit mehreren Strahler des gleichen Typs.

- **ausreichende** zeitliche Konstanz: Die vom Strahler emittierte Strahlungsleistung kann kurzzeitige statistische Schwankungen um den Mittelwert bis zu einigen Prozent aufweisen. Der Vertrauensbereich der Langzeitkonstanz erfordert, besonders im Hinblick auf die Absolutwerte, eine regelmäßige Kontrolle mit Standardstrahlern.

Anmerkung: Ausdrücklich darauf hinzuweisen ist, daß die zum Betrieb verwendeten Versorgungs- und Meßgeräte mindestens den verlangten Genauigkeitsforderungen entsprechen müssen. Insbesondere ist auch Vorsorge zu treffen, daß äußere Betriebs- und Meßbedingungen reproduzierbar sind (z.B. Regelung der Luftfeuchtigkeit und der Raumtemperatur, Konstanz der Spannungsversorgung).

3.3 Gliederung der Strahler nach der Art der Strahlungserzeugung

Als technisches Unterscheidungsmerkmal wird häufig das Prinzip der Strahlungserzeugung zugrunde gelegt. Entsprechend unterscheidet man *Temperaturstrahler*, *Entladungslampen*, *Laser* und *Elektrolumineszenzdioden*.

Eine Sonderstellung, die nur erwähnt werden soll, nimmt die Synchrotronstrahlung ein. Die Strahlungserzeugung erfolgt hier durch Beschleunigung von Elektronen auf einer Kreisbahn. Die dabei auftretende Zentripetalbeschleunigung ist dabei Ursache der Strahlungsemission. Die spektrale Strahlungsverteilung der Synchrotronstrahlung hat einen ähnlichen Verlauf wie die eines schwarzen Strahlers.

In **Tabelle 3.3-1** sind die Strahler in der Reihenfolge zusammengestellt, in der sie nachfolgend beschrieben werden.

3.3.1 Strahlungsnormale

3.3.1.1 Schwarzer Strahler

Der ideale thermische Strahler, dessen absolute spektrale Strahlungsverteilung nur durch seine Temperatur bestimmt ist, ist der Schwarze Strahler.

Ein geschlossener Hohlraum, dessen wärmeundurchlässige Wände sich auf gleicher Temperatur befinden, ist von Schwarzer Strahlung erfüllt. Die aus einer hinreichend kleinen Öffnung des

Tabelle 3.3-1 : Zusammenstellung technischer Strahlungsquellen, *Teil 1*.

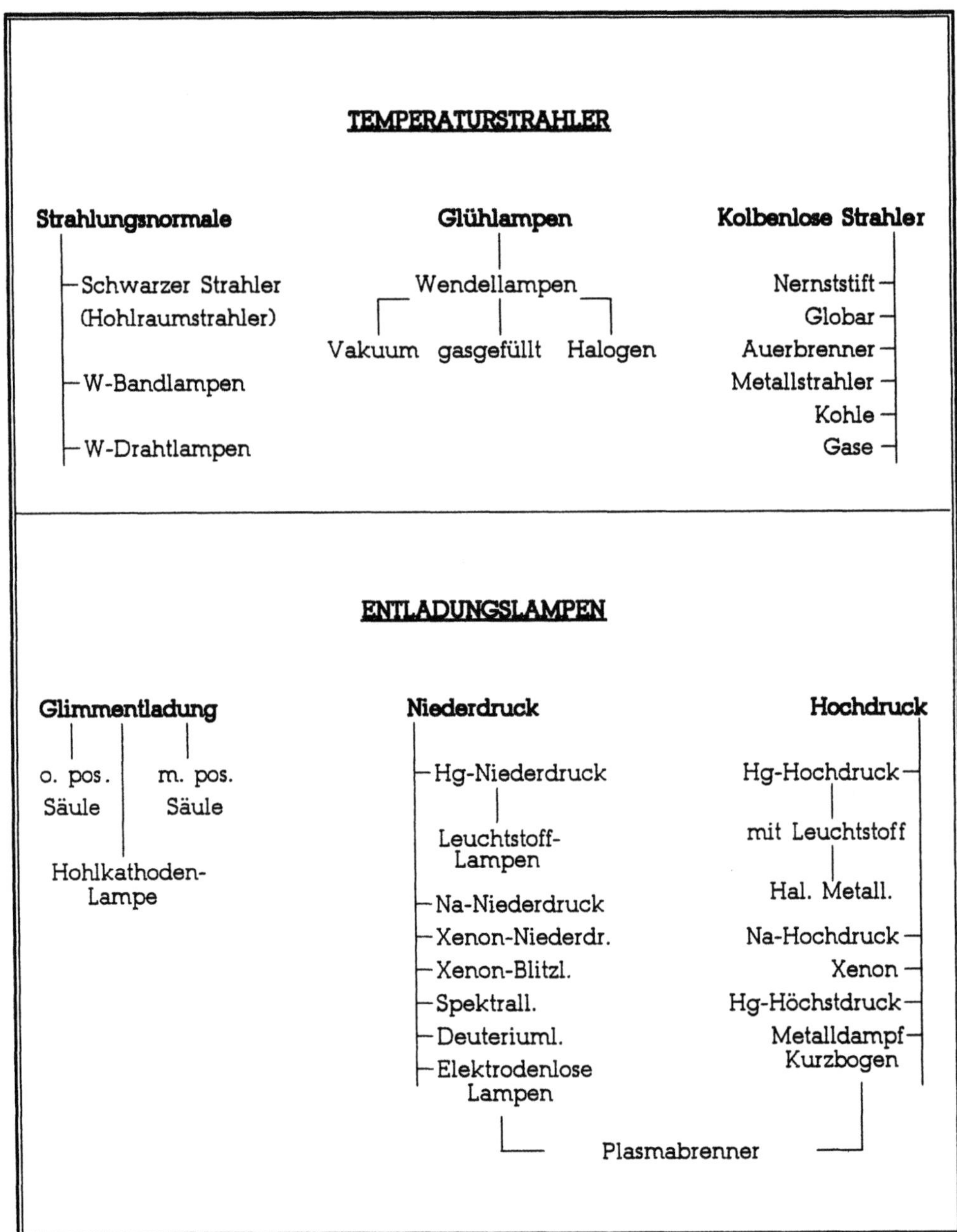

Tabelle 3.3-1 : Zusammenstellung technischer Strahlungsquellen, *Teil 2*.

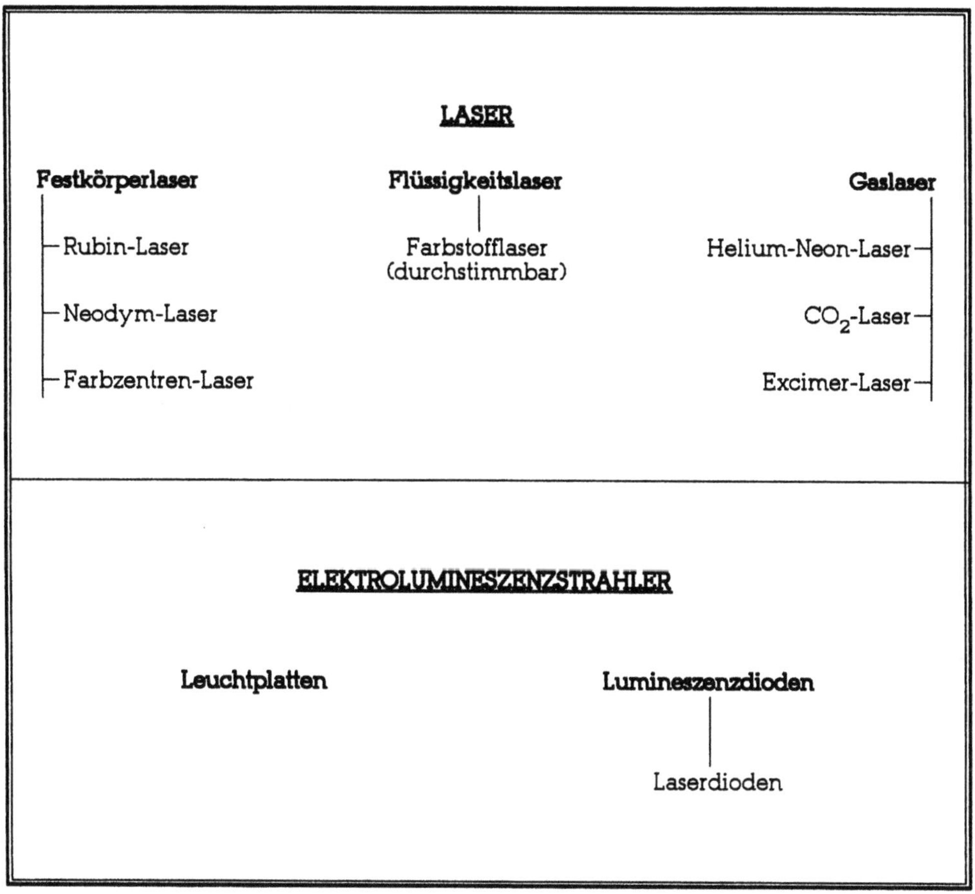

Hohlraumes austretende Strahlung darf in sehr guter Näherung als Schwarze Strahlung angesehen werden.

Die spektrale Verteilung der von ihm emittierten Strahlungsenergie in Abhängigkeit von der Temperatur wird durch das **Plancksche Strahlungsgesetz** (siehe z.B. Bergmann-Schaefer, 1987) beschrieben. Ein Zusammenhang zwischen der Gesamtstrahlung und der Temperatur ist durch das **Stefan-Boltzmann-Gesetz** (siehe z.B. Bergmann-Schaefer, 1987) gegeben. Aus diesen Gesetzmäßigkeiten ergibt sich, wie in **Abbildung 3.3-1** verdeutlicht, die Problematik, mit Temperaturstrahlern im kurzwelligen Bereich hohe Intensitäten zu erzeugen. Die Maxima der Emission liegen bei den technisch maximal erreichbaren Temperaturen (3400 K) im nahen Infrarot, während im blauen und ultravioletten Spektralbereich nur die "Ausläufer" der spektralen Strahlungsverteilung vorhanden

sind. Erst bei Temperaturen ab 5000 K würde auch in diesen Spektralbereichen eine
ausreichende Strahlungsleistung erzeugt.

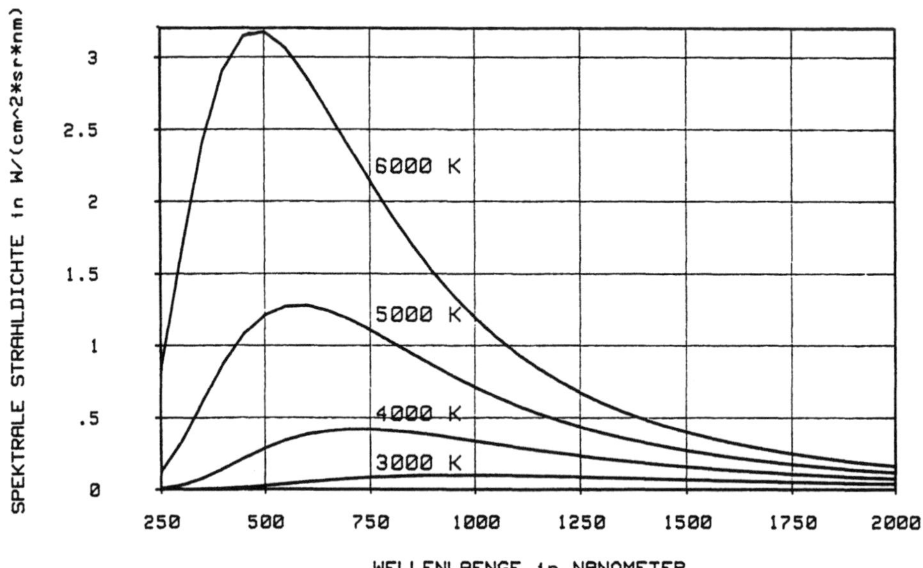

**Abbildung 3.3-1: Kontinuierliches Spektrum eines Temperaturstrahlers (W) bei verschie-
denen Temperaturen.**

Das Einsatzgebiet der Temperaturstrahler liegt deshalb hauptsächlich im sichtbaren
und infraroten Spektralbereich. Strahlungsnormale für den ultravioletten Spektralbereich müssen mit anderen Strahlungsquellen dargestellt werden.

3.3.1.2 Bandlampen

Der Emissionsgrad aller technischen Temperaturstrahler ist kleiner als der des Schwarzen
Strahlers (siehe dazu Bergmann-Schaefer, 1987). Die Abhängigkeit des Emissionsgrades
von der Temperatur und der Wellenlänge ist am umfangreichsten und am genauesten
an blanken Wolframoberflächen untersucht worden (u.a. de Vos, 1954). Er zeigt in seinem
spektralen Verlauf teilweise große Gradienten. Im Wellenlängenbereich von 250 nm bis
2 µm liegen die Werte des Emissionsgrades zwischen 0,45 und 0,15.
Ein beliebiger Strahler wird durch das Verhältnis der von ihm emittierten Strahlung zur Strahlung des Schwarzen Strahlers gleicher Temperatur gekennzeichnet. Die hierfür maßgebende Größe
wird allgemein **Emissionsgrad** genannt. Der Emissionsgrad $\varepsilon(\lambda)$ bezieht sich ausschließlich auf
die Eigenstrahlung eines Materials. Er ist im allgemeinen abhängig von der durch die Winkel
ϑ und φ (Zenit- und Azimutwinkel) gekennzeichneten Ausstrahlungsrichtung.
Ein grundlegendes Problem hierbei ist, einen Strahler mit einer Oberfläche zu schaffen, die in ihren Eigenschaften derjenigen entspricht, an welcher die umfangreichen

Untersuchungen des Emissionsgrades durchgeführt wurden. Mit den heute zur Verfügung stehenden Technologien läßt sich reines Wolfram mit blanker Oberfläche derart herstellen, daß der Emissionsgrad von Exemplar zu Exemplar nur sehr wenig streut. Damit ist es möglich, technische Strahler herzustellen, deren strahlungsphysikalische Eigenschaften - ähnlich wie beim Schwarzen Strahler - nur durch die Betriebstemperatur des Wolframs bestimmt werden.

Die Forderung nach einer gut reproduzierbaren Metalloberfläche kann nur von bandförmigen Leuchtkörpern erfüllt werden, da Drähte immer eine herstellungsbedingte Oberflächenstruktur aufweisen, die den Emissionsgrad beeinflußt. Realisiert werden diese Strahler in sog. Wolfram-Bandlampen. Die Bänder haben eine Breite zwischen 1 mm und 3 mm und eine Länge zwischen 10 mm und 30 mm.

Wolframbandlampen werden vor allem als Strahldichte- oder Temperatur-Normale benutzt, da ihre plane, gleichmäßig leuchtende Fläche (**Abbildung 3.3-2**) optisch gut erfaßbar und geometrisch mit hoher Wiederholgenauigkeit darstellbar ist. Zu diesem Zweck sind die meisten Bänder mit einer kleinen Kerbe versehen, die bei einer Abbildung als Orientierungshilfe dient.

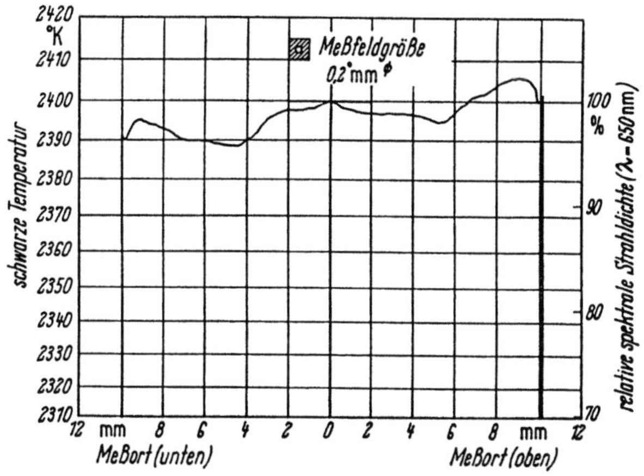

Abbildung 3.3-2 : Örtliche Verteilung der Strahldichte längs des Bandes einer W-Bandlampe.

Nach der Kolbenform können zwei verschiedene Ausführungen unterschieden werden. Es gibt einerseits Lampen mit zylindrischen oder kugelförmigen Außenkolben aus Weichglas. Ihr wichtigstes Einsatzgebiet ist die Pyrometrie, bei der ein kleiner Ausschnitt in der Mitte des Bandes als Bezugsfläche benutzt wird. Erfolgt ihre Abbildung mit kleinem Öffnungswinkel, können Verzerrungen durch den gewölbten Kolben vernachlässigt werden. Der spektrale Transmissionsgrad der Kolben beschränkt den Einsatz der Lampen auf den sichtbaren Spektralbereich. Andererseits gibt es Ausführungsformen, bei denen ein planes, schlierenfreies Quarzfenster in den Kolben eingeschmolzen ist (**Abbildung 3.3-3**). Dieses Material ermöglicht den Einsatz in einem wesentlich größeren Spektralbereich, der vom UV ab etwa 250 nm bis ins MIR bei 4 µm reicht. Das Fenster ermöglicht eine verzerrungsfreie Abbildung auch größerer Bandausschnitte, wie sie vor allem für die Ausleuchtung von Monochromatorspalten benötigt werden.

Nachteilig für den Betrieb von Wolfram-Bandlampen sind die hohen Lampenströme. Der große Querschnitt des Bandes und seine kurze Länge bedingen einen kleinen Innenwiderstand und damit eine kleine Lampenbetriebsspannung. Sie liegt zwischen 5 V und 10 V, so daß bei Lampenleistungen von 100 W bis 200 W Ströme zwischen 8 A und 20 A fließen müssen. Diese Ströme können in der erforderlichen Genauigkeit nur mit speziellen Versorgungsgeräten bereitgestellt werden, sie sind aber die Voraussetzung, um die mit diesen Lampen erreichbare hohe Konstanz der Strahlungswerte auch ausnutzen zu können.

Bandlampen werden im Gegensatz zu anderen Glühlampen, die bei konstanter Spannung betrieben werden, mit konstantem Strom betrieben. Dies hat den Vorteil, daß andere Größen wie Übergangs- und Leitungswiderstände keinen Einfluß auf die emittierte Strahlungsleistung haben.

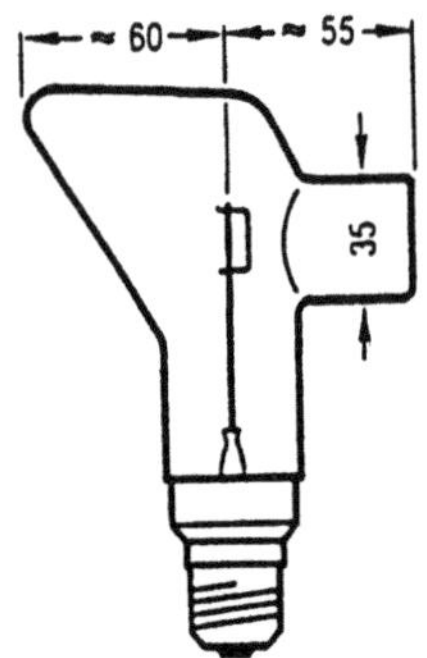
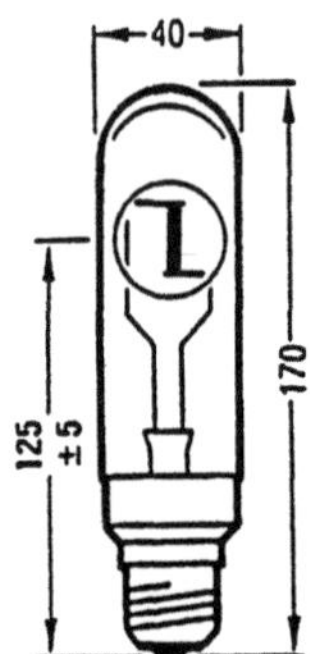

Abbildung 3.3-3: Wolfram-Bandlampe Wi 17 (OSRAM).

Zur Kennzeichnung der Strahlungseigenschaften (relative spektrale Strahlungsverteilung) von Wolfram-Temperaturstrahlern haben sich verschiedene Temperaturbegriffe eingebürgert.

Die **Verteilungstemperatur** T_V eines Strahlers ist diejenige Temperatur des Schwarzen (Planckschen) Strahlers (3.3.1.1 ←), bei dem dieser im betrachteten Spektralbereich die gleiche Strahlungsfunktion (2.2 ←) hat. Da es keine technischen Strahlungsquellen gibt, bei denen dies in einem größeren Spektralbereich erfüllt ist, werden in der Praxis Abweichungen der Strahlungsfunktion eines zu kennzeichnenden Strahlers von der des Schwarzen Strahlers bis zu einigen Prozent zugelassen. Auch mit dieser Einschränkung läßt sich z.B. für Wolfram-Temperaturstrahler eine Verteilungstemperatur nur für einen begrenzten Spektralbereich angeben. Dieser muß selbstverständlich mit der Verteilungstemperatur genannt werden. Die Verteilungstemperatur dient z.B. zur Kennzeichnung der Lichtart von Temperaturstrahlern.

Lichtart ist die Benennung für Strahlung mit einer bestimmten relativen spektralen Verteilung in dem Spektralbereich, der einen Einfluß auf die Farbe von Materialien hat.

Die **Farbtemperatur** T_f eines Strahlers ist die Temperatur des Schwarzen Strahlers, bei der dieser die gleiche Farbart hat.

Der betrachtete Strahler braucht in diesem Fall kein Kontinuumstrahler zu sein.

Die **ähnlichste Farbtemperatur** T_n (eines zu kennzeichnenden Strahlers) ist die Temperatur des Schwarzen Strahlers, bei der seine Farbart bei gleicher Helligkeit und unter festgelegten Beobachtungsbedingungen der des zu kennzeichnenden Strahlers am ähnlichsten ist.

Die **spektrale Strahlungstemperatur** T_s (auch **schwarze Temperatur** genannt) eines Strahlers für eine gegebene Wellenlänge ist die Temperatur des Schwarzen Strahlers, bei der seine spektrale Strahldichte (2.2 ←) bei dieser Wellenlänge der des betrachteten Strahlers gleich ist.

Zu beachten ist bei all diesen Temperaturbegriffen, daß es sich mit Ausnahme der **wahren Temperatur** (der tatsächlichen Temperatur des betrachteten Strahlers) nur um Hilfsmittel zur Verbesserung der Anschaulichkeit der jeweiligen Strahlungseigenschaften handelt. Die für eine Wolfram-Bandlampe wesentliche Eigenschaft, die spektrale Strahldichteverteilung, wird dadurch nur andeutungsweise beschrieben. Dies gilt insbesondere außerhalb des sichtbaren Spektralbereiches.

Die Zahlenwerte der "Hilfstemperaturen" unterscheiden sich bei gleicher wahrer Temperatur deutlich voneinander. In **Tabelle 3.3-2** sind die Werte von Schwarzer Temperatur und Farbtemperatur gegenübergestellt.

Tabelle 3.3-2: Wahre Temperatur T_w, Farbtemperatur T_f und Schwarze Temperatur T_s bei der Wolfram-Strahlung.

Tw(K)	Tf (K)	Ts (K)
1600	1619.1	1503.9
1700	1721.8	1591.4
1800	1824.5	1678.2
1900	1927.5	1764.2
2000	2030.5	1849.5
2100	2133.6	1934.0
2200	2236.9	2017.7
2300	2340.3	2100.6
2400	2443.9	2182.8
2500	2547.6	2264.2
2600	2651.4	2344.9
2700	2755.3	2424.8
2800	2859.4	2503.9
2900	2963.5	2582.3
3000	3067.9	2659.9
3100	3172.3	2736.7
3200	3276.9	2812.7
3300	3381.6	2888.0
3400	3486.4	2962.6

Wichtig für den Benutzer einer Normallampe ist die Zeit, während der mit einer konstanten Strahlungsleistung gerechnet werden kann (Nutzungsdauer). Vorausgesetzt werden muß, und darauf sei hier noch einmal hingewiesen, daß die elektrischen und geometrischen Anfangsbedingungen (Brennlage, Ausstrahlungsrichtung) eingehalten werden. Die Nutzungsdauer ist abhängig vom Aufbau der Lampe, dem Füllgas, den äußeren Einflüssen, denen die Lampe ausgesetzt ist (z.B. Erschütterungen) und vor allem der Temperatur des Leuchtkörpers. Um sich ein gesichertes Strahlungsnormal aufzubauen, ist es deshalb sinnvoll, sich immer auf mehrere Lampen zu beziehen, die unterschiedliche Brennzeiten aufweisen. Am besten stellt man sich sofort nach dem Erhalt einer kalibrierten Lampe Arbeitsnormale des gleichen Typs her, die dann für die Messungen benutzt werden. Diese werden in Abständen von einigen Betriebsstunden mit der Normallampe verglichen, um unzulässige Abweichungen festzustellen bzw. notwendige Korrekturen an den Betriebsparametern vornehmen zu können. Dabei macht man sich die Erfahrung zunutze, daß Temperaturstrahler mit Außenkolben ihre Eigenschaften durch Lagerung selbst über mehrere Jahre nicht verändern, eine Tatsache, die Lampen von den meisten Empfängern und Geräten positiv abhebt.

Als Anhaltspunkt für die Nutzungsdauer seien je hundert Stunden genannt, innerhalb derer eine hinreichend gute Konstanz zu erwarten ist. Die Nutzungsdauer erhöht sich deutlich, wenn die Lampe unter der Nennlast betrieben wird.

3.3.2 Drahtwendellampen

Während die Vorteile von Bandlampen ausschließlich auf meßtechnischem Gebiet liegen (ihre gut definierte Oberfläche erlaubt eine eindeutige Lokalisierung des Strahl-dichte-Meßfeldes), sind sie Lampen mit geringerem Leitungsquerschnitt in den meisten für eine Strahlungsquelle wichtigen Eigenschaften wie Strahlungsausbeute, Lebens-dauer, Abmessungen und Betriebsdaten unterlegen. Wolfram-Temperaturstrahler besitzen deshalb fast ausschließlich Drähte als Leuchtkörper, deren Länge und Durchmesser die Betriebsspannung der Lampe bestimmen. Um die teilweise großen Drahtlängen im Lam-penkolben unterzubringen, müssen sie (teilweise mehrfach) gewendelt werden.

Die Strahlungsausbeute einer Strahlungsquelle im Wellenlängenbereich von λ_1 bis λ_2 ist der Quotient aus der in diesem Bereich abgestrahlten Strahlungsleistung und der zu ihrer Erzeugung aufgewendeten Leistung.

Grundsätzlich unterscheidet man folgende Arten (**Abbildung 3.3-4**)

- **Langdrahtleuchtkörper**: Ein gestreckter oder gebogener (nicht gewendelter) Wolframdraht ist zwischen den Elektroden ausgespannt und ggf. durch Halter gestützt.
- **Einfachwendelleuchtkörper**: Ein Wolframdraht ist um einen Kerndraht zur Wen-del aufgewickelt.
- **Doppelwendelleuchtkörper**: Eine Einfachwendel ist nochmals um einen zweiten Kerndraht (Sekundärkern) aufgewickelt.
- **Dreifachwendelleuchtkörper**: Eine Doppelwendel ist nochmals um einen dritten Kerndraht bzw. um einen Dorn aufgewickelt.

Ungewendelte Drahtlampen werden vor allem für wissenschaftliche und meßtechnische Zwecke verwendet. Ihre Vorteile sind die eindeutige Bezugsebene des Leuchtkörpers sowie die gleichbleibende Farbtemperatur über die Drahtlänge.

Ein weiteres Einsatzgebiet für Drahtlampen ist die visuelle Pyrometrie, bei der die Kuppe eines bügelartigen Leuchtdrahtes als angenähert punktförmige Bezugsstrah-lungsquelle benutzt wird.

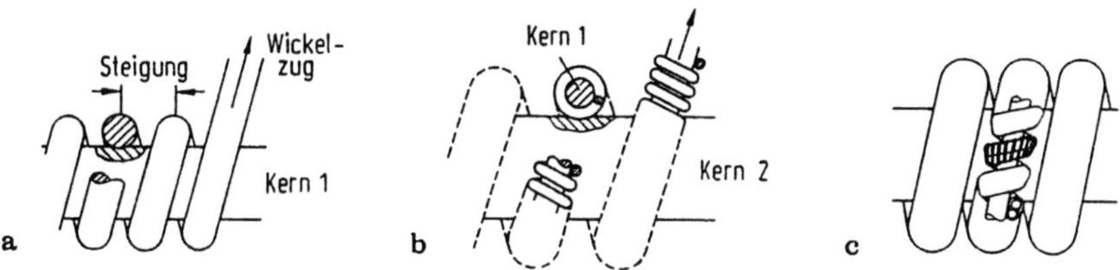

Abbildung 3.3-4: Aufbau von Glühlampen-Wendeln. a Einfachwendel; b Doppelwendel;
c Dreifachwendel.

Durch die Wendelung wird der Platzbedarf für den Leuchtköper wesentlich verringert. Der Wolframdraht einer Hochvolt-100 W-Lampe hat eine Länge von 815 mm bei
einem Durchmesser von 25 µm. Diese Länge reduziert sich bei Einfachwendelung auf
145 mm, bei Doppelwendelung auf 25 mm und bei Dreifachwendelung auf 6 mm.
Je nach Anwendungszweck werden die Wendeln in verschiedene Formen gebracht,
um kompakte oder ausgedehnte Leuchtfelder zu erzielen. **Abbildung 3.3-5** zeigt die
Grundformen der Leuchtkörperanordnungen.

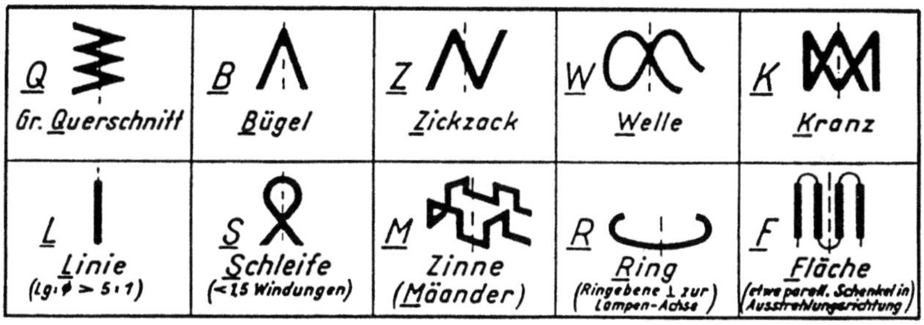

Q Gr. Querschnitt	B Bügel	Z Zickzack	W Welle	K Kranz
L Linie (Lg. ϕ > 5 : 1)	S Schleife (< 15 Windungen)	M Zinne (Mäander)	R Ring (Ringebene ⊥ zur Lampen-Achse)	F Fläche (etwa parall. Schenkel in Ausstrahlungsrichtung)

Abbildung 3.3-5: Ausführungsformen von Glühlampen-Leuchtkörpern.

3.3.2.1 Drahtlampen im Vakuum

Bei den hohen Betriebstemperaturen des Wolframs würde in Normalatmosphäre der
Leuchtkörper in kürzester Zeit oxydieren und verglühen. Die Anwesenheit von Sauerstoff
muß deshalb in jeder Glühlampe unbedingt vermieden werden. Eine Möglichkeit hierfür
ist die Evakuierung des Lampenkolbens.
Diese Vakuum-Lampen bezeichneten Lampentypen haben meßtechnisch einige Vorteile
gegenüber den unten beschriebenen gasgefüllten Lampen. Im Vakuum gibt der Leuchtkörper die aufgenommene Leistung praktisch nur durch Strahlung ab. Lediglich 1 % bis
3 % werden durch Wärmeleitung über die Leuchtkörperhalter abgeführt. Da der Kolben

in dem Spektralbereich, der für die Wolframemission wesentlich ist, einen großen Transmissionsgrad hat, ist eine Vakuumlampe durch geringe Kolbentemperaturen gekennzeichnet. Die fehlende Konvektion in der Umgebung des Leuchtkörpers bewirkt eine außergewöhnlich gute Kurzzeit-Konstanz der Strahldichte. Nachteilig ist gegenüber gasgefüllten Lampen die geringere thermische Belastbarkeit des Leuchtkörpers. Sie ist bestimmt durch die stark temperaturabhängige Verdampfungsgeschwindigkeit des Wolframs. Bei einer Erhöhung der Wendeltemperatur um 100 K erhöht sie sich auf das Dreifache. Vakuum-Lampen dürfen deshalb nicht bei Temperaturen größer als 2200 K, maximal 2400 K, betrieben werden. Die Folgen einer Überlastung wären starke Kolbenschwärzung durch Wolfram-Niederschlag, Verkürzung der Brenndauer und Änderungen in der Strahlungsemission.

3.3.2.2 Gasgefüllte Glühlampen

Die Verdampfungsrate des Wolframs kann durch eine Gasfüllung des Kolbens stark reduziert werden. Dadurch läßt sich bei gleichbleibender Temperatur die Lebensdauer erhöhen oder bei gleicher Lebensdauer die Lichtausbeute steigern. Nachteilig ist jedoch, daß das Gas Wärme von der Wendel an den Kolben und damit aus der Lampe ableitet, wodurch der Wirkungsgrad erniedrigt wird. Der Punkt, an dem sich die beiden Einflußgrößen kompensieren und die Gasfüllung einen Gewinn in der Lichtausbeute bringt, ist abhängig von

    - der Versorgunsspannung
    - der Leistungsaufnahme
    - dem Füllgas
    - dem Fülldruck

Die Gewinnphase beginnt bei 230 V-Lampen bei 15 W und bei Niedervoltlampen bei 3 W. Für die Auswahl des Füllgases sind folgende vier Forderungen maßgebend. Es darf

1. Wolfram nicht angreifen,
2. nicht durch Lichtbogenbildung zu Kurzschlüssen innerhalb der Lampe führen,

und soll

3. die Verdampfungsgeschwindigkeit des Wolframs gegenüber dem Betrieb im Vakuum stark herabsetzen,
4. die Leistungsbilanz der Lampe, d. h. ihren Strahlungswirkungsgrad, möglichst wenig verschlechtern.

Aus Forderung 1 ergibt sich, daß in erster Linie die Edelgase zur Füllung in Betracht kommen. Forderung 2 macht besondere Vorsicht in der Wahl des Füllgases und in seiner Zusammensetzung notwendig. Reine Edelgase begünstigen durch ihre niedrigen Ionisierungsspannungen das Entstehen einer Bogenentladung. Durch Beimischen von Stickstoff läßt sich jedoch die Zündspannung stets genügend weit heraufsetzen. Doch ist man mit Rücksicht auf die Forderungen 3 und 4 bemüht, die Stickstoffbeimischung möglichst klein zu halten, da Stickstoff sowohl hinsichtlich der Verdampfungsverhinderung wie in Bezug auf die Leistungsbilanz der Lampe gegenüber den Edelgasen Argon, Krypton und Xenon im Nachteil ist.

Druckerhöhung der Füllgase reduziert die Verdampfungsgeschwindigkeit des Wolframs und damit die Lebensdauer einer Lampe ebenfalls (**Abbildung 3.3-6**). Die obere Grenze wird durch die Berstdruckfestigkeit des Kolbens vorgegeben.

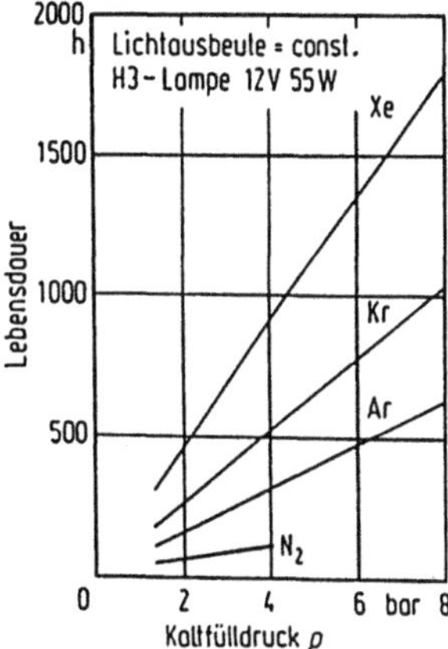

Abbildung 3.3-6: Abhängigkeit der Lebensdauer einer Glühlampe vom Kaltfülldruck und vom Füllgas.

In der Meßtechnik sind gasgefüllte Lampen erforderlich, wenn Temperaturen größer als 2400 K erforderlich sind. Die Nachteile von gasgefüllten Wendellampen gegenüber Vakuum-Langdrahtlampen, wie größere Meßunruhe und geringere Farbkonstanz längs des Leuchtkörpers, müssen dabei in Kauf genommen werden. Dafür können mit diesen Lampentypen Farbtemperaturen bis zu 3400 K und damit Intensitäten erreicht werden, die auch für viele Messungen im ultravioletten Spektralbereich ausreichend sind.

3.3.2.3 Halogen-Glühlampen

Im vorherigen Abschnitt wurde dargelegt, daß durch Erhöhung des Fülldruckes die Strahlungsausbeute einer Lampe gesteigert werden kann, und daß die obere Grenze des Druckes durch die Belastbarkeit des Kolbens gegeben wird. Eine Möglichkeit, die Widerstandsfähigkeit gegen einen Überdruck des Kolbens zu erhöhen, ist die Verkleinerung seiner Abmessung. Dies führt jedoch zu einer verstärkten Kolbenschwärzung, da sich die trotz Druckerhöhung noch abdampfenden Wolframatome jetzt auf einer wesentlich kleineren Kolbeninnenfläche verteilen.
Bei Lampen mit kleinem Kolben und hohen Temperaturen muß also ein Weg gefunden werden, den Wolfram-Niederschlag auf der Kolbenwandung zu vermeiden. Die Lösung war die Einführung des Halogenkreisprozesses in die Glühlampentechnologie. Vereinfacht läßt sich der Kreisprozeß folgendermaßen beschreiben.
Dem Füllgas werden etwa 30 ppm bis 1000 ppm eines Halogens zugesetzt. Ursprünglich erfolgte eine Dosierung mit elementarem Jod. Daher rührt die häufig noch anzutreffende Bezeichnung dieses Lampentyps als Quarz-Jod-Lampe. Heute werden Fluor, Chlor, Brom und Jod gleichermaßen zugesetzt, wobei sich Mischungen von bis zu drei Halogenen in einzelnen Lampentypen als vorteilhaft erwiesen haben. Überwiegend werden die Halogene in Form von halogenierten Kohlenwasserstoffen zugemischt.

Die Wirkung der Halogene im Kreisprozeß rührt von ihrem chemischen Bindungsverhalten zu Wolfram her. Bei hohen Temperaturen, wie sie in Wendelnähe herrschen, sind die W-Halogenverbindungen nicht stabil. Bei den Kolbentemperaturen sind die Verbindungen jedoch stabil und im allgemeinen gasförmig. Diese Eigenschaft verhindert die Schwärzung des Lampenkolbens. Wolfram verdampft also in üblicher Weise von der glühenden Wendel. Unbehelligt von den Halogenatomen in der heißen, wendelnahen Zone, gelangt es (durch Diffusion oder Konvektion) in Temperaturgebiete, wo sich stabile W-Halogen-Verbindungen bilden. Dadurch wird das Wolfram bereits hier auf seinem Weg zum Kolben abgefangen bzw. durch die Flüchtigkeit der entstandenen Verbindung wird die Kolbenschwärzung mangels Kondensation verhindert.

Der Kreis schließt sich, da das Halogen wieder freigesetzt wird, wenn die Verbindungen durch Diffusion oder Konvektion in Temperaturgebiete gelangen, wo sie zerfallen. Da die notwendigen Temperaturen schon von den Elektroden, Wendelenden oder äußersten Windungen erreicht werden können, lagert sich dort Wolfram ab. Da das Wolfram nicht an seine Herkunftsstelle zurücktransportiert wird, ist der Kreisprozeß nicht-regenerativ. Die Lebensdauer wird weiterhin durch Durchbrennen an entstehenden "hot spots" beendet.

Meßtechnisch bringen Halogen-Glühlampen wegen ihrer kleinen Abmessungen, der hohen Farbtemperatur und der vernachlässigbaren Kolbenschwärzung viele Vorteile. Zu beachten ist jedoch, daß die Halogene eine bestimmte spektrale Selektivität besitzen, die eine merkliche Abweichung der relativen spektralen Strahlungsverteilung von der der reinen Wolfram-Strahlung erzeugen. Dies zeigt sich z. B. in den Farborten von Halogenlampen, die nicht wie die der normalen Glühlampen auf dem Planckschen Kurvenzug liegen, sondern je nach eingebrachten Elementen nach "Grün" oder "Purpur" verschoben sind.

Entgegen einer landläufigen Meinung lassen sich Halogen-Glühlampen auch ohne Gefahr einer Kolbenschwärzung mit Unterspannung betreiben, da die Abnahme des temperaturabhängigen Kreisprozesses wesentlich langsamer erfolgt als der Rückgang der Verdampfungsgeschwindigkeit. Allerdings muß eine starke lokale Unterkühlung des Kolbens, z. B. durch starke Luftströmungen, vermieden werden, da an diesen Stellen der Kreisprozeß unterbrochen wird und es zu örtlich abgegrenzten Schwärzungen kommen kann, die sich durch nachfolgendes Aufheizen nicht mehr entfernen lassen.

3.3.3 Zusammenstellung von Glühlampen für meßtechnische und wissenschaftliche Zwecke

Abhängig von der zu messenden Strahlungsgröße müssen Lampen nach verschiedenen Gesichtspunkten beurteilt werden. Die an sie zu stellenden Anforderungen wurden bereits behandelt (3.2 ←). Allgemein gilt, daß eine Lampe um so stabiler und die von ihr emittierte Strahlung um so besser zu reproduzieren ist, je kleiner bei sonst gleicher Ausführungsform die Nennspannung ist. Bei entsprechender Auswahlmöglichkeit ist eine 110 V-Ausführung der 220 V-Ausführung und eine 12 V-Ausführung der 24 V-Lampe vorzuziehen.

Anmerkung: Lampenbezeichnungen sind, soweit nicht anders angegeben, den OSRAM-Produktinformationen entnommen.

Lichtstrom/Strahlungsfluß-Lampen: gasgefüllte Wendellampen mit stabiler Wendelhalterung; Kolben klar oder mattiert

Halogen-Glühlampen in Soffittenform:

Typ Wi 5, Wi 6;	Leistung 40 W bis 300 W		
Typ 64340	15 V	100 W	
Typ 64380	30 V	200 W	

Lichtstärke/Strahlstärke-Lampen: Langdrahtlampen, mit geradlinig oder meanderförmig in einer definierten Ebene aufgespanntem Draht, in Vakuumausführung oder gasgefüllt

Halogen-Glühlampen mit Rechteckwendel mit geringer Steigung

Typ Wi 9	8,5 V	6 A
Typ Wi 40, Wi 41	31 V	6 A
Typ HLX 64663	36 V	400 W

Leuchtdichte/Strahldichte-Lampen: Wolfram-Bandlampen mit Röhren-, Kugel- oder Hornkolben

Typ Wi 14	5 V	16 A
Typ Wi 16, Wi 17	9 V	16 A

Pyrometer-Langdrahtlampen, bügelförmig aufgespannt; Typen verschiedener Hersteller mit etwa 4 V und 0,3 A

3.3.4 Hinweise zum Betrieb von Glühlampen in der Meßtechnik

Glühlampen sind einfach zu betreibende und gut reproduzierbare Strahlungsquellen. Um diese positiven Eigenschaften auch ausnutzen zu können, müssen beim Betrieb von Glühlampen bestimmte meßtechnische Voraussetzungen eingehalten werden. Wenn auch die einzelnen Bedingungen auf die verschiedenen Lampentypen unterschiedliche Auswirkungen zeigen, sollte in allen Fällen, wenn auch nur prophylaktisch, auf die Einhaltung der nachfolgend aufgeführten Anforderungen geachtet werden.

- **Nutzungsdauer:** Die Nennlebensdauer von Glühlampen liegt zwischen 10 und 10000 Stunden. In der Meßtechnik sollen Glühlampen, besonders wenn sie als Normal verwendet werden, nur während 20 % der Nennlebensdauer benutzt werden. Die Nutzlebensdauer kann durch Betrieb mit Spannungen unterhalb der Nennspannung verlängert werden. Es gilt die Faustformel, daß 10 % Unterspannung eine Verdoppelung der Nutzungsdauer bringen.
- **Alterung bei Normallampen:** Normallampen sollen vor ihrem ersten Einsatz 1 Stunde oder 1 % der Nennlebensdauer gealtert werden.
- **Brennlage:** Auch wenn alle räumlichen Lagen (Brennlagen) der Lampe erlaubt sind, sollte die einmal gewählte Brennlage beibehalten werden.
- **Vibration, Stoß:** Empfindlich sind insbesondere Lampen mit kleiner Leistung und hoher Nennspannung.
- **Wärmeabgabe:** Glühlampen zeigen eine starke Erwärmung und daher eine erhebliche Konvektion, die nicht behindert werden darf.

- **Umgebungstemperatur**: Die Umgebungstemperatur hat keinen oder nur einen geringen Einfluß.
- **Meßunsicherheit**: Die Werte der Strahlungsgrößen ändern sich stark mit der elektrischen Einstellgröße (vgl. **Abbildung 3.3-7**). Die elektrischen Meßgeräte müssen deshalb eine mindestens dreifach höhere Genauigkeitsklasse aufweisen als strahlungsphysikalische Reproduzierbarkeit gefordert wird.
- **elektrische Schaltung**: Die unvermeidbaren Übergangswiderstände zwischen den Kontakten der Lampenfassung und denen des Lampensockels führen bei fließendem Lampenstrom zu Spannungsabfällen, die die Meßwerte für Lampenspannung und Lampenleistung verfälschen. Der Fehler nimmt bei Lampen zu, die mit großer Stromstärke und kleiner Lampenspannung betrieben werden. Er läßt sich vermeiden, wenn eine Meßfassung verwendet wird (s. **Abbildung 3.3-8**). In ihr wird die Lampenspannung nahezu stromlos über gesonderte Potentialkontakte abgegriffen, wodurch die Übergangswiderstände der Potentialkontakte wirkungslos bleiben.

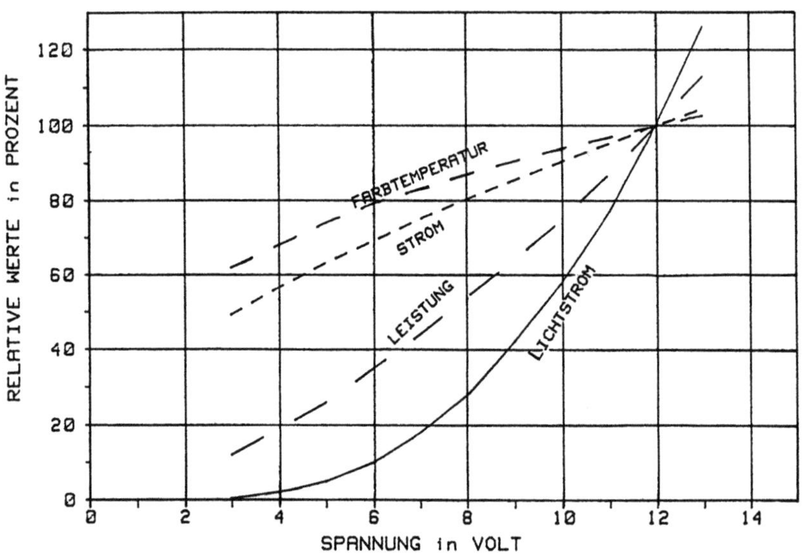

Abbildung 3.3-7: Abhängigkeit der Betriebsdaten einer Glühlampe (Niedervoltglühlampe 100 W) **von der Versorgungsspannung.**

3.3.5 Kolbenlose thermische Strahler

Hochbelastete Temperaturstrahler können, wie im letzten Abschnitt beschrieben, nur in einer inaktiven Atmosphäre betrieben werden, d. h. sie benötigen ein hermetisch abgeschlossenes Gehäuse. Die Umhüllungen, meist aus Glas oder Quarz gefertigt, haben den Nachteil, daß ihr spektraler Transmissionsgrad selektiv ist. Besonders trifft dies auf das mittel- und längerwellige Infrarot zu. Die **Abbildungen 3.3-9** bis **3.3-12** zeigen den spektralen Transmissionsgrad einiger typischer Kolben- und Fenstermaterialien. Leider haben die Materialien mit dem größten Transmissionsbereich schwerwiegende Nachteile in ihren sonstigen physikalischen Eigenschaften (z. B. hygroskopisch), die ihr Einsatzgebiet stark einschränken.

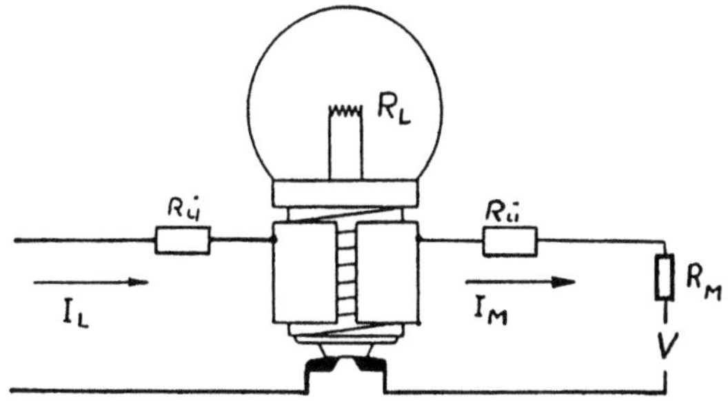

Abbildung 3.3-8: Prinzip-Schaltbild einer Meßfassung.

Benötigt man nun Strahler für die Infrarot-Spektroskopie, die auch im längerwelligen Spektralbereich hinreichend stark emittieren, müssen kolbenfreie Strahler benutzt werden. Dafür sind Materialien erforderlich, die auch bei höheren Temperaturen in Normalatmosphäre stabil bleiben und im interessierenden Spektralbereich einen großen Emissionsgrad aufweisen. Vorteilhaft ist auch eine gute elektrische Leitfähigkeit, um eine direkte Aufheizung durch den elektrischen Strom zu ermöglichen. Die wichtigsten Vertreter dieser Strahler sind der Nernst-Brenner, der Globar- oder Silit-Brenner und der Auer-Brenner sowie Metallstrahler.

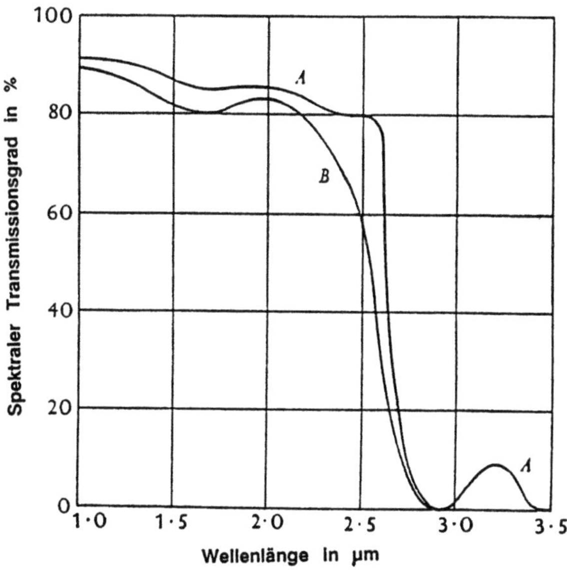

Abbildung 3.3-9: Spektraler Transmissionsgrad optischer Gläser im IR. A Kronglas 3 mm dick; B Flintglas 3 mm dick.

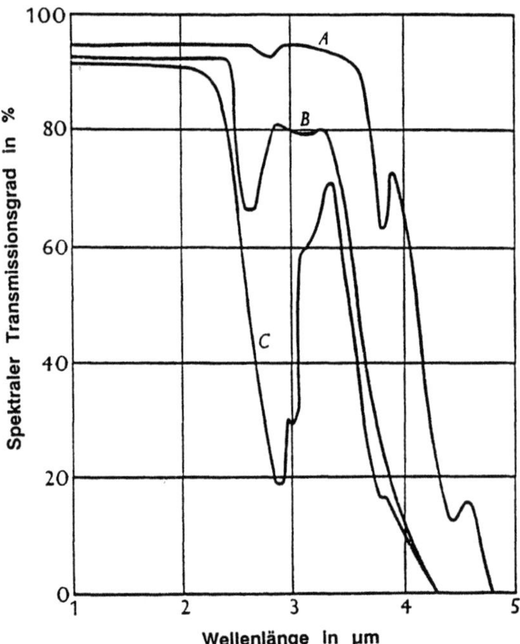

Abbildung 3.3-10 : Spektraler Transmissionsgrad von Quarz im IR. A geschmolzen d = 2,5 mm; B geschmolzen d = 10 mm; C Naturquarz d = 10 mm.

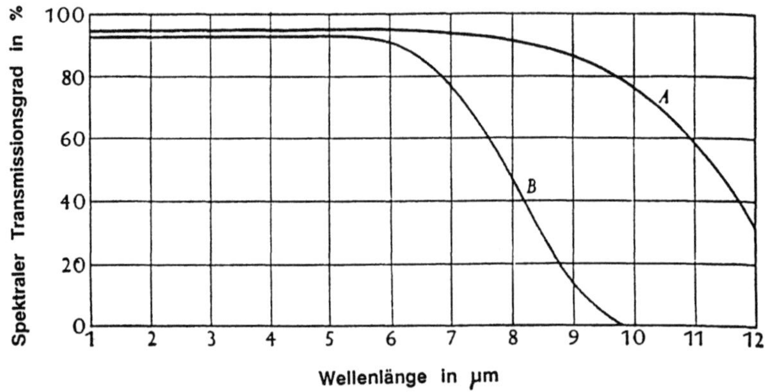

Abbildung 3.3-11: Spektraler Transmissionsgrad von Kalziumfluorit. A d = 1 mm; B d = 10 mm.

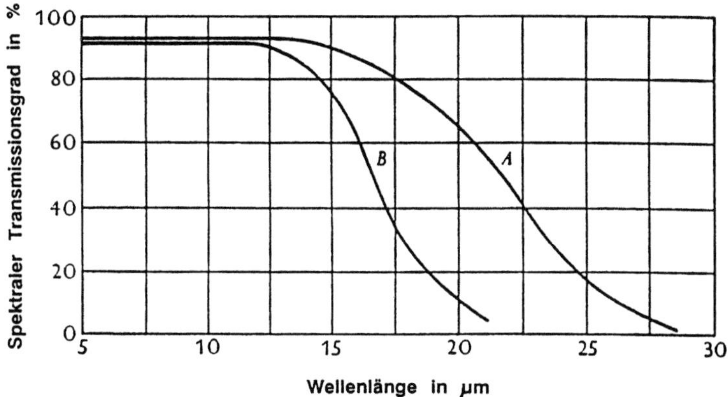

Abbildung 3.3-12: Spektraler Transmissionsgrad von Steinsalz. A d = 1 mm, B d = 10 mm.

3.3.5.1 Nernst-Brenner (-Stift)

Der Nernst-Brenner wird im kurz- und mittelwelligen Infrarot eingesetzt. Die spektrale Strahlungsverteilung ist bis etwa 6 µm deutlich selektiv (**Abbildung 3.3-13**), erst ab 7 µm kann der Nernst-Brenner als *grauer Strahler* mit konstantem Emissionsgrad bezeichnet werden.

Für viele technische Aufgaben hat sich der Begriff **Grauer Strahler** bewährt. Man versteht darunter einen Temperaturstrahler, dessen (halbräumlicher) spektraler Emissionsgrad innerhalb eines bestimmten Spektralbereiches konstant ist. In der Praxis ist das nur angenähert und nur in einem bestimmten Spektralbereich erfüllbar.

Als Kalibrierstrahler ist der Nernst-Brenner ungeeignet, da sich seine spektrale Strahlungsverteilung mit der nicht einheitlichen Zusammensetzung der Brennermasse, die aus etwa 85 % Zirkonoxid und Zusätzen von Oxiden der Seltenen Erden besteht, ändert. Die normale Betriebstemperatur beträgt 1700 K. Wird eine kürzere Lebensdauer in Kauf genommen, können aber Temperaturen bis über 2000 K eingestellt werden.

Bei einer Betriebstemperatur von etwa 2400 K reicht der nutzbare Spektralbereich von etwa 1 µm bis 15 µm mit einem Maximum bei 1,4 µm.

Der meist 1 mm bis 3 mm dicke Leuchtstab ist bei Zimmertemperatur ein Nichtleiter. Zum Zünden muß er auf etwa 800 °C erwärmt werden. Zur Abführung der Stromwärme dient häufig ein wassergekühltes Gehäuse.

Nachteile des Nernst-Brenners sind seine mangelnde mechanische Stabilität und die geringe Lebensdauer.

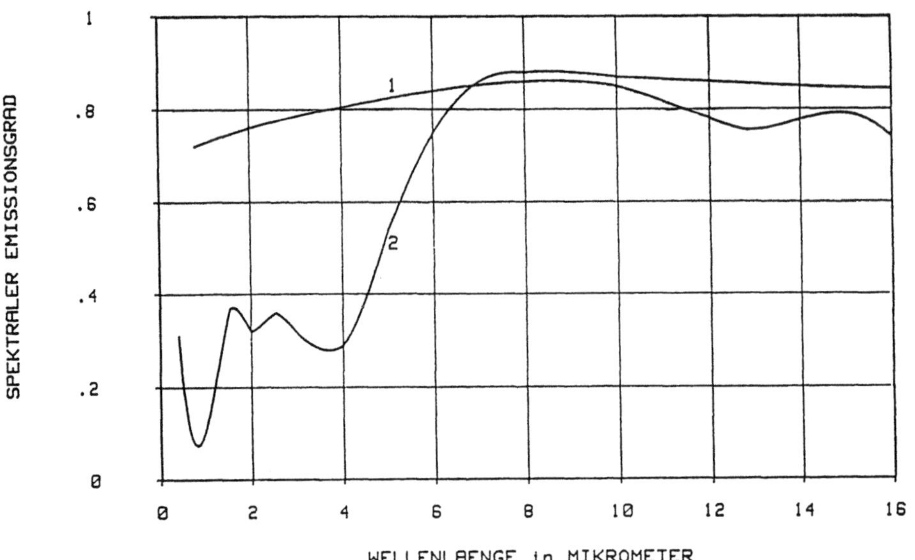

Abbildung 3.3-13: Spektraler Emissionsgrad von Siliziumkarbid bei 1250 K (1) und eines Nernst-Stiftes bei 1700 K (2).

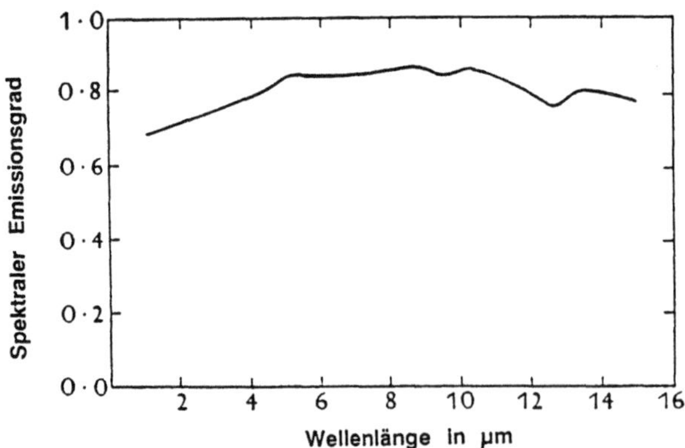

Abbildung 3.3-14: Spektraler Emissionsgrad eines Globars.

3.3.5.2 Globar-Brenner

Eine Wärmestrahlungsquelle, die bei spektroskopischen Arbeiten mannigfache Vorteile bietet, sind SiC-Stäbe, die in Deutschland unter der Bezeichnung "Silit" und in den USA als "Globar" gehandelt werden. Je nach Verwendungszweck werden Stäbe der verschiedensten Abmessungen benutzt, von Bleistiftgröße bis zu armdicken, meterlangen Stäben. Die geschieht in einfachster Weise durch Anlegen einer ausreichenden elektrischen Gleich- oder Wechselspannung. Die benötigte Heizleistung beträgt beim Betrieb in einem Ofen von 1600 K etwa 8 W je cm^2 Oberfläche und etwa das Vierfache dieses Wertes beim Betrieb in freier Luft. Die größte mögliche Temperatur liegt bei 1700 K. Gegen Temperaturüberlastung ist das Material außerordentlich empfindlich, überlastete Zonen machen sich beim Brennen durch helleres Aufglühen infolge der Widerstandserhöhung durch Zersetzen des SiC bemerkbar. An solchen überbelasteten Stellen brechen die Stäbe bei geringfügigen mechanischen Beanspruchungen. Der Emissionsgrad des Brenners liegt zwischen 0,7 und 0,8 bzw. 70 % und 80 % (s. **Abbildung 3.3-14**).

3.3.5.3 Auer-Brenner

Wegen seiner speziellen Emissionseigenschaften wird der Auer-Brenner vorzugsweise im langwelligen Infrarot eingesetzt. Der Brenner dieses "Gasglühlichtes" besteht aus Thoroxid und 0,75 % bis 2,5 % Zusatz von Ceroxid. Die Erhitzung auf etwa 1800 K erfolgt in einem Leuchtgas-Luft-Gemisch in der Art einer Bunsenflamme. Die Heizung durch Verbrennungsenergie kompliziert die Emissionsverhältnisse nicht unerheblich, Zusammensetzung und Flammenform der brennenden Gase sind von großem Einfluß. Dazu kommen die Einflüsse aus der verschiedenen Zusammensetzung und Beschaffenheit der Leuchtmasse. Schließlich überlagern sich ihrem Spektrum noch die Emissionsbanden der Bunsenflamme, und zwar hauptsächlich bei 2,7 µm und 4,4 µm. Oberhalb 10 µm wird die Emission durch die Gasflamme nicht mehr beeinflußt. Die **Abbildungen 3.3-15** und **3.3-16** zeigen typische spektrale Verteilungen im kurz- und langwelligen Infrarot.

3.3.5.4 Metallstrahler

Neben Wolfram werden auch andere Metalle bzw. meist ihre Oxide als Strahlungsquellen benutzt. Ihre Aufheizung erfolgt entweder direkt bei entsprechend leitfähigen Materialien, wie z. B. Eisen, Chrom oder Aluminium, oder die Metalle werden zu Rohren geformt, in die ein Nickel-Chrom-Heizdraht und keramisches Material eingebracht wird. Die erreichbaren Temperaturen liegen bei 1100 K, die Emissionsgrade zwischen 0,2 (Stahl) und 0,9 (Chromnickelstäbe), nehmen jedoch bei Metallen mit steigender Temperatur ab. Höher liegen die Werte des Emissionsgrades oxidierter Oberflächen, sie sind auch weitgehend temperaturstabil. Allerdings sind sie weitgehend ein Zufallsprodukt, deren Gesetzmäßigkeit nicht oder nur schwer zu erfassen ist. Neben der Art des Oxids, seiner Dicke, Dichte und Formierung üben Risse in der Schicht und viele andere Eigenschaften einen wesentlichen Einfluß aus.

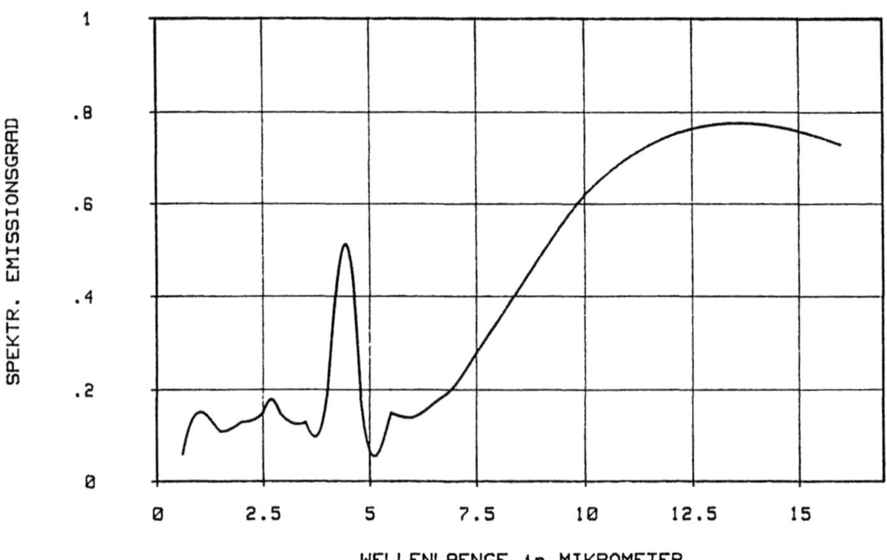

Abbildung 3.3-15 :Spektraler Emissionsgrad eines Auer-Brenners.

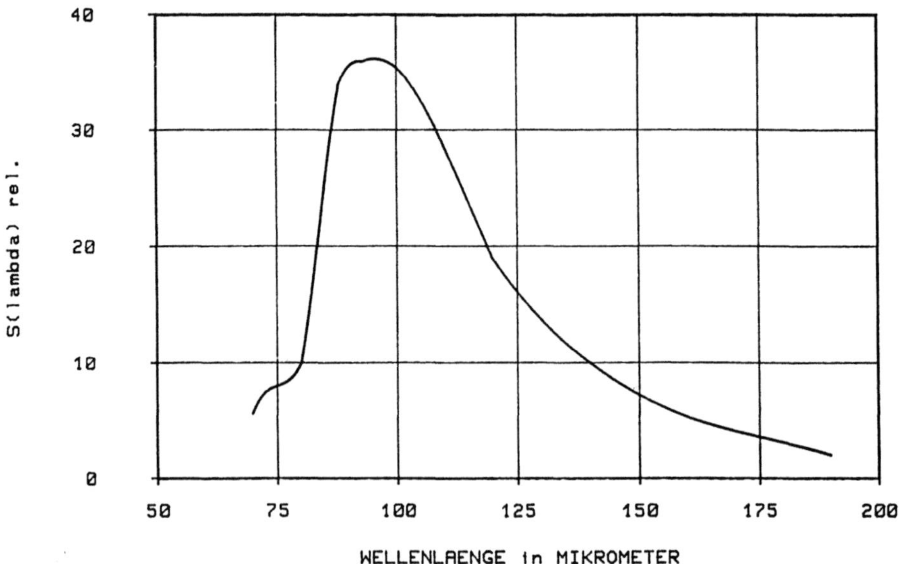

Abbildung 3.3-16: Spektrale Strahlungsverteilung eines Auer-Brenners im FIR.

3.3.5.5 Kohle

Kohle ist wegen ihrer hohen Temperaturbelastbarkeit und ihrer Strahlungseigenschaften
eine bemerkenswerte Strahlungsquelle. Im sichtbaren Spektralbereich beträgt ihr Emissionsgrad durchweg 0,7; sie strahlt in diesem Bereich also grau. Im Infraroten nimmt der
Emissionsgrad ab. Bei etwa 2000 K beträgt der Gesamtemissionsgrad etwa 0,58. Der
Emissionsgrad im kurzwelligen Infrarot für 2000 K ist in der **Abbildung 3.3-17** wiedergegeben. Die als Strahler verwendeten Kohlefäden werden häufig graphitiert, wodurch
eine gewisse Bevorzugung kurzwelliger Strahlung (500 nm und kleiner), insgesamt aber
eine Erniedrigung des Emissionsgrades, insbesondere im Infraroten, erzielt wird.

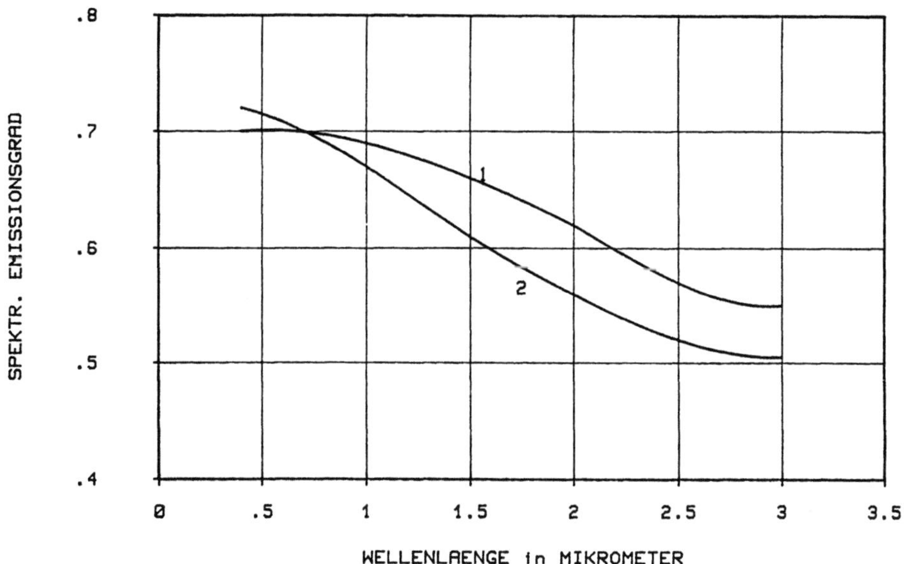

Abbildung 3.3-17: Spektraler Emissionsgrad von Kohle. 1 Reinkohle; 2 graphitierte Kohle.

3.3.5.6 Strahlung von Gasen (Flammen)

Gase strahlen durchweg spektral selektiv, d.h. die von ihnen emittierte Strahlungsleistung
ist in wenige, einigermaßen scharf begrenzte Wellenlängenbereiche zusammengedrängt.
Davon abgesehen, hängt die Strahlungsleistung beträchtlich vom Gasdruck und der
Schichtdicke des strahlenden Gases ab. Daher sind allgemein gültige Aussagen nur
schwer zu machen.
Da mit dem Auftreten heißer Gase in der Praxis fast immer Verbrennungserscheinungen
verbunden sind, findet man in den Spektren immer wieder die Emissionsbanden der
wichtigsten Verbrennungsprodukte CO, CO_2 und H_2O, deren wichtigste Banden hier angegeben sein: 4,8 µm für CO, 2,7 µm, 4,4 µm und 15 µm für CO_2; 2,8 µm und 6,2 µm für
H_2O. Den Spektren der Gase überlagert sich das kontinuierliche Spektrum des in Flam-
men immer auftretenden Kohlenstoffs als eine Art Grundstrahlung.

Ein fast vergessenes, aber zur Kalibrierung von aselektiven Strahlungsempfängern geeignetes Normal auf Flammenbasis ist die Hefner-Lampe. Sie wird dargestellt durch
eine auf 40 mm Höhe regulierte Isoamylacetat-Flamme. In horizontaler Richtung beträgt
die von ihr in 1 m Abstand erzeugte Bestrahlungsstärke 0,9 $W \cdot m^{-2}$.

3.4 Entladungslampen

Zur Gruppe der Bogenentladungslampen gehören alle Strahler, die Licht durch Lumineszenz ($\rightarrow$ 7.1) erzeugen. Das wichtigste Verfahren zur Lichterzeugung durch Lumineszenz ist die Gasentladung beim Durchgang des elektrischen Stromes durch Gase
oder Metalldämpfe.
Die Atome bestehen aus dem Kern und der Hülle aus Elektronen, die den Kern umkreisen. Diese Elektronen können nur auf ganz bestimmten Bahnen umlaufen, die gesetzmäßig abgestuften Energieniveaus entsprechen. Infolge des Stromdurchganges
durch ein Gas prallen Elektronen oder elektrisch geladene Atome (Ionen) gegen die
Gasatome und "heben" durch ihre Stoßenergie die Elektronen auf energiereichere
Bahnen. Von dort erfolgt nach kurzer Zeit der Rücksprung auf energieärmere Bahnen.
Bei jedem Sprung wird ein Photon ausgesendet, dessen Energie der Differenz der
Energie der Übergangsbahnen entspricht. Da nur bestimmte Sprünge zwischen den
Bahnen (Energieniveaus) möglich sind, entstehen nur Photonen mit bestimmter Ener-
gie und damit Wellenlänge.
Den Photonen einer bestimmten Wellenlänge entspricht im Spektrum des Gases eine
Spektrallinie, das Gas ist also ein Linienstrahler. Welche Spektrallinien von einer Gas-
entladung emittiert werden, hängt u. a. von der chemischen Zusammensetzung des Gases
oder des Dampfes ab, nicht aber von der Stromstärke der Entladung. Deshalb ist die
Lichtfarbe von Gasentladungen im Gegensatz zu der von Temperaturstrahlern weitgehend von der Größe der Energiezufuhr unabhängig.
Durch passende Wahl der Gase oder Dämpfe kann die spektrale Strahlungsverteilung
in gewissem Rahmen gesteuert werden.
Die Strahlungserzeugung erfolgt bei Gasentladungslampen in einer Entladungsstrecke
zwischen zwei Elektroden, die zur Stromzuführung dienen. Die Entladung erfolgt in
einer Gas- oder Dampfatmosphäre bzw. in seltenen Fällen auch in Luft (Kohlebogen).
Typische Kennzeichen von Entladungslampen sind
  - nichtleitend im spannungslosen Zustand
  - negative Widerstandskennlinie
  - Strahlungserzeugung durch Umwandlung der Stoßenergie freier Elektronen an
    Gasatomen.
Entladungslampen unterscheiden sich voneinander durch
  - die Abmessungen des Entladungsraumes
  - die Ausführung der Elektroden
  - die Gasart und den Gasdruck
  - die Stromstärke.

3.4.1 Glimmlampen

In einem Entladungsrohr mit kleinem Gasdruck bilden sich beim Durchgang einer
elektrischen Entladung verschiedene Schichten aus (s. **Abbildung 3.4-1**).
Mißt man die Spannung an den einzelnen Punkten der Entladungsstrecke, so ergibt
sich der gezeigte Potentialverlauf. Nähert man nun die Anode der Kathode, so verkleinern sich nicht alle Schichten gleichmäßig, sondern nur die positive Säule, die übrigen Teile und auch der Spannungsverlauf in diesem Bereich bleiben unverändert.

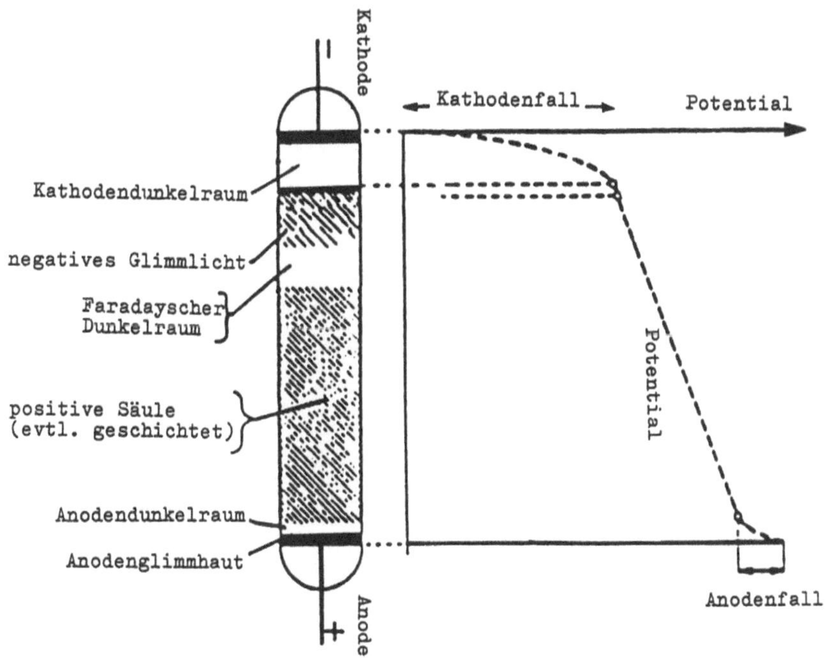

Abbildung 3.4-1: Entladungsstrecke und Potentialverlauf einer Glimmentladung (Sewig,
1938)

Je nach Elektrodenabstand unterscheidet man daher Glimmlampen mit und ohne positive
Säule, wobei erstere hauptsächlich in der Werbebeleuchtung als Leuchtröhren eingesetzt
werden.
Glimmlampen ohne positive Säule besitzen charakteristische Eigenschaften, die sie auch
für meßtechnische Anwendungen interessant machen
- die Zündspannung, bei der die Entladung einsetzt, ist sehr konstant
- die Brennspannung ist unabhängig von der Stromstärke, solange die Elektroden nicht
  vollkommen von dem Glimmlicht überzogen sind
- erniedrigt man die Stromstärke, so erlischt die Lampe bei einer Spannung, die praktisch gleich der Brennspannung ist
- sie benötigen keine Einbrennzeit

- die emittierte Strahlung folgt der Versorgungsspannung bis 100 kHz trägheitsfrei
- die spektrale Verteilung wird nur durch die Füllung (z. B. Neon, Argon, Stickstoff und
  Quecksilber) bestimmt, in der Beleuchtungstechnik werden zur Erhöhung der Lichtausbeute das Innere der Entladungsrohre mit Leuchtstoffen beschichtet, so daß das
  Leuchtstoffspektrum dem Grundspektrum überlagert ist
- kleine Abmessungen mit Rohrdurchmessern bis 5 mm und Längen bis herunter zu
  10 mm
- sehr lange Lebensdauer bis zu 100 000 Stunden

Nachteilig ist jedoch die geringe Leistungsaufnahme, die einige Watt nicht überschreitet
und die damit verbundene kleine Strahldichte.

3.4.2 Niederdruckentladung

Je nach dem Betriebsdruck unterscheidet man Hoch- und Niederdruckentladungen.
Eingeführt ist die Einteilung

     Betriebsdruck < 10   hPa : Niederdruckentladung
     Betriebsdruck > 100 hPa : Hochdruckentladung

Um den Vergleich mit älteren Tabellenwerten zu erleichtern, seien die für die Umrechnung
der Einheiten, die nicht dem Internationalen Einheitensystem (SI) angehören, auf die abgeleitete SI-Einheit *Pascal* (Pa) notwendigen Beziehungen angegeben:

1 bar · 10^5 Pa
1 atm · 101325 Pa
1 Torr · 101325/760 Pa

Die Übergänge von dem einen zum anderen Typ sind fließend. Doch werden bei den
praktischen Ausführungen der Strahler die genannten Grenzwerte so deutlich über- oder
unterschritten, daß eine Zuordnung ohne Probleme möglich ist.

Hoch- und Niederdrucklampen unterscheiden sich deutlich in ihren Eigenschaften. Die
Merkmale der Niederdruckstrahler sind

- niedrige Leistungsdichte im Entladungsraum
- gleichmäßige, aber niedrige Strahldichte des Entladungsraumes, der 0,1 m bis 2 m
  lang sein und einen Durchmesser von 0,01 m bis 0,04 m haben kann
- die Strahlungsausbeute ist unabhängig von der Umgebungstemperatur
- Linienspektrum
- geringe Wiederzündspannung, leichte Wiederzündung auch bei warmer Lampe

3.4.2.1 Leuchtstofflampen

Der in der Anwendungstechnik wichtigste Vertreter der Niederdruckentladungen ist die
Leuchtstofflampe. Ihre Hauptbestandteile (vgl. **Abbildung 3.4-2**) seien kurz genannt:

- Das *Entladungsgefäß*, das aus Glas besteht, das neben der geforderten Lichtdurchlässig-
  keit und elektrischen Isolationsfestigkeit auch auf Dauer hinreichend gasdicht ist. Der
  Querschnitt des Entladungsgefäßes ist aus herstellungstechnischen Gründen (das Aus-
  gangsprodukt ist ein Glasrohr) und in Anpassung an die natürliche Form der Entla-
  dungssäule normalerweise kreisförmig.

- Die *Elektroden*, die den Übergang des elektrischen Stromes in den Gasraum vermitteln. Verwendet werden Wolframwendeln, die zur Erleichterung des Elektronenaustrittes üblicherweise mit einem Gemisch aus Erdalkalioxiden versehen sind.
- Die *Stromdurchführungen* durch die Gefäßwand aus einem Metalldraht, der in seinem thermischen Ausdehnungsverhalten und seiner gasdichten Benetzbarkeit an das Glas angepaßt ist.
- Die *Gasfüllung* als Entladungsträger besteht aus einem Grundgas (üblicherweise ein Edelgas oder ein Gemisch aus mehreren Edelgasen) mit einem Druck von etwa 1 hPa bis 5 hPa und einer kleinen Menge Quecksilber. Quecksilber wird deshalb verwendet, weil es unter den bei Leuchtstofflampen üblichen Betriebsbedingungen als einziges Material leicht verdampft und in der Niederdruckentladung die für die Anregung des auf der Innenseite des Entladungsrohres aufgebrachten Leuchtstoffes erforderliche UV-Strahlung mit hohem Wirkungsgrad erzeugt.
- Der *Leuchtstoff* kann in seiner Zusammensetzung so gewählt werden, daß die nach UV-Anregung emittierte Strahlung in ihrer spektralen Verteilung verhältnismäßig leicht den verschiedensten Anwendungszwecken angepaßt werden kann.

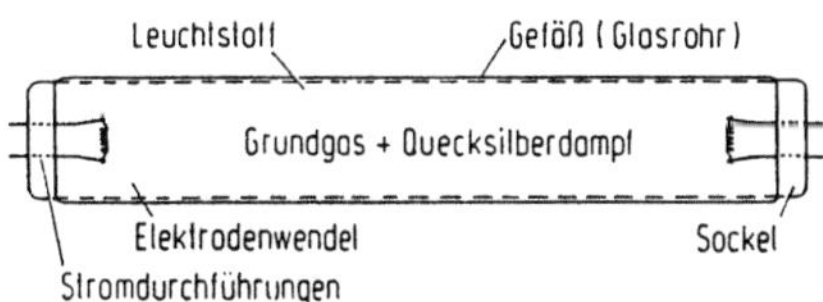

Abbildung 3.4-2: Aufbau einer Leuchtstofflampe.

In der **Abbildung 3.4-3** ist die Strahlungsbilanz einer Leuchtstofflampe dargestellt. Daraus und auch aus **Tabelle 3.4-1** sieht man, daß der sichtbare Strahlungsanteil einer Quecksilber-Niederdruckentladung nur bei wenigen Prozent liegt, während im UV 60 % der Strahlung emittiert werden. Die Leuchtstoffe haben die Aufgabe, diesen Strahlungsanteil möglichst verlustarm in den längerwelligen, sichtbaren Bereich zu transformieren. Dafür kommen in der Lampentechnik nur feste, anorganische Stoffe in Betracht.

In **Abbildung 3.4-4** sind die Anregungs- und Emissionsspektren einiger technischer Leuchtstoffe dargestellt. Man erkennt, daß das Spektrum der emittierten Strahlung nur von dem Leuchtstoff selber, nicht aber von der anregenden Wellenlänge abhängt. Die Zeit zwischen Anregung und Emission ist sehr klein, nämlich nur einige Nanosekunden. Da man die Leuchtstoffe aus technischen und ökonomischen Gründen in möglichst dünner Schicht auftragen will, müssen sie für die anregende Hg-Strahlung einen großen Absorptionsgrad haben; sie müssen insbesondere bei 185 nm und 254 nm gut absorbieren. Im sichtbaren Spektralbereich soll dagegen der Absorptionsgrad möglichst klein sein, denn der Leuchtstoff darf ja weder das Licht aus der Entladung selber noch seine eigene Lumineszenzstrahlung "verschlucken".

Ein großer Teil, etwa die Hälfte bis zwei Drittel, des in der Leuchtstoffschicht erzeugten Lichtes wird zunächst in das Lampeninnere abgestrahlt und verläßt die Lampe erst nach mehrmaliger Reflexion. Hieraus ergibt sich die Forderung nach dünnen Schichten, denn dick aufgetragener Leuchtstoff hätte einen großen Reflexionsgrad, so daß das Licht die Lampe gar nicht mehr verlassen könnte.

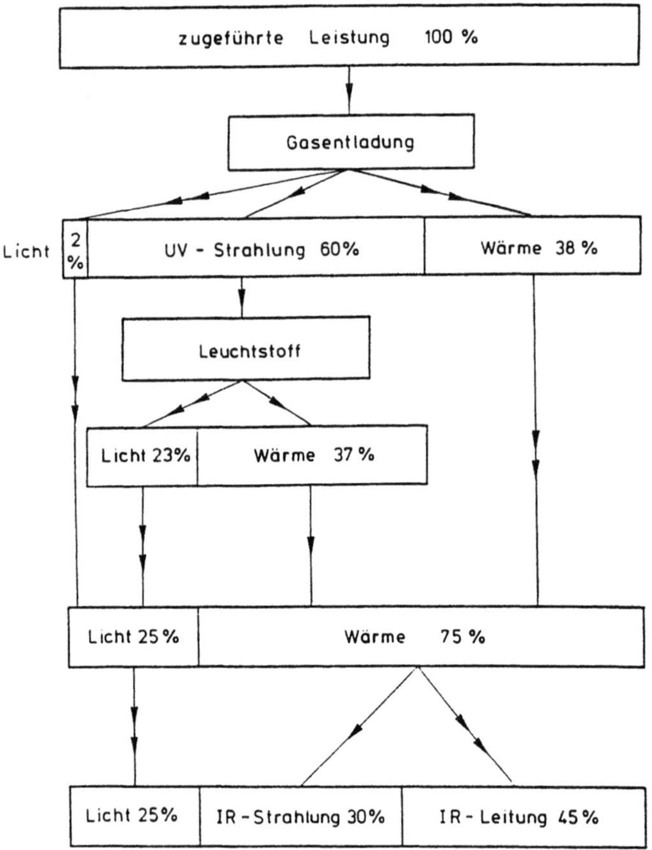

Abbildung 3.4-3: Leistungsbilanz einer Leuchtstofflampe.

Die Forderung nach hoher Quantenausbeute wird recht gut erfüllt. Moderne Lampenleuchtstoffe erreichen Quantenausbeuten zwischen 70 % und 85 %. Trotzdem ist die Umwandlung der UV-Strahlung in Licht der größte Verlustposten in der Energiebilanz der Leuchtstofflampe. Da die Energie eines Photon $h \cdot v$ beträgt, ist sie umgekehrt proportional zu seiner Wellenlänge. Bei der Umwandlung eines 254 nm-Photons in Licht von 550 nm (das entspricht etwa der Schwerpunktwellenlänge von weißem Leuchtstofflampenlicht) geht mehr als die Hälfte, bei der Umwandlung eines 185 nm-Photon sogar zwei Drittel, der Energie verloren.

Für die Leuchtstofflampe sind zwei physikalische Vorgänge im Entladungsraum wichtig, nämlich die Ionisierung und die Anregung der Gasatome. Die aus der als Kathode wirkenden heißen Elektrode austretenden und im elektrischen Feld beschleunigten Elektronen treffen nach einer Reihe von elastischen Stößen mit Atomen und nach genügender Energieaufnahme im Feld auf ein Atom, von dem sie durch Energieübertragung ein gebundenes Elektron abtrennen, d. h. sie **ionisieren** das Atom.

Anstatt eines freien Elektrons sind nun zwei vorhanden, die nun ihrerseits im Feld beschleunigt werden usw. Ohne diesen Ionisierungsprozeß könnte ein ausreichend hoher Strom in der Lampe nicht aufrechterhalten werden. Die Ionisierung sorgt für den fortlaufenden Ersatz von Ladungsträgern, die durch Rekombination von Elektronen und Ionen und insbesondere die Neutralisierung von Ladungsträgern an der Gefäßwand verloren gehen. Außerdem kompensieren die bei der Ionisierung erzeugten positiv geladenen Ionen die negative Raumladung, die entstehen würde, wenn nur Elektronen im Entladungsraum wären, die Raumladung würde die Stromstärke der Lampe stark begrenzen.

Wenn die Energieübertragung beim Stoß eines Elektrons und eines Gasatomes nicht zum Abtrennen eines gebundenen Elektrons ausreicht, kann der Stoß aber doch zur **Anregung** des Atomes führen, d. h. zu dessen Überführung in einen Energiezustand, bei dem ein Atomelektron auf eine unbesetzte "höhere" Bahn gelangt. Dies ist ein für die Emission von Strahlung wichtiger Vorgang, denn das Atom gibt die Anregungsenergie nach kurzer Zeit in Form eines Lichtquantes ab. Da die Übergänge nur zwischen bestimmten Bahnen möglich sind, zeigt das Spektrum der Niederdruckentladung nur Emissionen bei bestimmten Wellenlängen. **Tabelle 3.4-1** zeigt das Hg-Niederdruck-Linienspektrum im Bereich von 185 nm bis 2 µm, allerdings sind die Linien bei handelsüblichen Leuchtstofflampen nur zum Teil nachzuweisen. Kolbenglas und Leuchtstoff absorbieren die gesamte Strahlung im UV bis etwa 290 nm und auch in den übrigen Spektralbereichen wird ein nicht unwesentlicher Teil im Leuchtstoff absorbiert.

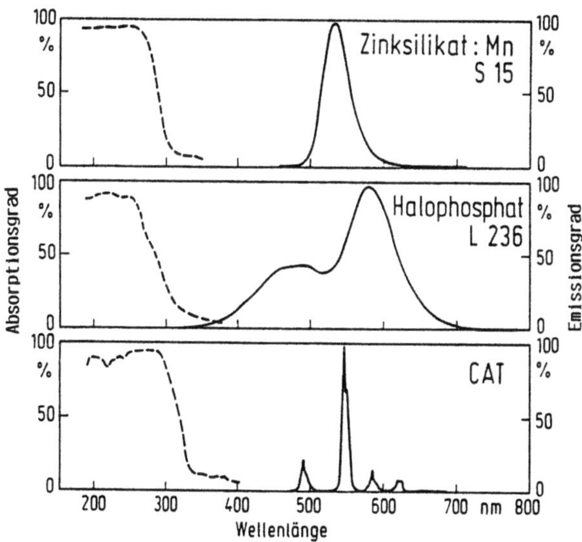

Abbildung 3.4-4: Typische Absorptions- und Emissionsspektren von Leuchtstoffen.

Die klassischen *Formen* der Leuchtstofflampen sind stab-, U- und ringförmig. Um der Forderung nach möglichst kleinen Lampenabmessungen nachzukommen, wird bei einem modernen Produkt, bekannt als Kompakt-Leuchtstofflampe, der Entladungsweg einmal

Tabelle 3.4-1: Die wichtigsten Linien des Quecksilberspektrums.

WELLENLAENGE in nm	INTENSITAET rel.	WELLENLAENGE in nm	INTENSITAET rel.
185	20.2	365	1.05
202	1.1	391	.036
235	.4	405	1.17
248	4.5	408	.06
254	100	436	3.58
258	.005	492	.022
265	.006	546	1.84
267	.12	578	.34
270	.009	691	.011
275	.044	1014	.23
280	.025	1129	.12
289	.088	1188	.02
293	.016	1362	.17
297	.21	1395	.15
302	.18	1529	.055
313	1.22	1692	.02
334	.072	1710	.03

oder auch mehrfach gefaltet. Wegen des geringen Platzbedarfes und der einseitigen Sockelung eröffnen sich diesen Lampentypen neue Einsatzmöglichkeiten. Die **Abbildung 3.4-5** zeigt eine Gegenüberstellung verschiedener Ausführungsformen von Leuchtstofflampen.

Die einfachste Betriebsweise einer Leuchtstofflampe ergibt eine Kombination von Drossel (induktiver Widerstand) und Starter (s. **Abbildung 3.4-6**). Der Starter hat die Aufgabe, die für die Zündung erforderliche Spannung zu liefern, die in den meisten Fällen größer als die Versorgungsspannung ist. Er enthält in der einfachsten Form einen Glimmzünder und einen Kondensator. Der Glimmzünder ist wie eine Glimmlampe (3.4.1 ←) aufgebaut, deren Elektroden als Bimetallschalter ausgelegt sind. Die Ansprechspannung des Glimmzünders, d.h. die Spannung, bei der eine Glimmentladung zwischen den Bimetallkontakten einsetzt, ist kleiner als die Zündspannung der Lampe mit kalten Elektroden. Beim

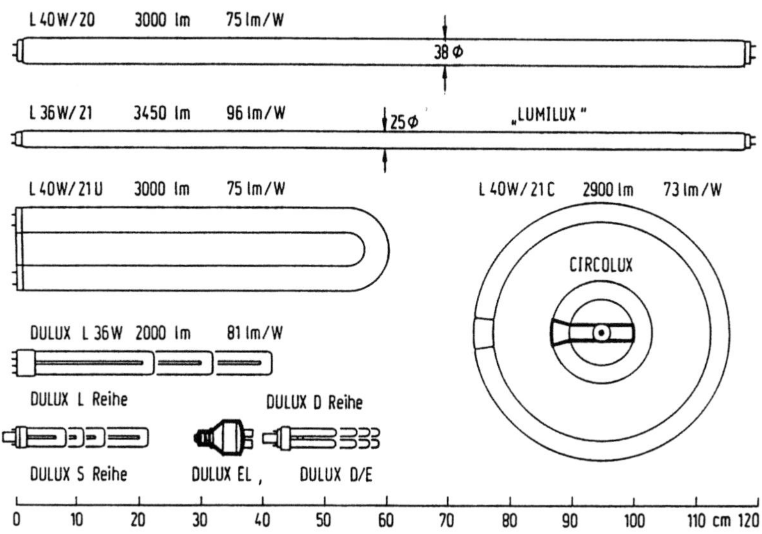

Abbildung 3.4-5: Ausführungsformen von Leuchtstofflampen.

Anlegen der Netzspannung zündet daher der Glimmzünder, nicht aber die Lampe. Der durch den Glimmzünder fließende Strom erwärmt die Elektroden, die Bimetallkontakte schließen, und es fließt der volle Kurzschlußstrom der Drossel durch die Elektroden der Lampe. Nach dem Abkühlen der Bimetallkontakte öffnen sie wieder. Dabei entlädt sich nunmehr die gespeicherte Drosselenergie. Dadurch entsteht ein Spannungsimpuls, der die Lampe zündet.

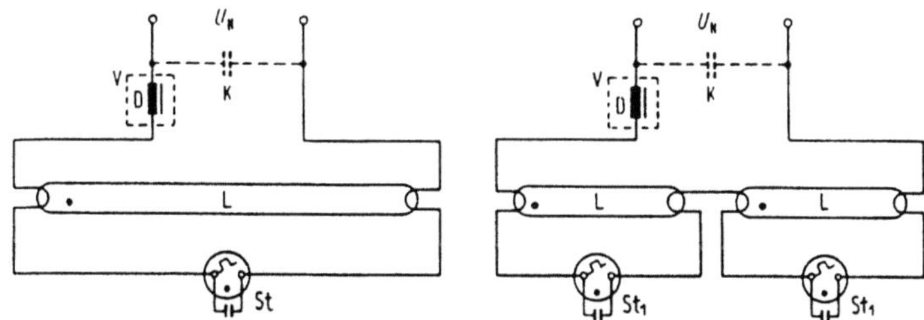

Abbildung 3.4-6: Elektrisches Schaltschema von Leuchtstofflampen.

Nach der Zündung liegt nur noch die Brennspannung am Glimmzünder, die jedoch so klein ist, daß sie den Glimmzünder nicht mehr zu zünden vermag. Dennoch soll bei genauen Messungen der Starter aus dem Stromkreis entfernt werden, um sicherzugehen, daß die gemessenen Lampendaten nicht durch eventuell auftretende Starterströme verfälscht werden.

Neben dieser einfachsten Form des Betriebes von Leuchtstofflampen gibt es eine Vielzahl von Schaltungsvarianten für Sonderfälle.

Das für die Strahlungserzeugung maßgebliche Quecksilber befindet sich bei ausgeschalte-
ter Lampe meist in flüssiger Form im Entladungsgefäß. Um eine Zündung zu erreichen,
ist zusätzlich Edelgas in das Entladungsgefäß eingebracht. Es dient zunächst als Entladungsträger, bis durch die Aufheizung dieser Entladung hinreichend Quecksilber verdampft ist. Der Gleichgewichtszustand zwischen verdampftem und flüssigem Quecksilber
hängt stark von der Temperatur der kältesten Stelle im Entladungsgefäß ab. Daraus folgt,
daß Leuchtstofflampen nach dem Zünden eine gewisse Zeitspanne benötigen, um eine
konstante Strahlungsemission zu erreichen. Sie liegt bei "dicken" stabförmigen Leuchtstofflampen bei etwa zehn Minuten, kann bei "dünnen" gefalteten Kompaktlampen aber
auch mehrere Stunden betragen.

Der Dampfdruck des Quecksilbers wird konstruktiv so eingestellt, daß das Maximum der
Emission bei einer Umgebungstemperatur von 25 °C auftritt. Das entspricht etwa 45 °C
an der kältesten Stelle im Entladungsgefäß. Oberhalb und unterhalb dieser Temperatur
sinkt der Lichtstrom der Lampe ab (vgl. **Abbildung 3.4-7**), auch die relative spektrale
Strahlungsverteilung (2.2 ←) ändert sich dann etwas.

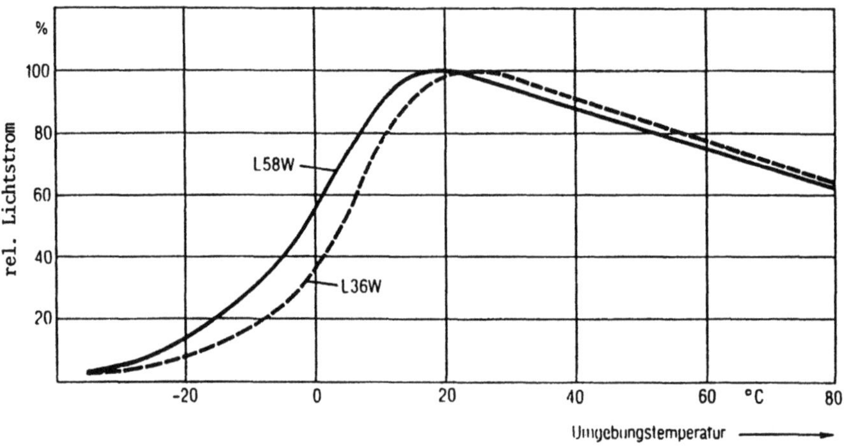

**Abbildung 3.4-7: Abhängigkeit des Lichtstromes einer Leuchtstofflampe von der Umge-
bungstemperatur.**

Um Leuchtstofflampen als reproduzierbare Strahlungsquellen einsetzen zu können, muß
dafür Sorge getragen werden, daß die wirksame Umgebungstemperatur konstant ist. Dieser Forderung immer Rechnung zu tragen, wird größtenteils Schwierigkeiten bereiten,
da ja die Umgebungstemperatur nicht direkt, sondern die kälteste Stelle an der Lampe
für den Betriebszustand maßgeblich ist. Ein bewährtes Hilfsmittel, um auch ohne Tempe-
raturmessung reproduzierbare Verhältnisse zu schaffen, ist die Kontrolle der Lampenspannung, die streng der wirksamen Temperatur folgt.

Die *spektrale Verteilung* der Leuchtstofflampe ist primär durch den verwendeten Leuchtstoff gegeben. Von sekundärer, aber nachweisbarer, Wirkung auf die spektrale Strahlungsverteilung sind auch der Lampenstrom, die Dicke und Korngröße der Leuchtstoffschicht sowie die Umgebungstemperatur. Leuchtstoffe sind in einer so großen Vielfalt auf
dem Markt, daß es nicht möglich ist, konkrete Angaben über ihr Spektrum zu machen.

Charakteristisch für die spektrale Verteilung der von Leuchtstofflampen emittierten Strahlung ist, daß
- das Emissionsmaximum zwischen 300 nm und 650 nm liegen kann
- Strahlung sowohl kontinuierlich über größere oder bandenförmig über kleine Wellenlängenbereiche emittiert wird
- das Grundspektrum des Quecksilbers in abgeschwächter Form dem Leuchtstoffspektrum überlagert ist.

Bei photometrischer Bewertung tragen die im sichtbaren Spektralbereich liegenden Hg-Linien zu etwa 8 % zur sichtbaren Strahlung (Licht) bei. In der graphischen Darstellung der Spektren von Leuchtstofflampen werden die Hg-Linien meist als "Türmchen" auf das Spektrum des Leuchtstoffes aufgesetzt. Die Linienintensität ist dann nicht durch die Höhe, sondern durch die Fläche des "Türmchens" gegeben. Dieses Hilfsmittel muß deshalb gewählt werden, weil die tatsächliche spektrale Breite der Linien nicht darstellbar ist. Sie beträgt z.B. bei den aus einer Quecksilber-Niederdruckentladung emittierten Linien weniger als 0,01 nm (Abbildung 3.2-2 ←).

3.4.2.2 Natrium-Niederdruckentladung

Na-Niederdrucklampen unterscheiden sich von allen anderen technischen Strahlungsquellen für die Allgemeinbeleuchtung durch ein quasi-monochromatisches Spektrum. Bis zu 30 % der aufgenommenen elektrischen Lampenleistung wird durch Strahlung einer Linie bei 589 nm (gelb) abgegeben. Da diese Linie in der Nähe des Maximums des spektralen Hellempfindlichkeitsgrades des menschlichen Auges liegt, ergibt sich eine sehr große Lichtausbeute, die bis zu 200 lm/W betragen kann. Deshalb liegt das Einsatzgebiet der Na-Niederdrucklampen hauptsächlich in Bereichen, in denen viel Licht, aber geringe Qualitätsansprüche an die Lichtfarbe verlangt werden.

Natrium-Lampen gibt es noch nicht sehr lange. Es war nämlich kein Glas bekannt, das gegenüber den agressiven heißen Natriumdämpfen beständig war. Ein weiteres Problem lag in der Erzeugung einer genügend großen Betriebstemperatur. Na-Niederdrucklampen müssen, um eine Linienverbreiterung zu vermeiden, bei einer geringen Strom- und damit auch Leistungsdichte betrieben werden. Andererseits wird der optimale Dampfdruck aber erst bei 250 °C erreicht. Kleine Stromdichte und große Temperatur können mit einem freibrennenden Entladungsrohr nicht erfüllt werden. Dieser Lampentyp ist deshalb mit einem evakuierten Außenkolben als Wärmestaurohr ausgestattet. Der Außenkolben ist meist noch mit einer im Infraroten selektiv reflektierenden Schicht (Indiumoxid) überzogen. Da eine hinreichende Leistungsaufnahme bei kleiner Stromdichte nur durch lange Entladungsstrecken erreicht werden kann, sind die Brenner im Außenkolben entweder U- oder mäanderförmig gebogen.

In der Meßtechnik sind Na-Niederdrucklampen von geringer Bedeutung. Auch als Linienstrahler sind sie nur bedingt geeignet, da die Untergrundstrahlung im sichtbaren und infraroten Spektralbereich nicht zu vernachlässigen ist.

3.4.2.3 Xenon-Niederdruckentladung

Xenon-Niederdrucklampen sind die größten Entladungslampen, die bisher hergestellt worden sind. Diese Xenon-Langbogenlampen haben eine Leistungsaufnahme bis zu 65000 W und Lichtströme von $2\cdot10^6$ lm. Sie wurden am häufigsten Ende der 50er Jahre eingesetzt, da sie, verglichen mit Glühlampen, eine hohe Lichtausbeute (30 lm/W) und im sichtbaren Spektralbereich ein sehr sonnenähnliches Spektrum aufweisen. Die Abmessungen entsprechen im Durchmesser denen der Leuchtstofflampen, die Längen betragen, abhängig von der Leistungsaufnahme, bis zu 2 m.

Die Lampen sind technisch durch einen wandstabilisierten Bogen, eine geringe thermische Wandbelastung und einen kleinen (etwa 200 hPa) Betriebsdruck gekennzeichnet. Im Gegensatz zu anderen Entladungslampen haben Xenon-Lampen eine steigende Spannungs-Strom-Kennlinie, die bei bestimmter Lampendimensionierung den Betrieb direkt am Netz, also ohne Vorschaltgerät, erlaubt. Da jedoch beim Wechselstrombetrieb und den damit verbundenen langen Dunkelphasen Flimmererscheinungen nicht zu vermeiden sind, werden Xenonlampen üblicherweise an Vorschaltgeräten betrieben.

Durch die Entwicklung neuer Hochleistungslampen mit wesentlich höherer Lichtausbeute und sonnenähnlicherem Spektrum haben Xenon-Langbogenlampen heute praktisch keine Bedeutung mehr.

3.4.2.4 Xenon-Impulslampen (Blitzlampen)

Entsprechend der Anwendung unterscheidet man Lampen für Einzelblitze und für Folgeblitze. Im prinzipiellen Aufbau zeigen beide Typen keine Unterschiede, konstruktiv müssen jedoch die unterschiedlichen thermischen Wand- und Elektrodenbelastungen berücksichtigt werden.

Xenon-Impulslampen werden dort eingesetzt, wo Licht großer Leistung nur für sehr kurze Zeit gebraucht wird. Das wirtschaftlichste Verfahren, solche Lampen zu betreiben, besteht darin, den Lampenbetriebsstrom durch den Entladungsstrom von Kondensatoren zu decken. Bei den typischen Entladungsstromkurven der Kondensatoren treten Spitzenstromstärken bis zu mehreren tausend Ampere auf, was sehr kleine Widerstände der Entladungsstrecke pro Längeneinheit bedeutet. Größere Widerstände, die aus Gründen der Wirtschaftlichkeit erfoderlich sind -die elektrische Leistung soll in der Entladungsstrecke, und nicht in den Zuleitungen und Kondensatoren umgesetzt werden- kann nur durch Verlängerung der Entladungsstrecke erreicht werden. Merkmal aller größeren Blitzlampen ist deshalb ein gefaltetes oder gewendeltes Entladungsrohr. Blitzröhren werden in Energiestufungen von wenigen W·s bis 50 kJ hergestellt.

Xenon-Blitzlampen sind mit reinem Xenon gefüllt. Der Kaltfülldruck beträgt 50 hPa bis 2000 hPa, so daß die Berstgefahr des Kolbens trotz der großen Stromstärken gering ist. Die Lampen werden über eine gesonderte Elektrode (Zündelektrode) mit einigen 1000 V gezündet. Die Wahl der optimalen Betriebsspannung wird primär durch wirtschaftliche Überlegungen und Raumbedürfnisse bestimmt. Da die Kondensatorladung durch $(C\cdot U^2)/2$ gegeben ist (C: Kapazität, U: Kondensatorspannung), wird man versuchen, mit großer Spannung und möglichst kleiner Kapazität zu arbeiten. Da aber der Preis und das Ge-

wicht des Kondensators mit der Spannungsfestigkeit erheblich steigen, ergibt sich irgendwo eine Kostenminimum für die Gesamtanlage.

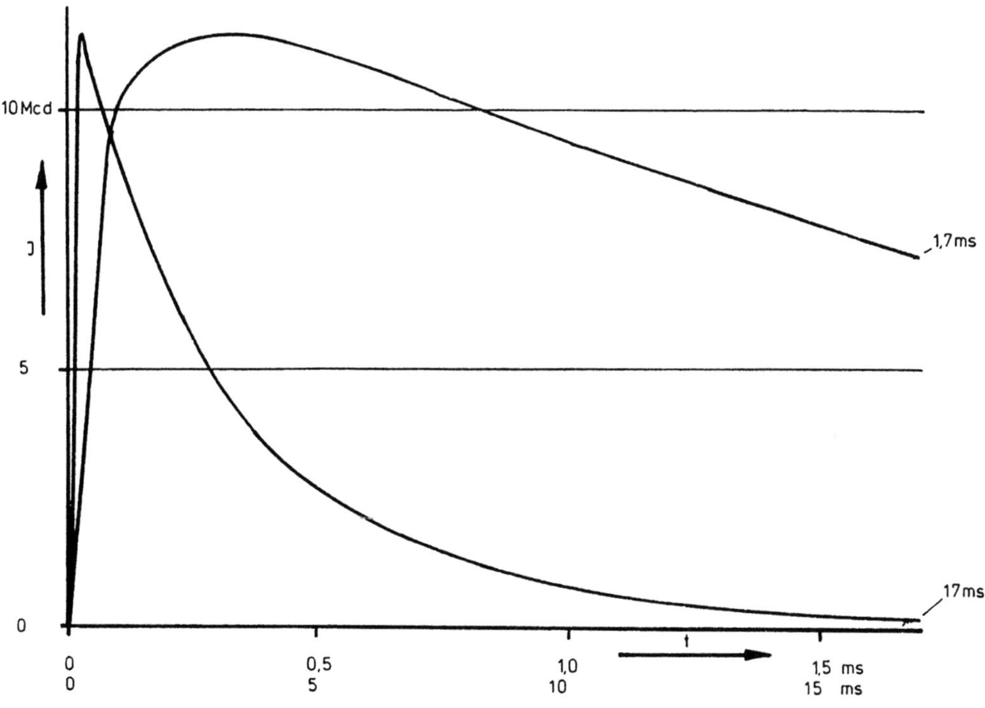

Zeitlicher Verlauf der Lichtstärke bei W_e= 7780 J

Abbildung 3.4-8: Typische Lichtstärke-Zeitkurve einer Xenon-Blitzlampenentladung.

Die Blitzdauer hängt weniger von der Lampe selber, sondern von ihrer äußeren Be-
schaltung ab. Ohne besondere Schaltungskniffe ist mit nutzbaren Blitzzeiten in der
Größenordnung von einer Millisekunde zu rechnen (vgl. **Abbildung 3.4-8**). Mit einigem
Aufwand sind Entladungskurven erreichbar, die während einiger Millisekunden ein
nahezu konstantes Strahlungsleistungsniveau aufweisen (vgl. **Abbildung 3.4-9**).
Die spektrale Strahlungsverteilung ist wie bei allen Xenon-Lampen zumindest im
sichtbaren Spektralbereich sehr gut tageslichtähnlich. Im UV kann, abhängig von der
Art des Kolbenglases, bis zu 10 % der Strahlungsleistung emittiert werden. Im IR liegt
zwischen 800 nm und 1100 nm eine Gruppe starker Linien. Diese sind allerdings bei
den großen Stromstärken der Blitzlampen weniger stark ausgeprägt als bei Xenon-Lampen
für kontinuierlichen Betrieb (vgl. **Abbildung 3.4-10**).
Xenon-Blitzlampen zeichnen sich durch zwei Eigenschaften aus. Zum einen können mit
ihnen sehr große Beleuchtungsstärken bis zu 10^8 lx (Lux) mit verhältnismäßig geringem
Aufwand erreicht werden, zum anderen ändert sich die relative spektrale Strahlungsverteilung während der gesamten Strahlungszeit nur wenig. So treten bei einer mittleren
ähnlichsten Farbtemperatur von 6500 K nur Änderungen von 100 K auf. Durch einfache

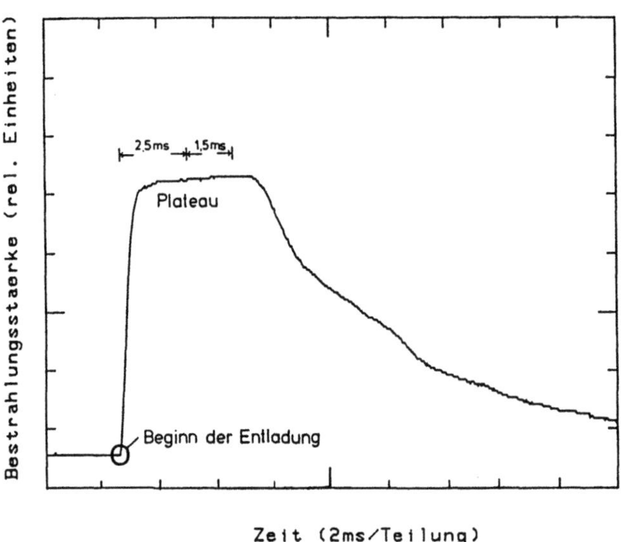

Abbildung 3.4-9: Zeitlicher Verlauf der Strahlstärke einer Xenon-Blitzlampenentladung.
Das Maximum ist durch elektrische Schaltungsmaßnahmen verbreitert.

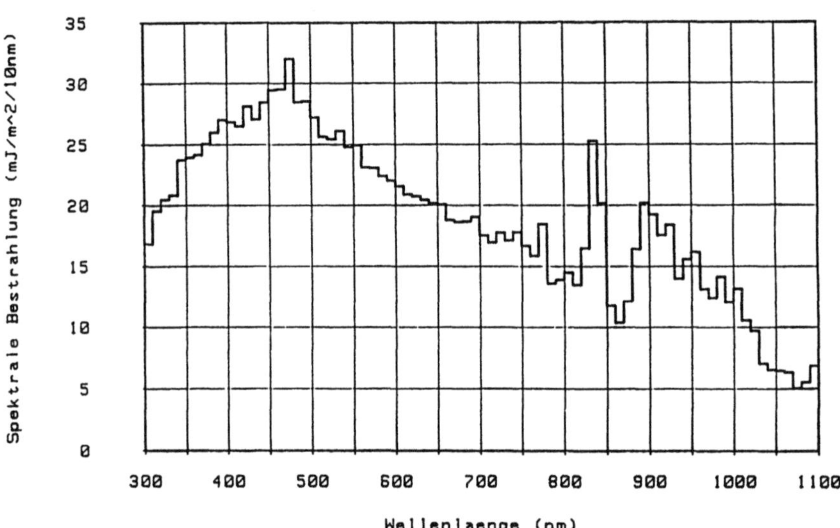

Abbildung 3.4-10 : Spektrale Strahlungsverteilung einer Xenon-Blitzlampe im Bereich des Maximums.

Filterung mit Farbgläsern läßt sich im Spektralbereich von 300 nm bis 1200 nm eine gute Anpassung an das genormte Sonnenspektrum erzielen.

Stroboskoplampen, d.h. Lampen, die periodisch Strahlungsimpulse abgeben, haben im allgemeinen kleinere Stromdichten und damit auch kleinere Lichtstärken. Blitzzahl (bis zu 1000 s^{-1}) und -dauer sind abhängig von der elektrischen Beschaltung. Beim Betrieb dieser Lampen ist darauf zu achten, daß der Zündimpuls erst ausgelöst wird, wenn die vorherige Entladung beendet ist. Anderenfalls beginnt die Lampe zu "glimmen" und wird nach kurzer Zeit zerstört. Als Schutzmaßnahme wird Stroboskoplampen Wasserstoff zugesetzt, was zu einer frühen Löschung der Entladung führt.

3.4.2.5 Spektrallampen

Zur Erzeugung monochromatischer Strahlung werden kleine Entladungslampen benutzt, deren Spektren intensive Linien vom UV bis ins IR aufweisen. Hauptforderungen an diese Lampen sind eine handliche Ausführungsform, eine sehr gute spektrale Reinheit (→ 5.5) und eine gute Reproduzierbarkeit.

Kommerziell werden zwei verschiedene Typen angeboten

- eine **Mini-Ausführung** mit den Abmessungen eines Bleistiftes, Fassung und Ballast im Haltegriff integriert, Lampenströme zwischen 6 mA und 10 mA bei Netzbetrieb, Betrieb in jeder Brennlage möglich, mit Füllgasen Argon, Krypton, Neon, Xenon sowie Quecksilberdampf in Niederdruckausführung

- die **Standard-Ausführung** mit den Abmessungen 110 mm x 20 mm und Pico 9-(Röhren)-Sockel, Betrieb über Vorschaltgerät an 220 V Wechselspannung, Lampenstrom 1 A, Starter wie bei Leuchtstofflampen zur Zündung empfohlen, Gleichstrombetrieb ohne Starter nur bei Hg-Lampe möglich

In der **Abbildung 3.4-11** sind die einzelnen Lampentypen sowie die zugehörigen Spektren zusammengestellt. Die Brenner sind in einem Außenkolben aus Glas oder Quarz untergebracht, der aufgrund seines spektralen Transmissionsgrades das Einsatzgebiet der Lampe bestimmt. Lampen mit Glaskolben sind für den sichtbaren Spektralbereich bestimmt, während Lampen mit Quarzkolben bis zu Wellenlängen von 200 nm benutzt werden können. Einige Lampentypen besitzen im Außenkolben einen Fensterausschnitt, aus dem die Strahlung des Quarzbrenners ungeschwächt austreten kann.

Werden Spektrallampen nicht nur als Wellenlängen-, sondern auch als Strahlungsnormale verwendet, soll die einmal gewählte Betriebs-Brennlage -vorzugsweise stehend, Sockel unten- nicht mehr verändert werden. Durch eine Brennlagenänderung kann sich nicht nur die Strahldichte der Entladung, sondern bei Metalldampflampen auch die Linienbreite ändern. Da die Linienbreiten der hier diskutierten Niederdruckentladungen nur bei etwa 0,01 nm liegen, spielt die Linienbreitenänderung jedoch im allgemeinen keine Rolle.

In Verbindung mit Glas- und Interferenz- bzw. Flüssigkeitsfiltern lassen sich mit Spektrallampen einzelne Spektrallinien mit großer spektraler Reinheit und großer Strahlstärke aussondern. Als Lampen sind besonders Metalldampflampen geeignet, deren Hauptlinien in deutlichem Abstand voneinander liegen, während für Edelgaslampen Liniengruppen typisch sind, die so eng beieinander liegen, daß sie durch Filter nicht mehr selektiert werden können (vgl. **Tabelle 3.4-2**). Eine Zusammenstellung der aussonderbaren Linien bzw. Liniengruppen zeigt die **Abbildung 3.4-12**. Die für die spektrale Aussonderung benötigten Filter sind in der **Tabelle 3.4-3** und der **Tabelle 3.4-4** zusammengefaßt.

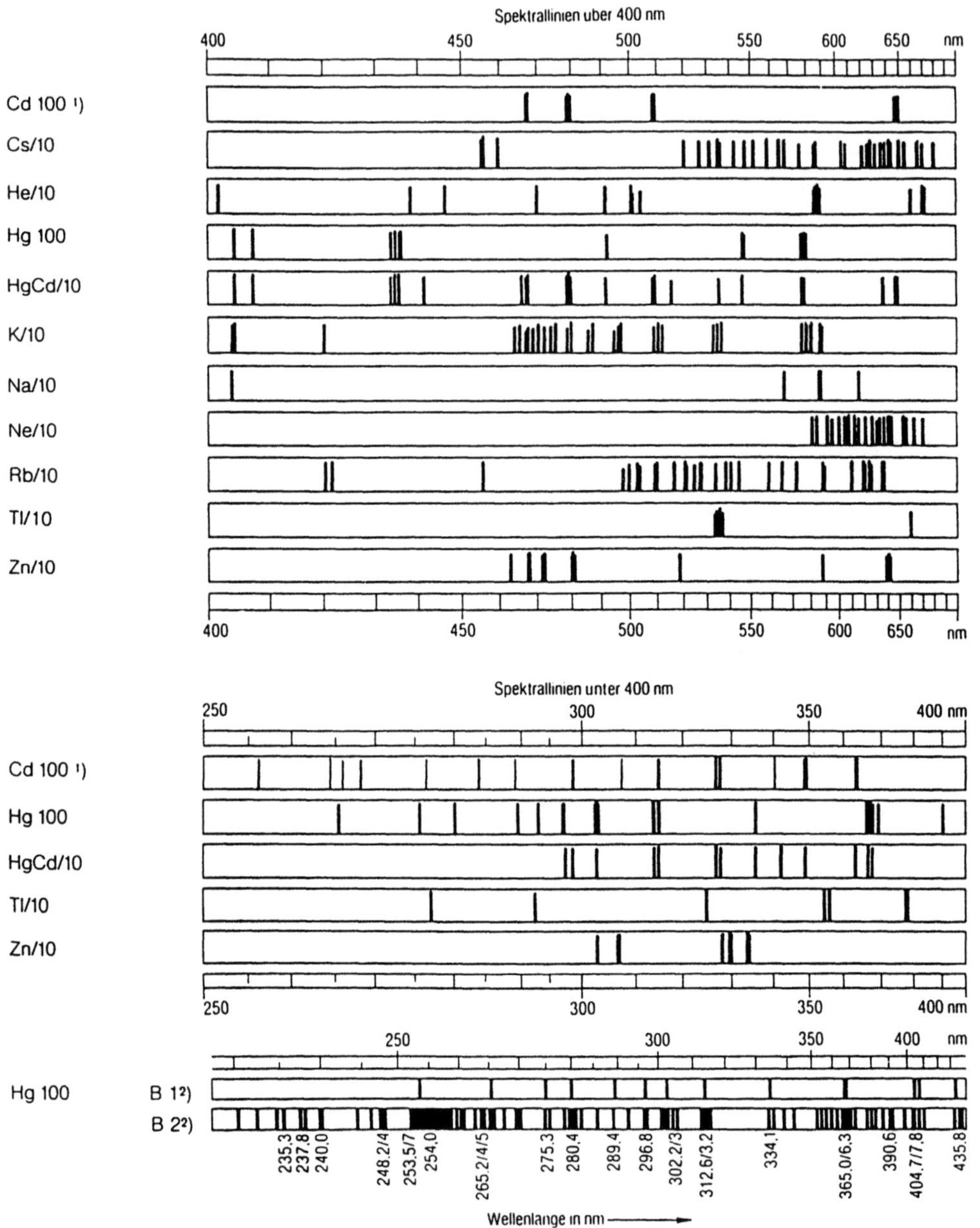

Abbildung 3.4-11 : Die wichtigsten Linien von Spektrallampen.

Tabelle 3.4-2: Linien von Spektrallampen im ultravioletten und sichtbaren Spektralbereich (Firmenschrift ORIEL, 1988)

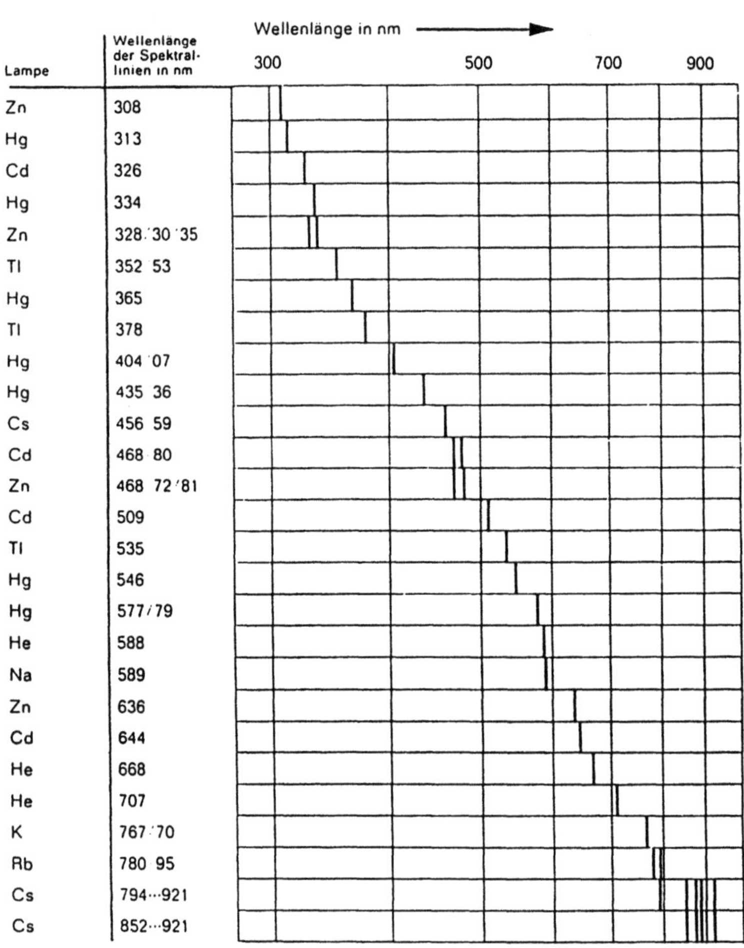

Abbildung 3.4-12 : Aussonderung einzelner Linien von Spektrallampen durch Filterkombinationen.

Tabelle 3.4-3: Erzeugung monochromatischer Strahlung mit Spektrallampen und Filter.

Wellen-länge der Spektral-linien in nm[1]	Lampe [2]	Filterkombination Filter-Nr.[3]	Trans-miss.-grad b. Raum-temp. etwa in %[4]	Zur Unter-drück. der Ultrarot- u. restlichen Rotstrahlg. Filter-Nr.[3][7]
308	Zn	4 + 32 + 33	5	16
313	Hg	4 + 34	35	16
326	Cd	4 + 32 + 34	5	16
334	Hg	4 + 32 + 35	10	16
328 30 35	Zn	4 + 32 + 35	2	16
352 53	Tl	2 + 10 + 32 [5]	10	16
365	Hg	5 + 9 + 31 [4]	20	16
378	Tl	2 + 22	30	16
404 07	Hg	1 + 3 + 20 + 9 [4]	1	16
435 36	Hg	10 + 17 + 6 [4]	4	16
456 59	Cs	9 + 22	40	16
468 80	Cd	9 + 18	25	16
468 72 81	Zn	9 + 18	25	16
509	Cd	7 + 21 + 8	20	16
535	Tl	14 + 19	35	16
546	Hg	15 + 23 + 13 + 8 [4]	10	16
577 79	Hg	12 + 24 + 12 [4]	15	16
588	He	12 + 25 + 12	10	16
589	Na	12 + 25 + 12	10	16
636	Zn	26	85	–
644	Cd	26	90	–
668	He	27 + 11	20	–
707	He	29	65	–
767 70	K	30 + 29	25	–
780 95	Rb	30 + 29	25	–
794···921	Cs	30 + 29	10	–
852···921	Cs	30 + 28	1	–

Tabelle 3.4-4: Bezeichnung der Filter in Tabelle 3.4-3 (Herstellerbezeichnung: SCHOTT, Jena[er] Glaswerk Schott & Gen., Mainz).

Filter-Nr.	Kurzzeichen	Schichtdicke mm			
1	UG 2	1	21	GG 495	2
2	UG 2	2	22	GG 375	2
3	UG 3	2	23	OG 530	1
4	UG 5	3	24	OG 570	3
5	UG 11	2	25	OG 590	2
6	BG 3	2	26	RG 610	2
7	BG 7	1	27	RG 665	2
8	BG 7	2	28	RG 1000	2
9	BG 12	2	29	RGN 9	2
10	BG 12	4	30	KG 1	2
11	KG 3	3	31	WG 360	1
12	BG 18	2			
13	BG 18	3			
14	BG 18	5			
15	BG 20	5			
16	BG 38	3			
17	GG 435	4			
18	GG 455	3			
19	GG 475	2			
20	GG 385	5			

Filter-Nr.	Bezeichnung	Menge je Liter H_2O	Schichtdicke (lichte Weite der Küvette) mm
32	Nickel-Kobaltsulfat $NiSO_4 + CoSO_4$	303 g + 86,5 g	20
33	Pikrinsäure $C_6H_2(OH)(NO_2)_3$	16 mg	20
34	Kaliumchromat K_2CrO_4	150 mg	20
35	Salpetersäure HNO_3	n/5	20
36	Kupfersulfat $CuSO_4 + 5\,H_2O$	57 g	10

3.4.2.6 Deuteriumlampen

Die Entladung in Wasserstoff liefert ein im Wellenlängenbereich von etwa 160 nm bis
400 nm kontinuierliches Spektrum (vgl. **Abbildung 3.4-13**). Man läßt sie in der Praxis
zwischen einer als Anode geschalteten Wolframwendel und einer aktivierten Wolfram-
doppelwendel als Kathode in einem zylindrischen Quarzgefäß "brennen". Der Gasdruck
beträgt etwa 10 hPa.
Wegen des doppelt so großen Molekulargewichtes von Deuterium gegenüber Wasserstoff
läßt sich die Strahlungsausbeute bei Verwendung von Deuterium um nahezu ein Drittel
verbessern. Das größere Molekulargewicht erniedrigt nämlich die Diffusionsgeschwindig-
keit und damit die Energieverluste durch Wärmeleitung.

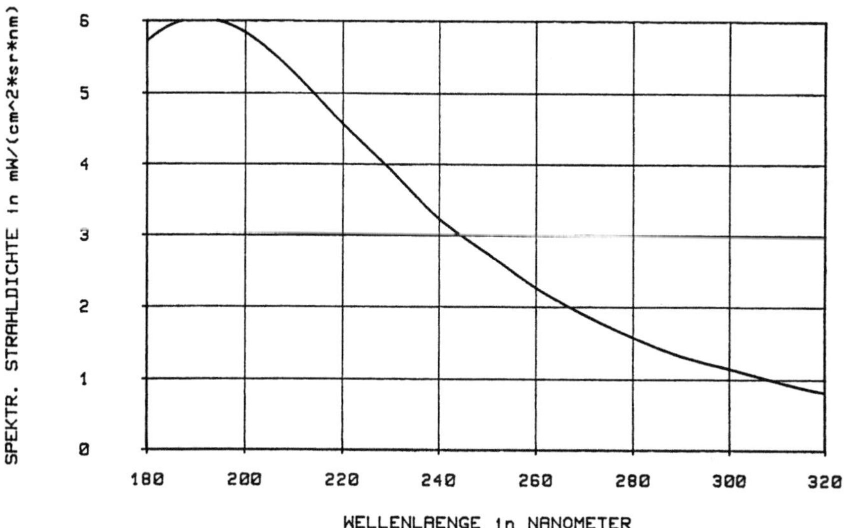

Abbildung 3.4-13: Spektrale Strahldichteverteilung einer Deuteriumlampe (Original
Hanau Typ D 60 F).

Deuteriumlampen kommen in Spektrometern (→ 5.3.3) für Wellenlängen kleiner 350 nm
standardmäßig zum Einsatz. Daneben finden sie Verwendung in Spektralfluorimetern
und Spektralpolarimetern.
Im nahen UV und VIS überlagern sich dem Kontinuum die Linien der Balmerserien.
Lampen mit einem Gemisch aus Wasserstoff und Deuterium eignen sich daher besonders,
um das Auflösungsvermögen (→ 5.6) von Spektralapparaten zu testen. Zur Erreichung
der erwünschten großen Strahldichte wird die Entladung zwischen Anode und Kathode
durch eine Blende aus hochschmelzendem Molybdän eingeschnürt. Die Blende ist der
Ort größter Strahldichte und geometrischer Konstanz.

3.5 Sonderstrahler

Unter Sonderstrahler sind hier diejenigen Strahler zusammengefaßt, die sich aufgrund ihrer Bauart bzw. ihrer Strahlungserzeugung nicht eindeutig in das Schema Nieder-/ Hochdruck-Strahler (**Tabelle 3.3-1** ←) einfügen lassen.

3.5.1 Funkenentladung

Funkenentladungen wurden früher als sehr intensive UV-Strahlungsquellen bei der Blitzlichtphotolyse und bei photographischen Meßmethoden verwendet (Kiefer, 1977; Kortüm, 1962).

Im wesentlichen ist zwischen Unterwasserfunken und kondensierten Funken zu unterscheiden.

Bei Unterwasserfunken befinden sich die aus etwa 2 mm dickem Aluminiumdraht bestehenden und etwa 3 mm bis 4 mm voneinander entfernten Elektroden in Wasser. An die Funkenstrecke wird die hochfrequente Wechselspannung eines Teslatransformators (typische Werte: 9000 V, 2 MHz) gelegt (Kortüm, 1962). Infolge der großen Frequenz ist die Funkenfolge schnell und regelmäßig. Wegen des geringen Elektrodenabstandes bleibt das Wasser ungetrübt. Das erzeugte Spektrum ist linienarm und erstreckt sich über den Wellenlängenbereich von 200 nm bis 500 nm. Durch die räumliche Inkonstanz der Entladung ist die Anwendung von Unterwasserfunken als Strahlungsquelle weitgehend auf photographische Meßmethoden beschränkt.

Bei der Entladung eines Kondensators über eine Funkenstrecke (kondensierte Funken) erhält man je nach Wahl des Elektrodenmaterials (Eisen, Nickel, Wolfram, Magnesium, Cadmium, Zink) viele Spektrallinien. Die Funkendauer (Blitzdauer) beträgt je nach angelegter Hochspannung 100 ms bis 200 ms. Kondensierte Funken eignen sich gut für quantitative photochemische Arbeiten.

3.5.2 Hohlkathodenlampen

Hohlkathodenlampen werden als Primärstrahlungsquellen in Atomabsorptionsspektrometern (DIN 51401 Teil 1 und Teil 2), die zum Nachweis von Metallen in kleinsten Mengen eingesetzt werden, verwendet. Entsprechend den jeweils charakteristischen Spektrallinien der nachzuweisenden Metalle sind Hohlkathodenlampen mit unterschiedlichstem Elektrodenmaterial einzusetzen. Daher ist es üblich geworden, verschiedene Elemente in einer Kathode gemeinsam zu verarbeiten (de Galan, 1986).

Am Ende eines zylindrischen Glaskörpers befinden sich zwei Stromdurchführungen. Die zentrale Durchführung trägt die Kathode. Die Anode ist als Stift oder als Ring vor der Kathode ausgebildet (Kiefer, 1977). Nach dem Evakuieren wird der Glaskörper (Kolben) mit Edelgas (Argon, Krypton) geringen Druckes gefüllt. Zwischen Kathode und Anode wird eine Glimmentladung betrieben, die das Kathodenmaterial durch Zerstäubung abbaut und zu Strahlung anregt. Die Lampe hat ihren Namen von der charakteristischen Topfform der Kathode.

Im Inneren des Topfes, wo die elektrische Feldstärke am größten ist, ist auch die Strahldichte am größten. Wegen des geringen Kathoden-Innendurchmessers hat man eine nahezu punktförmige Strahlungsquelle, die sich optisch gut abbilden läßt.

3.5.3 Elektrodenlose Lampen (EDL)

Bei elektrodenlosen Lampen handelt es sich um Spektrallampen, in denen durch ein elektromagnetisches Hochfrequenzfeld in einem Edelgas von geringem Druck ein Metall oder ein Halogenid verdampft wird. Die Atome werden dabei in der Gasentladung zur Strahlung angeregt.
EDL's werden ebenso wie Hohlkathodenlampen als Primärstrahlungsquellen in der Atomabsorptionsspektrometrie verwendet.

3.5.4 Plasmabrenner

Plasmen sind, vereinfacht gesagt, hocherhitzte Gase, die hauptsächlich aus freien, teilweise ionisierten Atomen (positive Ionen, negative Elektronen) bestehen. Das nach außen elektrisch neutral erscheinende Plasma ist als Gemisch aus drei Gasen anzusehen: dem Neutralgas, dem Ionengas und dem Elektronengas. Zwischen den Komponenten des Plasmas finden durch elastische und inelastische Stöße energetische Wechselwirkungen statt. Ionisation, Anregung und Rekombination erzeugen ein Gleichgewicht der Konzentrationen der verschiedenen Komponenten. Wenn nach außen hin Energie- und Trägerverluste, bezogen auf den Energieumsatz im Innern, gering sind, stellt sich ein thermodynamisches Gleichgewicht zwischen den Komponenten ein. Elektronen-, Ionen- und Neutralgas weisen dann die gleiche Geschwindigkeitsverteilung auf. Ihr entspricht eine bestimmte gemeinsame Temperatur.
Ein nicht isothermes Plasma erhält seine Energiezufuhr von außen durch Elektronen großer Energie. Das führt aber nicht zu einem thermischen Gleichgewicht, weil die Wechselwirkung zwischen den Komponenten des Plasmas zu klein ist. Für jede Teilchenart stellt sich zwar eine bestimmte Geschwindigkeitsverteilung (Temperatur) ein, aber diese Temperaturen sind voneinander verschieden. Der Nicht-Gleichgewichtszustand des Plasmas erklärt sich aus der Tatsache, daß bei Zusammenstößen zwischen Elektronen und Atomen nur ein sehr geringer Bruchteil der Elektronenenergie in kinetische Energie des gestoßenen Atoms umgewandelt werden kann. Die Elektronen können die im äußeren Feld gewonnene Energie nur als Anregungs- und Ionisierungsenergie an die Atome abgeben. Die positiven Ionen tauschen dagegen ihre kinetische Energie leicht mit den neutralen Atomen aus. Ihre Temperatur liegt daher nur wenig über der Gastemperatur.
Befindet sich das Plasma in einem elektrischen Feld, so überlagert sich der unregelmäßigen thermischen Bewegung der Elektronen eine Bewegung in Richtung des elektrischen Feldes. Dieser Ladungstransport stellt einen elektrischen Strom dar. Abhängig von der Dichte der Ladungsträger kann das Plasma eine Leitfähigkeit zwischen der von Isolatoren und der von Metallen haben.

Nicht-isotherme Zustände der beschriebenen Art herrschen in Niederdruckentladungen. Das Spektrum des Plasmas setzt sich aus Spektrallinien (Elektronenübergänge in Atomen) und einem Elektronen-Kontinuum (Rekombinationsübergänge) zusammen. Die Spektrallinien liegen je nach den vorliegenden Betriebsbedingungen durch Druck und Stöße mehr oder weniger verbreitert vor. Sie zeigen als Folge kalter Randzonen des Plasmas eine zum Teil sehr ausgeprägte Selbstabsorption bei der Resonanzfrequenz. Das Kontinuum tritt gegenüber dem Linienspektrum um so mehr hervor, je größer die im Plasma umgesetzte Leistung ist.

3.6 Hochdruckentladung

Typische Merkmale von Hochdruckstrahlern sind
- hohe Leistungsdichte im Entladungsraum
- große bis sehr große Strahldichten
- Abmessungen der Entladungsstrecke im Millimeter- bis Zentimeterbereich
- geringe Abhängigkeit der Strahlungseigenschaften von der Umgebungstemperatur
- merkliche Strahlungsleistung auch im UV, da Lampenkolben aus Quarz oder Quarzglas
- Spektrumstypen liegen zwischen verbreiterter Linienstrahlung bis zu angenäherter Kontinuumstrahlung
- große Zündspannungen, insbesondere zur Zündung von heißen Lampen

Unter den klassischen Strahlungsquellen lassen sich Hochdrucklampen nach Art des Füllmaterials und dem Betriebsdruck einteilen, wie das in **Tabelle 3.3-1** geschehen ist.

3.6.1 Quecksilberdampf-Hochdrucklampen (HQ-Lampen)

Der Brenner einer Hg-Hochdrucklampe (vgl. **Abbildung 3.6-1**) ist mit Quecksilber und Argon gefüllt. Die Stromdurchführungen bestehen aus dünnen Molybdänfolien, die bei etwa 2000 °C in das Quarzglas eingequetscht werden. Die Elektroden sind aus Wolfram

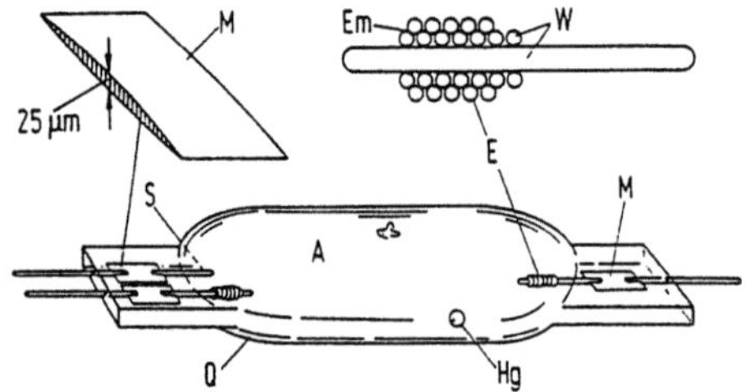

Abbildung 3.6-1: Aufbau eines Quecksilber-Hochdruckbrenners. Q Quarzkolben, M Stromzuführungsfolien, Hg Quecksilber, Em Emitterpaste, A Zündgas Argon, E Elektroden, S Zündsonde, W Wolfram.

und enthalten einen Emitter, z.B. Ba-Y-Wolframat, der die Austrittsarbeit der Elektronen vermindert und die Zündspannung erniedrigt. Um die Zündung zu erleichtern, enthält der Brenner eine aus Molybdän oder Wolfram bestehende Zündsonde, die über einen

temperaturfesten Zündwiderstand von ca. 15 kΩ bis 20 kΩ mit dem Potential der Gegen-
elektrode verbunden ist. Die zwischen Zündsonde und benachbarter Hauptelektrode entstehende Glimmentladung leitet nach dem Anlegen der Versorgungsspannung die Haupt-
entladung im Argon-Grundgas (Druck ca. 30 hPa) ein. Der Brenner wird innerhalb von
3 min bis 5 min so warm, daß das Quecksilber vollständig verdampft und das charakteristische Spektrum der Hg-Hochdruckentladung emittiert wird (s. **Abbildung 3.6-2**).

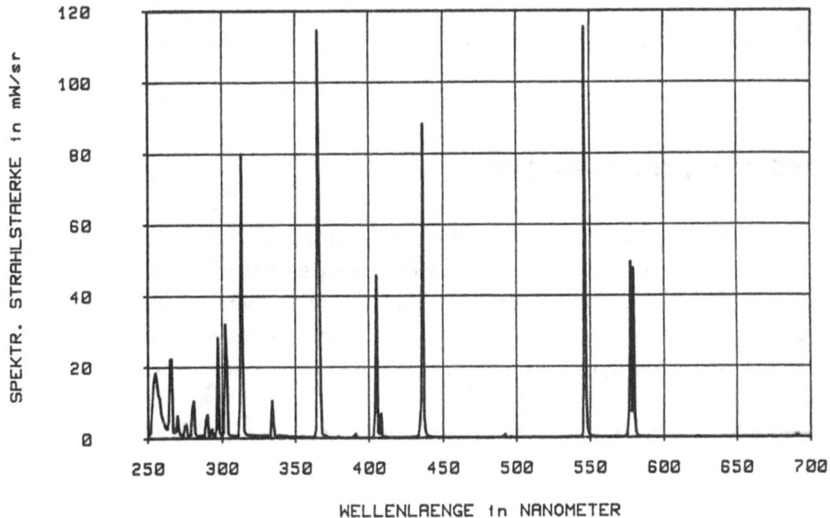

Abbildung 3.6-2: Spektrale Strahlstärkeverteilung einer Quecksilber-Hochdrucklampe
(OSRAM Typ HQA 125 W).

Im Gegensatz zur Niederdruckentladung, bei der mehr als 60 % der aufgenommenen
Leistung in den Linien 254 nm und 185 nm abgestrahlt wird, zeigt das Spektrum der
Hochdruckentladung eine Reihe intensiver Linien im UV und VIS.
Mit zunehmendem Dampfdruck und zunehmender Stromdichte verbreitern sich die
Linien, und es kommt allmählich zur Ausbildung eines kontinuumähnlichen Unter-
grundes. Gleichzeitig kontrahiert der Entladungsbogen in der Mitte des Entladungsgefäßes, und es kommt zu einem großen Temperaturgradienten zwischen Gefäßwand
und Entladungsbogen. Dies hat eine starke Konvektion des Gases zwischen Bogenachse
und Wand zur Folge, die sich in einer mehr oder weniger starken Bogenunruhe auswirkt.
Hg-Hochdrucklampen werden in einem breiten Leistungsbereich zwischen 30 W und
300 W angeboten. Strahldichte und Lichtfarbe ändern sich mit der Leistungsaufnahme
relativ wenig. Die entsprechend der elektrischen Leistung emittierte Strahlungsleistung
ergibt sich aus den jeweiligen Bogenabmessungen. Für Hg-Hochdruckbrenner sind die
folgenden Daten typisch:

Lichtausbeute	40 lm·W⁻¹ — 50 lm·W⁻¹

Lichtausbeute $40\ \text{lm·W}^{-1} - 50\ \text{lm·W}^{-1}$
Leuchtdichte $500\ \text{cd·m}^{-2} - 1000\ \text{cd·m}^{-2}$
Farbtemperatur   ca. 6000 K (grünstichig)
Normfarbwertanteile x = 0,31; y = 0,39

Die Lebensdauer der Lampen beträgt mehrere 1000 Stunden, allerdings nimmt die Strahlungsleistung, insbesondere im kurzwelligen Spektralbereich, wegen der Schwärzung des Entladungsrohres mit zunehmender Brenndauer ab.

Hg-Hochdrucklampen müssen wegen der negativen Widerstandskennlinie mit Strombegrenzern betrieben werden. Hierfür werden meist induktiv wirkende Drosseln verwendet. Die Zündung erfolgt über die im Brenner eingebaute Hilfselektrode ohne zusätzliche externe Schaltelemente. Eine Wiederzündung im heißen Zustand ist bei Hg-Hochdrucklampen im Normalfall nicht möglich. Wird der Lampenstrom länger als 10 ms unterbrochen, erlischt die Lampe und zündet erst nach einer Abkühlzeit von 5 min bis 15 min wieder.

3.6.1.1 Hg-Hochdrucklampen mit Leuchtstoff

Im Spektrum der Quecksilberentladung fehlt "rote" Strahlung fast vollständig. Zur Verbesserung der Lichtfarbe und der Farbwiedergabeeigenschaften können deshalb die Linien 254 nm und 366 nm zur Anregung eines auf der Innenseite des Außenkolbens angebrachten Leuchtstoffes mit einer "roten" Emissionsbande ausgenutzt werden. Damit lassen sich Farbtemperaturen bis herab zu 3000 K bei praktisch gleicher Lichtausbeute erzielen.

Unter **Farbwiedergabe** versteht man die Auswirkung einer Lichtart auf den Farbeindruck von Objekten, die mit dieser Lichtart beleuchtet werden, im Vergleich zum Farbeindruck derselben Objekte bei Beleuchtung mit einer *Bezugs*lichtart.

3.6.1.2 Mischlichtlampen

Mischlichtlampen sind Quecksilber-Hochdrucklampen, bei denen eine Glühwendel zur Strombegrenzung im Außenkolben mit dem Brenner in Reihe geschaltet ist. Damit können diese Lampen direkt an das Netz angeschlossen werden (vgl. **Abbildung 3.6-3**). Der "rote" Strahlungsanteil der unterlasteten Glühlampenwendel verbessert die Lichtfarbe des Hg-Spektrums merklich, allerdings auf Kosten einer auf die Hälfte reduzierten Lichtausbeute.

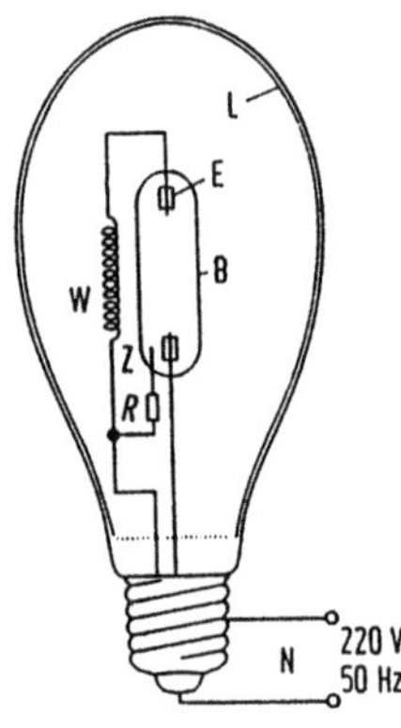

Abbildung 3.6-3: Aufbau einer Mischlichtlampe (OSRAM Typ HWL 160 W). B Quecksilber-Hochdruckbrenner; E Elektroden; R Zündhilfswiderstand; Z Zündsonde; W Vorschalt-Glühwendel.

3.6.2 Halogen-Metalldampflampen

Halogen-Metalldampflampen sind Quecksilber-Hochdrucklampen mit Metallhalogenid-zusätzen. Im allgemeinen haben Metallhalogenide einen größeren Dampfdruck als reine Metalle. Die Metallhalogenide zersetzen sich im Kern der Entladung und die Metalle können zur Strahlungsemission angeregt werden. Strahlungsleistung und spektrale Verteilung hängen vom Dampfdruck der Metallhalogenide ab. Die von den Metallen emittierte Strahlung füllt die Lücken im Quecksilberspektrum. Dadurch erhöht sich die Strahlungsausbeute und die Farbwiedergabeeigenschaften (→ 3.6.1.1) der Quecksilberentladung werden deutlich verbessert.

Verwendung finden heute die Jodide von Natrium, Thallium, Indium und Scandium, von verschiedenen Seltenen Erden wie Dysprosium, Holmium und Thulium sowie Komplexverbindungen mit Cäsium, Zinn und Jod. Als Halogene werden Jod oder eine Mischung aus Jod und Brom benutzt.

Halogen-Metalldampflampen werden mit gesättigten Dämpfen betrieben. Es befindet sich also stets ein Kondensat an der kältesten Stelle des Brenners und bestimmt den Halogenid-Dampfdruck und damit die radiometrischen und photometrischen sowie die elektrischen Daten der Lampe. Das Kondensat ist weitgehend strahlungsundurchlässig, so daß an den Ablagerungsstellen die Ausstrahlung vermindert wird. Bei Strahlstärkemessungen ist deshalb die Ausstrahlungsrichtung so zu wählen, daß der Strahlungsaustritt durch diesen Effekt nicht behindert wird.

HQI-Lampen (OSRAM Typenbezeichnung) werden in verschiedenen Designs und mit einer Leistungsaufnahme zwischen 30 W und 3500 W hergestellt. Die ersten Ausführungen dieses Lampentyps, die in den 60er Jahren auf den Markt kamen, hatten elliptische oder zylindrische Außenkolben (vgl. Teil a und Teil b der **Abbildung 3.6-4**) und wurden hauptsächlich für die Außenbeleuchtung eingesetzt.

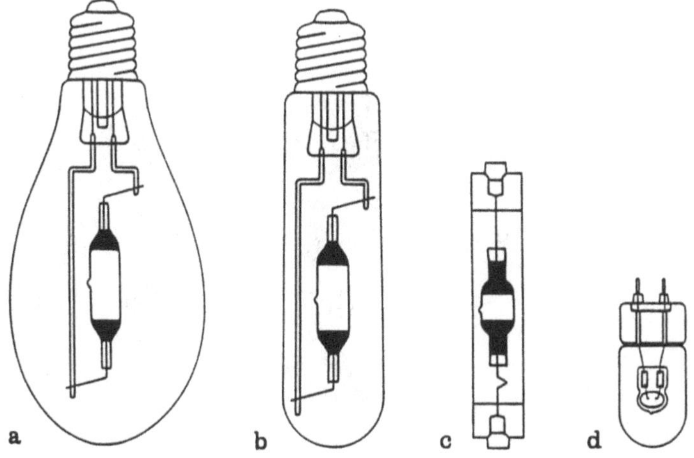

Abbildung 3.6-4: Ausführungsformen von Halogen-Metalldampflampen.

Einen wesentlichen Fortschritt im Hinblick auf das Einsatzgebiet brachten Metalldampflampen in Kompaktform mit Leistungen von 35 W bis 400 W (vgl. Teil c und Teil d in
Abbildung 3.6-4). Die kleinen Leuchtkörperabmessungen und die große Strahldichte dieser Lampen ermöglichen den Bau von kleinen Leuchten, wie sie für Projektionszwecke
benutzt werden. Besonders die einseitig gequetschte Ausführung bietet sich für geome-
trisch-optische Anwendungen an, da sie einerseits in jeder Brennlage betrieben werden
kann und eine mehr als doppelt so große Strahldichte wie Glühlampenwendeln aufweist
(s. **Abbildung 3.6-5**) und zum anderen durch ihre Vollglasausführung in einen großen
Raumwinkelbereich emittiert (s. **Abbildung 3.6-6**).

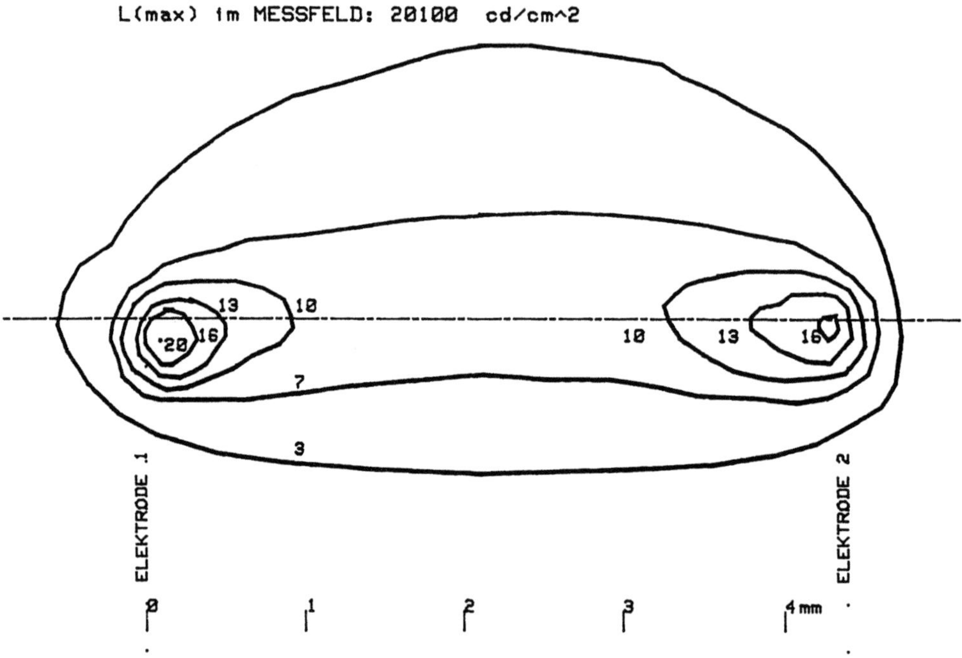

Abbildung 3.6-5: Örtliche Strahldichteverteilung einer Halogen-Metalldampflampe. Ausführung d von Abbildung 3.6-4 mit 150 W.

Das Spektrum und damit die Lichtfarbe und die Farbwiedergabeeigenschaften können
durch die Wahl der Halogenide relativ frei gewählt werden. Auf dem Markt werden
drei Haupttypen angeboten, die durch die Farbtemperatur gekennzeichnet werden
können: 3000 K, 4000 K und 6500 K, glühlampenähnlich, Neutralweiß und Tageslicht.
Die typischen Spektren sind in den **Abbildungen 3.6-7** bis **3.6-9** dargestellt, sie gelten für
Strahlstärke und Strahlungsleistung. Wird jedoch die Strahldichte den Spektrumsmessun-
gen zugrunde gelegt, ist auf die vorhandenen Farbgradienten innerhalb der Entladungsstrecke zu achten, die dadurch hervorgerufen werden, daß die einzelnen Komponenten,
je nach ihrer Lage im Temperaturfeld, unterschiedlich stark angeregt werden. Dies ist
auch die Ursache für Farbänderungen, die jede Halogen-Metalldampflampe während des
Einbrennens durchläuft. Verringert werden könnte dieser Effekt durch Überlastung der

Lampen, wodurch auch die Lichtfarbe nach "rot" verschoben sowie Strahldichte und Strahlungsausbeute verbessert werden, allerdings muß dann auch mit einer drastischen Verkürzung der Lampenlebensdauer gerechnet werden.

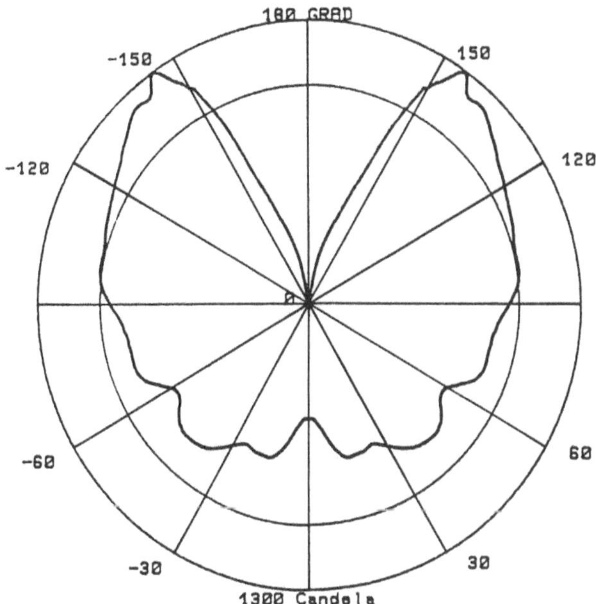

Abbildung 3.6-6: Axiale Strahlstärkeverteilung einer Halogen-Metalldampflampe.
(Ausführung d von Abbildung 3.6-4 mit 150 W)

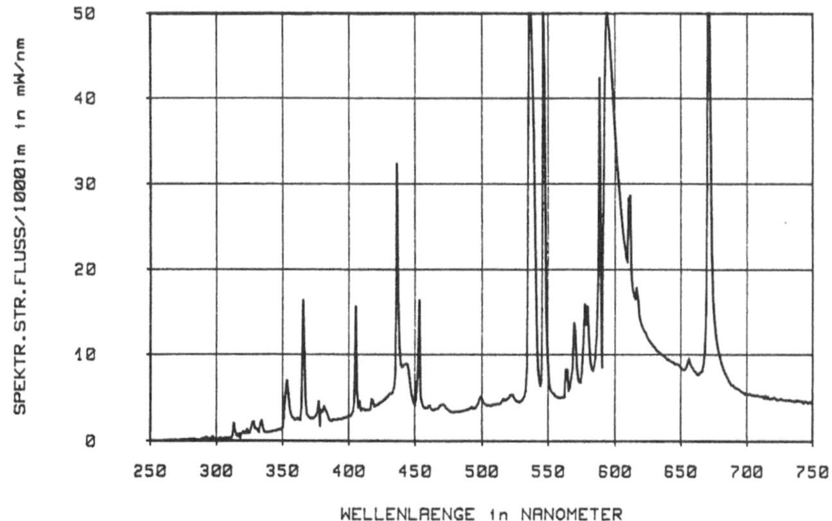

Abbildung 3.6-7: Spektrale Strahlungsverteilung einer Metalldampflampe. Farbe: Warmton (HQI-WDL); Farbtemperatur: 3000 K.

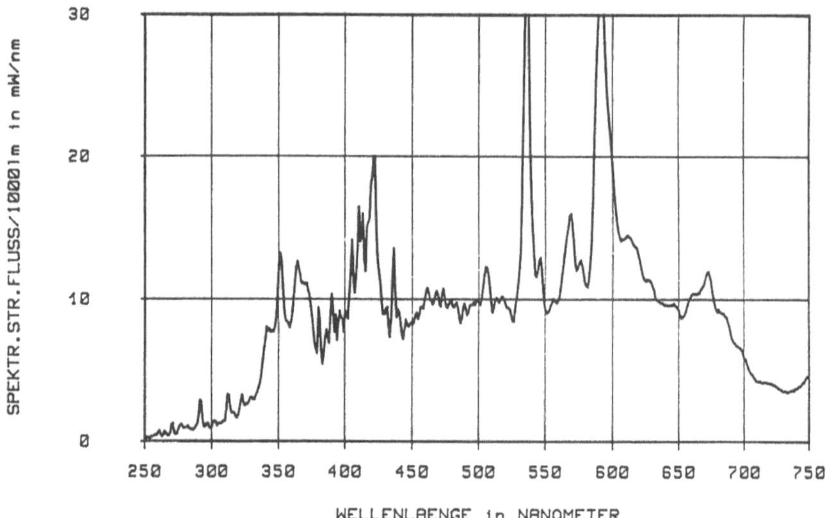

Abbildung 3.6-8: Spektrale Strahlungsverteilung einer Halogen-Metalldampflampe. Farbe:
Neutralweiß (HQI-NDL), Farbtemperatur: 4000 K.

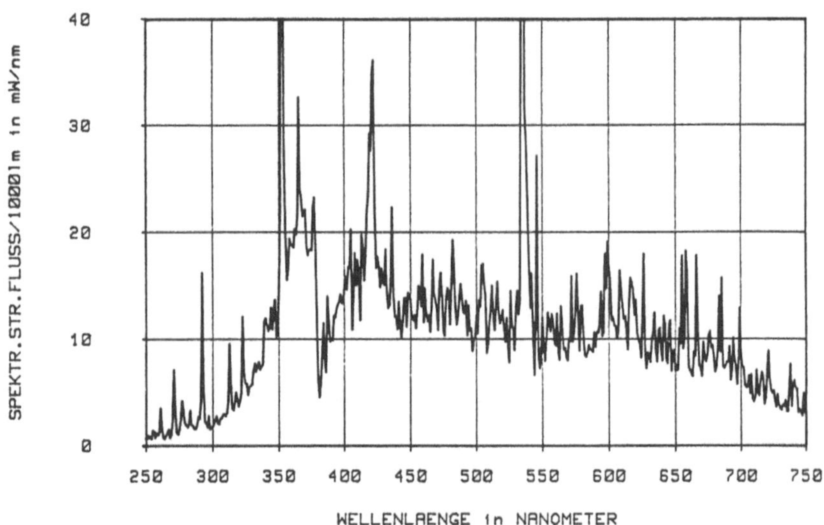

Abbildung 3.6-9: Spektrale Strahlungsverteilung einer Halogen-Metalldampflampe. Farbe:
Tageslicht (HQI-D), Farbtemperatur: 6500 K.

Betrieben werden HQI-Lampen wie Quecksilber-Hochdrucklampen überwiegend mit
Drosselspulen an Wechselspannung sowie speziellen Zündgeräten, die für Kalt- oder Heiß-
wiederzündung ausgelegt sein können.

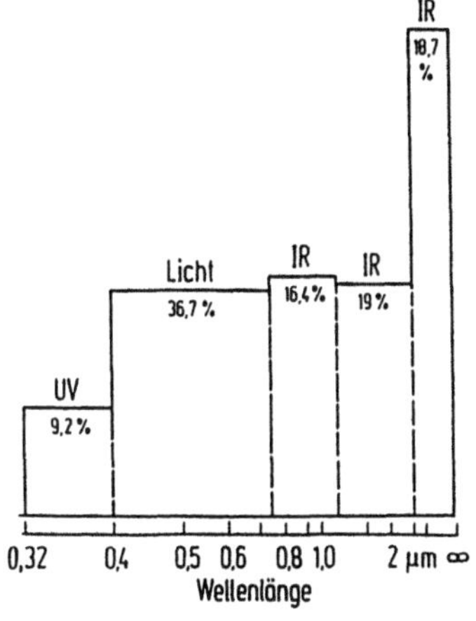

Abbildung 3.6-10: Leistungsbilanz einer Halogen-Metalldampflampe, bezogen auf die elektrische Lampenleistung (HQI-TS 250 W).

Werden Metalldampflampen freibrennend betrieben, ist wegen des Quarzkolbens auf den nicht unerheblichen UV-Strahlungsanteil zu achten. Er kann zwischen 3 % und 10 % der elektrischen Leistungsaufnahme betragen, wie die in **Abbildung 3.6-10** dargestellte Leistungsbilanz zeigt.

3.6.3 Natrium-Hochdrucklampen

Bei ungestörter Ausstrahlung von angeregtem Natrium werden vorwiegend die beiden "gelben" Resonanzlinien bei 589 nm emittiert. Ungestört bedeutet, daß die Na-Atome so große Abstände voneinander haben, daß die Wechselwirkungskräfte zwischen ihnen vernachlässigbar klein sind. Diese Bedingung ist bei den Na-Niederdrucklampen (→ 3.4.2.2) erfüllt.

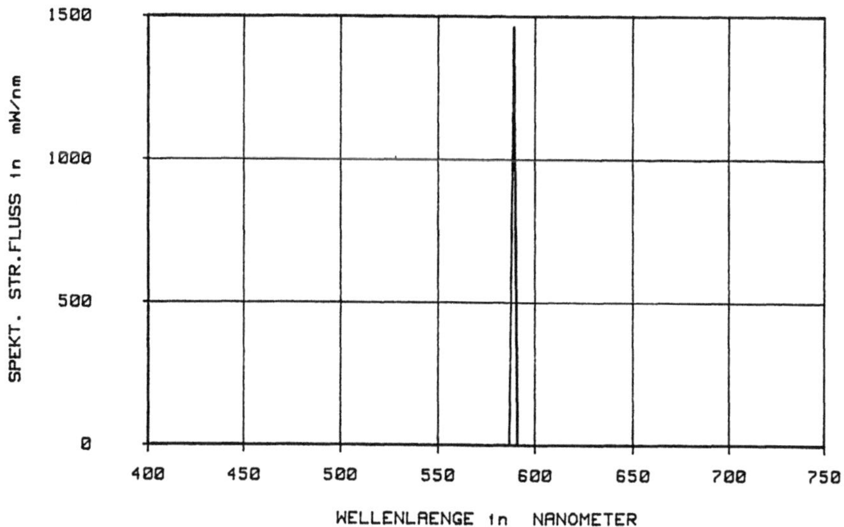

Abbildung 3.6-11: Strahlungsverteilung einer Natrium-Niederdrucklampe.

Erhöht man den Na-Dampfdruck im Entladungsrohr von 10^{-2} hPa bei der Niederdruckentladung auf 100 hPa und mehr, verändert sich das Spektrum von der quasi "Einlinienstrahlung" zu einem Kontinuum. In den **Abbildungen 3.6-11 bis 3.6-14** ist dieser Übergang
dargestellt. Der unterschiedliche Dampfdruck bei der Hochdruckentladung wurde dabei
durch Änderung der Betriebstemperatur erzeugt. Kommerziell werden diese Betriebsbedingungen in den verschiedenen Lampentypen realisiert und zwar mit der Kennzeichnung:
sehr große Lichtausbeute (*Super*), *Standard* und gute Farbwiedergabe (*de Luxe*).
Zusätze von Quecksilber und Xenon, die manchen Typen zugemischt werden, verbessern Zündung und Brenneigenschaften der Lampen, haben aber nur geringen
Einfluß auf die Strahlungseigenschaften.

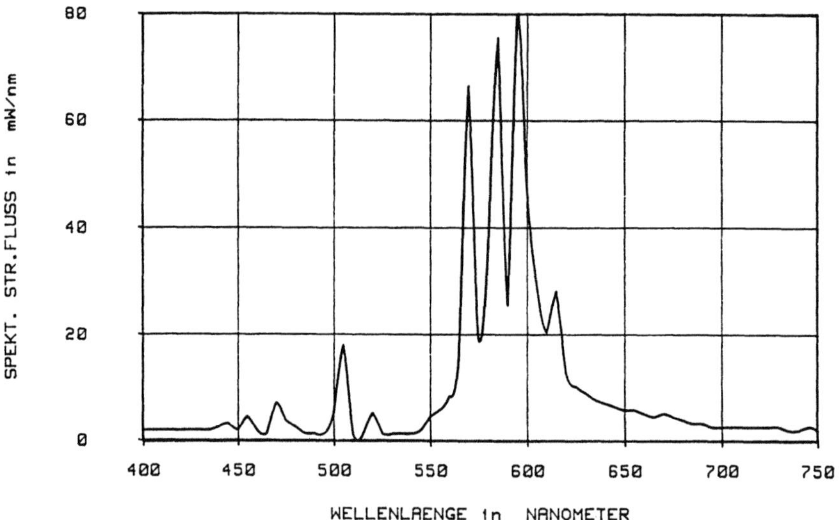

**Abbildung 3.6-12: Strahlungsverteilung einer Natrium-Hochdrucklampe mit großer Licht-
ausbeute.**

Die typischen Vor- und Nachteile der Natrium-Niederdruckentladung, nämlich die sehr
große Lichtausbeute und die nahezu monochromatische Strahlung werden durch die Erhöhung des Dampfdruckes beseitigt: die Lichtausbeute sinkt, die Farbtemperatur steigt
geringfügig an, die Farbwiedergabeeigenschaften aber werden als Folge der druckab-
hängigen Verbreiterung der beiden gelben Resonanzlinien deutlich verbessert. Sie zeigen
allerdings eine deutliche Selbstabsorption.
Natrium-Hochdrucklampen werden vor allem in der Außenbeleuchtung eingesetzt. Daher sind die Ausführungsformen bauartähnlich oder -gleich denen der Quecksilber-Hochdrucklampen. Angeboten werden Leistungsstufen zwischen 50 W und 1000 W. Für Son-
deranwendungen kann der extrem geringe UV-Anteil der Na-Hochdrucklampen von
Vorteil sein.
Hinsichtlich des Brennermaterials stellen Na-Hochdrucklampen eine Ausnahme dar. Während alle übrigen Hochdruck-Lampen Kolben aus Quarz oder Quarzglas besitzen, muß

bei ihnen polykristallines Aluminiumoxid verwendet werden, da die chemische Resistenz von Quarz gegenüber Natriumdampf und Natriumamalgan bei den auftretenden Temperaturen zu klein ist.

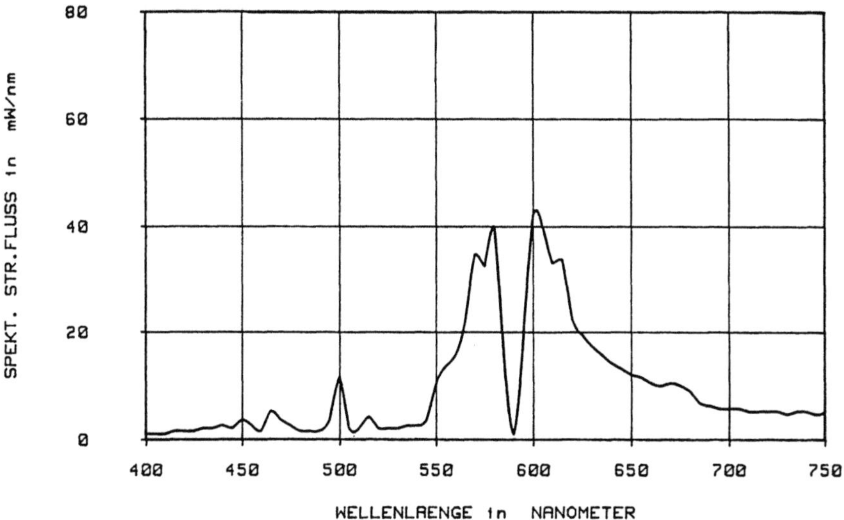

Abbildung 3.6-13: Strahlungsverteilung einer Standard-Na-Hochdrucklampe.

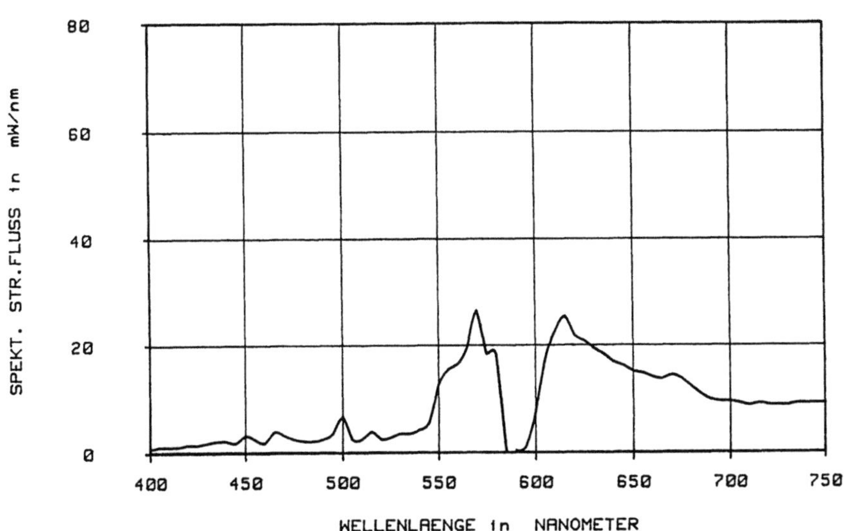

Abbildung 3.6-14: Strahlungsverteilung eine Na-Hochdrucklampe mit guten Farbwiedergabeeigenschaften

3.6.4 Xenon-Hochdrucklampen

Hochdrucklampen mit einer Edelgasfüllung zeigen Eigenschaften, die sich strahlungstechnisch und in den Betriebsbedingungen deutlich von den bisher beschriebenen Licht- und Strahlungsquellen unterscheiden. Zum einen erfordern sie aufwendige Zündeinrichtungen und Stromversorgungen, zum anderen haben sie Spektren und Strahldichten, die mit anderen Lampen bisher nicht erreicht werden konnten. Ursache ist die große Leistungskonzentration im Entladungsbogen, die erforderlich ist, um eine gute Strahlungsausbeute und eine stabile Entladung zu erreichen. Mit Edelgas gefüllte Lampen -verwendet wird vor allem Xenon und für Sonderzwecke auch Krypton- besitzen daher kurze Entladungsstrecken, unterschiedliche Elektrodenformen und wegen des großes Betriebsdruckes von bis zu $3{\cdot}10^6$ Pa einen massiven Außenkolben. Die Abführung der großen Verlustwärme kann je nach Typ durch **Luft-** oder **Wasserkühlung** erfolgen. Der Leistungsbereich erstreckt sich von 75 W bis zu 40 kW. Typisch für alle Xenon-Lampen ist der Überdruck auch im kalten Zustand, so daß sie aus Sicherheitsgründen mit einer Schutzhülle geliefert werden, die erst nach dem Einsetzen in ein Lampenhaus abgenommen werden darf. Auch die sonstigen Betriebsbedingungen wie Stromversorgung, Brennlage, Kühlung und Schutz vor UV-Strahlung sind genau zu beachten. Entsprechende Hinweise werden mit jeder Lampe mitgeliefert.

Die **Abbildung 3.6-15** zeigt die technische Ausführung einer **luftgekühlten** Xenon-Hochdrucklampe (XBO-Lampe). In einem ellipsoidförmigen Kolben aus Quarzglas sind beide Elektroden diametral angeordnet. Ihre unterschiedliche Form wird durch die thermische Belastung vorgegeben. Die Kathode ist wegen der für den Entladungsvorgang notwendigen hohen Temperatur klein gehalten. Die Anode dagegen muß großflächig ausgeführt werden, um die dort auftretende Verlustwärme durch Strahlung abgeben zu können. Die Gesamtlänge der Lampen wird durch die Wärmebelastung und das erforderliche Temperaturgefälle zwischen Elektroden und Sockelung bestimmt.

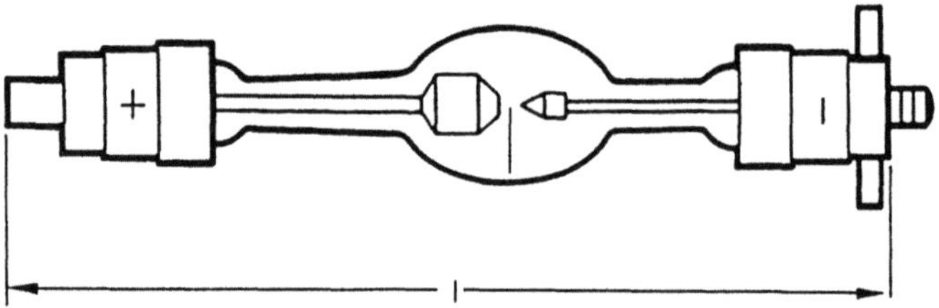

Abbildung 3.6-15: Luftgekühlte und mit Gleichstrom betriebene Xenon-Hochdrucklampe.

Luftgekühlte Xenon-Hochdrucklampen werden in einer Vielzahl von Ausführungen angeboten. Die wesentlichen Abmessungen der hauptsächlichen Leistungsstufen sind in **Tabelle 3.6-1** aufgeführt.

Die Anregungsenergien für Edelgase liegen im Vergleich zu Quecksilber sehr hoch, während z.B. bei Xenon die Anregungsniveaus näher an der Dissoziationsgrenze liegen als bei Quecksilber. Bei den hohen Temperaturen in der Xenon-Entladung führt dies zu

Tabelle 3.6-1: Kenndaten von Xenon-Hochdrucklampen (Herstellerbezeichnung OSRAM).

		XBO 75 W	XBO 150 W	XBO 450 W	XBO 900 W	XBO 2500 W	XBO 6500 W
Lampenlänge	mm	82	125	210	280	380	430
Lampenspannung	V	14	20	18	20	30	41
Lampenstrom	A	5,4	7,5	25	45	83	160
Mittlere Leuchtdichte	kcd/cm²	40	15	35	50	65	95
Leuchtfeldabmessungen	mm	0,25 x 0,5	0,5 x 1,9	0,9 x 2,7	1,1 x 3,3	1,5 x 3,3	2,3 x 9,0
Lichtstärke	cd	100	300	1300	3000	9500	32000
Lebensdauer	h	400	1200	2000	2000	1500	500

einem hohen Dissoziationsgrad und damit zu einem großen Anteil an Rekombinationsstrahlung, die in einem großen Bereich des ultravioletten und sichtbaren Spektralbereiches zu einem nahezu energiegleichen Spektrum führt.

Als energiegleiches Spektrum bezeichnet man eine relative spektrale Strahlungsverteilung (Strahlungsfunktion), die in allen gleich breiten Wellenlängenintervallen konstant ist.

Besonders im VIS entspricht die relative spektrale Strahlungsverteilung der des natürlichen Tageslichtes (vgl. **Abbildung 3.6-16**).

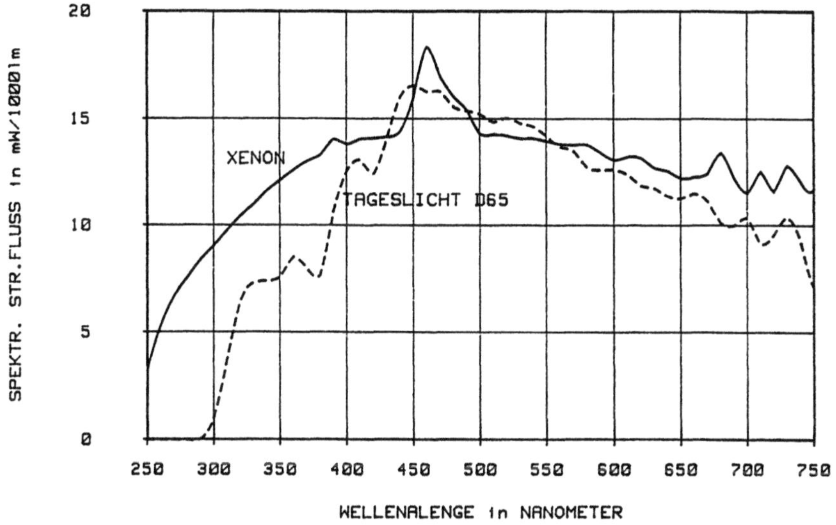

Abbildung 3.6-16: Strahlungsverteilung einer Xenon-Hochdruckentladung und des Tageslichtes.

Im UV emittieren Xenon-Hochdrucklampen ein intensives Kontinuum. Die Kontinuumstrahlung läßt sich im UV wegen ihrer sehr guten Stabilität für Kalibrierzwecke einsetzen. Zu beachten ist, daß diese Lampentypen mit Kolben hergestellt werden, die einen unterschiedlichen spektralen Transmissionsgrad haben. Anwendungsbezogen werden die Merkmale *ozonerzeugend* und *ozonfrei* zur Kennzeichnung der Ausführungsform benutzt. In dem einen Fall ist der Kolben noch für Strahlung mit Wellenlängen kleiner als 220 nm, im anderen Fall erst ab etwa 250 nm durchlässig.

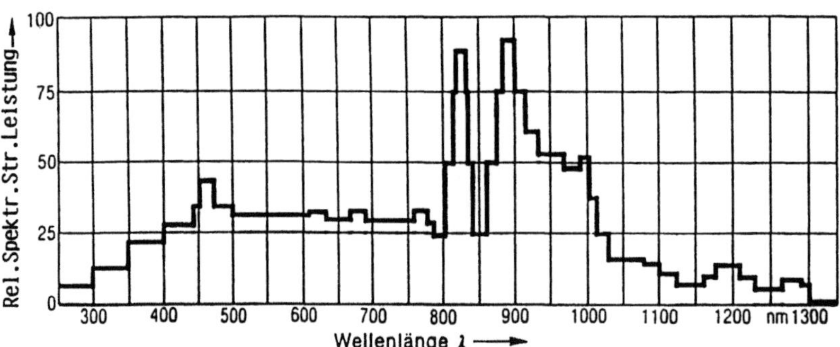

Abbildung 3.6-17: Spektrale Strahlungsverteilung einer Xenon-Hochdrucklampe im NIR.

Im NIR werden von allen Xenon-Entladungen starke Linien emittiert (vgl. **Abbildung 3.6-17**). Der Wellenlängenbereich, in dem sie liegen, erstreckt sich von etwa 800 nm bis 1200 nm. Ihr Anteil an der Gesamtstrahlung ist abhängig von der Stromdichte der Entladung, und zwar sinkt er mit steigender Stromdichte. Für alle bei stationär betriebenen Xenon-Hochdrucklampen auftretenden Spektralanteile kann als Anhaltspunkt die in **Abbildung 3.6-18** dargestellte Leistungsbilanz zugrunde gelegt werden. Der große infrarote Strahlungsanteil ist im allgemeinen ein Störfaktor, jedoch ermöglicht er den Einsatz der Xenon-Hochdrucklampen als Strahler großer Strahldichte im IR.

Die hohe Leistungskonzentration durch kleine Bogenabmessungen und große Stromdichten erzeugt Strahldichten, die die Strahldichte der Sonne erreichen und sogar noch übersteigen kann. Allerdings zeigt die Strahldichteverteilung innerhalb des Bogens, bedingt durch den Gleichstrombetrieb, starke Gradienten und Unsymmetrien zwischen Kathode und Anode. Gleiches gilt auch für die Leuchtdichte, da trotz großer Intensitätsunterschiede die relative spektrale Strahldichteverteilung sich nur wenig ändert. Die **Abbildung 3.6-19** zeigt die typische Leuchtdichteverteilung einer Xenon-Hochdrucklampe. Die größte Leuchtdichte tritt immer unmittelbar an der Kathode auf, erstreckt sich aber nur über wenige Prozent der Gesamtbogenlänge. Wegen der kleinen Ausdehnung, die dieser *Brennfleck* aufweist, wird zur Kennzeichnung der Leuchtdichte ein Mittelwert innerhalb eines Leuchtfeldes benutzt, das durch den Elektrodenabstand und dem sog. Halbwert definiert ist. In der **Tabelle 3.6-1** sind neben den geometrischen Daten auch die lichttechnischen Werte angegeben.

Für die praktische Anwendung der luftgekühlten Xenon-Hochdrucklampen ist die kurze Einbrennzeit von wenigen Sekunden, die Wiederzündbarkeit auch im heißen Zustand und die sehr gute Konstanz der spektralen Strahlungsverteilung während der Lampenlebensdauer von Vorteil.

Bei einer anderen Ausführungsform wird die hohe Leistungskonzentration durch Kühlung des zylindrischen Entladungsgefäßes durch fließendes **Wasser** ermöglicht. Wie die Messung der Erwärmung des Kühlwassers ergeben hat, verläßt von der aufgenommenen elektrischen Leistung etwa ein Drittel das Entladungsgefäß als Strahlung, der Rest tritt als Wärmestrom durch die Wand des Quarzglasrohres und wird vom Wasser abgeführt.

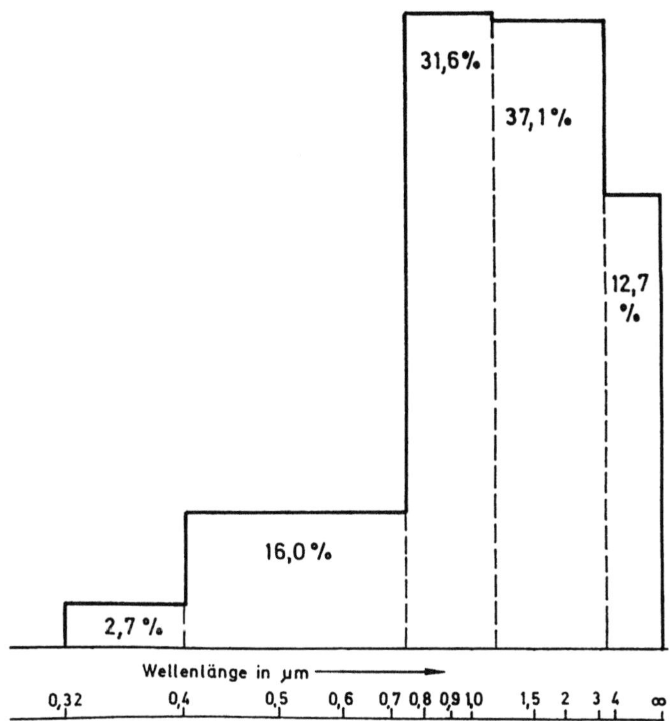

Abbildung 3.6-18: Leistungsbilanz einer Xenon-Hochdrucklampe.

Die Wasserkühlung bringt also neben einer Verringerung der Abmessungen des Entladungsgefäßes als weiterer Vorteil die Unterdrückung der Wärmestrahlung für Wellenlängen größer als 1,4 µm und den Wegfall der Aufheizung der Umgebung, weil durch
die Wasserkühlung auch der Außenkolben auf Zimmertemperatur gehalten wird.

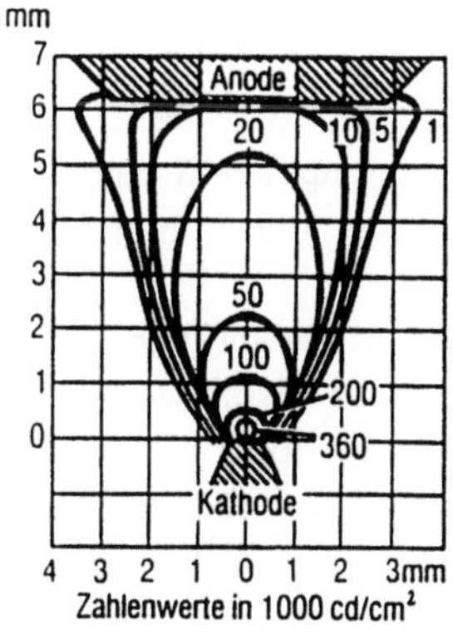

**Abbildung 3.6-19: Leuchtdichte im Bogen einer Xenon-
Hochdruckentladung.**

Das Spektrum entspricht dem der luftgekühlten Lampe, die Leuchtdichte liegt allerdings mit 3000 cd·cm^{-2} nur etwa bei 10 % der mittleren Leuchtdichte der luftgekühl-

ten Type. Dafür ist diese Leuchtdichte praktisch über die gesamte Entladungsstrecke konstant.

Wassergekühlte Xenon-Hochdrucklampen werden mit Wechselspannung betrieben. Sie werden in den Leistungsstufen 2500 W, 6000 W und 6500 W hergestellt. Die entsprechenden Entladungslängen betragen 75 mm, 110 mm und 160 mm.

Ähnlich wie bei den luftgekühlten Lampen gibt es Außenkolben mit unterschiedlichem spektralen Transmissionsgrad: ozonerzeugende Lampen mit einer spektralen Strahlungsleistung, die bereits bei 220 nm merklich ist, und ozonfreie Lampen, die erst ab 280 nm emittieren.

3.6.5 Wassergekühlte Krypton-Hochdrucklampen

Eine Lampe, die speziell für das optische Pumpen (→ 3.7) von Neodym-YAG-Lasern (→ 3.7.1.2) entwickelt wurde, ist die mit Krypton gefüllte Hochdrucklampe mit einem Entladungsgefäß ähnlich dem der wassergekühlten Xenon-Hochdrucklampen. Die Leistungsaufnahme liegt je nach Typ zwischen 2500 W und 5000 W. Die Eignung dieser Lampen für den genannten Zweck ergibt sich aus dem guten Wirkungsgrad, mit dem die wesentlichen Liniengruppen zwischen 750 nm und 900 nm emittiert werden.

3.6.6 Quecksilber-Höchstdrucklampe

Das Spektrum der Quecksilberentladung ändert sich stark mit dem Hg-Dampfdruck im Entladungsbogen. Zwar werden die Linien immer bei den gleichen Wellenlängen emittiert, ihre Strahlungsleistung ist jedoch von den Anregungsbedingungen abhängig. So werden bei der Niederdruckentladung praktisch nur die beiden Linien 185 nm und 254 nm mit einer Strahlungsausbeute von 60 % emittiert, alle übrigen Linien haben dagegen nur einen Strahlungsanteil von zusammen 5 %. Wird der Druck erhöht, sinkt die Ausbeute der im UV liegenden Linien, während die Strahlungsausbeute der anderen Linien ansteigt. Die **Abbildung 3.6-20** zeigt diesen Sachverhalt für einige wichtige Linien. Sie zeigt aber auch, daß selbst bei einem Betriebsdruck von $4 \cdot 10^6$ Pa noch nicht bei allen Linien das Optimum der Strahlungsausbeute erreicht ist.

Mit der Druckerhöhung ist eine Verbreiterung der Linien und die Ausbildung eines schwachen Kontinuums im UV und VIS verbunden. Die **Abbildung 3.6-22** zeigt das typische Spektrum einer Höchstdrucklampe; Linienverbreiterung und Untergrundspektrum sind deutlich erkennbar.

Der wesentliche Grund dafür, Hg-Höchstdrucklampen einzusetzen, ist die mit dem Druck zwangsläufig verbundene hohe Leistungskonzentration im Bogen, die bis zu 400 W pro 1 mm Bogenlänge betragen kann. Daraus resultieren Leuchtdichten bis zu $1{,}7 \cdot 10^5$ cd·cm^{-2} oder Strahldichten von 700 W·sr^{-1}·cm^{-2}, die sowohl im sichtbaren als auch im ultravioletten Spektralbereich zur Verfügung stehen.

Quecksilberdampf-Kurzbogenlampen werden in den Leistungsstufen 50 W bis 500 W hergestellt. Je nach Typ können die Lampen mit Gleich- oder Wechselspannung, z.T. auch wahlweise mit beiden betrieben werden. Die Leuchtfeldabmessungen liegen zwischen 0,25 mm und 4,1 mm. Die Lampen haben einen kugel- oder ellipsoidförmigen

Kolben, in dem sich ein Grundgas und flüssiges Quecksilber befinden. Daher stehen Quecksilberdampflampen im kalten Zustand nicht unter Überdruck. Erst in dem sich einige Minuten nach der Zündung einstellenden Zustand wird der hohe Betriebsdruck zwischen $3 \cdot 10^6$ Pa und $5 \cdot 10^6$ Pa erreicht.

Eingesetzt werden Hg-Höchstdrucklampen in Bereichen, die große Leucht- oder Strahldichten im sichtbaren Spektralbereich (VIS) oder im nahen UV (UV-A) und mittleren UV (UV-B) benötigen.

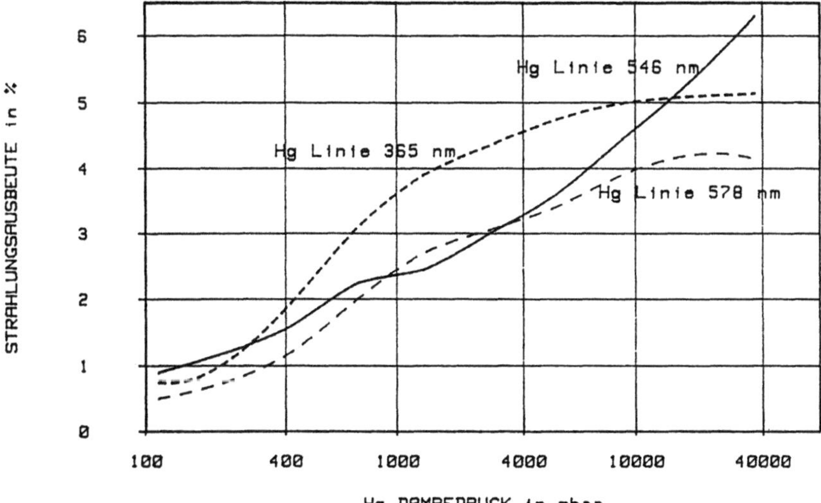

Abbildung 3.6-20: Strahlungsausbeute von Hg-Linien in Abhängigkeit vom Dampfdruck.

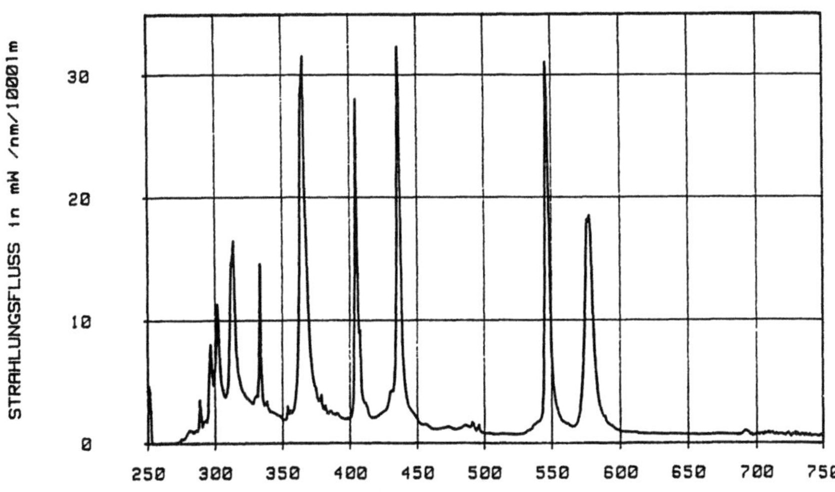

Abbildung 3.6-21: Spektrale Strahlungsverteilung einer Hg-Höchstdrucklampe.

3.6.7 Halogenmetall-Mittelbogenlampe

Im vorangehenden Abschnitt wurde diskutiert, daß bei der Quecksilberentladung durch Druckerhöhung Verbesserungen des kontinuierlichen Spektrums erreichbar sind, daß jedoch selbst bei einem sehr großen Betriebsdruck die Linien im Spektrum deutlich vorherrschen. Wenn es darum geht, ein tageslichtähnliches Kontinuum mit einer Farbtemperatur um 6000 K wirtschaftlich zu erzeugen, stand bis vor wenigen Jahren nur die Xenonlampe oder als Notbehelf gefiltertes Glühlampenlicht zur Verfügung. Mit der Einführung des Farbfernsehens wuchs zum einen der Bedarf an dieser Lichtfarbe, zum anderen wurden Lichtströme benötigt, die mit Xenonlampen nicht oder nicht mehr ausreichend zur Verfügung gestellt werden konnten. Hinzu kommt, daß Xenonlampen wegen der geringen Lampenspannung Ströme bis zu mehreren hundert Ampere und damit aufwendige Betriebsgeräte benötigen.

Diese Nachteile haben Halogen-Mittelbogenlampen (HMI Lampen), das sind Quecksilber-Hochdrucklampen mit Metallhalogenidzusätzen, nicht. Die Zusätze bewirken, daß die zwischen den Hg-Linien liegenden Spektralbereiche durch ein quasi-kontinuierliches Viellinienspektrum aufgefüllt werden. Das Ergebnis dieser Kombination mehrerer "Strahlungsquellen" in einem Entladungsbogen zeigt die **Abbildung 3.6-23**. Man erkennt bei der gewählten großen spektralen Auflösung (→ 5.6) noch das Hg-Grundspektrum und deutlich das Viellinienspektrum. Die resultierende Farbtemperatur beträgt 6000 K, die spektrale Strahlungsverteilung ist, wie ein Vergleich mit **Abbildung 3.6-16** zeigt, gut an die des natürlichen Tageslichtes angepaßt.

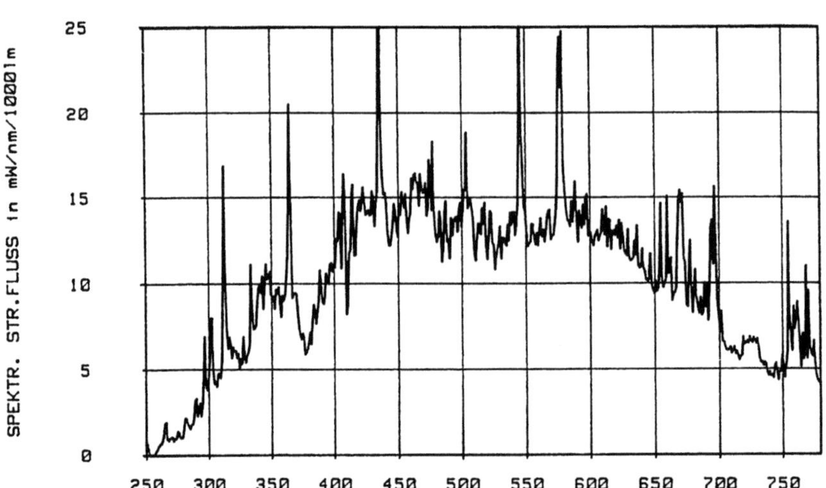

Abbildung 3.6-22: Spektrale Verteilung einer Metallhalogenid-Kurzbogenlampe.

Neben den spektralen Eigenschaften ist bei allen Strahlungsquellen für den Einsatz in optischen Geräten die Leistungskonzentration im Bogen wichtig, die sich durch die Werte der Strahldichte oder der Leuchtdichte charakterisieren läßt. Die Strahlungsausbeute zeigt jedoch für Wellenlängen kleiner als 800 nm mit steigender Leistungskonzentration eine fallende Tendenz. Ein optimaler Kompromiß ergab sich bei Bogenlängen zwischen 5 mm und 35 mm und einem Betriebsdruck der eingebrannten Lampe von etwa $1,5 \cdot 10^6$ Pa. Wie bei Hg-Höchstdrucklampen herrscht auch hier bei den kalten Lampen kein, die Sicherheit gefährdender, Überdruck. Verglichen mit Xenonlampen weisen HMI Lampen in den Betriebsbedingungen und -eigenschaften einige wesentliche Unterschiede auf

- Versorgungsspannung ist bei allen Typen die Netzspannung, der Betrieb erfolgt mit induktiven Vorschaltgeräten (Drosseln)
- der Lampenstrom ist immer kleiner als 70 A
- die Brenn- und Bogenlage ist horizontal, einige Typen erlauben beliebige Brennlagen
- die Lichtausbeute liegt zwischen 80 $lm \cdot W^{-1}$ und 100 $lm \cdot W^{-1}$, die Farbwiedergabeeigenschaften sind sehr gut
- durch die größeren Abmessungen des Entladungsbogens sind die Leuchtdichten geringer, durch die symmetrische Leuchtdichteverteilung (vgl. **Abbildung 3.6-23**) und einen kleineren Leuchtdichtegradienten in der Bogenachse kann jedoch in optischen Geräten ein Großteil des Bogens ausgenutzt werden

HMI Lampen werden in den Leistungsstufen 200 W bis 12000 W hergestellt. Wegen der großen Lichtausbeute ergibt dies Lichtströme von $1,6 \cdot 10^4$ bis $1,1 \cdot 10^6$ Lumen (lm).

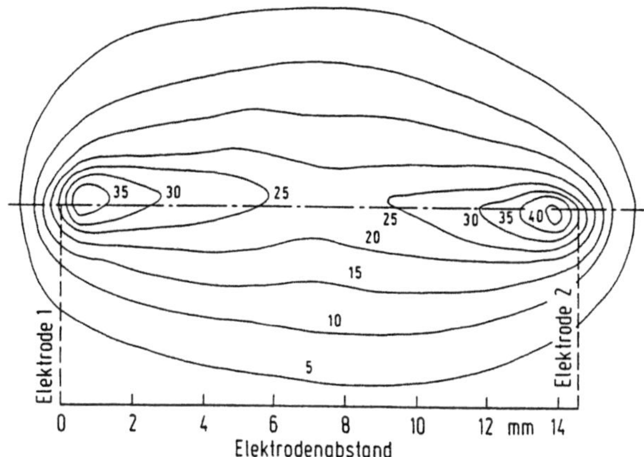

Abbildung 3.6-23: Leuchtdichte im Bogen einer Metall-Halogenid-Kurzbogenlampe.

3.7 Laser

Der Laser ist eine relativ junge Strahlungsquelle (1960), die sich von den anderen optischen Strahlern sowohl in der Art der Strahlungserzeugung als auch in den Eigenschaften der emittierten Strahlung grundlegend unterscheidet. Charakteristisch für Laserstrahlung sind die drei Merkmale *Strahleigenschaft, Kohärenz* (2.1 ←) und *Monochromasie*. Damit verbunden ist die Möglichkeit, spektrale Strahldichten in einer Größenordnung zu erzeugen, die mit konventionellen Strahlern nicht erreichbar sind.

Die Arbeitsweise eines Lasers basiert auf der Wechselwirkung zwischen elektromagnetischer Strahlung und Materie, bei der Quanteneffekte die grundlegende Rolle spielen (Klingler, 1964).

In einem Atom umkreisen die Elektronen nicht auf allen beliebigen Bahnen den Atomkern, sondern nur auf ganz bestimmten, durch Quantenbedingungen vorgeschriebenen. Beim Umlauf auf diesen Bahnen wird entgegen den Gesetzen der klassischen Physik keine Energie abgestrahlt. Jeder Bahn bzw. jedem auf ihr umlaufenden Elektron ist eine bestimmte Energie zugeordnet. Werden die Bahnradien von innen nach außen numeriert ($n = 1, 2, 3, \ldots$), so ist die Energie um so größer, je größer n und je größer damit der Bahnradius ist; die kleinste Energie hat also die kernnächste Bahn. Die Elektronen eines Atoms haben alle das Bestreben, die kleinstmögliche Energie anzunehmen. Sind die inneren zur Verfügung stehenden Plätze bereits besetzt, so müssen sich alle neu hinzukommenden Elektronen (Elemente höherer Ordnungszahl) in immer weiter außen liegende, genau festgelegte Bahnen und Plätze einordnen. Durch äußere Energiezufuhr, etwa durch Stoß, kann ein auf einer inneren Bahn umlaufendes Elektron mit der Energie E_1 auf eine äußere Bahn mit der Energie E_2 gehoben werden. Auf den freien Platz mit dem Niveau E_1 springt jedoch sofort wieder ein Elektron. Die Zeit (Relaxationszeit), in der das geschieht, ist mit etwa 10^{-8} s sehr klein. Beim Übergang des Elektrons vom Niveau E_2 zum Niveau E_1 emittiert das Atom ein Lichtquant (Photon) der Frequenz

$$\nu = \frac{1}{h}\,(E_2 - E_1) \tag{3.7-1}$$

Je größer die Differenz der Energien E_2 und E_1 ist, desto größer ist die Frequenz des emittierten Photons. Die Auswahl der diskreten Frequenzen in einem Atom ist sehr groß; der Frequenzbereich erstreckt sich von Radiowellen bis zur Röntgenstrahlung. Sinngemäße Quantenübergänge kommen auch bei Molekülen zustande. Werden diese Übergänge von einem höheren zu einem niedrigeren Niveau nicht durch ein äußeres Strahlungsfeld ausgelöst, wird die Emission als *spontan* bezeichnet.

Erfolgt der Übergang jedoch durch den Einfluß eines Lichtquantes, tritt eine *induzierte*, *angeregte* oder *erzwungene* Strahlungsemission auf. Dieser Mechanismus ist von grundlegender Bedeutung für den Laser, der davon auch seinen Namen bekommen hat (**L**ight **A**mplification by **S**timulated **E**mission of **R**adiation).

Der Vorgang der erzwungenen Strahlungsemission bietet, im Gegensatz zur spontanen Emission, die Möglichkeit der Verstärkung von Lichtquanten. Damit das möglich ist, hat man zunächst einmal dafür zu sorgen, daß die Besetzungsdichte der Elektronen in einem höheren Energiezustand größer ist als in einem tieferen. Es können dann im Mittel mehr Quantenübergänge aus diesem höheren Niveau in das niedrigere Niveau als in umgekehrter Richtung stattfinden, d.h. es kann Strahlung emittiert werden.

Die Umkehr oder Invertierung der Besetzungsdichte ist auf verschiedene Weise erreichbar. Die Anregung erfolgt vornehmlich durch eine elektrische Entladung oder durch *optisches Pumpen*, bei dem das aktive Lasermaterial mit großer Intensität bestrahlt wird.

Eine Folge der induzierten Strahlungsemission ist, daß von allen angeregten Atomen Strahlung mit zueinander fester Phasenbeziehung ausgesandt wird. Dies läßt sich erfüllen, wenn man das aktive Material in einen Resonator einschließt. Im einfachsten Fall besteht ein solcher Resonator aus zwei parallelen Flächen mit großem Reflexionsgrad, wobei der Abstand D zwischen den Flächen groß gegen ihren Querschnitt ist (vgl. **Abbildung 3.7-1**). Für Wellenlängen, für die D ein ganzzahliges Vielfaches der halben Wellenlänge ist, d.h. für

$$n \cdot \lambda = 2 \cdot D \qquad (3.7\text{-}2)$$

kommt zwischen den beiden Flächen ein System stehender Wellen zustande. Die optische Strahlung passiert das aktive Material zwischen den Flächen infolge Reflexionen viele Male und kann daher mit den Atomen des aktiven Materials häufig in Wechselwirkung treten. Die Kopplung zwischen Strahlung und Materie ist für einen Strahl, der parallel zur Achse des Resonators verläuft, besonders intensiv. Strahlen, deren Wellenfront gegen die Begrenzungsflächen des Resonators mehr oder weniger geneigt ist und die Strahlung etwas anderer Wellenlängen transportieren, verlassen das System dagegen bereits nach einigen Reflexionen, ohne daß eine merkliche Wechselwirkung mit dem aktiven Material zustande kommt. Auf diese Weise wird erreicht, daß der Fabry-Perot-Resonator praktisch nur für solche Strahlen eine Resonanzeigenschaft hat, deren Wellenfront genau parallel zu den Endflächen des Resonators verläuft.

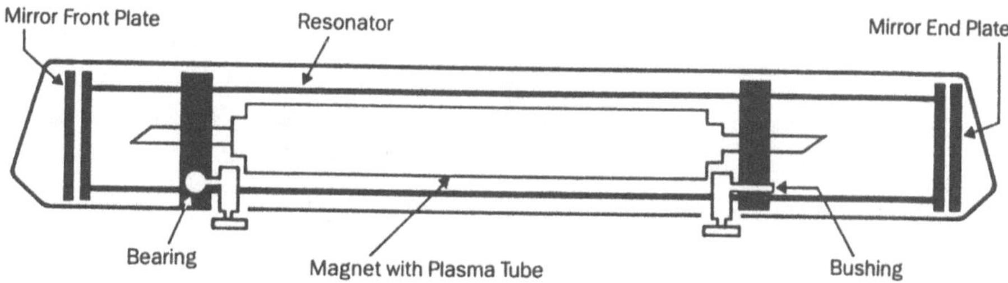

Abbildung 3.7-1: Prinzip-Aufbau eines Lasers (Firmenschrift Spectra Physics, 1981).

Damit Laserstrahlung zustande kommen kann, ist es notwendig, daß ein genügend großer Überschuß angeregter Atome vorhanden ist. Dieser Überschuß muß so groß sein, daß die Intensität der (durch den Plattenabstand des Fabry-Perot-Resonators) bevorzugten Wellenlängen durch mindestens gleich viele Übergänge pro Sekunde verstärkt wird, wie in der gleichen Zeit durch andere Prozesse verlorengeht. Aus dieser Forderung läßt sich eine Bedingung für die Anregung von Laserstrahlung herleiten. Diese Bedingung lautet

$$\frac{\lambda^2 \cdot c}{8\pi^2 \cdot \Delta \nu} \cdot \frac{N}{\tau} > \frac{1}{t} \qquad (3.7\text{-}3)$$

wobei λ die Wellenlänge, $\Delta \nu$ das Frequenzintervall der spontanen Emission, N die Anzahl und τ die Lebensdauer der angeregten Atome und t die mittlere Verweilzeit eines Lichtquantes innerhalb des Fabry-Perot-Resonators sind. Die linke Seite dieser Ungleichung gibt die Anzahl der pro Sekunde und Volumeneinheit spontan entstehenden Wellenzüge an. Um die Bedingung zu erfüllen, muß man einerseits die rechte Seite der Ungleichung möglichst klein, die Verweilzeit t einer Welle also möglichst groß machen.

Dieser Forderung trägt man einerseits durch einen möglichst großen Abstand zwischen den Platten des Fabry-Perot-Resonators Rechnung, da ja die Strahlung dann länger braucht, um von der einen zur anderen zu gelangen, und andererseits durch einen großen Reflexionsgrad der Platten. Einen Vergrößerung des Reflexionsgrades sind jedoch dadurch Grenzen gesetzt, daß die Strahlung durch eine der beiden Platten in den freien Raum austreten können muß. Die Verweilzeit einer Welle im Resonator ist durch seinen Aufbau, seine Abmessungen und seine Auskoppelungseigenschaften bestimmt.

Die verschiedenen **Lasertypen** lassen sich durch charakteristische Anregungsmechanismen kennzeichnen. In einem **Festkörper**laser erfolgt die Anregung üblicherweise durch optisches Pumpen mit inkohärenter Strahlung, in einem **Gas**laser wird die Anregung meist durch eine elektrische Entladung und in einem **Flüssigkeits**laser (**Farbstoff**laser) vorwiegend durch andere Laser bewirkt.

Viele Lasertypen können je nach Anwendungszweck kontinuierlich oder gepulst betrieben werden. Bei anderen ist wiederum nur die eine oder die andere Betriebsart zweckmäßig.

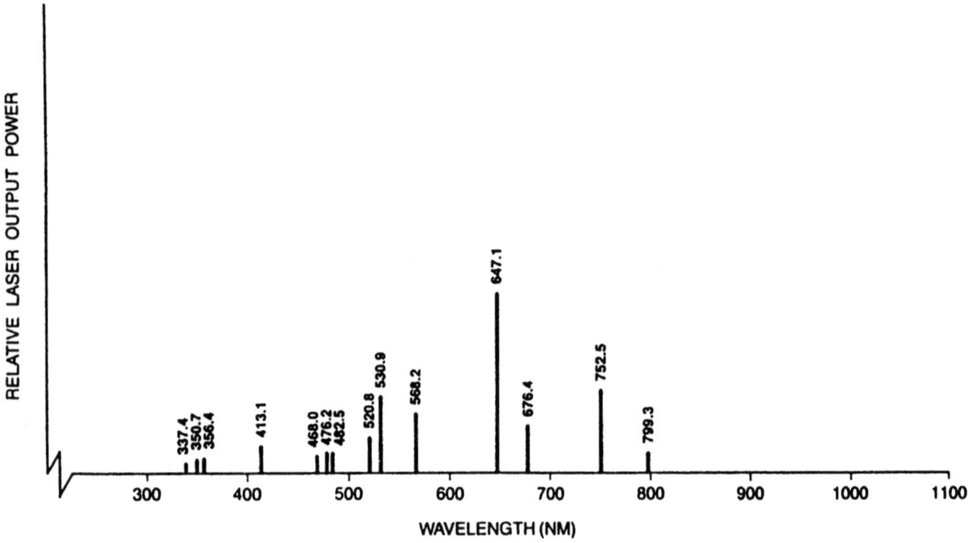

Abbildung 3.7-2: Typisches Emissionsspektrum eines Krypton-Lasers (Firmenschrift Spectra Physics, 1981).

Während einige Lasersysteme nur eine einzelne Linie emittieren (Rubinlaser: 694 nm; Stickstofflaser: 337 nm), zeigen andere ein Viellinienspektrum (Argon- bzw. Krypton-Ionenlaser, **Abbildung 3.7-2**). Farbstoff- oder Farbzentrenlaser besitzen ein breitbandiges Emissionsprofil, das bei Bedarf durch spektrale Aussonderung (→ 5) weiter eingeengt werden kann.

Nachfolgend werden einige wichtige Vertreter der einzelnen Lasertypen vorgestellt.

3.7.1 Festkörperlaser

Das aktive Material eines Festkörperlasers besteht aus einem einkristallinen Isolator, in dessen Gitter in geringer Anzahl Fremdatome wie Chrom oder Neodym eingebaut sind. Diese Fremdatome sind die wichtigen laseraktiven Atome. Daneben gibt es auch Festkörperlaser mit stöchiometrischer Zusammensetzung, d.h. das laseraktive Atom ist Bestandteil der chemischen Verbindung des Wirtsgitters.
Zu weitergehenden Einzelheiten muß auf die Literatur verwiesen werden, z.B. (Bimberg, 1985).

3.7.1.1 Rubinlaser

Der Rubinlaser war das erste realisierte Lasersystem (Maiman, 1960). Rubin ist Aluminiumoxid (Al_2O_3), das mit Chrom von etwa 0,04 Gewichtsprozent bis 0,05 Gewichtsprozent dotiert ist. Die emittierte Strahlung liegt im roten Spektralbereich bei 694 nm. Der Rubinlaser ist der einzige Festkörperlaser, der im sichtbaren Spektralbereich emittiert. Er läßt sich im Dauerstrichbetrieb und gepulst betreiben.

3.7.1.2 Neodymlaser

Neodym ist ein Element aus der Gruppe der Seltenen Erden. In Yttrium-Aluminium-Granat (YAG) tritt es an die Stelle von Yttrium.
Die von einem Nd:YAG emittierte Strahlung liegt im NIR bei 1,06 µm. Der Laser kann kontinuierlich (Dauerstrich) oder gepulst betrieben werden.
Der Nachteil des Nd:YAG-Lasers liegt in der Schwierigkeit, große Kristalle von hinreichender chemischer Homogenität zu ziehen. Daher rührt einmal ein relativ hoher Preis für die Laserstäbe. Zum anderen ist die Ausgangsleistung auch eine Funktion der Kristallgröße, was den Bau von Nd:YAG-Hochleistungslasern verhindert.

3.7.1.3 Neodym-Glaslaser

Mit Neodym dotiertes Glas ist in guter optischer Qualität und in der notwendigen Größe ohne Schwierigkeiten herstellbar. Anstelle eines regulären Kristallgitters liegt nun eine amorphe, in Erstarrung befindliche Flüssigkeit als Wirtsmaterial vor. Deshalb liegt im Vergleich zum Nd:YAG-Laser die Emissionslinie 1,06 µm des Nd:Glaslasers um 10 nm bis 20 nm verbreitert vor. Innerhalb eines solchen Emissionsbereiches sind die "Laserbedingungen" in der Regel nicht nur für eine einzige Wellenlänge -etwa die Zentrumswellenlänge- erfüllt, sondern auch für eine Reihe weiterer Wellenlängen, sofern sie der "Resonatorbedingung" (3.7-2 ←) genügen. Alle diese laserfähigen Übergänge werden als longitudinale Moden bezeichnet. Die große Anzahl gleichzeitig existierender longitudinaler Moden ist Voraussetzung für den Bau eines Hochleistungslasers. Bei einer Nanosekunde Pulsdauer lassen sich Spitzenleistungen von $5 \cdot 10^{13}$ W erzielen. Die thermische Belastbarkeit von Glas verhindert jedoch bei solchen Spitzenleistungen einen Einsatz im Dauerstrichbetrieb. Die maximale Repetitionsrate beträgt 1 Hz.

Wegen der hohen Pulsspitzenleistungen eignen sich diese Laser zur Frequenzvervielfachung mittels nichtlinearer optischer Kristalle. Durch sie wird die Grundton-Wellenlänge von 1,06 μm in höhere Obertonschwingungen bei $\lambda/2$, $\lambda/3$ oder $\lambda/4$ umgewandelt. So erhält man Laserlinien im sichtbaren Spektralbereich (532 nm) und im UV (335 nm, 226 nm) mit hoher Pulsleistung (z.B. zum Pumpen mehrerer Farbstofflaser-Verstärkerstufen).

3.7.1.4 Farbzentrenlaser

Farbzentrenlaser sind Festkörperlaser mit Alkalihalogenidkristallen (z.B. KCl, RbCl, KF) als Wirtskristalle. Durch Röntgenstrahlung und /oder Eindiffundieren von Alkaliatomen werden Halogenleerstellen erzeugt, die von Elektronen besetzt werden können. Diesen Defekttyp nennt man Farb-Zentrum oder kurz F-Zentrum. Charakteristisch für F-Zentren sind breite Absorptionsbanden im sichtbaren und nahen infraroten Spektralbereich. Gepumpt wird mit Blitzlampen oder Edelgas-Ionenlasern ($\rightarrow$ 3.7.3.2). Die Besonderheit der F-Zentrenlaser liegt in ihrer breitbandigen Emission im IR. Je nach Wirtskristall läßt sich derzeit ein Bereich von 800 nm bis 3500 nm überdecken. Mittels dispersiver Elemente ($\rightarrow$ 5.2.1) im Resonator ist dabei ein Durchstimmbereich von 150 nm bis 600 nm zu erzielen.

3.7.2 Farbstofflaser

Farbstofflaser (Dyelaser) sind Flüssigkeitslaser. Aktives Material ist eine wässrige oder alkoholische Lösung eines Farbstoffes. Mit Ausnahme der F-Zentrenlaser unterscheiden sich die Farbstofflaser von allen übrigen Lasern durch die spektrale Breite des laseraktiven Emissionsbereiches (s. **Abbildung 3.7-3**). Bei den handelsüblichen Farbstoffen stehen Laser-Emissionsbereiche vom UV bis in das IR zur Verfügung.

Die Suche gilt Laserfarbstoffen, die im UV und IR leistungsfähig und langlebig sind. Dies ist besonders bei gepulsten Farbstoff-Lasersystemen im UV noch ein Problem.

Die Fähigkeit, sich über einen großen Spektralbereich kontinuierlich durchstimmen zu lassen, macht Farbstofflaser zu der Strahlungsquelle für die Molekülspektrometrie. Dabei werden entweder durch Interferenzfilter ($\rightarrow$ 5.4.7) innerhalb und /oder außerhalb des Resonators sehr schmalbandige Linien aus dem breiten Emissionsband ausgesondert oder es wird bewußt im spektralen Breitbandbetrieb gearbeitet. Die erste Methode erlaubt durch schmalbandiges Durchstimmen die gezielte Anregung elektronischer Zustände und damit die Bestimmung von Molekülkonstanten und -parametern auch im elektronisch angeregten Zustand ((Resonanz-) Raman-, CARS-Spektrometrie). Die zweite Methode liefert z.B. bei Verwendung von Multiplexspektrometern mit Diodenarrays ($\rightarrow$ 5.8.2) in Nanosekunden komplette Molekülspektren. Damit ist sie besonders zum augenblicklichen Nachweis von gasförmigen Stoffen in der Luft geeignet. Deshalb setzt man sie im Umweltschutz ein.

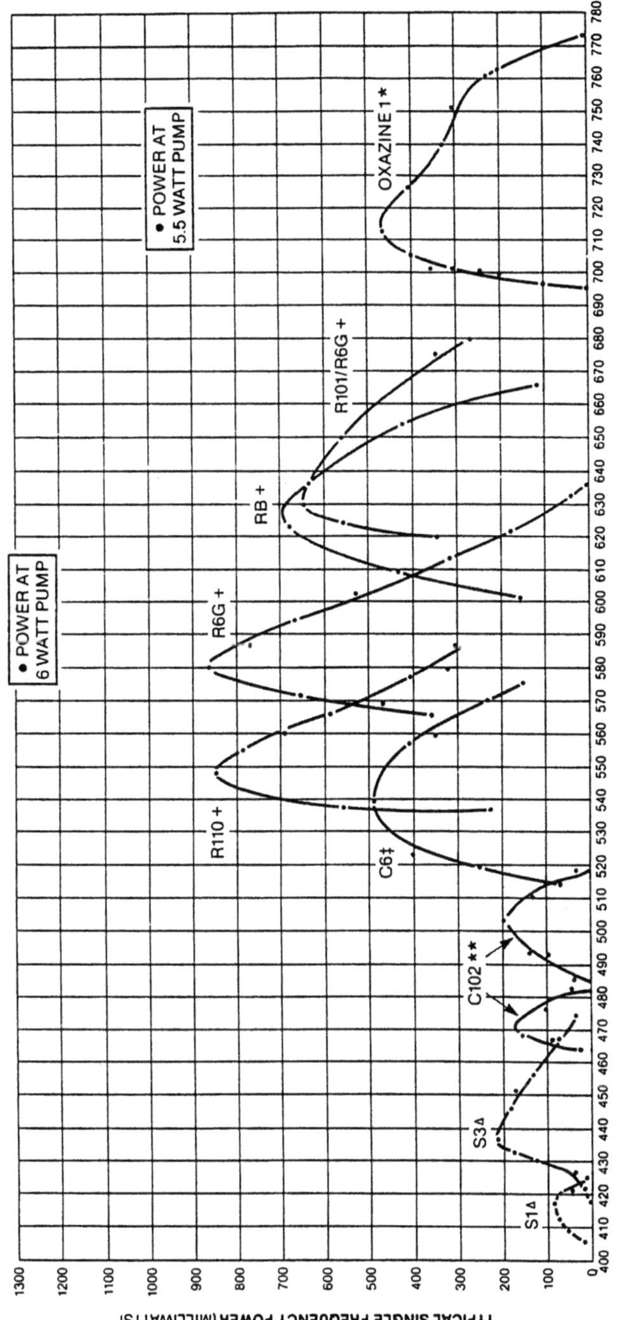

Abbildung 3.7-3: Emissionsspektren typischer Laserfarbstoffe (Firmenschrift Spectra Physics, 1981).

Ein weiterer Vorteil der Farbstofflaser liegt in ihrem großen Wirkungsgrad.

Bei kontinuierlichem Betrieb werden zum optischen Pumpen der Farbstoffe vorwiegend Edelgas-Ionenlaser, bei gepulstem Betrieb Blitzlampen, Excimerlaser ($\rightarrow$ 3.7.3.4) oder Nd:YAG-Laser verwendet.

3.7.3 Gaslaser

Das aktive Material eines Gaslasers ist ein Gas oder Metalldampf, häufig besteht es aus mehreren Komponenten.

Der wichtigste Anregungsmechanismus ist die elektrische Entladung. Dabei befindet sich das Gas in einer Röhre. Zwischen zwei Elektroden, jeweils am Rohrende angebracht, wird Hochspannung angelegt. Im elektrischen Feld werden die Elektronen beschleunigt. Die so gewonnene kinetische Energie wird bei Stoßprozessen wieder abgegeben und dient zur Anregung der laseraktiven Atome oder Moleküle. Häufig werden als "Zwischenmedium" Atome oder Moleküle verwendet, die selbst nicht laseraktiv sind, aber einen besonders großen Wirkungsquerschnitt für die Stoßanregung besitzen. In einem Stoßprozeß zweiter Art wird dann die Energie auf das eigentliche Lasermaterial übertragen. Dabei kann es sich bei den Laser-Ausgangsniveaus um alle Arten von Anregungsniveaus handeln, so daß Gaslaser den ganzen optischen Spektralbereich abdecken.

3.7.3.1 Helium-Neon-Laser

Der He-Ne-Laser arbeitet mit einem Gemisch aus etwa fünf Teilen Helium auf ein Teil Neon. Je nach Bauart des Entladungsrohres liegt der Gesamtdruck zwischen 4 hPa und 40 hPa. Das laseraktive Gas ist Neon.

Ein He-Ne-Laser emittiert sowohl im IR (3,9 µm und 1,15 µm) als auch im VIS. Die am meisten benutzte Linie liegt bei 632 nm, d.h. im "Roten".

Der He-Ne-Laser zeichnet sich durch besonders hohe Frequenzstabilität und extrem lange Lebensdauer aus. In kommerziellen Geräten werden standardmäßig Frequenzstabilitäten von 1 MHz erreicht. Die dazu notwendige Längenstabilität des Resonators liegt bei $\Delta L = \lambda/3000$.

3.7.3.2 Edelgas-Ionenlaser

In diesen Lasern wird nur eine Gassorte verwendet. Die laseraktiven Übergänge stammen nicht vom neutralen Atom, sondern von einfach ionisierten Ionen. Für die zur Entladungsanregung erforderlichen großen Stromdichten werden aufwendige, stabilisierte Netzgeräte, spezielle Entladungsrohre und bei größeren Leistungsstufen wassergekühlte Entladungsrohre benötigt. Neuerdings sind auch speziell gefertigte Keramikrohre im Einsatz. Typisch für die Edelgas-Ionenlaser sind Viellinien-Spektren vom UV bis in das IR. Die stärksten Linien haben eine Strahlungsleistung von 10 W. Durch Frequenzverdopplung leistungsstarker Linien im sichtbaren Spektralbereich lassen sich zusätzliche Linien im UV erzeugen.

3.7.3.3 CO_2-Laser

Die von CO_2-Lasern emittierte Strahlung liegt im IR und verteilt sich auf eine große
Anzahl von Linien zwischen etwa 9,2 µm und 10,9 µm. Diese Wellenlängen deuten
bereits darauf hin, daß es sich bei den beteiligten Niveaus (vgl. Gleichung 3.7-1) um
Rotationsniveaus von Schwingungen aus dem Elektronengrundzustand handelt.
Die Anregung der CO_2-Moleküle erfolgt wegen ihres kleinen Wirkungsquerschnittes
nicht direkt durch Elektronenstoß, sondern auf dem Umweg von beigemischtem Stick-
stoff und Helium.
Mit 10 % bis 20 % erreicht der CO_2-Laser einen erheblich größeren Wirkungsgrad als die
Edelgas-Ionenlaser. Der dem CO_2-Laser ähnliche CO-Laser erreicht mit 63 % den größten
Wirkungsgrad aller Gaslaser.
Ausgangsleistungen von 10 kW und mehr erreicht man mit Anordnungen, bei denen das
Gas nicht longitudinal, sondern transversal durch den Resonator strömt (TEA-Anregung:
Transverse **E**xcitation **A**tmospheric Pressure).

3.7.3.4 Excimer-Laser

Excimer-Laser verwenden als laseraktives Material vorwiegend Edelgase oder Edelgas-
halogenide.
Excimere sind Moleküle kurzer Lebensdauer, die nur im angeregten Zustand existieren
oder höchstens einen schwach gebundenen bis dissoziierten Grundzustand aufweisen.
Durch Zünden einer schnellen Gasentladung werden durch Elektronenstoß in einem
Gemisch aus Edelgas, Halogen und Puffergas (z.B. Helium) die Excimere gebildet.
Beim Übergang in den Grundzustand wird kohärente Strahlung mit der für das jeweilige
Excimer charakteristischen Wellenlänge emittiert, z.B. ArCl $\rightarrow$ 175 nm, KrF $\rightarrow$ 248 nm,
F $\rightarrow$ 713 nm.
Die meisten Excimer-Laser arbeiten mit transversal elektrischer Anregung bei Atmosphä-
rendruck. Bei Pulslängen von 5 ns bis 35 ns und einer Wiederholungsrate bis zu 250 Hz
wird eine Ausgangsenergie bis zu 1 Joule erreicht.
Excimer-Laser haben den anfänglich vorherrschenden Stickstoff-Laser verdrängt.

3.8 Elektrolumineszenzstrahler

Unter Elektrolumineszenz versteht man Strahlungsemission nach Anregung in einem
elektrischen Feld.
Bei *Leuchtplatten* werden Leuchtstoffe in einem elektrischen Wechselfeld zum Leuchten
gebracht. Die Leuchtstoffe befinden sich dabei zwischen zwei leitenden, als Kondensator
wirkenden Schichten. Die Anregung erfolgt durch elektrische Feldstärken, die wegen
des kleinen Schichtabstandes (< 0,1 mm) bereits bei 220 V und 50 Hz erreicht werden.
Bei größeren Frequenzen kann die Strahldichte der Leuchtstoffe wesentlich gesteigert
werden, wobei dann allerdings auch die thermische Belastung zunimmt. Bei Normalbe-
trieb werden Leuchtdichten von 5 cd·m^{-2}, bei höchstzulässiger Belastung 50 cd·m^{-2} bei

einer Lichtausbeute von 10 lm·W^{-1} erreicht. Das emittierte Spektrum wird nur durch den verwendeten Leuchtstoff bestimmt.

Leuchtplatten werden in beliebigen Abmessungen bis zu einer Gesamtfläche von 500 cm^2 hergestellt. Aufgrund der langen Lebensdauer und der mit der Betriebszeit nur geringfügig abnehmenden Strahldichte sind Leuchtplatten unter konstanten Umgebungsbedingungen als großflächige Vergleichslichtquelle geeignet.

3.9 Lumineszenzdioden

Lumineszenzdioden sind Halbleiterdioden, die bei Stromdurchgang Strahlung emittieren. Sie arbeiten nach dem Prinzip der Injektionslumineszenz. Über einen in Flußrichtung betriebenen pn-Übergang werden Überschußladungsträger in das neutrale n- und p-Gebiet injiziert, wo sie zum Teil strahlend unter Aussendung eines Photons rekombinieren. Die Wahrscheinlichkeit für eine strahlende Rekombination hängt wesentlich von dem Bandstrukturtyp des betreffenden Halbleitermaterials ab. Bei den direkten Halbleitern mit GaAs als dem wichtigsten Vertreter kann ein Elektron direkt aus dem Leitungsband in einen freien Zustand im Valenzband (Loch) fallen, wobei die freiwerdende Energie als Photon abgegeben wird. Bei den sog. indirekten Halbleitern mit Si, Ge und GaP als den wichtigsten Vertretern dagegen ist dieser Übergang mit einer Impulsänderung des Elektrons verbunden. Die Rekombination ist dann nur unter Beteiligung dritter Partner, wie z.B. Photonen oder Störstellen möglich.

Lumineszenzdioden auf GaAs-Basis emittieren im NIR. Man nennt sie deshalb auch IRED's (Infra-Red Emitting Diode).

Im sichtbaren Spektralbereich emittierende Lumineszenzdioden heißen abgekürzt LED's (Light Emitting Diode). Es gibt sie mit roter, grüner und gelber Lichtfarbe.

Die wesentlichen Vorteile der Halbleiterstrahlungsquellen sind eine niedrige Betriebstemperatur, eine große mechanische Stabilität (Unempfindlichkeit gegen mechanische Erschütterungen oder Schwingungen), kleine Abmessungen und nicht zuletzt die leichte Modulierbarkeit der Emission.

Für den Anwender wesentlich ist die Abstrahlungscharakteristik. Verwendet man die Lumineszenzdioden in Anordnungen ohne Linsen, soll der Öffnungswinkel der Strahlung klein sein. In Verbindung mit Linsensystemen bevorzugt man Bauformen, bei denen die Strahlung durch ein Planfenster austritt.

3.9.1 Infrarot-Lumineszenzdioden

Eine Infrarot-Lumineszenzdiode (IRED) emittiert im Spektralbereich von 900 nm bis 1050 nm mit einer Schwerpunktwellenlänge bei 950 nm; die spektrale Halbwertbreite ($\rightarrow$ 5.5.4) beträgt 20 nm (vgl. **Abbildung 3.9-1**).

Die Leistungsaufnahme der IRED's bewegt sich zwischen 80 mW und 500 mW, die emittierte Strahlungsleistung zwischen 2 mW und 16 mW. Abhängig vom Ausstrahlungswinkel können Strahlstärken zwischen 1 mW·sr^{-1} und 70 mW·sr^{-1} erreicht werden.

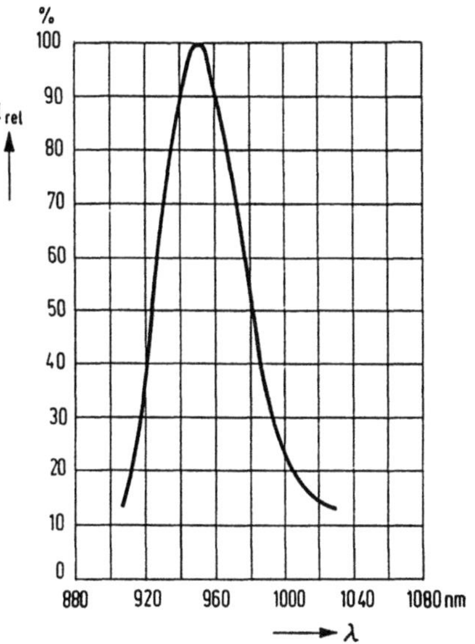

**Abbildung 3.9-1: Spektrale Strahlungsvertei-
lung einer Infrarot-Lumineszenzdiode.**

3.9.2 Lichtemittierende Lumineszenzdioden

Halbleitermaterial für lichtemittierende Lumineszenzdioden (LED's) ist Galliumarsenid-
phosphid (GaAsP). In diesem Mischkristallsystem kann durch Änderung des Phosphoran-
teiles die Schwerpunktwellenlänge des emittierten Spektralbereiches zwischen dem NIR
und dem "Grünen" verschoben werden. In der **Abbildung 3.9-2** ist die spektrale Strahlungsverteilung der wichtigsten LED-Typen zusammengestellt.

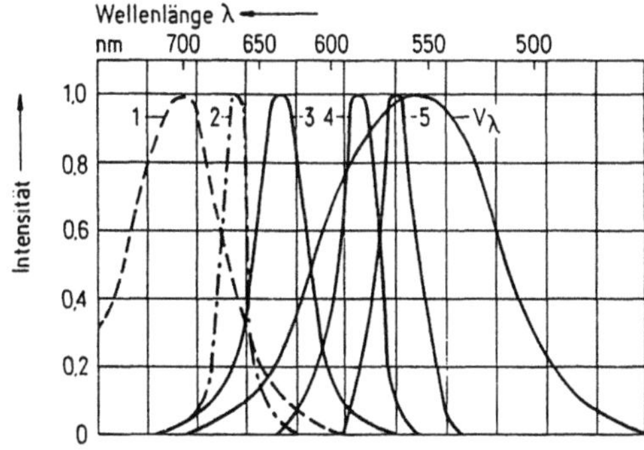

**Abbildung 3.9-2: Spektrale Strahlungsver-
teilung von LED's.**

LED's werden im Plastikgehäuse mit runden, rechteckigen und dreieckigen Leuchtflä-
chenformen angeboten. Die Abmessungen der leuchtenden Fläche liegen zwischen 1 mm
und 5 mm.
Die emittierte Strahlung folgt dem Strom in Durchlaßrichtung der Diode in einem weiten
Bereich linear bzw. leicht überproportional. Bei großen Strömen nähert sich, verursacht
durch die Erwärmung des Systems, die Strahlung asymptotisch einem Grenzwert. Aus

dem gleichen Grund zeigen alle LED's bei konstantem Strom eine Abhängigkeit von der
Umgebungstemperatur, der Temperaturkoeffizient liegt zwischen - 0,3 % und - 0,8 % pro
Grad Temperaturänderung. Die Lebensdauer von LED's, definiert als diejenige Brennzeit
im Dauerbetrieb, nach der die Strahlstärke auf die Hälfte des Anfangswertes abgesunken ist, beträgt im Mittel 100000 Stunden.

3.10 Laserdioden

Die Strahlungserzeugung in Laserdioden erfolgt durch induzierte Emission. Die erzeugte
Strahlung ist nahezu kohärent und monochromatisch. Typisch für Laserdioden ist der Verlauf der Strahlungs-Strom-Kennlinie. Bei kleinen Diodenströmen wird inkohärente Strahlung erzeugt, sie wächst nur geringfügig mit dem Strom an. Erst beim Überschreiten
eines Schwellenstromes wird kohärente Strahlung emittiert, und die Strahlungs-Strom-
Kennlinie steigt steil an. Die Schwerpunktwellenlängen der Laserdioden liegt zwischen
"Rot" und dem NIR bis 1,5 µm.

Anmerkung des Herausgebers

Für viele Zwecke ist die Kenntnis von **Relativwerten** der Strahler- und Empfängergrößen sowie
der Materialkennzahlen ausreichend. Falls man die Größenwerte (= Zahlenwert · Einheit) selber
meint, spricht man von **Absolutwerten.** Damit soll eine Abgrenzung zu den Relativwerten deutlich
gemacht werden. Sie hat ihre Berechtigung auch deshalb, weil die Ermittlung von Absolutwerten
in aller Regel wesentlich schwieriger und damit erheblich aufwendiger ist als die Bestimmung
von Relativwerten.
Es hat sich eingebürgert, auch zwischen einer **Absolutmessung** und einer **Relativmessung** zu
unterscheiden.
Eine **Relativmessung** ist die Gesamtheit aller Tätigkeiten zum Vergleich zweier gleichartiger
Objekte oder Merkmale unter gleichen Bedingungen oder die Erfassung der Abhängigkeit einer
Objekteigenschaft oder eines Merkmales von einem oder mehreren Parametern, z.B. der Frequenz.
Ein Beispiel für eine Relativmessung ist die Bestimmung der Innenraumtemperatur im Vergleich
zur Außentemperatur. Es macht gleichermaßen deutlich, daß bei einer Relativmessung Bezugspunkt und Skala beliebig wählbar sind und ein Relativwert nicht notwendigerweise der Quotient
zweier Größen gleicher Dimension sein muß.
Unter einer **Absolutmessung** versteht man den Vorgang, durch den ein spezieller Wert einer
physikalischen Größe (Größenwert) als Vielfaches einer Bezugsgröße experimentell ermittelt wird.
Die Bezugsgröße kann dimensionsbehaftet oder dimensionslos (Dimension Eins) sein. Beispiele
für eine Absolutmessung sind die Ermittlung des Meßwertes einer Strahlungsleistung in Watt
und die Bestimmung eines Reflexionsgrades, die den durch Vereinbarung festgelegten Reflexionsgrad des vollkommen mattweißen Körpers ($\rho = 1$ unabhängig von der Wellenlänge) erfordert. Für
eine Absolutmessung benötigt man also einen festliegenden oder vereinbarten Nullpunkt und
eine festgelegte Skala.

4 EMPFÄNGER

K. Möstl (Braunschweig)

4.1 Einleitung

Optische Strahlung läßt sich durch ihre Wirkungen nachweisen. Einige dieser Wirkungen sind jedem Menschen wohl vertraut, so die Wärmeempfindung durch intensive Bestrahlung der Haut, der Lichtreiz durch sichtbare Strahlung und die Hautrötung durch UV-Strahlung. Diese Wirkungen lassen aber nur qualitative Aussagen der Art "Quelle A ist intensiver als Quelle B" zu. Aber selbst bei solch einfachen Feststellungen sind Fehlurteile nicht ausgeschlossen. So können zwei Strahlungsquellen, die dem Beobachter gleich hell erscheinen, recht unterschiedliche Strahlungsleistungen oder Strahldichten emittieren.

Für die Meßtechnik werden Strahlungsempfänger benötigt, die optische Strahlungsenergie in eindeutiger Weise in eine Energieform umwandeln (Wandler), die der direkten Messung leichter zugänglich ist.

So entsteht bei der Umwandlung in Wärmeenergie eine meßbare Temperaturerhöhung. Bei der Umwandlung in elektrische Energie bieten sich elektrischer Strom und elektrische Spannung als Meßgrößen an. Etwas abstrakter formuliert heißt das, es wird einer Empfänger**eingangsgröße** (z.B. **Strahlungsleistung**) eine Empfänger**ausgangsgröße** (z.B. **Photostrom**) eindeutig zugeordnet.

Bei Gebrauchsempfängern ist es dabei gar nicht erforderlich, daß die Energiewandlung verlustfrei funktioniert, d.h. es darf auch Strahlungsenergie in Energieformen übergehen, die bei der Messung nicht erfaßt werden. Der quantitative Zusammenhang zwischen Eingangs- und Ausgangsgröße wird hier durch Vergleich mit einem Strahlungsempfänger gewonnen, für den dieser Zusammenhang bereits bekannt ist. Diesen Vorgang nennt man **Kalibrierung** und den Quotienten aus Ausgangs- und Eingangsgröße die **Empfindlichkeit** des Empfängers (→ 4.3.2).

Am Anfang der Kalibrierkette muß natürlich ein Empfänger stehen, der keine Kalibrierung durch Vergleich mit einem anderen Empfänger benötigt. Solche Empfänger werden **Absolutempfänger** (→ 4.2.4) oder auch **(absolute) Radiometer** genannt. Ihr Kalibrierwert wird aus einen physikalischen Modell, das man sich von der Wirkungsweise des Empfängers macht, berechnet. Im allgemeinen werden dafür Zahlenwerte von Größen benötigt, die durch Hilfsmessungen bestimmt werden müssen. Zur Überprüfung der Güte und Vollständigkeit des Modells müssen Vergleiche mit anderen Absolutempfängern durchgeführt werden. Diese werden auf internationaler Ebene zwischen den metrologischen Staatsinstituten organisiert.

Ansonsten werden bei den Absolutempfängern die gleichen Meßprinzipien benutzt wie bei den Gebrauchsempfängern, die im folgenden Abschnitt beschrieben werden. Deshalb soll eine Erläuterung der Absolutempfänger zurückgestellt werden.

4.2 Typen von Empfängern

Im folgenden sollen Empfänger danach unterschieden werden, **wie und in welche Energieform** sie die Strahlungsenergie zum Zwecke der Messung umwandeln. Welche Strahlungsgrößen (Strahlungsenergie, Strahlungsleistung, Bestrahlung, Bestrahlungsstärke, Strahldichte) damit gemessen werden können, hängt, von zwei Ausnahmen abgesehen, nicht vom physikalischen Meßprinzip, sondern von der Konstruktion des Empfängers, seiner vorgeschalteten Optik oder nachgeschalteten Elektronik ab.

Bei der Abwägung der Vor- und Nachteile der verschiedenen Empfängertypen läßt es sich nicht vermeiden, auch Empfängerkenngrößen zu benutzen, die erst im nachfolgenden Abschnitt 4.3 ausführlich erläutert werden. Deshalb wird in den folgenden Unterabschnitten jeweils dort, wo die Empfängerkenngrößen erstmals benötigt werden, eine qualitative Beschreibung gegeben. Dem Autor erscheint diese Vorgehensweise eher akzeptabel zu sein als umgekehrt die Empfängerkenngrößen an Beispielen erläutern zu müssen, die noch nicht vorgestellt worden sind.

4.2.1 Thermischer Empfänger

In thermischen Empfängern wird die **Strahlungsenergie in Wärme** umgewandelt. Dies geschieht in einem **Absorber**, der die zu messende Strahlung möglichst vollständig absorbiert (Möstl, 1988). Wie vollständig die Absorption ist, hängt vom (spektralen) Absorptionsgrad (2 ←) ab. Da die üblicherweise verwendeten Absorber sichtbare Strahlung (Licht) sehr stark absorbieren, erscheinen sie schwarz. Umgekehrt läßt aber der visuelle Eindruck "schwarz" nicht den Schluß zu, daß ein so beurteiltes Material als Absorber für Strahlung außerhalb des sichtbaren Spektralbereiches geeignet ist. Bekannt ist zum Beispiel, daß schwarze Tücher schon im nahen Infrarot stark reflektieren (Blevin u. Brown, 1967). Geeignet sind u.a. speziell entwickelte Schwarzlacke, die in einem breiten Spektralbereich (etwa 0,2 µm bis 10 µm) einen spektralen Absorptionsgrad haben, der ungefähr Eins und nahezu wellenlängenunabhängig ist. Damit wird auch die Empfindlichkeit in einem größeren Spektralbereich (nahezu) wellenlängenunabhängig. Man spricht dann von einem **unselektiven** Empfänger im Gegensatz zu einem **selektiven** Empfänger, bei dem die Empfindlichkeit stark von der Wellenlänge abhängt.

Die Unselektivität ist für solche Messungen unabdingbare Voraussetzung, bei denen Strahlung aus einem größeren Spektralbereich (ohne spektrale Zerlegung) auf die Empfängerfläche einfällt. Bei der Messung quasi-monochromatischer Strahlung hingegen ist die Unselektivität eher störend, weil die Gefahr besteht, daß neben der zu messenden Strahlung (Nutzstrahlung) noch Strahlung aus nicht erwünschten Spektralbereichen bei der Messung mit erfaßt wird, was zu einer Verfälschung des Meßergebnisses führen kann. Als wichtigste Maßnahme gegen diese Fehlerquelle hat man dafür zu sorgen, daß der Teil der Empfängerumgebung, aus dem Strahlung auf die Empfängerfläche gelangen kann, auf konstanter Temperatur gehalten wird. Dann kann zwar die thermisch erzeugte Strahlung zu einem von Null verschiedenen Empfängerausgangssignal (Offset) führen, doch ist dieses zeitlich konstant. Man kann es somit vor Beginn und möglichst auch nach Abschluß der eigentlichen Strahlungsmessung bei abgedunkeltem Empfänger (Dunkelmessung) bestimmen und von dem Signal bei Messung der Nutzstrahlung subtrahieren. Die Vorzeichen von Hell- und Dunkelsignal sind dabei zu beachten. Sind diese verschieden, so bewirkt die Subtraktion, daß der korrigierte Wert dem Betrage nach größer ist als der unkorrigierte.

Zur Messung des Offsetsignals wird gewöhnlich in den Strahlengang ein Verschluß eingebaut. Wichtig ist, daß auch der Verschluß die gleiche Temperatur wie der Hintergrund hat, sich also weder durch Bestrahlung noch durch einen eingebauten Elektromagneten merklich erwärmt.

Oft werden thermische Empfänger **gekapselt**, um sie vor Umwelteinflüssen zu schützen oder um sie im Vakuum betreiben zu können. Dann wird zum Strahlungseintritt ein **Fenster** benötigt. Das Fenster bewirkt, entsprechend seinem spektralen Transmissionsgrad (2.3 ←), eine Zunahme der Selektivität und eine Einengung des spektralen Anwendungsbereiches. **Abbildung 4.2-1** zeigt den spektralen Transmissionsgrad einiger gebräuchlicher Fenstermaterialien.

Manche thermische Empfänger sind mit Fenstern aus verschiedenen Materialien lieferbar, so daß eine gewisse Anpassung an das Meßproblem möglich ist. Soll jedoch Strahlung, die sich über einen sehr großen Wellenlängenbereich erstreckt, ohne spektrale Zerlegung gemessen werden, muß auf das Fenster verzichtet werden. Dieser Verzicht hat aber eine erhöhte Störanfälligkeit des Empfängers zur Folge: abgesehen davon, daß der mechanische Schutz entfällt, ist der Empfänger nun unmittelbar Umwelteinflüssen ausgesetzt. So bewirken Luftbewegungen und Luftdruckschwankungen (Turbulenzen) bei Thermosäulen (→ 4.2.1.1) ein schwankendes Empfängerausgangssignal. Schallschwingungen können pyroelektrische Empfänger (→ 4.2.1.3) stören, da diese auch zugleich piezoelektrisch (wie ein Kristallmikrofon) wirken.

Der Absorber eines Strahlungsempfängers wird gegen die Umgebung thermisch so weit isoliert, daß die erzeugte Wärme nicht sofort abfließen kann. Es kommt somit zu einem Wärmestau, d.h. zu einer Temperaturerhöhung. Je größer die Temperaturerhöhung wird, desto mehr Wärme kann pro Zeiteinheit über "Lecks" oder definierte Wärmestrompfade abfließen. Schaltet man demnach eine Bestrahlung ein und läßt sie dann mit konstanter Leistung fortdauern, so nimmt die Temperatur so lange zu, bis gleichviel Wärme abfließt wie durch Strahlungsabsorption hinzukommt. Erst nach Erreichen dieses Gleichgewichtszustandes wird die Temperaturerhöhung als Maß für die eingestrahlte Leistung gemessen.

Nach der Art, wie die Temperaturerhöhung gemessen wird, unterscheidet man (*Strahlungs-*) **Thermoelement, Thermosäule, Bolometer, pneumatische Empfänger**. Hinzu kommt noch der **pyroelektische Empfänger**, der aber eine Sonderstellung einnimmt, weil bei ihm nur während der Phase der Temperat**ränderung**, nicht aber im thermischen Gleichgewicht ein Meßsignal entsteht.

Da nicht die Temperatur des Absorbers, sondern nur die Temperaturerhöhung gemessen werden soll, benötigt der thermische Empfänger einen Bezugskörper (Wärmesenke), der während der Meßzeit seine Temperatur nicht ändert. Realisiert wird dieser Bezugskörper meist durch einen Metallblock großer Wärmekapazität. Der **thermische Empfänger** besteht also aus den drei Hauptkomponenten **Absorber, Wärmesenke und Temperatursensor**. Seine Empfindlichkeit ist um so größer, je weniger Wärme pro Sekunde und pro Grad vom Absorber zur Wärmesenke abfließt (Wärmeverlustrate). Das Abwarten des **thermischen Gleichgewichts** erfordert vergleichsweise viel Zeit. Dies kommt zum Ausdruck

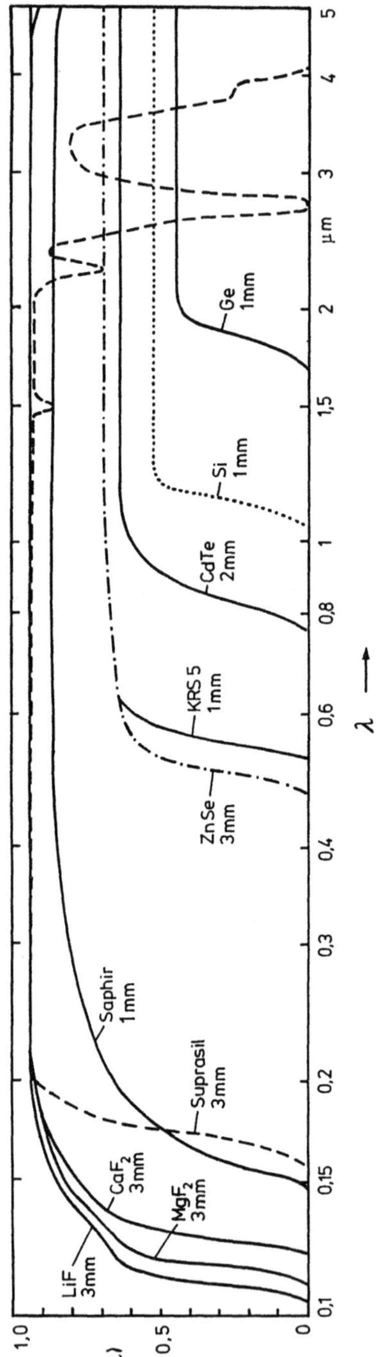

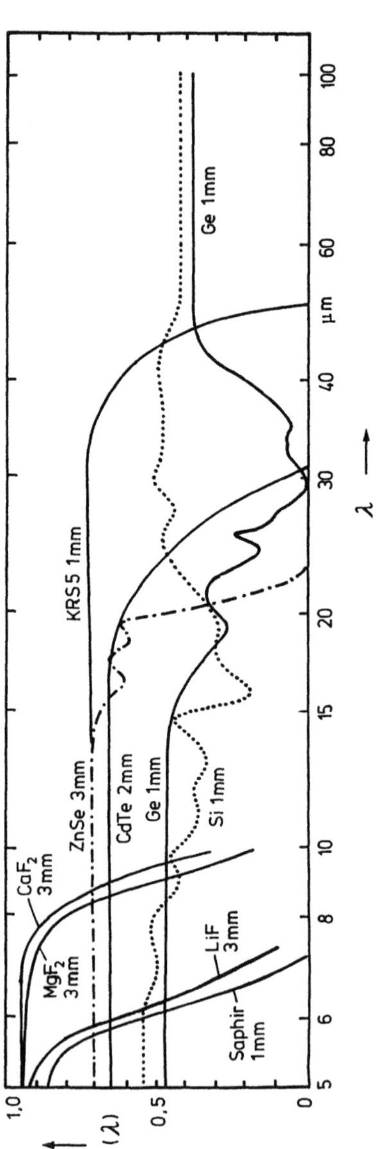

Abbildung 4.2-1: Transmissionsgrad gebräuchlicher Fenstermaterialien für Strahlungsempfänger in Abhängigkeit von der Wellenlänge λ.

durch große **Zeitkonstanten** bzw. lange Anstiegs- und Abfallzeiten (→ 4.3.7). Sie sind um so größer, je kleiner die Wärmeverlustrate und je größer die Wärmekapazität des Absorbers sind. Als Faustregel gilt, daß die Zeitkonstante durch den Quotienten aus Wärmekapazität und Wärmeverlustrate gegeben ist. Möstl (Möstl, 1978) hat allerdings gezeigt, daß diese Näherungsformel nicht immer eine brauchbare Abschätzung liefert.

Das Arbeiten mit thermischen Empfängern ist durch die großen Zeitkonstanten manchmal recht unbequem. Hinzu kommt, daß der Temperatursensor selbstverständlich nicht nur diejenigen Temperaturänderungen registriert, die durch die zu messende Strahlung erzeugt werden, sondern alle anderen in gleicher Weise. Die folgenden Effekte sind dabei die wichtigsten:

(a) Änderungen der Raumtemperatur führen relativ schnell zu einer Änderung der Absorbertemperatur (kleine Wärmekapazität) aber nur langsam zu einer Änderung der Temperatur der Wärmesenke. Ein Empfängerausgangssignal auch ohne Bestrahlung ist die Folge.

(b) Die gesamte Umgebung des Empfängers sendet Infrarotstrahlung aus, deren Betrag und spektrale Verteilung von deren Temperatur abhängt (deshalb wird sie zur Abgrenzung von Strahlung anderer Genese gern Temperaturstrahlung genannt. Ihr Strahlungsmaximum liegt bei Raumtemperatur etwa bei einer Wellenlänge von 10 μm). Die IR-Strahlung erreicht auch die Empfängerfläche, die ihrerseits Temperaturstrahlung aussendet. Die Temperatur, bei der sich ein Gleichgewicht zwischen Ein- und Ausstrahlung einstellt, muß nicht mit der Temperatur des Bezugskörpers übereinstimmen, so daß die Temperaturstrahlung auch eine Ursache für ein Offsetsignal sein kann. Bei einer Änderung der Umgebungstemperatur (z.B. Blenden- und Filtererwärmung durch die Nutzstrahlung, Erzeugung von Wärme durch Lampen und elektronische Geräte, Wärmeabstrahlung des Experimentators) wird zudem dieses Gleichgewicht gestört. Dies kann u.U. zu erheblichen Meßfehlern führen.

(c) Auf die Effekte von (adiabatischen) Druckschwankungen (Stock, 1983) war schon hingewiesen worden. Als weitere Nachteile thermischer Empfänger sind ihre vergleichsweise geringe (Strahlungs-) Empfindlichkeit, die nur relativ hohe Niveaus der Strahlungsleistung zu messen gestattet, und die oftmals aufwendigen Meßverstärker zu nennen. Bei diesen Nachteilen erhebt sich die Frage, wann überhaupt thermische Empfänger anderen vorzuziehen sind. Eine Anwendung wurde schon erwähnt, nämlich die breitbandige Messung von Strahlung. Es gibt keinen anderen Empfängertyp, der ähnlich unselektiv ist. Ein weiterer Vorteil liegt in seiner zeitlichen Stabilität. Deshalb finden thermische Empfänger Verwendung als Sekundärnormale. Auch in diesem Punkt sind sie derzeit noch photoelektrischen Empfängern (→ 4.2.2) überlegen.

4.2.1.1 Strahlungsthermoelement, Thermosäule

Zur Messung der Temperaturerhöhung des Strahlungsabsorbers werden oft **Thermoelemente** benutzt. Sie entstehen, wenn die beiden Enden eines Stückes Draht aus einem Metall M1 jeweils mit Drahtstücken aus einem anderen Metall M2 verlötet werden. Bringt man die beiden so entstandenen Lötstellen auf unterschiedliche Temperatur, so tritt zwischen den freien Enden von M2 eine Spannung auf, die **Thermospannung**. Sie ist oft in guter Näherung proportional zur Temperaturdifferenz der beiden Lötstellen. Dieselbe Wirkung wie mit Löten erzielt man durch Verschweißen, Zusammenquetschen der Drähte oder überlappendes Aufdampfen zweier dünner Metallfilme, deshalb sind auch diese Methoden der Drahtverbindungen gemeint, wenn von Lötstellen die Rede ist. Die Lötstelle mit der höheren Temperatur heißt die "heiße Lötstelle" (Meßstelle) und entsprechend die andere die "kalte Lötstelle" (Vergleichsstelle). Die Meßstelle wird der zu bestimmenden Temperatur ausgesetzt und die Vergleichsstelle auf einer bekannten konstanten Temperatur, i.a. auf der Temperatur des Eispunktes gehalten. Soll nicht die Temperatur der Meßstelle sondern nur deren Abweichung von der Temperatur der Vergleichsstelle gemessen werden, wie das beim Strahlungsthermoelement der Fall ist, so braucht der genaue Temperaturwert der Vergleichsstelle nicht bekannt zu sein. Hinreichend ist in diesem Fall seine zeitliche Konstanz. Die Änderung der Thermospannung pro Grad bezeichnet man als **Thermokraft**. Ihr Wert hängt von der Auswahl der Metalle M1 und M2 ab, aus denen das jeweilige Thermoelement gefertigt wurde. Sie liegt z.B. für das Paar Kupfer und Konstantan bei 40 μV/K.

Ein **Strahlungsthermoelement** entsteht, wenn man die **heiße Lötstelle am Strahlungsabsorber** und die **kalte Lötstelle an der Wärmesenke** anbringt. Sind mehrere **Thermoelemente elektrisch in Reihe** geschaltet, so daß sich die Thermospannungen addieren, so spricht man von einer **Thermosäule**. Diese Reihenschaltung kann die Empfindlichkeit erhöhen. Grenzen sind allerdings dadurch gesetzt, daß mehr Thermoelemente auch mehr Wärme zur Wärmesenke ableiten, so daß die Gleichgewichtstemperaturerhöhung geringer wird. Sinnvoll ist der Übergang vom Thermoelement zur Thermosäule immer dann, wenn der Empfänger eine große Absorberfläche (=Empfängerfläche) besitzt. Dann ist einerseits eine stärkere Wärmeableitung erwünscht, um die Zeitkonstante nicht zu sehr ansteigen zu lassen, andererseits sichert eine gleichmäßige Verteilung der heißen Lötstellen über die Empfängerfläche auch eine gute örtliche Konstanz der Empfindlichkeit (Homogenität) über die Empfängerfläche.

Eine Thermospannung tritt auch zwischen Drähten oder Aufdampfstreifen zweier verschiedener Halbleiter auf. Die Thermokraft kann sogar ein Vielfaches derjenigen von Metallthermoelementen betragen, allerdings ist sie stark temperaturabhängig. Damit hängt die Thermospannung nicht mehr nur von der Temperatur**differenz** der beiden Lötstellen sondern zusätzlich von der Temperatur der kalten Lötstelle ab. Für ein Strahlungsthermoelement auf Halbleiterbasis bedeutet das, daß seine Empfindlichkeit einerseits so groß ist, daß noch sehr kleine Strahlungsleistungen gemessen werden können, andererseits aber stark temperaturabhängig ist, so daß hohe Anforderungen an die Konstanz der Temperatur des Meßraumes zu stellen sind.

In der **Tabelle 4.2-1** sind die Daten einiger kommerzieller Thermosäulen zusammengestellt. Die Auswahl ist so getroffen worden, daß die wichtigsten Konstruktionsprinzipien berücksichtigt sind.

Die Type E 1 beruht auf einer Entwicklung, die von Moll (Moll, 1923) beschrieben worden ist. Um eine kleine Zeitkonstante zu erzielen, ist auf eine einheitliche Absorberscheibe verzichtet worden, stattdessen sind die streifenförmigen, nebeneinander liegenden Thermoelemente direkt geschwärzt worden. Folglich ist diese Thermosäule nur zur Messung einer homogenen Bestrahlungsstärke geeignet, aber völlig fehl am

Platze, wenn die Strahlungsleistung eines kleinen Strahlungsbündels, z.B. eines Lasers, gemessen werden soll. In solchen Fällen ist nämlich nicht klar, wieviel Strahlung in die Lücken zwischen den Streifen fällt.

Tabelle 4.2-1: Eigenschaften von vier kommerziellen Thermosäulen, die vier verschiedene Konstruktionsprinzipien darstellen. Die eingeklammerten Werte sind geschätzt.

Typ	Hersteller	Empfängerfläche	Empfindlichkeit	Einsatz-bereich	Temperatur-koeffizient	Zeit-konstante	Eignung für Absolut-messung	Bemerkungen
E1	Kipp & Zonen	Etwa 20 mm Ø nicht homogen	$0,4\ V/W/cm^2$	10 µW bis 10 mW	0,2 %/K	5 s	bedingt ja	Nur Bestrahlungs-stärkemessungen
FT 15	Hilger & Watts	$9 \times 0,5\ mm^2$ mit Lücken	20 V/W	1 nW bis 100 µW	−0,6 %/K	0,1 s	nein	Driftkompensierte Vakuumthermosäule
14 BT	Laser In-strument.	10 mm Ø	0,25 V/W	100 µW bis 200 mW	0,2 %/K	9 s	ja	
TS-50.1	PTI Jena	1,1 mm Ø	40 V/W	(1 nW bis 100 µW)	(−0,5 %/K)	30 ms	bedingt ja	Dünnfilmthermo-säule in Argon

Die Type FT 15 ist von Schwarz (Schwarz, 1949) entwickelt worden. Sie besteht aus drei streifenförmigen, geschwärzten Halbleiterthermoelementen, die so in einer Reihe angeordnet sind, daß sie eine leidlich homogene Empfängerfläche von 9 mm x 0,5 mm bilden. Ihre Wärmekapazität ist sehr klein, was die Realisierung einer kleinen Zeitkonstanten ermöglicht. Durch Unterbringung im Vakuum werden die durch die Luft bewirkten Wärmeverluste (Wärmeleitung und Konvektion) vermieden, so daß die Empfindlichkeit sehr groß ist. Flächenform und -größe, hohe Empfindlichkeit bei gleichzeitig großer normierter Detektivität ($\rightarrow$ 4.3.3) (etwa $6 \cdot 10^8\ cm \cdot Hz^{1/2} \cdot W^{-1}$) und kleine Zeitkonstante machen diese **Thermosäule** besonders geeignet, um damit die **Strahlung am Ausgangsspalt eines Monochromators** zu messen.

In metrologischen Staatsinstituten wird sie seit vielen Jahren als Sekundärnormal für die relative spektrale Empfindlichkeit eingesetzt.

Für *Absolutmessungen* ($\rightarrow$ S. 100, Anmerkung des Herausgebers) ist sie allerdings weniger geeignet, da die Empfängerfläche zu klein und auch nicht homogen genug ist, um die gesamte Strahlungsleistung des den Monochromator verlassenden Bündels zuverlässig zu erfassen. Nachteilig ist in diesem Zusammenhang auch der große Temperaturkoeffizient der Empfindlichkeit (-0,6 % / K).

Die Thermosäule 14 BT, die auf einer Entwicklung von Preston (Preston, 1971) beruht, hat eine geschwärzte Kupferscheibe als Absorber. Sie ist so homogen in ihrer Empfindlichkeit, daß sie sogar zur Messung der über den Bündeldurchmesser sehr inhomogenen Bestrahlung eines Dauerstrichlasers geeignet ist. Erkauft wird die gute Homogenität mit einer großen Zeitkonstanten, denn die homogenisierende Kupferscheibe hat eine große Wärmekapazität. Von Preston wird übrigens auch diskutiert, wie die Anzahl der Thermoelemente zur Erreichung einer hohen Empfindlichkeit zu optimieren ist.

Die Thermosäule TS-50.1 (s. Elbel u.a., 1985) ist ein Beispiel für eine moderne Dünnfilmthermosäule. Da ein dünner Film nicht freitragend hergestellt werden kann, wird in diesem Beispiel zunächst ein Siliziumplättchen mit einer dünnen Schicht SiO_2 versehen und anschließend in die Siliziumscheibe von hinten ein "Fenster" hineingeätzt, so daß nur noch ein Rahmen stehenbleibt, der die dünne SiO_2-Schicht trägt. Dieser Film dient als Unterlage für dünne Aufdampfschichten aus Wismut und Antimon, die mit Hilfe einer photolithographischen Ätztechnik zu Thermoelementen gestaltet werden. Neben den Vorteilen einer präziseren und automatisierbaren Herstellung und der kleinen Wärmekapazität der Aufdampfschichten haben die Dünnfilmthermosäulen auch einen Nachteil: sie stellen im Gegensatz zu konventionellen Thermosäulen, die einen dreidimensionalen Aufbau haben, zweidimensionale Strukturen dar. Damit ist es nicht mehr möglich, eine Absorberscheibe gleichmäßig mit heißen Lötstellen zu belegen, da sich die Schenkel der verschiedenen Thermoelemente kreuzen würden, was Kurzschlüsse zur Folge hätte (wenn nicht die schwierige Vielschichttechnik angewendet wird). Die stattdessen übliche reihen- oder kreisförmige Anordnung der Thermoelemente liefert i.a. keine so gute Homogenität der Empfindlichkeit. Deshalb ist die Herstellung großflächiger Thermosäulen, wie sie für Absolutmessungen wünschenswert sind, nach diesem Verfahren bisher wenig sinnvoll.

4.2.1.2 Bolometer

Nutzt man zur Messung der Temperaturerhöhung des Absorbers die **Temperaturabhängigkeit einer elektrischen Materialeigenschaft**, so spricht man von einem **bolometrischen Meßverfahren**. Am gebräuchlichsten ist die Nutzung der Temperaturabhängigkeit der elektrischen Leitfähigkeit. Makroskopisch äußert sie sich durch eine Temperaturabhängigkeit des elektrischen Widerstandes eines Meßstreifens, die gut mit einer Wheatstone-Brücke (s. z.B. Bachmair und Melchert, 1985) in eine Spannung als Meßgröße überführt werden kann. Die **Abbildung 4.2-2** zeigt diese Schaltung.

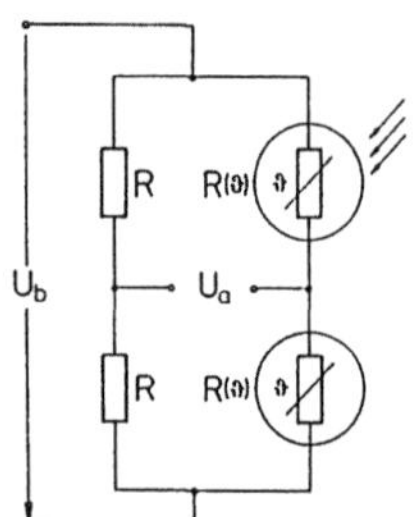

Abbildung 4.2-2: Brückenschaltung eines Bolometers.
Der Bolometerwiderstand ist der eingekreiste Widerstand rechts oben. Ein gleicher (rechts unten) wird nicht bestrahlt und dient zur Kompensation von Driften infolge Änderungen der Umgebungstemperatur. Die Festwiderstände R werden so gewählt, daß sie den gleichen Wert haben wie der abgedunkelte Bolometerwiderstand bei der Solltemperatur θ.

Da sich der Bolometerwiderstand vom Prinzip her mit der Temperatur ändert, verursachen Änderungen in der Umgebungstemperatur eine Drift. Man kann sie stark reduzieren, indem man in den anderen Zweig der Wheatstone-Brücke einen Widerstand mit gleichem Temperaturkoeffizienten einbaut. Vollständiger kann man sich ihrer entledigen, wenn man die Strahlung mit einem (meist mechanischen) Zerhacker (Chopper) in periodische Strahlungspulse zerhackt. Dann erfolgt die Bolometererwärmung durch die Strahlung ebenfalls periodisch, während die Erwärmung durch Umgebungseinflüsse nicht periodisch ist. Die Nutz-Ausgangsspannung des Bolometers ist dann eine periodische Wechselspannung. Es gibt Methoden (Lock-in Verstärker, phasenempfindliche Gleichrichtung), um diese Wechselspannung selektiv zu verstärken und gleichzurichten, so daß die Drift, ein Gleichspannungssignal, unterdrückt ist.

Zu Aufbau und Wirkungsweise eines Lock-in Verstärkers siehe Anhang zu diesem Kapitel 4.

Die Ausgangsspannung U_a und damit die Empfindlichkeit des Bolometers steigt mit der Größe der Betriebsspannung U_b (s. Abbildung 4.2-2) an. Diese muß deshalb beachtet werden, wenn von einem Kalibrierwert Gebrauch gemacht werden soll. Die Empfindlichkeit kann aber nicht durch Erhöhung der Betriebsspannung beliebig gesteigert werden, da mit ihr der Strom durch den Bolometerwiderstand und damit die Erwärmung ansteigt. Aber noch ein weiterer Grund macht das Streben nach möglichst hoher Betriebsspannung sinnlos: jeder Gleichstrom weist bei sehr genauer Betrachtung statistische Stromschwankungen auf, diese werden dann noch größer, wenn der durchflossene Widerstand aus vielen kleinen Körnern besteht, an deren Grenzen zeitlich veränderliche Kontaktwiderstände entstehen. Gibt man einen so schwankenden Strom (nach Verstärkung) auf einen Lautsprecher, so hört man ein Rauschen. Deshalb ist es üblich geworden, statistische Strom- und Spannungsschwankungen als **Rauschen** (2.1 ←) zu bezeichnen.

Auf ein Bolometer angewendet heißt das, daß mit der Betriebsspannung nicht nur die Empfindlichkeit, sondern gleichzeitig das Rauschen ansteigt, so daß eine Herabsetzung des Anwendungsbereiches zu kleineren Strahlungsleistungen nicht erreicht wird, d.h. die sog. Detektivität (→ 4.3.3) nimmt nicht zu.

Eine Einschränkung muß allerdings gemacht werden: so lange das Rauschen, das ein nachgeschalteter Verstärker produziert, noch merklich zum Rauschen des kompletten Meßsystems beiträgt, kann eine Steigerung der Empfindlichkeit des Empfängers auch ohne Steigerung seiner Detektivität zu einer Erhöhung der Detektivität des Meßsystems führen. Neben den schon genannten Rauschquellen (Stromrauschen und Korngrenzenrauschen = Flickerrauschen) spielt bei Bolometern noch eine andere Rauschquelle eine Rolle, nämlich das **Widerstandsrauschen**: an einem Widerstand tritt auch, ohne daß er von einem Strom durchflossen wird, eine Rauschspannung auf (Nyquist, 1928). Ihr Effektivwert U_r nimmt mit der Quadratwurzel aus der absoluten Temperatur T, dem Widerstandswert R und der Frequenzbandbreite Δf, mit der U_r gemessen wird, zu (k: Boltzmann-Konstante)

$$U_r = \sqrt{4 \cdot k \cdot T \cdot R \cdot \Delta f} \qquad (4.2\text{-}1)$$

Zur Erzielung einer hohen Detektivität ist es deshalb sinnvoll, Bolometer mit flüssigem Stickstoff (77 K) oder gar flüssigem Helium (4,2 K) zu kühlen. Der so erzielte Gewinn an Detektivität läßt allerdings eine weitere Rauschquelle merklich werden, nämlich spontane Temperaturschwankungen des Bolometers, die **Temperaturrauschen** genannt werden. Sie haben ihre Ursache in dem quantenhaften Wärmeaustausch mit der Umgebung durch Wärmeleitung (Phononenaustausch) sowie Wärmestrahlung (Photonenaustausch). Zur Verringerung dieses Effektes muß der Bolometerstreifen thermisch möglichst gut gegen die Umgebung isoliert sein. Dies erhöht dann allerdings seine Zeitkonstante, so daß nur niedrige Chopperfrequenzen möglich sind.

Studien zum Rauschen von Bolometern findet man in: Barth, 1958, Low und Hoffmann, 1963, Mather, 1984. Hier sei nur noch erwähnt, daß das Rauschsignal um so größer ist, je größer die übertragene Frequenzbandbreite und die aktive Empfängerfläche sind. Deshalb ist eine kleine Bandbreite anzustreben. Bei Anwendung der "Gleichlicht-methode" (kein Zerhacken der Strahlung) bedeutet das, daß der nachfolgende Verstärker einen Tiefpass enthalten sollte, der alle höheren Frequenzen sperrt. Bei Verwendung von Chopper und Lock-in Verstärker sollte die Durchlaßbandbreite klein gemacht werden. In beiden Fällen hat die Einengung der Frequenzbandbreite aber zur Folge, daß die Wartezeiten bis zum Erreichen des stationären Wertes der Ausgangsspannung zunehmen, d.h. die tolerierbare Wartezeit beschränkt die Einengung der Bandbreite. Die Wartezeit ist bei dieser Betriebsart nicht mehr bestimmt durch die thermische Zeit-konstante des Bolometers. Diese gibt nur noch an, welche maximalen Chopperfrequenzen zulässig sind, ohne daß eine Reduzierung der Empfindlichkeit eintritt.

Tabelle 4.2-2: Einige Bolometer und ihre Eigenschaften. Die angegebenen Werte für die Empfindlichkeit gelten für den Betrieb mit optimaler Betriebsspannung. Bolometer ohne Typenbezeichnung sind nicht-kommerzielle Entwicklungen.

Typ	Hersteller	Empfängerfläche	Empfindlichkeit V/W	Normierte Detektivität $cm\ W^{-1}\ Hz^{1/2}$	Chopper-frequenz Hz	Zeit-konstante	Betriebs-tempertur K	Bemerkungen
--	Blevin & Brown (1965)	$12,5 \times 6,6\ mm^2$	0,13	10^9	12	15 ms	300	Goldfilm auf Al_2O_3-Membran
--	Low (1961)	$0,15\ cm^2$	4,5	$8\ 10^{11}$	200	400 µs	2,15	Ga-dotierter Ge-Einkristall
--	Liddiard (1984)	$0,1 \times 0,075\ mm^2$	50	$1,6\ 10^8$	kleine Frequ.	1 ms	315	Pt-Film auf SiO_2 Membran
--	Dragovan & Moseley (1984)	ca. 2 mm ∅	$4,5\ 10^6$	$3\ 10^{13}$	nicht spez.	7 ms	1,5	Sb-dotiertesSi mit Au-Absorber
--	McDonald (1987)	$1\ mm^2$		$8\ 10^{14}$ $(1,4\ 10^{18})$	nicht spez.		0,35	supraleitendes Bolometer
BE 628	Barnes Engineering	$2 \times 2\ mm^2$	100	nicht spez.	15	1,2 ms	300	gesintertes Metalloxid
3009-B	Heimann	$3 \times 0,9\ mm^2$	5	10^8	12,5	1 ms	300	Bi-Film auf Al_2O_3-Membran
TB-3K5	Seitner	$0,2 \times 0,2\ mm^2$		$4\ 10^6$	20	5 ms	300	Halbleiter-bolometer
1345	Servo	$1 \times 1\ mm^2$	500	$2\ 10^8$	15	4 ms	300	
61K1B501	Veko	$0,5 \times 0,5\ mm^2$	75	$3,5\ 10^7$	5	75 ms	300	Halbleitermixtur

Die **Tabelle 4.2-2** enthält eine Zusammenstellung einiger Bolometer unterschiedlicher Konstruktion und ihre Eigenschaften. Ist keine Typenbezeichnung angegeben, handelt es sich um Laborentwicklungen für spezielle Anwendungen, die anderen sind kom-merzielle Bauformen. Die in der Tabelle benutzte normierte Detektivität (→ 4.3.3) ist eingeführt worden, um Empfänger verschieden großer Empfängerfläche bezüglich ihrer Detektivität miteinander vergleichen zu können. Der Kehrwert der normierten

Detektivität ist ein Maß für das Rauschen des Empfängers, das er bei ansonsten gleicher Bauart rechnerisch hätte, wenn seine aktive Fläche einen Wert von 1 cm^2 hätte und die Bandbreite des Meßsystems $\Delta f = 1$ Hz betrüge.

Das Bolometer von Blevin und Brown (Blevin und Brown, 1965) (s. Tabelle 4.2-2) wurde mit dem Ziel entwickelt, ein Empfängernormal für die relative spektrale Empfindlichkeit zu haben. Daraus erklärt sich die relativ große Empfängerfläche. Durch geschickte örtliche Verteilung der Wärmeableitung konnte auch eine gute Homogenität der Empfindlichkeit erreicht werden, so daß dieses Bolometer mit Einschränkungen auch für Absolutmessungen ($\rightarrow$ S. 100) geeignet ist.

Diese Homogenität ist nicht selbstverständlich, wie folgendes Gedankenexperiment zeigt. Man beginne das Experiment mit einer gleichmäßigen Bestrahlung der gesamten aktiven Fläche. Dann wird sich - gleichmäßige Wärmeableitung vorausgesetzt - die Temperatur gleichmäßig erhöhen und damit die Leitfähigkeit gleichmäßig ändern (erniedrigen bei einem Metallbolometer und erhöhen bei einem Halbleiterbolometer). Entsprechend wird sich der (makroskopisch meßbare) Bolometerwiderstand ändern. Läßt man nun das Strahlungsbündel im Durchmesser immer kleiner werden (ohne daß sich die Strahlungsleistung ändert), so ändert sich schließlich nur noch in einem nahezu punktförmigen Flächenelement die Leitfähigkeit. Diese Änderung wird dort entsprechend stark ausfallen. Aber dies wirkt sich auf den Widerstand des Bolometers nicht aus, weil dieser "Punkt" ringsum von normal leitendem Material umgeben ist. Die Empfindlichkeit des Bolometers ist damit auf Null gesunken. Das **Bolometer** gehört also zu den unter Abschn. 4.2 erwähnten zwei Empfängertypen, die **nicht a priori zur Messung der Strahlungsleistung geeignet** sind (der zweite Typ ist der Photoleiter). Ursache ist beide Male, daß durch die Bestrahlung die elektrische Leitfähigkeit (lokale Größe) geändert, zum Nachweis aber der elektrische Widerstand (integrale Größe) gemessen wird. Es existiert aber nur dann eine eindeutige Beziehung zwischen (lokaler) Leitfähigkeit und Widerstand, wenn die Leitfähigkeit überall den gleichen Wert hat. Dies wird nur durch gleichmäßige Bestrahlung erreicht. **Bolometer** und **Photoleiter** eignen sich deshalb **zur Messung der Bestrahlungsstärke**, weil hierbei die ganze Empfängerfläche gleichmäßig zu bestrahlen ist. Ohne besondere Maßnahmen sind sie aber nicht brauchbar zur Messung der Strahlungsleistung eines Strahlungsbündels, weil bei dieser Messung nur ein Teil der Empfängerfläche bestrahlt wird. Nun zeigen allerdings die Homogenitätsmessungen von Blevin und Brown (Blevin und Brown, 1965), bei der sie ihre Bolometerfläche mit einem feinen Strahlungsbündel abgerastert haben, daß die Abweichungen von der Homogenität nicht so groß sind, wie nach dem geschilderten Gedankenexperiment angenommen werden könnte. Die Ursache hierfür liegt einerseits in der von den Autoren gewählten nicht homogenen, kompensierend wirkenden Wärmeableitung, andererseits in der nichtvernachlässigbaren Wärmeleitung innerhalb der Bolometerschicht, die zu einer "Verschmierung" der Temperaturerhöhung über einen größeren als den direkt bestrahlten Bereich führt. Da der Temperaturausgleich Zeit benötigt, ist damit zu rechnen, daß er um so schlechter funktioniert, je höher die Chopperfrequenz ist. Größte Vorsicht ist also geboten, wenn ein Bolometer für Absolutmessungen der Strahlungsleistung verwendet wird. Bei Relativmessungen mit nichthomogener Bestrahlung sollte zur Vermeidung von Meßfehlern darauf geachtet werden, daß sich während der Meßreihe - wenn schon keine homogene Bestrahlung möglich ist - wenigstens die örtliche Verteilung der Bestrahlung nicht ändert, so daß immer der gleiche "Fehler" gemacht wird.

Low (Low, 1961) hat das Ziel verfolgt, ein Bolometer mit hoher Detektivität zu bauen. Zur Reduzierung des Widerstandsrauschens ist er zu sehr niedrigen Temperaturen übergegangen und hat die große Temperaturabhängigkeit der Leitfähigkeit von Halbleitern mit Störstellen in diesem Bereich ausgenutzt. Sie kommt dadurch zustande, daß mit ansteigender Temperatur mehr Störstellen ionisiert werden, so daß die Zahl der freien Ladungsträger für die elektrische Leitung zunimmt.

Nach den gleichen Prinzipien ist das Bolometer von Dragovan und Moseley (Dragovan und Moseley, 1984) gebaut. Durch Wahl eines dünnen Goldfilms als Absorber konnte seine Wärmekapazität reduziert werden. Allerdings verengt sich damit der Anwendungsbereich auf das ferne Infrarot (FIR-Astronomie). Durch weitere Reduzierung der Temperatur und Optimierung der Anpassung an den nachgeschalteten Verstärker konnten die Autoren die normierte Detektivität noch einmal um einen Faktor 40 steigern.

McDonald (McDonald, 1987) ist bei der Reduzierung des Widerstandsrauschens noch radikaler vorgegangen, indem er es praktisch ganz vermieden hat. Sein Bolometerfilm ist nämlich supraleitend, d.h. praktisch ohne elektrischen Widerstand. Statt der Temperaturabhängigkeit des elektrischen Widerstandes nutzt er die Temperaturabhängigkeit der Induktivität eines mäanderförmigen Bandes. (Ursache für diese Temperaturabhängigkeit ist die Temperaturabhängigkeit der Eindringtiefe des Magnetfeldes in einen Supraleiter unterhalb der kritischen Temperatur.) Zur Zeit hat McDonald eine normierte Detektivität von $8 \cdot 10^{14}$ cm·Hz$^{1/2}$·W^{-1} erreicht. Sie ist hauptsächlich durch das Temperaturrauschen begrenzt. Gelänge es, dieses auszuschalten, z.B. durch weitere Herabsetzung der Temperatur und bessere thermische Isolation (Reduzierung des Phononenaustausches mit der Umgebung), könnte man dem in Tabelle 4.2-2 eingeklammerten Wert nahekommen. Dieser liegt so hoch, daß damit erstmals ein thermischer Empfänger zur Verfügung stände, der geeignet wäre, einzelne Photonen (im sichtbaren Spektralbereich) nachzuweisen. Auf die Weiterentwicklung dieses Prinzips darf man gespannt sein.

4.2.1.3 Pyroelektrischer Empfänger

Ionen und polare Moleküle erzeugen in ihrer Umgebung ein elektrisches Feld. Deshalb können aus ihnen aufgebaute elektrisch isolierende Stoffe in kleine Bereiche mit elektrischer Polarisation unterteilt werden. Ob sich allerdings makroskopisch eine Polarisation nachweisen läßt, hängt davon ab, ob die Polarisation in allen diesen Bereichen nahezu gleichgerichtet ist. Meistens ist dies nicht der Fall. Wo dies jedoch auftritt, spricht man von einer **spontanen** (elektrischen) **Polarisation.** Ist ihr Betrag **durch Wärmeeinwirkung stetig veränderbar,** so nennt man den Stoff **pyroelektrisch.** Als einfache Erklärung für den pyroelektrischen Effekt läßt sich anführen, daß die Ordnung im Material mit zunehmender Temperatur durch Molekül- oder Gitterschwingungen gestört wird, was im obigen Sinne zu einer Abnahme der makroskopischen Polarisation führt.

Als Sensoren für pyroelektrische Empfänger werden einerseits **polare Kristalle** mit einer natürlichen elektrischen Polarisation wie zum Beispiel Lithiumniobat $LiNbO_3$ (Hoffmann et al., 1982) benutzt. Andererseits lassen sich **Kunststoffolien** einsetzen, die aus polaren Molekülen bestehen (Wada und Hayakawa, 1976). Allerdings müssen diese erst durch einen Formierungsprozeß ausgerichtet werden. Blevin (Blevin, 1977) beschreibt, wie eine 6 µm dicke Folie aus Polyvinylfluorid durch Tempern bei 80 °C und gleichzeitigem Anlegen einer elektrischen Spannung (600 V) optimal polarisiert werden kann. Kühlt man danach vorsichtig ab, wobei die Spannung noch angelegt bleiben muß, so wird die Ausrichtung der Moleküle "eingefroren", die Polarisation bleibt erhalten.

Die elektrische Volumenpolarisation bewirkt, daß zwischen den metallisierten Endflächen (Elektroden) des scheibenförmigen Kristalls oder der Folie eine Potentialdifferenz, also Spannung entsteht. Um aus diesem Element einen pyroelektrischen Empfänger zu machen, braucht nur noch eine dieser Elektroden zur besseren Strahlungsabsorption geschwärzt zu werden. Die genannte Spannung wird durch Leckströme infolge unvollkommener Isolation schnell kompensiert und entzieht sich so der Beobachtung. Eine neue Spannung entsteht, wenn sich die Polarisation durch eine Temperaturänderung verändert.

Die **Abbildung 4.2-3** zeigt das elektrische Ersatzschaltbild, das Cooper (Cooper, 1962) aus den elektrodynamischen Grundgleichungen hergeleitet hat. Der Innenwiderstand ist demnach - wenn man von dem hochohmigen Leckwiderstand R_i absieht - kapazitiv.

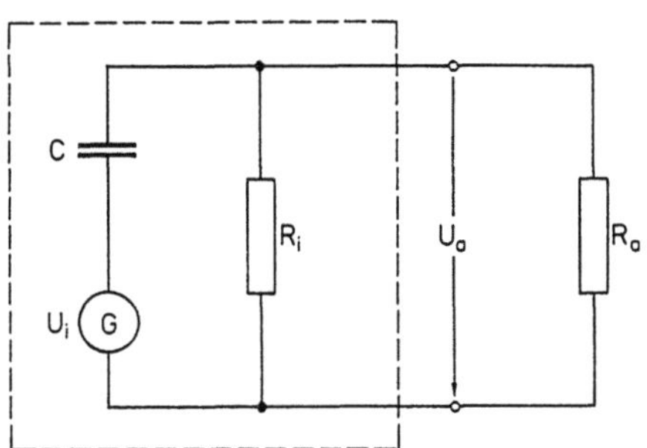

Abbildung 4.2-3: Elektrisches Ersatzschaltbild eines pyroelektrischen Empfängers mit angeschlossenem ohmschen Lastwiderstand R_a.
Ein Spannungsgenerator G erzeugt die Spannung U_i, die nur über die in Reihe geschaltete Kapazität C im Außenkreis als Spannung U_a wirksam wird. Das Verhältnis beider Spannungen kann bei hochohmigem Lastwiderstand auch noch von dem (hochohmigen) Leckwiderstand R_i abhängen.

Zur Klärung der Frage, wie die meßbare Spannung $U_a(t)$ mit der Spannung U_i des fiktiven internen Generators G und diese wiederum mit den Strahlungsgrößen (Strahlungsleistung, Strahlungsenergie) zusammenhängt, zerlegen wir U_i in einen konstanten Anteil U_{io}, der der (konstanten) Umgebungstemperatur ϑ_o entspricht und einen variablen Anteil $U_{iv}(t)$. Der statische Anteil wird durch entsprechende Aufladung des Kondensators C kompensiert und ist deshalb im Außenkreis nicht nachweisbar. Der variable Anteil entsteht dadurch, daß sich die Polarisation auf der Strecke zwischen den Elektroden (von $x = 0$ bis $x = L$) infolge einer zeitlichen Änderung der Temperaturverteilung $\vartheta(x,t)$ ändert. Solange man annehmen kann, daß sich die Polarisation linear mit der Temperatur ändert ($dP/dt = p \cdot (d\vartheta/dt)$, p=pyroelektrischer Koeffizient), ist es gleichgültig, wie stark die Temperaturänderung lokal am Ort x ist. Vielmehr ist die erzeugte

Spannung proportional zur **integralen** Änderung

$$U_{iv}(t) = \frac{P}{L \cdot C} \cdot \int_{0}^{L} \frac{d\vartheta(x,t)}{dt} \, dx \qquad (4.2\text{-}2)$$

Das Integral auf der rechten Seite dividiert durch die Scheibendicke L stellt die örtlich gemittelte Temperaturänderung dar. Da sie für spätere Überlegungen noch benötigt wird, soll hierfür die Abkürzung ϑ'_{m} eingeführt werden

$$\vartheta'_{m}(t) = \frac{1}{L} \cdot \int_{0}^{L} \frac{d\vartheta(x,t)}{dt} \, dx \qquad (4.2\text{-}3)$$

Aufgrund des kapazitiven Innenwiderstandes des pyroelektrischen Detektors wird die meßbare Ausgangsspannung U_a stark von der äußeren Beschaltung abhängig. Berechnen kann man sie nach

$$R' \cdot C \cdot \left(\frac{dU_a}{dt} + \frac{dU_i}{dt} \right) + U_a = 0 \qquad (4.2\text{-}4)$$

mit

$$\frac{1}{R'} = \frac{1}{R_i} + \frac{1}{R_a} \qquad (4.2\text{-}5)$$

Ist der Lastwiderstand R_a sehr groß ("Leerlauf"), so ist U_a gleich der variablen Spannung des internen Spannungsgenerators U_{iv}

$$U_a(t) = U_{iv}(t) \qquad (4.2\text{-}6)$$

Voraussetzung ist, daß sich die Spannungsänderungen schnell im Vergleich zu der Zeit-konstanten $\tau = C \cdot R'$ vollziehen. Zur Realisierung des Leerlauffalles gibt es pyroelektrische Detektoren mit nachgeschaltetem Feldeffekttransistor. Ist der Lastwiderstand sehr klein ("Kurzschlußbetrieb"), so wirkt das RC-Glied, gebildet aus C_i und R_a als Differenzierglied, d.h. Ausgangsspannung und Ausgangsstrom sind proportional zu dU_i/dt

$$U_a(t) = R \cdot C \cdot \frac{dU_{iv}(t)}{dt} \qquad (4.2\text{-}7)$$

$$I_a(t) = C \cdot \frac{dU_{iv}(t)}{dt} \qquad (4.2\text{-}8)$$

Den Kurzschlußbetrieb kann man durch einen Strom-Spannungswandler als Last reali-sieren. Nach Gleichung (4.2-2) tritt eine Meßspannung nur auf, so lange sich die Tempe-ratur ändert. Konstante Strahlungsleistungen haben eine stationäre Temperaturerhöhung

zur Folge und lassen sich somit nicht messen. Sie müssen erst mit einem Chopper
($\rightarrow$ 4.2.2) in eine Folge von Strahlungsimpulsen zerhackt werden. Einzelne Strahlungsimpulse ergeben ohne weitere Vorbehandlung ein brauchbares Meßsignal. Wenn der
Impuls so kurz ist, daß bis zu seinem Ende noch keine durch die Strahlungsheizung erzeugte Wärme aus der pyroelektrischen Scheibe wieder abgeflossen ist, so lautet die
Energiebilanzgleichung

$$\int_O^t \Phi(t')\,dt' = C_W \cdot \int_O^L \left[\vartheta(x,t) - \vartheta_o\right] dx \qquad\qquad (4.2\text{-}9)$$

Dabei bedeuten C_W die Wärmekapazität der Scheibe, $\Phi(t)$ die absorbierte Strahlungsleistung und ϑ_o die Temperatur der unbestrahlten Scheibe. Für den Kurzschlußbetrieb
folgt dann aus den Gleichungen (4.2-2), (4.2-8) und (4.2-9), daß der Kurzschlußstrom
proportional zur momentanen Strahlungsleistung $\Phi(t)$ ist. Zur Messung der Pulsform
empfiehlt sich also diese Betriebsart. Bei genauer Betrachtung einer gemessenen Impuls-
form stellt man allerdings oft fest, daß dem eigentlichen Puls eine feine Oszillation überlagert ist. Diese rührt daher, daß eine plötzliche Temperaturänderung in der Frontschicht
der pyroelektrischen Scheibe zu mechanischen Spannungen führt, die Auslöser einer
elastischen Dickenschwingung sind. Dickenänderungen führen zu Kapazitätsänderungen.
Wenn die Kapazitätsänderung im Ersatzschaltbild durch ein zeitabhängiges $C(t)$ eingebracht wird, läßt sich dieser Effekt berücksichtigen, wie das Cooper (Cooper, 1962)
getan hat.
Dickenänderungen können auch durch Schallwellen verursacht werden. Da am Kondensator C auch im unbestrahlten Zustand die Spannung U_{io} liegt, führen Kapazitätsänderungen zu Strömen im Außenkreis. Dieser piezoelektrische Effekt ist bei pyroelektrischen
Empfängern ein unangenehmer Störeffekt. Zum Beispiel können periodische Luftdruck-
stöße oder Vibrationen, die durch den Chopper verursacht werden, das Meßergebnis
verfälschen.
Bei der Messung von Einzelimpulsen ist auch der Leerlaufbetrieb von Interesse: für Zeiten
$t \geq t_o$ (t_o = Dauer des Strahlungsimpulses) stellt das Integral auf der linken Seite der
Gleichung (4.2-9) gerade die Strahlungsenergie dar. Entsprechend wächst die Temperatur
für $t < t_o$ nicht mehr weiter an, sie sinkt im Gegenteil auf Grund der unvermeidlichen
Wärmeverluste langsam wieder ab. Bedenkt man die Gültigkeit von Gleichung (4.2-6)
für den Leerlaufbetrieb, so erkennt man, daß die maximale Ausgangsspannung proportional zur Pulsenergie ist. Ein hochohmig abgeschlossener pyroelektrischer Empfänger
mit hinreichend dicker Scheibe oder guter rückseitiger Wärmeisolation eignet sich also
zur Messung der Energie von Strahlungsimpulsen. Allerdings muß man von Fall zu Fall
sehr sorgsam überlegen, ob die absorbierende Schwarzlackschicht nicht durch den Puls
unzulässig hoch erhitzt wird. Dies geschieht bei kurzen Laserimpulsen sehr leicht.
Für den bisher ausgeschlossenen Fall, daß während der Messung schon merklich
Wärme aus der Scheibe abfließt, wird die Berechnung des Ausgangssignals schwieriger,
weil man die Wärmeausbreitung innerhalb der Scheibe berechnen muß, um zu wissen,
wieviel Wärme gegebenenfalls an der Rückseite wieder austritt. Grundlage dieser Berech-

nung ist die **Wärmeleitungs-Differentialgleichung**, die hier nur für eine Dimension angegeben werden soll, und zwar für eine Richtung senkrecht zur Scheibe (x-Achse)

$$\frac{\partial \vartheta}{\partial t} = D \cdot \frac{\partial^2 \vartheta}{\partial x^2}$$

(4.2-10)

Dies ist keine merkliche Einschränkung, wenn die seitliche Wärmeleitung im Vergleich zur x-Achse keine Rolle spielt. Solange der Durchmesser der (homogen) bestrahlten Fläche groß gegen die Scheibendicke ist, ist diese Voraussetzung erfüllt.

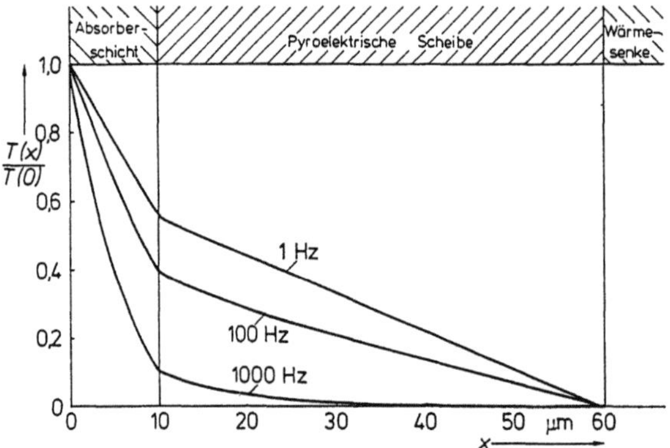

**Abbildung 4.2-4: Aus der Wärmeleitungsdifferentialgleichung (4.2-10) berechnete Tempe-
raturverläufe ϑ(x) in einer pyroelektrischen Scheibe mit frontseitiger Absorberschicht**
**(Absorptionsgrad α = 1) und rückseitiger Ankoppelung an eine Wärmesenke in Abhän-
gigkeit vom Abstand x von der Oberfläche.** Für die Berechnung ist eine sinusförmige
Modulation der Bestrahlungsstärke an der Frontseite der Absorberschicht angenommen
worden. Außerdem wurden für die physikalischen Größen in Gleichung (4.2-11) fol-
gende Werte benutzt: *pyroelektrische Scheibe:* $\rho = 6 \cdot 10^3$ kg/m^3, $c = 425$ W·s/(kg·K), $\lambda =$
0,8 W/(K·m), Schichtdicke $L = 50 \cdot 10^{-6}$ m, *Goldschwarz-Absorberschicht:* $\rho_a = 600$ kg/m^3,
$c_a = 3000$ W·s/(kg·K), $\lambda_a = 0,2$ W/(K·m), Schichtdicke $L_a = 10 \cdot 10^{-6}$ m. Die drei Kurven unterscheiden sich in den angegebenen Modulationsfrequenzen.

In der in Gleichung (4.2-10) angegebenen Wärmeleitungsdifferentialgleichung bedeutet
D die Temperaturleitzahl. Sie kann aus der spezifischen Wärme c, der Dichte ρ und der
Wärmeleitfähigkeit λ berechnet werden

$$D = \frac{\lambda}{c \cdot \rho}$$

(4.2-11)

Zur Lösung der Differentialgleichung (4.2-10) benötigt man noch die Randbedingungen.
Wird die Frontfläche mit der Bestrahlungsstärke E(t) bestrahlt, so wird dort die Wärme-
stromdichte

$$E(t) = -\lambda \cdot \frac{\partial \vartheta}{\partial x}\bigg|_{x=0}$$

(4.2-12)

zugeführt. Am rückseitigen Ende wird Wärme an die Unterlage abgeführt. Stellt diese
z.B. eine ideale Wärmesenke dar, kann dies durch die Randbedingung $\vartheta(L,t) = \vartheta_o$ zum
Ausdruck gebracht werden. Andernfalls spielt auch die Wärmeleitfähigkeit der Unterlage eine Rolle. Ebenso muß bei einer sorgfältigen Betrachtung die Wärmeleitfähigkeit
der Absorberschicht berücksichtigt werden.

Holeman (Holeman, 1972) hat die Differentialgleichung für den Spezialfall diskutiert, daß
E(t) eine Bestrahlungsstärke mit sinusförmiger Modulation der Frequenz f ist

$$E(t) = E_o \cdot [1 + \sin(2\pi ft)] \tag{4.2-13}$$

(Näheres zur sinusförmigen Modulation → 4.3.) Dann wandert eine zeitlich sinusförmige,
gedämpfte Temperaturwelle der Frequenz f durch die Scheibe zur Wärmesenke. Mathematisch hat sie die allgemeine Form

$$\vartheta(t, x, f) = T(x, f) \cdot \sin(2\pi ft) \tag{4.2-14}$$

Die **Abbildung 4.2-4** gibt ein Beispiel dafür, wie die Amplitude T(x,f) der Welle mit
dem Abstand x von der Oberfläche abnimmt. Man erkennt, daß die Dämpfung mit
steigender Frequenz f zunimmt. Auffällig ist außerdem der starke Abfall der Amplitude
beim Durchlaufen der Absorberschicht auf Grund ihrer vergleichsweise schlechten
Wärmeleitfähigkeit. Diese Schicht sollte deshalb so dünn wie möglich gehalten werden,
und unter den verfügbare Absorbern sollte der mit der besten Wärmeleitfähigkeit aus-
gewählt werden.

Dies ist in einer Arbeit von Blevin und Geist (Blevin und Geist, 1974) diskutiert worden.
Ursache der Dämpfung ist das Bestreben der Wärmeleitung, Temperaturgradienten auszugleichen. Die durch die Temperaturwellen dargestellten Gradienten werden um so
größer, je kleiner deren Wellenlänge, d.h. je höher die Modulationsfrequenz der Bestrahlungsstärke bzw. Strahlungsleistung ist. Diese Überlegung erleichert das Verständnis der
Kurven in **Abbildung 4.2-5**. Sie zeigen die Abhängigkeit der Spannung U_{iv} des internen
Generators (Abbildung 4.2-3) von der Modulationsfrequenz. Bezüglich der pyroelektrischen Scheibe sind für alle Kurven die gleichen Eigenschaften wie bei Abbildung 4.2-4
zugrunde gelegt worden. Die Kurve (1) wurde berechnet unter der Annahme, daß die
pyroelektrische Scheibe direkt auf einer Wärmesenke aufliegt. Dagegen wurde in
Kurve (4) thermische Isolation der Scheibe angenommen, so daß nur Strahlungskühlung
möglich ist. Dieser Unterschied bewirkt den großen Unterschied im Frequenzverhalten.
Im Fall (4) ist die Generatorspannung U_{iv} für kleine Frequenzen erheblich höher als
für den Fall (1), weil viel weniger Wärme abgeleitet wird. Jedoch fällt U_{iv} mit zunehmender Frequenz steil ab, da der relative Anteil der Temperaturmodulation an der
(integralen) Temperaturerhöhung immer kleiner wird. Bildlich gesprochen heißt das, es
passen zunehmend mehr Wellenlängen der Temperaturwelle in die Scheibe, Änderungen passieren aber nur im Bereich einer Wellenlänge unter den Oberflächen. Die reso-
nanzartigen Erscheinungen, die Kurve (4) bei höheren Frequenzen aufweist, beruhen
darauf, daß hier die Temperaturen von front- und rückseitiger Oberfäche um $180°$ phasen-
verschoben sind, d.h. Heizungsmaximum an der Frontseite fällt mit Kühlungsminimum

an der Rückseite und umgekehrt zusammen. Dadurch ergibt sich für die Temperaturmodulation in der Scheibe ein Maximum.

Bei der Kurve (1) kann diese Resonanz nicht auftreten, da die Rückseite durch die
Wärmesenke auf der konstanten Temperatur ϑ_o gehalten wird. Der Abfall der Generator-
spannung mit zunehmender Frequenz beruht hier auf der zunehmenden Dämpfung der
Temperaturwelle, so daß der hintere Teil der Scheibe eine zunehmend schwächere
Temperaturmodulation erfährt.

Die Kurve (3) berücksichtigt - bei sonst unveränderten Bedingungen - eine 10 μm dicke
Absorberschicht aus Goldschwarz, die die Dämpfung erhöht, so daß ein Empfindlichkeits-
verlust schon bei niedrigeren Frequenzen einsetzt.

Bei der Kurve (2) ist gegenüber (3) die Dicke der Scheibe verdoppelt. Dies führt natürlich bei niedrigen Frequenzen wegen des nun höheren Wärmewiderstandes der Scheibe
zu höheren Temperaturamplituden im Frontbereich und damit zu höheren Generator-
spannungen, aber im hinteren Teil wird schon bei niedrigeren Frequenzen die Dämpfung
wirksam, was sich in einem noch früheren Abfall der Generatorspannung bemerkbar
macht.

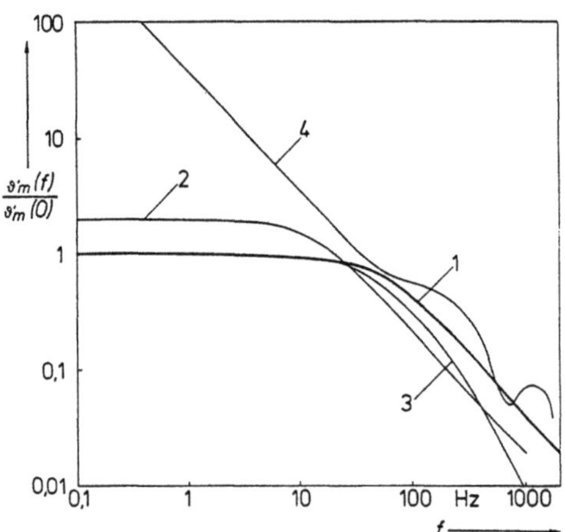

Abbildung 4.2-5: Frequenzverhalten der gemäß Gleichung (4.2-3) **örtlich gemittelten Tem-
peratur in einer pyroelektrischen Scheibe bei sinusförmig modulierter Bestrahlung der
Oberfläche.** Die Frequenzabhängigkeit ist die gleiche wie die der Generatorspannung U_i.
Für die Berechnungen wurden die gleichen Werte gewählt wie in Abbildung 4.2-4.
Jedoch ist bei Kurve (1) die Absorberschicht fortgelassen (d.h. $L_a = 0$ m) und bei Kurve (3)
die Dicke der Scheibe verdoppelt worden ($L = 100 \cdot 10^{-6}$ m). Bei Kurve (4) wurde die
Rechnung unter der Annahme ausgeführt, daß die Scheibe freitragend im Vakuum auf-
gehängt sei, so daß nur Wärmeverluste durch Strahlung im Betrage von 5,7 W/(m²·K)
wirksam werden.

Die Kurven der Abbildung 4.2-5 geben noch nicht unmittelbar den Frequenzgang der
Empfindlichkeit des pyroelektrischen Empfängers wieder. Hierzu muß noch das
Ersatzschaltbild berücksichtigt werden. Setzt man in Gleichung (4.2-4) für $U_{iv}(t)$ eine

sinusförmig modulierte Spannung in der Form $U_{iv}(t) = U_{ia} \cdot \sin(2\pi ft)$ an, so ergibt sich für die meßbare Spannung

$$U_a = U_{aa} \cdot \sin(2\pi ft + \varphi) \qquad\qquad (4.2\text{-}15)$$

Dabei ist die Amplitude U_{aa} proportional zur Amplitude U_{ia} der Generatorspannung. Von der Frequenz f und der Zeitkonstanten τ hängt sie in folgender Weise ab:

$$U_{aa} = U_{ia} \cdot \frac{2\pi f \tau}{\sqrt{2\pi f \tau + 1}} \qquad\qquad (4.2\text{-}16)$$

(Die hier nicht weiter interessierende Phase φ hängt auch von f und τ ab.) So lange die Frequenz f groß gegen $1/\tau = 1/(R' \cdot C)$ ist, weist demnach die Ausgangsspannung und damit auch die Empfindlichkeit den gleichen Frequenzgang auf wie die Generatorspannung. Bei Frequenzen $f \ll 1/\tau$ ist die Ausgangsspannung proportional zu f. Dies bestätigt noch einmal, daß für f = 0, also Konstantbestrahlung, die Empfindlichkeit Null ist.

Die Diskussion der Eigenschaften des pyroelektrischen Empfängers läßt sich folgendermaßen zusammenfassen. Der Innenwiderstand ist kapazitiv. Die Strahlung muß zur Messung zerhackt werden (z.B. mit einem Chopper). Der Frequenzgang der Empfindlichkeit hängt einerseits von der Kapazität der pyroelektrischen Scheibe und dem Lastwiderstand (eventuell auch von der Kapazität im Meßkreis) ab, also von elektrischen Größen. Andererseits wird er maßgeblich bestimmt durch die thermischen Eigenschaften der pyroelektrischen Scheibe und der Absorberschicht. Neben der Wärmeleitfähigkeit der Materialien sind hier die Schichtdicken und die Art der Ankopplung an eine Wärmesenke von Bedeutung. Diesbezüglich ist die Konstruktion dem Meßproblem anzupassen. So lange der pyroelektrische Empfänger linear arbeitet, ist die Ausgangsspannung proportional zur (modulierten) Strahlungsleistung. Eine inhomogene Bestrahlungsstärkeverteilung verfälscht nicht a priori das Meßergebnis. Dagegen kann das Meßergebnis von der Wellenform der modulierten Strahlung (z.B. sinus-, trapez- rechteckförmig) abhängen, je nach Bandbreite des nachgeschalteten Wechselspannungsverstärkers und nach Arbeitsweise der phasenempfindlichen Gleichrichtung. Deshalb ist bei Absolutmessungen ($\rightarrow$ S. 100) Vorsicht geboten. Der Spektralbereich, in dem pyroelektrische Empfänger eingesetzt werden können, ist wie bei Thermosäulen durch die verwendete Schwärzung und ein eventuell vorhandenes Fenster bestimmt.

In **Tabelle 4.2-3** sind Daten einiger pyroelektrischer Empfänger zusammengestellt. Man sieht, daß die Detektivität nicht höher ist als bei einer empfindlichen Vakuumthermosäule ($\rightarrow$ 4.2.1.1). Allerdings muß bei einer Thermosäule wegen ihres langsamen Ansprechens als Modulationsfrequenz $f \approx 0$ Hz, also Konstantbestrahlung, gewählt werden. Damit ist es nicht mehr möglich, sehr niederfrequente Störeinflüsse (z.B. "Driften" von Umgebungstemperatur und Verstärker-Offset) von dem eigentlichen Empfängerrauschen abzutrennen. In Laborräumen, wo diese Driften stark sind, kann also der pyroelektrische Empfänger der Vakuumthermosäule überlegen sein. Man muß sich aber auch seiner Nachteile bewußt sein: großer Temperaturkoeffizient der Empfindlichkeit, mäßige Homogenität, mäßige Eignung für Absolutmessungen.

Tabelle 4.2-3: Einige pyroelektrische Empfänger und ihre Eigenschaften.

Typ	Hersteller Anbieter	Empfängerfläche	Empfindlichkeiten		Normierte Detektivität	Chopper-frequenz	Pyroelek-trisches Material	Bemerkungen
			V/W	µA/W	cm W^{-1} $Hz^{1/2}$	Hz		
--	Oriel	3×3 mm^2	3×10^5	--	--	1 bis 150	$LiTaO_3$	Mit FET-Stufe
--	Oriel	2×2 mm^2	80	--	6×10^7	20	PVDT	Mit FET-Stufe
P1-30	Molectron	5 mm Ø	100	0,5	2×10^6	1 bis 8000	$LiTaO_3$	R_i 10^{13}
T-301	Barnes Engineering	3×3 mm^2	2400	1,5	4×10^8	15	TGS	Mit FET-Stufe, $C_i = 200 pF$
kT1105	Laser Precision	$0,5 \times 0,5$ mm^2	--	0,5	8×10^7	10 bis 10^8	--	Frequenzbereich: 10 Hz bis 100 MHz

4.2.2 Photoelektrischer Empfänger (Photoempfänger)

Wichtige Eigenschaften optischer Strahlung lassen sich mit zwei anschaulichen Modellen beschreiben (2.1 ←). Das eine beschreibt die Strahlung als elektromagnetische Welle. Mit seiner Hilfe lassen sich die Eigenschaften thermischer Empfänger gut erklären. Das andere Modell sieht die optische Strahlung als Fluß von Strahlungsquanten (Photonen), deren Energie von ihrer Wellenlänge λ bzw. Frequenz ν abhängt (h = Planck-Konstante)

$$E = h \cdot \nu \quad \text{oder} \quad E = \frac{h \cdot c}{\lambda} \tag{4.2-17}$$

Auf dieses Modell muß man zurückgreifen, wenn die **Strahlungsenergie** zum Zwecke der Messung **in Anregungsenergie von Elektronen umgewandelt** werden soll. Ein auf diesem Prinzip beruhender Strahlungsempfänger heißt photoelektrischer Empfänger oder verkürzt Photoempfänger.

Die Anregungszustände der Elektronen in einem Gas oder einem Festkörper sind quantisiert, d.h. es sind nur bestimmte Energiezustände erlaubt, die durch Lücken unerlaubter Zustände voneinander getrennt sind. Strahlungsempfänger, bei denen durch die Strahlung Gasatome ionisiert werden, was zu einen meßbaren Ionenstrom führt, sollen hier nicht behandelt werden. Diese sogenannten Ionisationskammern haben nur für Vakuum-UV-Strahlung Bedeutung. Eine Übersicht hierüber findet man bei Kühne und Wende (Kühne und Wende, 1985).

Bei den hier interessierenden Halbleitern (Festkörpern) sind die Anregungszustände der Elektronen zu Bändern entartet, die voneinander durch Energielücken getrennt sind. Energiebänder, deren Anregungszustände vollständig mit Elektronen besetzt sind, heißen Valenzbänder. Sie tragen nicht zur elektrischen Leitfähigkeit bei. Sie liegen energetisch tiefer als die unvollständig gefüllten Bänder, die Leitungsbänder heißen. In ihnen enthaltene Elektronen können sich mehr oder minder frei bewegen. Folglich führt ein elektrisches Feld zu einer gerichteten Bewegung dieser Elektronen (elektrischer Strom) und ein Konzentrationsgefälle - erzeugt durch äußere Einwirkung - zu einer Diffusion von Ladungsträgern mit dem Ziel der Gleichverteilung. Durch Absorption eines Photons, das mehr Energie hat als der Energielücke zwischen dem höchsten Valenzband und dem niedrigsten Leitungsband entspricht, kann ein Elektron aus dem Valenzband in das Leitungsband gehoben werden. Zurück bleibt im Valenzband ein "**Loch**", das sich wie ein beweglicher positiver Ladungsträger verhält. Die **Erzeugung eines solchen Elektron-Loch-Paares durch ein Photon** bezeichnet man als **inneren Photoeffekt**. Im Gegensatz zum thermischen Empfänger müssen die Photonen beim photoelektrischen Empfänger also eine Mindestenergie aufweisen, d.h. es gibt bezüglich der Wellenlänge eine langwellige Grenze, oberhalb derer der Empfänger nicht mehr anspricht. Unterhalb der Grenze λ_{Grenz} ist die Empfindlichkeit nicht konstant, da die Anzahl n der fließenden Photonen bei konstanter Strahlungsleistung proportional mit der Wellenlänge zunimmt. Nach diesen einfachen Überlegungen sollte die relative spektrale Empfindlichkeit ($\rightarrow$ 4.3.2) einen Verlauf haben, wie ihn die Kurve 1 in **Abbildung 4.2-6** zeigt. Die Kurve 2 berücksichtigt, daß die Elektron-Loch-Paarbildung durch quantisierte Gitterschwingungen (Phononen) unterstützt werden kann. Da diese einen kleinen Energiebeitrag für den Übergang liefern können, wird die Kurve an der langwelligen Grenze verrundet. Es gibt darüber hinaus viele Effekte, die zu einer weiteren Veränderung der Kurvenform führen. Erwähnt seien hier nur die beiden wichtigsten:

(a) Ein wellenlängenabhängiger Reflexionsgrad verändert offensichtlich die Kurve (1), denn diese bezieht sich auf die Anzahl der Absorptionsprozesse.

(b) Ein zu geringer oder zu großer Absorptionsgrad führt dazu, daß die Strahlung nicht in der Zone des Empfängers absorbiert wird, die für seinen Betrieb optimal ist ($\rightarrow$ 4.2.2.3)

Die zusätzlichen Prozesse führen stets zu einer Reduzierung der Empfindlichkeit, d.h. die realen Empfindlichkeitskurven liegen stets unter Kurve 1 bzw. 2.

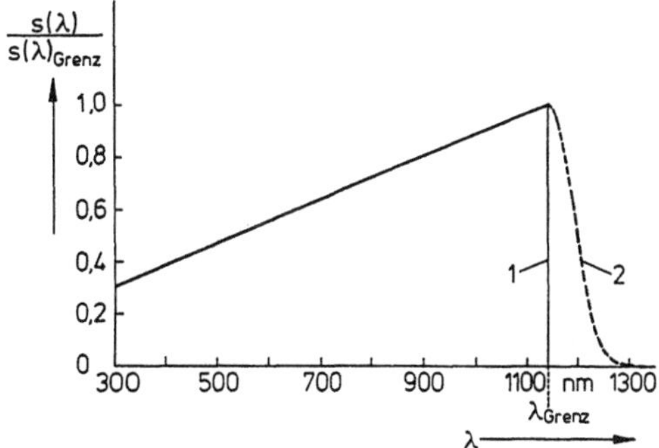

Abbildung 4.2-6: Spektrale Empfindlichkeit eines idealen Photoempfängers in Abhängigkeit von der Wellenlänge λ.
Wenn Phononen den Interbandübergang fördern, gilt Kurvenzweig (2), sonst (1). λ_{Grenz} ist die Grenzwellenlänge, oberhalb der die Photonenenergie nicht mehr ausreicht, einen direkten Übergang vom Valenz- ins Leitungsband zu bewirken.

Eine Sonderform des inneren Photoeffektes liegt dann vor, wenn das Elektron nicht aus dem Valenzband stammt, sondern aus sogenannten Störstellen (dargestellt durch Fremdatome), die energetisch dicht unter dem Leitungsband liegen. Mit ihrer Hilfe läßt sich auch mit Strahlungsquanten sehr kleiner Energie (fernes Infrarot) ein Photoeffekt erzielen. Diese Störstellen werden aber auch durch Phononen allein schon ionisiert. Um das zu verhindern, muß der Empfänger soweit gekühlt werden, daß die in Frage kommenden Gitterschwingungen praktisch eingefroren sind.

Neben dem inneren Photoeffekt kennt man den **äußeren Photoeffekt**, bei dem ein Elektron durch ein Photon aus dem Leitungsband eines Festkörpers ins Vakuum befördert wird. Die dafür notwendige Mindestenergie nennt man die Austrittsarbeit. Sie legt hier die langwellige Grenze fest, oberhalb derer der Empfänger "blind" ist.

Wichtige Begriffe bei photoelektrischen Empfängern sind der **Quantenwirkungsgrad** und die **Quantenausbeute**. Letztere wird noch einmal unterteilt in innere und äußere Quantenausbeute, je nachdem ob die Reflexionsverluste korrigiert worden sind oder nicht.

Der Quantenwirkungsgrad ist das Verhältnis aus der Anzahl der erwünschten Elementarprozesse (innerer und äußerer Photoeffekt) zur Anzahl der absorbierten Photonen. Er ist kleiner als Eins, wenn neben dem Photoeffekt konkurrierende Prozesse auftreten.

Die **innere Quantenausbeute** η_i ist das Verhältnis aus der Anzahl der im Meßkreis nachgewiesenen Elektronen zur Anzahl der absorbierten Photonen. Sie ist kleiner als der Quantenwirkungsgrad, wenn Elektron-Loch-Paare oder Photoelektronen durch Verlustmechanismen der Messung im äußeren Meßkreis entzogen werden. Beispiele solcher Verluste, die später noch ausführlicher behandelt werden, seien hier nur stichwortartig erwähnt: Rekombination von Elektron-Loch-Paaren, Stromteilung durch den endlichen Innenwiderstand einer Photodiode, unvollständige Elektronensammlung bei einer Photozelle.

Die **äußere Quantenausbeute** η_a ist das Verhältnis aus der Anzahl der im Meßkreis nachgewiesenen Elektronen zur Anzahl der einfallenden Photonen. Sie ist kleiner als die innere Quantenausbeute, da sie die Reflexionsverluste nicht korrigiert

$$\eta_a = \eta_i \cdot (1 - \rho) \tag{4.2-18}$$

mit ρ als Reflexionsgrad (2.3 ←).

4.2.2.1 Photozelle, Photovervielfacher

Photozelle und Photovervielfacher nutzen den **äußeren Photoeffekt**. Sie bestehen aus **Vakuumröhren** aus Glas oder Quarzglas, bei denen aus einer sogenannten **Photokathode** Elektronen ins Vakuum freigesetzt werden, die von einer gegen die Kathode auf positivem Potential befindlichen Elektrode, der **Anode**, aufgefangen werden. Über den äußeren Stromkreis fließen sie zur Kathode zurück und bilden somit die Meßgröße, den sogenannten **Photostrom**.

Beim Photovervielfacher sind zwischen Kathode und Anode noch Stufen zur Elektronenvervielfachung (Dynoden, s. unten) angeordnet.

Das Kathodenmaterial wird so gewählt, daß eine niedrige Austrittsarbeit bei gleichzeitig hoher Quantenausbeute (→ 4.2.2) erzielt wird. Dies erreicht man mit dünnen Schichten, die meist aus Alkalimetallen und Elementen der 5. Gruppe des Periodensystems bestehen. Teils sind die Schichten auf einer metallischen Unterlage aufgedampft und damit opak, so daß die Photoemission in einer Richtung entgegengesetzt zur Einstrahlrichtung erfolgen muß. Teils sind die Photokathoden semitransparent und direkt auf den Röhrenkolben aufgedampft, so daß sie durchstrahlt werden können und die Photoemission der optischen Strahlungsfortpflanzung gleichgerichtet ist.

Tabelle 4.2-4: Gebräuchliche Typen von Photokathoden, ihre Zusammensetzung und ihre Eigenschaften.

Typen-Nr.	Kathoden-material	Fenstermaterial	Nutzbarer Spektralbereich in nm	Maximale externe Quantenausbeute in %	Maximale Stromdichte in nA/cm^2	Bemerkungen
S1	Ag-O-Cs	Borsilikatglas	400 - 1100	0,5	5	Kühlung wegen hohen Dunkelstroms
S4	Sb-Cs	Borsilikatglas	300 - 650	15	5000	opak
S5	Sb-Cs	UV-Glas	185 - 650	20	5000	opak
S8	Cs-Bi	Borsilikatglas	300 - 770	1	5000	opak
S10	Ag-Bi-O-Cs	Borsilikatglas	320 - 700	5	15	semitransparent
S11	Sb-Cs	Borsilikatglas	300 - 650	15	15	semitransparent
S13	Sb-Cs	Quarzglas	160 - 650	20	15	semitransparent
S19	Sb-Cs	Quarzglas	160 - 650	20	5000	opak
S20	Sb-K-Na-Cs	Borsilikatglas	300 - 850	20	250	semitransparent
--	Cs-I	Magnesiumfluorid	115 - 200	15	5	semitransparent

Zur einfacheren Unterscheidung und Kennzeichnung der gebräuchlichsten Kathoden sind von der Industrie die sogenannten **S-Typen-Nummern** aufgestellt worden. Sie charakterisieren den spektralen Verlauf der Empfindlichkeit für die Kombination von Kathoden- und Fenstermaterial. Neben diesen S-Typen werden von den Herstellern noch eine Vielzahl weiterer Kathodentypen mit firmenspezifischer Kennzeichnung angeboten. Die **Tabelle 4.2-4** gibt eine Zusammenstellung der wichtigsten S-Typen und ihrer nutzbaren Spektralbereiche. Man erkennt, daß die semitransparenten Schichten aufgrund ihres hohen elektrischen Bahnwiderstandes nur mit wesentlich kleineren Stromdichten belastet werden dürfen als die auf metallisches Substrat aufgebrachten Photokathoden. Der **S 1**-Typ hat den größten nutzbaren Spektralbereich. Allerdings ist seine Quantenausbeute recht gering, und zudem ist die Dunkelemission infolge der niedrigen Austrittsarbeit recht hoch. Deshalb wird dieser Kathodentyp vorzugsweise für **Infrarotmessungen** eingesetzt, wo es kaum eine Alternative gibt. Da die Dunkelemission bei Raumtemperatur hauptsächlich auf thermischer Emission beruht (d.h. die Austrittsarbeit wird aus dem Wärmeenergievorrat des Festkörpers genommen), kann man sie durch Kühlung um viele Zehnerpotenzen reduzieren, wie die **Abbildung 4.2-7** zeigt.
Die Cäsiumjodidkathode in der letzten Zeile von Tabelle 4.2-4 ist ein Beispiel für eine **"sonnenblinde"** Kathode, die nur für sehr kurzwellige Strahlung empfindlich ist. Entsprechend klein ist ihr Dunkelstrom (nur etwa 1/2000 desjenigen einer S 1-Kathode), so daß ihre Vorteile bei der Messung kurzwelliger UV-Strahlung auf der Hand liegen, insbesondere dann, wenn längerwellige Störstrahlung nicht vollständig unterdrückt werden kann.

Neben Vakuum-Photozellen sind auch solche gebaut worden, die mit einem Gas unter niedrigem Druck gefüllt sind (**gasgefüllte Photozellen**). Bei diesen tritt eine Vermehrung der photoelektrisch erzeugten Elektronen beim Durchlaufen des Gases durch **Stoßionisation der Gasatome** auf (Gasverstärkung), so daß die **Empfindlichkeit höher** wird. Die dabei erzeugten positiven Ionen bewegen sich nur langsam. Sie häufen sich dadurch in der Strecke zwischen Kathode und Anode an. Dies führt zu einer Raumladung und damit zu einer Verzerrung des elektrischen Feldes. Die Folge ist, daß die Linearität zwischen Strahlungsleistung und Anodenstrom verschlechtert wird. Daneben ist die Gasverstärkung abhängig von der Höhe der Anodenspannung.

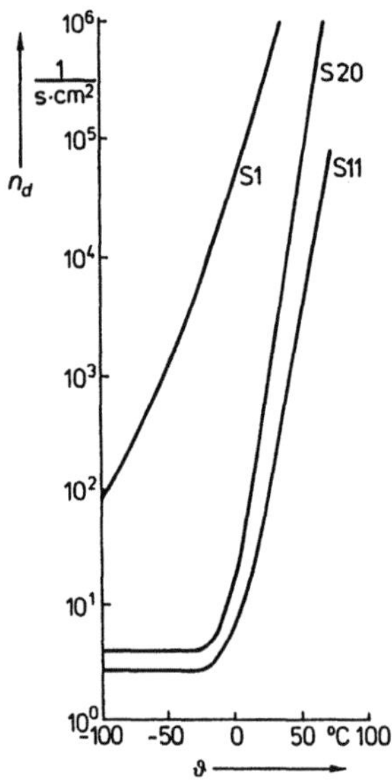

Abbildung 4.2-7: Anzahl n_d der Elektronen, die pro cm² und s im abgedunkelten Zustand von drei Photokathoden-Typen in Abhängigkeit von der Temperatur ϑ emittiert werden (nach Photomultiplier-Katalog PMC/86 der Thorn EMI Electron Tubes Ltd.).

Mit der Verbesserung der elektrischen Meßtechnik (hier Messung kleinster Ströme) haben deshalb die gasgefüllten Photozellen ihre Bedeutung verloren. Aber auch die Vakuumphotozellen, die eine gute Linearität aufweisen, werden jetzt nur noch für spezielle Anwendungen eingesetzt.

In den anderen Bereichen sind sie von Halbleiter-Photodioden (→ 4.2.2.3) aufgrund folgender Nachteile verdrängt worden: größerer Platzbedarf, höhere Herstellungskosten, mechanische Empfindlichkeit, höherer Spannungsbedarf (etwa 200 V), außerdem ist die interne Quantenausbeute niedriger als bei Photodioden, bei denen sie 50 % bis 100 % erreicht. Ferner fließt bei Photozellen immer ein Dunkelstrom, bei Photodioden ohne Vorspannung dagegen nicht. Aber auch die Homogenität und zeitliche Stabilität der Empfindlichkeit ist nicht befriedigend (Budde, 1973).

Im Spektralbereich, den die sonnenblinden Photozellen abdecken, gibt es noch große Probleme mit Stabilität und Quantenausbeute von Photodioden, so daß hier Photozellen noch ihre Berechtigung haben.

Ebenfalls noch von Bedeutung sind die sogenannten **biplanaren Photozellen.** Bei ihnen stehen sich Anode und Kathode in wenigen Millimeter Abstand gegenüber. Zwischen beiden liegt eine Spannung von etwa 2 kV, so daß aus der Photokathode ausgelöste Elektronen schon nach weniger als einer Pikosekunde die Anode erreichen. Damit sind die Voraussetzungen für eine **kurze Anstiegszeit** ($\rightarrow$ 4.3.7) geschaffen. Wenn man eine solche Photozelle in eine richtig dimensionierte koaxiale Halterung einbaut, die nahtlos in ein Koaxialkabel übergeht (Lubin u. Leising, 1967, Edwards u. Jefferies, 1969), so kann man Anstiegszeiten weit unter einer Nanosekunde erreichen. Da der Kabelabschluß mit der Kabelimpedanz Z - meist nur 50 Ω - zu erfolgen hat, werden große Ströme benötigt, um an Z einen für die Messung ausreichenden Spannungsabfall zu erzielen. Dies ist möglich, da die biplanaren Photozellen eine große opake Kathodenfläche haben, so daß die Stromdichten in den zulässigen Grenzen bleiben.

Bestrahlt wird durch die netzförmige Anode. Diese Photozellen werden bevorzugt bei der Messung kurzer Laserimpulse eingesetzt. Das Laserstrahlenbündel muß so aufgeweitet sein, daß die ganze Kathodenfläche bestrahlt wird.

Photovervielfacher haben bis heute ihren Platz behaupten können, da sie noch von keinem anderen Strahlungsempfänger in ihrer Empfindlichkeit s und normierten Detektivität $D^{\times}$ erreicht werden. Typische Werte für diese Kenngrößen sind s = 10^5 A/W und $D^{\times}$ = $2 \cdot 10^{16}$ cm$\cdot$Hz$^{1/2} \cdot$W^{-1}. Ihre normierte Detektivität liegt damit um sechs bis acht Größenordnungen über derjenigen thermischer Empfänger. Auch die normierte Detektivität der Photoleiter und der Photodioden ist um vier bis sechs Zehnerpotenzen kleiner. Natürlich weisen Photovervielfacher andererseits auch die mit der Photokathode zusammenhängenden Unvollkommenheiten auf.

Die hohe Empfindlichkeit der Photovervielfacher wird durch die **Sekundärelektronenvervielfachung** erreicht: die von der Photokathode kommenden Elektronen werden durch eine Spannung beschleunigt, so daß sie eine (kinetische) Energie von 100 eV bis 200 eV ansammeln. Dann prallen sie auf eine Elektrode, **Dynode** genannt, die mit Beryllium-Kupfer oder Antimon-Cäsium beschichtet ist. Beim Aufprall energiereicher Elektronen emittieren diese Schichten pro Elektron v Sekundärelektronen.

v ist somit der Verstärkungsfaktor einer Dynodenstufe. Er hängt von der Beschleunigungsspannung U_d ab

$$v = \delta \cdot (U_d)^r \qquad\qquad\qquad (4.2\text{-}19)$$

δ ist dabei der Verstärkungskoeffizient. Sein Wert liegt zwischen 0,04 und 0,2. Der Wert des Exponenten r, der vom Dynodenmaterial abhängt, liegt bei etwa 0,7 bis 0,8. Die von der erwähnten Dynode ausgehenden Sekundärelektronen werden erneut beschleunigt und auf eine weitere Dynode gelenkt, so daß eine erneute Verstärkung erfolgt. Dieser Vorgang wird noch mehrmals wiederholt.

Üblicherweise haben Photovervielfacher 6 bis 12 Stufen. Die damit erzielte Gesamtverstärkung V liegt im Bereich von $1 \cdot 10^5$ bis $2 \cdot 10^7$. Bei der Annahme von n gleichen Dynoden, die mit gleicher Beschleunigungsspannung U_d gespeist werden, ergibt sich eine Gesamtverstärkung $V = v^n$.

Mit Gleichung (4.2-19) folgt daraus

$$V = \frac{\delta^n}{(n+1)^{r \cdot n}} \cdot (U_b)^{r \cdot n} \qquad (4.2\text{-}20)$$

Dabei ist anstelle der Beschleunigungsspannung U_d der einzelnen Dynodenstrecke die
gesamte Betriebsspannung U_b eingesetzt worden, von der der Einfachheit halber angenommen wurde, daß sie gleichmäßig auf die n+1 Strecken zwischen Anode und Kathode
verteilt ist.

Die Gleichung (4.2-20) zeigt - auch wenn die gemachten Annahmen in der Praxis nur
näherungsweise erfüllt sind - wie sehr die Verstärkung von der Betriebsspannung abhängt. Bei einem 10-stufigen Photovervielfacher und r = 0,8 würde sich die Verstärkung
in etwa mit der achten Potenz der Betriebsspannung ändern. Allgemein ergibt sich aus
Gleichung (4.2-20) die folgende Faustformel für die relative Änderung der Verstärkung
$\Delta V / V$ bei vorgegebener (kleiner) relativer Änderung der Betriebsspannung

$$\frac{\Delta V}{V} \approx 0{,}75 \cdot n \cdot \frac{\Delta U_b}{U_b} \qquad (4.2\text{-}21)$$

Eine sorgfältige Stabilisierung von U_b ist deshalb unerläßlich.

Die **Abbildung 4.2-8** zeigt ein Beispiel dafür, wie üblicherweise alle erforderlichen
Spannungen für einen Photovervielfacher aus der Spannung eines Hochspannungsnetz-
gerätes über einen Spannungsteiler gewonnen werden. Die aus den Widerstandsver-
hältnissen berechenbaren Teilspannungen bleiben nur solange unverändert, wie der
Spannungsteiler nicht belastet, d.h. an den Teileranschlüssen kein Strom entnommen
wird. Da der durch Sekundärelektronen vermehrte Strom in der Röhre aber über den
Spannungsteiler eingespeist werden muß, kann der Spannungsteiler bei höheren Anoden-
strömen nicht mehr als unbelastet angesehen werden, insbesondere gilt das für die
anodennahen Stufen.

Aus der Gleichung (4.2-20) kann eine Faustformel hergeleitet werden, die die Verstär-
kungsänderung infolge des genannten Spannungszusammenbruches in den anodennahen Stufen angibt. Solange der Querstrom I_q durch den unbelasteten Spannungsteiler
groß gegen den Anodenstrom I_a ist, gilt

$$\frac{\Delta V}{V_o} \approx \frac{I_a}{I_q} \qquad (4.2\text{-}22)$$

Dabei ist V_o die Verstärkung für einen Anodenstrom $I_a \approx 0$. Soll demnach die Verstär-
kungsänderung (Nichtlinearität $\rightarrow$ 4.3.8) unter 1 % bleiben, so muß der Querstrom das
Hundertfache des maximalen Anodenstromes betragen. Dementsprechend ist der Spannungsteiler zu dimensionieren. Die Spannung zwischen der letzten Dynode und der
Anode kann außerdem durch den Spannungsabfall am Lastwiderstand R_L absinken,
wodurch der Wirkungsgrad für das Sammeln der Elektronen an der Anode sinkt. Deshalb
ist es zweckmäßig, den Anodenstrom über einen als Impedanzwandler geschalteten

Operationsverstärker (I-U-Wandler) zu messen, dessen Eingangswiderstand R_e klein gehalten werden kann, wenn ein Operationsverstärker mit hoher Leerlaufverstärkung G_o und ein nicht zu großer Gegenkopplungswiderstand R_f gewählt wird:

$$R_e \approx R_f / G_o \qquad (4.2\text{-}23)$$

Der zu messende Anodenphotostrom des Photovervielfachers ergibt sich dann aus der Ausgangsspannung des Operationsverstärkers zu

$$I_a = U_{Aus} / R_f \qquad (4.2\text{-}24)$$

Dabei ist U_{Aus} die Differenz der Ausgangsspannung im Hell- und Dunkelzustand. Diese Differenzbildung bewirkt nicht nur eine Korrektur des Dunkelstroms des Photovervielfachers sondern auch eines eventuell vorhandenen Verstärker-Offsets.

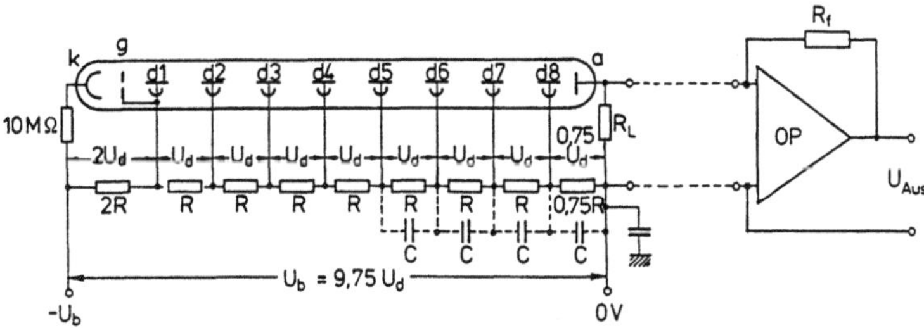

Abbildung 4.2-8: Beispiel für einen Spannungsteiler zur Spannungsversorgung der Dynoden und der Anode eines Photovervielfachers aus einer Hochspannungsquelle der Spannung U_b. Als Ausgangssignal kann der Spannungsabfall am Lastwiderstand R_L dienen. Günstiger ist es, wie gestrichelt eingezeichnet, den Lastwiderstand durch einen als Strom-Spannungs-Wandler (Impedanzwandler) geschalteten Operationsverstärker OP zu ersetzen, und dessen Ausgangsspannung U_{Aus} als Meßsignal zu verwenden.

Wenn der Photovervielfacher zur Messung von Strahlungsimpulsen eingesetzt werden soll, kann der Spannungszusammenbruch an den letzten Dynoden durch eine zusätzliche Maßnahme verhindert werden, die gestrichelt in der Abbildung 4.2-8 eingezeichnet ist: parallel zu den letzten vier Dynodenwiderständen geschaltete Kapazitäten als Ladungsspeicher liefern während der kurzen Pulse den zusätzlich benötigten Strom. Die erforderliche Kapazität C kann aus der Impulsdauer Δt und dem Anodenstrom I_a berechnet werden

$$C \geq 100 \cdot I_a \cdot \Delta t / U_d \qquad (4.2\text{-}25)$$

Ihre große Bedeutung haben die Photovervielfacher der Tatsache zu verdanken, daß die schon erwähnte hohe Verstärkung sehr rauscharm vonstatten geht. Wenn die bestrahlte Photokathode den Strom I_k (Photostrom + Dunkelstrom) liefert, so heißt das, daß in einer Beobachtungszeit ΔT eine Anzahl von $\Delta T \cdot n_e$ (mit $n_e = I_k/e_o$, e_o ist die Elementarladung) Elektronen emittiert werden. Die statistische Schwankung dieser Zahl erhält man aus der Poisson-Statistik zu $\sqrt{n_e \cdot \Delta T}$. Nach Übergang von der Zeit als Beobachtungsintervall zur Frequenzbandbreite Δf (Fouriertransformation, $\Delta T \rightarrow 2 \cdot \Delta f$) erhält man somit für den Effektivwert des Kathodenrauschstromes

$$I_{k,r} = \sqrt{2 \cdot e_o \cdot I_k \cdot \Delta f} \qquad (4.2\text{-}26)$$

Der Anodenstrom ist um den Faktor V größer als der Kathodenstrom: $I_a = V \cdot I_k$. Beim Anodenrauschstrom (Effektivwert) kommt aber zu dem entsprechend verstärkten Kathodenrauschstrom noch ein Anteil hinzu, der seine Ursache in der statistischen Schwankung der Sekundäremission hat

$$I_{a,r} = \sqrt{2 \cdot e_o \cdot I_k \cdot \Delta f \cdot V} \cdot \sqrt{1 + v/(v_1 \cdot (v - 1))} \qquad (4.2\text{-}27)$$

Setzt man für die Verstärkung der ersten Stufe mit $v_1 = 6$ und für die der übrigen Stufen mit $v = 4$ typische Werte ein, so ergibt sich für die zweite Wurzel in Gleichung (4.2-27) ein Wert von 1,1, d.h. die Dynodenstufen tragen nur zu etwa 10 % zum Rauschen nach Gleichung (4.2-27) bei. Die Formel zeigt weiterhin, daß es zur Reduzierung des Rauschens günstig ist, die Verstärkung der ersten Stufe durch Wahl einer hohen Spannung für die erste Dynode groß zu machen. Dies ist leicht einzusehen, denn an der ersten Stufe ist die Elektronenzahl noch recht klein und damit ihre relative Schwankung gemäß der Poisson-Statistik hoch. Eine hohe Verstärkung v_1 führt zu einem Abfall der relativen Schwankung proportional zu $1/\sqrt{v_1}$. Schließlich sieht man aus Gleichung (4.2-27), daß der Anodenrauschstrom proportional zum Gesamtkathodenstrom, also zur Summe aus Photostrom und Dunkelstrom, ist. Die Kühlung des Photovervielfachers führt über die Verminderung des Dunkelstroms somit zu einer Verminderung des Rauschstromes. Es sei auch erwähnt, daß auch Leckströme über den Glaskolben oder den Sockel das Rauschen noch erhöhen können. Auch ist eine gewisse "Einlaufzeit" nach dem Anlegen der Hochspannung abzuwarten, während derer der Dunkelstrom noch absinkt. Ursache ist, daß sich an den isolierenden Komponenten innerhalb des Kolbens erst eine stationäre elektrische Feldkonfiguration einstellen muß. Da die Feldkonfiguration auch entscheidend für die Verstärkung ist, ist auch diese während der Einlaufzeit noch nicht konstant. Ebenso ändert sie sich bei plötzlichem Ein- und Ausschalten einer stärkeren Bestrahlung, da vagabundierende Elektronen zu einer Änderung der elektrostatischen Aufladung der (isolierenden) Dynodenträger führen (Nachwirkung, $\rightarrow$ 4.3.10).
Stark erhöht ist der Dunkelstrom auch, nachdem ein Photovervielfacher hellem Licht ausgesetzt worden ist. Es kann Tage dauern, bis sich die Photokathode "beruhigt" hat. (Gemeint ist hier eine Belichtung, ohne daß Spannung am Photovervielfacher angelegen hat. Mit anliegender Spannung würde der Vervielfacher infolge der hohen Verstärkung des dann sehr starken Photostroms innerhalb sehr kurzer Zeit zerstört.)
Zu beachten ist auch, daß Photovervielfacher empfindlich gegen magnetische Felder sind, da ein solches Feld die Elektronen infolge der Lorentzkraft von ihrer Sollbahn ablenkt. Dies verschlechtert den Wirkungsgrad für das Einsammeln der Photoelektronen und den Verstärkungsgrad. Wenn keine besonderen Abschirmmaßnahmen getroffen

werden, wirkt zumindest das Erdmagnetfeld ein. Eine Positionsänderung des Photovervielfachers (z.B. Drehung um eine Raumachse) während einer Meßreihe ist deshalb zu vermeiden.

Aus einem einzelnen Elektron, das aus der Kathode emittiert wird, werden durch die Sekundärelektronenvervielfachung etwa $N - 10^6$ Elektronen, die innerhalb von etwa $\Delta t - 50$ ns die Anode erreichen. Das ergibt einen Stromimpuls von etwa

$$\frac{e_o \cdot N}{\Delta t} = \frac{1{,}6 \cdot 10^{-19} \cdot 10^6}{50 \cdot 10^{-9}} \frac{A \cdot s}{s} \approx 3 \ \mu A \qquad (4.2\text{-}28)$$

Nach Strom-Spannungswandlung reicht dies aus, um damit einen elektronischen Zähler anzusteuern. Da bei einer Quantenausbeute von 10 % jedes zehnte Photon ein Photoelektron erzeugt, kann man somit jedes zehnte Photon nachweisen. Dies ist die Methode der **Photonenzählung**, die bei sehr niedrigen Strahlungsniveaus allen anderen Strahlungsmeßmethoden überlegen ist. Da es möglich ist, elektronische Zähler zu bauen, die nur Pulse einer bestimmten Höhe registrieren (Impulshöhendiskriminierung) kann man Anodenstromimpulse, die ihre Ursache in thermischer Emission von den Dynoden oder in kosmischer Strahlung haben, und deshalb eine andere Impulshöhe aufweisen, eliminieren. Das bedeutet, daß Rauschimpulse weitgehend unterdrückt werden können.

4.2.2.2 Photoleiter, Photowiderstand

Beim Photoleiter oder Photowiderstand - diese Begriffe werden synonym gebraucht - nutzt man den **inneren Photoeffekt:** in einem dünnen Halbleiterfilm werden durch Bestrahlung mit Photonen, deren Wellenlänge kleiner als die Grenzwellenlänge (4.2.2 ←) ist, zusätzliche Elektronen im Leitungsband und/oder Löcher im Valenzband erzeugt. Dadurch wird die elektrische Leitfähigkeit erhöht. Nach einer materialspezifischen mittleren Lebensdauer τ (meist zwischen 1 µs und 100 ms) rekombinieren die zusätzlichen Ladungsträger wieder, so daß die Leitfähigkeit wieder ihren ursprünglichen Wert annimmt, wenn die Bestrahlung unterbrochen wird.

Der leichteren Überschaubarkeit wegen soll im folgenden angenommen werden, daß die Löcher nicht merklich zur Leitfähigkeit beitragen. Dann lautet die Bilanzgleichung für die Elektronenkonzentration

$$\frac{dn}{dt} = \frac{\eta_a \cdot E}{d \cdot h \cdot \nu} - \frac{n}{\tau} \qquad (4.2\text{-}29)$$

Auf der linken Seite steht die gesamte Änderung der Elektronenkonzentration. Sie setzt sich zusammen aus der Erzeugungsrate (1. Term auf der rechten Seite), die das Produkt aus der externen Quantenausbeute η_a und der Photonendichte in der photoleitenden Schicht ist (d - Schichtdicke) und der Rekombinationsrate (zweiter Term), die durch den Quotienten aus Elektronendichte und Lebensdauer gegeben ist.

Wird die Bestrahlung zum Zeitpunkt $t = 0$ eingeschaltet und dann mit konstanter Bestrahlungsstärke E beibehalten, so lautet die Lösung dieser Differentialgleichung

$$n(t) = n_o + \frac{\eta_a \cdot \tau \cdot E}{h \cdot \nu \cdot d} \cdot (1 - e^{-t/\tau}) \qquad (4.2\text{-}30)$$

Die Dunkel-Elektronenkonzentration n_o geht demzufolge bei Bestrahlung nach einer Zeitspanne von einigen τ in eine Gleichgewichtskonzentration

$$n_{stat} = n_o + \frac{\eta_a \cdot \tau}{h \cdot \nu \cdot d} \cdot E \qquad (4.2\text{-}31)$$

über. Die Leitfähigkeit σ erhält man, wenn die Elektronendichte mit ihrer Beweglichkeit μ multipliziert wird

$$\sigma = n \cdot \mu \qquad (4.2\text{-}32)$$

(Trägt auch die Löcherleitung wesentlich zur Leitfähigkeit bei, ist für sie ein entsprechender Term anzufügen.) Die durch Bestrahlung hervorgerufene Zusatzleitfähigkeit ist also

$$\sigma(E)_b = \frac{\eta_a \cdot \tau \cdot \mu}{h \cdot \nu \cdot d} E \equiv \sigma_E \cdot E \qquad (4.2\text{-}33)$$

Je größer die Lebensdauer τ der Elektronen ist, desto größer wird die Gleichgewichtszunahme an Ladungsträgern. Andererseits dauert es auch um so länger, bis sich nach dem Abschalten der Bestrahlung der stationäre Dunkelzustand wieder eingestellt hat. Bei modulierter Bestrahlung bedeutet dies, daß für Modulationsfrequenzen $f \geq 1/\tau$ die Modulation der elektrischen Leitfähigkeit der Modulation der Strahlung nicht mehr hinreichend zu folgen vermag. Die Empfindlichkeit nimmt dann ab. Eine große Ladungsträgerlebensdauer erhöht also einerseits die Empfindlichkeit für Konstantbestrahlung und niederfrequent modulierte Bestrahlung, erniedrigt aber andererseits die maximal zulässige Modulationsfrequenz.

Da die Beweglichkeit und auch die Lebensdauer temperaturabhängig sind, ist auch σ_E (definiert durch Gleichung (4.2-33)) temperaturabhängig. Zusätzlich kann auch die Quantenausbeute temperaturabhängig sein, und zwar dann, wenn sie davon abhängt, wie tief die Strahlung in die Schicht eindringt. Die Eindringtiefe hängt nämlich vom temperaturabhängigen Absorptionskoeffizienten ab.

Die Rekombination von Elektron-Loch-Paaren erfolgt oft über Rekombinationszentren, die die bei der Rekombination freiwerdende Energie aufnehmen und an das Kollektiv des Festkörpers (Gitter) weitergeben. Ein Rekombinationsvorgang blockiert ein solches Zentrum kurzzeitig für weitere Rekombinationen. Deshalb wird bei hoher Konzentration an photoelektrisch erzeugten Ladungsträgern deren Lebensdauer zunehmen. Bei Rekombinationen, die sich ohne Rekombinationszentren vollziehen, ist die Lebensdauer um so kürzer, je wahrscheinlicher das Zusammentreffen von Elektron und Loch ist, also je

größer deren Konzentration ist. Im folgenden soll angenommen werden, daß die zusätzliche Leitfähigkeit so klein ist, daß die Lebensdauer noch unbeeinflußt ist. Dann ändert
sich die Leitfähigkeit σ linear mit der Bestrahlungsstärke E

$$\sigma(E) = \sigma_o + \sigma_E \cdot E \qquad (4.2\text{-}34)$$

Die Dunkelleitfähigkeit σ_o ist stark von der Temperatur abhängig, und σ_E hängt außer
von der Temperatur von der Wellenlänge λ der Strahlung, aber nicht von E ab. Es
wäre logisch, diese Größe als Empfindlichkeit zu definieren, wenn sie der direkten
Messung leicht zugänglich wäre. Da dies nicht der Fall ist, mißt man die Widerstandsänderung des Photoleiters bei Bestrahlung. Wie beim Bolometer ($\rightarrow$ 4.2.1.2) besteht ein eindeutiger Zusammenhang zwischen Leitfähigkeits- und Widerstandsänderung nur, wenn die gesamte strahlungsempfindliche Fläche homogen bestrahlt wird.
Aus der Leitfähigkeit ergibt sich zunächst der spezifische elektrische Widerstand

$$\rho = 1/\sigma \qquad (4.2\text{-}35)$$

und daraus durch Anbringen eines Faktors F, der nur von der Geometrie des Photoleiters abhängt, der elektrische Widerstand R

$$R(E) = \frac{F}{\sigma_o + \sigma_E \cdot E} \qquad (4.2\text{-}36)$$

Macht man nun die weitere Einschränkung, daß die Dunkelleitfähigkeit groß gegen
die durch Strahlung erzeugte Zusatzleitfähigkeit sein soll, also $\sigma_o \gg \sigma_E \cdot E$, so ist die nachfolgende Umformung ohne merklichen Fehler möglich. Sie zeigt, daß sich dann auch
der Widerstand linear mit der Bestrahlungsstärke ändert

$$R(E) = \frac{F}{\sigma_o} \cdot (1 - \frac{\sigma_E}{\sigma_o} \cdot E) \equiv R_o - s \cdot E \qquad (4.2\text{-}37)$$

R_o bedeutet den Dunkelwiderstand. Die (spektrale) Empfindlichkeit s ist dabei durch den
rechten Teil der Gleichung definiert als die Widerstandsänderung infolge Bestrahlung
dividiert durch die (quasi-monochromatische) Bestrahlungsstärke $E(\lambda)$

$$s(\lambda) = \frac{\Delta R}{E(\lambda)} = \frac{F \cdot \sigma_E}{\sigma_o^2} \qquad (4.2\text{-}38)$$

Betreibt man den Photowiderstand über einen Vorwiderstand R_v mit einer konstanten Spannung U_b, wie dies **Abbildung 4.2-9** zeigt, so ist die Spannungsänderung ΔU
an R_v infolge Bestrahlung geeignet als Empfängerausgangsgröße. Unter den oben gemachten Einschränkungen hat sie den Wert

$$\Delta U = \frac{U_b \cdot R_v \cdot s \cdot E}{(R_v + R_o)^2} \qquad (4.2\text{-}39)$$

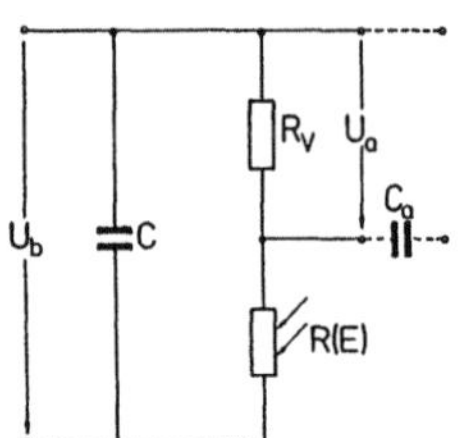

Abbildung 4.2-9: Schaltung zum Betrieb eines Photowiderstandes R(E) mit der Betriebsspannung U_b.
Der Kondensator C reduziert den Wechselspannungs-Innenwiderstand der Quelle U_b. Meßgröße ist die Spannung U_a. Bei modulierter Strahlung kann durch einen zusätzlichen Kondensator C_a der "nutzlose" Gleichspannungsanteil von U_a abgetrennt werden.

Von manchen Herstellern wird das Verhältnis $\Delta U/E$ als Empfindlichkeit definiert. Dies ist jedoch keine empfängerspezifische Größe, da sie, wie Gleichung (4.2-39) zeigt, vom Vorwiderstand und der Betriebsspannung abhängt. ΔU wird bei vorgegebener Betriebsspannung U_b maximal, wenn $R_v = R_o$. Deshalb ist dies die gebräuchlichste Betriebsweise

$$(\Delta U)_{opt} \approx \frac{U_b \cdot s}{4 \cdot R_o} \cdot E \tag{4.2-40}$$

Durch das Anlegen der Spannung wird im Photoleiter Joulesche Wärme erzeugt. Wenn diese Wärme nicht gut an eine Wärmesenke abgeleitet wird, führt dies zu einer erheblichen Temperaturerhöhung in der photoleitenden Schicht. Damit erhöht sich die Leitfähigkeit σ_o, und die Empfindlichkeit sinkt dementsprechend. Außerdem erhöht sich das Korngrenzenrauschen (4.2.1.2 ←), da der Strom durch den (polykristallinen) Photoleiter steigt. Somit kann aus Gleichung (4.2-40) nicht gefolgert werden, daß eine Erhöhung der Betriebsspannung über eine Erhöhung der Ausgangsspannung zu einer verbesserten Detektivität führt.
Das Rauschen kann, wie schon beim Bolometer erläutert, durch Verwendung modulierter Strahlung und Lock-in-Technik reduziert werden. Kühlung führt zu einer Senkung der Dunkelleitfähigkeit σ_o und damit zu einer Steigerung der Empfindlichkeit s. Oft steigt durch Kühlung die Ladungsträger-Lebensdauer so stark an, daß man die Chopperfrequenz so klein wählen muß, das sie aus Gründen der Rauschunterdrückung nicht mehr im optimalen Bereich liegt. Bei Photoleitern, die auch bei Raumtemperatur betrieben werden können, erzielt man meist eine erhebliche Steigerung der normierten Detektivität, wenn sie mit Trockeneis (196 K) gekühlt werden. Dagegen bringt die noch stärkere Kühlung mit flüssigem Stickstoff hier keine Verbesserung. Der Vorteil dieser starken Kühlung liegt darin, daß über eine Senkung des Bandabstandes der Spektralbereich erweitert werden kann. Anders ist die Situation bei Photowiderständen, die aus einem Film eines Störstellen-Halbleiters bestehen. Die Störstellen liegen so dicht unterhalb des Leitungsbandes, daß extreme Kühlung, oft mit flüssigem Helium, notwendig ist, um zu vermeiden, daß die Störstellen schon thermisch ionisiert sind.
Die **Tabelle 4.2-5** gibt eine Zusammenstellung gebräuchlicher Photoleiter. Die ersten drei, Cadmiumsulfid, Cadmiumselenid und deren Mischung sind nur im sichtbaren

Spektralbereich empfindlich. Um einen hinreichend hohen Dunkelwiderstand zu erzielen, ist die Schicht meist mäanderförmig gewunden. Obwohl sie, was Meßgenauigkeit angeht, heute von Photodioden weit übertroffen werden, haben sie sich bei speziellen Anwendungen behaupten können. So haben **CdS-Photowiderstände** einen spektralen Empfindlichkeitsverlauf, der dem spektralen Hellempfindlichkeitsgrad des Auges recht nahekommt, so daß, wenn nicht höchste Präzision angestrebt wird, auf eine verbesserte Anpassung durch optische Filter verzichtet werden kann. Deshalb werden CdS-Photowiderstände oft in Kamera-Belichtungsmessern eingesetzt. Auch die übrigen Anwendungen sind dergestalt, daß die normierte Detektivität nicht von Bedeutung ist, weshalb die Hersteller auf ihre Bestimmung verzichten. Die anderen in der Tabelle aufgeführten Photoleiter werden zur Messung kleinster Strahlungsleistungen eingesetzt, so daß die bei der Herleitung der vorstehend aufgeführten Formeln gemachten Einschränkungen erfüllt sind.

Tabelle 4.2-5: Verschiedene Photoleiter und ihre spektralen Anwendungsbereiche.
Die Werte für die normierte Detektivität (s. Spalte "Detektivität") gelten für die Maximumwellenlänge bei optimaler Chopperfrequenz.

Material	Spektralbereich in nm	Detektor-fläche in mm^2	Detektivität in $cmHz^{1/2}W^{-1}$	Betriebs-temperatur in K	Zeit-konstante in µs	Dunkel-widerstand in $k\Omega$
CdS	350 – 700	Mäander		293	$5\ 10^4$	500
CdS:Se	400 – 800	Mäander		293	$4\ 10^4$	2000
CdSe	500 – 950	Mäander		293		
PbS	700 – 2800	10	$1\ 10^{11}$	293	250	500
PbS	700 – 3700	20	$1\ 10^{12}$	196	4000	5000
PbS	700 – 4300	20	$1\ 10^{11}$	77	4000	5000
PbSe	1500 – 4500	5	$1\ 10^9$	293	4	800
PbSe	1500 – 5600	5	$6\ 10^9$	196	60	5000
PbSe	2000 – 6500	5	$3\ 10^9$	77	100	$2\ 10^4$
InSb	1500 – 5300	5	$2\ 10^{10}$	77	10	3
HgCdTe	3000 – 14000	5	$1\ 10^{10}$	77	0,5	
Ge:Au	2000 – 9000	3	$3\ 10^9$	77	0,05	500
Ge:Hg	2000 – 14000	6	$1,5\ 10^{10}$	5	0,05	500
Ge:Cu	5000 – 30000	6	$2\ 10^{10}$	5	0,05	500
Ge:Zn	5000 – 40000	6	$2\ 10^{10}$	5		

Man geht z.B. zu **Bleisulfid-Photowiderständen** über, wenn die zu messende Strahlung die langwellige Grenze eines Photovervielfachers mit S 1-Kathode überschreitet. Bei diesem Übergang verliert man etwa vier Größenordnungen an normierter Detektivität, wenn bei

Raumtemperatur gearbeitet werden soll. Kühlung mit Trockeneis (196 K) verbessert die
Detektivität um eine Größenordnung. Allerdings steigt die Zeitkonstante (bedingt durch
die größere Lebensdauer der Elektronen) sehr an. Weitere Kühlung auf die Temperatur
des flüssigen Stickstoffs (77 K) führt, bei gleicher Chopperfrequenz, zu einem Absinken
der Detektivität, allerdings zu einer Erweiterung des spektralen Anwendungsbereiches
ins Infrarote. Stock (Stock, 1984) fand bei Untersuchungen an einem kommerziellen Typ
bei Raumtemperatur, daß die Ausgangsspannung proportional zur Bestrahlungsstärke ist,
solange die Photonenbestrahlungstärke unter $6 \cdot 10^{14}$ Photonen/$(cm^2 \cdot s)$ bleibt. Darüber
wurde eine Unterproportionalität beobachtet. Wenn nicht die gesamte Empfängerfläche
bestrahlt wurde, beobachtete er bei gleicher Bestrahlungstärke eine Reduzierung der
Ausgangsspannung, was durch die Parallelschaltung der unbestrahlten Schichtteile zum
bestrahlten Teil hervorgerufen wird (beim Bolometer wurde dieser Effekt ausführlich
erläutert). Es ist deshalb wichtig, daß die Empfängerfläche dem Querschnitt des verfügbaren Strahlungsbündels angepaßt ist. Soll z.B. der Austrittsspalt eines Monochromators
auf die Empfängerfläche abgebildet werden, so sollte auch die strahlungsempfindliche
Fläche spaltförmige Geometrie haben. Diese Forderung ist realisierbar, da Bleisulfid-
Photoleiter in den unterschiedlichsten Abmessungen angeboten werden.
Weiter ins Infrarot als Bleisulfid reicht **Bleiselenid**, aber die normierte Detektivität ist
geringer. Das begrenzt die Einsatzfähigkeit dieses Empfängertyps. Quecksilber-Cadmium-
tellurid-Photoleiter werden meist nicht zur Erfassung des ganzen in Tabelle 4.2-5 genannten Spektralbereiches angeboten, sondern es werden spezielle Typen hergestellt, die für
die atmosphärischen Fenster (Bereiche hoher Transmission der Atmosphäre) von 3 µm
bis 5 µm sowie von 8 µm bis 14 µm optimiert sind.
Die vier in der Tabelle zuletzt genannten Empfängertypen sind Germanium-Störstellen-
Halbleiter. Das Dotierungsmaterial ist in der Tabelle, wie üblich, hinter der Grund-
substanz - durch einen Doppelpunkt getrennt - angegeben. Diese Empfänger erfordern
als Kühlmittel flüssiges Helium (etwa 5 K), zumindest aber flüssigen Stickstoff und werden
deshalb inklusive Dewar-Gefäß angeboten. In welchem Spektralbereich man mit ihnen
messen kann, hängt nicht zuletzt von der Wahl des Fensters im Dewar-Gefäß ab.

4.2.2.3 Photodiode, Photoelement, Phototransistor

Die in diesem Unterabschnitt zusammengefaßten Empfänger beruhen wie die Photowiderstände auf dem **inneren Photoeffekt in Halbleitern**, beinhalten aber im Gegensatz
zu den letztgenannten eine sogenannte Sperrschicht, weshalb sie auch **Sperrschicht-
Photoempfänger** genannt werden.
Radiometrisch gesehen ergibt sich daraus der folgende, gravierende Unterschied: **Photoleiter** liefern ein **Ausgangssignal, das proportional zur Bestrahlungsstärke** ist, sofern diese
auf der Empfängerfläche *homogen* ist. **Sperrschicht-Photoempfänger** andererseits geben -
von Unvollkommenheiten bei der praktischen Realisierung abgesehen - ein **Ausgangssignal, das proportional zur Strahlungsleistung** ist, gleichgültig wie diese über die strahlungsempfindliche Fläche verteilt ist. Deshalb sind, wo immer möglich, Sperrschicht-
Photoempfängern vorzuziehen.

Die **Sperrschicht** ist eine dünne, von einem elektrischen Feld erfüllte Zone im Halbleitermaterial. Dieses Feld treibt (frei bewegliche) Elektronen in Richtung der Feldlinien und Löcher in entgegengesetzter Richtung. Etwas ungenau aber anschaulich ausgedrückt, bewegen sich Elektronen von minus nach plus und Löcher von plus nach minus, wobei die Vorzeichen sich auf die Polarität einer dem elektrische Feld zuzuordnenden elektrischen Spannung beziehen. Eine Bewegung in der jeweils entgegengesetzten Richtung ist nicht möglich, was den Namen Sperrschicht erklärt. Hervorgerufen wird sie durch eine nicht bewegliche Raumladung, die man z.B. auf folgende Weise erzeugen kann: Ausgangsmaterial ist ein hochreiner Halbleiterkristall. In ihm sind die Konzentrationen an (Leitungs-) Elektronen und Löchern gleich. Eine Seite dieses Halbleiters wird mit sogenannten Donatoren und die andere mit sogenannten Akzeptoren dotiert, d.h. in geringer Konzentration mit Fremdatomen "verunreinigt".

Donatoren sind dabei solche Fremdatome, die im Halbleiterkristall bereits bei Raumtemperatur thermisch ionisiert sind, d.h. ein Elektron ins Leitungsband des Halbleiters abgegeben haben. Als **Akzeptoren** bezeichnet man Fremdatome, die Elektronen aus dem Leitungsband fest an sich binden, so daß von dem ursprünglichen Elektron-Loch-Paar nur noch das Loch für die elektrische Stromleitung übrigbleibt.

Während in einem ganz reinen Halbleiter also gleiche Konzentrationen an Leitungselektronen und Löchern vorhanden sind, überwiegen in einem mit Donatoren dotierten Halbleiter die Elektronen und in einen Akzeptor-dotierten die Löcher. Entsprechend beruht die elektrische Leitfähigkeit einmal auf den negativ geladenen Elektronen (**n-Leitung**, n-Bereich), das andere Mal auf den Löchern (**p-Leitung**, p-Bereich), die eine positive Ladung repräsentieren.

Diejenigen Ladungsträger, die jeweils in der Überzahl sind, nennt man die **Majoritätsladungsträger**, dementsprechend die anderen die **Minoritätsladungsträger**. Die Einführung dieser Oberbegriffe vereinfacht viele Beschreibungen, weil z.B. das, was für die Elektronen des n-Bereiches gilt, oft genauso für die Löcher des p-Bereiches zutrifft. Stehen zwei derartig unterschiedlich dotierte Halbleiter in Kontakt, so versuchen sich die unterschiedlichen Ladungsträger-Konzentrationen durch Diffusion auszugleichen. Die nicht beweglichen (ionisierten) Donatoren und Akzeptoren können an dem Diffusionsvorgang nicht teilnehmen und bleiben zurück. Als Ergebnis entsteht in der Grenzschicht von p- und n-Leiter eine Raumladungszone, der sogenannte **pn-Übergang**, der die oben genannte Sperreigenschaft hat. In ähnlicher Weise kann sich im Übergangsbereich zwischen Metall und Halbleiter eine Raumladungszone ausbilden (Schottky-Übergang). Die auf diesem Prinzip beruhenden Photodioden heißen **Schottky-Photodioden.**

Wird im Bereich der Raumladungszone durch inneren Photoeffekt ein Elektron-Loch-Paar neu gebildet, so wird das Elektron durch das elektrische Feld sehr rasch in die n-Schicht und das Loch in die p-Schicht getrieben. Es erfolgt also im Gegensatz zum Photoleiter eine räumliche Trennung der Ladungsträger. Eine Rekombination ist nur über einen äußeren Stromkreis möglich. Dieser im Außenkreis meßbare Strom, der **Photostrom,** ist die Ausgangsgröße von Photoelement und Photodiode.

Der Begriff **Photodiode** leuchtet sofort ein, denn der vorangehend beschriebene pn-Übergang hat genau die Eigenschaft einer Diode: Durchlaß von Strom in einer Stromrichtung und Sperrung in der entgegengesetzten Richtung, wie noch genauer erläutert werden soll.

Der Begriff **Photoelement** leitet sich daraus ab, daß sich zwischen p- und n- Bereich durch die Ladungstrennung eine Spannung ausbildet, die an den elektrischen Anschlüssen des Photoelementes meßbar ist, sofern dies nicht durch einen äußeren Kurzschluß verhindert wird.

Im deutschsprachigen Raum hat es sich eingebürgert, einen Sperrschicht-Photoempfänger (ohne Verstärkung) dann ein Photoelement zu nennen, wenn es ohne Vorspannung betrieben wird. Wird dagegen eine Spannung in Sperrichtung angelegt, so nennt man das gleiche Bauelement eine Photodiode (vgl. DIN 44020). Diese Unterscheidung hat sich im angelsächsischen Sprachraum nie durchsetzen können, obwohl die deutsche Sprachregelung Eingang in das Internationale Wörterbuch der Lichttechnik (CEI/CIE, 1987) gefunden hat. Abgesehen davon, daß es dem Autor nicht recht einleuchtet, daß ein Empfänger je nach Betriebsart anders benannt wird, läßt auch eine genauere Betrachtung der Physik dieser Empfänger die Unterscheidung zweifelhaft erscheinen. Deshalb schlägt der Autor vor, wie im Englischen nur noch von Photodiode zu sprechen, gegebenenfalls mit dem Zusatz mit bzw. ohne Vorspannung.

Zum besseren Verständnis der **Photodiode** soll zunächst diskutiert werden, wie sie sich beim Anlegen einer elektrischen Spannung verhält. Da die Leitfähigkeit im n- und p- Bereich groß ist im Vergleich zur Leitfähigkeit der Sperrschicht, die an Ladungsträgern verarmt ist, konzentriert sich der Spannungsabfall in der Diode auf den Bereich der Sperrschicht. Vom Anlegen einer Sperrspannung (oder Spannung in Sperrichtung) spricht man, wenn das durch die Spannung erzeugte elektrische Feld dem Raumladungsfeld gleichgerichtet ist. Im anderen Fall spricht man von Durchlaßspannung. Ist die Spannung Null, so herrscht ein dynamisches Gleichgewicht. Dies gilt einerseits für die thermische Erzeugung und Rekombination von Elektron-Loch-Paaren wie für deren gerichtete Bewegung (= elektrischer Strom). Die jeweiligen Majoritätsladungsträger haben das Bestreben, in den jeweils gegenüberliegenden Bereich zu diffundieren, um die Konzentrationsunterschiede auszugleichen. Da dieser Diffusionsvorgang aber eine vermehrte Raumladung, also ein erhöhtes elektrisches Feld im pn-Übergang zur Folge hat, wird dieser Vorgang gebremst. Zu Null wird der Gesamtstrom dadurch, daß die Elektronen und Löcher, die im Bereich des pn-Überganges thermisch gemeinsam erzeugt werden, durch das Feld jeweils in den Bereich befördert werden, wo sie die Minoritätsträger darstellen. Das ist die entgegengesetzte Richtung im Vergleich zur Majoritätsträgerbewegung.

Zusammenfassend kann man sagen: ein durch Diffusion bewirkter und durch das elektrische Feld behinderter Majoritätsträgerstrom wird durch einen thermisch generierten, feldbedingten Minoritätsträgerstrom ausgeglichen. Beim Anlegen einer Sperrspannung wird der Majoritätsträgerstrom weiter behindert, der Minoritätsträgerstrom dagegen bleibt (fast) unverändert, denn die thermische Generationsrate hängt nicht von der Spannung ab. Somit überwiegt der Minoritätsstrom. Es entsteht ein schwacher Sperrstrom, der einen Sättigungswert I_S annimmt, wenn der Majoritätsstrom vollständig unterdrückt ist. Beim Anlegen einer Durchlaßspannung dagegen schwillt der Majoritätsstrom mit zunehmender Spannung rasch, nämlich exponentiell, an.

Mathematisch läßt sich dieses als (Strom-Spannungs-) Kennlinie bekannte Verhalten so beschreiben

$$I_D = I_S \cdot (\exp(U_D / U_T \cdot n_c) - 1) \qquad\qquad (4.2\text{-}41)$$

Darin bedeutet I_D den im Außenkreis meßbaren Diodenstrom, der beim Anlegen einer Diodenspannung U_D entsteht. I_S ist der oben schon erwähnte Sättigungsstrom der Minoritätsträger, der, da er auf thermischer Generation beruht, mit zunehmender Temperatur stark anwächst. n_c ist ein Faktor, der von den Dotierungskonzentrationen abhängt, und U_T steht hier als Abkürzung für

$$U_T = k \cdot T / e_o \qquad\qquad (4.2\text{-}42)$$

Daß hierin neben der Elementarladung e_o auch die Boltzmann-Konstante k und die absolute Temperatur T auftritt, liegt daran, daß die Diffusion um so effektiver wirkt, je höher die Temperatur ist, denn die Energie, mit der die Elektronen gegen das Raumladungsfeld "anrennen", stammt aus der thermischen Energie des Festkörpers. Bei Raumtemperatur hat U_T einen Wert von etwa 26 mV. Bei höheren Stromdichten können Abweichungen von Gleichung (4.2-41) auftreten, die jedoch für den Betrieb als Photodiode ohne Bedeutung sind. Für kleine Spannungen $U_D \ll U_T \cdot n_c$ kann man Gleichung (4.2-41) linear approximieren durch

$$I_D = \frac{I_S \cdot U_D}{n_c \cdot U_T} \qquad\qquad (4.2\text{-}43)$$

Dies ist das Strom-Spannungs-Verhalten eines ohmschen Widerstandes mit dem Wert

$$R_P = U_D / I_D = n_c \cdot U_T / I_S \qquad\qquad (4.2\text{-}44)$$

Wenn man außerdem noch berücksichtigt, daß die p- wie die n-Schicht einen nicht vernachlässigbaren elektrischen Widerstand, den sogenannten Serienwiderstand R_S, und die Sperrschicht eine Kapazität darstellen, so gelangt man für die Photodiode ohne Vorspannung zu dem Ersatzschaltbild der **Abbildung 4.2-10.**
Ein Stromgenerator liefert den Strom I_F, der proportional zur Strahlungsleistung Φ ist.

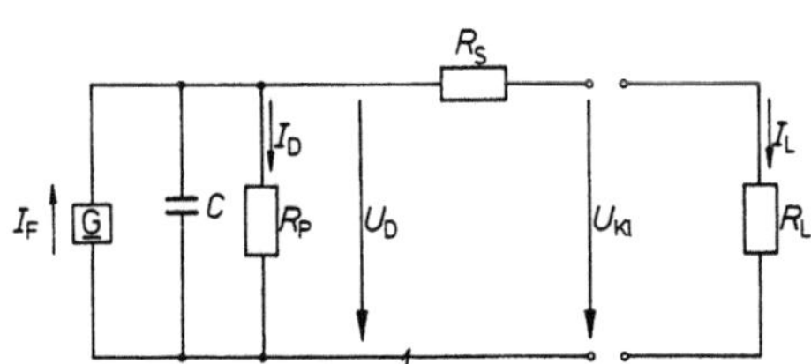

Abbildung 4.2-10: Elektrisches Ersatzschaltbild einer Photodiode mit angeschlossenem Lastwiderstand R_L. Der Stromgenerator G erzeugt einen Strom I_F, der proportional zur eingestrahlten Leistung Φ ist. R_P wird als Innenwiderstand (Parallelwiderstand) und R_S als Serienwiderstand bezeichnet. C ist die nur für das Verhalten bei höheren Modulationsfrequenzen interessierende Sperrschichtkapazität der Diode.

Dieser verzweigt sich in einen Anteil, der durch den Innenwiderstand R_P fließt, und eine meßbaren Anteil I_L, der durch den Lastwiderstand R_L fließt. Die Spannung U_D, die als Folge von I_F an der Diode liegt, hat die Polarität einer Durchlaßspannung. Sie muß so klein sein, daß die Voraussetzung für die Gleichung (4.2-44) erfüllt ist. Bei Diodenspannungen, die nicht mehr klein gegen 26 mV sind, muß man R_P als spannungsabhängigen Widerstand betrachten, dessen Wert drastisch mit zunehmender Spannung abnimmt. Damit ändert sich das Stromteilungsverhältnis I_D/I_L. Das bedeutet, der Empfänger wird **nichtlinear**, d.h. die Empfindlichkeit wird abhängig von der eingestrahlten Leistung ($\rightarrow$ 4.3.8).

Die relative Abweichung des Photostromes durch diese Art von **Nichtlinearität** vom Photostrom im Kurzschlußfall I_K kann in erster Näherung folgendermaßen berechnet werden

$$\frac{\Delta I}{I_K} \approx \frac{(R_L + R_S)^2}{2 \cdot R_P \cdot n_c \cdot U_T} \cdot I_L \tag{4.2-45}$$

Leider wird R_S im Gegensatz zu R_P von den Herstellern meist nicht angegeben. Da dieser Widerstand auch noch davon abhängen kann, ob die ganze strahlungsempfindliche Fläche bestrahlt wird oder nur ein Teil und dann welcher Teil, so ist man auf Abschätzungen nach Gleichung (4.2-45) angewiesen. R_S hat z.B. für Silizium-Photodioden meist Werte zwischen 10 Ω und 200 Ω, und R_P liegt im Bereich von mehreren MΩ. Man sieht aus der Gleichung (4.2-45), daß man sich bei kleinen Photoströmen I_L sehr große Lastwiderstände R_L leisten kann, ohne die Linearität zu gefährden. Je größer jedoch der Photostrom wird, desto mehr muß man sich der Forderung nach Messung des Kurzschlußstromes (R_L = 0) annähern. Die Gleichung und das Ersatzschaltbild lehren darüber hinaus, daß auch der Kurzschlußbetrieb letztlich nicht vor einer Nichtlinearität bewahrt, wenn nämlich der Spannungsabfall an R_S ausreicht, für die Diode eine unzulässig große Durchlaßspannung zu erzeugen.

Die **Abbildung 4.2-11** zeigt diesen Effekt am Beispiel eines Germanium-Photoelementes: bis zu Strahlungsleistungen von etwa 1 mW bleibt die Empfindlichkeit konstant. Bei höheren Werten sinkt sie wegen des zunehmenden Verluststromes I_D ab.

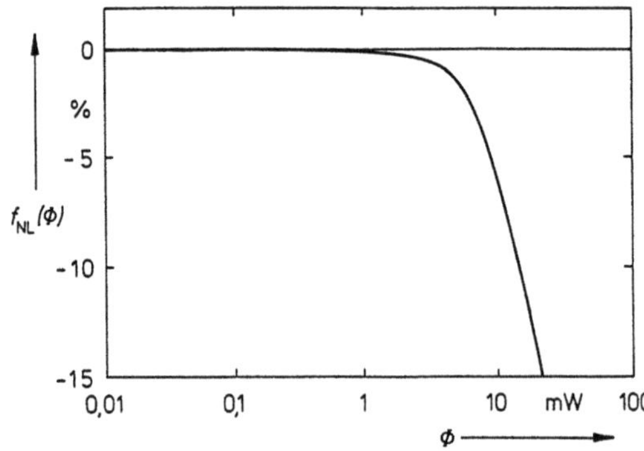

Abbildung 4.2-11: Beispiel für die Nichtlinearität eines Ge-Photoelementes in Abhängigkeit von der eingestrahlten Leistung Φ (nach Stock, 1988).

Die **Abbildung 4.2-12** zeigt ein davon vollständig abweichendes nichtlineares Verhalten eines ausgewählten Silizium-Photoelementes, das anschaulich machen soll, daß es nicht nur die erläuterte kennlinienbedingte Nichtlinearität gibt. Auf die anderen Ursachen wird später eingegangen.

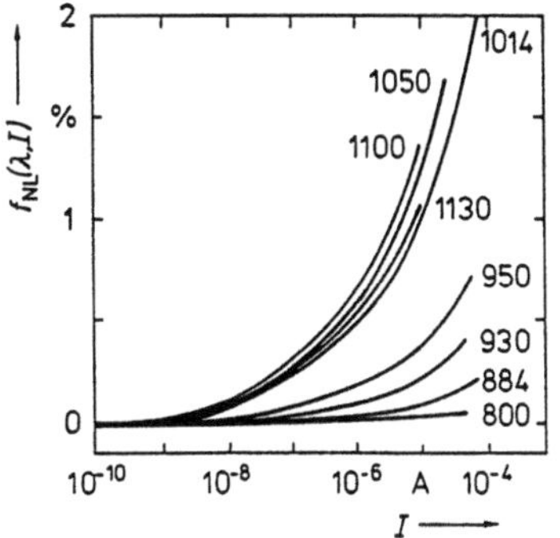

Abbildung 4.2-12: Beispiel für die Nichtlinearität eines Si-Photoelementes in Abhängigkeit vom Photostrom I. Parameter der Kurvenschar ist die Wellenlänge (in nm) der verwendeten quasi-monochromatischen Strahlung (nach Stock, 1986).

Zunächst soll noch die Diskussion des Ersatzschaltbildes zu Ende geführt werden. Die bisherigen Überlegungen haben gezeigt, daß man bei Relativmessungen mit Photodioden der Forderung nach Linearität Genüge tun kann, wenn der Lastwiderstand so gewählt wird, daß die Diodenspannung nicht zu groß wird. Die Realisierung des Kurzschlusses ist bei weitem nicht immer erforderlich und würde die Strommessung oft erschweren, denn der Rauschstrom I_r, der aufgrund des Widerstandsrauschens von R_P, R_S und R_L entsteht, ist nach Gleichung (4.2-1)

$$I_r = \frac{U_r}{R_P + R_S + R_L} = \sqrt{\frac{4 \cdot k \cdot T \cdot \Delta f}{R_P + R_S + R_L}} \qquad (4.2\text{-}46)$$

Ein kleiner Lastwiderstand führt also zu höherem Rauschen. Wenn der Innenwiderstand R_P groß gegen Last- und Serienwiderstand ist, so folgt aus Gleichung (4.2-46), daß der Rauschstrom umgekehrt proportional zur Wurzel aus dem Innenwiderstand ist

$$I_r \approx \sqrt{\frac{4 \cdot k \cdot T \cdot \Delta f}{R_P}} \qquad (4.2\text{-}47)$$

Dies zeigt, daß zur Erzielung hoher Detektivitäten hochohmige Photodioden erforderlich sind.

Üblicherweise wird der Photostrom einer Photodiode mit einem als Strom-Spannungswandler geschalteten Operationsverstärker gemessen, wie dies schon beim Photovervielfacher erläutert worden ist (vgl. Abbildung 4.2-8). Für die Berechnung des Eingangswiderstandes und des Photostromes können wieder die Gleichungen (4.2-23) und (4.2-24) benutzt werden. Manchmal wird zur Erweiterung des linearen Bereichs empfohlen, die Photodiode mit einer Sperrspannung zu betreiben, weil sich dann an der Diode auch bei höheren Photoströmen keine Spannung in Durchlaßrichtung ausbilden kann. Dieses Verfahren hat zwei Nachteile, die man gegen den genannten Vorteil abwägen muß.

— Es fließt ein Dunkelstrom, nämlich der Sättigungssperrstrom I_S , der ein Stromrauschen zur Folge hat, das nach Gleichung (4.2-26) berechnet werden kann, wenn man dort I_k durch I_S ersetzt. Dies erschwert beträchtlich die Messung kleiner Strahlungsleistungen.

– Eine Sperrspannung ändert die spektrale Empfindlichkeit mehr oder minder stark. Die Ursache hierfür wird später im Zusammenhang mit den photoelektrischen Eigenschaften erläutert.

Wenn mit einer Photodiode Absolutmessungen ($\rightarrow$ S. 100) durchgeführt werden sollen, muß sichergestellt sein, daß die Stromverzweigung von I_F in I_D und I_L bei der Kalibrierung und den späteren Anwendungen gleich ist. Nur dann arbeitet man nämlich mit der gleichen Empfindlichkeit, was für Absolutmessungen unabdingbar notwendig ist.

Damit die Empfindlichkeit außerdem empfängerspezifisch ist, also nicht von der Beschaltung abhängt, wird bei Absolutkalibrierungen im allgemeinen $R_L < 1\ \Omega$ (Kurzschluß) gewählt. Dies muß dann auch bei der Anwendung z.B. durch Wahl eines Operationsverstärkers mit sehr hoher Leerlaufverstärkung realisiert werden.

Bei hochohmigen Silizium-Photodioden mit Innenwiderständen von vielen Megaohm wären auch größere Lastwiderstände ohne merkliche Fehler zulässig, nicht aber z.B. bei Germanium-Photoelementen, die, wenn sie großflächig sind und ungekühlt betrieben werden, einen Innenwiderstand R_P im Bereich von nur etwa 150 Ω haben.

In manchen älteren Datenblättern und Publikationen wird das Verhältnis aus Leerlaufspannung und Kurzschlußstrom bei einer bestimmten Beleuchtungsstärke (meist 1000 lx bei Lichtart A (3.3.1.2 $\leftarrow$)) als Innenwiderstand bezeichnet. Da dieser Wert keine physikalische Realität besitzt, sollte er nicht mehr verwendet werden.

Der im Ersatzschaltbild der Abbildung 4.2-10 vorkommende Innenwiderstand R_P kann als Verhältnis aus Klemmenspannung U_{Kl} und Strom I_L für Klemmenspannungen kleiner als 10 mV (besser: kleiner als 1 mV) bestimmt werden. Erhält man für Durchlaß- und Sperrichtung den gleichen Wert, so ist man sicher, die Messung im ohmschen Bereich von R_P durchgeführt zu haben.

Wenn eine **Strahlungsleistung** Φ auf die Empfängerfläche trifft, so ist das gleichbedeutend damit, daß

$$n_P = \frac{\Phi}{h \cdot \nu} = \frac{\Phi \cdot \lambda}{h \cdot c} \qquad (4.2\text{-}48)$$

Photonen pro Zeiteinheit einfallen, von denen $(1 - \rho) \cdot n_P$ absorbiert werden (ρ ist der Reflexionsgrad der Empfängerfläche, einschließlich eines möglicherweise vorhandenen Fensters). Mit einem internen Quantenwirkungsgrad η_i erzeugt jedes dieser Photonen ein durch das Feld der Raumladungszone getrenntes Elektron-Lochpaar, das über den äußeren Stromkreis rekombiniert. Somit ist der Photostrom

$$I_P = \eta_i \cdot (1 - \rho) \cdot n_P \cdot e_o = \eta_i \cdot e_o \cdot (1 - \rho) \cdot \frac{\Phi \cdot \lambda}{h \cdot c} \qquad (4.2\text{-}49)$$

und damit ergibt sich die **spektrale Empfindlichkeit** für Wellenlängen λ, die kleiner als die Grenzwellenlänge (4.2.2 $\leftarrow$) sind, zu

$$s(\lambda) = I_P / \Phi = \eta_i \cdot (1 - \rho) \cdot \frac{e_o \cdot \lambda}{h \cdot c} \qquad (4.2\text{-}50)$$

Oder numerisch

$$s(\lambda) \approx \eta_i \cdot \lambda \cdot (1 - \rho) \cdot 8{,}0695 \cdot 10^{-4} \quad \frac{A}{W \cdot nm} \qquad (4.2\text{-}51)$$

Wie der Kurvenverlauf der spektralen Empfindlichkeit im Einzelfall aussieht, hängt von der Wellenlängenabhängigkeit des spektralen Reflexionsgrades, mehr jedoch noch von der Wellenlängenabhängigkeit der internen Quantenausbeute ab. Letzteres soll am Beispiel der Silizium-Photodiode, die bisher von allen Photodioden am genauesten untersucht worden ist, näher erläutert werden.

Die **Abbildung 4.2-13** zeigt den Schichtenaufbau einer solchen Diode. Hinter einer dünnen Schutzschicht aus SiO_2 befindet sich eine stark dotierte p-Schicht (deshalb ist es üblich, sie mit p^+ zu bezeichnen). Dahinter liegt eine breite n-dotierte Schicht, die von einer stark n-dotierten abgelöst wird. Diese hat nur die Aufgabe, den elektrischen Übergang zur metallischen Elektrode zu verbessern. Wegen der unterschiedlich starken Dotierung von p^+- und n-Schicht erstreckt sich der pn-Übergang weit in den n-Bereich und nur wenig tief in die p^+- Schicht. Die SiO_2-Schicht absorbiert die zu messende optische Strahlung nicht, vielmehr wirkt sie, da ihre Brechzahl zwischen der von Luft und Silizium liegt, als reflexionsmindernde Schicht. Der Wellenlängenbereich, in dem die Reflexionsminderung optimal wirkt, kann durch die Schichtdicke beeinflußt werden.

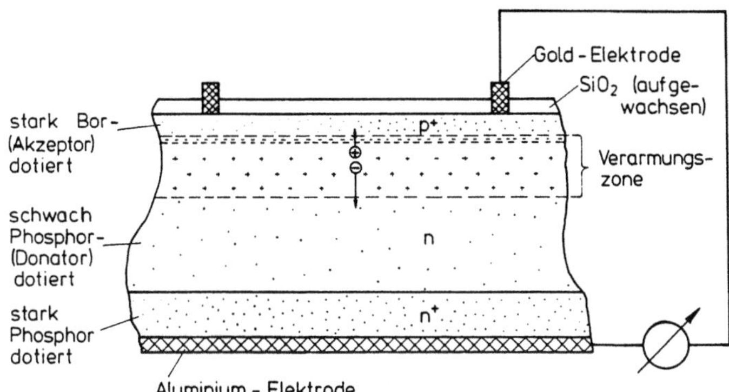

Abbildung 4.2-13: Schichtenaufbau einer Silizium-pn-Photodiode. Die frontseitige Quarzschicht (SiO_2) entsteht durch Oxidation, indem der Kristall bei etwa 1000 °C in einer Sauerstoffatmosphäre getempert wird. Die Schicht schützt die Oberfläche und bewirkt zusätzlich eine Reflexminderung. Die Dotierungen der Halbleiterschichten werden durch Eindiffundieren der Atome bei hoher Temperatur ($\approx$ 900 °C) aus der Dampfphase erzeugt. In dem als Verarmungszone gekennzeichneten Bereich (verarmt an beweglichen Ladungsträgern) werden durch ein starkes elektrisches Feld die photoelektrisch erzeugten Elektron-Loch-Paare ($\ominus$ und $\oplus$) rasch getrennt.

Kurzwellige Strahlung wird von Silizium stark absorbiert. Deshalb erzeugt sie Elektron-Loch-Paare vorwiegend in der p^+-Schicht vor dem pn-Übergang. Eine Trennung von

Elektron und Loch erfolgt somit nur, wenn das Elektron durch Diffusion zum pn-Übergang gelangt. Dann wird es von dem dort herrschenden elektrischen Feld ins n-Gebiet hinübergeschleudert. Der Diffusionsvorgang dauert recht lange. Deshalb ist die Wahrscheinlichkeit ziemlich hoch, daß das Elektron zwischenzeitlich mit einem Loch (Majoritätsträger) rekombiniert. Dieser Prozeß wird noch dadurch erleichtert, daß die Grenzfläche zwischen SiO_2 und Si viele Rekombinationszentren aufweist. Folglich ist die interne Quantenausbeute und damit die Empfindlichkeit für kurzwellige Strahlung (Bereich: etwa 200 nm bis 450 nm) niedrig.

Strahlung, die einem mittleren Spektralbereich angehört, wird etwa im Bereich des pn-Überganges absorbiert, und es erfolgt eine verlustfreie Trennung von photoelektrisch erzeugten Elektronen und Löchern, so daß die Empfindlichkeit den unter Berücksichtigung der Reflexionsverluste maximal möglichen Wert erreicht.

Noch längerwellige Strahlung wird vorwiegend hinter dem pn-Übergang absorbiert. Es kann wieder nur unter Mitwirkung der Diffusion zur Trennung der Elektron-Loch-Paare kommen (hier sind die Löcher die Minoritätsträger und müssen zum pn-Übergang diffundieren). Verunreinigungen, die in geringer Konzentration im n-Gebiet möglich sind, können wieder als Rekombinationszentren wirken, d.h. die Empfindlichkeit erreicht nicht den maximal möglichen Wert. Sie steigt in diesem Wellenlängenbereich aber an, wenn man die Bestrahlungstärke erhöht. Dieses Verhalten sieht man in Abbildung 4.2-12. Es wird oft in der Literatur als **Supralinearität** (Schaefer, Zalewski und Geist, 1983) bezeichnet. Ursache für die Supralinearität ist, daß bei höheren photoelektrisch erzeugten Ladungsträgerdichten die Rekombinationszentren teilweise blockiert sind, da sie gerade ein Loch eingefangen haben. Erst wenn dieses Loch aus dem Rekombinationszentrum ins Valenzband übergegangen ist, steht das Zentrum für einen neuen Rekombinationsakt zur Verfügung. Somit besteht die Supralinearität nur darin, daß ein Mangel allmählich schwächer zur Geltung kommt.

Die Wellenlängenabhängigkeit der Supralinearität, wie sie Abbildung 4.2-12 zeigt, hängt mit der unterschiedlichen Eindringtiefe der Strahlung zusammen. Genaueres hierzu findet man bei Stock (Stock, 1986).

Daß bei der in der Abbildung 4.2-12 angenommenen Photodiode im Bereich von 600 nm bis 800 nm keine Nichtlinearitäten durch Rekombination beobachtet wurden, ist nicht verwunderlich, denn in diesem Wellenlängenbereich findet die Elektron-Loch-Paar-Erzeugung vorwiegend im Bereich des pn-Überganges statt. Der pn-Übergang wird durch Anlegen einer Sperrspannung breiter. Im Beispiel der Abbildung 4.2-13 dehnt er sich hauptsächlich in das schwach dotierte n-Gebiet und wenig in das stark dotierte p^+-Gebiet aus. Dadurch nimmt die Empfindlichkeit in den Spektralbereichen zu, deren Absorptionsschwerpunkt nun in den pn-Bereich rutscht. Ebenso verbessert sich in diesen Bereichen die Linearität.

Die Rekombinationszentren haben aber noch eine weitere wichtige Konsequenz für die Photodiode. Wenn sich ihre Konzentration oder Wirksamkeit im Laufe der Zeit ändert, bewirkt das auch eine Änderung der Empfindlichkeit. Da es sich meist um eine Abnahme handelt, spricht man von **Alterung**. Die **Abbildung 4.2-14** zeigt hierfür ein Beispiel.

Daß die Alterungsrate ebenfalls wellenlängenabhängig ist, ist ebenfalls auf die wellenlängenabhängige Eindringtiefe der Strahlung zurückzuführen. Auch hier wird wieder deutlich, daß ein mittlerer Spektralbereich von der Alterung nur wenig betroffen ist.

Wenngleich die Alterungsraten nicht bei allen Photodioden derart hoch sind, so zeigt dieses Beispiel doch, daß Vorsicht geboten ist, wenn Photodioden für präzise Absolut-messungen (→ S. 100) benutzt werden sollen. Insbesondere gilt dies für den Spektral-bereich unter 600 nm. Die Kurve der Abbildung 4.2-14 gilt für eine unter konstanten Laborbedingungen im Dunkeln aufbewahrte Photodiode.

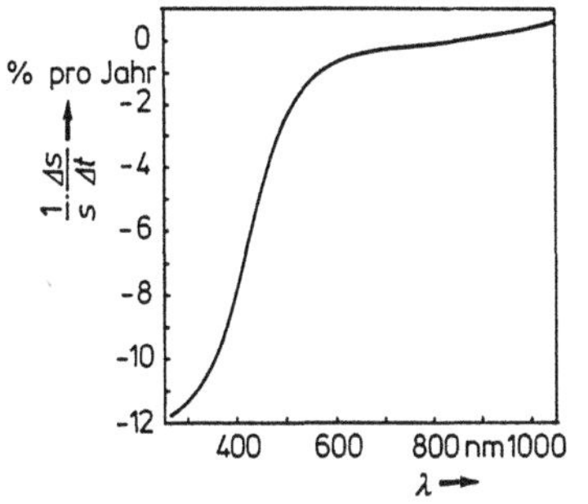

Abbildung 4.2-14: Beispiel für die wellenlängen-abhängige Alterung einer Si-Photodiode (Stock, 1987). Auf der Ordinate ist als Alterungsrate die relative Änderung der spektralen Empfindlichkeit pro Jahr aufgetragen.

Starke UV-Bestrahlung (Korde und Geist, 1987) und Lagerung bei erhöhter Temperatur (Stock, 1988) können die Alterung beeinflussen. Außerdem ist die Exemplarstreuung groß. Deshalb ist eine Vorhersage der Alterungsraten kaum möglich.

Trotz der genannten Unvollkommenheiten haben sich Silizium-Photodioden aufgrund ihrer leichten Handhabung einen breiten Anwendungsbereich erobert. Man kann mit ihnen quasi-monochromatische Strahlungsleistungen in einem Leistungsbereich von einigen pW bis etwa 10 mW messen. Der Spektralbereich erstreckt sich dabei von etwa 200 nm bis 1100 nm. In Kombination mit Filtern, mit denen ihre spektrale Empfindlich-keit an den spektralen Hellempfindlichkeitsgrad des menschlichen Auges angepaßt wird, finden sie auch vielfache Anwendung bei photometrischen Messungen.

Germanium-Photodioden, obwohl bzgl. ihres Innenwiderstandes deutlich schlechter, haben durch die Entwicklung der optischen Nachrichtenübertragung eine Renaissance erfahren, denn ihr Anwendungsbereich umfaßt die drei optischen Fenster der Quarzfasern bei 850 nm, 1300 nm und 1550 nm. In Zukunft werden sie sicher durch InGaAs-Photo-dioden Konkurrenz erfahren, wenn es gelingt, diese großflächig mit guter Homogenität und zu einem akzeptablen Preis herzustellen.

Die **Tabelle 4.2-6** gibt einen Überblick über verschiedene kommerzielle Photodioden. Es ist darauf verzichtet worden, auch Empfindlichkeiten anzugeben, da die Photodioden in den Bereichen ihres optimalen Einsatzes nie weniger als etwa 50 % Quantenausbeute aufweisen, so daß diese Kenngröße nach Gleichung 4.2-51 abgeschätzt werden kann.

Eine Sonderform der Photodioden sind die **Lawinenphotodioden** (englisch: avalanche photodiodes). Bei ihnen wird an die Sperrschicht eine so hohe Spannung angelegt, daß photoelektrisch erzeugte Ladungsträger beim Durchlaufen dieses elektrischen Feldes soviel Energie aufnehmen, daß sie weitere Leitungselektronen und Löcher durch Stoßionisation erzeugen können. Dieser Mechanismus ist das Analogon zur Gasverstär-kung bei gasgefüllten Photozellen (4.2.2.1 ←). Ebenso wie dort beeinträchtigt auch hier die entstehende Raumladung die Linearität. Außerdem erzeugen auch thermisch freigesetzte Ladungsträger Lawinen von Ladungsträgern, so daß der Dunkelstrom recht hoch ist. Vorteilhaft ist dagegen, daß auch noch Strahlung sehr hoher Modulationsfrequenzen (bis in den Gigahertzbereich) empfangen und der Photostrom verstärkt werden kann. Deshalb ist das hauptsächliche Anwendungsgebiet der Lawinenphotodioden in der Messung schneller Pulsfolgen, wie sie bei der Datenübertragung mittels optischer Wellenleiter ("Lichtwellenleiter") auftreten.

Tabelle 4.2-6: Photodioden und ihre spektralen Anwendungsbereiche.
Die Werte für die normierte Detektivität (s. Spalte "Detektivität") gelten für die Maximumwellenlänge bei optimaler Chopperfrequenz.

Material	Spektralbereich in nm	Detektorfläche in mm^2	Detektivität in $cmHz^{1/2}W^{-1}$	Betriebstemperatur in K	Innenwiderstand in k
Si	200 – 1100	100	$3 \cdot 10^{13}$	293	10^5
GaAsP	350 – 750	31	$6 \cdot 10^{13}$	293	10^6
GaP	190 – 520	21	$2 \cdot 10^{13}$	293	10^6
Ge	700 – 1700	20	$1 \cdot 10^{12}$	293	2,5
Ge	700 – 1600	20	$1 \cdot 10^{12}$	196	40
InGaAs	1000 – 1700	7	$5 \cdot 10^{11}$	77	80
InSb	1500 – 5300	0,5	$1 \cdot 10^{11}$	77	2000
InAs	1000 – 3300	38	$1 \cdot 10^{11}$	77	10
HgCdTe	2000 – 14000	0,01	$3 \cdot 10^{10}$	77	--
PbZnTe	7000 – 14000	0,25	$3 \cdot 10^{10}$	77	--

Eine andere Form der inkorporierten Verstärkung weist der **Phototransistor** auf. Ein Transistor besteht im einfachsten Fall aus drei dotierten Halbleiterschichten in der Schichtenfolge pnp oder npn, also mit zwei pn-Übergängen (zwei Diodenstrecken), wie dies die **Abbildung 4.2-15** zeigt. Die drei Schichten werden als Emitter, Basis und Kollektor bezeichnet. Dabei ist es wichtig, daß die Basisschicht sehr dünn ist (die Zeichnung kann dies nicht maßstäblich wiedergeben). Zwischen Emitter und Kollektor wird eine Spannung mit solcher Polarität angelegt, daß sie für die Emitter-Basis-Diode eine Durchlaßspannung und für die Basis-Kollektor-Diode die Sperrspannung bildet. Aufgrund der sehr unterschiedlichen Innenwiderstände für die Durchlaß- und Sperrrichtung liegt fast der gesamte Spannungsabfall U_{ec} an der Basis-Kollektor-Diode, und es fließt durch das Amperemeter nur der schwache Sperrstrom. Erhöht man die Durchlaßspannung der Emitter-Basis-Diode durch Anlegen einer Durchlaßspannung U_{eb} zwischen dem Basis- und dem Emitteranschluß, so fließt entsprechend Gleichung (4.2-41) ein Durchlaßstrom durch die Emitter-Basis-Diode. Es werden dadurch viele Minoritätsladungsträger in die (feldfreie) Basiszone injiziert. Da die Basis-Kollektor-Diode sehr nahe liegt, diffundieren viele dieser Minoritätsladungsträger zu diesem pn-Übergang, wo sie von dem dort herrschenden Feld in den Kollektorbereich befördert werden. Nur ein kleiner Teil des gemäß Gleichung (4.2-41) fließenden Diodenstroms fließt über den Basisanschluß. Das heißt, die Spannungsquelle U_{eb} wird nur wenig belastet. Betrachtet man die Ströme, so bedeutet dies, daß ein kleiner Basisstrom I_b einen großen Kollektorstrom I_c bewirkt. Wenn also der Basisstrom als Steuergröße verwendet wird, so tritt eine Stromverstärkung $\beta = I_c / I_b$ auf.

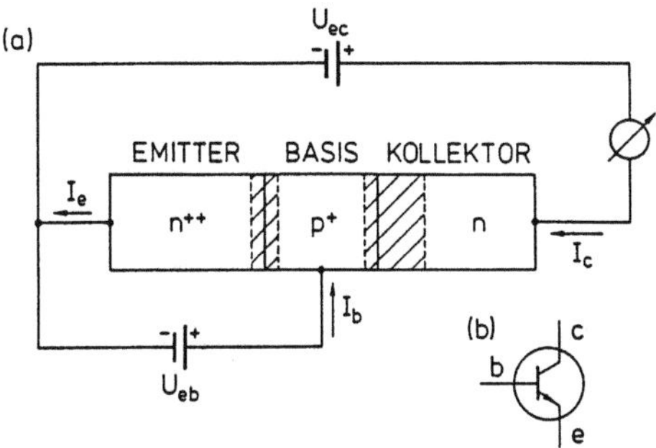

Abbildung 4.2-15: Prinzipieller Aufbau eines npn-Transistors (Bild a) und sein elektrisches Schaltsymbol (Bild b).
Die schraffierten Bereiche symbolisieren die Ausdehnung der pn-Übergänge. Die Spannung U_{ec} stellt für die Basis-Kollektor-Diode eine Sperrspannung und die Spannung U_{eb} für die Emitter-Basis-Diode eine Durchlaßspannung dar. e Emitter, b Basis, c Kollektor.

Beim Phototransistor ist der Basis-Kollektor-Diode eine Photodiode parallelgeschaltet, wie dies Teil (a) von **Abbildung 4.2-16** zeigt. Das elektrische Ersatzschaltbild zeigt Teil (b) der Abbildung 4.2-16.

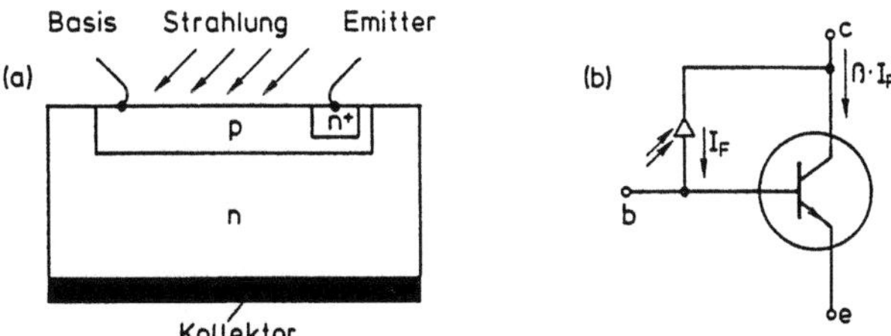

Abbildung 4.2-16: Prinzipieller Aufbau eines npn-Phototransistors (a) und sein elektrisches Ersatzschaltbild (b).

Die Photodiode erzeuge den Photostrom I_F. Dieser steuert die Emitter-Basis-Diode. Dann ist nach den gerade gegebenen Erläuterungen der Kollektor-Photostrom $\beta \cdot I_F$, wobei die Werte von β etwa zwischen 50 und 300 liegen.

Für Präzisionsmessungen werden Phototransistoren nicht eingesetzt, da sie nicht hinreichend linear arbeiten (eine Folge der Steuerung über die nichtlineare Kennlinie der Emitter-Basis-Diode). Ihre hauptsächliche Anwendung finden sie in Lichtschranken und Optokopplern. Bei letzteren ermöglichen sie, daß etwa 50 % des in den Sender (LED, ← 3.9) hineingesteckten Stromes am Ausgang des Phototransistors wieder verfügbar ist. Für die Anwendung in der optischen Nachrichtenübertragung sind sie zu "langsam", denn aufgrund der großen Basis-Kollektor-Sperrschichtkapazität fällt die Empfindlichkeit bei höheren Frequenzen steil ab.

4.2.3 Ortsauflösende Empfänger

In ortsauflösenden Empfängern wird von den bisher schon erläuterten physikalischen Empfangsprinzipien Gebrauch gemacht. Neu ist nur, daß es sich um **Gruppierungen von vielen kleinen Empfängern** - sogenannten **Empfängerelementen** (englisch: **pixel**) - in einer Fläche handelt. Ihre Ausgangssignale können - zeitlich nacheinander oder gleichzeitig - getrennt abgefragt (abgetastet) werden.

Da die Empfängerelemente verschiedene Elemente der erwähnten Fläche bedecken, sind ihre Ausgangssignale proportional zur Bestrahlungsstärke auf diesen Flächenelementen (wenn man die Linearität der Empfänger voraussetzt). Das bedeutet, daß es mit einem ortsauflösenden Empfänger möglich ist, die Bestrahlungsstärkeverteilung ortsaufgelöst zu messen. Um das Ausgangssignal jedes einzelnen Empfängerelementes messen zu können, werden zwei Verfahren angewandt.

(a) Jedes Empfängerelement ist über zwei stationäre Leitungen mit dem Meßgerät (der elektronischen Meßwerterfassung) direkt, wie dies bei allen bisher aufgeführten Empfängern der Fall war, oder über einen Schalter verbunden. Dann bildet jedes Empfängerelement einen vollständigen Empfänger. Wenn die Elemente längs einer Linie ausgerichtet sind, spricht man von einer **Empfängerzeile**. Liegen mehrere Empfängerzeilen nebeneinander, so nennt man diese Anordnung eine **Empfängermatrix**. Besteht die Empfängerzeile oder -matrix aus vielen Empfängerelementen, so ist es zur Vermeidung vieler Meßleitungen (Datenleitungen) unumgänglich, die Empfängerelemente in einer festgelegten Reihenfolge zeitlich nacheinander auf die Meßleitung zu schalten. Man spricht dann von serieller Abtastung der Empfängerelemente. Der elektronische Schalter, der die serielle Abtastung bewerkstelligt, heißt **Multiplexer**. Er wird sinnvollerweise in das Empfängergehäuse integriert.

(b) Die einzelnen Empfängerelemente werden über eine **bewegliche Sonde** in Form eines Elektronenstrahls abgetastet (ortsauflösende Empfänger mit bewegter Abtastsonde). Dann stellen die Empfängerelemente für sich keine kompletten Einzelempfänger dar, da die physische Verbindung zum Außenkreis fehlt. Man kann sie eher als Teilbereiche einer großen, (nahezu) homogenen Empfängerfläche auffassen.

Das Musterbeispiel der ersten Gruppe sind die **Si-Photodiodenzeilen**. Die hochentwickelte Siliziumtechnologie erlaubt es, Empfängerelemente und die elektronischen Baugruppen zum Abtasten auf einer Si-Scheibe (Chip) zu vereinigen (monolithischer Aufbau). Die **Abbildung 4.2-17** zeigt ein Beispiel. Die Photodioden sind über MOS-Transistoren (MOS: metal oxide semiconductor), die als Schalter dienen, an eine gemeinsame Ausgangsleitung angeschlossen. Solange keine Spannung an die Basis der Transistoren gelegt wird, sperren diese, d.h. die Photodioden sind von der gemeinsamen Ausgangsleitung abgetrennt. Ein sogenanntes Schieberegister sorgt dafür, daß an die Basis der Transistoren zeitlich nacheinander Öffnungsimpulse gegeben werden, die die jeweilige Emitter-Kollektor-Strecke für die Impulsdauer leitfähig machen. Nachdem der letzte Transistor der Zeile geschaltet worden ist, wird über einen Startimpuls die Abtastung von vorne begonnen. Der Schaltrhythmus kann von außen durch eine sogenannte Clock-Frequenz und durch die zeitliche Folge der Startimpulse (Abtastfrequenz) vorgegeben werden.

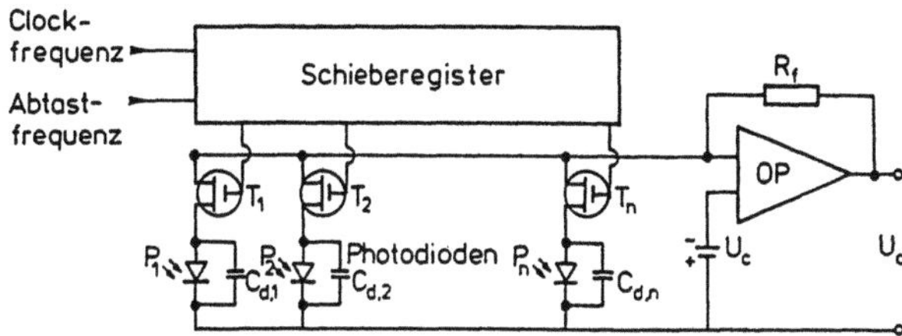

Abbildung 4.2-17: Prinzipieller Aufbau einer Siliziumdioden-Zeile mit Abtastung über MOS-Transistoren.

Während ein Schalter, z.B. T_2, geschlossen ist, wird die Kapazität $C_{d,2}$ der zugehörigen Photodiode über den Schalttransistor und den als Strom-Spannungs-Wandler geschalteten Operationsverstärker OP an die Spannungsquelle U_c gelegt, so daß die Kapazität auf die Spannung U_c aufgeladen wird. Die Polarität von U_c ist so gewählt, daß die Diode in Sperrichtung vorgespannt wird. Danach öffnet der Schalter wieder. Fällt nun Strahlung auf die Photodiode P, fließt ein Photostrom, der den Kondensator $C_{d,2}$ teilweise entlädt. Beim erneuten Einschalten des betreffenden Transistors muß soviel Ladung nachgeliefert werden, wie der Photostrom verbraucht hat. Die Ladungsmenge q, also das Zeitintegral über den Ladestrom I(t), ist demzufolge die Ausgangsgröße des Empfängerelementes. Sie ist proportional zur zeitintegrierten Bestrahlungsstärke, die auf das betreffende Empfängerelement gefallen ist

$$q = \int_0^{\Delta t} I(t)\cdot dt = \int_0^{\Delta t} s_E(\lambda)\cdot E(t,\lambda)\cdot dt \qquad (4.2\text{-}52)$$

Die Integrationszeit Δt ist dabei die Zeit zwischen Ende einer Abtastung und Beginn der nachfolgenden Abtastung. Die Ladung q kann aus einer dazu proportionalen Spannung hergeleitet werden, die am Ausgang eines elektronischen Stromintegrators zur Verfügung steht. In den meisten Anwendungen ändert sich die Bestrahlungsstärke $E(\lambda)$ während der kurzen Integrationszeit Δt nicht merklich. Dann ergibt sich für die zu messende quasi-monochromatische Bestrahlungsstärke die folgende Beziehung

$$E(\lambda) = \frac{q}{s_E(\lambda)\cdot \Delta t} \qquad (4.2\text{-}53)$$

Dabei ist $s_E(\lambda)$ die spektrale Empfindlichkeit der Photodiode bezüglich der quasi-mono-chromatischen Bestrahlungsstärke bei der Wellenlänge λ. Man kann die Photodiode aber auch so kalibrieren, daß man eine feste Abtastfrequenz vorgibt und dann den Quotienten aus Ladung und Bestrahlungsstärke als Empfindlichkeit für diese Abtast-frequenz f definiert

$$s_f(\lambda) = q / E(\lambda) \qquad\qquad (4.2\text{-}54)$$

Der Vorteil dieser Vorgehensweise ist, daß die Integrationszeit Δt nicht genau bekannt sein muß, vorausgesetzt sie ist hinreichend konstant. Nachteilig ist andererseits natür-lich, daß diese Kalibrierung keine Allgemeingültigkeit hat. Gleichung (4.2-52) zeigt, daß das Ausgangssignal q umso größer ist, je länger die Integrationszeit Δt ist. Damit steigt auch die Empfindlichkeit nach Gleichung (4.2-54) mit zunehmender Integrations-zeit. Der Verlängerung der Integrationszeit sind aber dadurch Grenzen gesetzt, daß die Kapazität der Diode auch durch den Sperrstrom (Dunkelstrom) der Diode langsam ent-laden wird. Wegen der starken Temperaturabhängigkeit des Sättigungssperrstromes lassen sich bei gekühlten Diodenzeilen die Integrationszeiten erheblich verlängern, so daß er-heblich niedrigere Bestrahlungsstärken gemessen werden können.

Während man sich bei Anwendungen **in Spektrometern** i.a. mit **Diodenzeilen** begnügen kann, sind für die Aufzeichnung zweidimensionaler Bilder monolithische Diodenmatrizen entwickelt worden, auf die hier aber nicht weiter eingegangen werden muß, da sie, abgesehen von einer aufwendigeren Ansteuer- und Auswerte-Elektronik, wie die Dioden-zeilen zu verstehen sind. Die elektronischen Probleme, die bei der Abtastung entstehen, sind leicht einzusehen, wenn man bedenkt, daß bei einer Matrix mit 256x256 Empfänger-elementen 65535 Photodioden einzeln angesteuert werden müssen.

Silizium-Diodenzeilen und -matrizen sind natürlich auf den gleichen Spektralbereich beschränkt, in dem gewöhnliche Si-Photodioden anwendbar sind, also in etwa den Bereich von 200 nm bis 1100 nm. Für den längerwelligen Spektralbereich werden auch Diodenzeilen aus anderen halbleitenden Materialien oder Detektorzeilen auf der Grundlage pyroelektrischer Empfänger kommerziell angeboten. Jedoch bestehen diese bei weitem nicht aus so vielen Empfängerelementen wie die Si-Zeilen (bis zu 4096 Elemente). Der Grund liegt darin, daß man diese Zeilen nicht monolithisch, d.h. aus einer Kristallscheibe durch mehrfaches Dotieren und Ätzen herstellen kann. Bei der pyroelektrischen Scheibe z.B. müssen die Elemente der Zeile einzeln durch dünne Drähte mit der Ansteuer- und Auswerte-Elektronik, die sich auf einem Silizium-Chip befindet, verbunden werden. Dies erschwert eine Miniaturisierung und kostengünstige Fertigung. Natürlich muß auch für eine pyroelektrische Empfängerzeile wie für pyroelek-trische Einzelempfänger die Strahlung zunächst durch einen Chopper zerhackt werden (4.2.1.3 ←).

Von den ortsauflösenden Empfänger mit bewegter Abtastsonde (eingangs unter (b) ein-geführt) soll hier beispielhaft die **Vidikonröhre** behandelt werden. Die **Abbildung 4.2-18** zeigt schematisch ihren Aufbau. Der Strahlungsempfängerteil besteht aus einer photo-leitenden Schicht (z.B. aus Antimonsulfid, Sb_2S_3), die auf das Frontfenster der Vakuum-röhre aufgedampft ist. Zwischen Fenster und Photoleiterschicht befindet sich noch eine durchsichtige elektrisch leitende Schicht (Signalelektrode), die von der zu messenden

Strahlung durchstrahlt wird. Der Abtastteil (links im Bild) erzeugt durch thermische Emission aus einer Glühkathode und Strahlbündelung durch geeignete elektrische und (oder) magnetische Felder die Elektronenstrahlsonde, die durch weitere Magnetfelder auch so abgelenkt werden kann, daß sie auf jeden Punkt der Empfängerfläche zielen kann. Die Elektronen der Sonde werden nach Passieren der netzartigen Feldelektrode zunächst weiter in Richtung der Photoleiterschicht gezogen, da die dahinter befindliche Signalelektrode eine positive Spannung U_s gegen die Glühkathode aufweist. In der Oberfläche der Photoleiterschicht bleiben die Elektronen stecken und bilden dort eine stationäre Ladung, die das Potential des Auftreffleckes schnell auf Kathodenpotential absinken läßt. Weitere Elektronen werden dann nicht mehr angezogen. Sie wandern stattdessen zur netzförmigen Feldelektrode des Strahlerzeugungssystems. Auf diese Weise wird die ganze der Elektronensonde zugewandte Seite des Photoleiters Punkt für Punkt gleichmäßig aufgeladen. Diese Ladung kann im Dunkelzustand nicht quer durch den Photoleiter zur Signalelektrode und von dort über den Widerstand R und die Spannungsquelle U_S zur Kathode zurückfließen, da der Photoleiter zu hochohmig ist. Erst wenn Strahlung auf den Photoleiter fällt, erhöht sich seine Leitfähigkeit so, daß eine merkliche Entladung beginnt. Der Entladestrom ist dabei proportional zur Bestrahlungsstärke. Bei einer erneuten Abtastung mit dem Elektronenstrahl muß soviel Ladung nachgeliefert werden, wie zwischen zwei Abtastungen durch den Photostrom verbraucht worden ist.

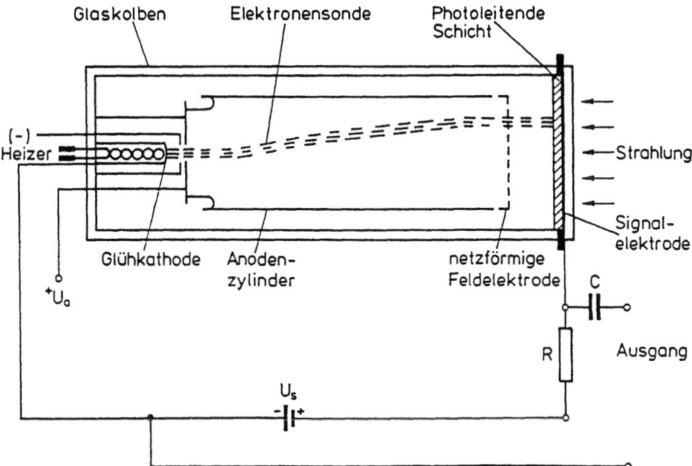

Abbildung 4.2-18: Vereinfachte Darstellung des Aufbaues einer Vidikon-Röhre. Die magnetischen Fokussier- und Ablenkspulen sind der Übersichtlichkeit halber fortgelassen.

Der Spannungsabfall, der durch diese Ladestromimpulse am Widerstand R erzeugt wird, kann über die Kapazität C abgegriffen werden. Die Amplituden dieser Pulsfolge entsprechen also der Bestrahlungsstärkeverteilung auf der Empfängerfläche. Wie bei der Diodenzeile fließt auch beim Vidikon ein schwacher Dunkelstrom. Er kann verringert werden, wenn der Photoleiter durch eine pn-Schichtenfolge (4.2.2.3 ←) ersetzt wird. Eine weitere Verbesserung wird erreicht, wenn diese pn-Schicht, ähnlich wie bei der schon

erwähnten monolithischen Silizium-Dioden-Matrix in kleine, getrennte Si-Empfänger-
elemente unterteilt ist. Der Unterschied beider Syteme liegt nur in der Art des Auslesens
der Bildpunkte. Da mehrere verschiede Kathodentypen angeboten werden, kann in
einem Spektralbereich von 200 nm bis etwa 2,3 µm mit Vidikon-Röhren gearbeitet
werden.

In drei wesentlichen Punkten **unterscheiden sich** die **ortsauflösenden Empfänger** von
den vorher erläuterten **Einzelempfängern.**

(1) Durch die räumliche Nähe der Empfängerelemente ist eine mehr oder minder
     starke **Wechselwirkung zwischen den Empfängerelementen** (Übersprechen) unver-
     meidlich. Dadurch, daß die Elemente sehr rasch hintereinander abgefragt werden,
     wird diese Wechselwirkungsmöglichkeit noch erhöht.

(2) Die ortsauflösenden Empfänger sind ohne **Ansteuer- und Auswerteelektronik** un-
     vollständig.

(3) Die Zusammensetzung vieler gleichartiger Empfängerelemente zu einem ortsauf-
     lösenden Empfänger wirft die Frage auf, **ob die einzelnen Elemente auch tatsächlich
     gleichwertig sind.**

Diese Besonderheiten führen auch zu besonderen Kenngrößen für ortsauflösende Empfänger, die über die Kenngrößen für Einzelempfänger, welche in Abschnitt 4.3 behandelt
werden, hinausgehen. Es schließt sich deshalb noch ein Abschnitt 4.4 mit speziellen
Kenngrößen für ortsauflösende Empfänger an.

4.2.4 Absolutempfänger (Empfängernormal)

Für **Absolutmessungen** (S. 100 ←) werden Strahlungsempfänger benötigt, bei denen
aus dem gemessenen Wert der Ausgangsgröße eindeutig der Wert der Eingangsgröße
bestimmt werden kann, wie z.B. bei einer Thermosäule aus der Thermospannung die
zugeführte Strahlungsleistung. Den meßtechnischen Prozeß, bei dem dieser eindeutige
Zusammenhang zwischen Eingangs- und Ausgangsgröße bestimmt wird, nennt man
Kalibrierung. Im allgemeinen wird ein Strahlungsempfänger kalibriert, indem er mit
einem bereits kalibrierten verglichen wird. Am Anfang einer Kalibrierkette muß jedoch
ein Empfänger stehen, dessen Empfindlichkeit bestimmt werden kann, ohne daß eine
Kalibrierung in der gerade genannten Form notwendig ist. Für einen solchen Strahlungsempfänger hat sich der Begriff **Absolutempfänger,** auch **absolutes Radiometer,** eingebürgert. Exakter ist es jedoch, von einem **Empfängernormal** zu sprechen.

Bei Absolutempfängern werden die radiometrischen Einheiten auf nichtstrahlungsphy-
sikalische Einheiten, nämlich die der elektrischen Leistung oder des elektrischen Stromes
zurückgeführt. Die Ableitung aus anderen Einheiten wie z.B. der des mechanischen
Impulses oder der Temperatur spielen praktisch keine Rolle. Wird im Empfänger die
Wirkung einer Strahlungsleistung mit derjenigen einer elektrischen Leistung verglichen,
so wird auch von einem elektrisch kalibrierbaren Radiometer gesprochen. In der
amerikanischen Literatur wird dafür gern die Abkürzung "ECR" (electrically calibrated
radiometer) verwendet. Als Wirkung wird ausschließlich die Umwandlung beider
Leistungen in Wärmeleistung benutzt, d.h. es handelt sich um thermische Empfänger.
Bei den meisten in der Literatur beschriebenen Absolutempfängern wurde zur Messung

der Temperaturerhöhung eine Thermosäule benutzt, aber auch das Bolometerprinzip und das Prinzip des pyroelektrischen Empfängers sind benutzt worden. Die **Tabelle 4.2-7** gibt hierüber einen Überblick.

Tabelle 4.2-7: Zusammenstellung einiger wichtiger Arbeiten über Absolutempfänger.

Autoren	Absorberform	Sensorprinzip	Besonderheiten
Gillham (1962)	Schwarze Scheibe u. Hohlraum	Thermosäule	Neue Korrektur der Zuleitungsheizung
Bischoff (1968)	Schwarze Scheibe u. Hohlraum	kommerzielle Thermosäule	Verbesserte Homogenität
Blevin u. Brown (1971)	Schwarze Scheibe	Thermosäule	Genaue Bestimmung der Stefan-Botzmann-Konstanten
Ginnings u. Reilley (1972)	Hohlraum	Bolometer	Erste Studien zum Kryoradiometer
Geist u. Blevin (1973)	Schwarze Scheibe	Pyroelektrischer Effekt	Chopper erforderlich; Kompensationsprinzip
Hengstberger (1977)	Schwarze Scheibe	Bolometer	Kugelreflektor zur Erhöhung des Absorptionsgrades
Boivin u. Smith (1978)	Schwarze Scheibe	Thermosäule	Aufbau in Dünnfilmtecnik zur Reduz. der Zeitkonstanten
Möstl (1978) und (1986)	Kegel	Thermosäule	Für Laserstrahlung höherer Leistung
Willson (1980)	Kegel	Bolometer	Für Solarstrahlung
Quinn u. Martin (1985)	Hohlraum	Bolometer	Kryoradiometer zur Bestim. der Stefan-Boltzmann-Konst.
Martin, Fox u. Key (1985)	Hohlraum	Bolometer	Erstes Kryoradiometer als radiometrisches Primärnormal
Boivin u. McNeely (1986)	Schwarze Scheibe	Thermosäule	Aufbau in Dünnfilmtecnik zur Reduz. der Zeitkonstanten
Brusa u. Fröhlich (1986)	invertierter Kegel	Bolometer	Für Solarstrahlung

In erster Näherung ist bei thermischen Absolutempfängern die Strahlungsleistung genau dann so groß wie die elektrische Leistung, wenn der Temperatursensor bei beiden Heizungsarten das gleiche Ausgangssignal liefert. Für genauere Messungen müssen aber noch Korrekturen bedacht werden, von denen einige exemplarisch an dem in der **Abbildung 4.2-19** dargestellten Absolutempfänger erläutert werden sollen.
Es handelt sich um ein Empfängernormal zur Messung kollimierter Laserstrahlung im Leistungsbereich von 1 mW bis 10 W. Die Strahlung fällt in einen Hohlkegel, dessen Innenwand erst poliert und dann in solcher Weise schwarz vernickelt wurde, daß etwa 95 % der Strahlungsleistung absorbiert und der Rest **gerichtet (spiegelnd)** reflektiert werden. Bei einem Öffnungswinkel von $45°$ erleidet so die Strahlung im Idealfall

vier spiegelnde Reflexionen, bevor der verbliebene Restanteil aus dem Hohlkegel entweichen kann. Bei einem Reflexionsgrad von 5 % für die Einfachreflexion sollte der Restanteil nach viermaliger Reflexion $(0,05)^4 = 6 \cdot 10^{-6}$ betragen. Mit einer integrierenden Kugel wurde allerdings ein effektiver Reflexionsgrad von $1,6 \cdot 10^{-3}$ gemessen. Dieser höhere Wert ist eine Folge des unvermeidlichen diffusen Reflexionsanteils ($\rightarrow$ 7.1). Er liegt aber immer noch um eine Größenordnung niedriger als bei ebenen Absorberschichten.

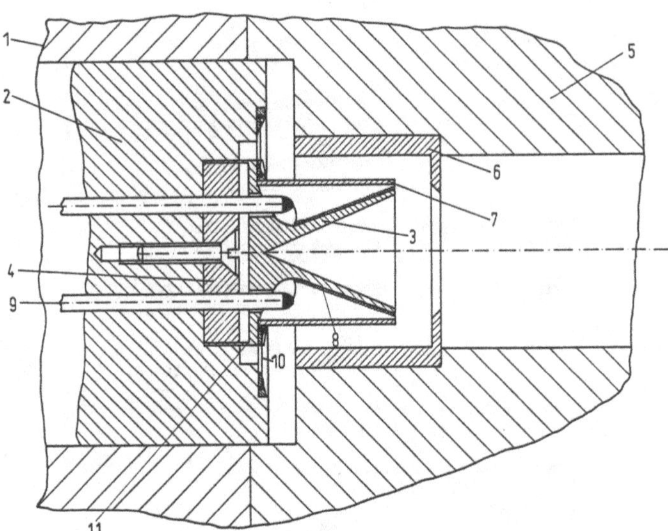

Abbildung 4.2-19: Querschnittszeichnung (Ausschnitt) **eines absoluten Radiometers für Laserstrahlung.** Die Strahlung fällt parallel zur Kegelachse von rechts in den Hohlkegel 3. Die Teile 1, 2, 4 und 5 sind Bestandteile der Wärmesenke und des Gehäuses, das die Wärme durch Konvektion an die Luft abführt; 7 vergoldeter Abschirmzylinder, 8 Heizwicklung für die elektrische Kalibrierung, 9 deren Zuleitung, 10 ringförmige Thermosäule, 11 dünnwandiger Steg (Wärmewiderstand).

Dieses Beispiel lehrt dreierlei:
(1) Es ist eine Korrektur des Meßergebnisses wegen unvollständiger Absorption erforderlich, denn nur die absorbierte Strahlungsleistung erwärmt den Absorber, gemessen werden soll aber die einfallende Strahlungsleistung.
(2) Durch konstruktive Maßnahmen (hier Kegel statt ebener Empfängerfläche) läßt sich oft die Korrektur (hier effektiver Reflexionsgrad) verkleinern.
(3) Eine Messung der Korrekturgröße ist stets einer Berechnung vorzuziehen. Das Rechenergebnis (hier effektiver Reflexionsgrad) ist nur so gut wie das zugrundegelegte Modell (hier die ausschließliche Berücksichtigung der gerichteten Reflexion).
Die absorbierte Strahlung erwärmt den Kegel. Im Radiometer der Abbildung 4.2-19 fließt die Wärme über einen dünnwandigen Steg zu einer Wärmesenke. Der an dem

Steg auftretende Temperaturabfall wird mit einer Thermosäule als Maß für die Strahlungsleistung gemessen. Nach Ablesung der Temperaturerhöhung (im thermischen Gleichgewicht) wird die Bestrahlung durch eine elektrische Heizung ersetzt. Zu diesem Zweck ist eine elektrische Heizwicklung gut wärmeleitend um den Kegel gewickelt und angeklebt worden. Ein wichtiger Punkt ist hier wie bei allen elektrisch kalibrierbaren Radiometern die Frage, ob Gleichheit von zugeführter elektrischer Leistung und absorbierter Strahlungsleistung auch zu gleicher Wirkung am Temperatursensor führt. Dies ist nicht selbstverständlich, denn beide Heizungsarten können nie genau am gleichen Ort wirksam werden. Im Beispiel der Abbildung 4.2-19 sind beide Orte durch die Kegelwand und eine dünne Klebefuge getrennt. Ein auftretender Unterschied in der Wirkung wird als **Nichtäquivalenz** bezeichnet. Er hat seine Ursache in der unterschiedlichen Verzweigung der Wärmeströme für beide Heizungsarten. Neben dem gewollten Wärmestrom über den erwähnten Steg zur Wärmesenke, der für beide Heizungsarten in hohem Maße gleichwertig sein sollte, treten noch einige Prozent parasitärer Wärmeströme auf, von denen wiederum der Hauptanteil auf konvektiven Wärmeverlusten über die Luft beruht. Ein weitaus geringerer Anteil beruht auf erhöhter Wärmeabstrahlung des (leicht) erwärmten Kegels. Durch eine konstruktive Maßnahme, nämlich einen Abschirmzylinder um den Kegel, wird die Nichtäquivalenz stark verringert. Ein Vergleich von Kalibrierungen in Luft und Vakuum ermöglichte die Bestimmung der notwendigen Nichtäquivalenz-Korrektur ($5,4\cdot10^{-4}$).

Die dritte wichtige Korrektur betrifft die Zuleitungen für die elektrische Heizwicklung. Auch in ihnen wird nämlich beim Fließen eines elektrischen Stromes Joulesche Wärme erzeugt, und es muß untersucht werden, inwieweit diese zum Sensorsignal beiträgt. Die Messung der Zuleitungskorrektur ist möglich, wenn man an jedem Ende der Heizwicklung zwei (oder drei) Zuleitungen anbringt (in der in der Abbildung 4.2-19 wiedergegebenen Schnittzeichnung sind diese zusätzlichen Zuleitungen nicht zu sehen, da sie nicht in der Schnittebene liegen), so daß man über je eine den Strom zuführt und je eine weitere benutzt, um den Spannungsabfall an der Heizwicklung (stromlos) zu messen. Läßt man bei einer Hilfsmessung den Strom durch die Stromzuleitung hinein- und durch die Spannungsmeßleitung am selben Ende der Heizwicklung wieder hinausfließen, ohne daß also die eigentliche Heizwicklung von Strom durchflossen wird, so kann die erforderliche Korrektur (im vorliegenden Fall 0,23 %) bestimmt werden. Auch diese Korrektur konnte vergleichsweise klein gehalten werden, indem die Zuleitungen als dicke Stangen ausgebildet wurden.

Auf der Suche nach einer weiteren Reduzierung der Korrekturen haben als erste Ginnings und Reilley (Ginnings und Reilley, 1972) den Versuch unternommen, ein Radiometer bei der Temperatur des flüssigen Heliums (4,2 K) zu betreiben. Quinn und Martin (Quinn und Martin, 1985) gelang es, mit einem heliumgekühlten Radiometer die Stefan-Boltzmann-Konstante mit einer relativen Unsicherheit von $3\cdot10^{-4}$ zu messen. Da diese Naturkonstante auch aus anderen Naturkonstanten berechnet werden kann und der erwähnte Meßwert innerhalb der angegebenen Unsicherheit mit dem berechneten Wert übereinstimmt, ergibt dieses Experiment auch einen unmittelbaren Beleg für die verbesserte Meßgenauigkeit ihres Radiometers. Sie prägten für das mit flüssigem Helium gekühlte Radiometer den Begriff **Kryoradiometer** (engl. cryogenic radiometer). Martin, Fox und Key (Martin, Fox, Key, 1985) schließlich verwerteten die

Erfahrungen von Quinn und Martin und bauten das erste Kryoradiometer, das speziell zur Messung von kollimierter Laserstrahlung einsetzbar ist. Das Kryoradiometer hat gegenüber den bei Raumtemperatur betriebenen Absolutempfängern einige physikalische Vorteile, von denen einige genannt seien.

Die Wärmeleitfähigkeit von Kupfer ist bei 4,2 K so hoch (Wärmeleitzahl zehntausendmal höher als bei Raumtemperatur), daß es möglich ist, als Absorber einen langgestreckten (innen geschwärzten) Hohlraum zu nehmen, ohne daß dies zu unerwünscht langen Wärmelaufzeiten oder hohen Temperaturgradienten im Hohlraum führen würde. Bei dem Hohlraum von Martin et al. ist es auf diese Weise gelungen, einen Absorptionsgrad von 99,998 % zu erreichen.

Da die spezifische Wärme bei 4,2 K nur noch ein Tausendstel des Wertes bei Raumtemperatur beträgt, führt die vergleichsweise große Masse des Hohlraums trotzdem nicht zu unannehmbar großen Zeitkonstanten für die Einstellung des thermischen Gleichgewichtes. Die Zuleitungskorrektur kann dadurch vernachlässigbar klein gemacht werden, daß man für die Zuleitungen (nicht aber für die Heizwicklung selbst) ein Metall verwendet, das bei 4,2 K supraleitend, also praktisch widerstandslos ist. Da die Joulesche Wärme, die ein Strom I in einem Widerstand R erzeugt, durch $I^2 \cdot R$ gegeben ist, ist sie Null, wenn der elektrische Widerstand Null ist.

Die dritte bei Raumtemperatur wesentliche Korrektur, nämlich die für die Nichtäquivalenz, ist ebenfalls vernachlässigbar klein, da das Radiometer (wegen der Kühlung) im Vakuum betrieben wird. Somit treten keine parasitären Wärmeströme durch die umgebende Luft auf. Auch Wärmeverluste durch Strahlung sind unerheblich, da sie nach dem Stefan-Boltzmannschen Strahlungsgesetz proportional zur vierten Potenz der absoluten Temperatur sind, also bei 4,2 K nur noch den $4 \cdot 10^{-8}$-ten Teil des ohnehin schon kleinen Wertes bei Raumtemperatur ausmachen.

Der Betrieb im Vakuum wird bei Raumtemperatur-Radiometern aus zwei Gründen vermieden. Zum einen ist natürlich der Aufwand für die Vakuumtechnik erheblich und macht das Radiometer zudem groß und unbeweglich. Zum anderen ist ein Strahlungseintrittsfenster notwendig, dessen Transmissionsgrad als zusätzliche Korrektur anzubringen wäre.

Beim Kryoradiometer ist die Evakuierung unvermeidlich. Um eine große Korrektur für die Reflexionsverluste zu vermeiden, baut man das Fenster derart gekippt in das Empfängergehäuse ein, daß die Strahlung unter dem Brewsterwinkel auf die Fensteroberfläche auftrifft (**Brewsterfenster**). Nimmt man an, daß das Fenstermaterial nicht absorbiert, so sollte der Transmissionsgrad für linear polarisierte Strahlung, deren elektrischer Feldvektor parallel zur Fensterebene gerichtet ist, exakt 100 % sein. Tatsächlich wurde von Martin et al. ein Wert von 99,97 % gemessen, so daß die Korrektur in der Tat sehr klein ist. Nachteilig an dem Brewsterfenster ist allerdings, daß es diese günstige Eigenschaft nur für kollimierte Laserstrahlung hat, und daß es bei Übergang zu einer anderen Laserwellenlänge nachjustiert werden muß, weil der Brewsterwinkel von der Wellenlänge abhängt.

Zusammenfassend kann gesagt werden, daß das Kryoradiometer derzeit dasjenige Empfängernormal mit der kleinsten Meßunsicherheit ist. Der experimentelle Aufwand ist allerdings ganz beträchtlich. Außerdem kann nur die Leistung von wenigen Laserlinien im Leistungsbereich von einigen Milliwatt gemessen werden, so daß i.a. eine Übertragung der Kalibrierung auf ein Sekundärnormal erforderlich ist, um real vorkommende Strahlungsmessungen durchführen zu können. Die Meßunsicherheit, mit der diese Messungen dann möglich sind, wird oftmals mehr von der Qualität der angeschlossenen Sekundärnormale als von der Meßunsicherheit des primären Kryoradiometers abhängen.

Eine Methode, Absolutmessungen bei weit geringerem Aufwand mit Hilfe von Si-Photodioden durchzuführen (**Selbstkalibriermethode**), ist von Geist et al. (Geist, Zalewski und Schaefer, 1980) entwickelt worden. Die Autoren nehmen an, daß ausgesuchte Si-Photodioden in einem gewissen Spektralbereich den Quantenwirkungsgrad Eins haben, d.h. jedes Photon aus diesem Spektralbereich erzeugt ein Elektron-Loch-Paar. Weiter gehen sie davon aus, daß die innere Quantenausbeute η_i sehr nahe bei Eins liegt, das bedeutet, daß fast jedes der erzeugten Paare zum Stromfluß im Außenkreis beiträgt. Zur Bestimmung der Abweichung von Eins haben die Autoren Meßverfahren entwickelt. Dann läßt sich nach Gleichung (4.2-50) die Empfindlichkeit berechnen, wenn man zusätzlich den Reflexionsgrad ρ der Photodiode mißt.

Für die Abweichungen der inneren Quantenausbeute von Eins ziehen die Autoren zwei Ursachen in Betracht:

(a) Es werden Elektron-Loch-Paare hinter dem pn-Übergang erzeugt. Nicht alle Löcher (Minoritätsträger) erreichen den pn-Übergang. Das aber ist, wie in Abschnitt 4.2.2.3 erläutert wurde, Voraussetzung für die Ladungstrennung und den daraus resultierenden Stromfluß. Durch Anlegen einer Sperrspannung kann der pn-Übergangsbereich in den hinteren Teil des n-Bereiches ausgedehnt werden, so daß die Ladungstrennung auch für die dort erzeugten Elektron-Loch-Paare optimal wirksam wird. Man beobachtet deshalb eine geringfügige Zunahme der Empfindlichkeit.

Wenn bei gewissen Photodioden diese Zunahme mit wachsender Sperrspannung eine Sättigung erreicht, nehmen die Autoren an, daß die innere Quantenausbeute für alle Photonen (Quanten), die im oder hinter dem pn-Bereich absorbiert worden sind, den Wert 1 erreicht hat. Das Verhältnis k_r aus der Empfindlichkeit ohne Spannung zur Sättigungsempfindlichkeit liefert ihnen somit den gewünschten Korrekturfaktor.

(b) Analog dazu werden auch Elektron-Loch-Paare vor dem pn-Übergang durch dort absorbierte Photonen erzeugt. Ein Teil der Elektronen (Minoritätsträger) rekombiniert an der Si-SiO$_2$-Grenzfläche (vgl. Abbildung 4.2-13). Um diese Rekombination auszuschalten, bringen Geist et al. auf die Oberfläche der Photodiode einen (elektrisch schwach leitfähigen) Wassertropfen auf, der als transparente, leicht wieder entfernbare Elektrode dient. An sie wird eine negative Spannung gegen den p-Bereich angelegt. Diese Spannung drängt die photoelektrisch erzeugten Elektronen von der Grenzfläche zurück und reduziert somit deren Rekombination. Somit erhöht das Anlegen der "Frontsperrspannung" geringfügig die Empfindlichkeit. Auch hier kann bei ausgesuchten Photodioden und hinreichend hoher Frontsperrspannung am Wassertropfen eine Sättigung der Empfindlichkeitszunahme beobachtet werden. Geist et al. folgern auch hier, daß in diesem Zustand die innere Quantenausbeute für alle Photonen, die vor dem pn-Bereich absorbiert worden sind, den Wert 1 erreicht hat. Entsprechend zum Korrekturfaktor k_r für die rückseitigen Verluste wird hier der Korrekturfaktor k_f für die frontseitigen Verluste gebildet. Dann ergibt sich unter Verwendung von

Gleichung (4.2-50) die reale Empfindlichkeit für die (ausgesuchte) Photodiode ohne Vorspannung zu

$$s(\lambda)_{real} = k_f \cdot k_r \cdot (1 - \rho) \cdot \frac{e_o \cdot \lambda}{h \cdot c} \qquad (4.2\text{-}55)$$

Die Autoren konnten zeigen, daß die Empfindlichkeit von geschickt ausgewählten Photodioden bei der Wellenlänge des Helium-Neon-Lasers (λ = 632,8 nm) mit einer relativen Meßunsicherheit von nicht mehr als 0,1 % bestimmbar ist. Damit wird eine optische Leistungsmessung auf eine elektrische Strommessung zurückgeführt. Die Autoren haben für dieses Verfahren den Begriff **Selbstkalibriermethode** geprägt.
Eine Schwäche dieses Verfahren besteht darin, daß es kein eindeutiges Kriterium für die Auswahl geeigneter Photodioden gibt. Ein weiterer Nachteil ist, daß das Aufbringen eines Wassertropfens auf die SiO_2-Deckschicht und das Anlegen einer Frontsperrspannung die Empfindlichkeit verändert (weshalb auch bei der Bestimmung von k_f keine wirklich überzeugende Sättigung beobachtet werden kann). Die Selbstkalibriermethode kann wegen der genannten Nachteile und wegen der erforderlichen Annahmen sicher nicht mit dem Kryoradiometer auf eine Stufe gestellt werden. Ihr Vorteil liegt in der einfachen Durchführbarkeit der Experimente.

4.3   Wichtige Empfängerkenngrößen

Zur quantitativen Beschreibung der Eigenschaften optischer Strahlungsempfänger sind Kenngrößen festgelegt worden. Einige grundlegende, wie die Empfindlichkeit, findet man in der Normenreihe DIN 5031, weitergehende Angaben sind in der Norm DIN 5030 Teil 5 zusammengestellt. Bei manchen Strahlungsempfängern, insbesondere solchen, die zusammen mit medizinischen Lasern oder im Rahmen des Laserstrahlenschutzes eingesetzt werden sollen, sind neben den eigentlichen Kenngrößen auch nachprüfbare Angaben über die Zuverlässigkeit während einer längeren Gebrauchsdauer von Wichtigkeit. In der VDE-Bestimmung VDE 0835 sind deshalb Prüfverfahren für derartige Geräte festgelegt (diese technische Regel ist auch als DIN 57835 herausgegeben worden). Eine weitere VDE-Bestimmung, die sich speziell mit optischen Leistungsmessern zur Messung der Strahlungsleistung am Ausgang optischer Wellenleiter ("Lichtleitfasern") befaßt, wird gerade (1988) erarbeitet. Als wichtiges neues Problem bei dieser Kategorie von Strahlungsempfängern sei an dieser Stelle nur auf die Zwischenreflexionen der Meßstrahlung zwischen Empfängeroberfläche und Faserende bzw. Stecker hingewiesen (Interreflexionen), die eine veränderte Empfindlichkeit des Empfängers zur Folge haben können.

4.3.1 Empfängerfläche

Als Empfängerfläche bezeichnet man diejenige Fläche oder Öffnung des Empfängers, die für den Empfang von Strahlung vorgesehen ist. (Stattdessen wird auch von strahlungsempfindlicher Fläche gesprochen.) Bei einer Thermosäule mit geschwärzter Scheibe (wie bei der in Abschnitt 4.2.1.1 erwähnten Type 14 BT) stellt deren der Strahlung zuge-wandte Oberfläche die Empfängerfläche dar. Bei einem Kegelempfänger (wie in Abbildung 4.2-19) ist es zweckmäßig, die Kegelöffnung als Empfängerfläche zu definieren. Entsprechend ist z.B. bei einem Hohlraumabsorber dessen Öffnung und bei einer Photodiode mit vorgeschalteter Ulbrichtkugel deren Eintrittsöffnung die Empfängerfläche.

Bei Bestrahlungsstärkemessungen muß die Empfängerfläche kleiner als der homogene Teil des Strahlungsbündels sein, in dem eine Bestrahlungsstärke bestimmt werden soll. Von Bedeutung ist aber auch die Kenntnis der geometrischen Position der Empfänger-fläche, da sie die Meßfläche festlegt, für die die gemessene Bestrahlungsstärke gilt. Ins-besondere bei solchen Messungen, bei denen Gebrauch vom photometrischen Grund-gesetz (2.2 ←) gemacht werden soll, kann nur bei genauer Kenntnis der Lage der Empfängerfläche der Strahler-Empfänger-Abstand richtig bestimmt werden.

Bei Empfängern, bei denen durch Fenster, Filter, Vorblenden etc. die Sicht auf die Empfängerfläche versperrt ist, ist eine Kennzeichnung der Empfängerebene mit Hilfe einer Bezugsfläche (etwa der Gehäusestirnfläche) sehr nützlich. Falls die Position der Empfängerfläche noch nicht bekannt ist, sollte bei einer Kalibrierung bezüglich Bestrah-lungsstärke stets angegeben werden, wie die Meßebene gelegt wurde.

Üblicherweise wird die Empfängerfläche senkrecht bestrahlt, d.h. sie ist senkrecht zur Fortpflanzungsrichtung des Strahlungsbündels ausgerichtet. Ist die zu messende Bestrah-lungsstärke im Bündel E und hat die Empfängerfläche eine Flächengröße A, so wird eine Strahlungsleistung Φ_o = A·E empfangen. Wird aber der Empfänger so verkippt, daß von der senkrechten Bestrahlung um einen Winkel φ abgewichen wird, so erscheint die Empfängerfläche aus der Richtung des Strahlungsbündels so, als ob sie nur die Fläche A_{eff} = A·cosφ hätte. Dementsprechend sinkt die empfangene Strahlungsleistung auf den Wert $\Phi(\varphi)$ = A·E·cosφ. Da bei einem (linear arbeitenden) Empfänger das Aus-gangssignal proportional zur empfangenen Leistung ist, nimmt bei der erwähnten Ver-kippung das Ausgangssignal mit anwachsendem Winkel φ wie cosφ ab. (Voraussetzung für eine strenge Proportionalität ist allerdings, daß nicht andere Unvollkommenheiten des Empfängers störend hinzutreten.) Es gibt spezielle Strahlungsempfänger, bei denen - zumindest in einem größeren Winkelbereich - durch eine besondere Konstruktion diese Kosinusabhängigkeit aufgehoben ist. Man spricht dann von **Kosinuskorrektur**. Diese ist wünschenswert, wenn die zu messende Strahlung gleichzeitig aus einem größeren Winkelbereich einfällt.

Bei Messungen der Strahlungsleistung muß die Empfängerfläche stets größer als der Querschnitt des zu messenden Bündels sein, um die Strahlung vollständig zu erfassen. Ein idealer Empfänger liefert dann ein Ausgangssignal, das unabhängig davon ist, welche Teilfläche bestrahlt wird. Bei realen Empfängern ist dies durch eine Messung der Inhomogenität (→ 4.3.9) zu prüfen. Entsprechendes gilt für nichtsenkrechte Bestrah-lung der Empfängerfläche. So lange die effektive Empfängerfläche A·cosφ nicht zu klein wird, um das Bündel vollständig zu erfassen, sollte -anders als bei Bestrahlungsstärke-messungen- das Ausgangssignal unabhängig vom Winkel φ sein (isotropes Verhalten). In der Praxis kann aber z.B. ein winkelabhängiger Reflexionsgrad der Empfängerfläche zu einer Anisotropie (→ 4.3.9) führen.

Wenn es, wie bei Absolutmessungen, wichtig ist, die Strahlung vollständig, also auch inklusive eines möglicherweise vorhandenen Halos zu erfassen, darf die Empfängerfläche nicht zu klein gewählt werden. Andererseits sollte sie aber auch nicht größer als notwendig sein, da das Rauschen mit anwachsender Empfängerfläche zunimmt (→ 4.3.3, Detektivität). Bei Photodioden kann auch stören, daß mit größer werdender Empfängerfläche der Innenwiderstand abnimmt. Im Abschnitt 4.2.2.2 ist dargestellt worden, was dies neben einem erhöhten Rauschen für Konsequenzen hat. Bei Messungen kleinster Strahlungsleistungen sollte dementsprechend die Empfängerfläche so klein wie möglich gehalten werden. Unter Umständen ist die Strahlung zu diesem Zweck mit einer Abbildungsoptik zu fokussieren. Um die Fokussierung wellenlängenunabhängig zu machen, sollte eine Spiegelanordnung gewählt werden. Dies hat insbesondere bei der Messung von Infrarot- oder UV-Strahlung den Vorteil, daß die Justierung mit sichtbarer Strahlung vorgenommen werden darf, was sehr viel bequemer ist.

4.3.2 Empfindlichkeit, spektrale Empfindlichkeit

Ruft eine Strahlung als Eingangsgröße X in einem Strahlungsempfänger die Ausgangsgröße Y hervor, so bezeichnet man nach DIN 5031 Teil 2 den Quotienten s der beiden Größen als **Empfindlichkeit** des Empfängers

$$s = Y/X \qquad\qquad (4.3\text{-}1)$$

Die Eingangsgröße kann z.B. eine Strahlungsleistung Φ, gemessen in der Einheit Watt (W), und die Ausgangsgröße - wie bei einer Photodiode- ein Photostrom, gemessen in der Einheit Ampere (A), sein. Dann hat die Empfindlichkeit die physikalische Dimension Strom durch Leistung, und die gebräuchliche SI-Einheit ist A/W. Wenn der gleiche Empfänger bezüglich Bestrahlungsstärke kalibriert wird, hat die Empfindlichkeit die Dimension Strom mal Fläche durch Leistung, und die übliche Einheit ist $(A \cdot m^2)/W$. Für eine bezüglich Strahlungsleistung kalibrierte Thermosäule wird man die Empfindlichkeit in V/W angeben. Diese Beispiele zeigen, daß die obige Definition der Empfindlichkeit nicht eindeutig ist, so daß man stets auf den Kontext achten muß.
Es ist zwar wünschenswert, aber nicht selbstverständlich, daß der Quotient s eine Konstante ist. Deshalb sollte bei einer Bestimmung der Empfindlichkeit stets angegeben werden, bei welchem Wert der Eingangs- oder Ausgangsgröße er bestimmt worden ist. Welchen der beiden Werte man angibt, ist gleichgültig, da sie mit Hilfe von Gleichung (4.3-2) ineinander umgerechnet werden können. Informativer ist es natürlich, wenn s als Funktion von X oder Y gemessen wird (→ 4.3.8, Nichtlinearität).
Hingewiesen werden muß darauf, daß in der Norm DIN 1319 Teil 2 die Empfindlichkeit abweichend definiert wird, nämlich als Quotient einer beobachteten *Änderung* des Ausgangssignals dY durch die sie verursachende *Änderung* der Eingangsgröße dX. Nach DIN 5031 Teil 2 ist dies die **differentielle Empfindlichkeit** s_d

$$s_d = \frac{dY}{dX} \qquad\qquad (4.3\text{-}2)$$

Sie spielt allerdings in der Praxis keine wichtige Rolle. Bei der Definition gemäß Gleichung (4.3-2) wird über die spektrale Zusammensetzung der Strahlung keine Aussage gemacht. Die Definition ist deshalb nur für unselektive Empfänger ($\rightarrow$ 4.2.1) sinnvoll, also i.a. für thermische Empfänger. Da auch deren nutzbarer Spektralbereich begrenzt ist, ist es natürlich zweckmäßig, die für die Kalibrierung benutzte Strahlung spektral auf den unselektiven Bereich des Empfängers einzugrenzen.
Bei selektiven Empfänger muß man stattdessen quasimonochromatische Strahlung der Wellenlänge λ für die Eingangsgröße X verwenden. Man gelangt so zur **(absoluten) spektralen Empfindlichkeit** $s(\lambda)$

$$s(\lambda) = \frac{Y}{X(\lambda)} \qquad (4.3\text{-}3)$$

In DIN 5031 Teil 2 findet man die folgende etwas strengere Definition: Umfaßt die einwirkende Strahlung nur den infinitesimalen Wellenlängenbereich $d\lambda$ um die Wellenlänge λ, so ist die spektrale Empfindlichkeit $s(\lambda)$ bei dieser Wellenlänge der Quotient aus der Ausgangsgröße $dY(\lambda) = Y_\lambda \cdot d\lambda$ und der strahlungsphysikalischen Eingangsgröße $dX(\lambda) = X_\lambda \cdot d\lambda$

$$s(\lambda) = \frac{dY(\lambda)}{dX(\lambda)} \qquad (4.3\text{-}4)$$

Die Gleichung (4.3-5) legt den Eindruck nahe, als handele es sich um eine differentielle Empfindlichkeit wie bei Gleichung (4.3-3). Differentiell ist aber nur das Wellenlängenintervall. Dies kann aber bei modernen Lasern im praktischen Sinne infinitesimal klein sein (nämlich quasi-monochromatisch), ohne daß dies einen infinitesimal kleinen Wert der Eingangsgröße zur Folge hat. Dieser mehr pragmatischen Einstellung entspricht die Gleichung (4.3-4). Sie zeigt auch, daß im Zusammenhang mit der Empfindlichkeit der Begriff "spektral" nicht im Sinne einer spektralen Dichte (2.2 $\leftarrow$), sondern zur Kennzeichnung der Wellenlängenabhängigkeit benutzt wird. Dagegen bedeutet das eingeklammerte λ hinter den Größen X in Gleichung (4.3-4) und dY und dX in Gleichung (4.3-5) nicht, daß es sich um eindeutige Funktionen von λ handelt. Vielmehr soll es darauf hinweisen, daß die verwendete Strahlung die Wellenlänge λ hat.
Zur Beschreibung der Wellenlängenabhängigkeit der spektralen Empfindlichkeit ($\rightarrow$ 4.3.5, nutzbarer Spektralbereich) reicht es, die **relative spektrale Empfindlichkeit** anzugeben

$$s_{rel}(\lambda) = \frac{s(\lambda)}{s(\lambda_0)} \qquad (4.3\text{-}5)$$

also die Empfindlichkeit bezogen auf den Wert, den sie bei einer (frei wählbaren) Bezugswellenlänge λ_0 hat. Die Messung der relativen spektralen Empfindlichkeit ist meist sehr viel einfacher als die der absoluten, da durch die Normierung viele Eigenschaften der Meßapparatur im Zähler und Nenner von Gleichung (4.3-6) gleichermaßen (implizit) vorkommen, also herausgekürzt werden können, wenn sie nur während der Meßreihe konstant bleiben. Die Bestimmung der relativen spektralen Empfindlichkeit wird durch Vergleich mit einem Normal (meist über Zwischenschritte) durchgeführt. Als solches Normal kann ein thermischer Hohlraumempfänger benutzt werden, der auf Grund seiner Geometrie in einem großen Spektralbereich den Absorptionsgrad Eins aufweist und damit in vorzüglicher Weise unselektiv ist (Bischoff, 1964).

Zur Errechnung der absoluten spektralen Empfindlichkeit für den ganzen Bereich, in dem $s(\lambda)_{rel}$ gemessen wurde, reicht es aus, die spektrale Empfindlichkeit $s(\lambda_o)$ bei der Normierungswellenlänge λ_o zu bestimmen. Dies kann durch Vergleich mit einem Absolutempfänger oder einem daran angeschlossenen Sekundärnormal geschehen.

Für Absolutmessungen wird natürlich der genaue Wert der (spektralen) Empfindlichkeit benötigt, ansonsten reichen ungefähre Angaben, um die richtige Auswahl bezüglich Verstärker, Anzeigegerät und sonstiger Hilfsmittel treffen zu können. Die Empfindlichkeit ist aber wenig geeignet, um vorherzusagen, ob eine sehr kleine Strahlungsleistung mit dem betreffenden Empfänger noch zuverlässig gemessen werden kann. Eine hinreichend große Verstärkung des Empfängerausgangssignals wird zwar zu einem so großen Meßsignal führen, daß dies innerhalb des Anwendungsbereiches des vorhandenen Anzeigegerätes liegt. Möglicherweise schwanken aber die Meßwerte infolge des Empfängerrauschens derart, daß die Meßunsicherheit intolerabel hoch wird. Deshalb ist die Empfindlichkeit noch mit dem Rauschen zu verknüpfen, um bei einem vorgegebenen Empfänger die untere Grenze für die Messung von Strahlungsleistungen abschätzen zu können. Dies geschieht im nächsten Abschnitt.

4.3.3 Detektivität, normierte Detektivität

Für die nachfolgenden Überlegungen wäre es praktisch, wenn man vom bestrahlten und vom unbestrahlten Empfänger sprechen könnte. Das ist strenggenommen aber nicht möglich, da auf den Empfänger auch dann thermische Strahlung aus der Umgebung entsprechend der Umgebungstemperatur einwirkt, wenn die zu messende Strahlung durch Schließen eines Verschlusses unterbunden wurde.

Das Ausgangssignal, das noch vorhanden ist, wenn der Empfänger nicht der zu messenden Strahlung ausgesetzt ist, kann in zwei Anteile zerlegt werden:

a) einen quasi-stationären Anteil, der zwischen zwei unmittelbar aufeinanderfolgenden Messungen seinen Wert so wenig ändert, daß eine (lineare) Interpolation für die Zeitspanne zwischen den Messungen zulässig ist. Dieser Anteil heißt **Dunkelausgangssignal.**

b) einen statistisch schwankenden Anteil $u(t)$, dessen zeitlicher Mittelwert Null ist, wenn man über eine Zeitspanne Δt integriert, die groß gegen die Schwankungsperioden von $u(t)$ ist

$$u_{mittel} = \frac{1}{\Delta t} \cdot \int_0^{\Delta t} u(t) \cdot dt = 0 \qquad (4.3\text{-}6)$$

Dieses Signal $u(t)$ heißt **Rauschausgangssignal.** Sein Effektivwert

$$u_{eff} = \frac{1}{\Delta t} \cdot \int_0^{\Delta t} u^2(t) \cdot dt \qquad (4.3\text{-}7)$$

ist von Null verschieden und kann mit Hilfe eines Effektivwertgleichrichters und nachfolgender Glättung mit einem Tiefpaß der Zeitkonstanten Δt bestimmt werden. Nach dem Fourier-Theorem kann ein zeitlich schwankendes Signal $u(t)$ mathematisch in ein Spektrum von Wechselanteilen (f = Frequenz) zerlegt werden

$$u(t) = \int_0^\infty w(f)\cdot\cos(\,2\pi ft + \psi(f))\cdot df \qquad (4.3\text{-}8)$$

Dabei stellt $w(f)$ die Amplitudenfunktion und $\psi(f)$ die Phasenfunktion dar. Wenn $w(f)$ für einen größeren Bereich der Frequenz f konstant ist, spricht man von weißem Rauschen. Die Amplitudenfunktion läßt sich näherungsweise mit einem durchstimmbaren Schmalband-Wechselspannungsverstärker und anschließender Gleichrichtung messen. Diese Messung gibt Auskunft darüber, in welchen Frequenzbereichen das Rauschen stark und in welchen es niedrig ist. Bei Verwendung eines Lock-in Verstärkers ($\rightarrow$ 4.5) zur Verstärkung des Empfängerausgangssignals kann man die Arbeitsfrequenz, also die Modulationsfrequenz der zu messenden Strahlung, in weiten Grenzen variieren. Es ist aber nicht immer optimal, die Modulationsfrequenz so zu wählen, daß die Rauschamplitude minimal ist, denn die Empfindlichkeit könnte bei dieser Frequenz ebenfalls klein sein. Den Zusammenhang zwischen Rauschen und Empfindlichkeit erhält man, wenn man untersucht, welche Leistung modulierter Strahlung am Empfängereingang erforderlich wäre, um im zeitlichen Mittel das gleiche Ausgangssignal zu liefern wie das in einem kleinen Frequenzintervall Δf um die Frequenz f vorhandene Rauschen. Natürlich müßte dazu die Strahlung auch monofrequent moduliert sein, d.h. ihre Modulation muß sinus- oder kosinusförmig sein. Diese Forderung bringt eine formale Schwierigkeit, denn es gibt keine zeitlich sinusförmig modulierte Strahlungsleistung der Form $\Phi(t) = \Phi_o\cdot\sin(2\pi ft)$, da die Leistung keine negativen Werte annehmen kann. Wenn also von zeitlich sinusförmig modulierter Strahlung die Rede ist, so ist gemeint, daß ihre Leistung den folgenden zeitlichen Verlauf hat

$$\Phi(t) = \frac{\Phi_o}{2}\cdot(1 - \cos(2\pi ft)) \qquad (4.3\text{-}9)$$

Die Leistung pendelt also zwischen Null und ihrem Maximalwert Φ_o (= Wert der unmodulierten Strahlung). Sie hat einen unvermeidlichen Konstantanteil von $\Phi_o/2$. Von gleicher Größe ist auch die Amplitude des Wechselanteils. Der Effektivwert des Wechselanteils ist

$$\Phi_{eff} = \frac{1}{\Delta t}\cdot\int_0^{\Delta t} \frac{\Phi_o}{2}\cdot\cos^2(2\pi ft)\cdot dt = \frac{\sqrt{2}\cdot\Phi_o}{4} \qquad (4.3\text{-}10)$$

Dann bezeichnet man als **rauschäquivalente Strahlungsleistung** Φ_r eines Empfängers bei der Modulationsfrequenz f denjenigen Effektivwert Φ_{eff} einer sinusförmig modulierten, quasi-monochromatischen Strahlung, der den gleichen Effektivwert des Wechselsignalanteils des Empfängerausgangssignals hervorruft wie das Rauschen. Die Kompliziertheit der Definition rührt daher, daß der Beitrag, den der konstante Anteil

$\Phi_0/2$ aus Gleichung (4.3-9) zum Empfängerausgangssignal liefert, ebenso ausgeklammert werden muß wie das Dunkelausgangssignal. Außerdem ist eine statistisch schwankende Rauschamplitude nicht vergleichbar mit dem sinusförmigen Wechselanteil nach Gleichung (4.3-9). Die Vergleichbarkeit muß erst über die Effektivwerte hergestellt werden.

In der englischsprachigen Literatur wird statt des Symbols Φ_r gern die Abkürzung **NEP** (= noise equivalent power) verwendet. In Gleichungen sollten aber nach einer Empfehlung der Internationalen Union für reine und angewandte Physik (IUPAP, 1978) nur Einzelbuchstaben (gegebenenfalls indiziert) verwendet werden.

Wenn ein Empfänger für die Messung der Bestrahlungsstärke eingesetzt werden soll, definiert man in analoger Weise die rauschäquivalente Bestrahlungstärke E_r.

Gebräuchlicher als die Angabe der rauschäquivalenten Strahlungsleistung ist die Angabe des Kehrwertes, **Detektivität** genannt

$$D = 1/\Phi_r \qquad\qquad (4.3\text{-}11)$$

Einen guten Empfänger zeichnet demnach eine hohe Detektivität aus. Wie schon mehrfach erwähnt, nimmt das Rauschen mit zunehmender Empfängerfläche zu. Am Beispiel des Photovervielfachers (4.2.2.1 ←) wurde aus der Poisson-Statistik hergeleitet, daß die Schwankung der Dunkelemission proportional zur Quadratwurzel aus der Empfängerfläche A und der bei der Messung benutzten Frequenzbandbreite Δf zunimmt. In ähnlicher Weise kann man das für viele andere Rauschquellen zeigen.

Deshalb ist es sinnvoll, verschiedene Empfänger und Meßsysteme vergleichbar zu machen, indem man die rauschäqivalente Strahlungsleistung durch die erwähnten Quadratwurzeln dividiert. Man käme so zu einer normierten rauschäqivalenten Strahlungsleistung. Aber auch hier wird lieber der Kehrwert, die **normierte Detektivität** D^* verwendet

$$D^* = \frac{\sqrt{A \cdot \Delta f}}{\Phi_r} = D \cdot \sqrt{A \cdot \Delta f} \qquad\qquad (4.3\text{-}12)$$

Sie wurde in dem Abschnitt über Empfängertypen schon mehrfach als Gütekriterium benutzt. Zu ihrer vollständigen Angabe in Datenblättern gehören auch Angaben über die Modulationsfrequenz f und die Wellenlänge λ der Strahlung. Natürlich kann eine quasi-monochromatische Strahlung auch durch Angabe ihrer Frequenz ν charakterisiert werden, nur müssen dann Modulationsfrequenz f (Größenordung: 1 Hz bis 10 kHz) und Frequenz ν (meist im Terahertz-Bereich) sorgfältig unterschieden werden. Bei der Angabe der Detektivität D muß zusätzlich die Bandbreite Δf des Meßsystems angegeben werden.

Bei Infrarotempfängern wird manchmal aus Gründen des geringeren experimentellen Aufwandes anstelle von monochromatischer Strahlung die spektral unzerlegte Strahlung eines Schwarzen Strahlers der Temperatur T (meist 500 K) zur Bestimmung der (normierten) Detektivität verwendet. Dann wird die Angabe der Wellenlänge durch die Angabe der Temperatur des Strahlers ersetzt. Das so bestimmte D oder D^* ist aber bei einem selektiven Empfänger wenig aussagekräftig.

4.3.4 Externe und interne Quantenausbeute

Die Anzahl der Photonen, die auf ein photoaktives Material, wie z.B. eine Photokathode, treffen, sei n_p. Sie verursachen n_e Elementarprozesse, wie etwa die Freisetzung eines Elektrons aus einer Photokathode ins umgebende Vakuum oder die Erzeugung eines Elektron-Lochpaares im Halbleiter. Von diesen n_e Elementarprozessen wird nur der Bruchteil $p \cdot n_e$ wirksam ("eingesammelt"), indem er zum Empfängerausgangssignal beiträgt. $p \leq 1$ heißt Sammelwirkungsgrad und der Quotient

$$\eta_e = \frac{p \cdot n_e}{n_p} \qquad (4.3\text{-}13)$$

heißt die externe Quantenausbeute. Ihr Wert ist i.a. kleiner als Eins, kann aber auch größer als Eins werden, wenn die Energie der einfallenden Photonen hoch genug ist, um zwei oder mehrere der genannten Elementarprozesse auszulösen. Aus der spektralen Empfindlichkeit $s(\lambda)$ des Strahlungsempfängers bei der Wellenlänge λ kann sie wie folgt berechnet werden

$$\eta_e(\lambda) = \frac{s(\lambda) \cdot h \cdot c}{e \cdot \lambda} \qquad (4.3\text{-}14)$$

(h = Planck-Konstante, c = Lichtgeschwindigkeit, e = Elementarladung).
Von den einfallenden Photonen wird i.a. ein Teil reflektiert und ein weiterer durchdringt eventuell das Material. Elementarprozesse im obigen Sinn kann aber nur der absorbierte Anteil auslösen. Dem trägt die interne Quantenausbeute η_i Rechnung. Sie nimmt Bezug auf die Anzahl der absorbierten Photonen $n_{p,a}$

$$\eta_i = \frac{p \cdot n_e}{n_{p,a}} \qquad (4.3\text{-}15)$$

Die interne Quantenausbeute ist also größer als die externe, und sie beschreibt besser die Wirksamkeit des photoaktiven Materials, ist allerdings nur mit größerem Meßaufwand als die externe zu bestimmen. Bei guten Silizium-Photodioden liegt sie im Wellenlängenbereich von 500 nm bis 700 nm sehr nahe beim Wert 1 (4.2.5, Selbstkalibriermethode ←).

4.3.5 Nutzbarer Spektralbereich

Der nutzbare Spektralbereich ist nach DIN 5030 Teil 5 derjenige Spektralbereich, in dem die relative spektrale Empfindlichkeit anzugebende Werte (z.B. 10 %) nicht unterschreitet. Er gibt also ungefähre Anhaltspunkte, in welchem Wellenlängen- bzw Frequenz-Bereich ein Empfänger sinnvoll eingesetzt werden kann. Allerdings muß man damit rechnen, daß an den Rändern des so definierten Bereiches neben der Empfindlichkeit oft auch andere Empfängereigenschaften schlechter sind als in dessen Zentrum.

Zum Beispiel können die Inhomogenität (→ 4.3.9), die Nichtlinearität (→ 4.3.8) und der Temperaturkoeffizient (→ 4.3.11) größer sein als im Zentrum, so daß die Meßunsicherheit zu den Rändern hin nicht nur infolge der abnehmenden Empfindlichkeit und der damit abnehmenden Detektivität anwächst. Vorsicht ist auch dann geboten, wenn sich die spektrale Empfindlichkeit sehr stark mit der Wellenlänge ändert, weil dann bereits kleine Wellenlängenfehler zu großen Fehlern bei der Messung einer (monochromatischen) Strahlungsleistung bzw. Bestrahlungsstärke führen können.

4.3.6 Frequenzgang der Empfindlichkeit

Unter dem Frequenzgang der Empfindlichkeit versteht man die Abhängigkeit der Empfindlichkeit eines Strahlungsempfängers von der Modulationsfrequenz f der (sinusförmig modulierten) Strahlung. Bei thermischen Empfängern braucht die spektrale Zusammensetzung der für die Messung verwendeten Strahlung nicht näher spezifiziert zu werden. Bei photoelektrischen Empfängern ist nicht auszuschließen, daß der Frequenzgang auch von der Wellenlänge der Strahlung abhängt.
Wird das Empfängerausgangssignal über einen Lock-in Verstärker gemessen, so ist es empfehlenswert, die Modulationsfrequenz so zu wählen, daß in ihrer Umgebung die Empfindlichkeit nicht frequenzabhängig ist. Damit vermeidet man, daß kleine Gleichlaufschwankungen des Choppers den Phasenabgleich des Lock-in Verstärkers stören.
Vereinfachend wird manchmal statt des Frequenzganges ein **Frequenzbereich** angegeben. Gemeint ist damit ein Bereich, in dem sich die Empfindlichkeit nur innerhalb anzugebender Grenzen (z.B. +/- 10 %) mit der Frequenz ändert. Bei vielen Empfängern erstreckt sich dieser Frequenzbereich von Null bis zu einer (oberen) Grenzfrequenz f_g. Bei größeren Thermosäulen liegt die Grenzfrequenz im Bereich von 1 Hz, bei speziell konstruierten Photodioden mit sehr kleiner Empfängerfläche kann sie 1 GHz erreichen. Im Abschnitt 4.2.1.3 ist erläutert worden, warum die untere Frequenzgrenze bei pyroelektrischen Empfängern stets größer als Null ist. Auch bei anderen Empfängern, die mit integriertem Vorverstärker angeboten werden, kann auf Grund der elektrischen Beschaltung die untere Frequenzgrenze größer als Null sein.

4.3.7 Anstiegs- und Abfallzeit, Zeitkonstante

Wenn das Empfängerausgangssignal u(t) nach einem sprunghaften Einschalten einer ansonsten konstanten Bestrahlung exponentiell vom Dunkelausgangssignal u_d in ein stationäres Ausgangssignal u_s übergeht, reicht zur vollständigen Beschreibung des Zeitverhaltens die Angabe der Zeitkonstanten τ

$$u(t) = u_d + u_s \cdot (1 - e^{-t/\tau}) \tag{4.3-16}$$

Beim sprunghaften Ausschalten fällt das Ausgangssignal entsprechend exponentiell wieder ab:

$$u(t) = u_d + u_s \cdot e^{-\,t/\tau} \tag{4.3-17}$$

Ein Frequenzbereich im Sinne von Abschnitt 4.3.6 läßt sich leicht angeben, wenn man als obere Grenze die Frequenz wählt, bei der die Empfindlichkeit auf 70,7 % $(= 1/\sqrt{2}\,)$ ihres Wertes bei 0 Hz abfällt. Er erstreckt sich von 0 Hz bis $f_g = 1/(2\pi\tau)$.

Mit Hilfe der Gleichungen (4.3-16) und (4.3-17) kann auch leicht berechnet werden, wie lange man bei einer Messung nach dem Öffnen oder Schließen des Verschlusses warten muß, bis sich das Empfängerausgangssignal um weniger als eine vorgegebene Abweichung vom stationären Wert unterscheidet. Ein zu langes Warten ist nicht nur wegen des hohen Zeitaufwandes, sondern auch wegen einer möglichen Drift von u_d unzweckmäßig. Die sogenannte **Einstellzeit** wird bei Präzisionsmessungen oft zu $8\cdot\tau$ gewählt. Dann ist die relative Abweichung vom stationären Endwert, für den die Kalibrierung gilt, nur noch 0,03 %.

Dieses exponentielle Zeitverhalten ergibt sich bei theoretischen Empfängermodellen nur als Näherung (siehe z.B. Möstl, 1978). Man darf es deshalb bei einem realen Empfänger erst dann unterstellen, wenn die Gültigkeit experimentell überprüft worden ist. Gilt es nicht, so behilft man sich mit der Angabe einer **Anstiegszeit** und meint damit die Zeitspanne, die die Empfängerausgangsgröße benötigt, um nach einem sprunghaften Einschalten einer ansonsten konstanten Eingangsgröße von einem bestimmten niedrigen Bruchteil (meist 10 %) auf einen bestimmten hohen Bruchteil (meist 90 %) des stationären Endwertes anzusteigen. Das Dunkelausgangssignal ist natürlich zu subtrahieren, bevor man die Bruchteilwerte (10- und 90-Prozent-Punkte) ermittelt.

Entsprechend wird die **Abfallzeit** ermittelt, indem man nach plötzlichem Abschalten einer konstanten Bestrahlung die Zeitspanne mißt, die das Empfängerausgangssignal benötigt, um von einem bestimmten hohen Bruchteil auf einen bestimmten niedrigen abzusinken. Die Angabe dieser Zeiten gestattet keine genaue Berechnung der Einstellzeit oder der Grenzfrequenz. Diese müssen zusätzlich experimentell bestimmt werden.

4.3.8 Nichtlinearität, Linearitätsbereich

Wenn das Empfängerausgangssignal streng proportional zur Empfängereingangsgröße ist, so sagt man, der Empfänger arbeite linear. Die Proportionalitätskonstante ist dann die Empfindlichkeit (4.3.2 ←), und es reicht aus, diese bei nur einem Wert der Eingangsgröße zu messen. Ist diese Linearität nicht gegeben, so definiert man als Korrekturfunktion die Nichtlinearität f_{NL}. Sie gibt die relative Abweichung der Empfindlichkeit $s(z)$ von der Empfindlichkeit $s(z_o)$ bei einem anzugebenden Bezugswert z_o der Eingangs- oder Ausgangsgröße z an

$$f_{NL}(z) = \frac{s(z) - s(z_o)}{s(z_o)} \tag{4.3-18}$$

Für den Anwender, der die Nichtlinearität zur Korrektur seiner Meßergebnisse benutzen möchte, ist es günstig, f_{NL} als Funktion der **Ausgangs**größe zu kennen, da dies die unmittelbare Meßgröße ist, die Empfängereingangsgröße dagegen ist als das zu berechnende Meßergebnis noch unbekannt.

Gilt es dagegen nur abzuschätzen, welchen Beitrag die Nichtlinearität zur Meßunsicherheit liefert, so reicht oft schon die Kenntnis des **Linearitätsbereiches**. Das ist der Bereich der Empfängereingangs- bzw. Ausgangsgröße, in dem die Nichtlinearität anzugebende Grenzwerte (z.B. +/- 1 %) nicht überschreitet. Bei Empfängern, die einen Linearitätsbereich aufweisen, findet man im allgemeinen bei Nichtlinearitätsmessungen keine untere Grenze, d.h. die Nichtlinearität nimmt mit kleiner werdendem z nicht zu. Allerdings wird diese Aussage dadurch relativiert, daß bei abnehmendem Meßsignal die Meßunsicherheit infolge Rauschens ständig zunimmt. Wird die Meßunsicherheit bei der Nichtlinearitätsbestimmung größer als der vorgesehene Grenzwert von f_{NL}, so hat es keinen Sinn die Messung fortzusetzen. Als untere Grenze des Linearitätsbereiches wird dann der Wert von z angegeben, bei dem die Meßunsicherheit gerade die Grenze von f_{NL} erreicht. Thermospannungen und andere nichtkorrigierte Offsetspannungen in den nachgeschalteten Verstärkern machen sich insbesondere bei kleinen Empfängerausgangssignalen bemerkbar, so daß die Kombination von Empfänger und Verstärker durchaus nichtlinear reagieren kann.

Die Nichtlinearität ist neben der normierten Detektivität bei Relativmessungen eine der wichtigsten Empfängerkenngrößen, insbesondere wenn große Signalunterschiede vorkommen, wie z.B. bei Transmissionsgradmessungen, wenn der Absorptionsgrad des zu untersuchenden Materials hoch ist.

Bei Thermosäulen beruht die Nichtlinearität vorwiegend auf der Temperaturabhängigkeit der Thermokraft und dem nichtlinearen Zusammenhang zwischen Temperaturerhöhung und Konvektionsverlusten. So lange die durch Bestrahlung hervorgerufenen Temperaturerhöhungen klein sind, ist auch die Nichtlinearität klein. Sie ist, wenn man f_{NL} auf die Thermospannung (Ausgangsgröße) bezieht, auch nicht wellenlängenabhängig. So lange die Temperaturerhöhungen klein sind, ist das Meßergebnis auch nicht davon abhängig, ob die ganze Empfängerfläche oder nur eine Teilfläche bestrahlt wurde. Um aber eine Vermischung der Nichtlinearität mit einer möglichen Inhomogenität zu vermeiden, sollte (wie bei allen anderen Empfängertypen auch) strengstens darauf geachtet werden, daß während der ganzen Meßreihe exakt dieselbe Fläche bestrahlt wird.

Bei Bolometern kann eine Nichtlinearität des Widerstands-Temperaturkoeffizienten und die schon erwähnte Nichtlinearität der Konvektion (entfällt bei Vakuumbetrieb) eine Rolle spielen. Auf Grund der in Abschnitt 4.2.1.2 geführten Diskussion ist es einleuchtend, daß die Nichtlinearität davon abhängt, welche Teilfläche bestrahlt wird. Es müssen deshalb bei der Nichtlinearitätsmessung die gleichen Meßbedingungen eingestellt werden wie bei der eigentlichen Anwendung des Empfängers. Dies gilt auch für den pyroelektrischen Empfänger, da die lokal erzeugten Temperaturerhöhungen von der (lokalen) Bestrahlungsstärke abhängen. Über die nichtlineare Temperaturabhängigkeit der spontanen Polarisation führt dies zu geringfügigen Nichtlinearitäten des Empfängers.

Über die Nichtlinearität von Photoempfängern ist in den entsprechenden Abschnitten schon referiert worden. Es sei hier nur noch einmal betont, daß die Nichtlinearität, wenn sie nicht nur durch eine unzweckmäßige äußere Beschaltung bewirkt wurde, wellenlängenabhängig und bestrahlungstärkeabhängig ist. Da auch der Bahnwiderstand der photoaktiven Schicht eine Rolle spielt, ist auch hier in manchen Fällen die Nichtlinearität davon abhängig, welche Teilfläche bestrahlt wird. Deshalb ist es nicht sehr erfolgversprechend, bei Photoempfängern eine Nichtlinearität zu korrigieren. Man sollte vielmehr durch geschickte Dimensionierung des Meßaufbaus dafür sorgen, daß man im (meist recht großen) linearen Bereich arbeitet.

Am einfachsten läßt sich die Nichtlinearität eines Prüflings durch Vergleich mit einem als linear bekannten Empfänger (Referenzempfänger) bestimmen. Dazu wird ein konstanter Bruchteil der Meßstrahlung über einen Strahlteiler auf den Referenzempfänger geleitet, der das Referenzsignal $u_r(z)$ liefert. Durch geschickte Wahl des Teilungsverhältnisses kann man dafür sorgen, daß der Referenzempfänger immer innerhalb seines Linearitätsbereiches betrieben wird. Liefert der Prüfling das Meßsignal $u_p(z)$, so ist unter Verwendung von Gleichung (4.3-18) seine Nichtlinearität

$$f_{NL}(z) = \frac{u_p(z)/u_r(z) - u_p(z_0)/u_r(z_0)}{u_p(z_0)/u_r(z_0)} \qquad (4.3\text{-}19)$$

Ein Verfahren, das ohne Referenzempfänger auskommt, ist das erstmals von Bischoff (Bischoff, 1962) beschriebene Additionsverfahren. Im Prinzip beruht es darauf, daß mittels eines Linsensystems eine bestrahlte Blende als (virtuelle) Strahlungsquelle auf die Empfängerfläche abgebildet wird. In das Linsensystem sind wie bei einem photographischen Objektiv Aperturblenden zur Veränderung der Bestrahlungsstärke in der Empfängerebene eingebaut. Aber anders als beim Photoobjektiv handelt es sich nicht um eine veränderliche, sondern um zwei feste, gleiche Aperturblenden, die nebeneinander liegen, so daß sie einzeln geschlossen oder geöffnet werden können (s. **Abbildung 4.3-1**).

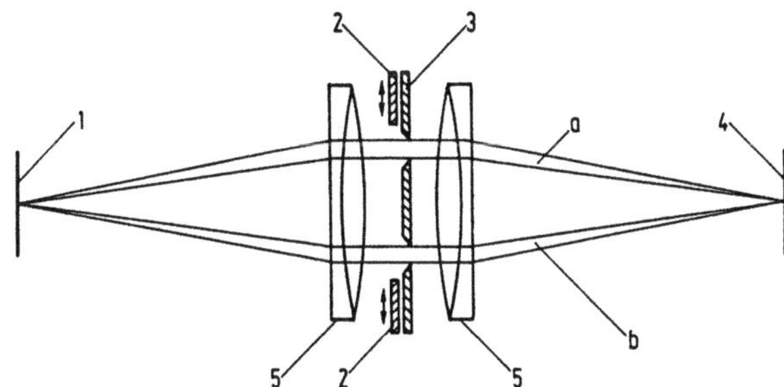

Abbildung 4.3-1: Linsensystem mit Aperturblenden zur Nichtlinearitätsmessung. Die Strahlerfläche 1 wird auf die Empfängerebene 4 abgebildet. Die Schieber 2 können unabhängig voneinander vor die Aperturblenden 3 gebracht werden, so daß die Strahlungsbündel a und b einzeln und gemeinsam zur Bestrahlungsstärke in der Empfängerebene beitragen können.

Ist nur das Strahlungsbündel a freigegeben, so zeigt der Empfänger das Ausgangssignal v_a, wirkt nur das Bündel b ein, so zeigt der Empfänger das Ausgangssignal v_b. Sind beide geöffnet, so erhält man das Ausgangsignal v_{a+b}. Arbeitet der Empfänger linear, so ist $v_{a+b} = v_a + v_b$. Trifft dies nicht zu, so kann der Ausdruck

$$\Delta = \frac{v_{a+b} - (v_a + v_b)}{v_a + v_b} \tag{4.3-20}$$

zur Berechnung der Nichtlinearität f_{NL} benutzt werden. Durch Aneinanderreihen mehrerer solcher Verdopplungsschritte der Bestrahlungsstärke in der Empfängerebene durch Verändern der Strahlstärke der virtuellen Quelle läßt sich ein größerer Bereich vermessen. Noch einfacher ist es, wenn das Linsensystem neben den zwei erwähnten Blenden noch n weitere enthält, die sich je um einen Faktor 2 in der Fläche unterscheiden, so daß sich durch Betätigen der verschiedenen Blendenschieber ein Bestrahlungsstärkeverhältnis von $1 : 2$ bis $1 : 2^{n+1}$ realisieren läßt.
Fälschlicherweise wird der Ausdruck Δ in Gleichung (4.3-20) oft auch als Nichtlinearität bezeichnet. Es handelt sich vielmehr nur um die Nichtlinearität für einen Verdopplungsschritt der Bestrahlungsstärke. Eine Aussage über den Linearitätsbereich ist hiermit also noch nicht möglich.

4.3.9 Inhomogenität, homogener Bereich, Anisotropie

Wenn bei nahezu punktförmiger Bestrahlung der Empfängerfläche das Ausgangssignal nicht davon abhängt, welcher Punkt bestrahlt wird, so heißt der Empfänger homogen, andernfalls inhomogen, und die relative Abweichung der Empfindlichkeit $s(P)$ an einem Punkt P der Empfängerfläche von der Empfindlichkeit $s(P_o)$ an einem anzugebenden Bezugspunkt P_o der Empfängerfläche heißt die Inhomogenität f_{IH}

$$f_{IH}(P) = \frac{s(P) - s(P_o)}{s(P_o)} \tag{4.3-21}$$

Zur Bestimmung von $s(P)$ ist eine kleine rechteckige oder kreisförmige Teilfläche (Sondenfläche) mit P als Mittelpunkt zu bestrahlen. Bei der Wahl von P_o ist darauf zu achten, daß dieser Punkt gut reproduzierbar wiedergefunden werden kann, meist wird der Zentrumspunkt gewählt. Im allgemeinen wird die Inhomogenität um so größer ausfallen, je kleiner die Sondenfläche gewählt wird. Deshalb sollte die Sondenfläche der Form und Größe der Empfängerfläche angemessen sein. Ihre Größe muß zusammen mit dem Meßergebnis angegeben werden. Aus der Diskussion beim Bolometer (4.2.1.2 ←) und beim Photoleiter (4.2.2.2 ←) folgt, daß bei diesen Empfängertypen die Sondenfläche speziell gewählt werden muß, um ein sinnvolles Ergebnis zu erhalten. Sie muß spaltförmig sein und entweder von Elektrode zu Elektrode reichen oder, wenn die Spaltrichtung parallel zu den Elektroden verläuft, die ganze

Breite der Empfängerfläche überdecken. Dann ist gewährleistet, daß ein immer gleichwirkender unbestrahlter Widerstand entweder parallel zum bestrahlten (Spalt senkrecht zur Elektrodenrichtung) oder in Reihe mit dem bestrahlten (Spalt parallel zur Elektrodenrichtung) Widerstand liegt.

Der Bereich, in dem die Inhomogenität anzugebende Grenzwerte nicht überschreitet, heißt **homogener Bereich**. Seine Grenzwerte geben eine obere Grenze für die durch Inhomogenität verursachte Meßunsicherheit. Die tatsächliche Meßunsicherheit ist aber oft sehr viel geringer.

Die Inhomogenität muß besonders bei Absolutmessungen und bei solchen Relativmessungen gering sein, bei denen Strahlungen verschiedener Bündeldurchmesser verglichen werden müssen. Es ist auch darauf zu achten, daß bei kleinerwerdenden Bündeldurchmessern aber gleicher Strahlungsleistung nicht der Linearitätsbereich bezüglich Bestrahlungsstärke verlassen wird.

Bei allen übrigen Relativmessungen kann man Fehler infolge Inhomogenität weitgehend vermeiden, wenn man darauf achtet, daß das Bündel immer dieselbe Teilfläche des Empfängers trifft, und daß die Bestrahlungsstärkeverteilung konstant bleibt. Zu diesem Zweck werden z.B. vor die Empfängerfläche Streu- oder Opalglasscheiben oder eine Ulbrichtkugel gesetzt.

Im allgemeinen ist ein Strahlungsempfänger nicht in der Lage, Strahlung, die aus dem ganzen Halbraum vor der Empfängerfläche einfällt, gleichmäßig zu empfangen. Dies verhindern z.B. Vorblenden und Fenster. Um dem Anwender diesbezüglich einen Anhaltspunkt zu geben, ist der **Öffnungswinkel** (2.2 ←) als Spanne des für den Empfang von Strahlung vorgesehenen Winkelbereichs eingeführt worden. Diese Definition weist eine gewisse Analogie zur Empfängerfläche auf. So wie die Empfängerfläche noch nicht notwendigerweise homogen zu sein braucht, so kann innerhalb des Öffnungswinkels die Empfindlichkeit auch noch von der Einfallsrichtung abhängen. Dem trägt die Kenngröße **Anisotropie** f_{AI} Rechnung. Sie ist die relative Abweichung der Empfindlichkeit $s(\vartheta)$ bei Einfall der (kollimierten) Strahlung unter dem Winkel ϑ gegen eine Bezugsrichtung von der Empfindlichkeit s_o bei Strahlungseinfall in dieser (anzugebenden) Bezugsrichtung

$$f_{AI}(\vartheta) = \frac{s(\vartheta) - s_o}{s_o} \qquad\qquad (4.3\text{-}22)$$

Um eine Vermengung mit der Inhomogenität zu vermeiden, darf bei dieser Messung nur der homogene Teil der Empfängerfläche bestrahlt werden. Als Bezugsrichtung wird man, wenn nicht konstruktive Gründe dagegen sprechen, die Richtung des senkrechten Strahlungseinfalls nehmen. Die Winkelspanne, in der die Anisotropie anzugebende Grenzwerte nicht überschreitet, heißt **isotroper Bereich**.

Es ist zu beachten, daß die Anisotropie von der Wellenlänge und dem Polarisationszustand der Strahlung abhängen kann. Wenn Strahlung, die aus der Bezugsrichtung einfällt, nicht senkrecht auf eine (teilweise) reflektierende Oberfläche trifft, so ist die Anisotropie nicht rotationssymmetrisch zur Bezugsrichtung. In solch einem Fall benötigt man zur vollständigen Beschreibung der Anisotropie zwei Winkelkoordinaten. Wegen

des hohen Meßaufwandes wird in solchen Fällen aber auf die Angabe einer Anisotropie
verzichtet und nur ein isotroper Bereich zum Zwecke der Fehlerabschätzung angegeben.
Bei einer Thermosäule ohne Fenster, deren Absorber eine mattschwarze Schicht ist, ist
der isotrope Bereich (für Grenzen von 1 %) sehr groß. Bei einem thermischen Hohlraumempfänger dagegen darf i.a. nur die Bodenplatte direkt von der Strahlung getroffen
werden. Dann ist der Öffnungswinkel entsprechend klein. Innerhalb dieses Bereiches
ist die Anisotropie verschwindend klein.
Bei Photodioden kann die Anisotropie durch Vorschalten einer Ulbrichtkugel stark reduziert werden.

4.3.10 Nachwirkung, Alterung

Neben der Änderung der Empfindlichkeit durch die Änderung von Einflußgrößen wie
Temperatur, Luftdruck und Luftfeuchtigkeit treten manchmal durch die gewollte Bestrahlung solche Änderungen auf, die nach Beendigung der Strahlung mehr oder minder
schnell wieder verschwinden (reversible Änderungen). Handelt es sich dabei um eine
Abnahme der Empfindlichkeit, so spricht man auch von **Ermüdung**. Bei Selen-Photo-
dioden, die früher oft wegen des Verlaufs ihrer spektralen Empfindlichkeit Verwendung
für photometrische Zwecke fanden, trat eine sehr starke Ermüdung auf. Auch die ersten
großflächigen Silizium-Photodioden zeigten noch einen Ermüdungseffekt. Mit zunehmend
reiner werdendem Ausgangsmaterial für die Herstellung von Silizium-Photodioden ver-
schwand dieser Effekt. Heutzutage wird er praktisch nur noch bei Photovervielfachern
(4.2.2.1 ←) beobachtet, wo er seine Ursache hauptsächlich in statischen Raumladungen
hat. Aber auch die interne Quantenausbeute der Photokathode kann bei kompliziert
zusammengesetzten Materialien einer Ermüdung unterliegen.
Durch Strahlung verursachte dauerhafte Veränderungen der Empfindlichkeit zählt man
zu den **Alterungseffekten**. Ganz allgemein faßt man darunter alle nichtreversiblen Änderungen der Empfängerkenngrößen zusammen, die auch dann auftreten, wenn der
Empfänger nur den vom Hersteller zugelassenen Betriebs- und Lagerbedingungen ausgesetzt worden ist. Die Alterung pro Zeiteinheit (meist pro Jahr) heißt **Alterungsrate**. Nur
wenn ein Empfänger sehr schonend aufbewahrt und verwendet worden ist, kann also
erwartet werden, daß die vom Hersteller angegebenen Alterungsraten eingehalten werden. Die tägliche Verwendung kann zu einer erhöhten Alterungsrate führen. Deshalb
sollte ein Laboratorium, das mit Hilfe von kalibrierten Sekundärnormalen Absolutmessungen ausführt, wenigstens über zwei Normale verfügen, von denen eines für die Routinemessungen benutzt und das andere sorgfältig verwahrt und nur von Zeit zu Zeit mit
dem ersten unter besonders schonenden Bedingungen verglichen wird. Wenn allerdings
die beiden Empfänger vom gleichen Typ sind, bietet die Übereinstimmung ihrer Kalibrierungen über einen längeren Zeitraum noch keine Gewähr dafür, daß keine Alterung
aufgetreten ist, denn Empfänger gleichen Typs altern meist gleichartig (unter gleichen
Bedingungen). Besser ist es deshalb aus dieser Sicht, zwei sehr verschiedene Sekundärnormale als Basis zu haben. Andererseits erschwert die Verschiedenartigkeit aber die
Vergleichbarkeit der Empfänger. Die sicherste Basis für Absolutmessungen ist natürlich
ein Absolutempfänger (4.3.4 ←), weil dann die Alterung durch die elektrische Kalibrierung überwacht und eliminiert werden kann.

Eine langsame zeitliche Änderung einer Empfängerkenngröße oder auch des Empfänger-
dunkelsignals wird als **Drift** bezeichnet. Meist wird dieser Ausdruck nur verwendet,
wenn die Ursache und das zeitliche Fortschreiten dieser Änderung nicht näher präzisiert
werden können oder sollen.

4.3.11 Temperaturgang, Temperaturkoeffizient

Die Abhängigkeit der Empfängerkenngrößen von der Temperatur bezeichnet man als
Temperaturgang. Fast alle Empfängerkenngrößen sind in geringem Maße temperaturabhängig. Deshalb sollten sie alle bei einer anzugebenden Solltemperatur bestimmt
werden. Für die Umgebung der Solltemperatur ϑ_o kann dann der Temperaturgang einer
Kenngröße X hinreichend genau durch die Angabe des (absoluten) Temperaturkoeffizienten X_ϑ bzw. seines Relativwertes $X_{\vartheta,\mathrm{rel}}$ angegeben werden

$$X_\vartheta = \frac{dX}{d\vartheta}\bigg|_{\vartheta = \vartheta_o} \tag{4.3-23}$$

$$X_{\vartheta,\mathrm{rel}} = X_\vartheta / X \tag{4.3-24}$$

Der wichtigste Temperaturkoeffizient ist der für die (spektrale) Empfindlichkeit. Bei
Photodioden ist er wellenlängenabhängig. Die Hauptursache hierfür ist die Temperaturabhängigkeit des wellenlängenabhängigen Absorptionsgrades. Da dieser darüber entscheidet, ob ein Photon vor, im oder hinter dem pn-Übergang absorbiert wird, wird
somit der Sammelwirkungsgrad (4.3.4 ←) und damit die spektrale Empfindlichkeit
temperaturabhängig. Zu einer scheinbaren Änderung der Empfindlichkeit kann auch
die Temperaturabhängigkeit des Innenwiderstandes der Photodiode führen, wenn der
angeschlossene Strom-Spannungs-Wandler nicht über einen Eingangswiderstand verfügt,
der klein gegen den Innenwiderstand der Photodiode ist (4.2.2.3 ←).
Im kurzwelligen Teil des nutzbaren Spektralbereiches ist der Temperaturkoeffizient von
Photodioden meist negativ (Abnahme des Sammelwirkungsgrades durch vermehrte Absorption vor dem pn-Übergang), im mittleren Spektralbereich ist er klein und im langwelligen Teil stark positiv. Hier betragen die relativen Temperaturkoeffizienten oft einige
Prozent pro Grad, so daß man Photodioden (wie auch Photoleiter) in diesem Bereich nur
noch mit Vorsicht nutzen sollte, auch wenn dieser Bereich nach Abschnitt 4.3.5 noch
zum nutzbaren Spektralbereich zählt.
Probleme mit Temperaturgängen vermeidet man tunlichst durch eine Temperaturstabili-
sierung des Empfängers. Vorsicht ist in dieser Beziehung nur bei thermischen Empfängern
geboten, denn die Regelschwingungen der Temperatur in der Größenordnung von einigen Zehntel Grad übertragen sich leicht auch auf den Temperatursensor des Empfängers
(z.B. Thermosäule) und stören dann mehr, als die Stabilisierung Nutzen bringt.

4.4 Spezielle Empfängerkenngrößen ortsauflösender Empfänger

Neben den erwähnten Kenngrößen für Einzelempfänger braucht man bei ortsauflösenden Empfängern vor allen Dingen solche Kenngrößen, die die Güte der Ortsauflösung quantitativ beschreiben. Für die Spektroradiometrie sind diese Größen von besonderem Interesse, da eine Aussage über die spektrale Auflösung ($\rightarrow$ 5.6) eines Systems, bestehend aus dispersivem Spektralapparat und ortsauflösendem Empfänger, nur möglich ist, wenn auch die Grenzen, die der Empfänger setzt, bekannt sind.

Bei Diodenzeilen und -matrizen sind der Ortsauflösung durch die geometrische Länge und Breite der Empfängerelemente Grenzen gesetzt. Diese Grenzen sind i.a. auch durch eine die Empfängerelemente berandende Frontelektrode erkennbar. Strahlung, die innerhalb dieser Umrandung eines Empfängerelementes liegt, wird man eindeutig dem betreffenden Element zuordnen. Innerhalb des Elementes ist keine weitere Ortsauflösung möglich. Wenn die Empfängerelemente aber Teil einer monolithischen Scheibe (z.B. aus Silizium) sind, ist nicht auszuschließen, daß die unbestrahlten Nachbarelemente durch Streuung von Strahlung und durch Diffusion von photoelektrisch erzeugten (Minoritäts-) Ladungsträgern auch ein Signal liefern, das größer als das Dunkelausgangssignal ist. Auch durch nicht ideal arbeitende Abtastverfahren kann dieser Effekt noch vergrößert werden. Um dieses unerwünschte Signal in eindeutiger Weise durch die Angabe des **Übersprechens** quantifizieren zu können, müssen zunächst zwei andere Begriffe eingeführt werden.

Diejenige Bestrahlung (bzw. Bestrahlungsstärke), die auf dem Empfängerelement nicht überschritten werden darf, wenn die vom Hersteller spezifizierten Kenngrößen noch unverändert gelten sollen, heißen **Grenzbestrahlung** (bzw. Grenzbestrahlungsstärke). Überschreitet man diese Werte, so wird z.B. das Ausgangssignal nicht mehr proportional zur Bestrahlung (bzw. Bestrahlungsstärke) sondern schwächer zunehmen, um schließlich in das **Sättigungssignal** als das maximal abgebbare Ausgangssignal überzugehen.

Als **Übersprechen** bezeichnet man dann dasjenige Ausgangssignal eines unbestrahlten Elementes (abzüglich Dunkelausgangssignal), das dieses Element liefert, wenn sein Nachbarelement mit der Grenzbestrahlung bzw. Grenzbestrahlungsstärke bestrahlt wird.

Bei ortsauflösenden Empfängern mit nahezu homogener Empfängerfläche (und bewegter Abtastung, Beispiel: Vidikon 4.2.3 $\leftarrow$) muß anders vorgegangen werden. Bei ihnen ist eine "punktförmige" Bestrahlung, d.h. die Bestrahlung eines infinitesimal kleinen Teils der Empfängerfläche nicht auf Grund diskreter Empfängerelemente sinnlos. Zur sprachlichen Vereinfachung wird im folgenden von "Punkt" gesprochen, wenn eine infinitesimal kleine Fläche gemeint ist. Auch bei den ortsauflösenden Empfängern mit nahezu homogener Empfängerfläche wird eine Wirkung in Nachbarpunkten eines bestrahlten Punktes nachweisbar sein. Als Ursachen sind wieder Streuung und Diffusion zu nennen. Hinzu kommen die endliche Ausdehnung der Abtastsonde und die Reichweite des elektrischen Feldes, das von den photoelektrisch erzeugten (stationären) Ladungen hervorgerufen wird.

Ist $dY(x_o, y_o)$ das (infinitesimale) Ausgangssignal des bestrahlten infinitesimalen Flächenelementes mit dem Mittelpunkt (x_o, y_o), und $dY(x, y)$ dasjenige eines benachbarten Flächenelementes, so bezeichnet man die Funktion $W(x_o, y_o; x, y)$ als das örtliche Wirkungsprofil:

$$W(x_o, y_o; x, y) = dY(x, y)/dY(x_o, y_o) \qquad\qquad (4.3\text{-}25)$$

Bei homogener Empfängerfläche hängt das örtliche Wirkungsprofil W nicht von der Wahl des Punktes (x_o, y_o) ab. Es ist vielmehr eine Funktion, die ihren Maximalwert, nämlich Eins, am Ort des bestrahlten Punktes annimmt und in dessen Umgebung mehr oder minder steil abfällt. Je steiler der Abfall, desto besser ist die Ortsauflösung. Den örtlichen Abstand des Punktes in einer Abtastzeile von (x_o, y_o), bei dem das Wirkungsprofil auf 1/e (= 0,369) abgefallen ist, nennt man den auflösbaren Abstand. Der Sinn dieser Definition wird klar, wenn man sich vorstellt, daß zwei Punkte im auflösbaren Abstand mit gleicher Bestrahlungsstärke bestrahlt werden, alle übrigen aber unbestrahlt bleiben. Dann wird das infinitesimale Ausgangssignal der Punkte zwischen den bestrahlten etwas niedriger sein als das der bestrahlten. Der Minimalwert tritt auf halber Wegstrecke auf. Er beträgt etwa 89 % des Wertes für die bestrahlten Punkte. Diese Einsattelung ist noch deutlich genug, um an den ortsaufgelösten Ausgangssignalen des Empfängers ablesen zu können, daß nicht einer, sondern zwei Punkte bestrahlt wurden.
Neben der örtlichen Auflösung ist die zeitliche Auflösung eines ortsauflösenden Empfängers von Interesse. Diese wird einerseits begrenzt durch die maximale Abtastfrequenz. Das ist die maximal zulässige Abtastfrequenz (4.2.3 ←), bei der noch die spezifizierten Kenngrößen eingehalten werden. Andererseits reicht bei starker Entladung der Kapazitäten der Empfängerelemente (4.2.3 ←) durch eine große Bestrahlung ein einmaliges Abtasten nicht aus, um den gewünschten Ladungszustand wiederherzustellen. Deshalb kann eine zweite Abtastung notwendig werden. Ob diese zweite Abtastung z.B. nach einem kurzen starken Strahlungspuls (z.B. einer Blitzlampe) notwendig ist, kann mit Hilfe des **Restsignals** abgeschätzt werden. Diese Kenngröße gibt nämlich das Ausgangssignal bei einer zweiten Abtastung bei abgedunkeltem Empfänger bezogen auf das Ausgangssignal bei der ersten Abtastung mit Bestrahlung an.
Bei den Einzelempfängern war der Linearitätsbereich eingeführt worden, um zu kennzeichnen, in welchem Bereich der Bestrahlungsstärke bzw. Strahlungsleistung ein Empfänger einsetzbar ist. Es wurde erläutert, daß die untere Grenze oft eher durch das Rauschen als durch eine Abweichung von der Linearität gekennzeichnet ist. Etwa die gleichen Überlegungen führen beim ortsauflösenden Empfänger zum Begriff der **Dynamik**. Sie ist das Verhältnis aus Grenzbestrahlungsstärke und rauschäquivalenter Bestrahlungsstärke. Da bei der simultanen Registrierung eines Spektrums sehr große Niveau-Unterschiede auftreten können, insbesondere wenn das Spektrum starke Emissionslinien enthält, ist auf eine große Dynamik zu achten. In Abschnitt 4.2.3 war erläutert worden, daß durch Verlängerung der Integrationszeit die Empfindlichkeit bezüglich Bestrahlungsstärke gesteigert werden kann, was sich zur Messung kleiner Bestrahlungsstärken empfiehlt. Es war aber auch schon darauf hingewiesen worden, daß das Dunkelausgangssignal dieser Vorgehensweise Grenzen setzt. Die dies beschreibende Empfängerkenngröße ist die **maximale Integrationszeit**. Sie gibt an, welche Integrationszeit noch zulässig ist, ohne daß bei den übrigen Empfängerkenngrößen Abweichungen von ihren spezifizierten Werten auftreten. Benötigt man darüber hinausgehende Integrationszeiten, so muß der Empfänger mehrfach in Abständen der maximalen Integrationszeit abgetastet werden.

Die Ausgangssignale -bereinigt um das jeweilige Dunkelausgangssignal- werden dann in einen externen Speicher gegeben, wobei jedem Empfängerelement ein Speicherplatz zugeordnet ist. Bei erneuter Abtastung werden die neuen Ausgangssignale zu den jeweils bereits gespeicherten hinzuaddiert.

Für die unverzerrte Wiedergabe eines Spektrums ist noch eine weitere Forderung zu stellen, nämlich die, daß alle Empfängerelemente die gleiche spektrale Empfindlichkeit haben. Wieweit diese Forderung erfüllt ist, kann aus der **Inhomogenität der Empfängerelemente** abgelesen werden. Sie gibt die relative Abweichung der spektralen Empfindlichkeit eines Empfängerelementes von einem Bezugswert an. Als Bezugswert kann z.B. die Empfindlichkeit eines ausgewählten Elementes oder der Mittelwert der Empfindlichkeiten aller Elemente genommen werden. Ist diese Art der Inhomogenität für eine bestimmte Anwendung zu groß, muß eine Kalibrierung und eine rechnerische Korrektur der Meßwerte vorgenommen werden. Für die Kombination von dispersivem Spektralapparat und Empfängerzeile wird die Kalibrierung am zweckmäßigsten mit einem Normal für die spektrale Bestrahlungsstärke vorgenommen. Diese Inhomogenität der Empfängerelemente darf nicht verwechselt werden mit der Imhomogenität nach Abschnitt 4.3.9, die eine Aussage über die örtliche Variation der Empfindlichkeit auf der Empfängerfläche eines Einzelempfängers bzw. eines einzelnen Empfängerelementes macht.

ANHANG

4.5 Lock-in Verstärker

Ein Lock-in Verstärker besteht zumindest aus den in der **Abbildung 4.5-1** aufgeführten
Bausteinen. Das meist nur sehr kleine Meßsignal wird über einen Wechselspannungs-
verstärker vorverstärkt. Über einen zweiten Eingang wird gleichzeitig ein Referenzsignal verstärkt. Dieses muß in der Frequenz exakt mit dem Meßsignal übereinstimmen. Überdies müssen die Phasen beider Signale starr gekoppelt sein (daher der aus
dem Englischen abgeleitete Name Lock-in Verstärker). Erreicht wird das zum Beispiel
bei Verwendung eines mechanischen Choppers dadurch, daß neben der Meßstrahlung
noch eine Referenzstrahlung (meist von einer lichtemittierenden Diode, $\rightarrow$ 3.9.2) zerhackt
und auf einen Referenzempfänger gegeben wird. Das verstärkte Signal dieses Referenz-
empfängers ist dann das gewünschte Referenzsignal. Mit der Frequenz dieses Referenz-
signals wird im Lock-in Verstärker ein elektronischer Umschalter angesteuert. Im Blockschaltbild der Abbildung 4.5-1 ist dieser Schalter in Form eines mechanischen Schalters
angedeutet. Er schaltet die Polarität des verstärkten Meßsignals im Rhythmus der Refe-
renzfrequenz f_o um.

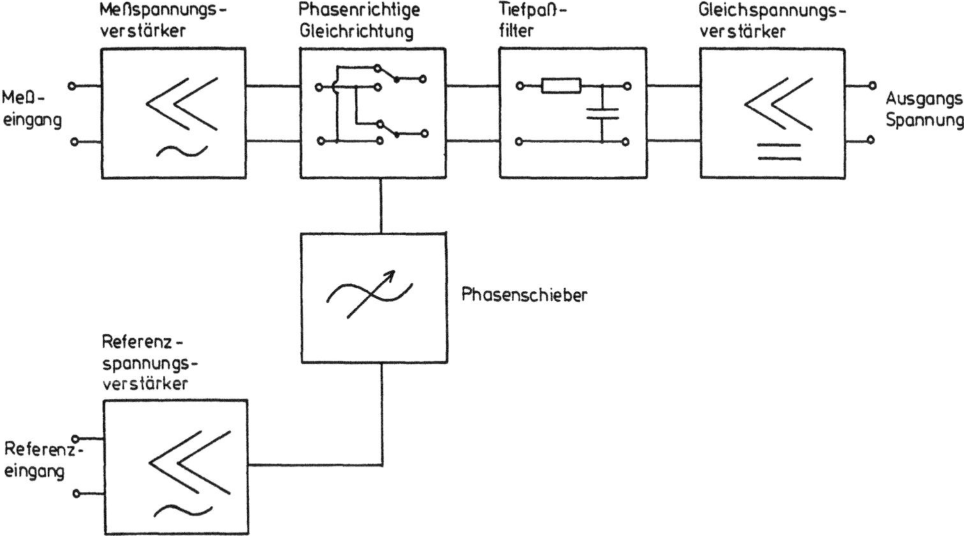

Abbildung 4.5-1: Blockschaltbild eines Lock-in Verstärkers.

Die **Abbildung 4.5-2** zeigt, wie ein sinusförmiges Meßsignal der Frequenz f_o vor der
Umschaltprozedur (Bild a) und danach (Bild b) aussieht. Die gestrichelte Gerade in (b)
gibt den durch die phasenrichtige Umschaltung gewonnenen Gleichspannungsanteil.

Phasenrichtig soll dabei heißen, daß die Umschaltung jeweils beim Nulldurchgang der Meß-Wechselspannung zu erfolgen hat. Die Bilder (c) und (d) zeigen denselben Sachverhalt für ein unerwünschtes Störsignal, dessen Frequenz in diesem Beispiel zu $(2f_o)/3$ gewählt worden ist. Der Gleichspannungsanteil ist praktisch Null, da gleich viele positive wie negative Beiträge vorhanden sind. Trennt man also den Gleichspannungsanteil über ein Tiefpaßfilter ab und verstärkt ihn mit einem Gleichspannungsverstärker, so steht an dessen Ausgang eine Gleichspannung zur Verfügung, die von Störsignalen befreit und proportional zur Amplitude der Meßspannung am Eingang des Verstärkers ist. Erfolgt die Umschaltung nicht phasenrichtig, so hat die Ausgangsspannung einen kleineren Wert. Sie ist sogar Null, wenn die Umschaltung zum Zeitpunkt des Maximalwertes der Wechselspannung stattfindet. Mittels eines Phasenschiebers, der in jeden Lock-in Verstärker eingebaut ist, müssen deshalb die Phasen von Meß- und Referenzspannung zur Übereinstimmung gebracht werden. Nach dieser Überlegung ist auch einsichtig, daß eine nicht starre Kopplung der Phasen eine schwankende Ausgangsspannung zur Folge hat. Deshalb wurde eingangs die Forderung nach einer starren Phasenkopplung erhoben.

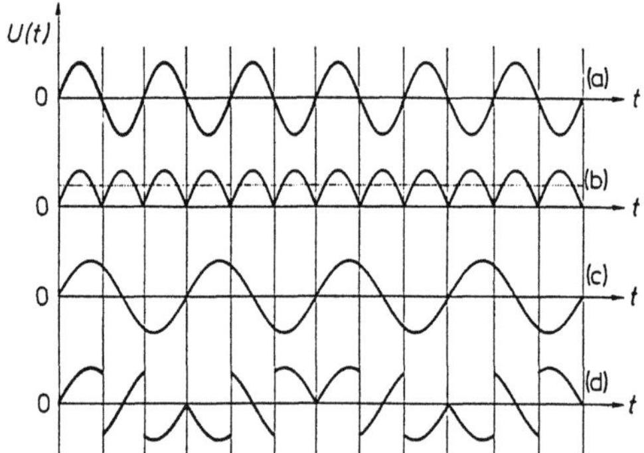

Abbildung 4.5-2: Zur Erklärung der phasenrichtigen Gleichrichtung. (a) zeitlicher Verlauf der sinusförmigen Eingangsspannung am Meß- und Referenzeingang der Frequenz f_o, (b) Kurvenverlauf nach phasenrichtiger Gleichrichtung (Umschaltung), (c) sinusförmige Stör-Wechselspannung der Frequenz $(2f_o)/3$ und (d) ihre Veränderung nach Umschaltung mit der Frequenz f_o, also gegenüber (a) unveränderter Referenzspannung.

Nun kann man sich leicht vorstellen, daß das gleichgerichtete Signal eines Störsignals, das in seiner Frequenz f mit der Meßsignalfrequenz f_o nahezu übereinstimmt, auch fast die gleiche Kurvenform hat wie Bild (b) von Abbildung 4.5-2. Es weist dann einen "Fast-Gleichspannungsanteil" in derselben Größe wie das Meßsignal auf, wenn die Amplituden beider Wechselspannungen gleich waren. "Fast-Gleichspannung" soll hier heißen, daß sich dieser Anteil zeitlich sehr langsam ändert, und zwar mit der Frequenz $|f - f_o|$. Um diese Frequenz noch gut herausfiltern zu können, muß das Tiefpaßfilter auch schon sehr kleine Frequenzen sperren. Das läßt sich durch Einstellung einer entsprechend kleinen Grenzfrequenz f_{Grenz} des Tiefpaßfilters erreichen, hat aber den Nachteil, daß vergleichsweise schnell verlaufende Änderungen der Meßspannung ebenfalls unterdrückt werden. Mit anderen Worten: wenn man die Zeitkonstante τ als $1/(2\pi f_{Grenz})$ definiert, so muß man eine Zeitspanne von mehreren τ abwarten, bis sich Änderungen der auf den Empfänger auftreffenden Strahlungsleistungen vollständig auf das Ausgangssignal des Lock-in Verstärkers ausgewirkt haben. Hiergegen hilft auch keine kleine Zeitkonstante des Empfängers.

Auch wenn man eine Strahlungsleistung messen will, die zwar konstant ist, aber durch Rauschphänomene zu einer schwankenden Eingangsspannung am Lock-in Verstärker führt, müssen die Intervalle zwischen den Einzelmessungen mehrere τ betragen, damit die Einzelmessungen statistisch voneinander unabhängig sind. Dies ist aber die Voraussetzung dafür, daß der Mittelwert den besten Schätzwert für den wahren Wert und die empirische Standardabweichung eine gute Schätzung für die statistische Meßunsicherheit ergibt.

5 Spektrale Aussonderung

A. Reule (Aalen)

5.1 Einleitung

In diesem Kapitel werden Aufbau und Funktionsweise der Einrichtungen zur spektralen Aussonderung erläutert und die zur Beschreibung ihrer Leistungsfähigkeit notwendigen Begriffe, Größen und Kennzahlen dargestellt. Damit soll der Leser in die Lage versetzt werden, die Angaben der Anbieter solcher Einrichtungen zu beurteilen, das für seine Zwecke geeignete Gerät auszuwählen, die Leistungsgrenzen vorhandener Geräte zu erkennen und ihre Leistungsfähigkeit voll auszunutzen. Gesichtspunkte, die mehr für den Gerätebauer als für den Anwender von Interesse sind, werden nicht behandelt.

Entsprechend dem Charakter dieses Buches werden die Tatsachen und Zusammenhänge in Worten und Gleichungen mitgeteilt, erläutert und ihre Konsequenzen diskutiert. Die Erläuterungen sind bei den bekannteren Tatsachen knapp gehalten und nur bei den erfahrungsgemäß weniger bekannten, wie etwa der Begründung der Multiplexspektroskopie und der Übertragung von Strahlungsleistung durch optische Anordnungen, breiter ausgeführt. Die Formeln werden aber weder in der Art von Lehrbüchern hergeleitet oder gar bewiesen, noch im einzelnen durch Literaturzitate belegt.

Der in dieser Richtung weitergehend interessierte Leser muß auf die Literatur verwiesen werden. Als Auswahl von Lehrbüchern für die Grundlagen seien genannt, beginnend mit theoretisch-mathematisch orientierten, deduktiven und fortschreitend zu mehr experimentell orientierten, beschreibenden Darstellungen: Born und Wolf 1986, Born 1981, Klein und Furtak 1988, Hecht und Zajak 1980, Schröder 1984, Pohl 1976, Bergmann-Schäfer 1987. Auf vertiefende Darstellungen spezieller Teilthemen dieses Kapitels ist in den jeweiligen Abschnitten hingewiesen. Nur gelegentlich sind Originalarbeiten als Quellen von Begriffsbildungen, Zahlenangaben oder Abbildungen zitiert.

Die Vereinheitlichung der Bezeichnungsweise ist ein erklärtes Ziel dieses Buches. Deshalb sind die Festlegungen der Internationalen Union für reine und angewandte Physik (IUPAP 1978) und der Internationalen Beleuchtungskommission (CIE 1987) beachtet und die einschlägigen deutschen Normen DIN 5030 (für dieses Kapitel besonders Teil 3) und DIN 5031 voll berücksichtigt. Weitere Normen sind an den Stellen im Text, zu denen sie Bezug haben, zitiert.

Da sich die folgenden Ausführungen, wie schon in der Einführung angegegeben, auf den gesamten optischen Spektralbereich beziehen, wird, den genannten Normen und Festlegungen folgend, immer von Strahlung gesprochen. Der sichtbare Bereich, für den die Bezeichnung Licht vorbehalten ist, ist darin immer eingeschlossen. In der Praxis wird diese Unterscheidung oft nicht so streng beachtet und auch dann z.B. von Falschlicht gesprochen, wenn die korrekte Bezeichnung Fehlstrahlung heißt. In einigen wenigen Fällen sind diese nur im Sichtbaren gültigen, aber verbreiteten, Bezeichnungen in Klammern mit angegeben. Nur die Worte "ausleuchten" und "Ausleuchtung" ($\rightarrow$ 5.7.1, 5.7.4) werden hier für den gesamten optischen Spektralbereich gebraucht, weil es allgemein üblich ist und "Ausstrahlung" mißverständlich wäre.

Im Bestreben, eine systematische Übersicht zu geben, müssen in den folgenden drei Abschnitten eine größere Zahl von Bezeichnungen festgelegt und Beschreibungen möglichst allgemein gehalten werden. Ein solches Vorgehen birgt die Gefahr in sich, daß Anschaulichkeit und Verständlichkeit für den Nicht-Fachmann beeinträchtigt werden. Durch Nennung von Beispielen wird jedoch versucht, dieser Gefahr zu begegnen.

Um die Verteilung einer Strahlung auf die einzelnen Wellenlängen oder die Abhängigkeit der optischen Kennzahl einer Probe von der Wellenlänge zu ermitteln, ist es, wie bereits in der Einführung zu diesem Buch dargelegt, das Nächstliegende, hinreichend schmale Wellenlängenbereiche auszusondern und in diesen die Strahlung zu messen. Unter welchen Voraussetzungen ein Wellenlängenbereich hinreichend schmal ist, wird unter dem Stichwort Monochromasie ($\rightarrow$ 5.5) allgemein und im Abschnitt Erfordernisse der Meßaufgabe ($\rightarrow$ 5.8.1) speziell für die Bestimmung des Absorptionsmaßes (z.B. zum Zweck der Konzentrationsbestimmung) erläutert. Die Messung der Strahlung in einzelnen, getrennten schmalen Wellenlängenbereichen ist aber nicht die einzig mögliche Methode, um ihre Verteilung zu bestimmen. Man kann stattdessen auch die Gesamtstrahlung in verschiedenen Kombinationen einzelner Bereiche messen und daraus die Verteilung berechnen. Dieses Verfahren wird unter dem Stichwort Multiplexspektrometer ($\rightarrow$ 5.3.3) näher beschrieben.

Im folgenden wird in den Abschnitten 5.2 und 5.3 zunächst eine Übersicht über die verschiedenen Typen von Spektralapparaten und spektralen Meßgeräten gegeben. Danach folgt in Abschnitt 5.4 eine Beschreibung der Komponenten, aus denen Spektralapparate aufgebaut werden können, und ihrer Kenngrößen. Daran schließen sich in Abschnitt 5.5 für alle Typen von Spektralapparaten gemeinsam die Kenngrößen zur Beschreibung der spektralen Lage und Verteilung der ausgesonderten Strahlung an. Abschnitt 5.6 ist der Auflösung gewidmet. Abschnitt 5.7 behandelt die Bestrahlungsstärke und Strahlungsleistung hinter Spektralapparaten. Das Kapitel schließt in Abschnitt 5.8 mit Hinweisen für Auswahl und Gebrauch von Spektralapparaten und spektralen Meßgeräten.

Zur Kennzeichnung der Lage im Spektrum wird hier, wie in den übrigen Kapiteln dieses Buches, die Wellenlänge benutzt. Wenn an ihrer Stelle die Frequenz (oder eine der ihr proportionalen Größen, z.B. Wellenzahl oder Photonenenergie) benutzt wird, so treten an die Stelle der Wellenlängengrößen die entsprechenden anderen Größen. Dies soll, ohne daß es jedesmal wiederholt wird, im ganzen Kapitel gelten. Auch die Formeln werden, sofern man das Formelzeichen λ für die Wellenlänge einfach durch das Formelzeichen ν für die Frequenz ersetzen darf, nur für die Wellenlänge angegeben. In den anderen Fällen werden zusätzlich, aber ohne weiteren Kommentar, auch die Formeln für die Frequenz aufgeführt.

Das Formelzeichen λ bezeichnet im übrigen immer die Vakuumwellenlänge, wofür in der Praxis meist auch die Wellenlänge in Luft gesetzt werden darf. Die Wellenlänge in einem Material, dessen Brechzahl n erheblich größer als die Brechzahl der Luft sein kann, wird mit λ_n bezeichnet. Die Geschwindigkeit elektromagnetischer Wellen im Vakuum wird, wie allgemein üblich, mit dem Formelzeichen c bezeichnet.

5.2 Einrichtungen zur spektralen Zerlegung (Spektralapparate)

Werden die in einer Strahlung enthaltenen Strahlungsanteile verschiedener Wellenlängen aufgefächert, so daß man sie z.B. auf einem Schirm örtlich nebeneinanderliegend auffangen kann, so entsteht (2.1 ←) ein **Spektrum** (im ursprünglichen Wortsinne). Einrichtungen zur Erzeugung von Spektren (aus denen dann auch einzelne schmale Spektralbereiche ausgeblendet werden können) werden **Spektralapparate** genannt. Als Spektralapparate werden aber auch Einrichtungen bezeichnet, bei denen mit anderen Mitteln schmale Spektralbereiche aus einem Gemisch verschiedener Wellenlängen ausgesondert werden können, ohne daß ein Spektrum erzeugt wird. Man unterscheidet sie von den dispersiven Spektralapparaten, in denen ein Spektrum erzeugt wird, als nichtdispersive Spektralapparate.

5.2.1 Dispersive Spektralapparate

Wesentlicher Bestandteil eines dispersiven Spektralapparates ist ein **Dispersionselement**, d.h. ein Bauteil, das Strahlung in Abhängigkeit von der Wellenlänge auffächert.

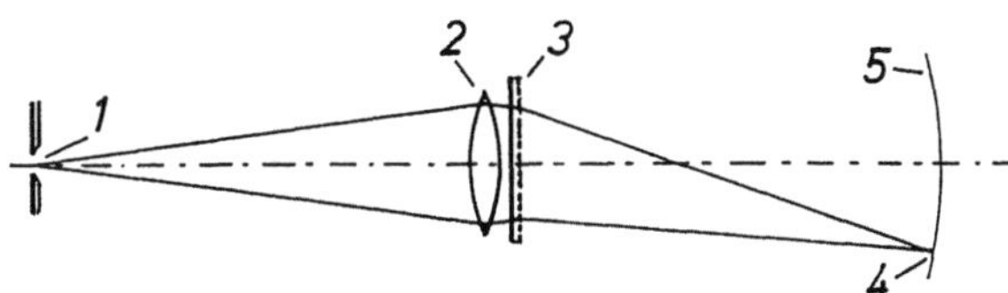

Abbildung 5.2-1: Funktionale Minimalkonfiguration eines dispersiven Spektralapparates. 1 Eintrittsspalt; 2 abbildendes System, hier Linse; 3 dispersives Element, hier Transmissionsgitter; 4 monochromatisches Bild des Eintrittsspaltes; 5 Spektrumsfläche.

Als Dispersionelemente werden **Prismen** und **Beugungsgitter** einzeln oder miteinander kombiniert benutzt. Will man die Art des Dispersionselementes in der Bezeichnung eines dispersiven Spektralapparates zum Ausdruck bringen, so wird diese Bezeichnung (s.u.) mit dem Bestimmungswort Prismen- oder Gitter- zusammengesetzt, z.B. additiver Prismen-Doppelmonochromator .

In dispersiven Spektralapparaten wird **monochromatisch**, d.h. durch Strahlung einer einzelnen Wellenlänge, die Eintrittsluke, die meist die Form eines Spaltes hat, in die Spektrumsebene (oder allgemeiner: in die Spektrumsfläche) abgebildet. Dazu sind funktional mindestens ein Abbildungssystem und das Dispersionselement notwendig (**Abbildung 5.2-1**). Körperlich brauchen dabei das Abbildungssystem und das Dispersions-

element keine getrennten Teile darzustellen; sie können auch vereinigt sein, wie es
beispielsweise beim Konkavgitter oder dem sog. Fery-Prisma der Fall ist. In der Spektrumsfläche liegen die von den verschiedenen Wellenlängen erzeugten Spaltbilder nebeneinander.

Bisher gebräuchlicher (das kann sich aber durch die zunehmende Verwendung von
Konkavgittern ändern, → 5.8.3) ist jedoch eine Anordnung, bei der das Abbildungssystem
so in zwei Teile aufgeteilt wird, daß das Dispersionselement bezüglich der Eintrittsluke
im telezentrischen Strahlengang steht (d.h. Strahlen, die von einem Punkt der Eintrittsluke ausgehen, verlaufen am Dispersionselement parallel zueinander). Der Eintrittsspalt und das erste Abbildungssystem bilden dann einen Kollimator, den Eingangskollimator, und wenn ein Austrittsspalt vorhanden ist, bildet er mit dem zweiten
Abbildungssystem den Ausgangskollimator (→ 5.4.1). Die Brennebene des zweiten
Abbildungssystems ist die Spektrumsebene. Kann dort eine photographische Schicht
angebracht werden, so bildet diese zusammen mit dem Abbildungssystem eine Kamera. In dieser Anordnung, die weiterhin als Standardkonfiguration bezeichnet wird,
steht also das Dispersionselement zwischen zwei Kollimatoren oder zwischen Eingangskollimator und Kamera (**Abbildung 5.2-2**).

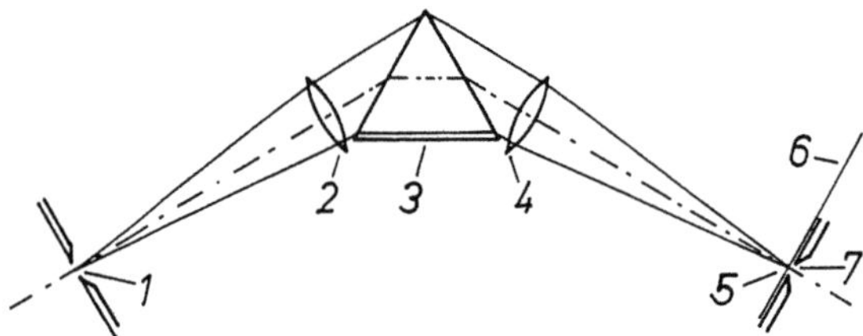

Abbildung 5.2-2: Standardkonfiguration eines dispersiven Spektralapparates. 1 Eintrittsspalt (im vorderen Brennpunkt von 2); 2 abbildendes System, hier Linse; 3 dispersives
Element, hier Prisma; 4 abbildendes System, hier Linse; 5 monochromatisches Bild des
Eintrittsspaltes (im hinteren Brennpunkt von 4); 6 Spektrumsebene; 7 Austrittsspalt (nur
beim Monochromator).
*1 und 2 zusammen bilden den **Eingangskollimator**, 4 und eine ggf. bei 6 angebrachte
Halterung für eine photographische Schicht die **Kamera**, 4 und, wenn vorhanden, 7
den **Ausgangskollimator.***
*Zur Wellenlängeneinstellung wird entweder (selten) die Photokassette bzw. der Aus-
trittsspalt entlang der Spektrumsebene verschoben, oder (meist) der ganze Ausgangskollimator um einen im Inneren des Prismas liegenden Punkt geschwenkt.*

Liegen die Orte der besten Schärfe der Breite und der Höhe des Spaltbildes in derselben
Fläche (was leider nicht selbstverständlich ist, besonders nicht bei klassisch, d.h. durch
mechanische Teilung, hergestellten Konkavgittern, → 5.4.4), so wird die Abbildung
und mit ihr der Spektralapparat **stigmatisch** genannt.
Ein dispersiver Spektralapparat in Standardkonfiguration, in dem die Strahlung vor
und nach der spektralen Zerlegung im wesentlichen denselben Teil desselben optischen

Abbildungssystems (Kollimators) durchsetzt, heißt (dispersiver) **Autokollimations-Spektral-apparat (Abbildung 5.2-3** und **Abbildung 5.2-4).**

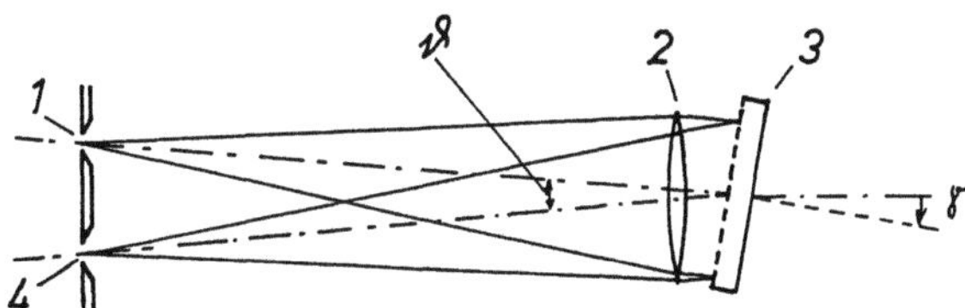

Abbildung 5.2-3: Autokollimations-Monochromator mit Linsenkollimatoren und Reflexionsgitter. 1 Eintrittsspalt; 2 Kollimatorlinse; 3 Reflexionsgitter; 4 Austrittsspalt.
1 und 2 bilden den **Eingangskollimator,** *2 und 4 den* **Ausgangskollimator.**
Die eingestellte Wellenlänge wird durch Änderung des Drehwinkels γ verändert. Die optischen Achsen 1-2 und 2-4 schließen den Aufspaltungswinkel ϑ ein.

Wird durch einen Spalt in der Spektrumsebene eines dispersiven Spektralapparates ein (im allgemeinen hinsichtlich seiner spektralen Lage und Breite wählbarer) zusammenhängender spektraler Anteil einer Strahlungsleistung ausgesondert, so bezeichnet man den Spektralapparat als **Monochromator.** Besitzt der Monochromator einen Eintritts- und einen Austrittsspalt (**Abbildung 5.2-2** unter Einbeziehung des Austrittsspaltes 7, **Abbildung 5.2-3** und **Abbildung 5.2-4**), so wird er genauer **Einfachmonochromator** genannt.

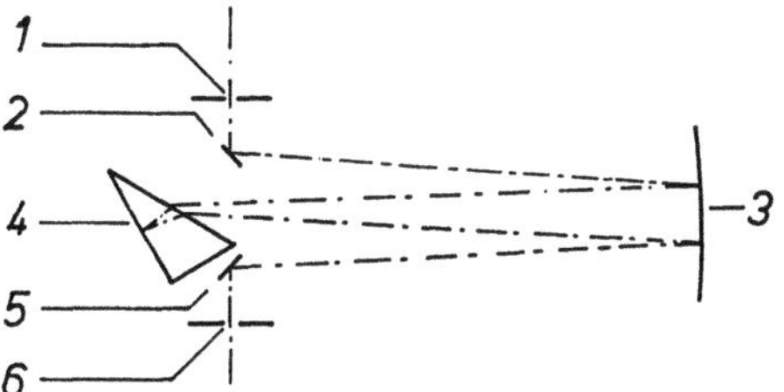

Abbildung 5.2-4: Autokollimations-Monochromator mit Spiegelkollimatoren und verspiegeltem Halb-Prisma. 1 Eintrittsspalt; 2 erster Umlenkspiegel (plan); 3 Kollimatorspiegel (konkav); 4 Halb-Prisma mit verspiegelter Rückfläche; 5 zweiter Umlenkspiegel (plan); 6 Austrittsspalt.
1-2-3 bilden den **Eingangskollimator,** *3-5-6 den* **Ausgangskollimator.**
Wenn das Prisma 4 unter oder über die Horizontalebene gelegt wird, in der sich die Mitten von 1, 2, 3, 5 un 6 befinden, (wozu 3 und 4 entsprechend gekippt werden müssen), können 2 und 5 dicht zusammengerückt werden.

Bei Monochromatoren sollen natürlich Eintritts-und Austrittsspalt bei Änderung der Wellenlänge, die der Monochromator durchlassen soll (auf die er eingestellt ist), nicht bewegt werden. Diese Forderung erfüllen unter den bisher gezeigten Beispielen nur die Autokollimationsanordnungen (**Abbildung 5.2-3** und **Abbildung 5.2-4**), wo es genügt, das Dispersionselement zu drehen. Sie läßt sich aber auch ohne Anwendung des Autokollimationsprinzips erfüllen, indem das Dispersionselement mit einem Spiegel kombiniert oder ein reflektierendes Dispersionselement benutzt wird. In **Abbildung 5.2-6** wird dazu anhand eines Doppelmonochromators das Beispiel einer Bauform gegeben, die sich auch bei Einfachmonochromatoren anwenden läßt. Wegen weiterer Einzelheiten zu den verschiedenen Aufstellungen wird auf die Spezial-Literatur (James und Sternberg 1969, Hutley 1982) verwiesen.

In **Abbildung 5.4-4** sind zwei Prismen mit innerer Reflexion gezeigt. Die strichpunktierten Mittelstrahlen laufen parallel zu den ausgezogenen basisnahen und gestrichelten basisfernen Strahlen und gelten für eine bestimmte, gerade betrachtete Wellenlänge. Mit Strichen und dreifachen Punkten ist noch ein weiterer Mittelstrahl für eine kürzere Wellenlänge markiert, der im Inneren mit dem strichpunktierten Strahl zusammmen verläuft, aber im Außenraum stärker gebrochen wird. Anders als es bei einem Prisma ohne innere Reflexion (vgl. z.B. **Abbildung 5.4-1** oben) der Fall wäre, weicht der kürzerwellige Strahl am Ein- und Austritt im gleichen Drehsinn von dem strichpunktierten ab. Man kann daher ein solches Prisma zwischen feststehenden Kollimatoren drehen, um die durchgelassene Wellenlänge zu verändern, ohne daß man, wie beim Halbprisma mit verspiegelter Rückfläche, eine Autokollimationsanordnung anwenden muß.

Zur Verbesserung der spektralen Reinheit, insbesondere zur Verminderung des Fehlstrahlungsanteils (→ 5.5.7) können auch zwei Einfachmonochromatoren hintereinander angeordnet werden. Dabei fällt entweder der Austrittsspalt des ersten mit dem Eintrittsspalt des zweiten zusammen und bildet einen einzigen Mittelspalt, oder der Austrittsspalt des ersten wird auf den Eintrittsspalt des zweiten abgebildet. Die beiden Spalte bilden dann zusammen (mit ihren die Strahlung am stärksten einengenden Teilen) den Mittelspalt. So entsteht ein **Doppelmonochromator**.

Doppelmonochromatoren können in zwei verschiedenen Anordnungen gebaut werden. Wenn sich die Dispersionen der beiden Einfachmonochromatoren addieren, spricht man von einem **additiven** Doppelmonochromator, wenn sie sich subtrahieren, von einem **subtraktiven** Doppelmonochromator (**Abbildung 5.2-5**). Die Abbildung soll dabei nur das Prinzip veranschaulichen. Eine abbildungsgemäße Anordnung wäre als Monochromator mit einstellbarer Wellenlänge wenig geeignet, weil die Außenspalte bewegt werden müßten. Von einer der Möglichkeiten für den praktischen Aufbau eines Doppelmonochromators ist als weiteres Beispiel das Schema des Strahlenganges gezeigt (**Abbildung 5.2-6**).

Es können auch mehr als zwei Einfachmonochromatoren in der beschriebenen Weise hintereinandergeschaltet werden. Man spricht dann von einem Dreifachmonochromator usw.

Gelegentlich besteht der Wunsch, an einer schematischen Darstellung des Strahlenganges zu ermitteln, ob ein Doppelmonochromator additiv oder subtraktiv ist. Eine einfache Methode dafür besteht darin, zunächst anzunehmen, der Monochromator sei auf eine etwa in der Mitte seines Spektralbereichs liegende Wellenlänge oder Farbe (im Sichtbaren etwa Grün) eingestellt, und dafür gelte der in **Abbildung 5.2-5** ausgezogen gezeichnete Strahlengang. Dann verfolgt man von den beiden Außenspalten her den Weg einer abweichenden Wellenlänge oder Farbe (z.B. Blau) nach innen. Liegen die beiden einander engegenlaufenden "andersfarbigen" Strahlen auf derselben Seite der optischen Achse, d.h. treffen sie sich, wie in **Abbildung 5.2-5** für die subtraktive Anordnung gestrichelt dargestellt, in der Mitte, so ist der Doppelmonochromator subtraktiv. Liegen sie dagegen auf verschiedenen Seiten der optischen Achse (ein "blauer" Hauptstrahl, der in **Abbildung 5.2-5** längs der Achse von rechts her eintritt, würde in der Mitte nach oben abgelenkt; das ist der Übersichtlichkeit wegen nicht gezeichnet), so ist der Doppelmonochromator additiv. Der Ablenkungssinn der andersfarbigen Strahlen ergibt sich einfach daraus, daß beim Prisma größere Wellenlängen weniger und beim Gitter größere Wellenlängen stärker abgelenkt werden als die Einstellwellenlänge (→ 5.4.2).

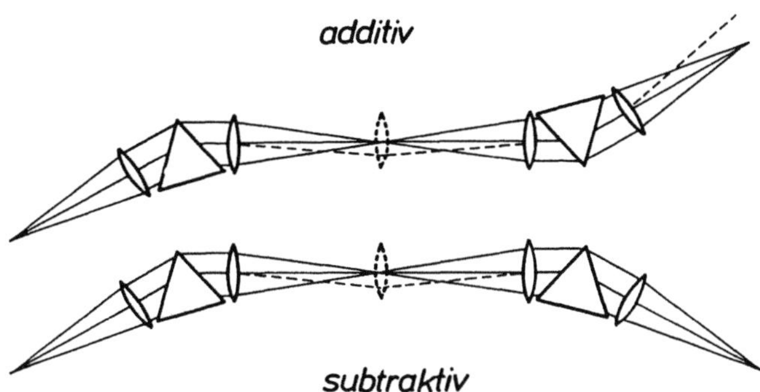

Abbildung 5.2-5: Additiver und subtraktiver Prismen-Doppelmonochromator (Prinzipskizze). Durchgezogen: Strahlengang für eine mittlere Wellenlänge (im VIS z.B. "Grün"); gestrichelt: Hauptstrahlen für eine kürzere Wellenlänge (im VIS z.B. "Blau").
Additiv: am Austrittsspalt doppelte Dispersion im Vergleich zum Mittelspalt; **subtraktiv** : die einem Einfachmonochromator entsprechende Dispersion am Mittelspalt ist am Austrittsspalt wieder aufgehoben.
Die Feldlinse hat keinen Einfluß auf die Dispersion, denn die Strahlrichtung im Prisma wird nur durch den Durchstoßpunkt in der Ebene des Mittelspaltes bestimmt. Sie sorgt nur dafür, daß alle Strahlen, die durch das erste Prisma gegangen sind, auch durch das zweite Prisma und nicht teilweise an ihm vorbei gehen.

Anstelle eines einzelnen Austrittsspaltes können in der Spektrumsfläche auch mehrere Spalte angebracht werden. Die so entstehende Anordnung wird **Polychromator** genannt. Dies gilt nicht nur dann, wenn diese Spalte körperlich vorhanden sind, sondern immer dann, wenn gleichzeitig mehrere verschiedene spektrale Anteile ausgesondert werden. Das kann z.B. durch die körperlichen Grenzen der empfindlichen Flächen mehrerer getrennter Empfänger oder auch durch die empfindlichen Elemente ("Pixel") eines einzelnen ortsauflösenden Empfängers geschehen (→ 5.3.3, Simultanspektrometer).
Schließlich kann ein dispersiver Spektralapparat auch so aufgebaut sein, daß die spektrale Verteilung der in ihn eintretenden Strahlung in vorgegebener Weise verändert wird, die verschiedenen Wellenlängen aber nicht räumlich getrennt werden. Dies wird erreicht, wenn man in der Spektrumsfläche eine Schablone anbringt und die Strahlung danach wieder zusammenführt. Ein solcher Apparat heißt **Allochromator** (oder Spektralschablonengerät). Die Schablone kann eine Blende sein, deren Breite

wesentlich größer ist als das monochromatische Spaltbild und deren Höhe ortsabhän-
gig (und damit wellenlängenabhängig) ist, oder ein Filter mit ortsabhängigem Transmissionsgrad.

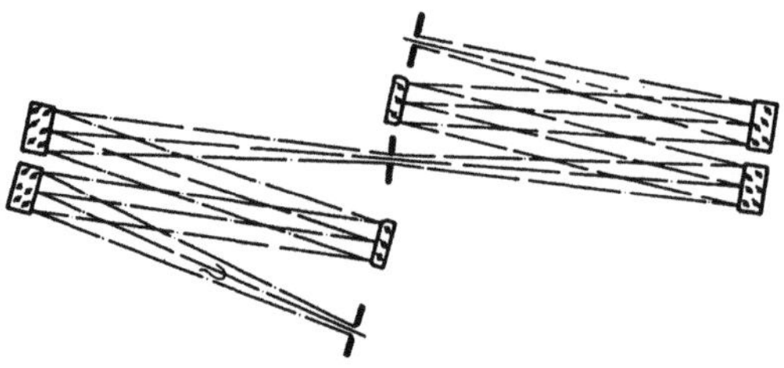

Abbildung 5.2-6: Additiver Gitter-Doppelmonochromator (Ausführungsbeispiel). Die beiden Gitter sind auf einem gemeinsamen Drehtisch montiert. Dadurch ist der spektrale
Gleichlauf der beiden Teilmonochromatoren gewährleistet.

Ist nur ein Eintrittsspalt und eine Schablone vorhanden, so spricht man von einem
Einfachallochromator. Die Zusammenführung der Strahlung kann dann beispielsweise
dadurch erfolgen, daß das Dispersionselement (Prisma oder Gitter) auf den Empfänger
abgebildet wird. Auch die Umkehrung der Anordnung ist möglich: Schablone am
Eintritt und ein Spalt am Austritt. Selbstverständlich muß in diesem Fall für die
gleichmäßige Ausleuchtung der Schablone gesorgt werden.
Eine Anordnung mit höherer Symmetrie und geringerem Fehlstrahlungsanteil erhält
man, wenn die Zusammenführung der Strahlung wieder durch einen dispersiven
Spektralapparat, jedoch mit entgegengesetzter Dispersion erfolgt. Diese Anordnung
entsteht, wenn in einem subtraktiven, symmetrischen Doppelmonochromator der Mittelspalt durch die Schablone ersetzt wird. Sie wird daher folgerichtig als **subtraktiver
Doppelallochromator** bezeichnet. (Vgl. **Abbildung 5.2-5,** in der man sich den Mittelspalt der subtraktiven Anordnung durch die Schablone ersetzt zu denken hat.)

5.2.2 Nichtdispersive Spektralapparate

Alle Spektralapparate, die kein Dispersionselement enthalten und damit die verschiedenen Wellenlängen nicht räumlich auffächern können, sind **nichtdispersiv.** Sie bewirken die spektrale Aussonderung auf andere Weise, nämlich mittels (spektraler) Absorption, Reflexion, Interferenz oder Streuung.
Die meisten nichtdispersiven Spektralapparate gehören zur Gruppe der **optischen Filter,**
die man im Rahmen der hier vorgestellten Systematik auch Filterspektralapparate
nennen kann. Ihr gemeinsames Merkmal ist, daß sie in der Regel keinen Kollimator
benötigen und durch sie hindurch die Abbbildung zweidimensionaler Objekte (wie
bei der Photographie) möglich ist. (Durch einen stigmatischen dispersiven Spektralapparat hindurch ist nur die eindimensionale Abbildung der Helligkeitsverteilung längs
des Eintrittsspaltes möglich, da ja in der Richtung quer dazu die Auffächerung der

verschiedenen Wellenlängen erfolgt). Zu beachten ist dabei, daß trotzdem auch Filter nur in einem begrenzten Winkelbereich um ihre Achse oder Flächennormale brauchbar sind. Der Winkelbereich ist meistens um so kleiner, je "strenger" das Filter, d.h., je kleiner der von ihm durchgelassene Wellenlängenbereich, ist (→ 5.4.7).

Zu den nichtdispersiven Spektralapparaten gehören auch die **Interferenzspektralapparate**, bei denen die spektrale Aussonderung mit Hilfe eines Interferometers erfolgt (→ 5.4.5, 5.4.6).

5.2.3 Vorzerleger

Besonders in der hochauflösenden Spektroskopie kommt es häufig vor, daß der Hauptspektralapparat nur in einem mehr oder minder eng begrenzten Spektralbereich eine eindeutige Wellenlängenzuordnung gestattet (überlappende Ordnungen bei Gittern → 5.4.4, freier Spektralbereich bei Interferometern → 5.4.6). Vielfach besteht auch die Notwendigkeit, den Fehlstrahlungsanteil (→ 5.5.7) zu vermindern. Dazu wird der Hauptspektralapparat mit einem Hilfsspektralapparat kombiniert, der dann als **Vorzerleger** bezeichnet wird.

Der Vorzerleger kann aus einem oder mehreren, wechselbaren Filtern bestehen (Ordnungsfilter, Fehlstrahlungs-(Falschlicht-)schutzfilter), er kann aber auch ein (vielfach kleinerer) dispersiver Spektralapparat sein. Bei der Verbindung eines dispersiven Hauptspektralapparates mit einem dispersiven Hilfsspektralapparat können die Dispersionsrichtungen gleichsinnig, gegensinnig oder gekreuzt zueinander liegen.

Ein dispersiver Vorzerleger kann mit eigener abbildender Optik entweder vor oder nach dem Hauptspektralapparat angeordnet sein. Er kann aber auch so mit ihm vereinigt sein, daß Eingangs- und Ausgangskollimator gemeinsam benutzt werden, d.h., es befindet sich neben dem Hauptdispersionselement noch ein zusätzliches Dispersionselement zwischen den Kollimatoren.

5.3 Spektrale Beobachtungs-, Aufzeichnungs- und Meßgeräte

Spektralapparate werden meist nicht allein benutzt, sondern in Verbindung mit einer Beobachtungs-, Aufzeichnungs- oder Strahlungsmeßeinrichtung (Sammelbezeichnung: **Spektralapparate mit Erfassungseinrichtung**). Nicht selten sind sie mit dieser Einrichtung unlösbar verbunden und für diese verbundenen Geräte sind besondere Bezeichnungen im Gebrauch, die sich von den Bezeichnungen der "reinen" Spektralapparate unterscheiden.

5.3.1 Spektroskope

Dispersive Spektralapparate mit einer Einrichtung zur visuellen Beobachtung oder zur visuellen Auswertung von Spektren werden Spektroskope genannt. Durch Lumineszenzschirme oder elektrische Bildwandler können sie auch über das sichtbare Spektralgebiet hinaus für den ultravioletten und infraroten Spektralbereich brauchbar gemacht werden.

Hilfsmittel für die Beobachtung und Auswertung sind Okulare, feste oder bewegliche Skalen für die Wellenlängenmessung, aber auch die verschiedensten Abschwächungseinrichtungen (z.B. Stufenfilter, Filterkeile, Meßblenden) zur Durchführung visueller Intensitätsvergleiche. Vielfach kann, sowohl für Wellenlängen als auch für Intensitätsvergleiche, durch einen meist als reflektierendes Prisma ausgebildeten Spiegel vor dem Eintrittsspalt das Spektrum einer zweiten Strahlungsquelle unmittelbar an das der ersten angrenzend beobachtet werden (Vergleichsspektrum).

5.3.2 Spektrographen

Ist in der Spektrumsfläche eines dispersiven Spektralapparates eine photographische Schicht (Film, Photoplatte) angebracht, auf der gleichzeitig mindestens ein Teil des ganzen Spektrums aufgenommen werden kann, so nennt man die Anordnung einen Spektrographen. Die Aufnahme verschiedener, zu vergleichender Spektren kann zeitlich nacheinander erfolgen, die höchste Lagegenauigkeit wird jedoch nur erzielt, wenn der Aufzeichnungsträger zwischenzeitlich nicht bewegt wird. Deswegen sind Spektrographen meist mit verschiebbaren Stufenblenden oder komplizierteren Blendenformen unmittelbar vor dem Spalt ausgerüstet, die die Aufnahme lückenlos aneinandergrenzender oder ineinandergeschachtelter Spektren verschiedener Strahlungsquellen auf demselben, ortsfesten Aufzeichnungsträger erlauben. Damit die Spektren in Richtung der Spalthöhe scharf berandet sind und sauber aneinandergrenzen, muß sich die Blende in einer Ebene befinden, die in Richtung der Spalthöhe scharf auf die photographische Schicht abgebildet wird, d.h. wenn die Blende in der Spaltebene liegen soll, muß der Spektralapparat stigmatisch sein. Die Auswertung der Lage und Intensität von Spektrallinien (oder auch kontinuierlicher Spektren) erfolgt nachträglich an der entwickelten Platte bzw. dem entwickelten Film.

Die Bezeichnung Spektrograph soll dabei auf Geräte mit Aufzeichnung durch eine photographischen Schicht beschränkt bleiben. Ein Gerät mit einer elektronischen Bildaufnahmeeinrichtung in der Spektrumsfläche ist kein elektronischer Spektrograph, sondern ein Spektroskop (5.3.1 ←), wenn die Verteilung der Bestrahlungsstärke im Spektrum nur als Helligkeitsverteilung in einem Bild wiedergegeben wird, und ein Simultanspektrometer (→ 5.3.3), wenn die Verteilung gemessen und (z.B. als Kurve oder digital) ausgegeben wird.

Für Aufgaben, die besonders hohe Auflösung (→ 5.6) erfordern, werden oft Gitterapparate mit Echelle-Gittern (→ 5.4.4) verwendet. Zur Trennung der Ordnungen wird zum Echelle-Gitter noch ein Prisma oder ein gewöhnliches Gitter mit gekreuzter Dispersion gesetzt, so daß das Spektrum in einer zweidimensionalen Aufspreizung entsteht. Die Wellenlängen folgen darin zeilenweise aufeinander wie die Buchstaben einer Textseite. Die Kombination eines solchen Spektralapparates mit einer Photoplatte oder einem Film bildet einen **Echellespektrographen**.

5.3.3 Spektrometer

Die Kombination eines dispersiven oder eines Interferenz-Spektralapparates mit einer Strahlungsmeßeinrichtung wird Spektrometer genannt. Die spektrale Abhängigkeit der zu messenden Strahlungsgrößen kann in verschiedener Weise erfaßt werden, was zu entsprechend verschiedenen Typen von Spektrometern führt. Zu ihrer Beschreibung ist es zweckmäßig, zunächst den Hilfsbegriff des **Spektralelementes** einzuführen. Darunter wird im Folgenden ein schmaler Spektralbereich mit einer Breite gleich der Halbwertbreite ($\rightarrow$ 5.5.4) der effektiven spektralen Gerätefunktion ($\rightarrow$ 5.5.3) verstanden.

Spektrometer, die die Strahlung der einzelnen Spektralelemente zeitlich nacheinander (sequentiell) messen, werden **Sequenzspektrometer** genannt. Wenn der in ihnen enthaltene Spektralapparat dispersiv arbeitet, muß es ein Monochromator sein. Zur Messung der spektralen Verteilung einer Strahlungsgröße wird seine Wellenlängeneinstellung kontinuierlich oder schrittweise (mit Schritten von der Größe eines Spektralelementes) verändert.

Spektrometer, die die Strahlung vieler Spektralelemente (örtlich) getrennt, aber gleichzeitig (simultan) messen, werden **Simultanspektrometer** genannt. Wenn der in ihnen enthaltene Spektralapparat dispersiv arbeitet, ist es ein Polychromator. Ein Simultanspektrometer kann entweder mehrere getrennte, oder einen einzigen, ortsauflösenden Empfänger (4.2.3 $\leftarrow$) haben.

Vergleicht man ein Simultanspektrometer mit einem Sequenzspektrometer, so muß neben der Zahl der Spektralelemente auch die dem Vergleich zugrunde gelegte Meßdauer beachtet werden. Wählt man bei beiden Geräten die Zahl (sie sei N) und die Breite der Spektralelemente gleich und nimmt für jedes einzelne Spektralelement dieselbe Meßdauer an, so kann das Simultanspektrometer dasselbe Ergebnis wie das Sequenzspektrometer in einer der Anzahl der Spektralelemente entsprechenden kürzeren Zeit (in 1/N der Zeit) liefern, die das Sequenzspektrometer benötigt. Das ist der *Vorteil* des Simultanverfahrens *für die Meßzeit.* Dabei ist vorausgesetzt, daß die rauschäquivalente Strahlungsleistung bei den beiden verschiedenen, in diesen Typen enthaltenen Empfängern gleich groß sei, was jedoch vielfach nicht zutrifft.

Behält man aber die gesamte Meßdauer des Sequenzspektrometers für das Simultanspektrometer bei, so ist bei ihm die Meßdauer für jedes Spektralelement um den Faktor N größer. Dabei geht die durch das Rauschen verursachte Meßunsicherheit um den Faktor $\sqrt{N}$ zurück. Das ist der *Simultanvorteil,* wenn der Zeitvorteil zugunsten einer Verminderung des Rauschens aufgegeben wird. Unterschiede in der rauschäquivalenten Strahlungsleistung der beim Simultan- und beim Sequenzspektrometer benutzten Empfänger müssen gesondert in Betracht gezogen werden.

Die Verminderung der durch das Rauschen bedingten Meßunsicherheit durch Verlängerung der Meßzeit ist eine praktisch bewährte einfache Annahme. Sie entspricht der Verminderung der Standardabweichung S für einen Satz unabhängiger Beobachtungen, die bei der Zusammenfassung von jeweils N Beobachtungen zu einem Mittelwert auf $S/\sqrt{N}$ zurückgeht. Wie diese Regel daran geknüpft ist, daß es sich um unabhängige Beobachtungen derselben Größe handelt, so ist die Verminderung der Meßunsicherheit durch Rauschen daran geknüpft, daß im Rauschen alle Frequenzen gleich stark enthalten sind. In Analogie zu optischer Strahlung, in deren Spektrum alle sichtbaren Wellenlängen mit gleicher Strahldichte enthalten sind, und die dem Auge weiß erscheint, wird die ebenfalls als "Spektrum" bezeichnete Frequenzverteilung des Rauschens als "weiß" bezeichnet, wenn alle Frequenzen darin gleich stark enthalten sind. In einer verkürzten Ausdrucksweise, die sich für einen elektrischen Vorgang zweier Begriffe aus der Optik und der Akustik bedient, spricht man von "weißem Rauschen". Die angegebene Beziehung für die Verminderung der durch Rauschen bedingten Meßunsicherheit ist streng gültig nur für weißes Rauschen.

Echellespektrometer sind Simultanspektrometer mit einem Echellegitter und einem dazu gekreuzten gewöhnlichen Gitter oder Prisma, die das Spektrum zweidimensional auffächern (5.3.2 ←, Echellespektrograph). Während gewöhnliche Simultanspektrometer mit ortsauflösendem Empfänger mit einem nur in einer Richtung auflösenden Empfänger (z.B. einer Diodenzeile) auskommen, benötigen Echellespektrometer, sofern sie nicht mit vielen einzelnen Empfängern arbeiten, einen zweidimensional auflösenden Empfänger (z.B. eine Diodenmatrix oder eine Bildröhre).

Eine weitere Methode, spektrale Verteilungen zu untersuchen, verwenden die sog. **Multiplexspektrometer**.

Zur Erläuterung ihrer Wirkungsweise werde zunächst ein Beispiel aus der Wägetechnik betrachtet. Auf einer einschaligen Waage, die nur Massen über 10 kg anzeigt, sollen 3 Körper A, B und C gewogen werden, deren Massen einzeln jeweils unter 10 kg bleiben, während die Masse von jeweils zwei der Körper zusammen diese Grenze überschreitet. Die Ergebnisse der möglichen, verschiedenen paarweisen Wägungen seien

$$
\begin{aligned}
D &= A + B &&= 13 \text{ kg} \\
E &= B + C &&= 15 \text{ kg} \\
F &= A + C &&= 14 \text{ kg}
\end{aligned}
$$

Daraus kann man die Einzelgewichte durch die Bildung der folgenden Summen und Differenzen errechnen

$$
\begin{aligned}
D - E + F &= 2{\cdot}A = 12 \text{ kg} &&\Rightarrow&& A = 6 \text{ kg} \\
D + E - F &= 2{\cdot}B = 14 \text{ kg} &&\Rightarrow&& B = 7 \text{ kg} \\
-D + E + F &= 2{\cdot}C = 16 \text{ kg} &&\Rightarrow&& C = 8 \text{ kg}
\end{aligned}
$$

Das Verfahren läßt sich ohne weiteres auf die Strahlungsleistung in einzelnen Spektralelementen übertragen. Man benötigt mindestens ebenso viele Messungen an Kombinationen von Spektralelementen, wie Spektralelemente überhaupt zu bestimmen sind (in obigem Beispiel 3). Außerdem müssen diese Kombinationen bestimmten Bedingungen genügen, die sich jedoch leicht erfüllen lassen (sie müssen linear unabhängig sein, d.h. keine von ihnen darf sich aus einer Addition oder Subtraktion beliebig vieler anderer ergeben). Damit ist also die prinzipielle Durchführbarkeit eines Meßverfahrens, bei dem die Strahlungsleistung in den Spektralelementen nicht einzeln, sondern in verschiedenen Kombinationen von Spektralelementen gemessen wird, gewährleistet.

Multiplexspektrometer sind also Spektrometer, bei denen gleichzeitig Strahlung verschiedener, gesetzmäßig verteilter Spektralelemente auf einen einzigen, nicht ortsauflösenden Empfänger trifft und durch planmäßige Variation des Durchlaßprofils (→ 5.5.3, 5.7.6) zeitlich nacheinander eine Reihe von Messungen mit verschiedenen Kombinationen von Spektralelementen erfolgt. Die spektrale Strahlungsverteilung über das gesamte Spektrum oder mindestens einen größeren Teil desselben wird durch nachfolgende Meßwertverarbeitung gewonnen.

Man muß sich natürlich fragen, ob dieses zunächst umständlich erscheinende Verfahren irgendwelche Vorteile bringt. Das ist nun in der Tat so. Der Grund liegt ähnlich wie in dem oben bei der Wägung benutzten Beispiel darin, daß man wegen des unvermeidlichen Rauschens aller Empfänger und Meßeinrichtungen sehr kleine Strahlungsleistungen nur sehr ungenau messen kann (2.1 ←). Durch die Zusammenfassung der Strahlung aus vielen Spektralelementen wird die jeweils zu messende Strahlungsleistung größer. Wenn das Rauschen unabhängig von der (Größe der) Strahlungsleistung ist, nimmt die *relative* Meßunsicherheit mit wachsender Strahlungsleistung ab. Da solches Rauschen auch auftritt, wenn keine Strahlung auf den Empfänger trifft, läßt sich die geschilderte Annahme auch dadurch charakterisieren, daß das Dunkelrauschen überwiegt. Bei überwiegendem Dunkelrauschen und Anwendung des Multiplexverfahrens geht zwar ein Teil der so gewonnenen Steigerung der relativen Genauigkeit durch das Zusammenwirken der Unsicherheiten der Einzelwerte bei der Berechnung des Resultates wieder verloren, doch zeigt eine genauere Betrachtung, daß tatsächlich durch dieses Meßverfahren eine Verminderung der Meßunsicherheit erreicht werden kann.

Das Multiplexverfahren bietet, wie erwähnt, dann Vorteile, wenn in dem ausgenutzten Bereich von Strahlungsleistungen die Meßunsicherheit nicht von der Größe der Strahlungsleistung abhängt. Das trifft für die meisten thermischen Empfänger (4.2.1 ←) zu. Der Gewinn wächst dabei mit der Wurzel aus der Zahl der kombinierten Spektralelemente (*Multiplexvorteil* oder auch *Fellgett-Advantage*).

Ist die Meßunsicherheit dagegen der Wurzel aus der Strahlungsleistung proportional (Quantenrauschen, Schroteffekt), was für eine Reihe von photoelektrischen Empfängern zutrifft, so wächst die Meßunsicherheit gegenüber der seqentiellen Messung mindestens um den Faktor $\sqrt{2}$ an, unabhängig von der Zahl der Spektralelemente. Wenn aus anderen Gründen die Anwendung des Multiplexverfahrens trotz des damit verbundenen Aufwandes bevorzugt wird, ist der Genauigkeitsverlust also noch erträglich.

Ist schließlich die Meßunsicherheit der Strahlungsleistung proportional, also deren *relative* Meßunsicherheit konstant, so nimmt bei Anwendung des Multiplexverfahrens im Vergleich zur sequentiellen Messung die Meßunsicherheit mit der Wurzel aus der Anzahl der Spektralelemente zu, seine Anwendung wäre also unklug. Bedingungen, wo dies zutrifft, liegen beispielsweise meist dann vor, wenn reichlich Strahlungsleistung zur Verfügung steht oder wenn die Meßunsicherheit durch Umgebungseinflüsse wie Temperatur-, Spannungs- oder Lampenschwankungen bedingt ist (intensitätsproportionales Rauschen, technische Schwankungen).

Die Aussonderung der beim Multiplexverfahren benötigten verschiedenen Kombinationen von Spektralelementen kann mit dispersiven Spektralapparaten oder mit Zweistrahlinterferometern erfolgen. Bei der Anwendung von dispersiven Spektralapparaten können zwar im Prinzip in der Spektrumsfläche beliebig gestaltete Masken angebracht werden, es ist aber vorteilhaft, wenn statt einer Vielzahl verschiedener Masken nur eine einzige Maske benötigt wird, die nur von Messung zu Messung um die

Breite eines Spektralelementes verschoben werden muß. Da die Berechnung solcher Strukturen mit Matrizen erfolgt, die allgemein nach dem französischen Mathematiker Hadamard benannt werden, werden diese Geräte auch **Hadamardspektrometer** genannt. Statt der Verwendung eines Eintrittsspaltes und einer Hadamardmaske anstelle des Austrittsspaltes können auch spezielle Masken an Eintritts- und Austrittsspalt angebracht und verschoben werden, wodurch ein Gewinn an Strahlungsleistung erzielt wird (Vorteil im optischen Leitwert, *"Energie"-Vorteil, Jacquinot-Advantage*).

Erfolgt die Aussonderung der verschiedenen Kombinationen von Spektralelementen durch die spektrale Modulation der Strahlungsleistung in einem Zweistrahlinterferometer, so wird zur Berechnung der spektralen Verteilung aus den Meßwerten die Fourier-Transformation herangezogen. Geräte, die nach diesem Verfahren arbeiten, werden daher als **Fourierspektrometer** bezeichnet. Da der spektrale optische Leitwert (→ 5.7.5) eines Interferometers häufig größer ist, als der eines vergleichbaren dispersiven Spektralapparates, besitzen auch die Fourierspektrometer neben dem *Multiplexvorteil* noch einen *"Energie"-Vorteil*. Für weitere Einzelheiten muß auf die Literatur verwiesen werden (z.B. Bell, 1972).

5.3.4 Schmalbandphotometer

Auch nichtdispersive Spektralapparate werden mit Erfassungseinrichtungen kombiniert. Die wirksame Bandbreite ergibt sich dabei aus der kombinierten Wirkung (→ 5.5.3) von Strahlungsquelle, Meßeinrichtung und Spektralapparat, der in diesen Fällen meist ein optisches Filter ist (**Filterphotometer**). Solche Schmalbandphotometer erlauben Messungen, die je nach spektraler Reinheit (→ 5.5) der ausgesonderten Strahlung den Messungen mit Spektrometern nahe- oder gleichkommen oder sie gelegentlich sogar übertreffen können.

Schmalbandphotometer mit einem Linienstrahler werden auch **Spektrallinienphotometer** genannt. Da die spektrale Breite der Spektrallinien sehr gering ist, kann ihre spektrale Reinheit sehr gut sein. Bei der Beurteilung darf aber nicht übersehen werden, daß häufig nicht Einzellinien, sondern Liniengruppen emittiert werden, und daß die Strahler neben den Linien einen schwachen kontinuierlichen Untergrund aussenden können.

Wegen der häufigen praktischen Anwendung der Quecksilberlampe seien hier als Beispiel die Wellenlängen ihrer stärksten Liniengruppen im Sichtbaren und nahen UV angegeben

312,6 nm	334,2 nm	365,0 nm	404,6 nm	433,9 nm	546,1 nm	577,0 nm
313,2 nm		365,5 nm	407,7 nm	434,7 nm		579,1 nm
		366,3 nm		435,8 nm		

Nur die UV-Linie 334,2 nm und die grüne Linie 546,1 nm sind für die Zwecke der Absorptionsspektrometrie an Lösungen als einfach anzusehen. Bei hochauflösender Betrachtung zeigen auch sie eine sog. Hyperfeinstruktur, die z.B. bei der grünen Linie 546,1 nm sieben Komponenten umfaßt, die über einen Bereich von 0,05 nm verteilt sind.

5.3.5 Breitbandphotometer

Während Schmalbandphotometer zur Durchführung annähernd spektraler Messungen dienen, also eine möglichst geringe spektrale Breite der ausgesonderten Strahlung haben sollen und die tatsächliche Breite eher als Zugeständnis zur Begrenzung des Aufwandes anzusehen ist, gibt es eine andere Klasse von Geräten, deren Aufgabe es ist, Strahlung in einem größeren Spektralbereich mit einer vorgegebenen spektralen Bewertungsfunktion integral zu messen. Sie werden unter der Bezeichnung Breitbandphotometer zusammengefaßt. Die einzelnen Typen haben spezielle Namen, abhängig von der mit ihnen realisierten spektralen Bewertungsfunktion. Soweit es sich um Strahlungsmeßgeräte handelt, muß die spektrale Empfindlichkeit der benutzten Empfänger durch Spektralapparate der gewünschten Bewertungsfunktion angepaßt werden. Wenn aber Materialkennzahlen gemessen werden sollen, kann und muß auch die spektrale Verteilung der benutzten Strahlungsquelle in den Angleich einbezogen werden.

Obwohl meistens nicht besonders erwähnt, kann man zu dieser Klasse auch die einfachen aselektiven Empfänger rechnen. Sie haben die einfachst mögliche spektrale Bewertungsfunktion, nämlich eine von der Wellenlänge unabhängige Empfindlichkeit. Sie kann den Empfängern von ihrer Wirkungsweise her innewohnen, wie bei thermischen Empfängern, oder dadurch erreicht werden, daß die Wellenlängenabhängigkeit eines photoelektrischen Empfängers durch vorgesetzte Filter in einem begrenzten Bereich beseitigt wird. Beide Typen erlauben, in dem Bereich, in dem die Empfindlichkeit konstant ist, und mit der Genauigkeit, mit der die konstante Empfindlichkeit realisiert ist, die Strahlungsleistung integral zu messen.

Soll statt der Strahlungsleistung die Zahl der je Zeiteinheit eintreffenden Photonen gemessen werden, so muß die spektrale Empfindlichkeit des Empfängers dem Kehrwert der Photonenenergie, damit dem Kehrwert der Frequenz und damit der Wellenlänge proportional gemacht werden (siehe DIN 5031 Teil 1). Solche Geräte heißen **Quantenphotometer**.

Erfolgt die Bewertung der Strahlung gemäß der spektralen Empfindlichkeit des menschlichen Auges (siehe DIN 5032 Teil 1), dann spricht man von **Lichtmeßgeräten**.

Farbmeßgeräte nach dem Dreibereichsverfahren bewerten die Strahlung nach den Normspektralwertfunktionen des farbmetrischen Normalbeobachters (siehe DIN 5033 Teil 6).

Schließlich gibt es noch **Bestrahlungsmeßgeräte, die nach photobiologischen Wirkungsfunktionen bewerten**. Bis jetzt sind in DIN 5031 Teil 10 für folgende photobiologische Wirkungsfunktionen Werte festgelegt:

    Photosynthese
    Chlorophyllsynthese
    Photomorphogenese
    Bakterientötung
    UV-Erythem
    direkte Pigmentierung
    Bilirubin-Dissoziation
    Photokonjunktivitis
    Photokeratitis

5.4 Komponenten von Spektralapparaten

Hier werden diejenigen optischen Einzelteile oder Baugruppen vorgestellt, die für die
Leistungsfähigkeit wesentlich sind. Es versteht sich, daß daneben auch die Qualität
von mechanischen und elektrischen Bauteilen und Baugruppen, die hier nicht weiter
diskutiert werden, entscheidenden Einfluß auf die Güte der Gesamtanordnung hat.
Zwar kann ein Spektralapparat, wenn er nur mechanisch genügend steif aufgebaut
ist, in jeder Lage im Raum betrieben werden. Eine solche Steifigkeit zu erreichen ist
für die meisten Anwendungen weder notwendig noch üblich. In der weitaus überwiegenden Zahl aller Fälle stehen die Geräte so, daß die brechende Kante der Prismen bzw.
die Furchenrichtung der Gitter vertikal im Raum stehen. Damit liegt dann die Dispersionsebene, das ist die Ebene, in der die Auffächerung der einzelnen Wellenlängen erfolgt, horizontal. Zur Vereinfachung der Bezeichnungsweise wird diese Lage im folgenden immer vorausgesetzt, damit sind die Bezeichnungen Breite und Höhe eindeutig festgelegt.

5.4.1 Kollimatoren und Kamera

Ein **Kollimator** ist eine optische Einrichtung, die dem Zweck dient, entweder ein
quasiparalleles Strahlenbündel herzustellen oder aus einem Strahlungsfeld auszusondern.
(Das Wort ist eine zum Fachausdruck gewordene Verballhornung von "Collineator".)
Er besteht aus einem **sammelnden optischen System** und einer **Blende** in einer der
Brennebenen des Systems (vgl. **Abbildung 5.2-2**). Das optische System kann aus einer
oder mehreren Linsen oder einem oder mehreren Spiegeln oder aus einer Kombination von Linsen und Spiegeln bestehen. Die Blende, in dieser Funktion **Luke** genannt, ist eine strahlungsdurchlässige Öffnung in einer Wand aus strahlungsundurch-
lässigem Material und hat bevorzugt entweder kreisrunde Form oder die Form eines
Spaltes. Dieser kann gerade oder auch gekrümmt sein.
Beim **Eingangskollimator** befindet sich die Eintrittsluke in der vorderen Brennebene
des optischen Systems. Die durchtretende divergente Strahlung wird durch das optische System in ein quasi-paralleles Strahlenbündel verwandelt.
Beim **Ausgangskollimator** vereinigt das optische System auftreffende, zur Achse quasi-
parallele Strahlung in der Mitte der Austrittsluke, die sich im hinteren Brennpunkt des
Systems befindet. In sich parallele Strahlung, die in einer etwas anderen Richtung auf
das System trifft, wird an einer anderen, benachbarten Stelle vereinigt und kann
nicht durch die Luke treten, wenn der Richtungsunterschied größer ist als der Feldwinkel (s.u.). So entsteht in dispersiven Spektralapparaten durch die wellenlängenabhängige Richtungsablenkung (Winkeldispersion) des Dispersionselementes in der Brennfläche des Ausgangskollimators das Spektrum als Aneinanderreihung von Spaltbildern
unterschiedlicher Wellenlänge. In Monochromatoren sondert der Spalt des Ausgangskollimators Strahlung eines schmalen Spekralbereiches aus.
In Hadamardspektrometern treten an die Stelle der Spalte Masken mit einer Vielzahl gesetzmäßig angeordneter Öffnungen, sog. Hadamard-Masken.

Befindet sich in der hinteren Brennebene statt einer Luke oder statt mehrerer Spalte (Polychromator) ein ortsauflösender Empfänger (photographische Schicht, Diodenzeile usw.), so wird die Anordnung auch **Kamera** genannt.

Die kennzeichnenden Größen eines Kollimators sind zunächst natürlich die nachfolgend mit ihren Formelzeichen aufgeführten Kenngrößen der Luke und des abbildenden Systems. Zur Unterscheidung des Eingangs- und des Ausgangskollimators kann diesen Formelzeichen der Index e bzw. a angehängt werden.

Eine kreisrunde Luke wird vollständig gekennzeichnet durch ihren **Durchmesser d**, ein Spalt durch die **Spaltbreite s** und die **Spalthöhe h**. Häufig sind diese Größen durch den Benutzer einstellbar. Dann müssen zur apparativen Beschreibung einer durchgeführten Messung die eingestellten Werte angegeben werden. Für die Beschreibung eines Gerätes aber sind die möglichen **Einstellbereiche** dieser Größen wichtig. Ist der Spalt nicht gerade, sondern gekrümmt, so gehört zur vollständigen Beschreibung auch noch die Angabe seines **Krümmungsradius**.

Das abbildende optische System wird gekennzeichnet durch seine **Brennweite f** und durch Form und Größe der Durchtrittsöffnung für die Strahlung, die **Pupille** genannt wird. Sie wird entweder durch den Rand oder die Fassung von Linsen oder Spiegeln gebildet, oder durch eine eigens dafür im System vorgesehene Blende, oder durch eine außerhalb des Kollimators liegende Bündelbegrenzung (s.u.). Kennzeichnende Größe einer runden Pupille ist der **Pupillendurchmesser D_P**, kennzeichnende Größen einer rechteckigen Pupille sind die **Pupillenbreite B_P**, die **Pupillenhöhe H_P** und der daraus zu berechnende **effektive Pupillendurchmesser D_{eff}**, zwischen denen die Beziehung

$$D_{eff} = \sqrt{\frac{4}{\pi} \cdot B_P \cdot H_P} \qquad\qquad (5.4\text{-}1)$$

besteht.

Aus den Pupillenabmessungen und der Brennweite ergeben sich die **Öffnungszahlen k** des Kollimators. In praktisch meist ausreichender Näherung ($\rightarrow$ 5.7.1) ist

$$k = \frac{f}{D_P} \qquad\qquad (5.4\text{-}2)$$

$$k_s = \frac{f}{B_P} \qquad\qquad (5.4\text{-}3)$$

$$k_h = \frac{f}{H_P} \qquad\qquad (5.4\text{-}4)$$

$$k_{eff} = \frac{f}{D_{eff}} \qquad\qquad (5.4\text{-}5)$$

In einem vollständigen Spektralapparat, der außer Kollimatoren ein Dispersionselement, das Teilersystem eines Interferometers oder ein Filter enthält, kann die Bündelbegrenzung auch durch die genannten Teile oder eine in ihrer Nähe angeordnete Blende erfolgen. Dann ist die **wirksame Pupille** kleiner als die Pupille des optischen Systems. Die Öffnungszahlen sind dann mit den Abmessungen (**Durchmesser D_W**, **Breite B_W**, **Höhe H_W**) der **wirksamen Pupille** zu bilden.

Aus den Abmessungen der Luke und der Brennweite ergeben sich die **einseitigen Feldwinkel w**, das sind die Winkel, unter denen der Radius oder die halben Seiten der Luke vom zugeordneten Knotenpunkt des optischen Systems aus erscheinen. Es sind zugleich die Winkel, um die ein Strahl des quasiparallelen Strahlenbündels maximal von der Kollimatorachse abweichen kann.

$$w \approx \tan w = \frac{d}{2 \cdot f} \qquad (5.4\text{-}6)$$

$$w_s \approx \tan w_s = \frac{s}{2 \cdot f} \qquad (5.4\text{-}7)$$

$$w_h \approx \tan w_h = \frac{h}{2 \cdot f} \qquad (5.4\text{-}8)$$

Eine **Kamera** wird gekennzeichnet durch Brennweite, Abmessungen der Pupille und (ggf. wirksame) Öffnungszahl des optischen Systems und weiter durch die **Aufnahmelänge l**, das ist die Länge der ausgenutzten Brennfläche in Dispersionsrichtung, und die **Kassettenneigung** Θ_a, das ist die Neigung der Normalen der Empfängerfläche gegenüber der optischen Achse der Kamera.

Da in der Regel die Höhe eines Spektrums viel kleiner ist, als die Aufnahmelänge, ist der Feldwinkel nur durch die Aufnahmelänge und nicht durch die Spektrenhöhe bestimmt. Der **einseitige Feldwinkel der Kamera w** ergibt sich aus der Gleichung

$$\tan w_l = \frac{l \cdot \cos \Theta_a}{2 \cdot f} \qquad (5.4\text{-}9)$$

Wenn die Höhe h_2 des Spektrums oder der gleichzeitig aufgenommenen Teilspektren zusammen nicht klein gegenüber der Aufnahmelänge ist, z.B. beim Echellespektrographen und Echellespektrometer, ist anstelle der Aufnahmelänge l die Diagonale des Aufnahmefeldes einzusetzen.

5.4.2 Dispersive Elemente

Die wesentliche Eigenschaft eines dispersiven Elementes (oder Dispersionselementes) ist, wie schon früher ausgeführt, die wellenlängenabhängige Winkelaufspaltung der Strahlung. Zu ihrer quantitativen Beschreibung dienen die folgenden Winkel, die zunächst alle als in der Dispersionsebene liegend angenommen werden. **Dispersionsebene** ist die Ebene senkrecht zur brechenden Kante (→ 5.4.3) des Prismas bzw. die Ebene senkrecht zur Richtung der Gitterfurchen. Gemäß der Vereinbarung am Beginn dieses Abschnittes wird sie als horizontal liegend angenommen. Sie ist auch die Zeichnungsebene der **Abbildung 5.4-1** und der **Abbildung 5.4-2**.

Der **Einfallswinkel α** und der **Ausfallswinkel β** eines Strahles werden gegen die Normale auf der Eintritts- bzw. Austritts- bzw. Gitterfläche gemessen (vgl. **Abbildung 5.4-1** für das Prisma und **Abbildung 5.4-2** für das Gitter). Aus den Abbildungen kann der Richtungssinn der Winkel entnommen werden, was besonders beim Gitter wichtig ist, wo durch die verschiedenen Ordnungen (→ 5.4.4) negative Winkel fast immer vorkommen. Aus den Winkeln α und β lassen sich zwei andere Winkel berechnen, die vor allem beim reflektierenden Halbprisma und beim Reflexionsgitter von Bedeutung sind:

Drehwinkel $\qquad\qquad \gamma = \frac{1}{2}\cdot(\alpha + \beta)$ $\qquad\qquad$ (5.4-10)

Aufspaltungswinkel $\qquad \vartheta = \beta - \alpha$ $\qquad\qquad$ (5.4-11)

Der Drehwinkel ist der Winkel, den die Winkelhalbierende zwischen Einfalls- und Ausfallsrichtung mit der Normalen auf der Eintritts- bzw. Gitterfläche bildet. Die Bezeichnung Drehwinkel rührt daher, daß man bei den Reflexionsanordnungen (bei festgehaltener Einfalls- und Ausfallsrichtung) das Dispersionselement um diesen Winkel drehen muß, um es aus der Stellung, wo die Einfallsrichtung an der Eintritts- bzw. Gitterfläche wie an einem Spiegel in die Ausfallsrichtung reflektiert wird, in die betrachtete Stellung zu bringen. Der Aufspaltungswinkel ist der Winkel zwischen Einfalls- und Ausfallsrichtung.

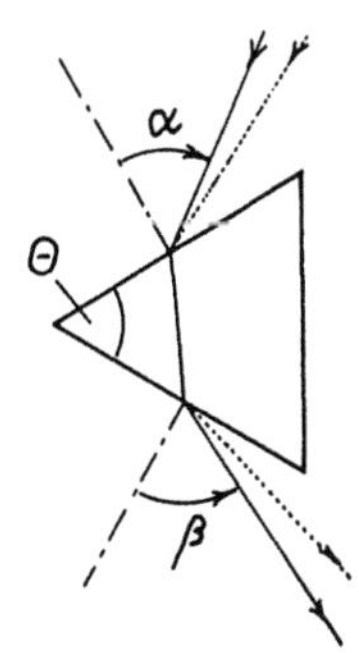

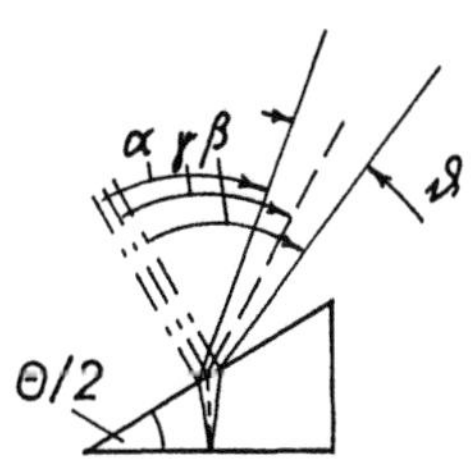

Abbildung 5.4-1: Winkel am Prisma. Vollprisma (oben): der punktierte Strahl hat eine kürzere Wellenlänge als der ausgezogene, der im Prisma mit diesem zusammenfällt; Halbprisma mit verspiegelter Rückfläche (unten). α Einfallswinkel, β Ausfallswinkel, γ Drehwinkel, ϑ Aufspaltungswinkel, Θ Prismenwinkel (brechender Winkel).

Umgekehrt ergeben sich aus Drehwinkel und Aufspaltungswinkel auch

Einfallswinkel $\qquad\qquad \alpha = \gamma - \frac{\vartheta}{2}$ $\qquad\qquad$ (5.4-12)

und

Ausfallswinkel $\qquad\qquad \beta = \gamma + \frac{\vartheta}{2}$ $\qquad\qquad$ (5.4-13)

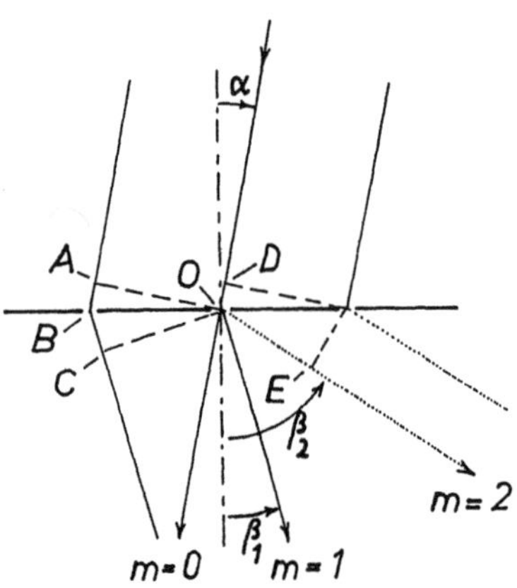

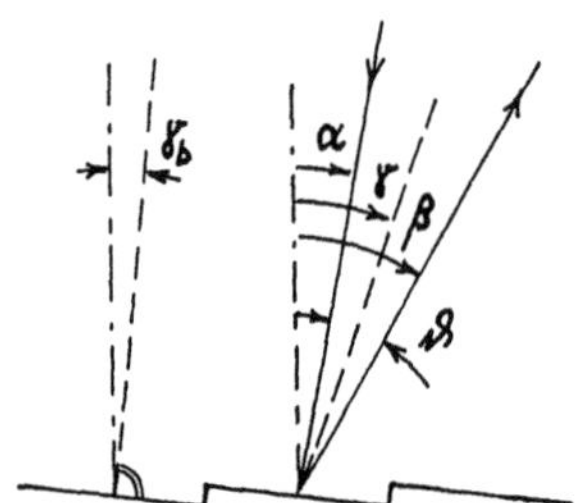

Abbildung 5.4-2: Winkel am Gitter.

Oben: Transmissionsgitter, das der Einfachheit halber als aus schmalen Schlitzen bestehend dargestellt ist. Zwischen den beiden durch den mittleren und den linken Schlitz gehenden Strahlen, die in erster Ordnung (m=1) unter dem Winkel β_1 gebeugt werden, besteht ein Wegunterschied A-B-C von λ. Die punktiert gezeichneten Strahlen durch den mittleren und den rechten Schlitz haben einen Wegunterschied D-O-E von $2 \cdot \lambda$, wenn β_2 der Beugungswinkel der 2. Ordnung (m=2) ist. Die unabgelenkt durchgegangene Strahlung wird als nullte Ordnung bezeichnet.

Unten: Reflexionsgitter mit Sägezahnprofil (Echelette-Gitter). γ_b: Vorzugswinkel (Glanzwinkel), m: Beugungsordnung; übrige Winkelbezeichnungen wie beim Prisma (Abbildung 5.4-1).

Wenn die Daten des Dispersionselementes gegeben sind, läßt sich mit Hilfe der optischen Gesetze der Ausfallswinkel als Funktion des Einfallswinkels und der Wellenlänge darstellen

$$\beta = \beta(\alpha, \lambda) \tag{5.4-14}$$

Der Anwender von dispersiven Spektralapparaten braucht diese Funktion nicht als explizite Formel zu kennen, sie wird aber der Vollständigkeit halber in der nachfolgenden Einzelbeschreibung von Prismen (→ 5.4.3) und Gittern (→ 5.4.4) angegeben.

Zunächst soll aber noch diskutiert werden, was geschieht, wenn die Strahlen nicht in der Dispersionsebene verlaufen. Beispielsweise trifft ja Strahlung vom oberen Rand des Eintrittsspaltes als schwach nach unten geneigtes Parallelbündel auf das Dispersionselement. Zur Beschreibung wird angenommen, die oben definierten Größen seien nicht die echten Einfalls- bzw. Ausfallswinkel (gemessen zwischen der Flächennormalen und der Strahlrichtung), sondern die Projektion dieser Winkel auf die Dispersionsebene. Senkrecht zu dieser Ebene habe die Strahlrichtung den Neigungswinkel χ. Dieser Winkel bleibt vor und nach der Brechung im Prisma oder der Beugung am Gitter gleich, muß also für Einfall und Ausfall nicht unterschieden werden.

Die Durchrechnung dieses Falles zeigt, daß für die Projektion von Einfalls- und Ausfallswinkel bei vorhandener Neigung dieselben Formeln gelten wie ohne Neigung, jedoch mit etwas geänderten dispersionsbestimmenden Daten der Bauelemente. Damit wird die Ablenkung der Strahlung vom oberen und unteren Rand des Eintrittsspaltes ein wenig anders als die der Strahlung von der Spaltmitte, die ja keine Neigung gegen die Dispersionsebene hat. Das führt zu einer **Krümmung** des monochromatischen Bildes eines geraden Eintrittsspaltes bzw. der **Spektrallinien**. Dies gilt sowohl für das Prisma wie auch (entgegen gelegentlich verbreiteten anderslautenden Behauptungen) für das Gitter.

Für beide Dispersionselemente gilt, daß im Vergleich zur Mitte die Enden einer Spektrallinie stärker abgelenkt werden. Da aber beim Prisma die kürzerwellige und beim Gitter die längerwellige Strahlung stärker abgelenkt werden, weisen die Linienenden beim Prisma zur kürzerwelligen (im sichtbaren Spektralgebiet zur violetten), beim Gitter aber zur längerwelligen (roten) Seite.

Durch vollständige Angabe der charakteristischen Baudaten (vgl. die Aufzählungen bei den Einzeldarstellungen von Prisma und Gitter) ist ein Dispersionselement eindeutig gekennzeichnet. Zur raschen Beurteilung sind darüber hinaus noch weitere, aus den Baudaten zu berechnende Kennzahlen von Interesse, von denen die wichtigsten im folgenden genannt werden.

Das **theoretische Auflösungsvermögen R_o** ist das Verhältnis der jeweils betrachteten Wellenlänge λ zu dem bei dieser Wellenlänge theoretisch auflösbaren Wellenlängenabstand $\delta_o \lambda$. Dieser Problemkreis wird in Abschnitt 5.6 noch im einzelnen behandelt.

$$R_o = \frac{\lambda}{\delta_o \lambda} \tag{5.4-15}$$

Die **Winkeldispersion $d\beta/d\lambda$** ist ein Maß für die Richtungsänderung der durchgehenden bzw. reflektierten Strahlung mit der Wellenlänge bei festem Einfallswinkel.

Die **Winkelvergrößerung $d\beta/d\alpha$** ist das Verhältnis der (differentiellen) Änderung des Ausfallswinkels infolge einer (differentiellen) Änderung des Einfallswinkels für die jeweils betrachtete (feste) Wellenlänge.

Das Dispersionselement ist nur in einem begrenzten Spektralbereich brauchbar, in dem sein Transmissions- bzw. sein Reflexionsgrad genügend groß ist. Die **untere Grenze λ_u** und die **obere Grenze λ_o** sind diejenigen Wellenlängen, zwischen denen der Transmissions- bzw. Reflexionsgrad einen anzugebenden Bruchteil seines Maximalwertes nicht unterschreitet.

Zwischen Winkeldispersion $d\beta/d\lambda$ und theoretischem Auflösungsvermögen R_o besteht bei rechteckiger Pupille folgender Zusammenhang, wenn B_w die Breite der wirksamen Austrittspupille für die aus dem Dispersionselement austretende Strahlung und β der Winkel in dem an das Dispersionselement angrenzenden Material mit der Brechzahl n_K ist

$$R_o = B_w \cdot \frac{d\beta}{d\lambda_n} = n_K \cdot B_w \cdot \frac{d\beta}{d\lambda} \tag{5.4-16}$$

$$R_o = n_K \cdot B_w \cdot \frac{\nu^2}{c} \cdot \frac{d\beta}{d\nu} \tag{5.4-17}$$

5.4.3 Prisma oder Prismensatz

Ein optisches Prisma ist ein durch ebene Flächen begrenzter Körper aus durchlässigem Material, dessen Grundfläche ein Vieleck ist und dessen nicht zur Grund- oder Deckfläche gehörende Kanten senkrecht auf der Grundfläche stehen (prismatischer Körper). **Brechende Kante** ist die Kante zwischen Eintritts- und Austrittsfläche. Die Dispersionsebene ist parallel zur Grundfläche. Zur Herstellung von Dispersionsprismen werden Werkstoffe mit hoher Materialdispersion (s.u.) bevorzugt.

Bei Prismen mit innerer Reflexion gibt es zwei brechende Kanten. Es sind dies die Kanten zwischen den Durchtrittsflächen und den gedachten Flächen, die den dispergierenden Teil von dem nur der Umlenkung dienenden Teil des Prismas trennen (vgl. **Abbildung 5.4-4**).

Für ein Einzelprisma findet man durch zweimalige Anwendung des Brechungsgesetzes (2.3 ←) folgenden Zusammenhang zwischen Einfallswinkel α, Wellenlänge λ und Ausfallswinkel β

$$\sin\beta = \sin\Theta \cdot \sqrt{n^2 - \sin^2\alpha} - \cos\Theta \cdot \sin\alpha \tag{5.4-18}$$

n ist die Brechzahl des Prismenmaterials (relativ zum angrenzenden Material, wofür hier immer Luft oder Vakuum angenommen sei), die sich mit der Wellenlänge ändert (dadurch entsteht die Dispersion), Θ der brechende Winkel (s.u.). Die anderen Buchstaben haben die in Abschnitt 5.4.2 angegebene Bedeutung. Man könnte diese Gleichung als Prismengleichung bezeichnen (in Analogie zur Gittergleichung (5.4-25)), das ist aber kaum gebräuchlich. Aus ihr läßt sich auch die Winkeldispersion berechnen. Man erhält diese jedoch einfacher aus den unten folgenden Gleichungen (5.4-22) und (5.4-23).

Für unter dem Winkel χ geneigt verlaufende Strahlen gilt dieselbe Gleichung, wenn man die tatsächliche Brechzahl n durch eine fiktive Brechzahl n_f ersetzt, die sich aus der Beziehung

$$n_f^2 = n^2 + (n^2 - 1) \cdot \tan^2\chi \tag{5.4-19}$$

ergibt.

Die Form des Prismas wird in einfachen Fällen durch die geometrische Form seiner Grundfläche (z.B. gleichseitiges Dreieck), bei komplizierteren Formen aber vielfach durch den Namen des Erfinders (z.B. Abbe-Prisma, vgl. **Abbildung 5.4-4**) gekennzeichnet. Diese Bezeichnung schließt dann die Art der Benutzung ein (würde das in **Abbildung 5.4-4** rechts dargestellte Prisma so durchstrahlt, daß die beiden an den 30° -Winkel anschliessenden Flächen für Ein- und Austritt benutzt würden, so wäre es nicht mehr als Abbe-Prisma zu bezeichnen). Dasselbe gilt auch für Prismensätze. Formangabe oder Erfindername kennzeichnen den **Typ des Prismas**.

Der **brechende Winkel** Θ des Prismas ist bei einfachen Prismen der Winkel der Grundfläche an der brechenden Kante, bei Prismen mit innerer Reflexion die Summe der Winkel an den brechenden Kanten.

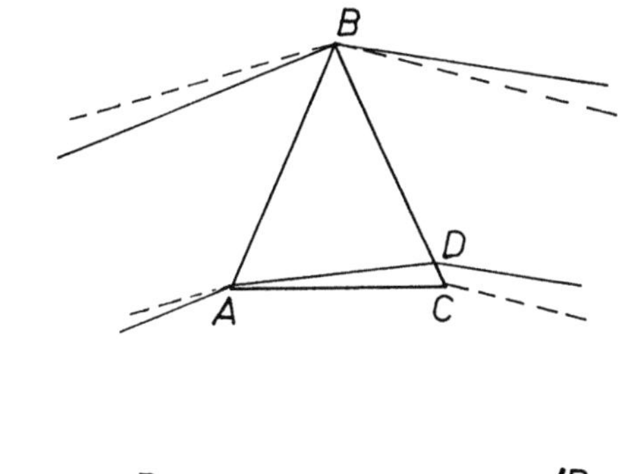

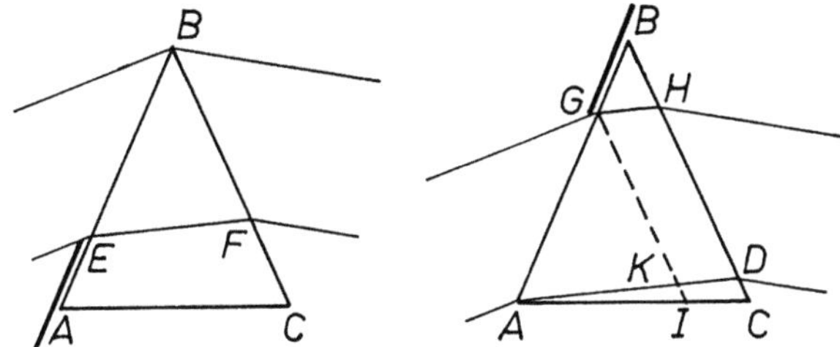

Abbildung 5.4-3: Basislänge eines Prismas.
Oben: Das Strahlenbündel bei symmetrischem Durchgang ist gestrichelt, das Strahlenbündel bei anderem Einfallswinkel (größerer Winkel bei Einfall von links, kleinerer Winkel bei Einfall von rechts) durchgezogen gezeichnet.
Unten : Eintrittsfläche des Prismas teilweise durch Blenden verdeckt.
Zur Bedeutung der Buchstaben sei auf den Text verwiesen.

Durch die Angabe des Prismentyps und, soweit durch den Typ noch nicht festgelegt, des brechenden Winkels, ist noch nichts über die Größe des Prismas ausgesagt. Es liegt nahe, dafür die Länge einer Seite der Grundfläche zu verwenden. Ist die Grundfläche ein gleichschenkliges Dreieck, wie in **Abbildung 5.4-3** oben, so kann man etwa die Länge der Grundlinie AC (Basis) dieses Dreiecks verwenden. Aber nur, wenn das Prisma symmetrisch durchstrahlt wird, wenn also Einfallswinkel und Ausfallswinkel gleich sind und die Strahlung im Inneren des Prismas parallel zur Grundlinie des Dreiecks verläuft, wird das Prisma voll ausgenutzt.

Wird der Einfallswinkel größer gewählt, so wird der Teil ADC überhaupt nicht benutzt und könnte ohne Schaden weggelassen werden. Man bezeichnet in diesem Falle
auch für die volle Prismengrundfläche ABC nur die Strecke AD, die kürzer als AC ist,
als Basislänge. Dabei ist vorausgesetzt, daß das Prisma bis zur Spitze des Dreiecks, d.h. bis
zu der bei B liegenden brechenden Kante ausgenutzt wird.

Wird, wie in der **Abbildung 5.4-3** links unten dargestellt, ein Teil der Eintrittsfläche durch
eine Blende AE abgedeckt, so wirkt das ebenso, wie wenn nur das Prisma EBF vorhanden
wäre. Die Basislänge ist dann nur noch EF. Wird aber, wie rechts unten dargestellt, ein Teil
der Eintrittsfläche des Prismas durch eine Blende BG verdeckt, so wirkt der Teil GHDK des
Prismas nur noch wie eine Planplatte, die nichts zur Dispersion beiträgt und die Teile GBH
und ADC werden überhaupt nicht von Strahlung durchsetzt, d.h. die Wirkung ist dieselbe wie
die des kleineren Prismas AGK. Die Basis hat dann nur noch die Länge AK = AD − GH.

Man bezeichnet allgemein als **Basislänge des Prismas** den Unterschied der geometrischen Wege des längstmöglichen, basisnahen Strahles und des kürzestmöglichen, dazu
parallelen, basisfernen Strahles in der Dispersionsebene. Die Basislänge eines Prismensatzes ist gleich der Summe der Basislängen der Einzelprismen.

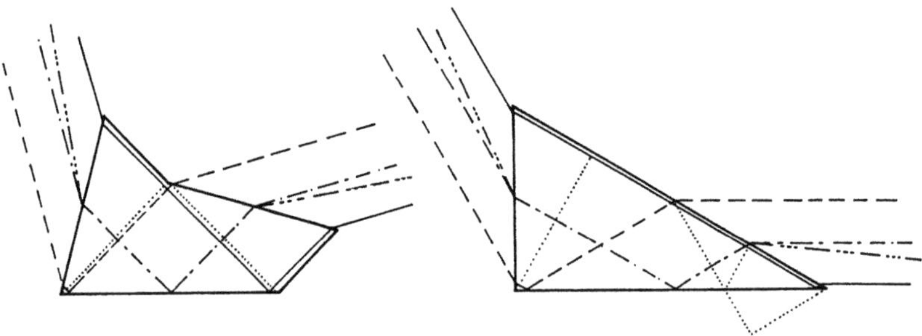

Abbildung 5.4-4: Prismen mit innerer Reflexion und konstanter Ablenkung. Links:
Form nach Pellin-Broca, Ablenkung 90°, rechts : Form nach Abbe, Ablenkung 60°.
Durch punktierte Linien sind die Prismen in Halbprismen mit dispersiver Wirkung
und nur der Umlenkung dienende Teile zerlegt. Die brechende Kante eines der
Halbprismen des Abbe-Prismas liegt mitten auf der großen Fläche und tritt in der
äußeren Form nicht hervor. Der brechende Winkel der Prismen ist die Summe der
brechenden Winkel der punktiert gezeichneten Halbprismen und für die beiden dargestellte Prismen 60°.

Mit dieser Festsetzung bereitet es dann auch keine Schwierigkeit, die Basislänge der in
Abbildung 5.4-4 dargestellten Prismen mit innerer Reflexion zu bestimmen. Nur in den durch
punktierte Linien abgetrennten Halbprismen legen der ausgezogene basisnahe Strahl und der
gestrichelte basisferne Strahl unterschiedliche Wege zurück. In den nur der Umlenkung
dienenden, dazwischenliegenden Teilen sind die Wege beider Strahlen gleich.

Die Basislänge ist keine Eigenschaft des Prismas allein, sondern hängt auch von der Art
seiner Benutzung ab. Bei festgehaltenem Einfallswinkel ändert sie sich sogar mit der Wellenlänge. Monochromatoren werden üblicherweise so gebaut, daß Einfalls- und Ausfallsrichtung

im Raum feststehen und das Prisma gedreht wird (5.2.1 ←). Damit ändert sich der Einfallswinkel mit der Wellenlängeneinstellung und man kann erreichen, daß die Strahlungsrichtung
im Prisma ihre *relative* Lage zu seinen Außenkanten beibehält und die Basislänge sich mit
der Wellenlänge nicht ändert. Das gilt sowohl für Halbprismen als auch für Prismen mit
innerer Reflexion. Aber auch bei Spektrographen und Polychromatoren, wo die Basislänge
immer wellenlängenabhängig ist, wird meist nur ein einziger Wert der Basislänge für eine
mittlere Wellenlänge angegeben. Da die Änderung der Basislänge mit der Wellenlänge gering
ist, reicht eine solche Angabe für die meisten Anwendungsfälle völlig aus. Einer der seltenen
Fälle, wo die Gefahr eines Fehlschlusses besteht, wenn man nicht daran denkt, daß die Basislänge wellenlängenabhängig sein kann, ist bei Gleichung (5.4-23) erwähnt.

Die **effektive Basislänge b** ist gleich der Basislänge, wenn die Absorption des Prismenmaterials auf einer Strecke dieser Länge vernachlässigt werden kann und die wirksame
Pupille rechteckige Form hat. Kann die Absorption nicht vernachlässigt werden, so
bewirkt sie, daß in der Nähe der Basis weniger Strahlung durch das Prisma geht. Sie
wirkt ähnlich wie die in **Abbildung 5.4-3** links unten von der Kante A her vor die
Eintrittsfläche geschobene Blende, d.h. die effektive Basislänge wird kleiner. Das Maß
dieser Verkleinerung kann nicht durch eine einfache Formel angegeben werden. Das
Problem ist in der Literatur behandelt (Junkes, 1959).
Ist die wirksame Pupille rund und b_d die Prismenbasis an der Stelle des horizontalen
Durchmessers, so ist die effektive Prismenbasis annähernd $b = 0{,}82 \cdot b_d$.
In der Richtung senkrecht zur Dispersionsebene (und damit parallel zur brechenden
Kante) werden die Abmessungen des Prismas durch die **Prismenhöhe H** gekennzeichnet.

Während die bisher diskutierten Größen der Beschreibung von Form, Benutzungsart
und Größe des Prismas dienten, wenden wir uns jetzt den vom Material abhängigen
Größen zu.
Das ist zunächst die Angabe des **Prismenmaterials** selbst. Neben optischem Glas und
Quarzglas können eine ganze Anzahl von natürlich vorkommenden oder eigens dafür
hergestellten Kristallen zur Herstellung von Prismen benutzt werden. Gelegentlich
werden auch Flüssigkeitsprismen benutzt, indem Flüssigkeiten in prismenförmige
Küvetten gefüllt werden.
Die wichtigsten optischen Kennzahlen des Prismenmaterials sind seine **Brechzahl n(λ)**,
die von der Wellenlänge λ abhängt, und seine **Materialdispersion dn/dλ**, die angibt,
wie stark sich die Brechzahl mit der Wellenlänge ändert. Wie bereits erwähnt, wählt
man für die Herstellung von Prismen nach Möglichkeit Materialien mit hoher Dispersion.
Eine weitere wichtige Kenngröße des Prismenmaterials ist sein **Absorptionskoeffizient a(λ)**
(→ 7.2). Er soll natürlich möglichst klein sein und häufig wird der nutzbare Spektralbereich eines Gerätes dadurch begrenzt, daß außerhalb dieses Bereiches der Absorptionskoeffizient des Prismenmaterials zu hohe Werte annimmt (5.4.2 ←, → 5.5.3, 5.8.4).
Aus den Baudaten des Prismas folgen die schon in Abschnitt 5.4.2 erläuterten weiteren
Kennzahlen:

Das **theoretische Auflösungsvermögen** des Prismas oder Prismensatzes

$$R_o = b \cdot \frac{dn}{d\lambda} \qquad\qquad (5.4\text{-}20)$$

bzw.

$$R_o = \frac{c}{\nu^2} \cdot b \cdot \frac{dn}{d\nu} \qquad\qquad (5.4\text{-}21)$$

Die **Winkeldispersion** (bei rechteckiger Pupille)

$$\frac{d\beta}{d\lambda} = \frac{b}{B_w} \cdot \frac{dn}{d\lambda} \qquad\qquad (5.4\text{-}22)$$

bzw.

$$\frac{d\beta}{d\nu} = \frac{b}{B_w} \cdot \frac{c}{\nu^2} \cdot \frac{dn}{d\nu} \qquad\qquad (5.4\text{-}23)$$

Diese Gleichungen gelten exakt, wenn sowohl für die Basislänge wie für die wirksame Pupillenbreite exakte, wellenlängenabhängige Größen eingesetzt werden. Meist hat man aber für beide nur je einen einzigen Wert für eine mittlere Wellenlänge. Da die beiden Größen nur wenig von der Wellenlänge abhängen, erhält man mit den vorstehenden Gleichungen immer noch brauchbare Näherungswerte, die zur Berechnung der Winkeldispersion selbst und der von ihr abhängigen Größen (etwa der Lineardispersion und der spektralen Spaltbreite ($\to$ 5.5.1, 5.5.2)) völlig ausreichen. Man darf einen so berechneten Näherungswert der Winkeldispersion aber nicht etwa verwenden, um daraus durch Integration den Drehwinkel zur Einstellung der Wellenlänge zu berechnen. Dazu muß man vielmehr auf Gleichung (5.4-18) zurückgreifen.

Wenn die Absorption des Prismenmaterials nicht vernachlässigt werden darf und in der effektiven Basis berücksichtigt ist, muß auch für die wirksame Pupillenbreite ein die Absorption berücksichtigender Wert verwendet werden. Einfacher ist es jedoch, für diese Rechnung in beiden Größen die Absorption nicht zu berücksichtigen. Wenn die Pupille nicht rechteckig ist, sondern rund, tritt an die Stelle der wirksamen Pupillenbreite B_w annähernd die Größe $0,82 \cdot D_w$, wo D_w der wirksame Pupillendurchmesser ist.

Die **Winkelvergrößerung des Einzelprismas** ist

$$\frac{d\beta}{d\alpha} = - \left(\frac{\sin\Theta \cdot \sin\alpha}{\sqrt{n^2 - \sin^2\alpha}} + \cos\Theta \right) \cdot \frac{\cos\alpha}{\cos\beta} \qquad\qquad (5.4\text{-}24)$$

Das negative Vorzeichen besagt nur, daß der Ausfallswinkel β abnimmt, wenn man den Einfallswinkel α größer macht.

Die **Winkelvergrößerung eines Prismensatzes** ist gleich dem negativen Produkt der Beträge der Winkelvergrößerungen der Einzelprismen.

Für einen realistisch angenommenen Beispielfall sind in **Tabelle 5.4-1** die oben erläuterten Baudaten und die daraus berechneten Kenngrößen zusammengestellt. Weitere Beispiele finden sich in **Tabelle 5.8-7** und **Tabelle 5.8-9** des Abschnittes 5.8.6.

Tabelle 5.4-1: Beispiel eines Prismas

Prismentyp:	Gleichseitiges Prisma
Brechender Winkel:	60° (durch Gleichseitigkeit festgelegt)
Prismenmaterial:	Glas F 2 (Schott Glaswerke)
Brechzahl	für 436 nm: 1,64202
	546 nm: 1,62408
	656 nm: 1,61503
Einfallswinkel:	54,296°
Ausfallswinkel	für 436 nm: 56,092°
	546 nm: 54,296°
	656 nm: 53,415°
	(für 546 nm besteht symmetrischer Durchgang)
Basislänge	für 436 nm: 29,891 mm
	546 nm: 30,000 mm (mech. Länge)
	656 nm: 29,944 mm
Prismenhöhe:	25 mm
Materialdispersion	bei 546 nm: $10{,}9 \cdot 10^{-5}\,\text{nm}^{-1}$
dekad. Abs.-koeff.:	< 0,001 B/cm (s. Anmerkung)
effektive Basislänge:	gleich Basislänge
Auflösungsvermögen	bei 546 nm: 3270
Winkeldispersion	bei 546 nm: 0,0107 °/nm
Winkelvergrößerung	für 436 nm: − 1,039
	546 nm: − 1,000
	656 nm: − 0,983

Anmerkung: Nach DIN 5493 ist die Einheit eines dekadisch logarithmierten Verhältnisses
von Energiegrößen (2.1 ←) das Bel (B). Das dekadische Absorptionsmaß ("Extinktion") ist
der dekadische Logarithmus eines Verhältnisses von Energiegrößen. Deswegen wird hier
der Absorptionskoeffizient nicht, wie bisher üblich, in cm^{-1} angegeben, sondern in B/cm.
Auch von Anwenderseite wird das Bedürfnis nach einem Einheitennamen für die Extinktion stark empfunden, wie beispielsweise die Verwendung der Bezeichnung "milli-Extink-
tion" beweist (die logisch auf der gleichen Stufe steht, wie wenn man "milli-Länge" statt
mm sagen würde). Da ein zutreffender Einheitenname bereits festgelegt ist, sollte dieser
auch benutzt werden.

5.4.4 Beugungsgitter

Ein Beugungsgitter ist eine durchlässige oder reflektierende Platte mit einer Struktur,
die in einer Richtung (der Dispersionsrichtung) periodisch ist, und deren Periodenlänge im allgemeinen von der Größenordnung der Wellenlänge ist. Die Strukturelemente
werden **Furchen** genannt (engl. rulings, daher der Index r) und können gerade oder
schwach gekrümmt sein. Auch die Periodizität ist nicht immer ganz streng. Abgese-

hen von Herstellungsfehlern kann sich die Periodenlänge (Furchenabstand, Gitterkonstante) über die Gitterfläche hinweg langsam ändern, besonders bei "holographischer" (s.u.) Herstellung.

Ein Gitter auf einer ebenen Trägerfläche wird als **Plangitter** bezeichnet. Sofern seine Furchen exakt gerade sind und die Periode streng konstant ist, hat es keine abbildenden Eigenschaften (ein auftreffendes monochromatisches paralleles Strahlenbündel bzw. eine monochromatische ebene Welle verlassen das Gitter als paralleles Strahlenbündel bzw. ebene Welle mit einer anderen Richtung).

Ein Gitter auf einer gekrümmten Fläche (sphärisch mit Radius R, torisch oder elliptisch usw. mit den Hauptkrümmungsradien R_s und R_h in Richtung der Spaltbreite bzw. -höhe) heißt **Konkavgitter**. Es kann die abbildenden Eigenschaften von Eingangs- und Ausgangskollimator ganz oder teilweise übernehmen. Zusätzliche Abbildungseigenschaften können dem Konkavgitter durch örtlich verschiedene Furchenabstände und (schwach) gekrümmte Furchen verliehen werden. Solche Furchen werden vor allem durch "holographische" Herstellung erzeugt.

Hergestellt werden Gitter entweder durch mechanisches "Ritzen" mittels einer Gitterteilmaschine (**mechanische Gitter**), oder durch Bestrahlung einer photo- oder thermoempfindlichen Schicht mit einem Interferenzmuster und nachträglicher Entwicklung, Fixierung oder Ätzung dieser Schicht. Für die nach dem letztgenannten Verfahren hergestellten Gitter hat sich die Bezeichnung **holographische Gitter** eingebürgert. Sowohl von mechanischen als auch von holographischen Gittern werden durch mechanischen Abdruck (meistens in einem duroplastischen Kunststoff) **Kopien** hergestellt, oft in mehreren Generationen (Original-Tochter-Enkel). Dabei sollte nicht unerwähnt bleiben, daß die Qualität von Gitterkopien nicht generell schlechter ist, als die der Vorlagen, sie können sogar besser sein. Auch die Kopien werden je nach der Herstellung der Originale als mechanische oder holographische Gitter bezeichnet.

Gitter können so benutzt werden, daß sie die Strahlung durchlassen (**Transmissionsgitter**), oder so, daß sie die Strahlung reflektieren (**Reflexionsgitter**). Bei Transmissionsgittern müssen der Träger und die das Gitter bildende Schicht für die Strahlung durchlässig sein. Da dies über große Spektralbereiche schwieriger zu realisieren ist als eine gute Reflexion, sind die meisten in Gebrauch befindlichen Gitter Reflexionsgitter. Sie sind üblicherweise mit einer sehr dünnen Schicht eines gut reflektierenden Metalles (Al, Au) überzogen. Bei den Originalen befindet sich die Teilung überhaupt nur im Metall und nicht im (häufig Glas-) Träger.

Den Zusammenhang zwischen Einfallswinkel α, Ausfallswinkel β und Wellenlänge λ beschreibt die **Gittergleichung** (vgl. Abbildung 5.4-2):

$$\sin\alpha + \sin\beta = \frac{m \cdot \lambda_n}{d_r} = \frac{m \cdot c}{n \cdot \nu \cdot d_r} \qquad (5.4\text{-}25)$$

Sie beruht auf der Tatsache, daß die an nebeneinanderliegenden Furchen gebeugte Strahlung einen Gangunterschied (Unterschied des optischen Weges) von m Wellenlängen hat, wobei m eine ganze Zahl ist, die positiv oder negativ sein kann. d_r ist der **Furchenabstand**, der auch **Gitterkonstante** genannt wird, λ_n die Wellenlänge im an das Gitter angrenzenden Material mit der Brechzahl n. Für jeden möglichen Wert von m (nur eine begrenzte Anzahl ist möglich, denn die Winkel sind auf 90° beschränkt) erhält man ein eigenes Spektrum und nennt dieses das Spektrum m-ter **Ordnung**. Nur die "nullte Ordnung" (m = 0) liefert kein Spektrum, sondern entspricht für alle Wellenlängen in gleicher Weise dem unabgelenkten Durchgang oder der Reflexion unter dem Spiegelwinkel.

Die Beugungsordnung m wird positiv gezählt, wenn die Richtung der gebeugten Strahlung von der Richtung der unabgelenkt durchgelassenen bzw. der unter dem Spiegelwinkel reflektierten Strahlung (bezogen auf die Gitternormale) zu der Seite hin abweicht, von der die einfallende Strahlung kommt.

Ein Gitter liefert also im Gegensatz zum Prisma nicht nur ein Spektrum, sondern mehrere Spektren, die sich gegenseitig überlappen können und durch zusätzliche Hilfsmittel getrennt werden müssen. Dazu werden in den meisten Fällen Filter verwendet, die man dann als **Ordnungsfilter** bezeichnet. Wird das Spektrum erster Ordnung benutzt, so kann am Ort der benutzten Wellenlänge aus dem Spektrum zweiter Ordnung Strahlung mit der halben Wellenlänge, aus dem dritter Ordnung Strahlung mit einem Drittel der Wellenlänge usw. auftreten. Wenn man "in der ersten Ordnung arbeitet", hat die Strahlung der unerwünschten Ordnungen also kürzere Wellenlängen als die benutzte Strahlung und kann durch ein Langpaßfilter (→ 5.4.7) beseitigt werden.

Aus der Gittergleichung kann auch die Winkeldispersion $d\beta/d\lambda$ berechnet werden. Die entsprechende Formel wird, zusammen mit anderen, weiter unten angegeben.

Für unter dem Winkel χ geneigt verlaufende Strahlen tritt in der Gittergleichung an die Stelle der Gitterkonstanten d_r das Produkt $d_r \cdot \cos\chi$.

Bei Benutzung eines Gitters kann es vorkommen, daß Fehlstrahlungsanteile (→ 5.5.7) auftreten, die in der Spektrumsebene als Linien erscheinen, deren Richtungen und Wellenlängen aber nicht der Gittergleichung genügen. Sie werden durch periodische Fehler in der Gitterteilung hervorgerufen und **Gittergeister** genannt.

Während es für die prinzipielle Wirkung eines Gitters genügt, daß überhaupt irgendwelche Furchen in gleichen Abständen vorhanden sind, müssen zur Erzielung eines hohen Wirkungsgrades in einer bestimmten Ordnung die Furchen ein annähernd sägezahnförmiges Profil erhalten. Solche Gitter nennt man **Echelettegitter** oder **Blaze-Gitter**. Die deutsche Bezeichnug Glanzgitter hat sich bisher nicht durchzusetzen vermocht. Abgesehen von holographischen Gittern mit sehr hoher Furchendichte, die aufgrund des Herstellungsverfahrens annähernd Sinusprofil und trotzdem hohen Wirkungsgrad haben, weil höhere Ordnungen als die erste nicht auftreten können, sind fast alle heute für die Spektroskopie benutzten Gitter Glanzgitter.

Gitter mit (im Verhältnis zur Wellenlänge) sehr großer Gitterkonstanten, die in sehr hoher Ordnung benutzt werden, heißen **Echellegitter** oder **Stufengitter**. Ihren Gebrauch kann man sich so vorstellen, wie wenn man ein Echelettegitter mit Reflexion an der schmalen Seite der Sägezähne benutzt. Die Herstellung solcher Gitter erfordert besondere Methoden.

Zur Kennzeichnung eines Gitters wird anstelle der Gitterkonstanten d_r auch ihr Kehrwert, die **Furchendichte n_r** benutzt

$$n_r = 1/d_r \qquad\qquad\qquad (5.4\text{-}26)$$

Neben den äußeren Abmessungen ist für die optische Wirkung die **geteilte Gitterbreite B** und die **Gitterhöhe H** von Bedeutung. Die geteilte Gitterbreite ist die Breite der mit Furchen versehenen Fläche, senkrecht zur Furchenrichtung gemessen. Die Gitterhöhe ist die Höhe dieser Fläche, parallel zu den Furchen gemessen.

Aus der geteilten Gitterbreite und der Gitterkonstanten oder der Furchendichte ergibt sich die Gesamtzahl der (vorhandenen) Furchen

$$N_r = \frac{B}{d_r} = B \cdot n_r \qquad\qquad (5.4\text{-}27)$$

Wenn das Gitter in einen Spektralapparat eingebaut ist, kann das einfallende Strahlungsbündel das Gitter in einer Fläche treffen, deren Breite größer, gleich oder kleiner ist als die geteilte Gitterbreite. Ist die bestrahlte Breite größer als die geteilte Breite oder ihr gleich, so ist die **Gesamtzahl der wirksamen Furchen** N_r gleich der Gesamtzahl der vorhandenen Furchen (Gleichung 5.4-27). Ist die bestrahlte Breite jedoch kleiner als die geteilte Breite oder ihr gleich und hat das unter dem Winkel α einfallende Bündel die Breite B_{we}, so ist die Gesamtzahl der genutzten Furchen

$$N_r = \frac{B_{we}}{d_r \cdot \cos\alpha} = \frac{B_{we} \cdot n_r}{\cos\alpha} \qquad\qquad (5.4\text{-}28)$$

Ist die wirksame Pupille rund und hat den Durchmesser D_{we}, so ist ungefähr $B_{we} = 0{,}82 \cdot D_{we}$ zu setzen.

Die Zahl der genutzten Furchen ist also stets der kleinere der beiden Werte aus den Gleichungen (5.4-27) und (5.4-28).

Eine weitere wichtige Eigenschaft eines Gitters ist sein **Wirkungsgrad** $\eta(\lambda)$. Er ist das Verhältnis der in der gewählten Anordnung in die benutzte Ordnung gelenkten Strahlungsleistung zur einfallenden Strahlungsleistung der betrachteten Wellenlänge.

Vielfach wird der Wirkungsgrad relativ zu einem Bezugswert angegeben (bei Transmissionsgittern Transmissionsgrad der Trägerplatte, bei Reflexionsgittern Reflexionsgrad eines mit dem gleichen Material wie das Gitter belegten Spiegels). In diesem Falle ist der **relative Wirkungsgrad** $\eta(\lambda)_{rel}$ mit dem Bezugswert zu multiplizieren, um den Wirkungsgrad $\eta(\lambda)$ zu erhalten.

Der Wirkungsgrad hängt von der Wellenlänge ab. Diejenige Wellenlänge, bei der er sein Maximum erreicht, wird **Vorzugswellenlänge** oder **Glanzwellenlänge** λ_b genannt. (Der Index b kommt von der englischen Bezeichnung "blaze".) Sie hängt von der benutzten Ordnung des Spektrums und von Einfalls- und Ausfallswinkel am Gitter ab. Bei Plangittern wird die Vorzugswellenlänge üblicherweise für Autokollimation (Aufspaltungswinkel $\Theta = 0$) und die erste Ordnung (m = 1) angegeben.

Der Vorzugswellenlänge ist ein **Vorzugswinkel (Glanzwinkel)** γ zugeordnet. Bei sägezahnförmigem Profil ist der Glanzwinkel der Winkel zwischen der Gitternormalen und den Normalen auf den einzelnen Furchenflächen (vgl. Abbildung 5.4-2). Bei Benutzung unter diesem Winkel fällt für die Glanzwellenlänge die Beugungsrichtung mit der Richtung der Spiegelreflexion an den Furchenflächen zusammen, was zu dem Höchstwert des Wirkungsgrades führt. Zwischen Glanzwellenlänge und Glanzwinkel besteht die folgende Beziehung, die bei komplizierteren Formen der Furchenflächen auch benutzt wird, um aus der Glanzwellenlänge den Glanzwinkel zu berechnen:

$$\sin \gamma_b = \frac{m \cdot \lambda_b}{2 \cdot n \cdot d_r \cdot \cos\frac{\vartheta}{2}} \tag{5.4-29}$$

$$= \frac{m \cdot n_r \cdot \lambda_b}{2 \cdot n \cdot \cos\frac{\vartheta}{2}} \tag{5.4-30}$$

bzw.

$$\sin \gamma_b = \frac{m \cdot c}{2 \cdot n \cdot d_r \cdot \nu_b \cdot \cos\frac{\vartheta}{2}} \tag{5.4-31}$$

$$= \frac{m \cdot n_r \cdot c}{2 \cdot n \cdot \nu_b \cdot \cos\frac{\vartheta}{2}} \tag{5.4-32}$$

ϑ ist der Aufspaltungswinkel (5.4.2 ←), n die Brechzahl des an das Gitter angrenzenden Materials.

Aus diesen Baudaten des Gitters ergeben sich weiter die schon in Abschnitt 5.4.2 erläuterten Kenngrößen.

Das **theoretische Auflösungsvermögen** ist

$$R_o = m \cdot N_r \tag{5.4-33}$$

Die **Winkeldispersion** des Gitters ist (bei rechteckiger Pupille)

$$\frac{d\beta}{d\lambda_n} = n \cdot \frac{d\beta}{d\lambda} = \frac{R_o}{B_w} = \frac{m \cdot N_r}{B_w} \tag{5.4-34}$$

$$\frac{d\beta}{d\nu} = \frac{c}{n \cdot \nu^2} \cdot \frac{R_o}{B_w} = \frac{c}{n \cdot \nu^2} \cdot \frac{m \cdot N_r}{B_w} \tag{5.4-35}$$

n ist wieder die Brechzahl des an das Gitter angrenzenden Materials. (Wenn der Raum zwischen Gitter und Spektrum nicht vollständig von diesem Material ausgefüllt ist, muß die Brechung beim Austritt aus dem Material natürlich gesondert berücksichtigt werden.) Die beiden Gleichungen gelten exakt, wenn sowohl für das theoretische Auflösungsvermögen, wie für die wirksame Breite der Austrittspupille exakte, wellenlängenabhängige Größen eingesetzt werden. Meist hat man aber für beide nur je einen einzigen Wert für eine mittlere Wellenlänge. Da die beiden Größen meist nicht sehr stark von der Wellenlänge abhängen, erhält man mit den vorstehenden Gleichungen immer noch brauchbare Näherungswerte, die zur Abschätzung der Winkeldispersion selbst und der von ihr abhängigen Größen (etwa der Lineardispersion und der spektralen Spaltbreite (→ 5.5.1, 5.5.2)) dienen können. Man darf einen so berechneten

Näherungswert der Winkeldispersion aber nicht etwa verwenden, um daraus durch Integration den Drehwinkel zur Einstellung der Wellenlänge zu berechnen. Dazu muß man vielmehr auf Gleichung (5.4-25) zurückgreifen.

In den seltenen Fällen, wo die geteilte Fläche nicht rechteckig sondern rund ist, tritt an die Stelle der wirksamen Pupillenbreite B_w annähernd die Größe $0{,}82 \cdot D_w$, wo D_w der Durchmesser der geteilten Fläche ist.

Ist die wirksame Bündelbreite nicht durch die geteilte Gitterbreite, sondern die Pupillenbreite des Eingangskollimators begrenzt, kann man die Gleichung (5.4-28) anwenden und erhält

$$\frac{d\beta}{d\lambda} = \frac{B_{we}}{B_w} \cdot \frac{m}{n \cdot d_r \cdot \cos\alpha} = \frac{m}{n \cdot d_r \cdot \cos\beta} \tag{5.4-36}$$

$$\frac{d\beta}{d\nu} = \frac{B_{we}}{B_w} \cdot \frac{m \cdot c}{n \cdot d_r \cdot \nu^2 \cdot \cos\alpha} = \frac{m \cdot c}{n \cdot d_r \cdot \nu^2 \cdot \cos\beta} \tag{5.4-37}$$

Diese Gleichungen enthalten das Auflösungsvermögen nicht und von den wirksamen Bündelbreiten nur das Verhältnis von Eintrittsgröße zu Austrittsgröße. Sie sind daher von der Form der Pupille unabhängig und gelten auch für runde Pupillen. Die jeweils letzte der Gleichungen (5.4-36) und (5.4-37) folgt auch direkt aus der Gittergleichung (5.4-25) und enthält keine Näherungen.

Bei Monochromatoren und Spektrographen oder Polychromatoren mit drehbarem Gitter ist zu beachten, daß der Einfallswinkel α sich mit der eingestellten Wellenlänge bzw. der Gitterdrehung ändert.

Die **Winkelvergrößerung dβ/dα** des Gitters ist

$$\frac{d\beta}{d\alpha} = -\frac{\cos\alpha}{\cos\beta} \tag{5.4-38}$$

Da ein Gitter Spektren in mehreren Ordnungen entwirft, ist von Interesse, innerhalb welchen Bereiches man vor der Überlappung durch andere Ordnungen sicher ist. Er wird der **freie Spektralbereich** genannt und von der jeweiligen Wellenlänge in Richtung abnehmender Wellenlängen bis zu der Stelle gezählt, wo dieselbe Wellenlänge in einer niedereren Ordnung wieder auftreten kann. Liegt beispielsweise die Wellenlänge 600 nm an einer bestimmten Stelle des Spektrums dritter Ordnung so findet man, in diesem Spektrum in Richtung abnehmender Wellenlängen gehend, an der Stelle, wo die Wellenlänge 400 nm liegt, auch wieder die Wellenlänge 600 nm aus dem Spektrum zweiter Ordnung. Der freie Spektralbereich beträgt in diesem Beispiel 200 nm. Allgemein ist der freie Spektralbereich

$$\Delta\lambda = \frac{\lambda}{m} \tag{5.4-39}$$

(Diese Beziehung läßt sich nicht auf einfache Weise in der Frequenz ausdrücken.)
Für einen Beispielfall sind in **Tabelle 5.4-2** die Baudaten und daraus berechneten Kenngrößen eines Gitters zusammengestellt. Weitere Beispiele finden sich in Abschnitt 5.8.6.

Tabelle 5.4-2: Beispiel eines Gitters

Art des Gitters:	mechanisches Reflexions-Plangitter (in Luft)
Furchendichte:	600 Furchen/mm
Gitterkonstante:	1,667 µm
Gitterbreite:	30 mm
Gesamtzahl der Furchen:	18000
Gitterhöhe:	25 mm
Glanzwellenlänge:	546 nm
Glanzwinkel:	$9,427°$
Einfallswinkel:	$9,427°$ (so gewählt, daß für 546 nm gleich dem Ausfallswinkel)

Ausfallswinkel:

für alle Wellenlängen: 0. Ordng. $-9,427°$

	1. Ordng.	2. Ordng.	-1. Ordng.
für 436 nm:	$5,612°$	$21,063°$	$-25,167°$
546 nm:	$9,427°$	$29,433°$	$-29,433°$
656 nm:	$13,285°$	$38,565°$	$-33,876°$

wirksame Breite -des einfall. Bündels:	29,595 mm
-des ausfall. Bündels 1. Ordnung:	für 436 nm: 29,856 mm 546 nm: 29,595 mm 656 nm: 29,197 mm
Wirkungsgrad:	für 436 nm: 0,74 546 nm: 0,84 656 nm: 0,74
theor. Auflösungsvermögen:	in 1. Ordng.: 18 000 2. Ordng.: 36 000
Winkeldispersion:	für 546 nm in 1. Ordng.: 0,0348°/nm
Winkelvergrößerung: (in 1. Ordnung)	für 436 nm: -0,9912 546 nm: -1,0 656 nm: -1,0136

5.4.5 Zweistrahl-Interferometer

Interferometer sind optische Einrichtungen, die dazu dienen, zwei oder mehr kohärente Strahlenbündel zur Interferenz zu bringen. Die folgende Darstellung ist auf Interferometer beschränkt, die zur spektralen Aussonderung dienen können. Andere Anwendungen, wie Längenmessung, Brechzahlmessung, Formbestimmung oder Darstellung von Brechzahlverteilungen, um nur die häufigsten zu nennen, bleiben hier außer Betracht. Die benötigten kohärenten Bündel werden durch Aufspaltung aus einem einzigen Bündel erzeugt, und zwar für die Zwecke der spektralen Zerlegung immer durch teildurchlässige Schichten (Amplitudenteilung), nicht aber durch geometrische Teilung der Wellenfront.

Nach der Anzahl der interferierenden Strahlenbündel werden Zweistrahl-Interferometer und Vielstrahl-Interferometer unterschieden, die in ganz verschiedener Weise und für unterschiedliche Zwecke benutzt werden.

In den Zweistrahl-Interferometern werden, wie der Name sagt, zwei Strahlenbündel zur Interferenz gebracht. Teilung und Vereinigung der Bündel erfolgen so, daß die Bestrahlungsstärke in den Teilbündeln, jeweils einzeln betrachtet, möglichst genau gleich ist. Die fast ausschließlich benutzte Bauform ist das **Michelson-Interferometer**. Bei ihm erfolgt die Aufspaltung durch eine teils durchlässige, teils reflektierende Platte (Teilerspiegel) und jedes Teilbündel wird durch Reflexion an mindestens einem Endspiegel so zurückgeworfen, daß die Vereinigung am gleichen Teilerspiegel erfolgt (**Abbildung 5.4-5**). Jedes der zur Interferenz kommenden Teilstrahlenbündel wird dabei an der teildurchlässigen Schicht einmal reflektiert und einmal durchgelassen (bzw. umgekehrt), so daß für möglichste Gleichheit der Intensitäten der Teilstrahlenbündel gesorgt

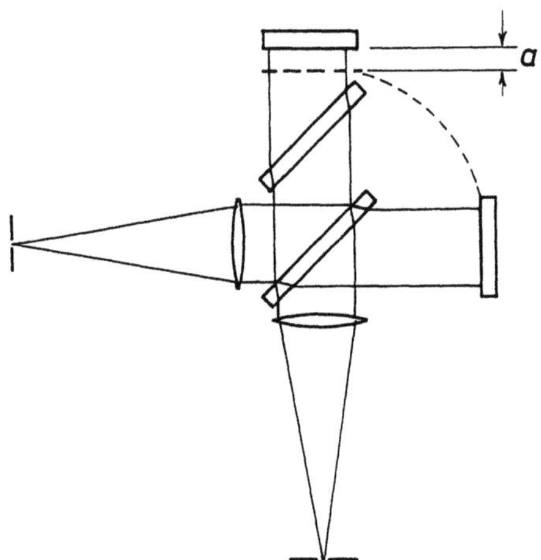

Abbildung 5.4-5: Twyman-Interferometer. a ist der Abstand zwischen dem in der Zeichnung oben stehenden Endspiegel und dem Spiegelbild des rechts stehenden Endspiegels im Teilerspiegel. Zur Vermeidung von Störungen durch Reflexionen innerhalb der Trägerplatte des Teilerspiegels oder der Kompensationsplatte werden beide Platten nicht exakt planparallel gemacht, sondern mit einem schwachen Keilwinkel versehen.

ist. Wenn sich die teildurchlässige Schicht nicht auf einem vernächlässigbar dünnen Träger befindet ("Häutchenspiegel", engl. "pellicle"), wird zur Gewährleistung der Gleichheit der optischen Wege bei allen Wellenlängen (die Brechzahl der Trägerplatte der Teilerschicht ist ja wellenlängenabhängig) eine gleich dicke Kompensationsplatte in den Zweig gestellt, der die Trägerplatte nur einmal (und nicht dreimal) durchsetzt. Das Michelson-Interferometer ist ohne Kollimatoren funktionsfähig. Für spektroskopische Zwecke wird es zur spektralen Modulation der Strahlungsleistung in der Fourier-Spektroskopie benutzt und dazu mit Kollimatoren ausgestattet, eine Bauform, die als

Twyman-Interferometer bekannt ist. Durch Spiegelung an der Teilerplatte kann man das Spiegelbild des ersten Endspiegels im dem Zweig finden, der zum zweiten Endspiegel führt. Fallen der zweite Endspiegel und das Spiegelbild des ersten (auf Bruchteile einer Wellenlänge) zusammen, so entsteht in der Brennebene des Ausgangskollimators ein Bild der Eintrittsluke des Eingangskollimators, gleichgültig wie groß diese ist (natürlich begrenzt auf den Bereich, in dem das optische System des Kollimators fehlerfrei abbildet). Wird jedoch einer der Endspiegel so verschoben, daß das Spiegelbild des ersten und der zweite zwar exakt parallel bleiben, aber sie einen Abstand a voneinander haben, und hat der Eingangskollimator eine große, monochromatisch gleichmäßig beleuchtete Fläche, so entsteht in der Brennebene des Ausgangskollimators ein System von konzentrischen, hellen und dunklen Interferenzringen (Haidinger-Ringe, Interferenzen gleicher Neigung). Verändert man den Abstand a, so quellen die Ringe aus der Mitte heraus oder schrumpfen in sie hinein. Dasselbe gilt bei Änderung der Wellenlänge. Bei beiden Vorgängen ändert sich die Bestrahlungsstärke in der Mitte des Ringsystems periodisch.

Für die Fourier-Spektroskopie erhalten Eingangs- wie Ausgangskollimator eine runde Luke mit kleinem Radius ($\rightarrow$ 5.6.3). Dann gilt für die durchgehende Strahlungsleistung unverändert das oben für die Mitte des Ringsystems Gesagte. Für einen festen Abstand ist die durchgelassene Strahlungsleistung $\cos^2$-förmig in Abhängigkeit von der Frequenz moduliert ($\rightarrow$ 5.7.6). Bei Vergrößerung des Abstandes wird die Modulationsperiode kleiner, d.h. die Zahl der Maxima und Minima nimmt zu. Zur Messung wird einer der Endspiegel kontinuierlich oder in kleinen Schritten verschoben und die Strahlungsleistung in Abhängigkeit vom Abstand a digital erfaßt. Daraus wird ihre spektrale Verteilung durch Fourier-Transformation gewonnen.

Die **maximale Verschiebung** a_{max} des beweglichen Spiegels ist, wie wir gleich sehen werden, eine die Leistungsfähigkeit des Gerätes begrenzende Größe. An die mechanische Verschiebeeinrichtung werden, da Abweichungen von der Parallelität des beweglichen Spiegels zum Bild des feststehenden unter einem kleinen Bruchteil der Wellenlänge gehalten werden müssen, erhebliche Anforderungen gestellt, die natürlich mit der Länge des Verschiebeweges wachsen.

Die Brennweite der Kollimatoren und der Durchmesser ihrer Luken bestimmen den **einseitigen Feldwinkel** w_{max} des Eingangs- und des Ausgangskollimators (vgl. Gleichung (5.4-6)).

Neben dem Feldwinkel ist für die erzielbare Strahlungsleistung der **wirksame Bündelquerschnitt A** maßgebend, der entweder durch die Pupillen der Kollimatoren, oder die Teilerplatte und die Endspiegel bzw. bei ihnen angeordnete Blenden begrenzt wird.

Für den Transmissionsgrad des ganzen Interferometers und damit auch wieder für die erzielbare Strahlungsleistung sind weiter der **Transmissionsgrad** τ und der **Reflexionsgrad** ρ der Teilerplatte bei der im Gerät benutzten Geometrie von Bedeutung.

Das **theoretische Auflösungsvermögen des Twyman-Interferometers für die Fourier-Spektroskopie** (ohne Apodisation) ist

$$R_o = \frac{4 \cdot a_{max}}{\lambda} = \frac{4 \cdot \nu \cdot a_{max}}{c} = m \cdot N \qquad (5.4\text{-}40)$$

(Die Zahl der interferierenden Strahlen ist $N = 2$, die Ordnung der Interferenz $m = 2 \cdot a_{max} / \lambda$. Weiter ist angenommen, daß sich in dem Raum, in dem der eine Endspiegel bewegt wird, nur Luft oder Vakuum befindet.)

Apodisation ist ein Verfahren, mit dem man bei der optischen Abbildung durch Eingriffe (Blenden, Filter mit ortsabhängiger Transmission) in der Pupille Bildfehler beeinflußt. Nach der Kontrastübertragungstheorie entspricht dies einer Beeinflussung des Frequenzspektrums der Kontrastübertragung. In der Fourierspektroskopie werden die hohen Modulationsfrequenzen, d.h. die Meßwerte bei großen Spiegelverschiebungen mit geringerem Gewicht berücksichtigt, um Artefakte im rekonstruierten Spektrum (der mathematisch Bewanderte sei auf das Phänomen von Gibbs hingewiesen) zu unterdrücken. Dieser Gewinn an Treue des rekonstruierten Spektrums wird mit einem Verlust an Auflösungsvermögen, meist um den Faktor 2, erkauft.

Um, beginnend bei langen Wellen, bis zu einer Wellenlänge λ_{min} zu messen, muß die **Schrittweite Δa der Spiegelverstellung** (oder bei kontinuierlicher Bewegung der Abstand, in dem Meßwerte aufgenommen werden) der Bedingung

$$\Delta a < \frac{\lambda_{min}}{4 \cdot n_i} = \frac{c}{4 \cdot n_i \cdot \nu_{max}} \tag{5.4-41}$$

genügen. Während also bei Sequenzspektrometern die maximale Winkelverstellung des Dispersionselementes mit dem zu messenden Wellenlängenbereich wächst und die zulässige Schrittweite dieser Verstellung mit dem aufzulösenden Wellenlängenabstand abnimmt, ist der Zusammenhang bei Fourier-Spektrometern vertauscht. Hier wächst die maximale Spiegelverschiebung mit der geforderten Auflösung und ihre Schrittweite nimmt mit wachsendem Wellenlängenbereich ab.

Die vorstehenden Zusammenhänge darf man nur bedingt umkehren. Kleinere Winkelschritte bei Sequenzspektrometern sind nur eine der notwendigen Voraussetzungen zur Messung besser aufgelöster Spektren, Grundvoraussetzung ist natürlich ein entsprechend kleiner auflösbarer Wellenlängenabstand. Der nutzbare Spektralbereich wird nicht dadurch vergrößert, daß man nur das Dispersionselement weiter dreht ($\rightarrow$ 5.8.4 "einstellbarer Spektralbereich").

Der **nutzbare Spektralbereich** wird vielmehr durch das Zusammenwirken von spektraler Strahldichteverteilung des Strahlers, spektralem Transmissionsgrad der ganzen Optik (gebildet aus dem Produkt des Transmissions- bzw. Reflexionsgrades und der Wirkungsgrade aller Komponenten) und spektraler Empfindlichkeit des Empfängers bestimmt. Das gilt für Interferometer ebenso wie für Spektrometer.

Daten eines Twyman-Interferometers für die Fourierspektroskopie finden sich in Abschnitt 5.8.6 in **Tabelle 5.8-7** und **Tabelle 5.8-11**. Obwohl Fourierspektrometer hauptsächlich im (mittleren und fernen) IR benutzt werden, ist in diesem Beispiel das Fourierspektrometer für den sichtbaren Spektralbereich ausgelegt, um einen unmittelbaren Vergleich mit den übrigen Spektralapparaten zu ermöglichen.

5.4.6 Vielstrahl-Interferometer

In Vielstrahl-Interferometern werden mehr als zwei Strahlenbündel zur Interferenz gebracht. Während Zweistrahl-Interferometer eine $\cos^2$-förmige Modulation des Spektrums ergeben, erlauben Vielstrahl-Interferometer die Aussonderung eines schmalen Spektralbereiches, dessen Breite umso kleiner ist, je größer die Zahl der interferierenden Strahlenbündel ist. Man ist daher bestrebt, ihre Zahl so groß zu machen, wie technisch möglich. Die Bezeichnung Interferometer bleibt dabei auf Einrichtungen beschränkt, bei denen der Gangunterschied zwischen den einzelnen interferierenden Teilbündeln groß ist, d.h. viele Wellenlängen beträgt. Die Teilstrahlenbündel werden aus dem einfallenden Strahlenbündel durch Reflexion an mindestens einer teildurchlässigen und an einer zweiten, voll reflektierenden oder ebenfalls teildurchlässigen Fläche erzeugt.

Die früher als Vielstrahl-Interferometer häufiger angewandte Platte nach Lummer und Gehrcke hat heute nur noch geringe praktische Bedeutung.

Zwei (schwach) teildurchlässige und stark, aber nicht vollständig reflektierende Flächen, die abgesehen von einer eventuellen Wölbung, einander parallel gegenüberstehen und annähernd senkrecht zur Strahlrichtung sind, bilden ein **Fabry-Perot-Interferometer (Abbildung 5.4-6)**. Die reflektierenden Flächen befinden sich auf Trägerplatten, die zur spektralen Aussonderung zwischen Kollimatoren benutzt werden, von denen in der Abbildung nur der Ausgangskollimator dargestellt ist. Üblicherweise befindet sich im Zwischenraum zwischen den Flächen ein Gas, im einfachsten Falle Luft. Die Abstimmung des Interferometers kann dann entweder durch Änderung des Abstandes der teilreflektierenden Flächen oder durch Änderung des Gasdruckes erfolgen.

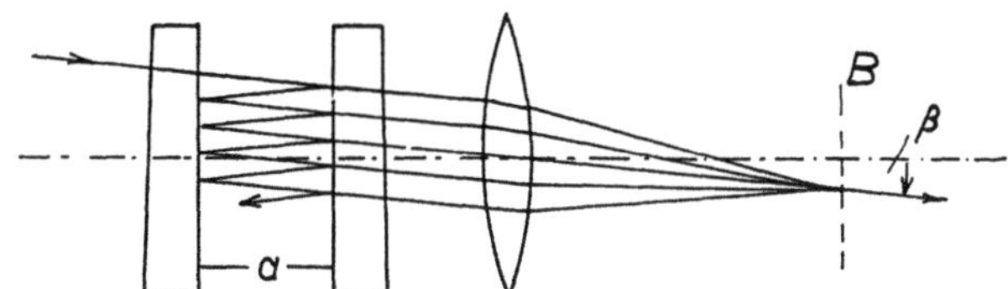

Abbildung 5.4-6: Fabry-Perot-Interferometer mit Planplatten (der Eingangskollimator ist in der Zeichnung weggelassen). Ein unter dem Winkel β einfallender Strahl spaltet durch die vielfachen Reflexionen in eine große Zahl paralleler Strahlen auf, die einen vom Plattenabstand a, dem Neigungswinkel β und der Brechzahl n des Materials zwischen den Platten abhängigen Gangunterschied haben und sich je nach der Größe des Gangunterschieds durch Interferenz verstärken oder auslöschen. Sie werden zusammen mit den Scharen aufgespaltener Strahlen, die von allen dazu parallel einfallenden Strahlen herrühren, in einem einzigen Punkt der Brennebene B des Ausgangskollimators vereinigt. Um störende Interferenzen innerhalb der Platten oder zwischen ihren Außenflächen zu vermeiden, sind die Platten schwach keilförmig ausgebildet.

Wird die Dicke der "Luftplatte" unveränderlich gehalten, so nennt man die Anordnung ein (Fabry-Perot-) **Etalon-Interferometer.**

Befinden sich die teilreflektierenden Schichten auf beiden Seiten einer Platte aus strahlungsdurchlässigem festem Material, so spricht man von einem **Etalonplatteninterferometer.**

Die häufig benutzten Interferenzfilter unterscheiden sich vom Etalonplatteninterferometer dadurch, daß in ihnen der Abstand der teilreflektierenden Flächen so klein ist, daß der Gangunterschied der interferierenden Strahlen meist nur eine, selten einige wenige, Wellenlängen beträgt. Überdies sind sie meist mit Absorptionsfiltern fest verbunden.

Die Eigenschaften des Interferometers hängen hauptsächlich vom **Plattenabstand a** und vom **Reflexionsgrad** ρ der Spiegel ab. Der Plattenabstand ist der Abstand der Spiegelflächen. Wenn diese nicht eben sind, ist es ihr Scheitelabstand.

Der **nutzbare Bündelquerschnitt A** wird entweder durch die Pupillen der Kollimatoren oder durch die Abmessungen der Platten selbst oder durch eine in ihrer Nähe angebrachte Blende begrenzt.

Die **Ordnung m** der Interferenz ergibt sich aus dem Plattenabstand und der **Brechzahl** n_i des Materials zwischen den Spiegeln

$$m = \frac{2 \cdot a \cdot n_i}{\lambda} = \frac{2 \cdot a \cdot n_i \cdot \nu}{c} \qquad (5.4\text{-}42)$$

Zur Berechnung der Anzahl der interferierenden Strahlen und der davon abhängigen Größen dient eine Hilfsgröße, die **Finesse F** genannt wird, und für ideal ebene Platten nur vom Reflexionsgrad der Spiegelflächen abhängt

$$F = \pi \cdot \frac{\sqrt{\rho}}{1 - \rho} \qquad (5.4\text{-}43)$$

Der Name rührt daher, daß die Finesse angibt, um welchen Faktor der freie Spektralbereich $\Delta\lambda$ (s.u.) größer ist als der theoretisch auflösbare Wellenlängenabstand $\delta_0\lambda$. Genauer ist (wegen des Faktors 0,964 vgl. die Bemerkung beim Auflösungsvermögen)

$$\frac{\Delta\lambda}{\delta_0\lambda} = 0{,}964 \cdot F \qquad (5.4\text{-}44)$$

In Wirklichkeit können die Platten weder exakt eben hergestellt, noch genau parallel justiert werden. Sind die Fehler im optischen Weg $n \cdot a$ von der Größenordnung λ/p, so kann die effektive Finesse kaum über p hinaus wachsen. Deswegen lassen sich in der Praxis nicht so hohe Werte erzielen, wie allein aufgrund des Reflexionsgrades erreichbar sein müßten. Interferometer mit sphärischen Flächen verhalten sich in dieser Hinsicht günstiger als solche mit ebenen, unterliegen aber ebenfalls Beschränkungen der Finesse durch die optische Qualität (Passe) der Flächen.

Das **theoretische Auflösungsvermögen R_o** ist

$$R_o = 1{,}928 \cdot \frac{n_i \cdot a \cdot F}{\lambda} = 1{,}928 \cdot \frac{n_i \cdot a \cdot F \cdot \nu}{c} = m \cdot N \qquad (5.4\text{-}45)$$

(Für $\rho > 0{,}5$ ist mit genügender Genauigkeit die wirksame Anzahl N_{eff} der miteinander interferierenden Strahlen $N_{eff} = 0{,}964 \cdot F$.)

Der in manchen Lehrbüchern nicht auftretende Faktor 0,964 bzw. sein doppelter Wert 1,928 ist dadurch bedingt, daß bei theoretischen Ableitungen meist das erste Rayleigh-Kriterium ($\rightarrow$ 5.6.1) zugrunde gelegt wird, während hier das zweite Rayleigh-Kriterium durchgehend benutzt wird, das allein bei realen und fehlerbehafteten Anordnungen eine eindeutige experimentelle Bestimmung des Auflösungsvermögens zuläßt.

Wenn die Eintrittsluke groß und gleichmäßig beleuchtet ist, beobachtet man in der Brennebene des Ausgangskollimators bei monochromatischer Beleuchtung das schon beim Twyman-Interferometer erwähnte Ringsystem, nur sind die hellen Ringe jetzt viel schmaler als die dunklen. Bei polychromatischer Beleuchtung haben die Ringe der einzelnen Wellenlängen unterschiedliche Durchmesser. Vom Knotenpunkt des Abbildungssystems des Kollimators aus hängt der Feldwinkel β, unter dem die Ringe der verschiedenen Wellenlängen erscheinen, von der Wellenlänge ab. Man kann daraus eine **Pseudo-Winkeldispersion** bilden (wobei angenommen ist, daß das Material zwischen den Platten die Brechzahl n_i und das im Kollimator die Brechzahl n_K hat und β der Winkel im Kollimator ist)

$$\frac{d\beta}{d\lambda} = \frac{m \cdot n_i}{2 \cdot n_K^2 \cdot a \cdot \beta} \tag{5.4-46}$$

bzw.

$$\frac{d\beta}{d\nu} = \frac{m \cdot n_i \cdot c}{2 \cdot n_K^2 \cdot a \cdot \beta \cdot \nu^2} \tag{5.4-47}$$

In DIN 5030 Teil 3 steht in den entsprechenden dortigen Gleichungen (30) und (31) die Brechzahl n im Nenner. Das gilt im Inneren des Materials zwischen den Spiegeln oder dann, wenn auch die Kollimatoren von diesem Material erfüllt sind.

Das Fabry-Perot-Interferometer besitzt keine eigentliche Winkeldispersion in dem Sinne, daß Strahlung unterschiedlicher Wellenlängen verschieden stark abgelenkt wird. Vielmehr hängt nur die Wellenlänge des maximalen spektralen Transmissionsgrades stark vom Einfallswinkel der Strahlung ab. Der Ausfallswinkel ist gleich dem Einfallswinkel, und nur wenn in einem ganzen Bereich von Einfallswinkeln Strahlung vorhanden ist, werden in dem entsprechenden Bereich von Ausfallswinkeln die verschiedenen Wellenlängen richtungsabhängig durchgelassen. Der **freie Spektralbereich** ist der Bereich zwischen dem Auftreten einer betrachteten Wellenlänge in einer bestimmten Ordnung und derjenigen Wellenlänge in derselben Ordnung, die mit der betrachteten Wellenlänge in einer anderen Ordnung zusammenfällt. Er ist damit der Bereich, innerhalb dessen die Zuordnung zwischen Richtung bzw. Ort im Spektrum und Wellenlänge eindeutig möglich ist. Bei seiner Überschreitung können in der gleichen Richtung bzw. am gleichen Ort verschiedene Wellenlängen aus unterschiedlichen Ordnungen auftreten.

$$\Delta\lambda = \frac{\lambda}{m} \tag{5.4-48}$$

$$\Delta\nu = \frac{\nu}{m} \tag{5.4-49}$$

Im Gegensatz zu Gleichung (5.4-39) beim Gitter gilt diese Beziehung in der angegebenen Form auch für die Frequenz, weil infolge des vorausgesetzten hohen Wertes
der Ordnungszahl m die Ausdrücke $\Delta\lambda/\lambda$ und $\Delta\nu/\nu$ jeweils sehr viel kleiner als Eins
sind.
Die **Tabelle 5.8-7** und die **Tabelle 5.8-11** in Abschnitt 5.8.6 enthalten beispielhaft Daten
eines Fabry-Perot-Interferometers.

5.4.7 Optische Filter

Optische Filter sind Einrichtungen, die auftreffende Strahlung mindestens teilweise
gerichtet durchlassen oder reflektieren und sie dabei (meist wellenlängenabhängig)
schwächen. Sie benötigen meist keine Kollimatoren und erlauben (5.2.2 ←) durch sich
hindurch eine zweidimensionale Abbildung. Vielfach - aber nicht immer - ist ihre
Dicke (in Durchstrahlungsrichtung) klein gegenüber den Abmessungen quer dazu.
Filter können entweder so beschaffen sein, daß die zu benutzende Strahlung durchgelassen wird (**Transmissionsfilter**), oder so, daß sie reflektiert wird (**Reflexionsfilter**). Bei
Transmissionsfiltern steht die Achse des ausgenutzten Strahlungsbündels meist annähernd
senkrecht zur Eintrittsfläche (und der zu ihr annähernd parallelen Austrittsfläche), bei
Reflexionsfiltern meist geneigt. Der zulässige Öffnungswinkel des Strahlenbündels gegen
die Achse ist in der Regel deutlich größer als bei Interferometern und dispersiven
Spektralapparaten, ist aber ebenfalls begrenzt. Diese Grenze wird naturgemäß einer-
seits durch die Anforderungen bestimmt, die an die Gleichmäßigkeit der Wirkung des
Filters für Strahlen mit unterschiedlichem Winkel gegen die Achse gestellt werden, und
andererseits durch die Abhängigkeit der Eigenschaften von diesem Winkel.
Nach der spektralen Verteilung der ausgenutzten Strahlung lassen sich eine Reihe von
idealisierten Filtertypen bilden, wie dies auch in DIN 58191 geschehen ist: **Kantenfilter**,
Bandfilter und **Neutralfilter** (**Abbildung 5.4-7**). Die Kantenfilter erlauben die Benutzung
der Strahlung oberhalb oder unterhalb der die Kante kennzeichnenden Wellenlänge,
und zwar die **Langpaßfilter** die Benutzung der Strahlung mit Wellenlängen oberhalb
der Wellenlänge der Kante und die **Kurzpaßfilter** die Benutzung der Strahlung mit
Wellenlängen unterhalb der Wellenlänge der Kante. Benennung nach der Frequenz ist
noch völlig unüblich, naheliegende Bezeichnungen wären "Tiefpaßfilter" für die
Langpaßfilter und "Hochpaßfilter" für die Kurzpaßfilter. Von den Bandfiltern erlauben
die **Bandpaßfilter** die Benutzung der Strahlung aus einem mehr oder weniger schmalen
Band, während die **Bandsperrfilter** gerade umgekehrt die Benutzung der Strahlung aus
einem weiten Spektralbereich mit Ausnahme des gesperrten Bandes ermöglichen.
Neutralfilter schließlich sollen Strahlung möglichst unabhängig von der Wellenlänge
mehr oder weniger schwächen und können daher nicht der spektralen Aussonderung
dienen.
Reale Filter entsprechen den genannten Idealtypen mehr oder weniger gut. Unter den
Farbgläsern sind die sog. Anlaufgläser recht gute Langpaßfilter. Kurzpaßfilter gibt es
unter den Farbgläsern weniger. Die vorstehende Klassifikation enthält auch nicht die
Filter zur Anpassung einer spektralen Verteilung, wie sie als Bauteile in Breitbandphotometern (5.3.5 ←) Verwendung finden.

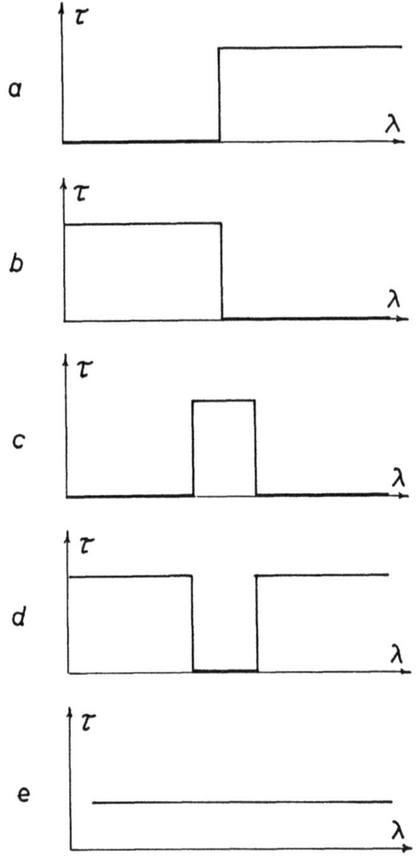

Abbildung 5.4-7: Idealisierte Spektraltypen von Filtern (dargestellt ist der stark schematisierte Verlauf des Transmissionsgrades τ in Abhängigkeit von der Wellenlänge λ). a Langpassfilter, b Kurzpassfilter, c Bandpassfilter, d Bandsperrfilter, e Neutralfilter.

Andere Unterscheidungen ergeben sich aus der Verteilung der Filterwirkung in Strahlungsrichtung und quer dazu. Sind die spektralen Eigenschaften der Filter quer zur Strahlungsrichtung über ihre Fläche hinweg gleich, so spricht man von **Homogenfiltern,** hängen sie in einer Richtung systematisch vom Ort ab, von **Verlauffiltern,** sind Teile mit unterschiedlichen spektralen Eigenschaften nebeneinandergesetzt, von **Mosaikfiltern.** Mosaikfilter werden hauptsächlich wieder zur Anpassung der spektralen Verteilung in Breitbandphotometern eingesetzt. Bei ihrer Anwendung ist natürlich darauf zu achten, daß die Strahlung gleichmäßig über die Filterfläche verteilt ist.

Nach der Verteilung der Filterwirkung in Richtung der Strahlung unterscheidet man **Filter mit Volumenwirkung** und **Filter mit Grenzflächenwirkung** (DIN 58190). Zur Gruppe der Filter mit Volumenwirkung gehören die **Filter mit örtlich konstantem Absorptionskoeffizienten** und die **Filter mit örtlich variablem Absorptionskoeffizienten,** z.B. Überfanggläser (gemeint ist, wie gesagt, der Verlauf des Absorptionskoeffizienten in der Strahlungsrichtung, nicht, wie beim oben erwähnten Unterschied zwischen Homogenfiltern und Verlauffiltern, quer dazu). Zu den Filtern mit Grenzflächenwirkung gehören die **Schichtfilter**, z.B. aufgedampfte Metallschichten, und die bekannten **Interferenzfilter**.

Die Beseitigung der unerwünschten Teile des Spektrums erfolgt bei den Transmissionsfiltern durch Absorption, Reflexion oder Streuung, bei den Reflexionsfiltern durch Transmission, Absorption oder Streuung. Die Reflexion bei Transmissionsfiltern und die Transmission bei bei Reflexionsfiltern können ihrerseits entweder Eigenschaften des massiven Materials sein oder aber durch dünne Schichten oder durch Interferenz in dünnen Schichten bewirkt werden.

Nach dem physikalischen Vorgang, der hauptsächlich zur Beseitigung der unerwünschten Teile des Spektrums dient, werden verschiedene Arten von Filtern unterschieden, die nachfolgend mit ihren wichtigsten Vertretern aufgeführt sind.

Absorptionsfilter. Beispiele von Absorptionsfiltern, die in Transmission benutzt werden, sind Farb- und Filtergläser (auch außerhalb des sichtbaren Spektralbereiches), aber auch reine oder mit Zusätzen versehene Kristalle, sowie mit Flüssigkeiten oder mit Gasen gefüllte Küvetten. Dünne aufgedampfte Metallschichten, die teilweise (z.B. Pt) oder spektral selektiv (z.B. Au) durchlassen und reflektieren, können in Transmission oder in Reflexion benutzt werden. Auch sie müssen zu den Absorptionsfiltern gerechnet werden, denn es ist schließlich der Absorptionskoeffizient des Metalles (Imaginärteil der Brechzahl), der über die Reflexion entscheidet. In Reflexion benutzte Absorptionsfilter sind außerdem die im fernen Infrarot angewandten Reststrahlenplatten.

Die Neigungsabhängigkeit des spektralen Transmissionsgrades von Absorptionsfiltern ist in der Hauptsache nur durch die größere Schichtdicke für schief durchgehende Strahlen bedingt und damit wesentlich kleiner als bei den meisten andern Arten von Filtern.

Interferenzfilter. Sie wirken ähnlich wie ein Fabry-Perot-Etalon-Platteninterferometer, haben aber eine so dünne Zwischenschicht, daß der Gangunterschied zwischen den interferierenden Teilbündeln nur eine oder allenfalls einige wenige Wellenlängen beträgt. Wenn die teilreflektierenden Schichten aus Metall bestehen, spricht man von **Metallinterferenzfiltern**, oder **MDI-Filtern** (D für die absorptionsarme (dielektrische) Zwischenschicht), wenn sie aus nichtmetallischen, abwechselnd hoch- und niedrigbrechenden Schichten bestehen, von **rein dielektrischen Interferenzfiltern** oder (engl.: all-dielectric interference filters) **ADI-Filtern**.

Infolge des geringeren Gangunterschiedes im Vergleich zum Fabry-Perot-Etalon ist die spektrale Verschiebung des Transmissionsbereiches mit der Strahlneigung beim Interferenzfilter wesentlich geringer, so daß Interferenzfilter ohne Kollimatoren benutzt werden können. Die Neigungsabhängigkeit ist aber doch höher als beim Absorptionsfilter. Mit wachsender Neigung wandert dabei der Transmissionsbereich in der Richtung zu kürzeren Wellenlängen (im Sichtbaren nach Violett hin), was man gelegentlich durch absichtliches Schiefstellen des Filters zur gezielten Korrektur der durchgelassenen Wellenlänge verwenden kann. Diese Neigungsabhängigkeit begrenzt natürlich den zulässigen Öffnungswinkel des durchgehenden Strahlenbündels.

Entsprechend dem Gangunterschied von einer Wellenlänge (oder zwei usw.) spricht man von **Interferenzfiltern 1. Ordnung** (oder 2. Ordnung usw.). Ein Interferenzfilter

1. Ordnung läßt Strahlung mit der Hälfte der Wellenlänge seines Transmissionsgradmaximums in 2. Ordnung, Strahlung mit einem Drittel dieser Wellenlänge in 3. Ordnung usw. durch. Ein Interferenzfilter 2. Ordnung läßt entsprechend Strahlung mit dem Doppelten der Wellenlänge seines Transmissionsgradmaximums in 1. Ordnung, Strahlung mit zwei Dritteln dieser Wellenlänge in 3. Ordnung usw. durch. Der spektrale Transmissionsgrad für diese unerwünschten Ordnungen ist zwar meist geringer als für die gewünschte Ordnung, weil Transmissionsgrad und Reflexionsgrad der teildurchlässigen Schichten für diese Wellenlängen ungünstigere Werte haben, aber das reicht bei weitem nicht aus, um die unerwünschten Ordnungen genügend zu unterdrücken. Bei ADI-Filtern gibt es darüber hinaus Wellenlängenbereiche, wo die AD-Schichten ihre Reflexion verlieren und das Filter breitbandig durchlässig wird. Deswegen werden Interferenzfilter meistens mit Absorptionsfiltern, manchmal auch mit weiteren Interferenzfiltern, fest verbunden, um die unerwünschten Ordnungen und ggf. die Durchlaßbereiche der AD-Schichten "abzublocken". Bei Metallinterferenzfiltern 1. Ordnung genügt dafür ein Langpaßfilter.

Man kann auch Interferenzfilter herstellen, die drei Spiegelschichten und dazwischen zwei Abstandsschichten enthalten, oder auch vier Spiegelschichten und drei Abstandsschichten usw.. Man nennt sie entsprechend **3-Spiegel-Filter** bzw. **Filter mit 2 Resonatoren** (engl.: cavities) usw.. Die Kurven des Transmissionsgrades verhalten sich in diesem Falle wie die Resonanzkurven gekoppelter Resonatoren: Bei richtiger Abstimmung der einzelnen Resonatoren und passender Stärke der Kopplung werden sie oben breit und flach und am Rand immer steiler, d.h. sie nähern sich dem idealen Bandpaßfilter immer mehr an. Durch unvermeidliche Ungenauigkeiten in der Herstellung werden die Kurven des Tranmissionsgrades aber leicht unsymmetrisch (vgl. Abbildung 5.5-1). Für weitere Einzelheiten muß auf die Literatur verwiesen werden (z.B. Anders, 1965, Macleod 1986).

Die vom Interferenzfilter nicht durchgelassene Strahlung wird reflektiert. Das kann ausgenutzt werden, um in einem ausgedehnten Spektrum einen schmalen Spektralbereich zu unterdrücken, indem man die Strahlung an einem Interferenzfilter reflektieren läßt, das den zu unterdrückenden Bereich durchläßt. Das in Reflexion benutzte Filter wirkt als Bandsperrfilter.

Es lassen sich auch Interferenzfilter herstellen, die von vornherein für den Gebrauch als Bandpaßfilter in Reflexion bestimmt sind, doch können sie nicht so schmalbandig sein, wie Transmissionsfilter. Sie werden bevorzugt dann eingesetzt, wenn im interessierenden Spektralbereich durchlässige Trägerplatten nicht verfügbar oder zu teuer sind. Zur Verbesserung der Kantensteilheit und Verminderung der Reflexion im Sperrbereich werden mehrere gleiche Filter hintereinandergeschaltet. Zur Verringerung der Bautiefe können sie jalousieartig gebaut werden (mit zweimaliger oder, durch Zusammensetzen, viermaliger Reflexion).

Wegen der Reflexion der unerwünschten Strahlung beim Transmissions-Interferenzfilter können solche Filter nicht unbedenklich hintereinandergestellt werden. Nicht nur kann durch das wiederholte Auftreffen der Fehlstrahlungsanteil ($\rightarrow$ 5.5.7) erhöht werden, bei geringer Entfernung können auch zwischen den Filtern nocheinmal störende Interferenzen auftreten. Es entsteht dann gewissermaßen ein

Vierspiegel-Interferenzfilter, aber kaum mit einer Kombination von Einzel-Transmissionsgradkurven und Kopplung, die zu einem günstigen Ergebnis führt.

Streuungsfilter. Das in Transmission benutzte Christiansenfilter fällt in diese Kategorie. Es besteht aus Glasgries in einer Flüssigkeit annähernd gleicher Brechzahl, aber verschiedener (Material-)Dispersion. Nur für eine Wellenlänge stimmen die spektralen Brechzahlen genau überein, und diese Wellenlänge wird ohne Streuung durchgelassen. Alle anderen Wellenlängen werden gestreut. Die Neigungsabhängigkeit ist etwa so gering wie bei Absorptionsfiltern, wenn nicht auch die unter kleinen Winkeln gestreute Strahlung ausgeblendet werden muß. Da sie aber häufig stört, muß das Filter meist mit Kollimatoren benutzt werden.

In Reflexion werden Streuungsfilter manchmal in Infrarot-Spektralapparaten als Langpaßfilter benutzt, um kurzwellige Strahlung fernzuhalten. Sie bestehen einfach aus einem Reflektor mit einer gewissen Rauhigkeit der Oberfläche. Kurzwellige Strahlung wird dadurch gestreut, genügend langwellige dagegen gerichtet reflektiert.

Polarisationsinterferenzfilter. In ihnen wird die Doppelbrechung benutzt, um den Polarisationszustand der Strahlung in Abhängigkeit von der Wellenlänge zu verändern und die unerwünschten Teile des Spektrums entweder unmittelbar zu absorbieren oder sie aus dem Strahlengang herauszulenken und an einer Wand zu absorbieren. Sie werden in verschiedenen Bauformen (z.B. nach Oehmann oder nach Lyot) hergestellt und im wesentlichen zur Beobachtung der Sonne im Lichte einzelner Spektrallinien verwendet.

Zur Beschreibung eines Filters ist neben der bisher ausführlich diskutierten *Art des Filters* seine **nutzbare Fläche A** von Interesse, die bei runder Form durch ihren Durchmesser D und bei rechteckiger Form durch Höhe H und Breite B gekennzeichnet wird. Die **Dicke d** des Filters ist nicht nur wegen der mechanischen Unterbringung von Interesse, sondern zusammen mit der **Brechzahl n** auch wegen der optischen Wirkung. Bei kompliziert aufgebauten und relativ dicken Filtern (z.B. Polarisationsinterferenzfiltern) kann stattdessen auch die **äquivalente Luftdicke** (die Summe von d/n der einzelnen Bestandteile) angegeben werden. Weiter muß, wie oben schon dargelegt, der **vorgesehene Einfallswinkel** und der **zulässige Öffnungswinkel** bekannt sein.

Bei Verlauffiltern ist eine weitere Größe wichtig, die **Pseudo-Lineardispersion dx/dλ**, bzw. ihr Kehrwert, die **reziproke Pseudo-Lineardispersion dλ/dx**. Diese Größen sind ein Maß für die Änderung der kennzeichnenden Wellenlänge λ ($\rightarrow$ 5.5.5) mit der Ortskoordinate x auf dem Filter.

Wenn ein Verlauffilter großflächig bestrahlt wird, liegen auf einem dahintergestellten Schirm zwar die von den verschiedenen Stellen des Filters durchgelassenen verschiedenen Wellenlängenbereiche örtlich nebeneinander wie in einem Spektrum, aber aus der an einer Stelle einfallenden Strahlung kann das Filter nur einen einzigen Wellenlängenbereich aussondern. Alle übrigen können nicht etwa, wie bei einem Dispersionselement, an eine andere Stelle gelenkt werden, sondern sie gehen verloren. Das Verlauffilter hat also ebenso wie das Fabry-Perot-Interferometer keine echte Dispersion, deswegen wurde hier die Bezeichnung Pseudo-Lineardispersion gewählt.

In der Aufzählung der kennzeichnenden Angaben für ein Filter in den beiden letzten Abschnitten ist die wichtigste Eigenschaft, von der zuvor ständig die Rede war, nicht noch einmal erwähnt, nämlich der **spektrale Transmissionsgrad** bzw. der **spektrale Reflexionsgrad**. Die daraus ableitbaren kennzeichnenden spektralen Eigenschaften werden für alle Spektralapparate gemeinsam in den folgenden Abschnitten 5.5 bis 5.7 dargestellt. Speziell für die Filter sind weitere Festlegungen für eine abgekürzte und schematisierte Angabe des spektralen Transmissionsgrades in DIN 58191 enthalten.

5.5 Kenngrößen für die spektrale Verteilung der ausgesonderten Strahlung

Die spektrale Verteilung der ausgesonderten Strahlung ist eine Funktion der Wellenlänge. Ihre Beschreibung kann durch eine Kurve oder durch zahlenmäßige Angabe der Werte an diskreten Stützstellen in einer Tabelle erfolgen. Bei Geräten mit veränderlicher Wellenlängeneinstellung (z.B. Monochromatoren) hängt diese Verteilung überdies nicht nur von der gerade betrachteten, sondern auch noch von der eingestellten Wellenlänge ab. Zur Darstellung wären also Kurvenscharen oder Tabellen mit zwei Eingängen notwendig. Da aber, besonders bei Spektrometern (ausgenommen Multiplexspektrometer) und Schmalbandphotometern, der größte Teil der Strahlungsleistung nur in einem kleinen Wellenlängenintervall enthalten und außerhalb desselben im Idealfall Null ist, liegt es nahe, die Verteilung durch eine die spektrale Lage dieses Intervalls **kennzeichnende Wellenlänge** (→ 5.5.5) und die "**spektrale Reinheit**" zu beschreiben. Dabei werden unter dem Begriff "spektrale Reinheit" alle Angaben über die spektrale Verteilung der Strahlung um die kennzeichnende Wellenlänge herum zusammengefaßt.
Zur Beschreibung der spektralen Reinheit in Schmalbandphotometern, Sequenz- und Simultanspektrometern sind wenigstens drei Zahlenwerte erforderlich. In DIN 5030 Teil 3 sind dafür die Halbwertbreite (→ 5.5.4), die Hundertstelwertbreite (→ 5.5.4) und der integrale Fehlstrahlungsanteil (→ 5.5.7) festgelegt. Durch den Bezug auf die kennzeichnende Wellenlänge ändern sich die Angaben für die spektrale Reinheit nur langsam mit der eingestellten Wellenlänge. So genügt es, das beschreibende Zahlentripel für einige wenige Werte der eingestellten Wellenlänge oder die ungünstigsten Werte innerhalb eines Bereichs anzugeben, dessen Grenzen natürlich mit genannt werden müssen.
Für optische Filter als Einzelteile legt das Normblatt DIN 58191 eine Kurzbeschreibung fest, die für Bandpaßfilter, abgesehen von der Mittenwellenlänge (→ 5.5.5) und dem Transmissionsgrad im Maximum des Durchlaßbereiches, die Angabe der Halbwertbreite und der Wellenlängengrenzen des kurzwelligen und des langwelligen Sperrbereiches, sowie die Angabe der Maximalwerte des spektralen Transmissionsgrades in den Sperrbereichen vorsieht. Das sind fünf Zahlenwerte zur Kennzeichnung der spektralen Reinheit statt der obengenannten drei. Mit diesem Hinweis soll der naheliegenden Frage begegnet werden, ob man nicht mit weniger Angaben als drei Zahlen auskommen könne. Daß im allgemeinen mit mehr Angaben mehr Information vermittelt werden kann, ist selbstverständlich.
Im Zusammenhang mit der spektralen Reinheit wird oft auch der Begriff der **Monochromasie** gebraucht. Dazu ist zu sagen, daß es im strengsten Sinne monochromatische Strahlung, also Strahlung mit nur einer einzigen Wellenlänge, nicht geben kann. Auch

die am besten stabilisierten Laser haben eine Bandbreite von einigen kHz. Das entspricht im Sichtbaren der außerordentlich geringen Bandbreite von einigen 10^{-9} nm, aber es ist doch ein sehr kleiner Wellenlängenbereich und keine einzelne Wellenlänge.

Da es also keinen Sinn hat, von "absoluter" Monochromasie zu sprechen, sollte der Begriff relativiert und nur in der Form "für einen bestimmten Zweck ausreichende Monochromasie" benutzt werden. Die Monochromasie (oder die spektrale Reinheit) einer Strahlung ist für einen Zweck dann ausreichend, wenn das damit erzielte Meßergebnis von dem für monochromatische Strahlung erwartbaren Ergebnis weniger abweicht, als einer vorzugebenden Unsicherheitsschranke entspricht. Praktisch läßt sich das dadurch feststellen, daß durch Verbesserung der Monochromasie keine Änderung der Meßergebnisse (im Rahmen der angestrebten Genauigkeit) mehr erreicht werden kann. Dabei kann sich die in Betracht zu ziehende Verbesserung der Monochromasie in einem Falle auf die Halbwertbreite, in einem anderen aber auf den Fehlstrahlungsanteil beziehen.

So kann beispielsweise eine Halbwertbreite von 10 nm und ein Fehlstrahlungsanteil von 0,1 % ausreichend sein, um an einer gefärbten Lösung mit einem Reintransmissionsgrad von 0,1 (10 %) bzw. dem dekadischen Absorptionsmaß ("Extinktion") 1 B eine Konzentrationsbestimmung auf 1 % des Wertes vorzunehmen. Dagegen wäre eine Halbwertbreite der Strahlung eines Linienstrahlers von 0,1 nm sicher zu groß für eine gute Atomabsorptionsmessung und hätte geringe Empfindlichkeit und stark gekrümmte Kalibrierkurven zur Folge. Wiederum würde auch an der zuerst erwähnten Lösung bei einer Steigerung der Konzentration auf das Dreifache (Extinktion 3 B, Reintransmissionsgrad 0,001 oder 0,1 %) durch den Fehlstrahlungsanteil die Genauigkeitsforderung bei weitem nicht erfüllt.

Während also Angaben über ausreichende Monochromasie nur bei Kenntnis der Meßaufgabe gemacht werden können, wird für eine von der jeweiligen Anwendung unabhängige Kennzeichnung der Geräteeigenschaften allein der Begriff spektrale Reinheit benutzt, der, wie oben ausgeführt, die Angabe von wenigstens drei Größen erfordert.

Bei dispersiven Spektralapparaten bedient sich die Beschreibung der spektralen Lage und der spektralen Reinheit der Hilfsbegriffe der Lineardispersion und der spektralen Spaltbreite, die deswegen den Anfang des Abschnittes bilden.

5.5.1 Lineardispersion (von dispersiven Spektralapparaten)

In dispersiven Spekralapparaten (5.2.1 ←) erzeugt das Dispersionselement primär eine Winkelaufspaltung der verschiedenen Wellenlängen. Durch den Ausgangskollimator (oder das Abbildungselement in Spektralapparaten mit Minimalkonfiguration) entsteht in der Brennfläche (Bildfläche) ein Spektrum. Es ist klar, daß der Abstand der Orte voneinander, wo die verschiedenen Wellenlängen im Spektrum liegen, eine wichtige Eigenschaft des Spektralapparates ist. Für den Benutzer ist diese **Lineardispersion**, die in Spektrographen unmittelbar auf der Photoplatte sichtbar wird und in Monochromatoren die spektrale Spaltbreite bestimmt, die eigentlich interessierende Größe, während die Winkeldispersion nur als Ursache der Lineardispersion Bedeutung hat.

Die Lineardispersion dx/dλ ist also das Verhältnis der (differentiellen) Änderung der Lage x des monochromatischen Spaltbildes im Spektrum zu der, ihr zugrunde liegenden, (differentiellen) Änderung der Wellenlänge λ. Zahlenangaben werden häufig nicht für die Lineardispersion, sondern für ihren Kehrwert, die **reziproke Lineardispersion dλ/dx** gemacht. Das ist in der Praxis oft vorteilhaft, z.B. zur Berechnung der spektralen Spaltbreite. Doch sollte bei solchen Angaben der Zusatz reziprok auch dann nicht unterschlagen werden, wenn aus der zugehörigen Einheit (z.B. nm/mm) hervorgeht, was gemeint ist.

Im folgenden werden Formeln für die Lineardispersion der verschiedenen Geräte angegeben, um deutlich zu machen, von welchen Baudaten und daraus abgeleiteten Größen sie abhängt. Üblicherweise wird die Lineardispersion für ein Gerät vom Hersteller mitgeteilt, so daß der Gerätebenutzer sie nicht selbst errechnen muß.

Die **Lineardispersion der Einfachmonochromatoren und Spektrographen** ist

$$\frac{dx_a}{d\lambda} = \frac{f_a}{n \cdot \cos \Theta_a} \cdot \frac{d\beta}{d\lambda} \qquad\qquad (5.5\text{-}1)$$

n ist die Brechzahl des Materials im Kollimator und nur dann zu berücksichtigen, wenn sich nicht Luft oder Vakuum im Kollimator befindet *und* wenn dβ/dλ nicht schon die Winkeldispersion in diesem Material ist. Die übrigen Formelzeichen haben die in den Abschnitten 5.4.1 und 5.4.2. angegebene Bedeutung.

In Monochromatoren ist Θ immer $0°$, in Spektralapparaten der Minimalkonfiguration ist anstelle von f_a der Abstand a zwischen Dispersionselement und Spektrum einzusetzen, wenn das Dispersionselement zwischen Abbildungsoptik und Spektrum steht, steht jedoch die Abbildungsoptik zwischen Dispersionselement und Spektrum, so ist der Abstand des virtuellen Bildes des Dispersionselementes vom Spektrum einzusetzen.

Die **Lineardispersion der Doppelmonochromatoren** (mit Vakuum oder Luft in den Kollimatoren) ist:

$$\frac{dx_a}{d\lambda} = f_{a1} \cdot \frac{f_{a2}}{f_{e2}} \cdot \frac{d\beta_2}{d\alpha_2} \cdot \frac{d\beta_1}{d\lambda} \pm f_{a2} \cdot \frac{d\beta_2}{d\lambda} \qquad\qquad (5.5\text{-}2)$$

Das Pluszeichen gilt für Doppelmonochromatoren mit additiver, das Minuszeichen für solche mit subtraktiver Dispersion.

Die Indizes 1 und 2 beziehen sich auf den ersten und den zweiten Teilmonochromator (für die übrigen Symbole siehe Abschnitte 5.4.1 und 5.4.2).

5.5.2 Spektrale Spaltbreite (von dispersiven Spektralapparaten)

Unter Verwendung der reziproken Lineardispersion kann man die geometrischen Breiten von Eintritts- und Austrittsspalt in Wellenlängenintervalle umrechnen, die zur Kennzeichnung der Breite des von einem Monochromator ausgesonderten oder mit einem Spektrographen oder Polychromator trennbaren Wellenlängenbereiches dienen.

Es muß jedoch darauf hingewiesen werden, daß die Anwendbarkeit dieser Größen bei sehr kleinen Werten durch die Auflösung (→ 5.6) eingeschränkt wird, während bei sehr großen Werten die spektrale Spaltbreite nur eine der Einflußgrößen ist, die in die effektive spektrale Gerätefunktion (→ 5.5.3) eingehen.

Das Produkt aus der Breite s_a des Austrittsspaltes und der reziproken Lineardispersion $d\lambda/dx_a$ in der Ebene des Austrittsspaltes ist die **spektrale Breite des Austrittsspaltes**

$$\Delta\lambda_a = s_a \cdot \frac{d\lambda}{dx_a} \tag{5.5-3}$$

Sie gibt an, wie groß bei einem Eintrittsspalt von verschwindend geringer Breite (unendlich schmaler Eintrittsspalt) der in den Austrittsspalt fallende Wellenlängenbereich ist.

Denkt man sich den Spektralapparat rückwärts, also vom Austrittsspalt her, durchstrahlt, so würde man am Eintrittsspalt ein Spektrum erhalten, für das sich ebenso wie am Austrittsspalt eine reziproke Lineardispersion $d\lambda/dx_e$ angeben läßt. Zusammen mit der Breite s des Eintrittsspaltes erhält man so die **spektrale Breite des Eintrittsspaltes**

$$\Delta\lambda_e = s_e \cdot \frac{d\lambda}{dx_e} \tag{5.5-4}$$

Sie gibt an, wie groß der Abstand der Wellenlängen zweier (quasi-)monochromatischer Strahlungen mindestens sein muß, damit die von ihnen in der Spektrumsebene erzeugten Bilder des Eintrittsspaltes sich nicht überlappen. Diese Größe ist beim Spektrographen von unmittelbarer praktischer Bedeutung.

Bei Monochromatoren wird die Breite des durchgelassenen Spektralbereiches von der Breite des Eintritts- *und* des Austrittsspaltes beeinflußt. Die **spektrale Spaltbreite des Einfachmonochromators** ist gleich der größeren der beiden spektralen Breiten von Eintritts- und Austrittsspalt

$$\Delta\lambda_s = \mathrm{Max}(\Delta\lambda_e, \Delta\lambda_a) \tag{5.5-5}$$

Ist die Breite des monochromatischen Bildes des Eintrittsspaltes gleich der Breite des Austrittsspaltes, so sind auch die spektralen Breiten der beiden Spalte gleich groß und es genügt die Ermittlung nur eines dieser Werte, um die spektrale Spaltbreite zu gewinnen. Außer durch unterschiedliche mechanische Breiten von Eintritts- und Austrittsspalt (die bei vielen kommerziell angebotenen Geräten nur gemeinsam verstellbar, bei anderen aber auch einzeln veränderlich sind), können unterschiedliche spektrale Breiten der beiden Spalte auch hervorgerufen werden durch unterschiedliche Brennweiten von Eingangs- und Ausgangskollimator oder durch verschiedene Einfalls- und Ausfallswinkel an Prismen oder Gittern.

Die Bedeutung der spektralen Spaltbreite liegt darin, daß in den meisten Anwendungsfällen die Halbwertbreite des spektralen Durchlaßprofils (→ 5.5.3, 5.7.6) und auch die spektrale Halbwertbreite (→ 5.5.4) gleich der spektralen Spaltbreite gesetzt werden dürfen. Voraussetzung ist für das Durchlaßprofil, daß die spektrale Spaltbreite um ein Mehrfaches größer ist als der auflösbare Wellenlängenabstand (→ 5.6.1). Die spektrale Halbwertbreite darf außerdem nur dann der spektralen Spaltbreite gleichgesetzt werden, wenn sie noch klein genug ist, um innerhalb dieser Breite die spektrale Energieverteilung der Strahlungsquelle, den spektralen Transmissionsgrad der Optik und die spektrale Empfindlichkeit des Empfängers als konstant behandeln zu können. Dies gilt auch für Doppelmonochromatoren.

Die **spektrale Spaltbreite des subtraktiven Doppelmonochromators** ist gleich der kleineren der spektralen Spaltbreiten $\Delta\lambda_1$ und $\Delta\lambda_2$ der beiden Teilmonochromatoren

$$\Delta\lambda_s = \mathrm{Min}(\Delta\lambda_1, \Delta\lambda_2) \qquad\qquad (5.5\text{-}6)$$

In dem häufig vorkommenden Fall, daß ein subtraktiver Doppelmonochromator aus zwei entgegengesetzt gleichen Teilmonochromatoren mit gleichen Außenspalten aufgebaut ist, ist seine spektrale Spaltbreite gleich der eines der beiden Teilmonochromatoren. Sie kann bei konstanten Außenspalten allein durch Änderung der Breite des Mittelspaltes verändert werden, allerdings nur, solange die spektrale Breite des Mittelspaltes größer als die der Außenspalte ist. Wird dagegen die spektrale Breite des Mittelspaltes kleiner als die der Außenspalte, so bleibt die spektrale Spaltbreite des Doppelmonochromators unverändert und der Mittelspalt beeinflußt nur den optischen Leitwert ($\rightarrow$ 5.7.4) und damit die durchgehende Strahlungsleistung.

Die **spektrale Spaltbreite des additiven Doppelmonochromators** ist gleich der kleinsten der drei folgenden spektralen Spaltbreiten:
  - der spektralen Spaltbreite $\Delta\lambda_1$ des ersten Teilmonochromators
  - der spektralen Spaltbreite $\Delta\lambda_2$ des zweiten Teilmonochromators
  - der spektralen Spaltbreite $\Delta\lambda_3$ zwischen den Außenspalten bei weggedachtem oder sehr weit geöffnetem Mittelspalt, ihrer Berechnung ist die (durch Gleichung (5.5-2) festgelegte) Dispersion des Gesamtsystems zugrunde zu legen.

Das heißt:

$$\Delta\lambda_s = \mathrm{Min}(\Delta\lambda_1, \Delta\lambda_2, \Delta\lambda_3) \qquad\qquad (5.5\text{-}7)$$

Ist ein additiver Doppelmonochromator aus zwei gleichen Teilmonochromatoren mit gleichen geometrischen und spektralen Spaltbreiten aufgebaut, so ist seine spektrale Spaltbreite gleich der Hälfte der spektralen Spaltbreiten eines der Teilmonochromatoren.

5.5.3 Spektrale Durchlaß- und Gerätefunktion

Die vollständige Beschreibung der spektralen Eigenschaften eines Spektralapparates (ohne Erfassungseinrichtung) wird durch die **spektrale Durchlaßfunktion** gegeben. Sie ist bei einem optischen Filter einfach gleich seinem spektralen Transmissionsgrad $\tau_1(\lambda)$ (2.3 $\leftarrow$). Bei einem dispersiven Spektralapparat oder einem Interferometer ist sie gleich dem Produkt aus dem spektralen Transmissionsgrad und dem Durchlaßprofil $g(\lambda_o, \lambda)$ ($\rightarrow$ 5.7.6). Um in den nachfolgenden Formeln nicht zwischen Filtern und anderen Spektralapparaten unterscheiden zu müssen, wird dieses Produkt auch für die Beschreibung von Einrichtungen mit Filtern übernommen, allerdings mit der Maßgabe, daß für optische Filter für das Durchlaßprofil wellenlängenunabhängig der Wert Eins zu setzen ist.

Die vollständige Beschreibung der spektralen Eigenschaften eines Spektralgerätes (Spektralapparat mit Erfassungseinrichtung) erfordert die Berücksichtigung weiterer Größen. Maßgebend ist eine Funktion, die beschreibt, welchen Beitrag die einzelnen (differentiellen) Wellenlängenintervalle zum Gesamtsignal liefern. Diese Funktion wird **effektive spektrale Gerätefunktion** $\varphi_{eff}(\lambda)$ genannt und ist das Produkt aus

- der relativen spektralen Strahlungsverteilung (Strahlungsfunktion) $S(\lambda)$ des Strahlers
- der spektralen Durchlaßfunktion des Spektralapparates $\tau_1(\lambda) \cdot g(\lambda_o, \lambda)$
- dem spektralen Transmissionsgrad $\tau_2(\lambda)$ aller übrigen optischen Teile
- der relativen spektralen Empfindlichkeit $s_{rel}(\lambda)$ des Empfängers

$$\varphi_{eff} = S(\lambda) \cdot \tau_1(\lambda) \cdot g(\lambda_o, \lambda) \cdot \tau_2(\lambda) \cdot s_{rel}(\lambda) \qquad (5.5\text{-}8)$$

Ebenso wie das Durchlaßprofil hängt auch die effektive spektrale Gerätefunktion außer von der eingestrahlten Wellenlänge λ auch von der Einstellwellenlänge λ_o ab, ohne daß das im Formelzeichen ausdrücklich hervorgehoben wird.

Fehlt bei einer Anordnung der Strahler oder der Empfänger, so sind bei der Berechnung der effektiven spektralen Gerätefunktion die Spektralfunktionen der fehlenden Komponenten durch den Wert Eins zu ersetzen. Dies gilt jedoch nicht bei Geräten, die ausschließlich für den visuellen Gebrauch bestimmt sind. Bei ihnen wird die relative spektrale Augenempfindlichkeit eingerechnet. Aus der vorstehenden Festlegung ergibt sich, daß die effektive spektrale Gerätefunktion eines Spektralapparates ohne Erfassungseinrichtung gleich seiner spektralen Durchlaßfunktion ist. Daher brauchen im folgenden die Spektralapparate ohne Erfassungseinrichtung neben den Spektralgeräten mit Erfassungseinrichtung nicht mehr besonders erwähnt zu werden.

5.5.4 Spektrale Bruchteilwertbreiten

Abgesehen von Allochromatoren, Multiplexspektrometern einschließlich der darin enthaltenen Spektralapparate und von Breitbandphotometern, hat die effektive spektrale Gerätefunktion bei einer Wellenlänge ein Maximum oder (z.B. bei Spektrallinienphotometern, wenn eine Liniengruppe benutzt wird) mehrere dicht nebeneinanderliegende Maxima und fällt von da aus nach beiden Seiten ab. Nebenmaxima können zwar auftreten, sind aber unerwünscht. Es ist daher das Bestreben der Hersteller, sie zu vermeiden oder niedrig zu halten. Es liegt nahe, einen solchen Verlauf durch die Breite zu kennzeichnen, bei der die Funktion auf einen bestimmten Bruchteil des Maximalwertes abgesunken ist.

So ist die **Halbwertbreite** die maximale Differenz derjenigen Werte der Wellenlänge (Halbwertwellenlängen), bei denen die effektive spektrale Gerätefunktion einen Wert gleich der Hälfte ihres Maximalwertes hat (**Abbildung 5.5-1**). Wenn mehrere Maxima dicht beieinander liegen, kann es mehr als zwei Halbwertwellenlängen geben, die maximale Differenz ist dann der Abstand zwischen den beiden äußersten Halbwertwellenlängen.

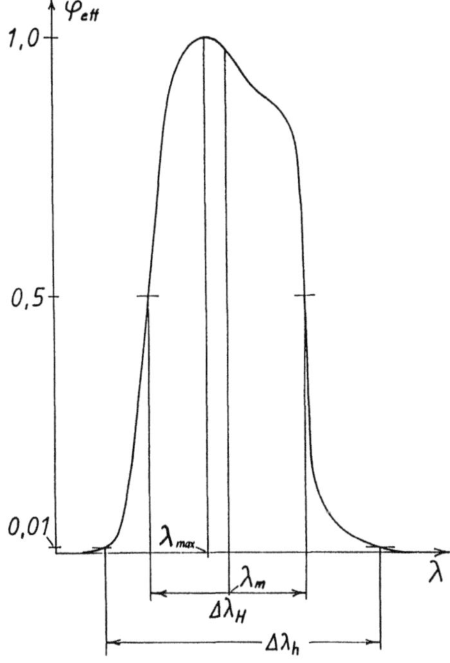

Abbildung 5.5-1: Bruchteilwertbreiten, Maximum- und Mittenwellenlänge. An der Kurve der effektiven spektralen Gerätefunktion $\varphi_{eff}(\lambda)$ sind die Halbwert- und die Hundertstelwertwellenlängen markiert und die Halbwerterbreite $\Delta\lambda_H$ und die Hundertstelwertbreite $\Delta\lambda_h$ sowie die Maximumwellenlänge λ_{max} und die Mittenwellenlänge λ_m eingezeichnet.

Die Halbwertbreite ist auch diejenige Größe, die allgemein zur Kennzeichnung der **spektralen Bandbreite** angegeben wird. (Der Bezeichnung Bandbreite liegt oft unausgesprochen die Vorstellung einer Rechteckverteilung zugrunde. Denkt man sich die effektive spektrale Gerätefunktion als Kurve dargestellt, so ist ihre Halbwertbreite *annähernd* gleich der Breite eines Rechtecks, das die Höhe des Maximalwertes der Kurve hat und dessen Fläche gleich der Fläche ist, die unter der Kurve liegt).

Im Englischen wird die Halbwertbreite oft mit FWHM (full width at half maximum) abgekürzt, womit deutlich zum Ausdruck gebracht wird, daß hier die *ganze* Halbwertbreite gemeint ist und nicht der Abstand der Halbwertpunkte von der Mitte.

Die Halbwertfrequenzen lassen sich aus den Halbwertwellenlängen nur angenähert berechnen und umgekehrt, weil bei Bezug auf die Frequenz die Strahlungsfunktion andere Werte annimmt. Dasselbe gilt auch für die übrigen Bruchteilwertbreiten.

Die **Hundertstelwertbreite** ist die Differenz derjenigen Werte der Wellenlänge (Hundertstelwertwellenlängen), bei denen die Werte der effektiven spektralen Gerätefunktion auf ein Hundertstel des Maximalwertes abgesunken sind (**Abbildung 5.5-1**).

Bei Spektrometern oder Filterphotometern mit Linienstrahlern oder bei Filtern mit mehreren Transmissionsmaxima können mehr als zwei Hundertstelwertpunkte auftreten. Es wäre nicht zweckmäßig, den Begriff der Hundertstelwertbreite auf den Abstand der am weitesten voneinander entfernten Hundertstelwertpunkte festzulegen,

wie das oben bei der Halbwertbreite und den Halbwertpunkten geschehen ist. Die
Teile der effektiven spektralen Gerätefunktion außerhalb der für die Angabe der
Hundertstelwertbreite benutzten Hundertstelwertpunkte müssen deswegen auf andere
Weise berücksichtigt werden. Dies geschieht hier gemäß DIN 5030 Teil 3 dadurch,
daß die Kennzeichnung der spektralen Reinheit durch die Halbwertbreite, die Hundertstelwertbreite und den integralen Fehlstrahlungsanteil (→ 5.5.7) erfolgt und dieser
von der Wahl der Hundertstelwertpunkte abhängt. Hundertstelwertbreite und Fehlstrahlungsanteil müssen also immer zusammen betrachtet werden.

Analog zur Hundertstelwertbreite lassen sich auch andere Bruchteilwertbreiten, z.B. die
Zehntelwertbreite oder die Tausendstelwertbreite bilden. Bei ihrer Anwendung muß die Frage
der Eindeutigkeit und der Berücksichtigung eventuell vorhandener Nebenmaxima beachtet
werden, wie dies in dem eingangs erwähnten Beispiel von DIN 58191 durch die gesonderte
Angabe für die Sperrbereiche geschieht.

5.5.5 Kennzeichnende Wellenlängenangaben

Schmalbandphotometer und Spektrometer (ausgenommen Multiplexspektrometer) werden
dazu benutzt, mit Strahlung aus einem schmalen Spektralbereich Messungen von wellenlängenabhängigen (spektralen) Größen durchzuführen (z.B. Messung des spektralen Transmissionsgrades oder der spektralen Strahldichte). Das Ergebnis einer einzelnen Messung
wird dabei einer einzelnen Wellenlänge zugeordnet, die die spektrale Lage des zur
Messung benutzten schmalen Spektralbereiches kennzeichnet. Wie die folgenden Angaben zeigen, gibt es durchaus verschiedene Möglichkeiten, diese Wellenlängenangabe
aus den Gerätedaten abzuleiten. Wenn nichts anderes angegeben ist, wird bei Messungen mit Spektrometern die Maximumwellenlänge, bei Messungen mit Schmalbandphotometern die Schwerpunktwellenlänge verwendet. Wenn die Wellenlängen mit einer geringeren Unsicherheit als 10^{-3} des Wertes angegeben werden, muß zusätzlich angegeben werden, ob sie sich auf Vakuum oder einen Stoff mit anderer Brechzahl (Luft, Stickstoff) beziehen.

Maximumwellenlänge λ_{max}. Die Maximumwellenlänge ist diejenige Wellenlänge,
bei welcher der spektrale Transmissionsgrad eines Filters bzw. das spektrale
Durchlaßprofil eines Monochromators sein Maximum hat. Beim Monochromator ist
sie gleich der Einstellwellenlänge λ_o (**Abbildung 5.5-1**).

Mittenwellenlänge λ_m. Die Mittenwellenlänge ist der arithmetische Mittelwert der
Wellenlängen der beiden Halbwertpunkte eines Filters, d.h. derjenigen beiden
Wellenlängen, wo der spektrale Transmissionsgrad des Filters die Hälfte seines
maximalen Wertes hat (**Abbildung 5.5-1**).

Die Mittenwellenlänge ist gebräuchlich zur orientierenden Kennzeichnung der
spektralen Lage unsymmetrischer Durchlaßkurven, wie sie besonders bei Interfe-
renzbandfiltern (Systeme mit drei und mehr Spiegeln oder zwei und mehr Resonatoren (cavities)) vorkommen.

Ebenso wie die Mittenwellenlänge läßt sich eine Mittenfrequenz ν_m definieren. Wegen
des nichtlinearen Zusammenhanges zwischen Wellenlänge und Frequenz lassen sich Mittenwellenlänge und Mittenfrequenz über die Beziehung $\nu = c/\lambda$ nicht exakt, sondern nur
annähernd ineinander umrechnen.

Schwerpunktwellenlänge $\overline{\lambda}$. Die Schwerpunktwellenlänge ist diejenige Wellenlänge, bei welcher der mit einem Spektrometer oder Schmalbandphotometer gemessene Transmissionsgrad einer Probe exakt mit dem spektralen Transmissionsgrad derselben Probe übereinstimmt. Dabei wird vorausgesetzt, daß der spektrale Transmissionsgrad im Nutzbereich ($\rightarrow$ 5.5.6) linear von der Wellenlänge abhängt. Sie ist damit auch die Wellenlänge, bei der die von der effektiven spektralen Gerätefunktion eines Spektrometers oder Schmalbandphotometers zwischen den Hundertstelwertwellenlängen eingeschlossene Fläche ihren Schwerpunkt hat. Sind die Hundertstelwertwellenlängen λ_1 und λ_2, und die effektive spektrale Gerätefunktion $\varphi_{eff}(\lambda)$, so ist

$$\overline{\lambda} = \frac{\displaystyle\int_{\lambda_1}^{\lambda_2} \lambda \cdot \varphi_{eff}(\lambda) \cdot d\lambda}{\displaystyle\int_{\lambda_1}^{\lambda_2} \varphi_{eff}(\lambda) \cdot d\lambda} \qquad (5.5\text{-}9)$$

Bei graphischer Ermittlung der Schwerpunktwellenlänge müssen für die Abszisse (Wellenlänge) und die Ordinate (effektive spektrale Gerätefunktion) natürlich lineare Skalen verwendet werden (**Abbildung 5.5-2**).

Ebenso wie die Schwerpunktwellenlänge läßt sich auch eine Schwerpunktfrequenz definieren. Wegen des nichtlinearen Zusammenhanges zwischen Wellenlänge und Frequenz, wie auch wegen der Verschiedenheit der wellenlängen- und der frequenzbezogenen effektiven spektralen Gerätefunktion, lassen sich Schwerpunktwellenlänge und Schwerpunktfrequenz über die Beziehung $\nu = c/\lambda$ nicht exakt sondern nur annähernd ineinander umrechnen.

Medianwellenlänge λ_{md}. Die Medianwellenlänge ist diejenige Wellenlänge, oberhalb und unterhalb der die effektive spektrale Gerätefunktion jeweils die Hälfte zum Gesamtsignal beiträgt (das Gesamtsignal ist das Integral über die effektive spektrale Gerätefunktion, **Abbildung 5.5-2**). Für sie gilt also

$$\int_{0}^{\lambda_{md}} \varphi_{eff}(\lambda) \cdot d\lambda = \int_{\lambda_{md}}^{\infty} \varphi_{eff}(\lambda) \cdot d\lambda = \frac{1}{2} \cdot \int_{0}^{\infty} \varphi_{eff}(\lambda) \cdot d\lambda \qquad (5.5\text{-}10)$$

Gegenüber der Schwerpunktwellenlänge hat die Medianwellenlänge den Vorteil, von der Wahl der Abszisse streng unabhängig zu sein, d.h. die Medianwellenlänge kann mit der Formel $\nu_{md} = c/\lambda_{md}$ exakt in die Medianfrequenz umgerechnet werden.

Sie ist jedoch weniger gut verwendbar bei theoretischen Rechnungen über die Wirkung einer von Null verschiedenen Bandbreite, bei denen man regelmäßig gezwungen ist, den spektralen Verlauf der zu messenden Größe (z.B. Transmissionsgrad) durch eine Potenzreihenentwicklung nach der Wellenlänge (bzw. Frequenz) darzustellen, und damit auch automatisch zur Schwerpunktwellenlänge (bzw. -frequenz) gelangt.

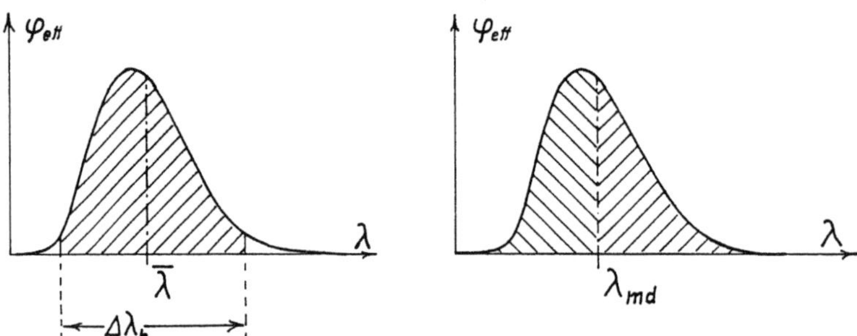

Abbildung 5.5-2: Schwerpunktwellenlänge (links) und Medianwellenlänge. Wenn man sich (links) die schraffierte, zwischen den Hundertstelwertwellenlängen liegende, Fläche unter der Kurve der effektiven spektralen Gerätefunktion ausgeschnitten und längs der strichpunktierten Linie der Schwerpunktwellenlänge $\overline{\lambda}$ unterstützt denkt, ist sie im Gleichgewicht. Die Hundertstelwertpunkte sind der deutlichen Erkennbarkeit wegen höher als maßstabsgerecht eingezeichnet.
In der rechten Figur sind die entgegengesetzt schraffierten Flächen gleich groß, wenn die strichpunktierte Trennlinie bei der Medianwellenlänge λ_{md} liegt.

5.5.6 Heterochrome Fehlstrahlung

Wenn man von den am Anfang von Abschnitt 5.5.4 genannten Ausnahmen absieht, dienen Spektralapparate dazu, schmale Spektralbereiche auszusondern. Strahlung, die geometrisch "regulär" verläuft, deren Wellenlängen jedoch außerhalb dieser Spektralbereiche liegen, ist unerwünscht und wird **heterochrome Fehlstrahlung** genannt.
"Regulär" verläuft die Strahlung aus einem Spektralapparat, wenn sie durch dieselben Luken und Pupillen hindurchgeht wie die benutzte, spektral ausgesonderte Strahlung (**Nutzstrahlung**). Dispersive Spektralapparate und Interferometer haben selbst solche Luken und Pupillen, bei Filtern treten an ihre Stelle die Luken und Pupillen einer äußeren Anordnung, in die das Filter eingesetzt wird. Bei Spektralgeräten (Spektralapparaten mit Erfassungseinrichtung) verläuft diejenige Strahlung regulär, die auf die Erfassungseinrichtung - bei ortsauflösenden Empfängern auf die betrachtete Zone derselben - trifft und entweder von dem zum Gerät gehörigen Strahler ausgeht oder - bei Geräten ohne Strahler - durch die dafür vorgesehenen Luken und Pupillen eintritt.
In den Strahlengang gelangende Strahlung der Umgebung oder der Umgebungsbeleuchtung, den Spektralapparat nicht innerhalb des regulären Bündels verlassende Strahlung und (thermische) Eigenstrahlung des Spektralapparates selbst oder der Umgebung des Empfängers können eine Messung natürlich auch stören, werden aber nicht zur heterochromen Fehlstrahlung gerechnet.
Für eine exakte Definition, die als Grundlage für zahlenmäßige Angaben dienen kann, muß die spektrale Grenze der Fehlstrahlung noch genauer festgelegt werden.

Da alle realen Spektralapparate eine spektrale Durchlaßfunktion liefern, die im gün-
stigsten Falle mit zunehmender Entfernung vom Maximum monoton abnimmt, aber
nie schlagartig auf den Wert Null geht, muß die spektrale Grenze zwischen Nutzstrahlung und Fehlstrahlung durch Vereinbarung festgelegt werden. Dabei ist anzustreben, daß die Festlegung für dispersive und nichtdispersive Spektralapparate in
gleicher Weise brauchbar ist. Eine solche Festlegung ist in DIN 5030 Teil 3 erfolgt.
Danach ist Strahlung außerhalb des 1,1-fachen der Hundertstelwertbreite als heterochrome Fehlstrahlung anzusehen.
Die Grenzwellenlängen λ_3 und λ_4 liegen dabei symmetrisch zu den Hundertstelwertwellenlängen λ_1 und λ_2, wobei angenommen sei, daß $\lambda_1 < \lambda_2$ ist. Dann ist

$$\lambda_3 = \lambda_1 - \frac{\Delta\lambda_h}{20} \qquad \text{und} \qquad \lambda_4 = \lambda_2 + \frac{\Delta\lambda_h}{20} \qquad\qquad (5.5\text{-}11)$$

Zur Vereinfachung der Ausdrucksweise wird im folgenden der Spektralbereich innerhalb des 1,1-fachen der Hundertstelwertbreite **Nutzbereich** und der Bereich außerhalb
Sperrbereich genannt.
Quantitative Aussagen über die Fehlstrahlung erfolgen durch die Angabe von Fehlstrah-
lungsanteilen. Dabei ist zusätzlich stets die Hundertstelwertbreite anzugeben (5.5.4 $\leftarrow$).

5.5.7 Fehlstrahlungsanteile

Fehlstrahlungsanteile sind, wie der Name sagt, Anteile, und werden als Verhältnis der
Fehlstrahlung zur Gesamt- oder zur Nutzstrahlung angegeben. Statt der Strahlungsleistung
selbst wird bei Geräten mit Erfassungseinrichtung das von ihr hervorgerufene Signal
bewertet. Je nachdem, ob die einfallende Strahlung ein Gemisch (quasi-)monochroma-
tischer Strahlungen einiger weniger Wellenlängen oder ein breitbandiges Kontinuum ist,
ist der spektrale oder der integrale Fehlstrahlungsanteil von Interesse. Der spektrale Fehlstrahlungsanteil für Spektralapparate ohne Erfassungseinrichtung wird auf die Nutzstrahlung bezogen. Der integrale Fehlstrahlungsanteil für Spektralapparate mit Erfassungseinrichtung hingegen wird auf die Gesamtstrahlung bzw. das von ihr hervorgerufene Signal
bezogen.
Zur Definition des **spektralen Fehlstrahlungsanteiles** denke man sich einen quasi-monochromatischen Strahler. Seine Strahlung der Wellenlänge λ_o werde durch einen Spektralapparat geleitet, der zur Isolierung der Wellenlänge λ_o ausgelegt (z.B. Filter) oder darauf
eingestellt ist (z.B. Monochromator mit veränderlicher Wellenlängeneinstellung oder
Betrachtung des von der Wellenlänge erzeugten Spaltbildes im Spektrum). Diese Wellenlänge λ_o wird daher im folgenden Einstellwellenlänge genannt. Die durch den Spektralapparat gehende Strahlungsleistung sei $\Phi(\lambda_o)$. Jetzt werde die Emission des Strahlers
bei *unveränderter Strahldichte* auf eine Wellenlänge λ verschoben, die im Sperrbereich liegt und daher im folgenden Sperrwellenlänge genannt wird. Zweck des
Spektralapparates ist natürlich, daß jetzt keine oder doch möglichst wenig Strahlung
durchgeht. Die durchgegangene (bzw. die auf die unveränderte Stelle in Spektrum
auftreffende) Strahlungsleistung sei jetzt $\Phi(\lambda)$. Dann ist der spektrale Fehlstrahlungsanteil der Quotient $\Phi(\lambda)/\Phi(\lambda_o)$.

Bei einem Spektralapparat ohne veränderliche Wellenlängeneinstellung ist der spektrale Fehlstrahlungsanteil also eine Funktion der Sperrwellenlänge λ. Bei einem Spektralapparat mit veränderlicher Wellenlängeneinstellung hängt diese Funktion auch noch von der Einstellwellenlänge λ_0 ab.

Man sieht sofort, daß der spektrale Fehlstrahlungsanteil eines Filters im Sperrbereich gleich dem Verhälnis seines spektralen Transmissionsgrades $\tau(\lambda)$ bei einer Sperrwellenlänge zum Transmissionsgrad $\tau(\lambda_0)$ bei der Einstellwellenlänge ist. Da die Einstellwellenlänge definitionsgemäß dort liegt, wo der Transmissionsgrad sein Maximum hat, ist der Maximalwert des Verhälnisses Eins, der spektrale Fehlstrahlungsanteil ist "auf Eins normiert". Wird in dem Filter jedoch Lumineszenzstrahlung angeregt, so ist der Fehlstrahlungsanteil von den geometrischen Bedingungen der Anregung abhängig und nur in Verbindung mit diesen angebbar.

Beim Monochromator ist der spektrale Fehlstrahlungsanteil im Sperrbereich gleich dem Verhältnis des Wertes seines Durchlaßprofils $g(\lambda_0, \lambda)$ ($\rightarrow$ 5.7.6) bei der Sperrwellenlänge λ zum Wert des Durchlaßprofils $g(\lambda_0, \lambda_0)$ bei der Einstellwellenlänge λ_0. Das ist zugleich der Maximalwert für diese Einstellwellenlänge. Auch hier ist der Maximalwert des Verhältnisses Eins, der spektrale Fehlstrahlungsanteil "auf Eins normiert".

Der spektrale Fehlstrahlungsanteil liefert z.B. eine Aussage über die Störung der Messung einer (schwachen) Spektrallinie in der Nachbarschaft einer anderen (stärkeren) Linie. Durch die Fehlstrahlung wird die Intensität der schwachen Linie verfälscht, bei Aufnahme des Spektrums kann sie überdeckt, oder bei Messung nur an der Stelle der schwachen Linie kann durch die Fehlstrahlung der starken Linie nicht vorhandene Strahlung der schwachen Linie vorgetäuscht werden.

Der **integrale Fehlstrahlungsanteil** $\psi(\lambda_0)$ eines auf die Einstellwellenlänge λ_0 eingestellten Spektrometers oder Schmalbandphotometers ist das Verhältnis des von der gesamten Fehlstrahlung hervorgerufenen Signals zum Gesamtsignal.

Die Verfälschung einer Messung durch den Fehlstrahlungsanteil hängt vom spektralen Verlauf der Meßgröße, z.B. des Transmissionsgrades $\tau(\lambda)$ ab, und kann nicht ohne Kenntnis dieses Verlaufs angegeben werden.

Bei Transmissionsmessungen zum Zwecke der Konzentrationsbestimmung einer gegebenen Substanz, d.h. bei festliegendem bezogenen spektralen Absorptionskoeffizienten $\varkappa(\lambda)$ ($\rightarrow$ 7.2), hängt der Einfluß des Fehlstrahlungsanteiles auf die Anzeige des Absorptionsmaßes (Extinktion) von der zu messenden Konzentration bzw. dem gemessenen Absorptionsmaß selbst ab und kann für verschiedene Konzentrationen im Prinzip berechnet werden, wenn die spektrale Dichte des Fehlstrahlungsanteiles bekannt ist. Ist nur der integrale Fehlstrahlungsanteil bekannt, so ist nur eine quantitative Abschätzung (z.B. Angabe einer maximal möglichen Abweichung, $\rightarrow$ 5.8.1) durchführbar. Aber in keinem Falle ist eine von der Größe des Meßwertes *unabhängige* Angabe der durch die Fehlstrahlung hervorgerufenen Abweichung möglich, weder absolut noch relativ.

Zur Bestimmung des integralen Fehlstrahlungsanteiles sind in der Praxis Verfahren üblich, die auf einer möglichst vollständigen Ausschaltung der Nutzstrahlung durch Bandsperrfilter oder Kantenfilter beruhen (vgl. Abbildung 5.8-3). Da diese Filter stets auch noch etwas Fehlstrahlung zurückhalten, wird mit ihnen der Fehlstrahlungsanteil systematisch zu klein gemessen. (Der umgekehrte Fall, daß die Filter die Nutzstrahlung nicht vollständig genug zurückhalten, kommt zwar nicht selten vor, ist aber leichter nachprüfbar und wird üblicherweise durch Abzug des durchgelassenen Anteiles der Nutzstrahlung berücksichtigt.) Bei Angabe des Fehlstrahlungsanteiles aufgrund solcher Messungen muß daher das Meßverfahren und das benutzte Prüfhilfsmittel genau angegeben werden, einschließlich derjenigen Wellenlängen, bei denen der Transmissionsgrad des Prüfmittels den Wert 50 % annimmt.

Der integrale Fehlstrahlungsanteil entsteht durch das Zusammenwirken der Fehlstrahlung aus dem gesamten Sperrbereich. Die Verteilung auf die einzelnen Wellenlängen dieses Bereiches wird beschrieben durch die **spektrale Dichte des Fehlstrahlungsanteiles**. Sie ist der Quotient aus dem (differentiellen) Teilsignal, das von der heterochromen Fehlstrahlung in einem (differentiellen) Wellenlängenintervall um die Wellenlänge λ hervorgerufen wird und der Größe dieses Wellenlängenintervalls, dividiert durch das Gesamtsignal. Dabei muß die Wellenlänge λ im Sperrbereich liegen. Die spektrale Dichte des Fehlstrahlungsanteiles ist eine Funktion der Sperrwellenlänge λ und der Einstellwellenlänge λ_o.

Unter Verwendung der effektiven spektralen Gerätefunktion läßt sich die spektrale Dichte des Fehlstrahlungsanteiles darstellen als

$$\psi_\lambda(\lambda_o) = \frac{\varphi_{eff}(\lambda)}{\int\limits_0^\infty \varphi_{eff}(\lambda) \cdot d\lambda} \tag{5.5-12}$$

Mit dieser Dichte ergibt sich dann der integrale Fehlstrahlungsanteil als

$$\psi(\lambda_o) = \int\limits_0^{\lambda_3} \psi_\lambda(\lambda_o) \cdot d\lambda + \int\limits_{\lambda_4}^\infty \psi_\lambda(\lambda_o) \cdot d\lambda \tag{5.5-13}$$

Entsprechende Funktionen und Beziehungen lassen sich auch in Abhängigkeit von der Frequenz anstelle der Wellenlänge aufstellen. Während für die effektive spektrale Gerätefunktion und die spektrale Dichte des Fehlstrahlungsanteiles die bei spekralen Dichten allgemein üblichen Umrechnungsbeziehungen (Gleichung (2.2-39)) gelten, sollte definitionsgemäß der integrale Fehlstrahlungsanteil unabhängig davon sein, ob die Wellenlänge oder die Frequenz als Variable gewählt wird. Wegen der Festlegung der Grenzen des Nutz- und des Sperrbereiches durch die Hundertstelwertbreite der effektiven spektralen Gerätefunktion, die den Charakter einer spektralen Dichte hat, ist diese Unabhängigkeit nicht mathematisch exakt. Bei Schmalbandphotometern und Spektrometern ist der Unterschied jedoch bedeutungslos.

Wegen der Kleinheit der dabei zu messenden Signale und der hohen Anforderungen an die Prüfmittel, deren Fehlstrahlungsanteil ja kleiner sein sollte als der zu messende, erfordert die Bestimmung der spektralen Dichte des Fehlstrahlungsanteiles einen erheblichen Aufwand und ist trotzdem nur mit bescheidener Genauigkeit möglich. Überdies handelt es sich um eine Funktion von zwei Variablen, zu deren Übermittlung Tabellen mit zwei Eingängen, Kurvenscharen oder Schichtliniendiagramme notwendig sind. In der Praxis sind daher entsprechende Angaben bisher nicht üblich.

5.6 Auflösung

Bei dispersiven Spektralapparaten besteht für nicht zu kleine Spaltbreiten Proportionalität zwischen Spaltbreite und Halbwertbreite. Man könnte daher erwarten, durch Verkleinern der Spaltbreite könne die Halbwertbreite immer weiter vermindert werden. Schon in Abschnitt 5.5.2 wurde darauf hingewiesen, daß das nicht zutrifft. Zwar nimmt mit Verkleinerung der Spaltbreite die durch den Spektralapparat gehende Strahlungsleistung immer mehr ab, aber die Halbwertbreite strebt dabei einem Grenzwert zu, den sie nicht unterschreitet. Wegen der einfacheren experimentellen Feststellbarkeit wird dieser Sachverhalt aber nicht durch den Grenzwert der Halbwertbreite sondern durch den auflösbaren Wellenlängenabstand und das Auflösungsvermögen beschrieben.

5.6.1 Auflösbarer Wellenlängenabstand $\delta\lambda$

Der auflösbare Wellenlängenabstand ist der Abstand, den zwei gleichstarke Emissionslinien haben müssen, damit sie gerade noch deutlich getrennt werden können. Dabei ist vorausgesetzt, daß die Halbwertbreite der Linien selbst klein ist gegen ihren Abstand. Damit die Linien als deutlich getrennt erkennbar sind, ist es nun nicht etwa notwendig, daß die Intensität (das kann die Bestrahlungsstärke im Spektrum, aber auch das Signal eines Empfängers hinter einem Monochromator sein) zwischen ihnen auf Null zurückgeht, sondern nur, daß die Einsattelung zwischen ihnen eine gewisse Tiefe erreicht.

Die Linien gelten als getrennt, wenn die Intensität in der Einsattelung höchstens $8/\pi^2$ (= 81 %) der Intensität der Maxima beträgt (vgl. **Abbildung 5.6-1**). Man nennt diese Festlegung das modifizierte oder das **zweite Rayleigh-Kriterium**. Eine Begründung für die Wahl gerade dieses Wertes folgt unten.

Der auflösbare Wellenlängenabstand hängt von der Wellenlänge ab und wird dem arithmetischen Mittelwert der Wellenlängen der beiden Linien zugeordnet.

Bei unsymmetrischem Durchlaßprofil kann die Höhe der beiden Maxima verschieden sein, auch wenn die Linien gleich stark sind. In diesem Fall ist auf das kleinere der beiden Maxima zu beziehen.

Es ist offenkundig, daß der auflösbare Wellenlängenabstand mit der Halbwertbreite zusammenhängt. Sein Zahlenwert ist jedoch von der Halbwertbreite verschieden, was man leicht am einfachen Beispiel des dreieckförmigen Verlaufes der effektiven spektralen Gerätefunktion erkennt, denn zwei gleiche solche Funktionen im Abstand einer Halbwertbreite ergeben bei Überlagerung keine Einsattelung, sondern einen konstanten Verlauf (vgl. **Abbildung 5.6-2**). Um wieviel der auflösbare Wellenlängenabstand größer ist als die Halbwertbreite, hängt vom genauen Verlauf der Funktion ab. Gerade der Charakter dieses Verlaufes ändert sich aber, wenn man durch Verkleinerung der Spaltbreite die Halbwertbreite zu vermindern versucht. Deswegen sind die Begriffe "auflösbarer Wellenlängenabstand" und "Halbwertbreite" nebeneinander in Gebrauch und es kann auf keinen von ihnen leicht verzichtet werden, obwohl sie Aussagen zu sehr verwandten Fragestellungen machen.

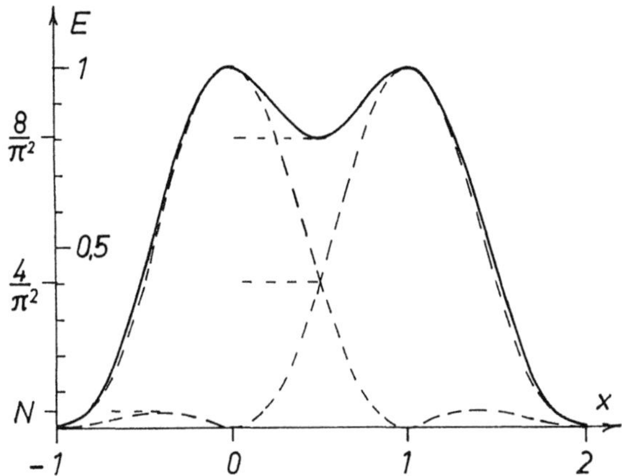

Abbildung 5.6-1: Beugungsbegrenzte Auflösung eines dispersiven Spektralapparates mit rechteckiger Pupille $(\sin^2 \pi \cdot x)/(\pi \cdot x)$.
Gestrichelt: Bestrahlungsstärkeverteilung in der Spektrumsebene, wie sie durch eine Spektrallinie mit vernachlässigbarer Eigenbreite bei verschwindend kleiner Breite des Eintrittsspaltes durch Beugung an einer rechteckigen Pupille entsteht. Dieselbe Verteilung ist noch einmal dazugezeichnet mit einem solchen seitlichen Versatz, daß das Maximimum der zweiten in das erste Minimum der ersten fällt, das entspricht einer Verschiebung um $\Delta x = 1$. (Die Halbwertbreite beträgt 0,886 und das erste Nebenmaximum liegt bei $x = 1{,}430$ und hat die Höhe N = 0,0472.)
Ausgezogen: Summe der Bestrahlungsstärken von zwei gleichstarken Linien, deren spektraler Abstand gerade so groß ist, daß das Maximum der zweiten in des erste Minimum der ersten fällt.

Für einen Spektralapparat, der frei ist von Justier- und Abbildungsfehlern, und von dem überdies angenommen wird, die Eintritts- und ggf. auch die Austrittsluke seien in Dispersionsrichtung verschwindend klein, läßt sich der **theoretisch auflösbare Wellenlängenabstand $\delta_o\lambda$** berechnen. Er ist nur durch die Beugung bedingt (**Abbildung 5.6-1**). Deswegen wird die Abbildung in einem solchen Apparat und auch der Apparat selbst als **beugungsbegrenzt** bezeichnet.
Für die Ausführung der Berechnung des auflösbaren Wellenlängenabstandes geht man immer den Weg über das theoretische Auflösungsvermögen R_o ($\rightarrow$ 5.6.2), für das einfache Formeln schon in den Gleichungen (5.4-20), (5.4-21) und (5.4-33) angegeben wurden. Durch Umkehr von Gleichung (5.6-4) erhält man

$$\delta_o\lambda = \frac{\lambda}{R_o} \tag{5.6-1}$$

Bei theoretischen Rechnungen wird häufig zur Bestimmung des Auflösungsvermögens der Abstand der zu trennenden Spektrallinien so angenommen, daß das Maximum der zweiten in das erste Beugungsminimum der ersten fällt. Diese Forderung stellt das **erste Rayleigh-Kriterium** dar.

Bei einem beugungsbegrenzten dispersiven Spektralapparat mit rechteckiger Pupille folgt die Verteilung der Bestrahlungsstärke im Spektrum einer einzelnen Spektrallinie der bekannten $(\sin^2 x / x^2)$-Verteilung (**Abbildung 5.6-1**). Bei der Überlagerung von zwei gleichstarken Linien, deren Abstand der gestellten Bedingung genügt, ist die Höhe der Einsattelung im Minimum zwischen den Linien gerade $8/\pi^2$. Das zweite Rayleigh-Kriterium ist also aus dem ersten für den - in der Praxis wohl am häufigsten vorkommenden - Fall des dispersiven Spektralapparates mit rechteckiger Pupille hergeleitet.

Für andere Pupillenformen oder für Interferometer ist die Höhe der Einsattelung bei Erfüllung des ersten Rayleigh-Kriteriums ein wenig von dem angegebenen Wert verschieden. Für die experimentelle Bestimmung des auflösbaren Wellenlängenabstandes, auch an nicht beugungsbegrenzten Geräten, ist jedoch nur eine Vorschrift von der Art des zweiten Rayleigh-Kriteriums allgemein brauchbar. Deswegen ist oben der auflösbare Wellenlängenabstand mit dem zweiten Rayleigh-Kriterium definiert. Das hat dann etwas von Eins abweichende Faktoren in den Formeln für das Auflösungsvermögen von dispersiven Apparaten mit anderen Pupillenformen oder von Interferometern zur Folge, z.B. beim Fabry-Perot-Interferometer Gleichung (5.4-44). Weil manche Lehrbücher der einfacheren Herleitung wegen das erste Rayleigh-Kriterium zugrunde legen, treten in ihnen diese Faktoren nicht auf. Da jedoch die erwähnten Faktoren nur wenig von Eins abweichen, spielen die Unterschiede zwischen den verschiedenen Definitionen in der Praxis keine Rolle.

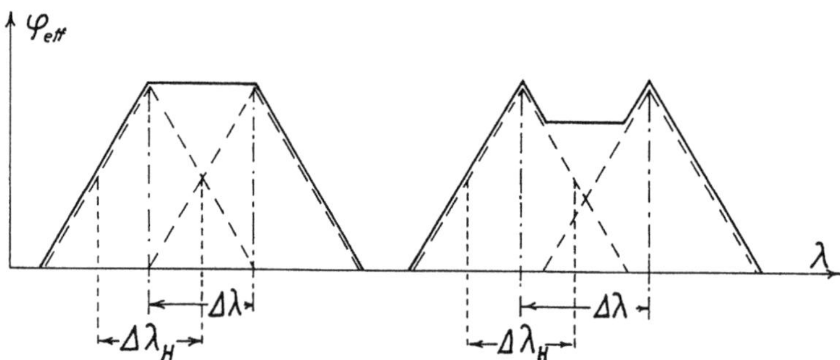

Abbildung 5.6-2: Auflösung und Halbwertbreite bei Monochromatoren mit gleicher spektraler Breite von Eintritts- und Austrittsspalt und Spaltbreiten deutlich oberhalb der minimalen praktisch förderlichen Spaltbreite. Die von einer quasi-monochromatischen Spektrallinie hervorgerufene effektive spektrale Gerätefunktion hat die Form eines Dreiecks (gestrichelt, vgl. Abbildung 5.7-3). Werden zwei quasi-monochromatische Linien mit dem Wellenlängenabstand $\Delta\lambda$ eingestrahlt, so sind ihre effektiven spektralen Gerätefunktionen zu addieren. Die Summenfunktion (ausgezogen) hat keine Einsattelung, wenn der Linienabstand $\Delta\lambda$ gleich der Halbwertbreite $\Delta\lambda_H$ der Gerätefunktion ist (links). Erst wenn der Linienabstand auf das 1,19-fache vergrößert wird, erreicht die Einsattelung den Wert 0,81 (rechts).

Zur Beurteilung der Güte eines Spektralapparates möchte man natürlich wissen, wie nahe er der theoretisch möglichen Grenze der Auflösung kommt. Dabei ist zu beachten, daß bei Messungen selbst dann, wenn ein Gerät optisch völlig fehlerfrei und also nur beugungsbegrenzt ist, die Breite der Eintritts- und ggf. der Austrittsluke zwar klein, aber nicht zu Null (verschwindend klein) gemacht werden kann. Der experimentell bestimmbare **praktisch auflösbare Wellenlängenabstand** $\delta_p\lambda$ hängt also von der Größe der Eintritts- und ggf. Austrittsluke ab. Sie muß daher stets mit angegeben werden. Im übrigen entspricht die Definition des praktisch auflösbaren Wellenlängenabstandes der eingangs gegebenen (zweites Raleigh-Kriterium) mit dem Zusatz, daß der Abstand experimentell zu bestimmen ist.

Nur wenn es gelingt, durch Messungen mit abnehmender Größe der Eintrittsluke einen unteren Grenzwert $\delta_m\lambda$ zu ermitteln, dem der praktisch auflösbare Wellenlängenabstand zustrebt und der im folgenden **minimaler praktisch auflösbarer Wellenlängenabstand** genannt wird, kann dieser Grenzwert mit dem theoretisch auflösbaren Wellenlängenabstand verglichen werden (abbildungsoptisch begrenzte Auflösung). Er kann nicht kleiner sein als der theoretisch auflösbare Wellenlängenabstand.

Wenn es dagegen nicht möglich ist, einen solchen Grenzwert zu ermitteln, weil die Strahlungsleistung bei den kleinen Werten der Lukengröße für eine Messung nicht mehr ausreicht, sagt man, die Auflösung sei energiebegrenzt. (Physikalisch richtiger wäre leistungsbegrenzt. Da man aber das Wort Leistung vielfach in allgemeiner Bedeutung, z.B. Abbildungsleistung, verwendet, ist energiebegrenzt eingebürgert und zur Vermeidung von Mißverständnissen vorzuziehen.) Energiebegrenzte Werte des auflösbaren Wellenlängenabstandes dürfen nicht mit dem theoretisch auflösbaren Wellenlängenabstand verglichen werden, es sei denn, um daraus abzuleiten, daß mit einem Strahler höherer Strahldichte eventuell eine Verbesserung der Auflösung möglich sein könnte. Voraussetzung für eine solche Verbesserung wäre allerdings, daß nicht nur der notwendige Strahler zur Verfügung stünde, sondern auch, daß die abbildungsoptische Auflösungsgrenze tatsächlich niedriger läge als die energetische.

Da für die Messung Paare von gleichstarken Emissionslinien mit geeignetem Abstand nur in den seltensten Fällen zur Verfügung stehen, kann als auflösbarer Wellenlängenabstand die $(4/\pi^2)$-Breite (40,5 %) des durch den Spektralapparat gebildeten Profils einer einzelnen Emissionslinie genommen werden, deren Eigenbreite dagegen klein ist.

Bei Geräten, bei denen die Breite des ausgesonderten Spektralbereiches veränderlich ist, ist es üblich, in Bereichen, die deutlich oberhalb des abbildungsoptisch begrenzten praktisch auflösbaren Wellenlängenabstandes liegen, die Halbwertbreite zur Kennzeichnung zu verwenden. Nur bei Annäherung an die abbildungsoptische Grenze ist die Angabe des auflösbaren Wellenlängenabstandes üblich. Man kann aber natürlich auch bei größeren Breiten statt der Halbwertbreite den auflösbaren Wellenlängenabstand angeben. Dies sollte wenigstens dann geschehen, wenn ein abbildungsoptisch begrenztes Gerät mit einem energetisch begrenzten Gerät oder einem Gerät mit unveränderlicher Halbwertbreite verglichen wird.

Bei Einfach- und Doppelmonochromatoren, bei denen die spektralen Breiten aller Spalte gleich sind, hat das Durchlaßprofil (→ 5.7.6) die Form eines Dreiecks, wenn die Spaltbreiten groß genug sind, daß die Verbreiterung des Spaltbildes durch Abbildungsfehler und Beugung vernachlässigt werden darf. Die Spaltbreiten darf man als groß genug ansehen, wenn sie das Doppelte bis Dreifache derjenigen Spaltbreite betragen, die man zum Erreichen des Minimalwertes des praktisch auflösbaren Wellenlängenabstandes benötigt. Dann ist der auflösbare Wellenlängenabstand $\delta_p\lambda$ gleich 6/5 der Halbwertbreite $\Delta\lambda_H$, oder genauer

$$\delta_p\lambda = 1{,}19 \cdot \Delta\lambda_H \tag{5.6-2}$$

Der Faktor 1,19 ergibt sich aus $2 \cdot (1-4/\pi)$ -vgl. Abbildung 5.6-2. Beim Beugungsprofil beträgt der entsprechende Faktor (Verhältnis des auflösbaren Wellenlängenabstandes zur Halbwertbreite) 1,13.

5.6.2 Auflösungsvermögen R

Der auflösbare Wellenlängenabstand ist eine unmittelbar meßbare und damit auch anschauliche Größe. Er hat aber die beiden nachteiligen Eigenschaften, daß zu seiner Bewertung die Wellenlänge, für die er gilt, mit betrachtet werden muß (dasselbe gilt übrigens auch für den auflösbaren Frequenzabstand) und daß hohe Auflösung besteht, wenn der auflösbare Wellenlängenabstand klein ist und umgekehrt.
Beide Nachteile werden durch die folgende Definition vermieden: Das Auflösungsvermögen R ist das Verhältnis der Wellenlänge λ zum auflösbaren Wellenlängenabstand $\delta\lambda$

$$R = \frac{\lambda}{\delta\lambda} \left(= \frac{\nu}{\delta\nu} \right) \tag{5.6-3}$$

Wird für den auflösbaren Wellenlängenabstand der theoretische Wert verwendet, so erhält man das **theoretische Auflösungsvermögen R_o**

$$R_o = \frac{\lambda}{\delta_o\lambda} \tag{5.6-4}$$

Für das theoretische Auflösungsvermögen gibt es, wie erwähnt, einfache Beziehungen, die bei der Beschreibung der Komponenten in Abschnitt 5.4 schon angegeben wurden. Diese dienen dann auch dazu, nach Gleichung (5.6-1) den auflösbaren Wellenlängenabstand zu berechnen (und nicht umgekehrt).
Wird der praktisch auflösbare Wellenlängenabstand verwendet, so gelangt man zum **praktischen Auflösungsvermögen R_p**

$$R_p = \frac{\lambda}{\delta_p\lambda} \tag{5.6-5}$$

Dazu ist die benutzte Eintritts- und ggf. Austrittsluke der Kollimatoren anzugeben.
Der minimale praktisch auflösbare Wellenlängenabstand führt zu einem oberen Grenzwert des praktischen Auflösungsvermögens, der im folgenden **maximales praktisches Auflösungsvermögen** genannt wird und nicht größer sein kann als das theoretische Auflösungsvermögen.

$$R_m = \frac{\lambda}{\delta_m\lambda} \tag{5.6-6}$$

5.6.3 Förderliche Größe der Eintrittsluke

Es wurde schon mehrfach darauf hingewiesen, daß die (praktische) Auflösung von der Größe der Eintrittsluke abhängt. Bei Geräten, deren Eintrittsluke verändert werden kann, wird man also im Interesse einer guten Auflösung bestrebt sein, die Eintrittsluke möglichst klein, oder bei dispersiven Spektralapparaten den oder die Spalte möglichst schmal zu machen. Andererseits ist klar und wird in Abschnitt 5.7 quantitativ dargestellt, daß mit abnehmender Größe der Eintrittsluke (bei gegebener Strahldichte des Strahlers) die verfügbare Strahlungsleistung abnimmt. Im Interesse einer hohen Strahlungsleistung, die wiederum für einen guten Rauschabstand ($\rightarrow$ 2.1) benötigt wird, wäre also eine große Eintrittsluke anzustreben. Zwischen diesen entgegengesetzten Forderungen muß ein Kompromiß gesucht werden, der natürlich je nach den Anforderungen mehr auf der einen oder anderen Seite liegen wird.

Wenn der für die Anwendung höchstens zulässige Wert des auflösbaren Wellenlängenabstandes viel größer ist, als der bei kleiner Eintrittsluke vom Gerät auflösbare Wellenlängenabstand, kann man die Eintrittsluke entsprechend groß wählen. Die verfügbare Strahlungsleistung wird dann durch die für die Anwendung zulässige Bandbreite begrenzt.

Ist man für die Anwendung aber darauf angewiesen, möglichst kleine Wellenlängenabstände noch aufzulösen, so stellt sich die Frage, wieweit es sich lohnt, die Größe der Eintrittsluke zu vermindern und die daraus folgenden Nachteile, wie anwachsendes Rauschen und/oder größere erforderliche Meßzeit hinzunehmen. Da der praktisch auflösbare Wellenlängenabstand mit abnehmender Größe der Eintrittsluke einer unteren, das praktische Auflösungsvermögen einer oberen Grenze zustrebt, bringt die Verkleinerung der Eintrittsluke umso weniger Gewinn, je näher man schon an den Grenzwert gelangt ist. Darüber hinaus nimmt aber die verfügbare Strahlungsleistung bei sehr geringen Größen der Eintrittsluke mit deren Größe stärker ab, als aus einer rein geometrischen Betrachtung folgt, weil Abbildungsfehler und Beugung immer mehr ins Gewicht fallen. Als Orientierung für die Größe der Eintrittsluke, deren Unterschreitung sich nur noch bedingt lohnt, dient die **förderliche Größe der Eintrittsluke**. Sie ist diejenige Größe der Eintrittsluke, bei der die geometrische bzw. die durch Interferenz schiefer Strahlen bedingte Verbreiterung einer scharfen Spektrallinie dem auflösbaren Wellenlängenabstand entspricht.

Durch das Zusammenwirken der geometrischen bzw. durch Interferenz schiefer Strahlen bedingten Verbreiterung mit Beugung und ggf. Abbildungs- und Justierfehlern wird der auflösbare Wellenlängenabstand gegenüber dem Wert für sehr viel kleinere Eintrittsluken um etwa $\sqrt{2}$ vergrößert, das Auflösungsvermögen um etwa $\sqrt{2}$ verkleinert.

Je nach Anwendung werden in der Literatur als Mindestgröße der Eintrittsluke Werte empfohlen, die bis um den Faktor 2 größer sind, als die hier definierte förderliche Größe der Eintrittsluke. Dies gilt z.B. für die Messung der optischen Dichte an photographisch aufgenommenen Spektren, wo eine Mindestausdehnung der gleichmäßig geschwärzten Fläche erforderlich ist.

Entsprechend dem theoretisch und dem praktisch auflösbaren Wellenlängenabstand lassen sich für die verschiedenen Spektralapparate verschiedene förderliche Größen der Eintrittsluke definieren.

Die **theoretisch förderliche Spaltbreite s_o von dispersiven Spektralapparaten** ist diejenige Spaltbreite, bei der die spektrale Spaltbreite gleich dem theoretisch auflösbaren Wellenlängenabstand ist

$$s_o = \delta_o \lambda \cdot \frac{dx}{d\lambda} = \frac{\lambda}{R_o} \cdot \frac{dx}{d\lambda} \qquad (5.6\text{-}7)$$

$dx/d\lambda$ ist die Lineardispersion (5.5.1 ←).
Aus der Beugungstheorie ergibt sich danach für eine rechteckige Pupille, wenn der Raum zwischen Spalt und Abbildungssystem ein Material enthält

$$s_o = \lambda_n \cdot \frac{f}{B_w} = \frac{\lambda \cdot f}{n \cdot B_w} = k_s \cdot \frac{\lambda}{n} = k_s \cdot \frac{c}{n \cdot \nu} \qquad (5.6\text{-}8)$$

wobei n die Brechzahl des Materials ist (zu den übrigen Bezeichnungen s. Abschnitt 5.4.1). Für eine kreisförmige Pupille gilt entsprechend

$$s_o = 1{,}22 \cdot \lambda_n \cdot \frac{f}{D} = 1{,}22 \cdot \frac{\lambda \cdot f}{n \cdot D} = 1{,}22 \cdot k \cdot \frac{\lambda}{n} = 1{,}22 \cdot k \cdot \frac{c}{n \cdot \nu} \qquad (5.6\text{-}9)$$

Im Idealfall, d.h. bei fehlerfreier Abbildung, hängen der auflösbare Wellenlängenabstand und die Halbwertbreite nicht von der Spalthöhe ab. Mit zunehmender Spalthöhe machen sich aber Abbildungsfehler immer stärker bemerkbar. Bei Monochromatoren kommt hinzu, daß die Krümmung des Austrittsspaltes der Krümmung der Spektrallinien (Spaltbilder) nur für eine Wellenlänge genau angepaßt werden kann. Da aber die Krümmung der Spektrallinien sich in der Regel mit der Wellenlänge ändert (Ausnahme: Anpassung der Krümmung von Eintritts- und Austrittsspalt an den sog. Fastie-Kreis bei Gittermonochromatoren), weichen mit zunehmender Spalthöhe die Linienenden immer mehr von der Lage des Spaltes ab, wenn die Linienmitte genau auf den Spalt eingestellt wird. Abbildungsfehler und abweichende Krümmung der Spektrallinien bewirken, daß häufig die beste Auflösung nur für den mittleren Höhenbereich des Spaltes erreicht wird. Es kann also durchaus zweckmäßig sein, die Spalthöhe (symmetrisch) zu begrenzen, wenn höchste Auflösung angestrebt wird und die Strahlungsleistung auch bei dieser begrenzten Spalthöhe noch ausreicht. Es können aber keine allgemeinen, d.h. vom speziellen Geräteaufbau unabhängigen, Formeln für die zweckmäßige Spalthöhe angegeben werden, und für diese beste Auflösung bringende Spalthöhe gibt es auch keine eingeführte spezielle Bezeichnung.
Stattdessen wird eine formal-mathematisch analog zu s_o gebildete Größe als **theoretisch förderliche Spalthöhe h_o** definiert, obwohl sie für die Auflösung ohne Bedeutung ist. Sie dient hauptsächlich als Abkürzung in Formeln für den spektralen optischen Leitwert (→ Gleichung 5.7-21) und gibt ihnen eine besonders symmetrische Gestalt.
Bei rechteckiger Pupille ist

$$h_o = \frac{\lambda \cdot f}{n \cdot H_w} = k_h \frac{\lambda}{n} = k_h \frac{c}{n \cdot \nu} \qquad (5.6\text{-}10)$$

Bei kreisförmiger Pupille ist

$$h_o = s_o \qquad\qquad (5.6\text{-}11)$$

Die **praktisch förderliche Spaltbreite s_f eines dispersiven Spektralapparates** ist diejenige Spaltbreite, bei der die spektrale Spaltbreite gleich dem minimalen praktisch auflösbaren Wellenlängenabstand $\delta_m \lambda$ ist.

$$s_f = \delta_m \lambda \cdot \frac{dx}{d\lambda} = \frac{\lambda}{R_m} \cdot \frac{dx}{d\lambda} = \frac{\delta_m \lambda}{\delta_o \lambda} \cdot s_o \qquad\qquad (5.6\text{-}12)$$

In DIN 5030 Teil 3 ist die praktisch förderliche Spaltbreite als die Spaltbreite definiert, bei der die spektrale Spaltbreite gleich dem praktisch auflösbaren Wellenlängenabstand ist, d.h. es wird der Eindruck erweckt, hier sei der jeweilige und nicht der minimale praktisch auflösbare Wellenlängenabstand einzusetzen. Das würde bei dreieckförmigem Durchlaßprofil aber auf die unsinnige und unerfüllbare Bedingung $s_f = 1{,}19 \cdot s$ führen, wo s die jeweilige Spaltbreite ist. Die förderliche Spaltbreite muß aber ein von der tatsächlich eingestellten Spaltbreite unabhängiger und wenigstens prinzipiell auch einstellbarer Wert sein, d.h. die Definition ist nur bei Bezug auf den minimalen praktisch auflösbaren Wellenlängenabstand sinnvoll.

Der **theoretisch förderliche Radius r_o der Eintrittsluke beim Fabry-Perot-Interferometer und bei Twyman-Interferometer** für die **Fourier-Spektroskopie** ist durch die Kollimatorbrennweite f und den förderlichen maximalen Feldwinkel w_o (in dem Material mit der Brechzahl n_i zwischen den Interferometerplatten) bestimmt. Dieser hängt seinerseits von der Ordnung m und der Finesse F bzw. dem theoretischen Auflösungsvermögen R_o ab. Wenn das Material im Kollimator die Brechzahl n_K hat, ist (da w_o sehr viel kleiner als Eins ist)

$$r_o = \frac{n_i}{n_K} \cdot f \cdot w_o \qquad\qquad (5.6\text{-}13)$$

Beim Fabry-Perot-Interferometer ist

$$w_o = \sqrt{\frac{2}{m \cdot N_{eff}}} = \sqrt{\frac{2}{0{,}964 \cdot m \cdot F}} = \sqrt{\frac{2}{R_o}} \qquad\qquad (5.6\text{-}14)$$

Beim Twyman-Interferometer für die Fourier-Spektroskopie ist

$$w_o = \frac{1}{\sqrt{m}} = \sqrt{\frac{\lambda}{2 \cdot a_{max}}} = \sqrt{\frac{2}{R_o}} \qquad\qquad (5.6\text{-}15)$$

In DIN 5030 Teil 3 fehlt bei den dortigen Gleichungen (64) und (66) das Wurzelzeichen. Die Gleichung für das Twyman-Interferometer gilt, wenn es ohne Apodisation benutzt wird. Mit Apodisation bleibt die Beziehung zwischen dem ersten und dem letzten Term bestehen, wenn bei der Berechnung des theoretischen Auflösungsvermögens die Apodisation berücksichtigt wird.

Auch beim Verlauffilter gibt es eine förderliche Spaltbreite. Die **praktisch förderliche Spaltbreite eines Verlauffilters** ist diejenige Spaltbreite, bei der spektrale Abstand der Maximums- oder Mittenwellenlängen (5.5.5 ←) der an den Spalträndern durchtretenden Strahlen gleich der 40,5 %-Breite $\delta\lambda$ der Kurve des Transmissionsgrades für eine sehr schmale Fläche des Verlauffilters ist. Sie läßt sich mit der folgenden Gleichung berechnen

$$s_f = \delta\lambda \cdot \frac{dx}{d\lambda} \tag{5.6-16}$$

wobei $d\lambda/dx$ die Änderung der Maximums- bzw. Mittenwellenlänge in Abhängigkeit vom Ort des Filters, d.h. seine reziproke Pseudo-Lineardispersion (5.4.7 ←), ist.

5.7 Kenngrößen für Bestrahlungsstärke und Strahlungsleistung hinter Spektralapparaten

Nach Durchgang durch den Spektralapparat soll in jedem Falle die Strahlung eine gewisse Wirkung hervorbringen, sei es, daß sie selbst gemessen werden soll, oder daß es um das Studium der von ihr ausgelösten Reaktionen geht. In den meisten Fällen ist für die Größe der Wirkung die Strahlungsleistung maßgeblich, in anderen Fällen und innerhalb gewisser Grenzen aber auch die Bestrahlungsstärke. Es ist wichtig, sich bei der Planung eines Experimentes und der Auswahl eines Spektralapparates frühzeitig klar zu werden, ob es
    - auf die Bestrahlungsstärke im Spektrum selbst oder
    - auf die Strahlungsleistung bzw. die Bestrahlungsstärke an einer anderen Stelle
ankommt. Je nach der Antwort auf diese Frage sind nämlich andere Auswahlkriterien für den Spektralapparat anzuwenden. Zunächst sollen die beiden Fälle an einigen Beispielen verdeutlicht werden. In den nachfolgenden Abschnitten werden dann die Auswahlkriterien für die einzelnen Typen der Spektralapparate vorgestellt.
Für die Schwärzung der Photoplatte eines Spektrographen ist die Bestrahlung (2.2 ←) im Spektrum maßgebend, also bei zeitlich konstanter Bestrahlungsstärke deren Produkt mit der Bestrahlungszeit. In einem stigmatischen Spektrographen bewirkt eine Vergrößerung der Spalthöhe auch eine Vergrößerung der Spektrenhöhe, die im Bild einer Spektrallinie auftreffende Strahlungsleistung nimmt proportional der Spalt- bzw. Spektrenhöhe zu, aber die Bestrahlungsstärke bleibt bei einer Änderung der Spalthöhe unverändert. Für den Grad der Schwärzung spielt die Spalthöhe also keine Rolle (sondern nur für die Größe der geschwärzten Fläche). Trotzdem kann man die bestrahlte Fläche nicht beliebig klein machen, denn für die Auswertung ist eine bestimmte Mindestfläche notwendig und auch die bloße Erkennbarkeit erfordert eine - kleinere - Mindestfläche. Denn es muß eine Mindestanzahl von photographischen Körnern geschwärzt sein, um überhaupt eine bestrahlte Stelle vom Untergrund (Schleier) unterscheiden zu können. Aus der Mindestbestrahlungsstärke und der Mindestfläche ergibt sich dann ein Mindestwert der erforderlichen Strahlungsleistung. Doch wird man einen Spektrographen im allgemeinen nach den Größen bewerten, die für die Bestrahlungsstärke im Spektrum maßgebend sind (→ 5.7.3).
Ähnliches gilt für Spektrometer mit einem ortsauflösenden elektrischen Empfänger in der Spektrumsfläche.

Soll dagegen eine biologische Probe annähernd monochromatisch bestrahlt werden, so ist auch bei ihr für die Wirkung auf der bestrahlten Fläche die Bestrahlungsstärke maßgebend. Da man aber auf der bestrahlten Fläche kein Spektrum benötigt, kann man die aus einem Monochromator kommende Strahlung durch optische Mittel hinter dem Monochromator auf eine kleine Fläche konzentrieren oder über eine größere Fläche verteilen. Es ist nicht erforderlich, die gewünschte Bestrahlungsstärke schon in dem am Austrittsspalt des Monochromators entstehenden Spektrum selbst zu erzeugen. Die Trennung der Aufgabe der spektralen Zerlegung von der Aufgabe, die Bestrahlungsstärke bzw. die bestrahlte Fläche den Anforderungen anzupassen, ist im allgemeinen sowohl hinsichtlich der Erfüllung der Anforderungen als auch hinsichtlich der Kosten vorteilhaft, obwohl die Zahl der optischen Komponenten dadurch im Vergleich zu einer "einstufigen" Anordnung zunimmt.

Wie gesagt, geht die Erhöhung der Bestrahlungstärke bei diesem Verfahren auf Kosten der Größe der bestrahlten Fläche. Wenn diese nicht weiter verkleinert werden darf, muß für mehr Strahlungsleistung gesorgt werden, aber eben primär mehr Strahlungsleistung und nicht höhere Bestrahlungsstärke.

Ähnlich wie in dem geschilderten Fall liegen die Verhältnisse bei Verwendung eines Photowiderstandes als Empfänger bei Strahlungsmessungen.

Schließlich sei als Beispiel für einen Fall, wo es nur auf Strahlungsleistung ankommt, die Strahlungsmessung mit einem Photokathodenempfänger, z.B. einem Photoelektronenvervielfacher, erwähnt. Dies gilt jedenfalls in dem Arbeitsbereich, wo einerseits vom Dunkelstrom abgesehen werden kann und andererseits eine Überlastung einzelner Flächenelemente der Kathode nicht zu befürchten ist.

5.7.1 Allgemeine Gesetze für Bestrahlungsstärke und Strahlungsleistung

Zur Kennzeichnung der Strahlungsquelle wird im folgenden stets ihre Strahldichte bzw. ihre spektrale Strahldichte benutzt. Das hat mehrere Gründe. Zunächst ist die Strahldichte im Vergleich zur Strahlstärke und zur Strahlungsleistung diejenige Größe, die mit ihrer eventuellen Abhängigkeit vom Ort auf dem Strahler und von der Ausstrahlungsrichtung die vollständigste Beschreibung der Eigenschaften des Strahlers ermöglicht, während die beiden anderen mehr pauschale Angaben liefern. Weiter ist aber die Strahldichte auch diejenige Größe, die für eine bestimmte Art von Strahlern (z.B. Glühlampen oder Xenonlampen) weit weniger mit Typ und Größenklasse variiert als die anderen. So ist bei Temperaturstrahlern (wie z.B. Glühlampen oder optisch dicken Gasentladungslampen) die Strahldichte nur von der Temperatur (und damit für Glühlampen von der Lebensdauer) abhängig, aber nicht von der Lampengröße und der mit ihr gekoppelten aufgenommenen elektrischen Leistung und abgegebenen Strahlungsleistung. Die größeren Lampentypen haben nur eine größere strahlende Fläche. Bei kleineren Xenon-Höchstdruck-Bogenlampen ist der Bogen für seine eigene Strahlung durchlässig. Deswegen steigt bei den verschiedenen Typen die Strahldichte mit der Lampenleistung an, aber doch sehr viel langsamer, als die aufgenommene elektrische Leistung und die abgegebene gesamte Strahlungsleistung. So steigt für die Lampentypen von 75 W bis 7 kW die elektrische Leistung fast um den Faktor 100, die mittlere Leuchtdichte, die der Strahldichte proportional ist, aber nur um den Faktor 2,5.

Hat ein Strahler die Strahldichte L und bildet er selbst die Eintrittsluke eines optischen Systems oder füllt die durch Rückwärtsabbildung einer inneren Blende gebildete Luke voll aus, und wird entweder die Luke (und damit der Strahler oder ein Teil davon) oder die Pupille auf die bestrahlte Fläche abgebildet, so ist die **Bestrahlungsstärke** auf dieser Fläche, wenn der Querschnitt des bestrahlenden Bündels kreisförmig ist

$$E = \frac{\pi}{4 \cdot k^2} \cdot \tau \cdot L \cdot \cos \Theta \tag{5.7-1}$$

Dabei ist τ der Transmissionsgrad des ganzen optischen Systems, Θ der Winkel der optischen Achse gegen die Flächennormale der bestrahlten Fläche und k die **Öffnungszahl** des die Fläche bestrahlenden Bündels. Ist die Strahldichte über die Fläche des Strahlers hinweg nicht konstant, so gilt bei Abbildung des Strahlers auf die bestrahlte Fläche diese Gleichung für jeden Punkt im Bild mit der Strahldichte des abgebildeten Punktes. Bei Abbildung der Pupille ist L ein Mittelwert der Strahldichte des Strahlers.
Ist der Querschnitt rechteckig, so ist entweder für k eine effektive Öffnungszahl analog zu Gleichung (5.4-5) unter Verwendung von Gleichung (5.4-1) einzusetzen, oder die folgende

$$E = \frac{\tau \cdot L \cdot \cos \Theta}{k_B \cdot k_H} \tag{5.7-2}$$

wobei k_B die Öffnungszahl des die Fläche bestrahlenden Bündels in Breitenrichtung und k_H die in Höhenrichtung ist. Die Öffnungszahl hängt mit dem Öffnungswinkel u zusammen

$$k = \frac{1}{2 \cdot \sin u} \tag{5.7-3}$$

Für Werte k über 1,7 bzw. $\sin u < 0,3$ bzw. $u < 17,5\,^\circ$ (d.h. in der überwiegenden Zahl der praktisch vorkommenden Fälle) kann man mit weniger als 10 % Fehler im Ergebnis die bekannteren Formeln verwenden

$$k = \frac{a}{D} \quad , \qquad k_B = \frac{a}{B} \quad , \qquad k_H = \frac{a}{H} \tag{5.7-4}$$

wo a der Abstand der bestrahlten Fläche vom abbildenden System, D der Durchmesser, B die Breite und H die Höhe des bestrahlenden Bündels beim Austritt aus dem System sind.
Die angegebenen Öffnungszahlen sind größer als die zur Kennzeichnung des abbildenden Systems allein benutzten, denn für das System allein werden die Öffnungszahlen immer für die Abbildung aus unendlich großer Entfernung angegeben, wobei die Bildentfernung gleich der Brennweite ist. Häufig erfolgen (z.B. bei Photoobjektiven) solche Angaben auch in der Form des **Öffnungsverhältnisses** 1:k oder im Englischen f:k (k wird dann f-number genannt). Der oben angegebene Abstand a für die Abbildung aus endlicher Entfernung ist immer größer als die Brennweite des abbildenden Systems.

Wird weder die Luke noch die Pupille auf die bestrahlte Fläche abgebildet, so tritt auf dieser Fläche Vignettierung (Abschattung) ein und die Bestrahlungsstärke ist auch bei über die Strahlerfläche konstanter Strahldichte auf der bestrahlten Fläche nicht gleichmäßig, sondern nimmt von der Mitte zum Rand hin ab.

Da der Öffnungswinkel u maximal 90 ° betragen kann (sin u = 1), ist theoretisch der kleinstmögliche Wert k = 0,5. Praktisch liegen die mit hohem Aufwand (man denke an entsprechende Photoobjektive) erreichbaren Werte in der Gegend von Eins. Daraus ergibt sich bei gegebenem Strahler ganz unabhängig von der gewählten Anordnung und von anderen Eigenschaften des Spektralapparates eine Obergrenze der erreichbaren Bestrahlungsstärke, die zu überschreiten nur durch Verwendung eines anderen Strahlers möglich ist. Nimmt man als praktischen Minimalwert der Öffnungszahl k den Wert $\sqrt{\pi/4}$ = 0,886 und senkrechte Bestrahlung (Θ = 90 °), so erhält man die einfache Faustformel für die mit einem Strahler **praktisch erreichbare maximale Bestrahlungsstärke E_{max}**

$$E_{max} \approx \tau \cdot L \tag{5.7-5}$$

Die obigen Beziehungen gelten zunächst für die (quasi-)monochromatische Strahldichte und Bestrahlungsstärke. Sie gelten ebenso für die Bestrahlung mit einem schmalen Spektralbereich der Bandbreite $\Delta\lambda$ aus einem kontinuierlichen Spektrum, wenn anstelle der Strahldichte das Produkt aus der spektralen Strahldichte und der Bandbreite gesetzt wird

$$L = L_\lambda \cdot \Delta\lambda \tag{5.7-6}$$

Für den Transmissionsgrad τ ist dabei der für die Wellenlänge der monochromatischen Strahlung oder der für die kennzeichnende Wellenlänge (5.5.5 ←) des ausgesonderten Spektralbereiches gültige Wert zu verwenden.

Schließlich gelten die Gleichungen (5.7-1), (5.7-2) und (5.7-5) auch für die - ggf. nach einer vorgegebenen Funktion bewertete - Gesamtstrahlung aus einem ganzen Spektralbereich, wenn außer der Strahldichte und der Bestrahlungsstärke auch der Transmissionsgrad für die - ggf. bewertete - Strahlung aus diesem Bereich verwendet wird.

Die **Strahlungsleistung Φ**, die von einem Strahler der Strahldichte L (die entweder als unabhängig vom Ort auf dem Strahler und von der Ausstrahlungsrichtung angenommen wird, oder von der L einen entsprechenden Mittelwert darstellt) durch eine optische Anordnung hindurchgeht, wird außer durch den Transmissionsgrad τ durch den optischen Leitwert G (2.2 ←) der Anordnung bestimmt

$$\Phi = L \cdot \tau \cdot G \tag{5.7-7}$$

G und τ können zum effektiven optischen Leitwert zusammengefaßt werden

$$G_{eff} = \tau \cdot G \tag{5.7-8}$$

Das gilt hier wie in den entsprechenden nachfolgenden Fällen.

Der Verfasser bevorzugt allerdings die getrennte Schreibweise von τ und G, weil die beiden Größen ganz verschiedener Art sind und aus ganz verschiedenen Messungen gewonnen werden, so daß auf diese beiden Einzelgrößen nicht verzichtet werden kann. Durch die getrennte Schreibweise ist dann der weitere Begriff des effektiven optischen Leitwertes entbehrlich.

Der optische Leitwert G hat also die fundamentale Eigenschaft, die für die meisten Anwendungen benötigte physikalische Größe Strahlungsleistung mit dem auch durch Variation der Größe des Strahlers nur wenig beeinflußbaren Strahlermerkmal Strahldichte auf einfache Weise zu verknüpfen.

Hinsichtlich der Anwendung auf quasi-monochromatische Strahlung, auf Kontinuumstrahlung aus einem schmalen Spektralbereich und auf breitbandige Strahlung gilt das oben bei Gleichung (5.7-6) Gesagte.

Werden mehrere **optische Systeme hintereinandergeschaltet**, so sind ihre Transmissionsgrade miteinander zu multiplizieren, um den Transmissionsgrad des Gesamtsystems zu erhalten. (Dies gilt nur für monochromatische und schmalbandige Strahlung, bei breitbandiger Strahlung nur für den spektralen Transmissionsgrad. Die Integration und ggf. spektrale Bewertung ist nach der Berechnung des spektralen Transmissionsgrades des Gesamtsystems vorzunehmen, nicht an den einzelnen Komponenten.) Der optische Leitwert des Gesamtsystems kann bei optimaler Anordnung nicht größer werden als der kleinste aller optischen Leitwerte der Teilsysteme.

Auch für die Strahlungsleistung gibt es nur vom Strahler und nicht von der übrigen Anordnung abhängige prinzipielle Grenzen. Zunächst kann natürlich, ganz gleichgültig ob monochromatisch, schmalbandig oder breitbandig betrachtet, die Strahlungsleistung hinter der Anordnung nicht größer sein als die mit dem Transmissionsgrad multiplizierte Strahlungsleistung Φ_1 des Strahlers selbst. Da die Strahlung sich normalerweise in alle Raumrichtungen (über den vollen Raumwinkel von 4π sr) verteilt, kann nur ein kleiner Teil von ihr aufgenommen werden. Rechnet man mit einem praktisch erreichbaren kleinsten Wert der Öffnungszahl von Eins, so erhält man als **praktisch erreichbare maximale Strahlungsleistung** für einen nach zwei Seiten abstrahlenden flächenhaften Strahler die Faustformel

$$\Phi_{max} \approx \frac{1}{8} \cdot \tau \cdot \Phi_1 \qquad (5.7\text{-}9)$$

und für einen kugelförmigen, nach allen Seiten strahlenden Strahler

$$\Phi_{max} \approx \frac{1}{16} \cdot \tau \cdot \Phi_1 \qquad (5.7\text{-}10)$$

Durch Verwendung eines Rückspiegels lassen sich diese Werte noch erhöhen, aber meistens nicht verdoppeln.

Sollte sich je bei einer Berechnung ein größerer, dem Satz von der Erhaltung der Energie scheinbar widersprechender Wert ergeben, so ist sehr wahrscheinlich der optische Leitwert der Anordnung größer, als der Strahler ausfüllen (ausleuchten) kann. In der Regel ist die Fläche der Eintrittsluke größer als die des Strahlers. Allgemeiner kann man diesen Sachverhalt auch so ausdrücken, daß der Strahler selbst in einer betrachteten Richtung auch einen optischen Leitwert besitzt, der sich aus seiner Fläche (senkrecht zur betrachteten Richtung) und der Ausstrahlung in den Halbraum (oder praktisch maximal 1/4 davon) ergibt. Dieser optische Leitwert ist dann kleiner als der der übrigen Anordnung und damit der für die Strahlungsleistung maßgebliche.

5.7.2 Bestrahlungsstärke und Strahlungsleistung hinter optischen Filtern

Die Geometrie des Strahlenganges hinter einem Filter wird nicht durch das Filter,
sondern durch die Anordnung der übrigen optischen Elemente bestimmt. Bestrahlungsstärke und Strahlungsleistung ergeben sich aus den Gleichungen des vorangehenden Abschnittes. Für den Transmissionsgrad τ ist jetzt das Produkt aus dem Transmissionsgrad des Filters und dem Transmissionsgrad der übrigen Optik einzusetzen.
Obwohl die Öffnungszahl und der optische Leitwert bei Filtern nicht durch das Filter
selbst, sondern durch die äußere Anordnung bestimmt werden, werden beide auch
durch das Filter begrenzt. Das ist beim zulässigen Querschnitt des Strahlenbündels, der
natürlich nicht größer sein kann, als die Durchtrittsfläche des Filters, so offensichtlich,
daß man es meistens nicht für erwähnenswert hält. Aber eine Beschränkung besteht
auch für den Neigungswinkel der durchgehenden Strahlen (5.4.7 ←).
Steht das Filter dabei zwischen Abbildungssystem und bestrahlter Fläche, bezüglich
der bestrahlten Fläche also im konvergenten Strahlengang, so ergibt sich der maximale Neigungswinkel ε_m eines Strahles im Filter aus der Summe des Öffnungswinkels u und des maximalen Feldwinkels w_m

$$\varepsilon_m = u + w_m \tag{5.7-11}$$

Der Öffnungswinkel u hängt dabei mit der Öffnungszahl k des bestrahlenden Bündels
(für die Bildweite a und nicht die üblicherweise angegebenen Öffnungszahl des Abbildungssystems für "Einfall aus dem Unendlichen") nach Gleichung (5.7-3) zusammen.
Entsprechendes gilt, wenn das Filter zwischen Strahler und Abbildungssystem, also im
divergenten Strahlengang steht, wobei dann natürlich Öffnungs- und Feldwinkel auf
der Strahlerseite zu verwenden sind.
Übersichtlicher und günstiger werden die Verhältnisse, wenn das Filter bezüglich der
bestrahlten Fläche im telezentrischen Strahlengang steht. Das wird erreicht, wenn
man es zwischen zwei Kollimatoren mit gleicher Achse stellt, deren Abbildungssysteme
dem Filter zugewandt sind. Der maximale Neigungswinkel eines wirksamen Strahles im
Filter ist dann gleich dem kleineren der maximalen Feldwinkel der beiden Kollimatoren.
Sofern nicht Strahler und bestrahlte Fläche unmittelbar in den Luken der Kollimatoren
stehen, wird der Strahler meistens in die Eintrittsluke des Eingangskollimators abgebildet, während auf die bestrahlte Fläche wahlweise ein - den Anforderungen entsprechend vergrößertes oder verkleinertes - Bild des Filters oder der Austrittsluke des
Ausgangskollimators gelegt wird.
Durch die Größe der Luken ist der maximale Feldwinkel des Kollimators (5.4.1 ←)
und damit der maximale Neigungswinkel im Filter leicht beeinflußbar. Beträgt er bei
runder Luke w_o bzw. bei rechteckiger Luke w_s und w_h und hat das Filter die nutzbare Fläche A, so liegt damit auch der optische Leitwert G der Anordnung fest

$$G = \pi \cdot A \cdot \sin^2 w_o \tag{5.7-12}$$

bzw.

$$G = 4 \cdot A \cdot \sin w_s \cdot \sin w_h \tag{5.7-13}$$

Wird für den maximalen Feldwinkel der höchstzulässige Neigungswinkel im Filter
eingesetzt, so ergibt Gleichung (5.7-12) den **nutzbaren optischen Leitwert des Filters**,
der nicht überschritten werden kann, ohne den höchstzulässigen Neigungswinkel zu
überschreiten. Wegen der Grundgleichung (5.7-7) kann also die von einem Strahler
gewinnbare Strahlungsleistung auch durch die Eigenschaften eines Filters begrenzt
sein, weil man eben eine Anordnung mit höherem optischen Leitwert, auch wenn sie
an sich möglich wäre, wegen des Filters nicht anwenden darf.
Dagegen ist bei Anwendung einer Zwischenabbildung der an der bestrahlten Fläche
erzielbare Öffnungswinkel und damit die Bestrahlungsstärke nicht durch das Filter
begrenzt, wenn man sich nötigenfalls mit einer geringen Größe der bestrahlten Fläche abfindet. Die zuvor erwähnte Begrenzung nach Gleichung (5.7-3) durch den
Strahler selbst bleibt natürlich davon unberührt.

5.7.3 Bestrahlungsstärke bei dispersiven Spektralapparaten und hinter Interferometern

Für dispersive Spektralapparate und Interferometer gelten die Gleichungen (5.7-1) bis
(5.7-6) aus Abschnitt 5.7.1. Der Öffnungswinkel bzw. die Öffnungszahl sind in diesen
Fällen durch den Ausgangskollimator der beiden Gerätetypen gegeben. Damit ist für
(quasi-)monochromatische Einstrahlung alles gesagt.
Für die Einstrahlung mit einem Kontinuum ist beim dispersiven Spektralapparat als
Bandbreite $\Delta\lambda$ die spektrale Breite des Eintrittsspaltes (5.5.2 ←) einzusetzen, beim
Vielstrahlinterferometer die Halbwertbreite des Durchlaßprofils (→ 5.7.6)

$$\Delta\lambda_H = \frac{\lambda^2}{2\cdot a\cdot n\cdot F} \tag{5.7-14}$$

bzw.

$$\Delta\nu_H = \frac{c}{2\cdot a\cdot n\cdot F} \tag{5.7-15}$$

Da das Spektrum eine Nebeneinanderlagerung von Strahlung verschiedener Wellenlängen ist,
kommt eine breitbandige Verteilung im Spektrum eines dispersiven Spektralapparates nicht
vor. Die Bestrahlungsstärke hinter einem Zweistrahlinterferometer ist für den Gerätebenutzer
kaum von Interesse. Zu ihrer Berechnung ist in Gleichung (5.7-1) neben dem Transmissionsgrad als zusätzlicher Faktor das Durchlaßprofil des Interferometers einzuführen und so zunächst die spektrale Bestrahlungsstärke zu berechnen. Die integrale Bestrahlungsstärke ergibt
sich dann durch Integration dieser Größe über den ganzen Wellenlängenbereich.

5.7.4 Optischer Leitwert von Monochromatoren und Interferometern

Zur Berechnung der Strahlungsleistung hinter Monochromatoren und Interferometern
benötigt man deren optischen Leitwert. Man kann dann einfach Gleichung (5.7-7) anwenden. Dabei ist selbstverständlich vorausgesetzt, daß der optische Leitwert des
Strahlers größer ist als der des Spektralapparates, so daß er ihn ausleuchten kann und
daß die Abbildung des Strahlers in den Spektralapparat so erfolgt, daß dieser auch
tatsächlich ausgeleuchtet wird.

Ausleuchtung bedeutet z.B., daß der Strahler so auf den Eintrittsspalt abgebildet wird, daß sein Bild, das auf dem Spalt liegt, größer ist als die strahlungsdurchlässige Fläche des Spaltes und durch *jeden* Punkt der Spaltfläche Strahlung auf die *gesamte* wirksame Pupille gelangt. Wird beispielsweise der Strahler aus einer Stellung, die alle Bedingungen erfüllt, seitlich soweit verschoben, daß sein Bild völlig neben dem Spalt liegt, so hat sich weder der optische Leitwert des Strahlers noch der der Zwischenabbildung noch der des Spektralapparates geändert. Es ist aber offensichtlich, daß trotzdem keine Strahlung mehr durch den Spektralapparat geht. Aber auch, wenn beispielsweise der Strahler samt seinem Abbildungssystem aus der richtigen Stellung genau in Achsrichtung verschoben wird, so wird zwar weiterhin die Spaltfläche voll beleuchtet sein, aber die Pupille wird entweder nicht mehr voll beleuchtet, oder einzelne Teile der Pupille erhalten Strahlung nur noch durch bestimmte Teile des Spaltes. Der optische Leitwert des Spektralapparates wird also nicht ganz ausgenutzt. Auch in diesem Falle ist die Strahlungsleistung geringer, als in der richtigen Stellung.

So trivial diese Beispiele scheinen mögen, muß auf diese Tatsachen doch ausdrücklich hingewiesen werden. Die Rechnung mit dem optischen Leitwert sagt nur, welche Strahlungsleistung erreicht werden kann, und der Vorteil dieser Rechenweise ist, daß das ohne Kenntnis des Aufbaus der Zwischenabbildung möglich ist. Um die berechnete Strahlungsleistung tatsächlich zu erhalten, muß aber gerade für die richtige Art der Ankoppelung bzw. Zwischenabbildung des Strahlers und die richtige Justierung gesorgt werden. Im folgenden wird immer vorausgesetzt, daß diese Bedingung erfüllt sei.

Weiter werden die folgenden Formeln immer ungenauer, wenn die Spaltbreite kleiner wird als das dreifache bis doppelte der förderlichen Spaltbreite. Sie verlieren unterhalb der förderlichen Spaltbreite ihre Gültigkeit ganz, weil in ihnen nicht berücksichtigte Verluste überhand nehmen. Die hier zu beachtende förderliche Spaltbreite ist die minimale praktisch förderliche Spaltbreite (Verluste durch Abbildungs- und Justierfehler und Beugung). Diese ist immer größer als die theoretisch förderliche Spaltbreite (Verluste nur durch Beugung).

Bei sehr großen Spaltbreiten bleiben die Formeln für die Leitwerte gültig, für die Strahldichte und den Transmissionsgrad ist ein über die Bandbreite gemittelter Wert zu verwenden.

Der **geometrische Leitwert eines dispersiven Spektralapparates** mit rechteckiger Pupille ist, solange $B_w/f < 0{,}6$ und $H_w/f < 0{,}6$ bleiben (vgl. dazu die auf die Gleichung (5.7-3) folgenden Angaben), in praktisch ausreichender Näherung

$$G_o = \frac{s \cdot h \cdot B_w \cdot H_w}{f^2} \tag{5.7-16}$$

Die Bezeichnungen sind dieselben, wie in Abschnitt 5.4.1. Bei einem Apparat in Standardkonfiguration kann der obige Ausdruck mit den Daten des Eingangskollimators (das geht auch bei einem Spektrographen) oder mit den Daten des Ausgangskollimators gebildet werden. Bei einem Apparat in Minimalkonfiguration ist statt f der Abstand à zwischen (reeller oder virtueller) Pupille und dem Spalt einzusetzen. Ergeben sich für Eingangs- und Ausgangsseite unterschiedliche Werte des geometrischen Leitwertes, so ist der kleinere von beiden wirksam.

Für einen Apparat mit kreisförmiger Pupille mit wirksamem Durchmesser D_w ist

$$G_o = \frac{s \cdot h \cdot \pi \cdot D_w^2}{4 \cdot f^2} \qquad (5.7\text{-}17)$$

Auch wenn Spaltbreite (und Spalthöhe) unverändert gelassen werden, kann der geometrische Leitwert von der Wellenlänge abhängen, weil die wirksame Breite B_w der Pupille und die Brennweite f wellenlängenabhängig sind. Um dies zum Ausdruck zu bringen, kann man schreiben

$$G_o = G_o(\lambda, s) \qquad (5.7\text{-}18)$$

Der eigentlich benötigte **optische Leitwert eines dispersiven Spektralapparates** ergibt sich aus dem geometrischen durch Multiplikation mit dem Quadrat der Brechzahl des im Inneren befindlichen Materials. Ist dies (wie meistens) Luft, so sind die beiden Leitwerte praktisch gleich. Ist das Innere des Spektralapparates bzw. der Kollimatoren aber beispielsweise mit Glas ausgefüllt, so wird der Faktor n^2 wesentlich. Für eine rechteckige Pupille gilt also

$$G = n^2 \cdot G_o = \frac{n^2 \cdot s \cdot h \cdot B_w \cdot H_w}{f^2} \qquad (5.7\text{-}19)$$

Für eine kreisförmige Pupille mit dem Durchmesser D_w

$$G = \frac{n^2 \cdot s \cdot h \cdot \pi \cdot D_w^2}{4 \cdot f^2} \qquad (5.7\text{-}20)$$

Unter Verwendung der theoretisch förderlichen Spaltbreite und der (hauptsächlich zu diesem Zweck eingeführten) förderlichen Spalthöhe (5.6.3 ←) kann man die Gleichungen (5.7-19) und (5.7-20) in einer besonders symmetrischen Form schreiben, bei der nur zu beachten ist, daß sie eine übertrieben starke Wellenlängenabhängigkeit vortäuscht, die nicht vorhanden ist, weil s_o und h_o selbst im wesentlichen der Wellenlänge proportional sind. Für die Rechteckpupille gilt

$$G = \lambda^2 \cdot \frac{s}{s_o} \cdot \frac{h}{h_o} = \frac{c^2}{v^2} \cdot \frac{s}{s_o} \cdot \frac{h}{h_o} \qquad (5.7\text{-}21)$$

Für die runde Pupille tritt zu dieser Gleichung lediglich noch der Faktor $1{,}169 = 1{,}22^2 \cdot \pi/4$ hinzu.

In DIN 5030 Teil 3 ist diese Gleichung nicht für den optischen Leitwert, sondern für den geometrischen Leitwert G_o angegeben. In den meisten Fällen befindet sich im Inneren des Spektralapparates Luft und der Unterschied ist belanglos. Befindet sich aber etwa Glas im Inneren, wie es bei den sog. Wellenlängen-Multiplexern und -Demultiplexern der optischen

Nachrichtentechnik vorkommt, so wird nach den Gleichungen (5.6-8) und (5.6-9) durch die Erhöhung der Brechzahl auch die theoretisch förderliche Spaltbreite vermindert, so daß Gleichung (5.7-21), wie vorstehend angegeben, den optischen Leitwert liefert.

Für einen Spektralapparat, dessen Spalt auf die theoretisch förderliche Spaltbreite eingestellt ist, ist der Quotient $s/s_o = 1$ und man hat damit eine interessante Beziehung für seinen optischen Leitwert, in die die Baudaten nur noch über die förderliche Spalthöhe eingehen.

Mit vorstehenden Beziehungen ist die Berechnung der von einem (quasi-)monochromatischen Strahler durch einen Spektralapparat gehenden Strahlungsleistung möglich. Bei Einstrahlung eines Kontinuums ist wieder Gleichung (5.7-6) zu verwenden, wobei für die Bandbreite $\Delta\lambda$ die spektrale Spaltbreite $\Delta\lambda_S$ einzusetzen ist.

Der **effektive optische Leitwert eines Spektralapparates** ist das Produkt aus seinem optischen Leitwert G und seinem Transmissionsgrad τ

$$G_{eff} = G \cdot \tau \qquad (5.7\text{-}22)$$

Der **optische Leitwert eines Interferometers** ergibt sich aus seinem geometrischen Leitwert nach Gleichung (5.7-12) zu

$$G = \pi \cdot n^2 \cdot A \cdot \sin^2 w_o \qquad (5.7\text{-}23)$$

wo die Brechzahl n des Materials im Kollimator (nicht etwa im Interferometer) bei den bislang üblichen Bauweisen (Luft) nicht nennenswert von Eins verschieden ist.

Führt man auch hier als Durchmesser der runden Eintrittsluke den theoretisch förderlichen Durchmesser oder als Feldwinkel den theoretisch förderlichen Feldwinkel ein (5.6.3 ←), so folgt für den optischen Leitwert

$$G = \frac{2 \cdot \pi \cdot A}{R_o} \cdot n_i^2 \qquad (5.7\text{-}24)$$

wobei A die ausgenutzte Fläche der Interferometerplatten und R_o das theoretische Auflösungsvermögen des Interferometers ist.

Einen Überblick über die effektiven optischen Leitwerte, die mit den verschiedenen Spektralapparaten typischerweise erreichbar sind, gibt die **Tabelle 5.8-7** in Abschnitt 5.8.6.

Für die Erhöhung der optischen Leitwerte gibt es keine prinzipiellen physikalischen, sondern nur technische und wirtschaftliche Grenzen. Entscheidend ist vielfach die Begrenzung durch die Größe des Strahlers, denn die Erhöhung des optischen Leitwertes des Spektralapparates bringt keinen Gewinn mehr, wenn der Strahler ihn nicht ausleuchten kann.

Daß es keine prinzipiellen Grenzen für die Vergrößerung des optischen Leitwertes gibt, ist bei Filtern offensichtlich, denn nach Gleichung (5.7-12) ist bei sonst unveränderten Eigenschaften der optische Leitwert der Fläche A des Filters proportional.

Wie man an Gleichung (5.7-19) sieht, wächst bei ähnlicher Vergrößerung eines dispersiven Spektralapparates unter Beibehaltung des Prismenmaterials und der Prismenform bzw. unter Beibehaltung der Furchendichte und des Glanzwinkels des Gitters der optische Leitwert proportional zum Quadrat einer Lineardimension. Man kann dies auch so auffassen, daß der optische Leitwert proportional zur Fläche des Bündelquerschnittes $A = B_w \cdot H_w$ wächst, während die Feldwinkel konstant bleiben, da sich bei ähnlicher Vergrößerung die Verhältnisse s/f und h/f nicht ändern. Durch die Konstanz von s/f bleibt dabei auch die spektrale Spaltbreite unverändert.

Gleichung (5.7-23) zeigt schließlich, daß auch bei ähnlicher Vergrößerung eines Interferometers der optische Leitwert proportional zur Fläche A des Bündelquerschnittes anwächst.

5.7.5 Spektraler optischer Leitwert von Monochromatoren und Interferometern

Der optische Leitwert von Monochromatoren ist nach den Gleichungen (5.7-19) bis (5.7-21) der Spaltbreite proportional. Da die Spaltbreite bei den meisten kommerziell erhältlichen Monochromatoren (kontinuierlich oder in Stufen) veränderlich ist, liegt es nahe, nach einer Größe zu suchen, die dem optischen Leitwert ähnlich, aber von der eingestellten Spaltbreite unabhängig ist. Das wäre beispielsweise der Quotient aus optischem Leitwert und Spaltbreite.

Die folgende Überlegung führt aber zu einer etwas anderen Größe. Mit wachsender Spaltbreite wächst nicht nur der optische Leitwert an, was im allgemeinen erwünscht ist, sondern auch die Halbwertbreite und der auflösbare Wellenlängenabstand, die man im allgemeinen klein halten möchte. Es liegt daher nahe, als eine Maßzahl für die Fähigkeit des Monochromators, bei kleiner Halbwertbreite noch hohe Strahlungsleistung zu liefern, den Quotienten aus optischem Leitwert und Halbwertbreite zu nehmen.

Als Maß für die Halbwertbreite wird dabei die spektrale Spaltbreite benutzt, d.h. die folgenden Beziehungen gelten alle nur oberhalb des zwei- bis dreifachen der förderlichen Spaltbreite. Bei sehr großen Spaltbreiten ist auch hier wieder ein Mittelwert der Strahldichte und des spektralen Transmissionsgrades über die Bandbreite zu verwenden.

Der so definierte Quotient ist der spektrale optische Leitwert

$$G_\lambda = \frac{G(\lambda, s)}{\Delta\lambda_s} \tag{5.7-25}$$

Sind die spektralen Breiten von Eintritts-, Austritts- und ggf. Mittelspalt einander gleich, so ist

$$G_\lambda = n^2 \cdot \frac{h \cdot H_w \cdot B_w}{f} \cdot \frac{d\beta}{d\lambda} \tag{5.7-26}$$

$$= n \cdot \frac{h \cdot H_w}{f} \cdot R_o \tag{5.7-27}$$

$$= \frac{h}{h_o} \cdot R_o \cdot \lambda \tag{5.7-28}$$

bzw.

$$G_\nu = n \cdot \frac{h \cdot H_w}{f} \cdot R_o \cdot \frac{c}{\nu^2} \tag{5.7-29}$$

$$= \frac{h}{h_o} \cdot R_o \cdot \frac{c^2}{\nu^3} \tag{5.7-30}$$

In DIN 5030 Teil 3 sollte der dritte Term der rechten Seite von Gleichung (79) richtig lauten $n \cdot (h/h_o) \cdot R_o \cdot \lambda_n$ (statt λ), damit stimmt sie wegen $\lambda_n = \lambda/n$ mit der obigen Gleichung (5.6-28) überein.

Der dritte Term von Gleichung (80) in DIN 5030 Teil 3 ist fehlerhaft, obige Gleichung (5.7-30) dagegen richtig.

Sind die Spaltbreiten zwar veränderlich, aber so gekoppelt, daß die Gleichheit ihrer spektralen Breiten oder wenigstens ein konstantes Verhältnis derselben gewahrt bleibt, so ist der spektrale optische Leitwert von der Spaltbreite unabhängig.

Unter Verwendung des spektralen optischen Leitwertes eines Monochromators hat man zur Berechnung der Strahlungsleistung von einem Linienstrahler die Gleichung

$$\Phi = L \cdot \tau \cdot G_\lambda \cdot \Delta\lambda_s \tag{5.7-31}$$

Die Strahlungsleistung ist der spektralen Spaltbreite und damit auch der (mechanischen) Spaltbreite proportional. Die spektrale Spaltbreite $\Delta\lambda_s$ hat dabei nichts mit der Halbwertbreite der durchgelassenen Strahlung (der Spektrallinie) zu tun, sondern sagt nur etwas über die am Monochromator durch Variation der Spaltbreite eingestellte Bandbreite und damit auch über den Abstand aus, den eine Nachbarlinie mindestens haben muß, damit ihre Strahlung nicht in die Fußbreite des Durchlaßprofils ($\rightarrow$ 5.7.6) des Monochromators fällt.

Von einem Kontinuumstrahler erhält man die Strahlungsleistung

$$\Phi = L_\lambda \cdot \tau \cdot G_\lambda \cdot (\Delta\lambda_s)^2 \tag{5.7-32}$$

Sie ist, wie bekannt, dem Quadrat der spektralen Spaltbreite und damit auch dem Quadrat der mechanischen Spaltbreite proportional. Das rührt daher, daß mit wachsender Spaltbreite sowohl die Durchtrittsfläche für die Strahlung (und damit der optische Leitwert) als auch die vom Spektrum des Strahlers ausgenutzte Bandbreite zunimmt.

Auch der spektrale optische Leitwert kann mit dem Transmissionsgrad zum **effektiven spektralen optischen Leitwert** zusammengefaßt werden

$$G_{\lambda\,eff} = \tau(\lambda) \cdot G_\lambda \tag{5.7-33}$$

Der effektive spektrale optische Leitwert (oder der spektrale optische Leitwert zusammen mit dem spektralen Transmissionsgrad) ist neben den Maßzahlen für andere Eigenschaften, wie z.B. das maximale praktische Auflösungsvermögen, ein sehr geeignetes Gütemaß für die energetischen Eigenschaften von Monochromatoren. Die **Abbildung 5.7-1** und die **Abbildung 5.7-2** zeigen als Beispiel Diagramme, in denen der spektrale optische Leitwert und der spektrale Transmissionsgrad einer Reihe von Monochromatoren dargestellt ist.

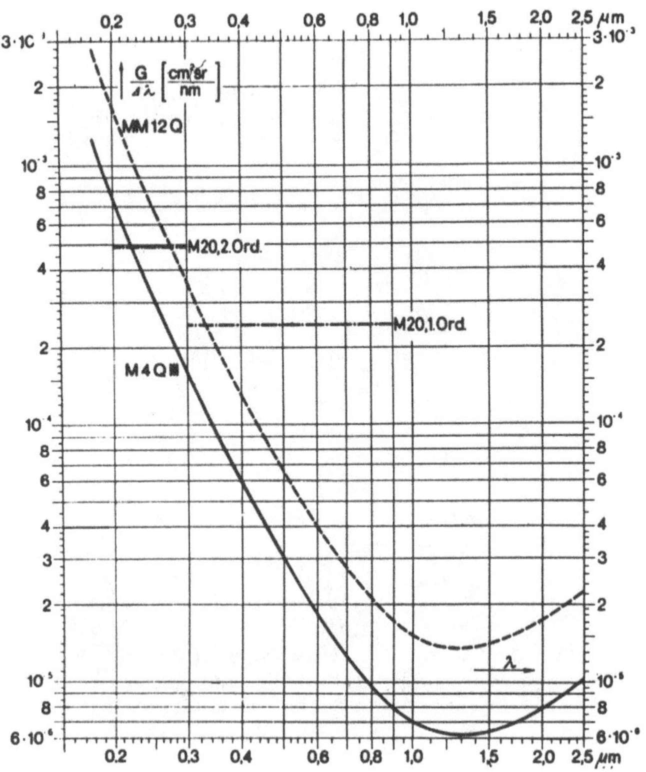

Abbildung 5.7-1: Spektraler optischer Leitwert von Prismen- und Gitter-Monochromatoren.
M 4 Q III Prismen-Einfachmonochromator, MM 12 Q Prismen-Doppelmonochromator,
M 20 Gitter-Einfachmonochromator. (Aus Höfert, 1966, Erzeugnisse der Fa. Carl Zeiss.)

Abgesehen vom Gebrauch teilweise anderer Bezeichnungen, wird anstelle des spektralen optischen Leitwertes auch das Produkt aus Auflösungsvermögen und optischem Leitwert zur Beurteilung von Monochromatoren verwendet, wobei das Auflösungsvermögen R ausdrücklich für die jeweilige Spaltbreite angesetzt wird. Unter Berücksichtigung von Gleichung (5.6-2) ist

$$G \cdot R = \frac{1}{1{,}19} \cdot \lambda \cdot G_\lambda \tag{5.7-34}$$

Das Produkt unterscheidet sich vom spektralen optischen Leitwert nur um den Faktor Wellenlänge λ, wenn wie meist üblich, der Faktor 1/1,19 für den Unterschied zwischen Halbwertbreite und auflösbarem Wellenlängenabstand weggelassen wird (siehe z.B. Paschke und Luckner, 1975). Vergleicht man verschiedene Geräte bei derselben Wellenlänge, so kommt man also mit beiden Kriterien zum gleichen Urteil. Der spektrale optische Leitwert hat dabei den Vorteil seiner Bedeutung als Leitwert, aufgrund der er in den Gleichungen (5.7-31) und

(5.7-32) unmittelbar für die Berechnung der Strahlungsleistung benutzt werden kann. Das Produkt $G \cdot R$ erweist sich als besonders vorteilhaft für mehr grundsätzliche Betrachtungen, wenn etwa Geräte für weit voneinander entfernte Spektralbereiche verglichen werden sollen.

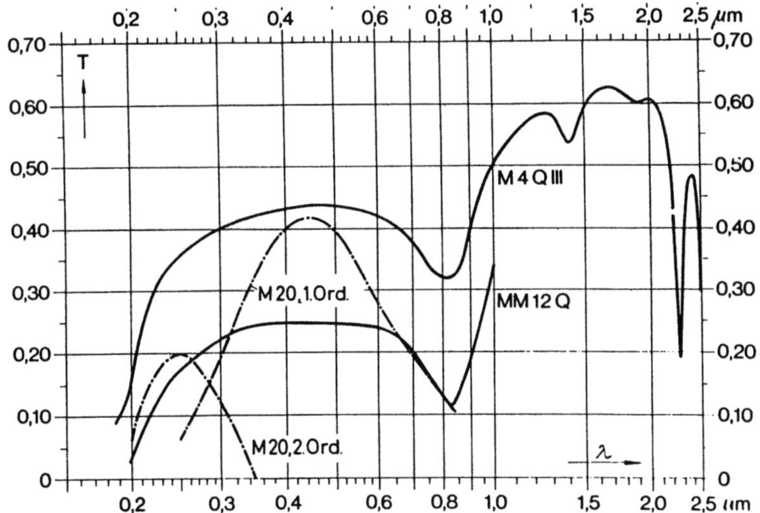

Abbildung 5.7-2: Spektraler Transmissionsgrad von Prismen- und Gitter- Monochromatoren. (Geräte und Quelle s. Abbildung 5.7-1.) Die Kurven gelten für die Geräte ohne eingeschwenkte Ordnungs- und Fehlstrahlungsschutzfilter. Das Minimum nahe 800 nm rührt von der dort verminderten Reflexion der Al-Spiegel her. Die Minima bei 1,39 μm und 2,22 μm werden durch OH-Absorption im Quarzglas der Prismen verursacht.

Auch für Interferometer läßt sich ein spektraler optischer Leitwert berechnen. Man erhält ihn wie bei den Monochromatoren, indem man den optischen Leitwert durch die Halbwertbreite dividiert (Gleichung (5.7-25)). Für das Fabry-Perot-Interferometer wird in Gleichung (5.7-42) die Halbwertbreite für eine verschwindend kleine Eintrittsluke angegeben. Sie wird mit wachsendem Durchmesser der Eintrittsluke größer, ist ihr aber nicht proportional. Deswegen muß man den Quotienten aus optischem Leitwert und Halbwertbreite für einen festgelegten Durchmesser der Eintrittsluke bilden. Dafür wird der förderliche Durchmesser (Gleichung (5.6-14)) verwendet.

Im Unterschied zu dispersiven Spektralapparaten - wo bei der theoretisch förderlichen Spaltbreite der Einfluß der Beugung schon wesentlich ist und die geometrisch-optisch begründeten Beziehungen für den spektralen optischen Leitwert erst ab dem doppelten bis dreifachen der förderlichen Spaltbreite anwendbar sind - liegt der förderliche Durchmesser der Eintrittsluke der Interferometer meist weit oberhalb der Beugungsgrenze, so daß von daher keine Bedenken gegen den Bezug auf den förderlichen Durchmesser (bzw. Radius) bestehen.

Weil aber beim förderlichen Durchmesser der Eintrittsluke die Halbwertbreite schon etwas größer ist, als die für verschwindend kleine Eintrittsluke berechnete, ist der

spektrale optische Leitwert des Fabry-Perot-Interferometers etwas kleiner als der so
berechnete Wert. Deswegen steht in der folgenden Beziehung nicht das Gleichheits-,
sondern das Ungefährzeichen.

$$G_\lambda \approx \frac{2 \cdot \pi \cdot n_i^2 \cdot A}{0{,}964 \cdot \lambda} \qquad (5.7\text{-}35)$$

Die Buchstaben haben die schon in Abschnitt 5.4.6 festgelegte Bedeutung.
Für das **Twyman-Interferometer zur Fourier-Spektroskopie** läßt sich keine Halbwertbreite
des ausgesonderten Spektralbandes angeben. Wenn man sich an dem nach der Fourier-
Transformation im Spektrum aufgelösten Wellenlängenabstand orientiert, und mit derselben Einschränkung wegen der Wirkung des nicht verschwindend kleinen Durchmessers
der Eintrittsluke wie oben arbeitet, erhält man (ohne Apodisation, 5.4.5 ←)

$$G_\lambda \approx \frac{2 \cdot \pi \cdot n_i^2 \cdot A}{\lambda} \qquad (5.7\text{-}36)$$

Einen Überblick über die effektiven spektralen optischen Leitwerte, die mit den
verschiedenen Spektralapparaten typisch erreichbar sind, gibt **Tabelle 5.8-7** in Abschnitt 5.8.6.
Für die Steigerung des spektralen optischen Leitwertes gibt es ebenso wie für die
Erhöhung des optischen Leitwertes keine prinzipiellen physikalischen, sondern nur
technische und wirtschaftliche Grenzen und die Begrenzung durch die Größe des
Strahlers. Wie man an Gleichung (5.7-26) sieht, wächst bei ähnlicher Vergrößerung
eines dispersiven Spektralapparates unter Beibehaltung des Prismenmaterials und des
Prismenwinkels bzw. unter Beibehaltung der Furchendichte und des Glanzwinkels des
Gitters der spektrale optische Leitwert proportional zum Quadrat einer Lineardimension
(oder proportional zur Fläche des Bündelquerschnitts, $A = B_w \cdot H_w - h/f$ bleibt ja
konstant). Der spektrale optische Leitwert von Interferometern wächst nach den Gleichungen (5.7-35) und (5.7-36) ebenfalls proportional zur Fläche des Bündelquerschnittes.

5.7.6 Durchlaßprofil von Monochromatoren und Interferometern

Als Durchlaßprofil (häufig auch Apparatefunktion genannt) wird der relative spektrale Verlauf derjenigen Größe bezeichnet, die in Monochromatoren und Interferometern die spektrale Aussonderung bewirkt.
In Monochromatoren gilt der in Abschnitt 5.7.4 berechnete Leitwert nur für die Wellenlänge, auf die der Monochromator "eingestellt" ist. Die **Einstellwellenlänge** ist
diejenige Wellenlänge, bei der die Mitte des monochromatischen Bildes des Eintrittsspaltes genau auf die Mitte des Austrittsspaltes fällt.
Sind die spektralen Breiten der Spalte gleich (**Abbildung 5.7-3** oben), so paßt bei der
Einstellwellenlänge (4) das Bild genau in den Austrittsspalt. Für die Wellenlängen (1)
und kürzer oder (5) und länger fällt das Bild ganz auf die Spaltwand, auf regulärem

Weg geht keine Strahlung dieser Wellenlängen durch den Monochromator. (Durch diffuse Reflexion an den Wänden gelangt ein sehr kleiner Teil dieser Strahlung doch durch den Austrittsspalt, er trägt zur Fehlstrahlung bei und ist in den hier gezeigten Diagrammen nicht darstellbar, vgl. **Abbildung 5.8-1**.) Zwischen (1) und (4) steigt der durchgelassene Anteil der Breite des Spaltbildes linear mit der Wellenlänge an, über (4) fällt er ebenso wieder ab. Bei Einstrahlung eines Kontinuums mit von der Wellenlänge unabhängiger Strahldichte verhält sich die durchgelassene spektrale Strahlungsleistung wie der durchgelassene Anteil der Breite des Spaltbildes. Das resultierende Durchlaßprofil hat die Form eines Dreiecks.

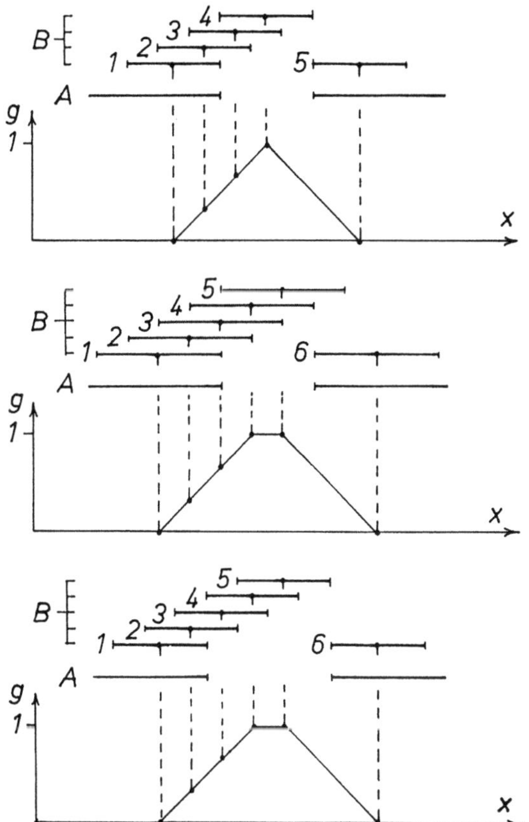

Abbildung 5.7-3: Durchlaßprofil von Monochromatoren.
Im oberen Teil jeder Figur ist über der Öffnung des Austrittsspaltes A die Lage des monochromatischen Bildes B des Eintrittsspaltes für verschiedene Wellenlängen (1 bis 5 bzw. 6) dargestellt. Das Durchlaßprofil im unteren Teil entsteht als Darstellung des Verhältnisses der durchgelassenen Breite des Eintrittsspaltbildes zu ihrem maximal möglichen Wert.

Ist das monochromatische Bild des Eintrittsspalts breiter als die Öffnung des Mittelspaltes (**Abbildung 5.7-3**, mitte), so wird ab der Wellenlänge (4) der Austrittsspalt voll beleuchtet. Das bleibt mit wachsender Wellenlänge bis zu (5) so. Die Einstellwellenlänge liegt in der Mitte zwischen (4) und (5). Zwischen (1) und (4) erfolgt wieder ein linearer Anstieg des durchgelassenen Anteils der Breite des Spaltbildes, zwischen (5) und (6) ein entsprechender Abfall. Das Durchlaßprofil hat die Form eines Trapezes.

Ist der Austrittsspalt breiter als das monochromatische Bild des Eintrittsspaltes (**Abbildung 5.7-3**, unten) so geht ab der Wellenlänge (4) das monochromatische Bild des Eintrittsspaltes ganz durch den Austrittsspalt. Das bleibt mit wachsender Wellenlänge bis zur Wellenlänge (5) so. Die Einstellwellenlänge liegt wieder in der Mitte zwischen (4) und (5). Zwischen (1) und (4) erfolgt wieder ein linearer Anstieg, zwischen (5) und (6) ein entsprechender Abfall. Auch in diesem Fall hat das Durchlaßprofil die Form eines Trapezes.

Das **Durchlaßprofil eines Monochromators** $g(\lambda_o, \lambda)$ ist also eine Funktion, die von der Einstellwellenlänge λ_o und der betrachteten (eingestrahlten) Wellenlänge λ abhängt und bei gleicher spektraler Breite von Eintritts- und Austrittsspalt die Form eines Dreiecks, bei ungleicher Breite die Form eines Trapezes hat. Die Spitze des Dreiecks und die Mitte des Trapezes liegen bei der Einstellwellenlänge und dort hat die Funktion definitionsgemäß den Wert Eins. Die Halbwertbreite der Figuren ist die spektrale Spaltbreite des Monochromators.

Vorstehende Überlegungen gehen von einem scharf begrenzten monochromatischen Bild des Eintrittsspaltes aus. Durch Beugung und Abbildungsfehler kann das Bild niemals völlig randscharf sein. Dadurch werden im tatsächlichen Funktionsverlauf die Ecken der obengenannten Figuren verrundet. Das tritt natürlich relativ zur Spaltbreite umso stärker in Erscheinung, je kleiner die Spaltbreite ist. Deswegen ist die Anwendbarkeit der Vorstellung von einem dreieckigen oder trapezförmigen Durchlaßprofil auf Werte der Spaltbreite beschränkt, die oberhalb eines Mehrfachen der förderlichen Spaltbreite liegen.

Die **spektrale Fußbreite des Durchlaßprofils eines Monochromators**, also der Wellenlängenabstand derjenigen Punkte, wo Dreieck und Trapez auf den Wert Null abgesunken sind, ist gleich der Summe der spektralen Breiten von Eintritts- und Austrittsspalt

$$\Delta\lambda_o = \Delta\lambda_e + \Delta\lambda_a \qquad (5.7\text{-}37)$$

Die Hundertstelwertbreite ist dann offensichtlich

$$\Delta\lambda_h = 0{,}99 \cdot \Delta\lambda_o \qquad (5.7\text{-}38)$$

Umgekehrt müßte also die Fußbreite

$$\Delta\lambda_o = 1{,}01 \cdot \Delta\lambda_h \qquad (5.7\text{-}39)$$

sein. Das müßte für Spaltbreiten deutlich oberhalb der förderlichen Spaltbreite dann auch die Grenze des Nutzstrahlungsbereiches des Monochromators sein. Bei der Festlegung der Grenze zwischen Nutzstrahlung und Fehlstrahlung wurde jedoch mit Rücksicht auf die Verhältnisse bei kleinen Spaltbreiten und auf Filter einheitlich der Faktor 1,1 statt 1,01 gewählt.

In DIN 58960 Teil 3 ist der Faktor 1,01 noch enthalten. Es ist aber vorgesehen, auch dort die einheitliche Festlegung zu übernehmen.

Außerhalb der Fußbreite nimmt das Durchlaßprofil nicht exakt den Wert Null an. Während die oben als Ursache der Verrundung erwähnten Abbildungsfehler nur in unmittelbarer Umgebung der Fußpunkte einen Beitrag liefern, gelangt Strahlung durch Streuung und Vielfachreflexion an den optischen Flächen, durch Restreflexion von der geschwärzten Wand und durch Beugung auch von weiter von der Einstellwellenlänge entfernten Wellenlängen in sehr geringem Ausmaß durch den Spalt. Soweit solche Strahlung innerhalb des vom Ausgangskollimator kommenden Strahlenbündels ("geometrisch regulär") verläuft, ist sie heterochrome Fehlstrahlung (5.5.6 ←). Das Durchlaßprofil des Monochromators wird häufig auch als sein Durchlaßgrad oder Transmissionsgrad bezeichnet. Wenn man das Profil noch mit dem eigentlichen spektralen Transmissionsgrad bei der Einstellwellenlänge multipliziert, kann man das Produkt in den meisten Fällen wie einen Transmissionsgrad benutzen, nämlich immer dann, wenn es auf die räumliche Verteilung der Wellenlängen innerhalb des Nutzbereiches nicht ankommt, bzw. wenn auf der bestrahlten Fläche ein Bild des Dispersionselementes liegt. In diesem Bild hängt nämlich die Wellenlängenverteilung nicht vom Ort ab. Anders dagegen im Spaltbild (Ausnahme: subtraktiver Doppelmonochromator). Am Spalt selbst und im Spaltbild liegen an den Rändern sich gegenseitig ausschließende Wellenlängenbereiche, zwischen denen bei ungleicher spektraler Breite von Eintritts- und Austrittsspalt sogar im Spektrum eine Lücke klafft. Wenn eine solche Verteilung beispielsweise wieder auf den Eintrittsspalt eines weiteren Spektralapparates abgebildet wird, muß man die örtliche Verteilung der verschiedenen Wellenlängen unbedingt berücksichtigen. Genau genommen ist das Durchlaßprofil des Monochromators also nicht der relative Verlauf seines Transmissionsgrades, sondern der relative spektrale Verlauf seines optischen Leitwertes. Das **Durchlaßprofil eines Interferometers g(a, λ)** ist der relative spektrale Verlauf des durch Interferenz bedingten spektralen Transmissionsgrades bei fester Einstellung des Plattenabstandes a.

Im Idealfall, d.h. bei achsenparalleler Durchstrahlung und ohne Berücksichtigung der Abweichung der Gestalt der Interferometerplatten von der Sollform, ist **das Durchlaßprofil des Fabry-Perot-Interferometers**

$$g(a, \lambda) = \frac{1}{1 + \dfrac{4 \cdot F^2}{\pi^2} \cdot \sin^2\!\left(\dfrac{2 \cdot \pi}{\lambda} \cdot n_i \cdot a\right)} \qquad (5.7\text{-}40)$$

bzw.

$$g(a, \nu) = \frac{1}{1 + \dfrac{4 \cdot F^2}{\pi^2} \cdot \sin^2\!\left(\dfrac{2 \cdot \pi \cdot \nu}{c} \cdot n_i \cdot a\right)} \qquad (5.7\text{-}41)$$

Aus dem Durchlaßprofil ergibt sich auch die **Halbwertbreite des Fabry-Perot-Interferometers**

$$\Delta\lambda_H = \frac{\lambda}{m \cdot F} \qquad (5.7\text{-}42)$$

Der theoretisch auflösbare Wellenlängenabstand ist nur um den Faktor $1/0{,}964 = 1{,}037$ größer als die Halbwertbreite. Der Unterschied zwischen beiden ist also sehr viel geringer als beim dreieckigen Durchlaßprofil des Monochromators, wo der Faktor 1,19, und beim Beugungsprofil, wo er 1,13 beträgt.

Das **Durchlaßprofil des Twyman-Interferometers** ist

$$g(a, \lambda) = \cos^2\left(\frac{2\cdot\pi}{\lambda}\cdot n_i\cdot a\right) \qquad (5.7\text{-}43)$$

bzw.

$$g(a, \nu) = \cos^2\left(\frac{2\cdot\pi\cdot\nu}{c}\cdot n_i\cdot a\right) \qquad (5.7\text{-}44)$$

Die Bezeichnungen sind dieselben wie in den Abschnitten 5.4.5 und 5.4.6.
Die genannten Interferometer haben Durchlaßmaxima der m-ten Ordnung für die
Wellenlängen

$$\lambda_m = \frac{2\cdot a}{m}\cdot n_i \qquad (5.7\text{-}45)$$

bzw. die Frequenzen

$$\nu_m = \frac{m\cdot c}{2\cdot a\cdot n_i} \qquad (5.7\text{-}46)$$

Diese Werte entsprechen der eingestellten Wellenlänge λ_o beim Monochromator. Sie
folgen in einem Abstand aufeinander, den man bei Vielstrahlinterferometern den frei-
en Spektralbereich nennt, und dessen Größe in den Gleichungen (5.4-48) und (5.4-49)
angegeben ist.
Ähnlich wie bei Monochromatoren hängt auch bei den Interferometern die spektrale Verteilung der durchgelassenen Strahlung vom Ort in der Austrittsluke ab, der ja den Neigungswinkel der Strahlen im Interferometer bestimmt. Da aber bei den Interferometern im allgemeinen die Austrittsluke kaum größer gewählt wird als der förderlichen Größe entspricht,
besteht kaum die Gefahr, daß bei der weiteren Verarbeitung der ausgesonderten Strahlung
diese Abhängigkeit störend in Erscheinung tritt.
Interferenzfilter unterscheiden sich von Fabry-Perot-Etalonplatten-Interferometern nur durch
ihre sehr viel geringere Plattendicke, die nicht groß gegen die Wellenlänge, sondern mit ihr
vergleichbar und bei Filtern erster Ordnung nur die Hälfte davon ist. Sie werden den Filtern
und nicht den Interferometern zugerechnet und man spricht bei ihnen nicht vom Durchlaßprofil, sondern nur vom spektralen Transmissionsgrad. Das ist auch insofern berechtigt, als
die als Durchlaßprofile bezeichneten Größen immer Funktionen von zwei Variablen (Einstellwellenlänge bzw. Plattenabstand und eingestrahlte Wellenlänge) sind, der Plattenabstand bei
Interferenzfiltern aber nicht veränderlich ist und damit die erste Variable entfällt.

5.7.7 Polarisationszustand der durchgelassenen Strahlung

Bisher wurde stillschweigend angenommen, daß der in die Formeln des Abschnittes
5.7 einzusetzende Transmissionsgrad entweder nicht vom Polarisationszustand der einfallenden Strahlung abhängt, oder daß es der für den jeweiligen Zustand der einfal-

lenden Strahlung und den jeweiligen Empfänger (dessen spektrale Empfindlichkeit selbst polarisationsabhängig sein kann) gültige spektrale Transmissionsgrad der Komponenten oder des ganzen Gerätes sei.

Wenn man von Polarisationsinterferenzfiltern absieht, die ja unter Verwendung von Polarisatoren und doppelbrechenden Stoffen aufgebaut sind, darf man im allgemeinen erwarten, daß Spektralapparate keine absichtlich polarisierenden, dichroitischen und doppelbrechenden Komponenten enthalten. Das gilt auch für Prismen aus Kristallmaterial, da man in der Regel schon der Eindeutigkeit der Spektren wegen die Kristalle so orientiert und nötigenfalls zusammensetzt (z.B. das sog. Cornu-Prisma aus rechtsdrehendem und linksdrehendem Quarz), daß sich die eventuell vorhandene lineare und/oder zirkulare Doppelbrechung nicht auswirkt.

Der Polarisationszustand der Strahlung kann dann aber immer noch dadurch verändert werden, daß sie durch geneigt stehende Grenzflächen durchlässigen Materials durchgeht, an geneigten reflektierenden Flächen reflektiert, oder an Gittern oder Spalten gebeugt wird. Auch können optische Komponenten unbeabsichtigt, z.B. infolge innerer oder durch die Halterung bedingter Spannungen, doppelbrechend sein.

Wenn eine Anordnung keine gegen die Achse geneigten Flächen, keine Gitter und keine Spalte enthält, wird man also erwarten dürfen, daß ihr Transmissionsgrad wenig vom Polarisationszustand der einfallenden Strahlung abhängt und daß sie ihn beim Durchgang auch nur wenig ändert. Solche Anordnungen sind z.B. senkrecht zur optischen Achse stehende Filter ohne oder in Verbindung mit Linsen und Fabry-Perot-Interferometer mit Linsen- oder konzentrischen Spiegelkollimatoren.

Werden dagegen in Transmission oder Reflexion benutzte Filter schräg gestellt, die optische Achse durch Spiegel umgelenkt oder befinden sich Prismen, Gitter oder enge Spalte im Strahlengang, so muß man mit einer stärkeren Abhängigkeit des Transmissionsgrades vom Polarisationszustand und einer stärkeren Änderung desselben beim Durchgang von Strahlung rechnen. Dies trifft mit Sicherheit für alle dispersiven Spektralapparate und in etwas geringerem Maße für das Twyman-Interferometer und das Fabry-Perot-Interferometer mit nicht konzentrischen Spiegelkollimatoren zu.

Normalerweise erfolgen die Umlenkungen und liegen die Neigungen der Flächen nicht irgendwie im Raum, sondern in einer bevorzugten Ebene (horizontal) und in einer bevorzugten Richtung (vertikal). Bei dispersiven Spektralapparaten wird, wie in Abschnitt 5.4 schon angegeben, angenommen, daß die Längsrichtung des Spaltes, die brechende Kante des Prismas oder die Furchenrichtung des Gitters vertikal sei. Dann reicht es in vielen Fällen aus, zwei Werte des Transmissionsgrades der Anordnung, nämlich für linear polarisierte Strahlung mit horizontaler und vertikaler Schwingungsrichtung, zu kennen. Man darf dann in den meisten Fällen auch erwarten, daß Strahlung, die mit horizontaler oder vertikaler Schwingungsrichtung einfällt, auch nach dem Durchgang durch die Anordnung noch in derselben Richtung schwingt und wenigstens annähernd linear polarisiert ist. Man benötigt dann zur Beschreibung statt des einen spektralen Transmissionsgrades deren zwei, je einen für horizontal und vertikal schwingende Strahlung, die natürlich beide von der Wellenlänge abhängen (Czekalla und Wick, 1959). Bei kleinen Spaltbreiten muß ferner auch mit einer Abhängigkeit von der Spaltbreite gerechnet werden.

Wenn es nur auf die Berechnung der Strahlungsleistung oder der Bestrahlungsstärke hinter einem Spektralapparat bei beliebigem Polarisationszustand der einfallenden

Strahlung ankommt, also keine polarisationsempfindlichen Komponenten nachfolgen,
reichen die beiden spektralen Transmissionsgrade aus. Man muß dann die einfallende
Strahlung in ihre beiden horizontal und vertikal schwingenden Komponenten zerlegen, für diese einzeln rechnen und zum Schluß die beiden Strahlungsleistungen bzw.
Bestrahlungsstärken addieren.

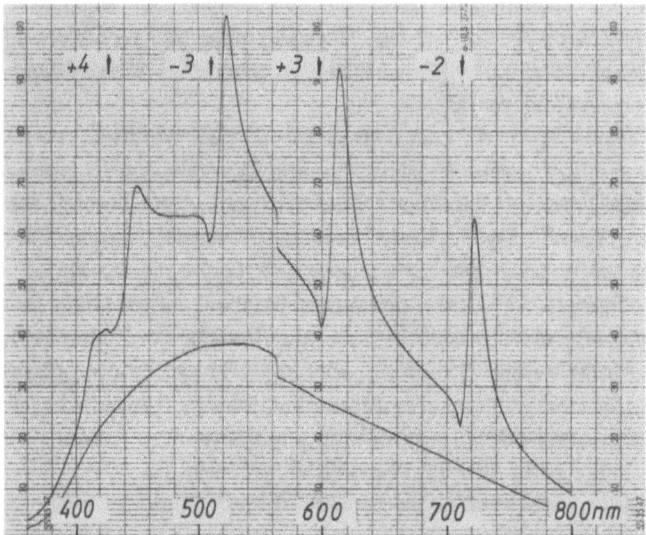

Abbildung 5.7-4: Woodsche Anomalien von Gittern. Die Kurven sind das Produkt aus
Strahlungsfunktion des Strahlers, Wirkungsgrad der Gitter, Transmissionsgrad der Optik,
relativer spektraler Empfindlichkeit des Empfängers und spektralem Transmissionsgrad
eines Polarisators, gemessen an einem Zweistrahl-Spektrometer mit Gitter-Doppelmonochromator für vertikal (untere Kurve) und horizontal (obere Kurve) schwingendes Licht.
Die Wellenlängen, bei denen eine Ordnung streifend zur Gitterfläche verläuft, sind am
oberen Rand durch Pfeile und die Nr. dieser Ordnung markiert. Die Stufe nahe 565 nm
rührt von einem Ordnungsfilter her, das oberhalb dieser Wellenlänge automatisch ein-
geschwenkt wird.
Registriert im Einstrahlbetrieb mit fester Hochspannung am Photoelektronenvervielfacher, fester
Spalt- und damit auch Bandbreite und zusätzlich einem Polarisator im Strahlengang. (Gerät:
DMR 11 der Fa. Carl Zeiss, Monochromatoraufbau vgl. Abbildung 5.2-6.)

Während die beschriebenen spektralen Transmissionsgrade für die beiden bevorzugten
Schwingungsrichtungen bei dispersiven Spektralapparaten mit Prismen in Abhängigkeit von der Wellenlänge ziemlich glatt verlaufen (vgl. die Beispiele in **Abbildung 5.7-2**), treten bei Geräten mit Gittern stärkere Unregelmäßigkeiten auf, die für
die beiden Schwingungsrichtungen auch noch deutlich verschieden sind (**Abbildung
5.7-4**). Sie rühren von raschen Änderungen des Wirkungsgrades mit der Wellenlänge
her und werden als **Woodsche Anomalien** bezeichnet. Ihre genaue Berechnung erfor-

dert die Kenntnis des Furchenprofils und der komplexen Brechzahl des meist aus Metall bestehenden Reflexionsbelages (bei Reflexionsgittern) und ist sehr schwierig. Die ungefähren Wellenlängen der Woodschen Anomalien erhält man aus der Überlegung, daß der Wirkungsgrad eines Gitters mit wachsender Wellenlänge dort sprunghaft ansteigen muß, wo eine bis dahin existierende Ordnung streifend austritt und mit weiter wachsender Wellenlänge nicht mehr existenzfähig ist. Für die feineren Einzelheiten reicht diese anschauliche Erklärung aber nicht aus.

Die polarisierenden Eigenschaften des Spektralapparates bzw. einer ihn enthaltenden Anordnung sind damit aber keineswegs vollständig beschrieben. Denn läßt man schräg schwingende Strahlung einfallen, so ist die austretende Strahlung im allgemeinen nicht linear und schräg, sondern elliptisch (mit schräg, aber von der Einstrahlung verschieden liegender großer Achse der Ellipse) polarisiert, weil die horizontale und die vertikale Komponente nicht nur unterschiedlich geschwächt werden, sondern zwischen ihnen auch noch eine Phasenverschiebung auftritt. Auch diese Phasenverschiebung ist von der Wellenlänge abhängig. Man benötigt zur vollständigen Beschreibung also mindestens drei Größen, die man zu einer (antisymmetrischen) 2×2-Matrix anordnen kann. Wird dann die einfallende Strahlung durch einen Spaltenvektor mit zwei (komplexen) Komponenten (horizontal und vertikal) der Schwingungsamplitude beschrieben, so erhält man den entsprechenden Vektor für die durchgegangene Strahlung durch Multiplikation mit der genannten Matrix. Die Vektoren werden **Jones-Vektoren**, die ganze Rechenweise **Jones-Formalismus** genannt (siehe z.B. Shurcliff 1962).

Der Jones-Formalismus setzt voraus, daß vollständig polarisierte Strahlung mit beliebigem Polarisationszustand am Eintritt den Apparat als vollständig polarisierte Strahlung mit einem anderen Polarisationszustand verläßt. Das bedeutet keineswegs, daß der Formalismus nur für vollständig polarisierte Strahlung anwendbar ist. Es muß nur gewährleistet sein, daß aus polarisierter keine unpolarisierte Strahlung erzeugt wird. Da man bei der Herstellung von Spektralapparaten bestrebt ist, depolarisierende Komponenten oder Anordnungen schon wegen ihrer für die spektrale Aussonderung nachteiligen Eigenschaften zu vermeiden, dürfte der Jones-Formalismus in fast allen Fällen für die Berechnung des Polarisationszustandes der Strahlung hinter Spektralapparaten ausreichen. Unpolarisierte einfallende Strahlung wird dann einfach als aus zwei gleichen, in den Vorzugsrichtungen polarisierten, aber inkohärenten Teilen bestehend angenommen.

Nur wenn die depolarisierende Wirkung innerhalb der betrachteten Anordnung nicht vernachläßigt werden darf (Fehlstrahlungsanteile müssen z.B. als mindestens teilweise depolarisiert angesehen werden), ist die Rechnung mit **Stokes-Vektoren** notwendig. Das sind Spaltenvektoren mit 4 Intensitäts- (nicht Amplituden-) Komponenten. Ihre Verknüpfung erfolgt mit sog. **Mueller-Matrizen** mit 4×4 Elementen (siehe z.B. Shurcliff 1962).

5.8 Auswahl und Gebrauch von Spektralapparaten und spektralen Meßgeräten

Die folgenden Hinweise sollen dem Leser vor der Auswahl oder Anschaffung eines Gerätes eine Hilfe bei der Formulierung seines Meßproblems geben und erläutern, auf welche Daten er zu achten und wie er sie zu bewerten hat. Dem Benutzer eines

Gerätes sollen darüber hinaus die Einflüsse der von ihm wählbaren Meßparameter verdeutlicht und Anleitungen zu ihrer zweckmäßigen Wahl gegeben werden. Selbstverständlich können und sollen diese Hinweise nicht das Studium von Datenblättern und Bedienungsanleitungen der Gerätehersteller ersetzen.

5.8.1 Erfordernisse der Meßaufgabe

Die Meßaufgabe kann entweder in der **Messung von Strahlungsgrößen** oder in der **Messung von spektralen Materialkennzahlen** bestehen. Der Hauptunterschied zwischen den beiden Fällen ist, daß für die Messung der gebräuchlicheren Materialkennzahlen dem Bedarf entsprechend weitaus mehr handelsübliche Geräte zur Verfügung stehen als für die Messung von Strahlungsgrößen. Deswegen ist derjenige, der Strahlungsgrößen messen oder weniger gebräuchliche Materialkennzahlen ermitteln muß, häufiger gezwungen, Anordnungen selbst zusammenzustellen oder sogar speziell zur Messung von (anderen) Materialkennzahlen gebaute Geräte für seine Zwecke abzuwandeln. Die folgenden Ausführungen gelten für beide Fälle.

Bei der Festlegung der **Anforderungen** an die Meßeinrichtung gilt es zunächst zu entscheiden, ob es ausreicht, bei einer einzigen Wellenlänge zu arbeiten, oder ob ein Spektrum benötigt wird. Reicht für den gegebenen Anwendungsfall eine einzige Wellenlänge aus, so ist die Frage, ob für die Gesamtheit der Anwendungsfälle diese oder einige wenige Wellenlängen ebenfalls ausreichen (vgl. z.B. → 7.6), oder ob die Wellenlänge in einem Bereich kontinuierlich wählbar sein muß, und wo die Grenzen dieses Bereiches liegen. Wird ein Spektrum benötigt, so muß ebenfalls festgelegt werden, in welchem Bereich das Spektrum gemessen werden soll. Sowohl bei der Messung bei einer einzelnen Wellenlänge, wie auch bei der Aufnahme eines Spektrums muß überdies die Anforderung an die Bandbreite bzw. die benötigte Auflösung festgelegt werden. Schließlich muß auch noch bedacht werden, bis zu welchen Grenzen der unvermeidliche Fehlstrahlungsanteil hingenommen werden kann.

Diese Anforderungen an die Meßanordnung müssen aus der Anwendung abgeleitet werden. Bei der Aufnahme eines Spektrums kann man sich z.B. damit begnügen, **Strukturen im Spektrum** (vgl. z.B. → 7.6) zu erkennen, ohne besonderes Gewicht auf die quantitative Richtigkeit in den feineren Strukturen zu legen. Dann reicht es aus, wenn die Strukturen aufgelöst sind und man wird sich am **auflösbaren Wellenlängenabstand** orientieren. Er darf sicher nicht größer sein, als der Abstand der zu erkennenden Strukturen. Da aber auch in Emissions-Linienspektren benachbarte Linien im allgemeinen nicht gleich stark sind, und da weiter die Einsattelung zwischen den Linien bei ungleicher Stärke derselben flacher wird, wird man den auflösbaren Wellenlängenabstand wenn möglich noch um etwa den Faktor 2 kleiner wählen. Das gilt erst recht für die Trennung von Absorptionslinien, die schwieriger ist als die Trennung von Emissionslinien. Beim Nachweis schwacher, in der Nachbarschaft von starken, Emissionslinien genügt die Auflösung allein aber nicht, es muß auch der spektrale **Fehlstrahlungsanteil** (5.5.7 ←) in der Nachbarschaft der Einstellwellenlänge genügend klein sein. Dafür sind subtraktive Doppelmonochromatoren besonders geeignet (→ 5.8.3).

Statt der bloßen Erkennbarkeit von Strukturen kann man natürlich auch die **bestmögliche Annäherung der Meßwerte an die "richtigen" Werte der spektralen Größen** verlangen. Bei manchen Materialkennzahlen, wie z.B. dem Transmissionsgrad, bedeutet dies hinsichtlich der spektralen Eigenschaften ausschließlich eine Forderung an die spektrale Reinheit der ausgesonderten Strahlung. Eine Faustformel sagt, bei Transmissionsmessungen im Absorptionsmaximum sei der relative Fehler $\Delta A/A$ des Absorptionsmaßes (Extinktion) A die Hälfte des Quadrates des **Verhältnisses der spektralen Halbwertbreite $\Delta\lambda_H$ des Meßgerätes zur Halbwertbreite $\Delta\lambda_A$ der Absorptionsbande**

$$\frac{\Delta A}{A} = -\frac{1}{2}\cdot\left(\frac{\Delta\lambda_H}{\Delta\lambda_A}\right)^2 \qquad (5.8\text{-}1)$$

Das negative Vorzeichen bedeutet, daß bei Messung im Absorptionsmaximum mit wachsender Bandbreite $\Delta\lambda_H$ das Absorptionsmaß A abnimmt. Hat die Absorptionsbande einer Lösung (oder eines anderen, nicht streuenden Meßobjektes, z.B. eines Filterglases) eine Halbwertbreite $\Delta\lambda_A$ des Absorptionskoeffizienten von 50 nm, so ist der relative Fehler $\Delta A/A$ des Absorptionsmaßes A für verschiedene spektrale Halbwertbreiten (Bandbreiten) des Meßgerätes der **Tabelle 5.8-1** zu entnehmen.

Tabelle 5.8-1: Relativer Fehler $\Delta A/A$ in % des gemessenen Absorptionsmaßes A einer Lösung mit einer Halbwertbreite $\Delta\lambda_A$ des Absorptionskoeffizienten von 50 nm in Abhängigkeit von der spektralen Halbwertbreite $\Delta\lambda_H$ des Meßgerätes

$\Delta\lambda_H$ (nm)	20	10	5	2	1
$\Delta A/A$ (%)	8	2	0,5	0,08	0,02

Soll der durch die Bandbreite $\Delta\lambda_H$ hervorgerufene relative Fehler $\Delta A/A$ des Absorptionsmaßes den Wert ε nicht überschreiten und hat der spektrale Absorptionskoeffizient der Lösung die Halbwertbreite $\Delta\lambda_A$, so muß die Bedingung

$$\Delta\lambda_H \leq \Delta\lambda_A\cdot\sqrt{2\cdot\varepsilon} \qquad (5.8\text{-}2)$$

eingehalten werden.

Soll also z.B. der relative Fehler des Absorptionsmaßes 1 % nicht übersteigen, so muß für die Halbwertbreite $\Delta\lambda_A$ des Absorptionskoeffizienten die spektrale Halbwertbreite des Gerätes zur spektralen Aussonderung unter den Werten $\Delta\lambda_H$ der **Tabelle 5.8-2** bleiben.

Aus bloßem Erkennen von Strukturen im Spektrum einerseits und quantitativer Übereinstimmung der gemessenen und der richtigen Werte andererseits ergeben sich die unterschiedlichen Anforderungen an die spektrale Reinheit. Besonders bei Anwendungen für die Zwecke der chemischen Analytik oder der Produktionssteuerung wird gefordert, daß der **Zusammenhang zwischen einer zu bestimmenden Größe,** besonders der Konzentration des nachzuweisenden Stoffes in einer Probe ($\rightarrow$ 7.6), **und einer optischen Meßgröße linear** sein soll. Dabei kann linear selbstverständlich nur bedeuten, daß die

Nichtlinearität eine vorzugebende Grenze nicht überschreitet. Das Verlangen nach Linearität erscheint zunächst als eine mildere Forderung im Vergleich zur quantitativen Übereinstimmung mit den richtigen Werten.

Tabelle 5.8-2: Höchstzulässige spektrale Halbwertbreite $\Delta\lambda_H$ des Meßgerätes, wenn der durch sie verursachte relative Fehler des Absorptionsmaßes 1 % nicht überschreiten soll, in Abhängigkeit von der Halbwertbreite $\Delta\lambda_A$ des Absorptionskoeffizienten

$\Delta\lambda_A$ (nm)	100	50	20	10	5	2	1
$\Delta\lambda_H$ (nm)	14,1	7,07	2,83	1,41	0,71	0,28	0,14

Bei Emissionsmessungen für die genannten Zwecke liegen die Ursachen eventueller Abweichungen von der Linearität dabei nicht in der Optik, sondern in der Hauptsache in den Vorgängen bei der Anregung der Emission. Das vom Empfänger abgegebene Signal ist der Emission proportional, gleichgültig, ob die Bandbreite des ausgesonderten Spektralbereiches nur einen Bruchteil oder die ganze Bandbreite der Emission umfaßt. (Dabei ist Linearität des Empfängers und Abzug einer evtuellen Untergrundstrahlung selbstverständlich vorausgesetzt.)

Anders dagegen bei Messungen, bei denen Absorptionskennzahlen durch Messung des Transmissionsgrades ermittelt werden. Auch hier kann es vorkommen, daß der spektrale Absorptionskoeffizient nicht der Konzentration proportional (und damit der bezogene Absorptionskoeffizient ($\rightarrow$ 7.2, 7.3) nicht konzentrationsunabhängig) ist. Dagegen läßt sich mit optischen Mitteln nichts ausrichten. Man muß sich entweder damit abfinden und mit nichtlinearen Kalibrierkurven arbeiten oder versuchen, mit den Mitteln der Chemie die Konstanz des bezogenen Absorptionskoeffizienten herbeizuführen, nachdem die vorliegenden Gesetzmäßigkeiten vorab geklärt wurden (vgl. z.B. $\rightarrow$ 7.7 bis 7.10).

Aber auch bei guter Konstanz des bezogenen spektralen Absorptionskoeffizienten (Gültigkeit des Bouguer-Lambert-Beerschen Gesetzes), ist im allgemeinen nur das spektrale (natürliche oder dekadische) Absorptionsmaß (Extinktion) der Konzentration proportional und nicht etwa der Absorptionsgrad ($\rightarrow$ 7.3). Wenn nun innerhalb der ausgesonderten Bandbreite der spektrale Absorptionskoeffizient nicht konstant ist, mittelt der Empfänger nicht über den spektralen Absorptionskoeffizienten, sondern über den spektralen Transmissionsgrad. Die Geräte mit Anzeige des Absorptionsmaßes bilden das Absorptionsmaß aus dem gemessenen, über die ausgesonderte spektrale Bandbreite gemittelten Transmissionsgrad, und dieser hängt bei konstantem Reflexionsgrad linear mit dem gemittelten Absorptionsgrad zusammen. Wegen des nichtlinearen Zusammenhanges zwischen Absorptionskoeffizient und Absorptionsgrad wird damit auch der Zusammenhang zwischen der Konzentration und dem angezeigten Absorptionsmaß nichtlinear. Man spricht in solchen Fällen auch **von scheinbaren Abweichungen von der Gültigkeit des Bouger-Lambert-Beerschen Gesetzes** und bei Verwendung von Filtern zur spektralen Aussonderung vom **Filterfehler**. Diese Abweichungen von der Linearität hängen davon ab, wie stark sich der spektrale Absorptionskoeffizient innerhalb der vom Spektralapparat ausgesonderten Bandbreite ändert. Sie können also durch Verminderung dieser Bandbreite verkleinert werden.

Nach Gleichung (5.8-1) ist der durch die ausgesonderte Bandbreite verursachte Fehler ΔA des Absorptionsmaßes dem Absorptionsmaß A selbst proportional, was bei strenger Gültigkeit keine Abweichung vom linearen Zusammenhang zwischen dem gemessenen, fehlerbehafteten, Absorptionsmaß und der Konzentration bedeuten würde. Die Formel stellt aber nur eine Näherung dar. Modellrechnungen zeigen, daß doch Abweichungen von dem linearen Zusammenhang auftreten, die von der gleichen Größenordnung sind wie der relative Fehler des Absorptionsmaßes selbst und überdies stark vom spektralen Verlauf des Absorptionskoeffizienten abhängen. Daher wird in der Praxis auch in den Fällen, wo nicht die Richtigkeit des Absorptionsmaßes, sondern nur der lineare Zusammenhang mit der Konzentration benötigt wird, mit der durch die genannte Gleichung gegebenen Bedingung gearbeitet.

Aber nicht nur die nicht verschwindend kleine ausgesonderte Bandbreite beeinträchtigt die Meßgenauigkeit, sondern auch der **integrale Fehlstrahlungsanteil** ψ (5.5.7 ←). Zur Abschätzung des maximalen Fehlers wird angenommen, die Fehlstrahlung werde überhaupt nicht absorbiert. Dann wird statt des spektralen Transmissionsgrades τ ein durch Fehlstrahlung verfälschter Transmissionsgrad τ' gemessen

$$\tau' = (1 - \psi)\cdot\tau + \psi \tag{5.8-3}$$

Das vom Gerät angezeigte dekadische Absorptionsmaß A ist aus diesem durch Fehlstrahlung verfälschten Transmissionsgrad gebildet

$$A = \lg\frac{1}{\tau'} \tag{5.8-4}$$

Der relative Fehler des angezeigten Apsorptionsmaßes ist

$$\frac{\Delta A}{A} = -\frac{1 - 10^{-A}}{A\cdot(10^{-A} - \psi)}\cdot\psi\cdot\lg e \tag{5.8-5}$$

Für Werte von A über 1 B (zu Bel (B) vgl. 2.1 ←) und Fehlstrahlungsanteile, die kleiner als etwa $0{,}1\cdot 10^{-A}$ bleiben, kann man die einfachere Formel

$$\frac{\Delta A}{A} = -\frac{10^{+A}}{A}\cdot\psi\cdot\lg e \tag{5.8-6}$$

verwenden.

In den Gleichungen (5.8-5) und (5.8-6) ist e die Basis der Exponentialfunktion und der natürlichen Logarithmen. Es sei besonders darauf hingewiesen, daß im Exponenten von Gleichung (5.8-6) bei A das Pluszeichen steht, d.h. der relative Fehler steigt mit wachsendem Absorptionsmaß exponentiell an.

Diese Formeln erlauben, wie in Abschnitt 5.5.7 schon ausgeführt, nur eine Abschätzung der durch Fehlstrahlung verursachten maximalen systematischen Meßabweichung. Eine Berechnung der tatsächlichen Abweichung, die zur Korrektur benutzt werden könnte, würde die Kenntnis der spektralen Dichte des Fehlstrahlungsanteiles voraussetzen und wäre recht umständlich.

Durch Umkehrung von Gleichung (5.8-6) erhält man den Fehlstrahlungsanteil ψ, den man zulassen kann, wenn ein relativer Fehler $\Delta A/A$ im Absorptionsmaß hingenommen wird

$$\psi = A \cdot 10^{-A} \cdot \frac{\Delta A}{A} \cdot \ln 10 \tag{5.8-7}$$

Die **Tabelle 5.8-3** gibt für $\Delta A/A = 0{,}01$ (= 1 %) Zahlenwerte von ψ in ‰ an.

Tabelle 5.8-3: Zulässiger Fehlstrahlungsanteil ψ in ‰, wenn der durch ihn verursachte relative Fehler im Absorptionsmaß 1 % nicht übersteigen soll, in Abhängigkeit vom Absorptionsmaß A

A (B) [1]	1,0	1,5	2,0	2,5	3,0	3,5	4,0
ψ (‰)	2,3	1,1	0,46	0,18	0,07	0,025	0,009

[1] zu Bel (B) vgl. (2.1 ←)

Wenn man in Betracht zieht, daß für Geräte mit Einfachmonochromatoren Werte des integralen Fehlstrahlungsanteils von 3 ‰ im fernen UV üblich sind, sieht man sofort, daß für quantitativ richtige Messungen dort das Absorptionsmaß 1 B und in günstigeren Spektralbereichen das Absorptionsmaß 2 B nicht überschritten werden sollte.

Die Anforderungen für die Messung des aus dem Transmissionsgrad abgeleiteten Absorptionsmaßes wurden hier wegen der großen Verbreitung dieser Meßtechnik für Konzentrationsbestimmungen in der chemischen, biochemischen und medizinischen Analytik und wegen der erheblichen Ansprüche, die sie an die Meßgeräte stellt, etwas ausführlicher dargestellt.

Für Materialkennzahlen, die wie der Transmissionsgrad selbst oder der Reflexionsgrad linear von der gemessenen Strahlungsleistung abhängen, sind die Anforderungen leichter zu übersehen. Sobald jedoch aus Materialkennzahlen Stoffkonstanten abgeleitet werden, die meist nichtlinear mit den Materialkennzahlen zusammenhängen, muß mit ähnlichen Problemen wie beim Absorptionsmaß gerechnet werden. Dies gilt z.B. auch für die zur Farb-Rezeptierung viel verwendete Kubelka-Munk-Theorie (Kortüm, 1969) auf die hier jedoch nicht näher eingegangen werden kann.

Wenn quantitative Ergebnisse verlangt werden, ist neben der Erfüllung der erwähnten Anforderungen an die spektrale Reinheit bei vielen Messungen noch ein **Normal** erforderlich. Dies gilt sowohl bei der Messung von Materialkennzahlen als auch bei der Messung von Strahlungsgrößen. Es versteht sich von selbst, daß die Unsicherheit des Meßergebnisses nicht kleiner sein kann, als die Unsicherheit der Kalibrierung des Normals. Dabei ist es vorteilhaft, wenn das Normal von gleicher Art ist wie das Meßobjekt und die Kalibrierung sich auf dieselbe Größe bezieht (wenn für Strahldichtemessungen also z.B. ein Strahldichtenormal verwendet werden kann). Das bedeutet, daß man das zu messende Objekt lediglich durch das Normal ersetzt, die Meßanordnung bleibt völlig ungeändert.

Sehr unvorteilhaft, aber manchmal nicht zu vermeiden, ist es, etwa eine spektrale Strahldichte mit Hilfe eines kalibrierten aselektiven Empfängers zu bestimmen. Dann gehen nämlich sämtliche geometrische Daten der Abbildung, der optische Leitwert und das Durchlaßprofil des Spektralapparates und der Transmissionsgrad der ganzen Anlage in das Ergebnis ein.

5.8.2 Wahl des Meßverfahrens (hinsichtlich seines Zeitablaufes)

Das nächstliegende und auch heute noch in den meisten Fällen übliche Verfahren besteht in der sequentiellen Messung der einzelnen Spektralelemente (Sequenzverfahren). Mit der Weiterentwicklung ortsauflösender Halbleiterempfänger darf aber sicher in Zukunft eine zunehmende Anwendung des Simultanverfahrens erwartet werden. Beide Verfahren haben gegenüber dem Multiplexverfahren den Vorteil, daß sie übersichtlicher sind und die Auswirkung von systematischen Meßabweichungen leichter verfolgt und ggf. korrigiert werden kann.

Multiplexspektrometer werden heute betriebsfertig mit Rechner und diversen Programmen angeboten, so daß sich der Benutzer mit der Meßwertverarbeitung nicht befassen muß. Die Auswirkung systematischer Meßabweichungen muß dann entweder durch Probieren und Erfahrung, oder durch geistiges Eindringen in die Auswerteverfahren beurteilt werden. Für **Wellenlängen über etwa 10 μm**, wo man auf thermische Empfänger angewiesen ist, ist das **Fourier-Spektrometer** das technisch leistungsfähigste Gerät. Hadamard-Spektrometer, die ja ebenfalls nach dem **Multiplex-Verfahren** arbeiten, haben sich bis heute nicht durchsetzen können.

Für **kürzere Wellenlängen im IR** gibt es Sperrschichtempfänger und Photowiderstände (die allerdings Kühlung mit flüssigem Helium, flüssigem Stickstoff oder eventuell auch eine Kleinkältemaschine erfordern), die eine sehr hohe Meßgeschwindigkeit erlauben und als Bestandteile von **Sequenzspektrometern** eine leistungsfähige Alternative zu den Fourierspektrometern bilden. Für Anwendungsfälle, wo nicht das Äußerste an Auflösung oder Meßgeschwindigkeit verlangt wird, z.B. für viele Zwecke der chemischen Analytik und Strukturforschung, haben Sequenzspektrometer mit thermischen Empfängern ihren festen Platz.

Mit abnehmender Wellenlänge (im nahen IR) geht die Notwendigkeit der Kühlung der photoelektrischen Empfänger immer mehr zurück, und Sequenzspektrometer mit solchen Empfängern sind üblich. Daneben wird dieser Bereich aber von vielen Fourierspektrometern noch mit erfaßt.

Unterhalb von etwa 900 nm bis 950 nm beginnt das Gebiet, wo Photokathoden-Empfänger (z.B. Photoelektronenvervielfacher) verfügbar werden. (Es gibt solche zwar bis etwa 1100 nm, bei ihnen sind aber Dunkelstrom und Rauschen so hoch, daß sie nur in Einzelfällen eingesetzt werden können.) Bei Photoelektronenvervielfachern ist - von der Beobachtung extrem lichtschwacher Erscheinungen abgesehen - nicht das Dunkelrauschen sondern der Schroteffekt die maßgebliche Rauschquelle und deshalb durch das Multiplexverfahren kein Vorteil mehr zu gewinnen (5.3.3 ←). **Sequenzspektrometer** sind üblich, **Simultanspektrometer** gewinnen an Bedeutung.

Obwohl bei Simultanspektrometern mit ortsauflösenden Empfängern in der nächsten Zeit größere Fortschritte zu erwarten sind als bei den anderen, schon länger eingeführten Geräten, sind sie bei kleinen Signalen hinsichtlich des Rauschens (das weitgehend Dunkelrauschen ist) den Sequenzspektrometern mit Photoelektronenvervielfachern unterlegen. Das dekadische Absorptionsmaß 2 B auf drei Nachkommastellen zu messen, was bei Sequenzspektrometern nicht unüblich ist und einer Auflösung des Transmissionsgrades 0,01 (bzw. 1 %) von 0,000023 (bzw. 0,0023 %) entspricht, wird mit ihnen auf absehbare Zeit nicht möglich sein. Ihre Stärke liegt in der schnellen Übersicht über ein Spektrum, wo auch der Simultanvorteil voll zum Tragen kommt, und darüber hinaus in der bei ihnen besonders gut möglichen, kleinen und kompakten Bauweise.

Die zuletzt genannten Einschränkungen bei Simultanspektrometern beziehen sich ausdrücklich auf die Bauform mit ortsauflösendem Empfänger. Geräte mit großen Polychromatoren, die hinter einer Vielzahl einzelner Spalte je einen Photoelektronenvervielfacher haben, sind davon nicht betroffen. Solche Geräte sind als Emissionsanalysenautomaten in der Metallindustrie, besonders bei der Analyse von Stahl, seit langem in Gebrauch.

Wie die vorstehenden Angaben zeigen, richtet sich die Wahl des Meßverfahrens hinsichtlich seines Zeitablaufes in der Hauptsache nach den verfügbaren Empfängern. Für Wellenlängen unterhalb der Grenzen des Sichtbaren **bis ins ferne UV** ändert sich damit nichts. Auch für **noch kürzere Wellenlängen** sind die Empfänger noch Photokathodenempfänger, wenn auch zunehmend Spezialausführungen, z.B. ohne Kolben, benötigt werden. Man arbeitet also auch in diesen Bereichen mit **Sequenzspektrometern.** Da ortsauflösende Empfänger für diese Wellenlängen nicht verfügbar sind, sind in diesem Bereich Simultanspektrometer nicht üblich.

5.8.3 Wahl des Spektralapparates

In manchen Fällen ist der Typ des Spektralapparates durch die Wahl des (Zeitablaufes des) Meßverfahrens schon festgelegt. So wird das Multiplexverfahren üblicherweise mit einem **Zweistrahlinterferometer** durchgeführt (Hadamard-Spektrometer sind, wie erwähnt, wenig gebräuchlich). Zur Durchführung des Simultanverfahrens wird ein **Simultanspektrometer** benötigt, das immer einen dispersiven Spektralapparat enthält. Prinzipiell wäre zwar auch eine Vielzahl von Homogenfiltern oder ein Verlauffilter anwendbar, doch sind auch solche Anordnungen, hauptsächlich wegen der geringen Auflösung oder der fehlenden echten Dispersion, nicht üblich. Eine simultane Aufnahme des Spektrums ist natürlich auch mit einem **Spektrographen** möglich. Dabei sollte nicht übersehen werden, daß besonders für Linienspektren mit vielen Linien die hohe Auflösung der photographischen Schichten die Speicherung einer großen Informationsmenge auf einem einzigen Bild ermöglicht. Diese Information steht nach der Aufnahme und Entwicklung für sehr lange Zeit unverändert auch für spätere Auswertungen aufgrund neu aufgetauchter Fragestellungen zur Verfügung, was besonders für nicht wiederholbare Vorgänge von Bedeutung ist. Außerdem kann durch lange belichtete Aufnahmen auch schwache Strahlung über einen großen Zeitraum integriert werden. Dem stehen als Nachteile gegenüber, daß das Ergebnis erst nach der Entwicklung zugänglich ist, und quantitative Auswertungen der Bestrahlungsstärke mit den bekannten Problemen der photographischen Photometrie behaftet sind (Notwendigkeit der Aufbelichtung eines Graukeiles auf die phographische Schicht, Abhängigkeit der Schwärzungskurve von Wellenlänge, Bestrahlungsdauer und Entwicklungsbedingungen, mühsame oder apparativ aufwendige Auswertung).

Im Folgenden wird die zweckmäßigste Wahl unter den verschiedenen Arten von Spektralapparaten besprochen, die als Bestandteil eines Spektrometers oder Schmalbandphotometers in Betracht kommen. Zur Unterstützung des Vergleiches sei an dieser Stelle schon darauf hingewiesen, daß in Abschnitt 5.8.6 Zahlenangaben für typische Vertreter jeder Art zusammengestellt sind.

Für *Messungen bei einzelnen Wellenlängen* kommen sowohl schmalbandige Filter als auch dispersive Apparate in Betracht. Filter sind in größerer Auswahl hauptsächlich für das nahe UV, das Sichtbare und das nahe IR verfügbar. Dispersive Spektralapparate sind für nahezu den ganzen optischen Spektralbereich mit Ausnahme des fernsten IR erhältlich.

Aus dem Spektrum eines Kontinuumstrahlers läßt sich mit **Filtern** jede beliebige Wellenlänge auswählen, sofern die Filter für eine kontinuierliche Folge von Wellenlängen verfügbar sind. Dies trifft bei Interferenzfiltern weitgehend zu, da die kennzeichnende Wellenlänge im wesentlichen durch die Dicke einer Abstandsschicht bestimmt wird. Es gilt aber nicht für Absorptionsfilter, deren Eigenschaften von den naturgegebenen Eigenschaften der absorbierenden Stoffe abhängen. Bei der Beschaffung von Filtern muß für die kennzeichnende Wellenlänge eine Toleranz eingeräumt werden, deren Größe mit der Anwendung verträglich sein muß. Daneben muß das Filter auch die Anforderungen an die spektrale Reinheit einhalten. Obwohl Interferenzfilter für den sichtbaren Bereich mit Halbwertbreiten bis herab zu 1 nm herstellbar sind, liegen die Halbwertbreiten der üblichen Filter bei etwa 10 nm. Je mehr Wellenlängen - und damit bei Verwendung von Homogenfiltern je mehr verschiedene Filter - benötigt werden, und je schmalere Halbwertbreiten verlangt werden, desto eher wird der Punkt erreicht, wo ein dispersiver Spektralapparat mit kontinuierlicher Wellenlängen- und meist auch Spaltbreiten-Einstellung wirtschaftlicher wird als die Verwendung von Filtern. Dabei muß aber auch noch die verfügbare Strahlungsleistung berücksichtigt werden. Da der optische Leitwert von Filtern in der Regel größer ist, als der von dispersiven Spektralapparaten "vergleichbarer Größe" (→ 5.8.6), kann dies auch dann für die Verwendung von Filtern sprechen, wenn ein umfangreicher und teurer Filtersatz beschafft werden muß.

Ähnliches gilt auch bei der Verwendung von Linienstrahlern, jedoch mit dem Unterschied, daß unter günstigen Umständen die Halbwertbreite nicht vom Filter, sondern vom Abstand der Linien innerhalb einer Gruppe oder bei Einzellinien von der Breite der Linie selbst bestimmt wird. Dazu ist erforderlich, daß die Linien oder Liniengruppen soweit voneinander entfernt sind, daß die Nachbarlinien(-gruppen) von den Fil-

tern nicht mehr durchgelassen werden, und daß zwischen den Linien keine kontinuierliche Untergrundstrahlung vorhanden, oder doch zumindest genügend schwach ist. In
den seltenen Fällen, wo Strahlungsmessungen nur an Strahlern vorgenommen werden
sollen, die diese Bedingungen erfüllen, ist die Messung mit einem Satz von Filtern für
die vorhandenen Linien voll ausreichend. Bei der Messung von Proben- oder Stoffkenn-
zahlen muß aber geprüft werden, ob die durch einen Linienstrahler verfügbare Anzahl
von Wellenlängen ausreicht.

Für Strahlungsmessungen an Linienstrahlern oder für die Messung von Probenkenn-
zahlen unter Verwendung von Linienstrahlern können zur spektralen Aussonderung
außer Filtern natürlich **dispersive Spektralapparate** eingesetzt werden. Unter den schon
im vorigen Absatz erwähnten Voraussetzungen ist auch hier wieder die Halbwertbreite der ausgesonderten Strahlung nur durch den Abstand oder die Eigenbreite der
Linien selbst bestimmt. Der Vorteil gegenüber der Anwendung von Filtern ist die
geringere Halbwertbreite des Durchlaßprofils, die auch die Trennung näher benachbarter Linien ermöglicht, und die Einstellbarkeit auf jede beliebige Linie innerhalb des
Spektralbereiches des benutzten Spektralapparates.

Davon wird beispielsweise bei der Atomabsorptionsspektrometrie Gebrauch gemacht,
deren Ziel die Bestimmung der Konzentration einzelner, meist zu den Metallen gehö-
render, chemischer Elemente in Lösungen ist (Welz 1983). Dazu werden die Lösungen
verdampft und der Transmissionsgrad des Dampfes in den Absorptionslinien gemessen.
Als Strahler werden sog. Hohlkathodenlampen benutzt, in denen die durch Absorption
nachzuweisenden Elemente enthalten sind und zur Emission ihrer charakteristischen
Linien angeregt werden. Diese Linien werden dann durch einen Monochromator von
Nachbarlinien desselben Elementes oder eines weiteren in der Lampe enthaltenen
Elementes oder des für die Ausbildung der Gasentladung notwendigen Füllgases getrennt und die Strahlung durch den Dampf der zu untersuchenden Lösung geleitet.
Für jedes nachzuweisende Element wird eine Lampe benötigt, in der dieses Element
enthalten ist; in einer Lampe können nur ein oder in günstigen Fällen zwei bis drei
verschiedene Elemente enthalten sein. Ein typischer Wert der Halbwertbreite der
Absorptionslinie ist 4 pm (1 pm = 10^{-12} m = 0,001 nm). Die Halbwertbreite der Emissionslinie der Hohlkathodenlampe ist etwa 2 pm und damit nach Gleichung (5.8-1)
noch zu groß, um genaue Werte des spektralen Absorptionskoeffizienten zu messen,
aber doch um mehr als zwei Zehnerpotenzen kleiner als die an den Monochromatoren
üblicherweise einstellbare spektrale Spaltbreite.

Wenn der spektrale Verlauf von Strahlungsgrößen oder Materialkennzahlen, also
Spektren in der umfassenderen Bedeutung des Wortes, gemessen werden sollen, kann
ein **Verlauffilter** oder ein dispersiver Spektralapparat benutzt werden. Wegen der oben
erwähnten üblichen Werte der Halbwertbreite kommen Verlauffilter meist nur für
einfachere Aufgaben in Betracht. Für die Messung von höher aufgelösten Spektren,
oder wenn für die Messung bei ausgewählten Wellenlängen das Ergebnis der vorstehenden Überlegungen zur Wahl eines dispersiven Spektralapparates geführt hat, muß
dessen Typ genauer bestimmt werden. Messungen nach dem Simultanverfahren mit
Simultanspektrometern oder Spektrographen wurden oben schon diskutiert, so daß
hier nur noch Messungen mit Sequenzspektrometern zu behandeln sind. Die dafür
geeigneten dispersiven Spektralapparate sind Monochromatoren. Weiterhin sind Vielstrahl-Interferometer für diese Zwecke brauchbar.

Vielstrahl-Interferometer werden wegen ihres kleinen freien Spektralbereiches praktisch immer in Verbindung mit einem Vorzerleger, meist einem Monochromator, und nur für Messungen mit sehr hoher Auflösung benutzt. Zu ihrer Abstimmung auf die Meßwellenlänge oder zum Durchstimmen für die Messung eines kleinen, hochaufgelösten Ausschnittes aus einem Spektrum wird entweder der Plattenabstand verändert (meist durch piezoelektrische Elemente) oder es wird der Gasdruck in einer das ganze Interferometer umgebenden Kammer (wodurch der Druck nicht einseitig auf den Interferometerplatten lastet) verändert.

Monochromatoren können mit **Prismen** oder mit **Gittern** aufgebaut sein. Obwohl natürlich auch die Flächen der Prismen, die dem Durchtritt der Strahlung dienen, in optischer Qualität poliert sein müssen, kann man generell doch sagen, die Wirkung eines Prismas liege mehr im Material und damit im Inneren des Prismas, während die Wirkung eines Gitters viel mehr auf seiner Oberfächenstruktur beruht. Diese ist viel verletzlicher als die Außenflächen eines Prismas, z.B. können die Flächen von Prismen im Bedarfsfall unter entsprechenden Vorsichtsmaßregeln abgewischt werden, was man bei Gittern niemals tun darf.

Diese Bemerkung sollte niemanden verleiten, Prismenspektralapparate ohne zwingende Notwendigkeit zu öffnen, um "das Prisma zu putzen". Durch eingeschleppten Staub oder mikroskopische Körnchen aus hartem Material in einem vermeintlich weichen Wattebausch besteht die Gefahr, daß die Flächen mikroskopisch zerkratzt werden, was den Fehlstrahlungsanteil erhöht. Man darf niemals trocken wischen, aber selbstverständlich auch keine Flüssigkeit verwenden, die das Prismenmaterial oder den Lack der Fassungen löst oder angreift.

Die Eigenschaften von Gittern lassen sich, z.B. durch Gestaltung der Furchenform, in weitaus höherem Maße beeinflussen als die Eigenschaften von Prismen, bei denen man auf die Auswahl oder Synthese geeigneter transparenter Werkstoffe angewiesen ist. Auch die Herstellung sehr großer Gitter ist nicht ganz so kostspielig, wie die sehr großer Prismen. So hat mit den in den letzten Jahrzehnten erzielten Fortschritten in der Gitterherstellung die Verwendung von Gittern immer mehr zugenommen. Ein **Vergleich** der wesentlichen allgemeinen Eigenschaften **von Prismen und Gittern** ist in **Tabelle 5.8-4** vorgenommen.

Als ein wesentlicher Vorteil der Gitter wird angesehen, daß sie, in Wellenlängen gerechnet, annähernd konstante Dispersion haben und daß für registrierende Geräte der Zusammenhang zwischen einer Einstellbewegung und der Wellenlänge sich mit mechanischen Mitteln zuverlässig linearisieren läßt. Diese Vorteile verschwinden natürlich, wenn man statt der Wellenlängen Frequenzen oder Wellenzahlen verwendet, wie das in der Infrarotspektrometrie allgemein üblich ist, wo bisher für den Gitterantrieb entweder Kurvenscheiben oder komplizierte Hebelmechanismen eingesetzt werden mußten. Mit der zunehmenden Verfügbarkeit elektronischer Rechner und Speicher, die in die Geräte eingebaut werden, verlieren diese Gesichtspunkte etwas an Gewicht, wenn auch jede für die Linearisierung notwendige nichtlineare Umrechnung von Einstellparametern in Wellenlängen immer noch technischen Aufwand und eine mögliche Fehlerquelle bedeutet.

Wenn ein Material zur Verfügung steht, das in einem sehr großen Spektralbereich durchlässig ist, haben Prismen aus diesem Material gegenüber Gittern den Vorteil, in dem ganzen Bereich einen gleichmäßig hohen Wirkungsgrad zu besitzen. Das ist mit

Tabelle 5.8-4: Gegenüberstellung der Eigenschaften von Prismen und Gittern

Eigenschaft	Prisma	Gitter
Zahl der Spektren	1	mehrere Ordnungen ([1]
Wirkungsgrad bestimmt durch	Transmission des Materials ([2]	Wirkungsgrad des Profils ([3]
Spektraler Verlauf von Wirkungsgrad und Polarisation	glatt außer eventueller Materialabsorption	Woodsche Anomalien (5.7.7 ←)
Spektralbereich begrenzt durch	Transmission des Materials	Wirkungsgrad ([4]
Dispersion und optischer Leitwert überlegen	im FUV ([5]	im Sichtbaren und IR
Wellenlängen-Skala, Wellenlängen-Antrieb	nicht linear	fast linear, ([6] (proportional sin γ)
Lineardispersion bezogen auf Wellenlänge	wellenlängenabhängig	fast konstant (proportional 1/cos γ)
Frequenz-Skala, ([7] Frequenz-Antrieb	nicht linear	nicht linear ([8] (proportional 1/sin γ)
Lineardispersion bezogen auf Frequenz ([7]	frequenzabhängig	frequenzabhängig ([9]
maximale Bündelbreite ([10]	30 mm - 100 mm (je nach Material)	300 mm
Vereinigung von Abbildung und Dispersion	schlecht möglich (Bildfehler)	gut möglich, besond. bei holograph. Konkavgittern

Anmerkungen siehe folgende Seite

(^{1} Werden die Gitter, wie meist üblich, in erster Ordnung benutzt, so haben die höheren Ordnungen alle kürzere Wellenlängen, die sich vom nahen UV bis ins nahe IR durch Ordnungsfilter meist relativ leicht unterdrücken lassen.

(^{2} Dazu kommen noch die Reflexionsverluste an den Durchtrittsflächen, die wenig von der Wellenlänge abhängen, aber bei hoher Brechzahl (typische IR-Materialien bis etwa 4) erhebliche Beträge erreichen können (für zwei Flächen 60 %).

(^{3} Der Wirkungsgrad ist das Produkt aus dem von der Profilform abhängigen relativen Wirkungsgrad des Profils und dem Transmissionsgrad des Trägers bzw. dem Reflexionsgrad der reflektierenden Schicht.

(^{4} Gitter mit Sägezahnprofil haben bei hohen Anforderungen nur im Bereich von 2/3 der Glanzwellenlänge bis zu ihrem 3/2-fachen, bei geringeren Anforderungen von der Hälfte bis zum Doppelten der Glanzwellenlänge einen genügend hohen Wirkungsgrad. Eine breite Wirkungsgradkurve läßt sich nur durch Verzicht auf Höhe des Maximums erreichen.

(^{5} Ein rückseitig verspiegeltes 30^0-Prisma aus Quarzglas ist einem Gitter mit 600 Furchen/mm überlegen unterhalb 270 nm und einem Gitter mit 1200 Furchen/mm unterhalb etwa 220 nm.

(^{6} Der Zusammenhang zwischen einer geradlinigen Einstellbewegung und der Wellenlänge wird linear durch Verwendung eines sog. Sinuslenkers. γ ist der Drehwinkel des Gitters (5.4.2 ←).

(^{7} oder eine der Frequenz proportionalen Größe wie Wellenzahl oder Photonenenergie.

(^{8} Mechanische Getriebe, die diesen Zusammenhang linearisieren, sind möglich, aber aufwendig und haben ungünstige Übersetzungsverhältnisse.

(^{9} proportional zu $1/(\sin\gamma \cdot \tan\gamma)$

(^{10} bedingt durch die technischen oder wirtschaftlichen Grenzen der Herstellung sehr großer Prismen oder Gitter. Bei den Prismen gelten 100 mm für Materialien wie Glas oder Steinsalz, kleinere für Quarzglas und für andere Kristalle.

Gittern nicht erreichbar, so daß je nach Anforderungen die Regel gilt, ein Gitter sei nur über eine oder höchstens zwei Oktaven brauchbar, d.h. in einem Wellenlängenbereich, dessen Grenzwellenlängen sich wie 1:2 oder wie 1:4 verhalten. Diese Grenzen können manchmal noch etwas erweitert werden durch Kombination von Gitterapparaten mit Strahlern und Empfängern, deren Strahlungsfunktion und relative spektrale Empfindlichkeit so verlaufen, daß ihr Produkt mit dem Wirkungsgrad des Gitters und dem Transmissionsgrad der übrigen Optik sich über einen größeren Bereich nur mäßig ändert. So können Geräte mit einem einzigen Gitter für den Bereich von 200 nm bis 950 nm gebaut werden, wenn man als Strahler eine Deuterium- und eine Glühlampe und als Empfänger einen Photoelektronenvervielfacher verwendet, oder für den Bereich 2,5 µm bis 15 µm mit einem Globar als Strahler und einem thermischen Empfänger. Demgegenüber sind Geräte mit einem Quarzglasprisma für den Bereich 200 nm bis 2,5 µm brauchbar (Empfänger für 900 nm bis 2,5 µm: PbS-Photowiderstand) oder Geräte mit einem KBr-Prisma von 2 µm bis 25 µm. Gittergeräte benötigen für so große Spektralbereiche mehrere Gitter, die bei manchen Geräten automatisch gewechselt werden.

Unter den Monochromatoren besteht die Wahl zwischen **Einfach- und Doppelmonochromatoren**. Der Grund für die Verwendung von Doppelmonochromatoren liegt fast ausschließlich in ihrem geringeren Fehlstrahlungsanteil. Zwar hat ein additiver Doppelmonochromator im Vergleich zu einem Einfachmonochromator, der einem der Teilmonochromatoren des Doppelmonochromators entspricht, den doppelten spektralen optischen Leitwert (5.7.5 ←), aber dieser Vorteil wird durch den geringeren Transmissionsgrad wieder aufgezehrt, so daß der effektive spektrale optische Leitwert etwa derselbe ist, wie der des Einfachmonochromators (vgl. auch die **Abbildung 5.7-1** und die **Abbildung 5.7-2**). Ein subtraktiver Doppelmonochromator hat den spektralen optischen Leitwert des Einfachmonochromators, aber einen geringeren Transmissionsgrad. Sein effektiver spektraler optischer Leitwert ist geringer als der des Einfachmonochromators.

Für den folgenden **Vergleich von additiven und subtraktiven Doppelmonochromatoren** ist vorausgesetzt, daß in beiden Fällen zwei gleiche Einfachmonochromatoren - einmal zu einer additiven und einmal zu einer subtraktiven Anordnung - kombiniert werden. Wie sich gleich zeigen wird, genügt es nicht, den Vergleich nur für gleiche Spaltbreiten beider Anordnungen vornehmen. Vielmehr müssen die Eigenschaften für drei verschiedene, ausgezeichnete Werte des Verhältnisses der Spaltbreite beider Anordnungen miteinander verglichen werden. Sie sind dadurch gekennzeichnet, daß

    a) entweder die Spaltbreite (und damit auch die von einem Linienstrahler durchgelassene Strahlungsleistung)

    b) oder die von einem Kontinuumstrahler durchgelassene Strahlungsleistung

    c) oder die spektrale Spaltbreite

jeweils für beide Anordnungen gleich ist.

In dem nachfolgenden Vergleich wird zur Vereinfachung der Beschreibung von additiver oder subtraktiver Nutzstrahlung bzw. von additiver oder subtraktiver Fehlstrahlung gesprochen, wenn die Nutzstrahlungsleistung bzw. die Fehlstrahlungsleistung nach Durchgang durch den Doppelmonochromator in additiver oder subtraktiver Anordnung gemeint ist. Ferner wird der integrale Fehlstrahlungsanteil als klein angenommen, so daß das Verhältnis Fehlstrahlungsleistung zu Gesamtstrahlungsleistung annähernd durch das Verhältnis Fehlstrahlungsleistung zu Nutzstrahlungsleistung ersetzt werden kann. Zunächst gelten die Fehlstrahlungsaussagen auch nur für die Fehlstrahlung außerhalb der spektralen Fußbreite des Einfachmonochromators bzw. des subtraktiven Doppelmonochromators. Die Fehlstrahlung innerhalb des Bereiches zwischen der spektralen Fußbreite des additiven Doppelmonochromators und der spektralen Fußbreite des Einfachmonochromators wird unten gesondert betrachtet.

Die in der folgenden Diskussion benötigte Abhängigkeit der Nutzstrahlungsleistung von der Spaltbreite ist in den Abschnitten 5.7.4 und 5.7.5 ausführlich dargestellt, die Abhängigkeit der Fehlstrahlungsleistung von der Spaltbreite folgt im Abschnitt 5.8.5. Zur besseren Übersicht sind die folgenden Feststellungen a) bis c) anschließend noch einmal in **Tabelle 5.8-5** zusammengefaßt.

    a) Wählt man gleich große mechanische Spaltbreiten bei der additiven und der subtraktiven Anordnung (Vergleichsbasis für diesen Fall), so ist die spektrale

Spaltbreite (Bandbreite, 5.5.4 ←) bei der additiven Anordnung nur halb so groß, wie bei der subtraktiven.

In Verbindung mit einem Linienstrahler sind additive und subtraktive Nutzstrahlung (kann ebenfalls als Vergleichsbasis für diesen Fall angesehen werden) sowie additive und subtraktive Fehlstrahlung gleich, damit sind auch die Fehlstrahlungsanteile gleich groß.

In Verbindung mit einem Kontinuumstrahler ist wegen der halbierten Bandbreite die additive Nutzstrahlung nur halb so groß wie die subtraktive, die beiden Fehlstrahlungen sind aber gleich. Damit wird der additive Fehlstrahlungsanteil doppelt so groß wie der subtraktive.

Tabelle 5.8-5: Vergleich der Eigenschaften von Doppelmonochromatoren mit additiver und subtraktiver Dispersion (aufgebaut aus sonst gleichen Teilmonochromatoren). Angegeben ist für die verschiedenen Größen das Verhältnis des Wertes der additiven zu dem der subtraktiven Anordnung.

Eigenschaft		Vergleichsbasis		
		a	b	c
Spaltbreite		1	$\sqrt{2}$	2
Bandbreite		1/2	$1/\sqrt{2}$	1
Linienstrahler	Nutzstrahlung	1	$\sqrt{2}$	2
	Fehlstrahlung	1	$2\cdot\sqrt{2}$	8
	Fehlstr.-anteil	1	2	4
Kontinuumstrahler	Nutzstrahlung	1/2	1	2
	Fehlstrahlung	1	$2\cdot\sqrt{2}$	8
	Fehlstr.-anteil	2	$2\cdot\sqrt{2}$	4

b) Wird die Spaltbreite der additiven Anordnung um den Faktor $\sqrt{2}$ größer gewählt als die der subtraktiven, so wächst die Bandbreite der additiven Anordnung gegenüber Fall a) ebenfalls um $\sqrt{2}$, also auf $1/\sqrt{2}$.

In Verbindung mit einem Linienstrahler ist die additive Nutzstrahlung wegen der vergrößerten Spaltbreite ebenfalls um $\sqrt{2}$ größer als die subtraktive, die additive Fehlstrahlung aber um $2\cdot\sqrt{2}$. Der additive Fehlstrahlungsanteil ist also doppelt so groß wie der subtraktive.

In Verbindung mit einem Kontinuumstrahler ist die additive Nutzstrahlung mit der um $\sqrt{2}$ vergrößerten Spaltbreite und der um $\sqrt{2}$ kleineren Bandbreite gleich der subtraktiven (das ist die Vergleichsbasis für diesen Fall). Die additive Fehlstrahlung wächst gegenüber der subtraktiven wegen der größeren Spaltbreite wieder um $2 \cdot \sqrt{2}$ an, um denselben Faktor wächst auch der additive Fehlstrahlungsanteil gegenüber dem subtraktiven.

c) Wird die Spaltbreite der additiven Anordnung schließlich gegenüber der subtraktiven Anordnung verdoppelt, so werden die Bandbreiten der durchgelassenen Strahlung für beide Anordnungen gleich (Vergleichsbasis für diesen Fall).

In Verbindung mit einem Linienstrahler ist dann auch die additive Nutzstrahlung um den Faktor 2 größer als die subtraktive, die additive Fehlstrahlung aber beträgt das 8-fache der subtraktiven. Der additive Fehlstrahlungsanteil ist damit das 4-fache des subtraktiven.

In Verbindung mit einem Kontinuumstrahler ist die additive Nutzstrahlung wegen der doppelten Spaltbreite bei gleicher Bandbreite doppelt so groß wie die subtraktive, die Fehlstrahlung aber wieder 8 mal so groß. Der additive Fehlstrahlungsanteil ist damit das 4-fache des subtraktiven.

Bei Verwendung von Kontinuumstrahlern hat die additive gegenüber der subtraktiven Anordnung energetische Vorteile: Bei gleicher Strahlungsleistung kann man mit kleinerer Bandbreite (spektraler Spaltbreite) arbeiten, oder bei gleicher Bandbreite steht mehr Strahlungsleistung (vom gleichen Strahler) zur Verfügung. Das gilt allerdings nur für den Vergleich der beiden Doppelmonochromator-Anordnungen untereinander. Verglichen mit einem Einfachmonochromator hat ein Doppelmonochromator einen kleineren Transmissionsgrad, der nur bei additiver Dispersion durch den energetischen Vorteil ungefähr ausgeglichen wird. Dem Vorteil der kleineren Bandbreite oder höheren Strahlungsleistung steht allerdings als Nachteil ein um den Faktor 2,8 bis 4 höherer Fehlstrahlungsanteil gegenüber. Da aber die Verminderung des Fehlstrahlungsanteils durch Einsatz eines Doppelmonochromators gegenüber dem Einfachmonochromator 2 bis 4 Zehnerpotenzen ausmacht, erscheint die Erhöhung um den Faktor 4 in Anbetracht der energetischen Vorteile in der Regel hinnehmbar. So werden in Verbindung mit Kontinuumstrahlern, z.B. für die Absorptionsspektrometrie, in der Regel Doppelmonochromatoren mit additiver Dispersion eingesetzt.

Bei Verwendung von Linienstrahlern würde man aus dem bisher Gesagten schließen, daß beide Anordnungen fast gleichwertig sind, denn bei gleicher Nutzstrahlung ist auch der Fehlstrahlungsanteil gleich. Die additive Anordnung hätte einen leichten Vorteil wegen der kleineren spektralen Spaltbreite, die eine Trennung näher benachbarter Linien erlaubt. Gerade dieser Vorteil ist aber mit einem bisher noch nicht erwähnten Nachteil verknüpft: Die kleinere spektrale Spaltbreite wird ja nur dadurch erreicht, daß infolge der additiven Dispersion der Austrittsspalt des zweiten Teilmonochromators die äußeren Teile des vom ersten durchgelassenen Spektralbandes abschneidet. Wellenlängen zwischen der spektralen Fußbreite des Einfach- und des Doppelmonochromators sind also noch als Nutzstrahlung durch den ersten Teilmonochromator gegangen und werden erst durch den zweiten Teilmonochromator beseitigt. Sie können damit in gleichem Maße zur Fehlstrahlung beitragen wie in einem Einfachmonochromator, und da sie sich in der Ausbreitungsrichtung nur wenig von der Nutzstrahlung unterscheiden, ist ihr Beitrag zu Fehlstrahlung eher größer als der weiter entfernter Wellenlängen. Dazu kommt nocheinmal dieselbe Strahlungsleistung, die als Fehlstrahlung durch den ersten Teilmonochromator geht und dann den zweiten Teilmonochromator innerhalb seiner Nutzbandbreite durchsetzt.

Abbildung 5.8-1 zeigt schematisch die spektrale Verteilung der Strahlungsleistung hinter Doppelmonochromatoren bei Einstrahlung mit einem Kontinuumstrahler. In linearer Darstellung folgt die Verteilung im Nutzbereich dem dreieckförmigen Verlauf des Durchlaßprofils. Um die kleinen Werte im Sperrbereich neben dem Nutzbereich

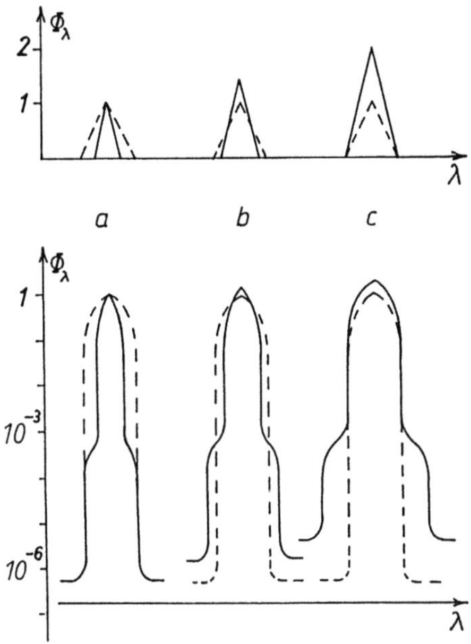

Abbildung 5.8-1: Spektrale Strahlungsleistung hinter Doppelmonochromatoren in additiver und subtraktiver Anordnung als Funktion der Wellenlänge bei Einstrahlung mit einem Kontinuumstrahler.

Gestrichelt: Subtraktive Anordnung mit fester Spaltbreite.

Ausgezogen : Additive Anordnung. a: gleiche Spaltbreite wie bei subtraktiver Anordnung; b: gleiche Strahlungsleistung; c: gleiche Bandbreite.

Für die Darstellung oben gilt ein linearer, für unten ein logarithmischer Maßstab. Die untere Skalenbezifferung von 1 bis 10^{-6} soll nur auf die logarithmische Darstellung und die ungefähre Größenordnung hinweisen. In günstigen Fällen werden auch 10^{-8} erreicht. Die gegenseitige Lage der ausgezogenen und gestrichelten Kurven ist maßstabsgerecht dargestellt.

gut darstellen zu können, ist im unteren Teil die spektrale Strahlungsleistung im logarithmischen Maßstab aufgetragen. Das in der linearen Darstellung auftretende Dreieck wird damit zur Form eines Spitzbogenfensters verzerrt. Der Fehlstrahlungsanteil zeigt sich in der Aufweitung der Kurven in der unteren Hälfte und in dem breiten "Fuß".

Die gestrichelten Kurven und die ausgezogene Kurve a stellen gleichzeitig das Durchlaßprofil dar, die ausgezogenen Kurven b und c entsprechen dem um den Faktor $\sqrt{2}$ bzw. 2 nach oben verschobenen Durchlaßprofil.

Abbildung 5.8-2 zeigt das gemessene Durchlaßprofil eines additiven Doppelmonochromators zusammen mit den Ergebnissen eines Experimentes zur Bestätigung der oben gemachten Aussagen. Dazu wurde der Mittelspalt (dessen Breiteneinstellung bei dem untersuchten Gerät normalerweise mit der Einstellung der Außenspalte gekoppelt ist) künstlich erweitert. Die damit verbundene Ausweitung der Verbreiterung des Profils unterhalb von 10^{-3} bestätigt, daß diese Verbreiterung von Strahlung herrührt, die den ersten Teilmonochromator noch innerhalb seiner Bandbreite (als Nutzstrahlung), den zweiten aber als Fehlstrahlung durchläuft und umgekehrt.

Die Messung erfolgte nicht, wie die Definition eigentlich vorschreibt, bei fester Einstellung λ_0 durch Variation der eingestrahlten Wellenlänge λ, sondern mit Einstrahlung der durch einen zweiten Doppelmonochromator aus dem Spektrum einer Quecksilberlampe isolierten festen Wellenlänge $\lambda = 546{,}1$ nm durch Variation der eingestellten Wellenlänge λ_o. Diese Umkehr ist experimentell einfacher als die definitionsgemäße Messung und bei den kleinen Abständen zwischen λ und λ_o erlaubt.

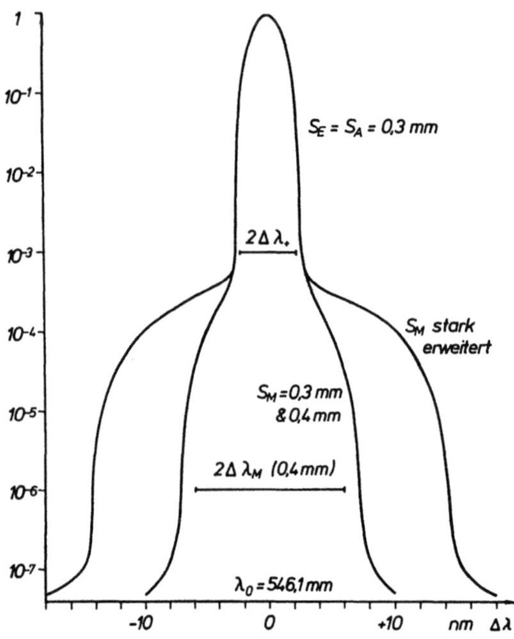

Abbildung 5.8-2: Gemessenes Durchlassprofil eines additiven Prismen-Doppelmonochromators (logarithmische Darstellung).

Zusätzlich zum gemessenen Profil ist seine rechnerische Fussbreite $2\cdot\Delta\lambda$ eingetragen, und zwar oben für den ganzen Doppelmonochromator, unten für einen Teilmonochromator (aus Reule 1986, gemessen am Modell MM12 der Fa. Carl Zeiss).

Wegen des dem Einfachmonochromator entsprechenden Fehlstrahlungsanteils im Bereich zwischen den spektralen Fußbreiten des additiven Doppelmonochromators und des Einfachmonochromators, sind additive Doppelmonochromatoren für den Nachweis und die Messung schwacher Linien in unmittelbarer Nachbarschaft von starken Linien nicht geeignet. So werden z.B. für die Zwecke der Ramanspektroskopie, wo schwache Ramanlinien dicht neben der starken gestreuten Erregerlinie nachzuweisen sind, subtraktive Doppelmonochromatoren eingesetzt.

Für den Vergleich der verschiedenen Typen von Spektralapparaten untereinander hinsichtlich Auflösung und verfügbarer Strahlungsleistung sei nocheinmal auf die Tabellen im Abschnitt 5.8.6 hingewiesen.

5.8.4 Auswahlkriterien

Die bisherigen Betrachtungen handelten von den grundsätzlichen Eigenschaften der verschiedenen Typen von Spektralapparaten und spektralen Meßgeräten. Jeder Typ kann in verschiedenen Ausführungen gebaut werden und wird in einer Vielzahl von Modellen der einzelnen Hersteller angeboten. Im folgenden werden nocheinmal einige der Punkte zusammengestellt, die bei der **Auswahl und dem Vergleich der Modelle** untereinander beachtet werden sollten.

a) **nutzbarer Spektralbereich** (zu unterscheiden von dem manchmal angegebenen "einstellbaren Spektralbereich") ([1]

b) **spektrale Halbwertbreite** (spektrale Spaltbreite, Bandbreite, 5.5.2, 5.5.4 ←)

c) **spektrale Hundertstelwertbreite** (5.5.4 ←)

d) **Fehlstrahlungsanteil** (integraler Fehlstrahlungsanteil bei Geräten mit Kontinuumstrahler, spektraler Fehlstrahlungsanteil für einzelne Linienpaare, 5.5.7 ←)

e) auflösbarer Wellenlängenabstand oder **Auflösungsvermögen** (5.6.1, 5.6.2 ←)

f) **Öffnungszahl** der Kamera oder des Ausgangskollimators (5.7.3 ←), wenn es auf die Bestrahlungsstärke im Spektrum ankommt (z.B. bei Spektrographen)

g) **optischer Leitwert** (5.7.4 ←) oder spektraler optischer Leitwert (5.7.5 ←), wenn es auf die Strahlungsleistung ankommt (z.B. bei Monochromatoren), nicht die Öffnungszahl ([2]

h) aus dem **Wirkungsgrad** eines eventuell vorhandenen Gitters (5.4.4 ←) und dem **Transmissionsgrad** (2.3 ←) der übrigen Optik gebildeter Transmissionsgrad des ganzen Gerätes

([1] Einige Hersteller unterscheiden, hauptsächlich bei Monochromatoren, zwischen dem einstellbaren und dem nutzbaren Spektralbereich, wobei als Untergrenze für den einstellbaren Bereich u.a. der Wert Null angegeben wird, wenn das Gitter bis in die nullte Ordnung gedreht werden kann. Die Einhaltung gewisser Gütemerkmale wird, wenn überhaupt, nur für den nutzbaren Spektralbereich zugesichert.

([2] Dies ist z.B. aus Gleichung (5.7-19) zu ersehen. Um diese, sicherlich manche Leser erstaunende Feststellung plausibel zu machen, denke man sich an einem gegebenen Spektralapparat bei unverändertem Dispersionselement und unverändertem Bündelquerschnitt an den Kollimatoren den Ausgangskollimator durch einen mit der halben Brennweite ersetzt. Die Öffnungszahl des neuen Kollimators ist dann halb so groß wie die des ursprünglichen. Wegen der kürzeren Brennweite werden aber auch das monochromatische Bild des Eintrittsspaltes, die Spektrenhöhe und die Lineardispersion nur halb so groß wie ursprünglich. Die Höhe des Ausgangsspaltes muß dann wegen der verminderten Spektrenhöhe auf die Hälfte der ursprünglichen Höhe vermindert werden, weil durch den übrigen Teil keine Nutzstrahlung hindurchginge, und die Breite muß wegen der halbierten Lineardispersion ebenfalls auf die Hälfte der ursprünglichen Breite herabgesetzt werden, wenn die spektrale Halbwertbreite den ursprünglichen Wert behalten soll. Die Fläche des Austrittsspaltes hat damit nur ein Viertel des ursprünglichen Wertes. Auf ihr herrscht dann, entsprechend der halbierten Öffnungszahl, zwar die vierfache Bestrahlungsstärke, die durchgehende Strahlungsleistung bleibt aber unverändert. Für die Strahlungsleistung ist also durch den Kollimator mit kleinerer Öffnungszahl nichts gewonnen.

Die Punkte b, c und d zusammen sind notwendig, um die spektrale Reinheit zu beurteilen, e gibt eine Untergrenze für b. Die Punkte f oder g zusammen mit h sind notwendig, um die energetischen Eigenschaften zu beurteilen.

Mit den vorstehenden Punkten, die hauptsächlich die spektralen Eigenschaften betreffen, ist die Qualität eines Spektralapparates keineswegs vollständig erfaßt. Hinzu kommen Gesichtspunkte wie Ablesegenauigkeit, Geschwindigkeit, Reproduzierbarkeit, Temperaturabhängigkeit und Richtigkeit der Wellenlängeneinstellung, Vorhandensein

und manuelle oder automatische Einschaltung von Filtern für die Trennung der
Ordnungen und die Verminderung von Fehlstrahlung oder die Erschütterungsempfind-
lichkeit.

Zusätzlich sind eine mögliche Nichtlinearität des Empfängers (4.3.8 ←) bzw. der Meßeinrichtung und, hauptsächlich bei Geräten zur Messung spektraler Materialkennzahlen,
systematische Meßabweichungen durch unterschiedliche Meßgeometrien und Wechselwirkungen zwischen Meßgerät und Probe (z.B. durch Vielfachreflexionen und Polarisation) von Bedeutung (eine Übersicht gibt Reule 1976). Bei diesen Geräten interessiert auch
weniger die Strahlungsleistung als das Signal-Rauschverhältnis oder der Rauschabstand
(2.1 ←). Ausreichende Strahlungsleistung ist die wichtigste, aber doch nur eine der Voraussetzungen für ein gutes Signal-Rauschverhältnis.

Darüber hinaus sind bei Geräten zur Messung spektraler Materialkennzahlen manuell
oder automatisch umschaltbare Strahler und Empfänger für verschiedene Spektralbereiche, manuelle oder automatische Einstellung der Spaltbreite und Regelung der
Verstärkung und analoge oder digitale Anzeige oder selbsttätige Registrierung der
Ausgabegröße in Kurvenform als Funktion der Wellenlänge einige der Möglichkeiten
verschiedener Ausgestaltung. Ausgabegröße können dabei nicht nur Transmissionsgrad
oder Reflexionsgrad, sondern auch daraus abgeleitete Größen, wie das Absorptionsmaß
(Extinktion) oder die Kubelka-Munk-Funktion oder nach Eingabe des bezogenen
spektralen Absorptionskoeffizienten auch die Konzentration sein. Für Spektrometer und
Schmalbandphotometer zur spektralen Absorptionsmessung für analytische Untersuchungen sind die verschiedenen Bauformen in DIN 58960 Teil 2 beschrieben, die
wichtigsten Eigenschaften in DIN 58960 Teil 3 aufgelistet und Anforderungen an die
Beschreibung technischer Daten für den Anwender in DIN 58960 Teil 4 festgelegt.

5.8.5 Beeinflussung der Eigenschaften durch den Benutzer

Bei dispersiven Spektralapparaten kann der Gerätebenutzer meist die Spaltbreite
kontinuierlich oder in Stufen verstellen. Bei manchen Geräten ist auch die Spalthöhe
einstellbar. Sollte das nicht der Fall sein, ist es oft nicht allzu schwierig, durch eine
von außen in die Nähe des Spaltes gebrachte Blende die Spalthöhe zu begrenzen. Bei
Interferometern ist im allgemeinen der Durchmesser der meist runden Eintritts- und
Austrittsluke veränderbar. Schließlich kann der Benutzer unter Umständen für den
Betrieb des Spektrometers in unterschiedlichen Spektralbereichen den Strahler oder
den Empfänger wechseln oder zusätzliche Filter in den Strahlengang einfügen. Zur
optimalen Wahl der einstellbaren Parameter und zu weiteren möglichen Maßnahmen
werden im folgenden einige Ratschläge gegeben.

Wenn bei Interferometern, dispersiven Spektralapparaten und Verlauffiltern die
höchstmögliche Auflösung bzw. die kleinstmögliche Halbwertbreite angestrebt wird,
sollten die jeweiligen Luken auf ihre praktisch förderliche Größe eingestellt werden
(5.6.3 ←). Eine Verminderung unter diese Größe bringt nur noch geringen Gewinn an
Auflösung, dafür aber große Strahlungsleistungs- oder Bestrahlungsstärkeverluste.
Reicht aber die Strahlungsleistung nicht aus, dann tritt die Frage auf, welcher **Gewinn
an Strahlungsleistung** mit einer bestimmten Erhöhung der Lukengröße erzielt wird,

und welcher **Verlust an Auflösung bzw. an spektraler Reinheit** dafür hingenommen werden muß. Die folgenden Angaben können oberhalb der förderlichen Lukengröße zur Orientierung dienen und gelten quantitativ ab dem Doppelten bis Dreifachen des praktisch förderlichen Durchmessers oder der praktisch förderlichen Spaltbreite. Für die Spalthöhe gelten andere Gesichtspunkte, die unten noch dargelegt werden.

Bei *Interferometern* steigen Strahlungsleistung und auflösbarer Wellenlängenabstand mit dem Quadrat des Lukendurchmessers an. Dabei ist vorausgesetzt, daß die durch Lukendurchmesser und Kollimatorbrennweite bestimmten Feldwinkel (5.4.1 ←) am Eingangs- und Ausgangskollimator gleich sind. Trifft dies nicht zu, so ist die Strahlungsleistung proportional dem Quadrat des kleineren Feldwinkels, der auflösbare Wellenlängenabstand aber proportional dem Quadrat des größeren Feldwinkels. Es ist also im allgemeinen unvorteilhaft, die Feldwinkel verschieden zu machen.

Für die *dispersiven Spektralapparate* werden im folgenden Angaben über die **Abhängigkeit von Nutzstrahlung, Fehlstrahlung und Fehlstrahlungsanteil von Spaltbreite und Spalthöhe** gemacht und am Ende in **Tabelle 5.8-6** zusammengestellt. Für die Nutzstrahlung wurden die zugrunde liegenden Beziehungen in Abschnitt 5.7 ausführlich dargelegt, für die Fehlstrahlung sind sie der Literatur entnommen (Reule, 1971). Zum Verständnis der Abhängigkeit der Fehlstrahlung von Spaltbreite und Spalthöhe kann man sich vorstellen, das Dispersionselement sei durch eine durchlassende oder reflektierende Mattscheibe ersetzt. (Das wäre ein Spektralapparat mit Fehlstrahlungsanteil nahe Eins.) Zur Vereinfachung der Beschreibung wird auch wieder nur von Nutzstrahlung und Fehlstrahlung gesprochen, wenn Nutz- und Fehlstrahlungsleistung gemeint sind.

Bei fehlerfreier Abbildung, und wenn die Krümmung des Austrittsspaltes eines *Monochromators* der Krümmung der Spaltbilder genau angepaßt ist, hängen der auflösbare Wellenlängenabstand und die Halbwertbreite nicht von der Spalthöhe ab. Da diese idealisierten Voraussetzungen in realen Geräten nur annähernd erfüllt werden können, wird die höchste Auflösung oft nur mit verminderter Spalthöhe erreicht. In diesem Fall hängen der auflösbare Wellenlängenabstand und die Halbwertbreite umso mehr von der Spalthöhe ab, je kleiner die Spaltbreite gewählt wird. Dieser Zusammenhang läßt sich nicht als einfache Proportionalität mit einer Potenz der Einflußgrößen darstellen. Für größere Spaltbreiten ist der Einfluß der Spalthöhe unbedeutend. Mit dieser Einschränkung gilt für alle dispersiven Spektralapparate, daß die Halbwertbreite und der auflösbare Wellenlängenabstand (immer oberhalb der förderlichen Spaltbreite) der Spaltbreite proportional und von der Spalthöhe unabhängig sind.

Bei *Spektrographen* ist in Verbindung mit einem Linienstrahler die Bestrahlungsstärke durch Nutzstrahlung von Spaltbreite und Spalthöhe unabhängig, lediglich die Größe der geschwärzten Fläche ändert sich (5.7, 5.7.3 ←). Die Bestrahlungsstärke durch Fehlstrahlung ist der Spaltbreite und der Spalthöhe proportional (ausgenommen Gittergeister, die sich wie Linien der Nutzstrahlung verhalten). Damit wird auch der Fehlstrahlungsanteil der Bestrahlungsstärke der Spaltbreite und der Spalthöhe proportional.

In Verbindung mit einem Kontinuumstrahler wächst wegen der Halbwertbreite auch die Bestrahlungsstärke durch Nutzstrahlung linear mit der Spaltbreite, ist aber unabhängig von der Spalthöhe. Die Bestrahlungsstärke durch Fehlstrahlung wächst ebenfalls linear mit der Spaltbreite und der Spalthöhe. Das hat zur Folge, daß der Fehlstrahlungsanteil der Bestrahlungsstärke von der Spaltbreite unabhängig, aber der Spalthöhe proportional ist.

Bei *Einfachmonochromatoren* in Verbindung mit einem Linienstrahler ist die Nutzstrahlung proportional zu Spaltbreite und Spalthöhe. Die Fehlstrahlung hängt von beiden Größen quadratisch ab. Damit wird der Fehlstrahlungsanteil der Spaltbreite und Spalthöhe proportional.

In Verbindung mit einem Kontinuumstrahler ist die Nutzstrahlung der Spalthöhe und dem Quadrat der Spaltbreite proportional. Die Fehlstrahlung hängt wieder von beiden Größen quadratisch ab. Damit ist der Fehlstrahlungsanteil nur der Spalthöhe proportional und unabhängig von der Spaltbreite.

Die letzte Feststellung mag verwundern, weil sie einer allgemeinen Erfahrung zu widersprechen scheint, die besagt, bei großen Spaltbreiten habe man hohe Fehlstrahlungsanteile zu befürchten. Diese Beobachtung ist durchaus richtig, gleichgültig, ob die großen Spaltbreiten bei einem handbedienten Gerät vom Benutzer eingestellt werden müssen oder nach einem Programm gesteuert oder vom Gerät nach der Größe des Bezugssignals automatisch geregelt werden. Große Spaltbreiten werden nämlich in den Bereichen notwendig, wo das Produkt aus der Strahlungsfunktion des Strahlers, dem Transmissionsgrad der Optik (und bei Transmissionsmessung an Lösungen dem Transmissionsgrad des Lösungsmittels) und der relativen spektralen Empfindlichkeit des Empfängers klein wird. In diesen Bereichen kann sich dann auch die Fehlstrahlung aus Bereichen, wo die genannten Größen höhere Werte haben, besonders stark auswirken. Man darf aus dieser richtigen Beobachtung nur nicht den falschen Schluß ziehen, durch Änderung der Spaltbreite könne der Fehlstrahlungsanteil beeinflußt werden. Das ist (bei der Kombination Einfachmonochromator mit Kontinuumstrahler, um die es hier geht) nicht möglich.

Dagegen hat der Benutzer ein einfaches aber wenig bekanntes Mittel, um den Fehlstrahlungsanteil zu vermindern, nämlich durch Begrenzung der Spalthöhe. Damit sie wirksam werden kann, muß sie aber unbedingt an Eintritts- *und* Austrittsspalt vorgenommen werden. Höhenbegrenzung nur an einem der Spalte beeinflußt Nutz- und Fehlstrahlung in gleicher Weise, verändert den Fehlstrahlungsanteil also nicht. Der Verlust an Nutzstrahlung durch die Verminderung der Spalthöhe kann entweder durch Erhöhung der Verstärkung ausgeglichen werden (meist unter Inkaufnahme erhöhten Rauschens), oder durch Vergrößerung der Spaltbreite. Da sie den Fehlstrahlungsanteil nicht verändert, ist das unschädlich, solange nur die damit verbundene Vergrößerung der Halbwertbreite hingenommen werden kann.

Ein Beispiel für die Verminderung des Fehlstrahlungsanteils durch Begrenzung der Spalthöhe (und zugleich eine **Meßmethode für den integralen Fehlstrahlungsanteil**) zeigt **Abbildung 5.8-3**. Aus der Messung bei der kleineren Konzentration (0,0005-normal) ist zu sehen, daß der Absorptionskoeffizient von KBr in Wasser mit abnehmender Wellenlänge kontinuierlich zunimmt (die Kurve des in logarithmischem Maßstab aufgetragenen Transmissionsgrades ist ja zugleich die Kurve des von oben nach unten aufgetragenen Absorptionsmaßes bzw. der Extinktion). Wenn der (konzentrations-)bezogene Absorptionskoeffizient von der Konzentration nicht abhängt (was im vorliegenden Fall zutrifft), wird durch die Erhöhung der Konzentration um den Faktor 10

das Absorptionsmaß um denselben Faktor größer, der Transmissionsgrad entsprechend
kleiner. Bei der Wellenlänge 210 nm beträgt der Reintransmissionsgrad der kleineren
Konzentration beispielsweise 0,079, das dekadische Absorptionsmaß also 1,10 B (Bel, 2.1
←). Für die 10-fach höhere Konzentration (0,005-normal) ist das Absorptionsmaß dann
11 B, der Reintransmissionsgrad also 10^{-11}. Die Kurve des Transmissionsgrades der
Lösung mit höherer Konzentration folgt also der strichpunktierten Fortsetzung der
ausgezogenen Meßkurve. Der "wahre" Transmissionsgrad der Lösung kann mit abnehmender Wellenlänge nicht zunehmen.

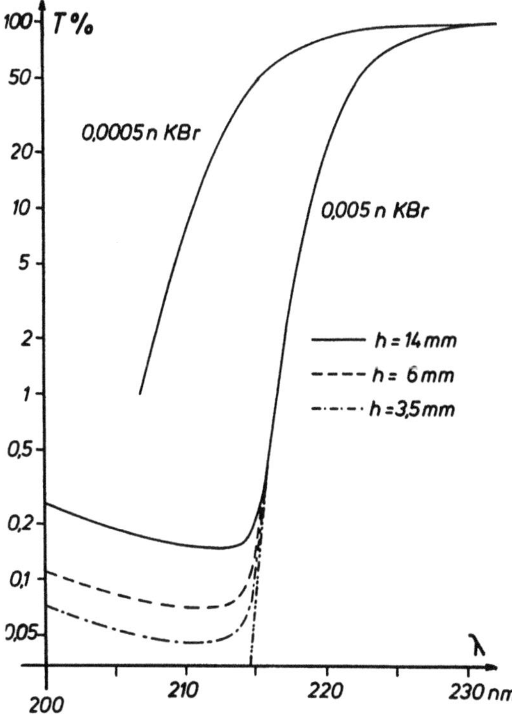

**Abbildung 5.8-3: Integraler Fehlstrahlungsanteil eines Einfachmonochromators für ver-
schiedene Spalthöhen, gemessen mit Kantenfiltern.** Logarithmische Darstellung des
(scheinbaren) Reintransmissionsgrades von KBr-Lösungen in Wasser in 1 cm - Küvette,
bezogen auf 1 cm Wasser (aus Reule 1976, Monochromator M4QIII von Carl Zeiss).

Der Wiederanstieg des gemessenen Transmissionsgrades mit abnehmender Wellenlänge
rührt daher, daß die vom Monochromator ausgesonderte Strahlung einen kleinen
Anteil langwelliger Fehlstrahlung enthält, die von der Lösung nicht absorbiert wird.
Da der wahre Transmissionsgrad unterhalb 210 nm wegen seiner Kleinheit völlig
vernachlässigt werden kann, ist der in diesem Bereich gemessene "scheinbare" Transmissionsgrad unmittelbar der Fehlstrahlungsanteil. Man sieht, daß er proportional mit
der Spalthöhe abnimmt.

Im vorliegenden Beispiel erreicht die zur Prüfung auf Fehlstrahlung benutzte Lösung den Reintransmissionsgrad 50 % bei etwa 227 nm (etwas temperaturabhängig). Verwendet man stattdessen NaCl, so rückt der 50 %-Punkt in die Nähe von 210 nm. Wenn NaCl zur Fehlstrahlungsmessung bei 200 nm benutzt wird, muß die spektrale Fußbreite des Durchlaßprofils beachtet werden.

Für Geräte amerikanischer Hersteller wird vielfach unter Berufung auf ASTM (American Society for Testing and Materials) das Ergebnis einer Fehlstrahlungsmessung bei 200 nm mit einer Lösung von NaJ angegeben, deren 50 %-Punkt etwa bei 270 nm liegt und die deshalb wesentlich kleinere Werte liefert.

Bei *Doppelmonochromatoren* in additiver oder subtraktiver Anordnung ist, in Verbindung mit einem Linienstrahler, die Nutzstrahlung der Spaltbreite und der Spalthöhe proportional, die Fehlstrahlung aber der dritten Potenz der beiden Größen. Damit wird der Fehlstrahlungsanteil proportional sowohl dem Quadrat der Spaltbreite wie dem Quadrat der Spalthöhe. (Während bei den meisten Doppelmonochromatoren die Spaltbreiten gemeinsam oder einzeln verstellbar sind, trifft dies für die Spalthöhe nur selten, und vielfach auch dann nur für die Außenspalte zu. Wenn die Höhe des Mittelspaltes unverändert gelassen wird, ist die Fehlstrahlung nur proportional zum Quadrat der Höhe der Außenspalte und der Fehlstrahlungsanteil nur proportional zur Höhe der Außenspalte.)

In Verbindung mit einem Kontinuumstrahler ist die Nutzstrahlung proportional der Spalthöhe und dem Quadrat der Spaltbreite. Die Fehlstrahlung ist wieder der dritten Potenz beider Größen proportional. Damit wird der Fehlstrahlungsanteil proportional zur Spaltbreite und zum Quadrat der Spalthöhe. (Wenn die Höhe des Mittelspaltes unverändert gelassen wird, ist die Fehlstrahlung nur proportional zum Quadrat der Höhe der Außenspalte und der Fehlstrahlungsanteil nur proportional zur Höhe der Außenspalte.)

Voraussetzung für eine Verminderung des Fehlstrahlungsanteils durch eine Verminderung der Spalthöhe ist beim Doppelmonochromator wie beim Einfachmonochromator, daß die Begrenzung der Spalthöhe an allen drei Spalten vorgenommen wird (bzw. an beiden Außenspalten, wenn die Höhe des Mittelspaltes unverändert bleibt). Im Gegensatz zum Einfachmonochromator hat also beim Doppelmonochromator, auch in Verbindung mit einem Kontinuumstrahler, die Spaltbreite einen Einfluß auf den Fehlstrahlungsanteil.

Die Unterschiede zwischen Doppelmonochromatoren mit additiver und mit subtraktiver Dispersion wurden schon in Abschnitt 5.8.3 behandelt.

Zur besseren Übersicht sind die Ergebnisse in **Tabelle 5.8-6** nocheinmal zusammengefaßt.

Zur **Verminderung des Fehlstrahlungsanteils** ist es natürlich das Nächstliegende, die Fehlstrahlung durch ein zusätzliches *Filter* zu unterdrücken. Soweit solche Filter verfügbar sind, ist ihre Anwendung meist einfach. Lediglich bei der Hintereinanderschaltung von Interferenzfiltern und/oder anderen Filtern mit reflektierenden Schichten ist Vorsicht wegen der Möglichkeit von Vielfachreflexionen oder gar Interferenzen zwischen den Filtern geboten.

Manchmal sind Monochromatoren zur Verminderung der Fehlstrahlung mit zusätzlichen Filtern ausgestattet, die nur in den Strahlengang geschwenkt werden müssen.

Bei Prismengeräten kann man sie als zusätzliches Hilfsmittel ansehen, an das man sich im Bedarfsfall erinnern sollte. Bei Gittergeräten dagegen darf auf den Gebrauch der Ordnungsfilter nicht verzichtet werden.

Tabelle 5.8-6: Halbwertbreite, Nutz- und Fehlstrahlung in Abhängigkeit von Spaltbreite s und Spalthöhe h. Angegeben sind die Potenzen von s und h, denen die Bestrahlungsstärke E bzw. die Strahlungsleistung Φ proportional sind.

	Spektrograph	Einfach-Monochromator	Doppel-Monochromator
betrachtete Strahlungsgröße	E	Φ	Φ
auflösbarer Wellenlängenabstand, Halbwertbreite	s	s	s
Linienstrahler:			
Nutzstrahlung	const.	$s \cdot h$	$s \cdot h$
Fehlstrahlung	$s \cdot h$	$s^2 \cdot h^2$	$s^3 \cdot h^3 \; (s^3 \cdot h^2)$
Fehlstrahlungsanteil	$s \cdot h$	$s \cdot h$	$s^2 \cdot h^2 \; (s^2 \cdot h)$
Kontinuumstrahler:			
Nutzstrahlung	s	$s^2 \cdot h$	$s^2 \cdot h$
Fehlstrahlung	$s \cdot h$	$s^2 \cdot h^2$	$s^3 \cdot h^3 \; (s^3 \cdot h^2)$
Fehlstrahlungsanteil	h	h	$s \cdot h^2 \; (s \cdot h)$

Die beim Doppelmonochromator in Klammern gesetzten Angaben gelten für den Fall, daß die Begrenzung der Spalthöhe nur an den Außenspalten und nicht am Mittelspalt vorgenommen wird.

Solange im Strahlengang (einschließlich Meßobjekt) keine Photolumineszenz ($\rightarrow$ 7.1) angeregt wird, genügt es, das Filter irgendwo in den Strahlengang zu bringen. Tritt aber Photolumineszenz auf, und kann man die Lumineszenzstrahlung auch mit dem Filter zurückhalten, so wird das Filter natürlich hinter dem Teil angeordnet, das die Lumineszenzstrahlung erzeugt. Ist jedoch das Filter selbst lumineszierend, so wird es zweckmäßig in der Nähe der Pupille oder dort angeordnet, wo der Bündelquerschnitt möglichst groß ist. Dort ist nämlich einerseits die Bestrahlungsstärke und damit auch die Lumineszenzstrahldichte gering. Andererseits kann durch eine Blende an einer danach im Strahlengang folgenden Stelle mit kleinerem Querschnitt der größte Anteil der Lumineszenzstrahlung zurückgehalten werden, mit Ausnahme des kleinen, durch den von der Blende festgelegten Raumwinkel bestimmten Anteiles, so daß die im Strahlengang verbleibende Lumineszenzstrahlungsleistung kleiner wird, als bei Anordnung an anderer Stelle. Durch Anordnung des Filters vor dem dispersiven Spektralapparat wird außerdem der größte Teil des Lumineszenzspektrums durch den Spektralapparat zurückgehalten. Die Kombination beider Regeln ergibt als besten Ort für die Anordnung eines Filters, das Photolumineszenz zeigt, die Pupille des Abbildungselementes, das den Strahler auf den Spalt abbildet.

Sind keine Filter verfügbar und bestehen keine Variationsmöglichkeiten der Spalthöhe und ggf. der Spaltbreite, oder sind diese schon ausgeschöpft, so kann in günstigen Fällen durch Austausch des Strahlers oder des Empfängers in einem schmalen Spektralbereich eine Verminderung des Fehlstrahlungsanteils erreicht werden. Werden bei solchen Versuchen nach dem Austausch andere Werte gefunden als vorher, so ist vor dem Schluß auf eine Störung durch Fehlstrahlung immer zu prüfen, ob die Unterschiede auf unterschiedliche Halbwertbreiten zurückzuführen sind, und ob bei geometrieabhängigen Meßgrößen unbeabsichtigte Änderungen der Meßgeometrie unterlaufen sein können.

Als Beispiele für einen möglichen Austausch seien genannt:
- Messung mit der in UV-VIS-Geräten meist vorhandenen Deuteriumlampe im Bereich zwischen etwa 340 nm und 400 nm (wofür vom Hersteller in der Regel die energetisch günstigere Glühlampe vorgesehen ist), wenn eine Störung durch längerwellige Fehlstrahlung befürchtet wird
- Messung mit dem eventuell im Gerät auch vorhandenen Empfänger für das NIR (z.B. PbS-Zelle), wenn an der langwelligen Empfindlichkeitsgrenze des Photoelektronenvervielfachers eine Störung durch kurzwellige Fehlstrahlung befürchtet wird (gerade für diesen Fall gibt es allerdings sehr gut geeignete Langpaßfilter aus Farbglas zur Beseitigung der Fehlstrahlung)
- Anwendung eines tageslichtblinden (solar blind) Photelektronenvervielfachers für Wellenlängen unterhalb etwa 280 nm, wenn Störungen durch längerwellige Fehlstrahlung zu befürchten sind
- In Einzelfällen kann man auch an den Ersatz eines zum Gerät gehörenden Kontinuumstrahlers durch einen Linienstrahler denken, wenn nur eine Messung bei einer einzigen Wellenlänge überprüft werden soll, doch erfordern solche Maßnahmen schon mehr technische Kenntnisse über Eigenschaften und Betrieb solcher Strahler und ihre Ankoppelung an den Spektralapparat

Schließlich soll noch kurz der Fall betrachtet werden, daß das **Empfängersignal zu klein ist**, die spektrale Halbwertbreite aber nicht vergrößert werden darf. Ohne gleich einen Spektralapparat mit größerem spektralen optischen Leitwert zu beschaffen, kann man versuchen, einen Strahler mit größerer spektraler Strahldichte oder einen empfindlicheren Empfänger zu verwenden.

Man kann nun nicht einfach Strahler unterschiedlicher elektrischer Leistung gegeneinander austauschen, denn schon in Abschnitt 5.7.1 wurde darauf hingewiesen, daß eine Lampe mit höherer elektrischer Leistungsaufnahme möglicherweise dieselbe oder nur eine wenig höhere Strahldichte hat. Der Übergang zu einer "größeren" Type derselben Lampenart bringt also wenig oder keine Vorteile.

Bei bestimmten Anwendungen kann wieder der Ersatz eines Kontinuumstrahlers durch einen Linienstrahler einen Gewinn bringen, denn bei ihm ist die Strahlungsemission eben spektral in den Linien konzentriert.

In den Spektralbereichen vom fernen UV über das Sichtbare bis ins nahe IR sind die gebräuchlichsten Kontinuumstrahler Deuteriumlampen und Glühlampen. Gegenüber diesen läßt sich in allen genannten Spektralbereichen eine Steigerung der Strahldichte durch Übergang zu einer Xenon-Höchstdrucklampe erzielen. Deren spektrale Energieverteilung hat allerdings zwischen 450 nm und 500 nm und oberhalb 750 nm keinen glatten Verlauf. Abgesehen von den höheren Kosten für Lampe und Installation muß aber dabei beachtet werden, daß eine andere Energieverteilung auch zu veränderten Werten des integralen Fehlstrahlungsanteils führt. So angenehm es zunächst scheint, daß die Xenonlampe sowohl im fernen UV als auch im Sichtbaren der Deuteriumlampe bzw. der Glühlampe überlegen ist und man für den ganzen Bereich mit einem einzigen Strahler auskommt, so nachteilig wirkt sich die hohe Strahlungsleistung im Sichtbaren auf den integralen Fehlstrahlungsanteil im fernen UV aus. Er kann im Vergleich zur Deuteriumlampe leicht auf das Zehnfache ansteigen. Unter Umständen muß man, da es Kurzpaßfilter für das ferne UV kaum gibt, zur Verminderung des integralen Fehlstrahlungsanteils im fernen UV mit einem schon oben erwähnten tageslichtblinden Emfänger arbeiten, der natürlich vom mittleren UV aufwärts nicht mehr brauchbar ist.

Die empfindlichsten Empfänger im Bereich unterhalb etwa 950 nm sind Photoelektronenvervielfacher. Die langwellige Empfindlichkeitsgrenze dieser Empfänger ist in den letzten drei Jahrzehnten von den Herstellern um etwa 300 nm zu größeren Wellenlängen hin verschoben worden. Erfreulicherweise gibt es von der weitverbreiteten Bauform mit Seitenfenster und 1 1/8 Zoll Durchmesser (ein altbekannter Vertreter dieser Bauform ist der 1 P 28, der von verschiedenen Herstellern unter dieser Bezeichnung angeboten wird) sehr viele verschiedene Typen, die gleiche Sockelschaltung und miteinander verträgliche elektrische Betriebsdaten haben, so daß sie auch vom Benutzer ausgetauscht werden können. Dadurch läßt sich bei älteren Geräten eventuell der mit Photoelektronenvervielfachern erfaßbare Spektralbereich nach der langwelligen Seite erweitern. Vorsicht ist jedoch in zweierlei Hinsicht am Platze. Erstens gibt es auch einige Typen in dieser Reihe (mit GaAs-Kathode), deren lichtempfindliche Kathodenfläche schmaler ist als die der anderen, und die also das auftreffende Strahlungsbündel eventuell nicht ganz erfassen. Zweitens wird, worauf schon am Beispiel des Überganges von der Deuterium- zur Xenonlampe hingewiesen wurde, der integrale Fehlstrahlungsanteil verändert, und zwar wegen der Erweiterung des spektralen Empfindlichkeitsbereiches erhöht. Ganz besonders kritisch ist das in Verbindung mit Gittermonochromatoren. Für ein Gerät, das in der ersten Ordnung arbeitet und wegen seines Empängers nur bis 700 nm benutzt werden kann, genügt es, wenn durch ein Ordnungsfilter alle Wellenlängen von 350 nm abwärts zurückgehalten werden. Wird durch einen neuen Empfänger jetzt der nutzbare Bereich plötzlich bis 950 nm erweitert, so sind alle Wellenlängen zwischen 350 nm und 475 nm schädlich, weil sie bei Einstellung auf die Wellenlängen 700 nm bis 950 nm in zweiter Ordnung durchgelassen werden.

Besteht die Meßaufgabe nicht in der Messung von Strahlungsgrößen, sondern von Materialkennzahlen, so ist das wirksamste Mittel zur Steigerung der verfügbaren

Strahlungsleistung, und damit auch des Empfängersignals, der Einsatz eines Lasers. Für spektrale Messungen muß er durchstimmbar sein. Leider sind die Durchstimmbereiche der verfügbaren Farbstoff- oder Festkörper-Laser nur klein. Weiterhin erlaubt die hohe Bestrahlungsstärke und Kohärenz der Laserstrahlung zwar einerseits das Studium sonst nicht beobachtbarer Effekte, andererseits können bei der Messung von Materialkennzahlen, die normalerweise mit inkohärenter Strahlung gemessen werden, dadurch aber auch eine Reihe von Störungen hervorgerufen werden. Dies geht über den Rahmen dieses Buches hinaus. Die Möglichkeit, Laser anzuwenden, wird hier nur der Vollständigkeit halber erwähnt, für die Laserspektrometrie wird auf die Spezialliteratur verwiesen (z.B. Demtröder 1988).

5.8.6 Übersicht über die wesentlichsten Typen von Spektralapparaten

Um einen Eindruck von den wichtigsten Eigenschaften der verschiedenen Typen von Spektralapparaten in wechselseitig vergleichbaren Zahlen zu geben, und um die Bedeutung und Anwendung der in diesem Kapitel beschriebenen zahlreichen Größen und Kennzahlen zu verdeutlichen, folgen in diesem Abschnitt eine Reihe von Tabellen.

Tabelle 5.8-7 enthält für je einen typischen Vertreter der verschiedenen Arten von Spektralapparaten den Wellenlängenbereich, die Halbwertbreite, den effektiven optischen Leitwert und den effektiven spektralen optischen Leitwert und die Strahlungsleistungen, die von einem Linienstrahler einerseits und einem Kontinuumstrahler andererseits durch den Apparat durchgehen. Dabei sind die Beispiele so gewählt, daß alle Apparate (mit einer Ausnahme) von vergleichbarer Größe sind.

Als Basis des Vergleichs ist ein Bündelquerschnitt von 1000 mm^2 am jeweils wirksamen Element angenommen. Schräg zur Achse stehende Flächen müssen dann entsprechend größer sein. Einzige Ausnahme von diesem einheitlichen Bündelquerschnitt ist das Interferenz-Verlauffilter, wo 1000 mm^2 unrealistisch wären und mit 100 mm^2 gerechnet ist. Für die dispersiven Geräte sind jeweils zwei Modelle aufgeführt, eines mit kleinerem Spektralbereich (Prisma aus Glas F2 und Gitter mit Glanzwellenlänge 546 nm) und eines mit größerem Spektralbereich (Prisma aus Quarzglas und Gitter mit Glanzwellenlänge 275 nm). Die Einzelangaben, auf denen **Tabelle 5.8-7** beruht, sind in den anschließenden **Tabellen 5.8-8** bis **5.8-11** zusammengestellt.

Um einen leichten Vergleich zu ermöglichen, sind alle Geräte so gewählt, daß sie für die Wellenlänge 546 nm geeignet sind und Angaben für diese Wellenlänge gemacht werden können. Fast alle Gerätetypen sind auch für diese Wellenlänge gebräuchlich, mit Ausnahme des Twyman-Interferometers zur Fourier-Spektroskopie, dessen Hauptanwendungsgebiet im IR liegt.

Als Halbwertbreite ist bei den Filtern ein typischer Wert angegeben. Bei den dispersiven Geräten ist als kleinste Halbwertbreite mindestens etwa das dreifache des auflösbaren Wellenlängenabstandes angenommen, bei 220 nm aber ein größerer Wert, weil erfahrungsgemäß die Verluste in der vor- oder nachgeschalteten Optik das Arbeiten mit kleineren Halbwertbreiten nicht zulassen. Um den Vergleich zu erleichtern, sind teilweise Angaben für mehrere Werte der Halbwertbreite gemacht.

Die vorletzte Spalte der Tabelle enthält die Strahlungsleistung, die von einem Linienstrahler (Quecksilberlampe) bei der Wellenlänge 546 nm durch den Apparat gelangt. Sie wird bei den Filtern nicht durch den optischen Leitwert des Filters, sondern durch den Strahler selbst in Verbindung mit dem Transmissionsgrad des Filters begrenzt und ist deswegen in Klammern gesetzt. Um den optischen Leitwert des Absorptionsfilters auszunutzen, müßte der Strahler mindestens eine in einen großen Raumwinkel strahlende Fläche von 1000 mm^2 haben. Das ist bei Strahlern geringer Strahldichte (z.B. Sekundärstrahler, wie diffus reflektierende beleuchtete Flächen, oder Leuchtschirme) zwar nicht ungewöhnlich, übersteigt aber die typische Größe von Strahlern für Beleuchtungs- und Bestrahlungszwecke bei weitem.

Die letzte Spalte der Tabelle enthält die Strahlungsleistung, die von einem Kontinuumstrahler (Deuteriumlampe im UV, Glühlampe im Sichtbaren und NIR) durch den Spektralapparat gelangt. Die Angaben bei den Filtern sind wieder in Klammern gesetzt, weil das Filter nur die Halbwertbreite der durchgelassenen Strahlung begrenzt, der optische Leitwert aber vom Strahler selbst begrenzt wird.

Die zugrundeliegenden Eigenschaften der Strahler sind in **Tabelle 5.8-12** zusammengestellt.

Die Zahlen zeigen einducksvoll, wieviel mehr Strahlungsleistung durch Filter geleitet werden kann, als durch dispersive Apparate und wie sich bei den dispersiven Apparaten die verfügbare Strahlungsleistung mit der Halbwertbreite ändert. Interferometer ergeben bei kleinen Halbwertbreiten deutlich größere Strahlungsleistungen als dispersive Apparate, aber beim Fabry-Perot-Interferometer geht das auf Kosten eines sehr kleinen freien Spektralbereiches, der einen (eventuell dispersiven) sehr selektiven Vorzerleger erforderlich macht, und beim Twyman-Interferometer auf Kosten der aufwendigen Messung bei einer großen Zahl fein abgestufter Spiegelabstände und der komplizierten Auswertung durch Fourier-Transformation. Die im Vergleich zu dispersiven Apparaten hohe Strahlungsleistung vom Linienstrahler durch das Twyman-Interferometer läßt den Energie-Vorteil, die im Vergleich dazu nocheinmal wesentlich höhere Strahlungsleistung mit Kontinuumstrahler den Multiplexvorteil deutlich erkennen.

Tabelle 5.8-7: Effektiver (spektraler) optischer Leitwert und durchgelassene Strahlungsleistung verschiedener Spektralapparate.

Spektral-apparat	Bereich µm	λ nm	$\Delta\lambda_H$ nm	G_{eff} mm$^2\cdot$sr	$G_{\lambda eff}$ (mm$^2\cdot$sr)/nm	Φ_L µW	Φ_K µW
Filter							
Abs.-Filter	(0,36 . . . 1,5)	546	60	314	5,24	(1400)	(11400)
MDI	(0,22 . . . 1,8)	546	10	47,5	4,75	(1750)	(2375)
ADI	(0,32 . . . 1,0)	546	3	6,0	2,03	(2450)	(997)
MDI-Verlauf-filt. A·4x25 mm^2	0,4 . . . 0,7	546	14	2,85	0,203	(1050)	(1425)
Prismen-Monochromator	(0,1 . . . 40)						
mit Glas F2 $^{(1}$	0,36 . . . 2,5	546	0,3	$1,98\cdot10^{-3}$	$6,6\cdot10^{-3}$	1,39	$56\cdot10^{-3}$
			$0,8^{(3}$	$5,28\cdot10^{-3}$		3,7	$400\cdot10^{-3}$
mit Quarz $^{(2}$	0,18 . . . 2,5	220	0,05	$0,89\cdot10^{-3}$	$17,8\cdot10^{-3}$		$0,27\cdot10^{-3}$
			$0,1^{(4}$	$1,78\cdot10^{-3}$			$1,06\cdot10^{-3}$
		275	0,05	$0,57\cdot10^{-3}$	$11,4\cdot10^{-3}$		$0,1\cdot10^{-3}$
		546	0,8	$1,16\cdot10^{-3}$	$1,4\cdot10^{-3}$	0,81	$88\cdot10^{-3}$
		2000	8	$5,39\cdot10^{-3}$	$0,67\cdot10^{-3}$		$2315\cdot10^{-3}$
Gitter-Monochromator	(0,15 . . . 50)						
600 F/mm λ_b = 546 nm $^{(1}$	0,36 . . . 0,8	546	0,08	$1,72\cdot10^{-3}$	$21,8\cdot10^{-3}$	1,22	$13\cdot10^{-3}$
			$0,3^{(5}$	$6,46\cdot10^{-3}$		4,52	$184\cdot10^{-3}$
			$0,8^{(3}$	$17,2\cdot10^{-3}$		12,1	$1310\cdot10^{-3}$
600 F/mm λ_b = 275 nm $^{(2}$	0,2 . . . 0,95	220	0,1	$0,78\cdot10^{-3}$	$7,8\cdot10^{-3}$		$0,47\cdot10^{-3}$
		275	0,05	$0,57\cdot10^{-3}$	$11,4\cdot10^{-3}$		$0,11\cdot10^{-3}$
		546	0,08	$0,53\cdot10^{-3}$	$6,87\cdot10^{-3}$	0,37	$4,06\cdot10^{-3}$
			$0,3^{(5}$	$2,0\cdot10^{-3}$		1,40	$57\cdot10^{-3}$
			$0,8^{(3}$	$5,35\cdot10^{-3}$		3,7	$406\cdot10^{-3}$
		800	0,12	$0,29\cdot10^{-3}$	$2,45\cdot10^{-3}$		$7\cdot10^{-3}$
Fabry-Perot-Interferometer $^{(1}$	(0,2 . . . 10)						
	1 nm	546	0,02	$141\cdot10^{-3}$	$7040\cdot10^{-3}$	$98,7^{(7}$	$268\cdot10^{-3}$
	0,1 nm		0,002	$14,1\cdot10^{-3}$		$9,9$ $^{(7}$	$2,7\cdot10^{-3}$
	0,01 nm		0,0002	$1,41\cdot10^{-3}$		$0,99^{(7}$	$0,027\cdot10^{-3}$
Twyman-Interferometer $^{(1}$	(0,3 . . . 1000)						
	0,4 . . . 0,8	546	$0,0207^{(6}$	$129\cdot10^{-3}$	$6210\cdot10^{-3}$	90,3	3225 $^{(8}$
			0,002	$12\cdot10^{-3}$		8,4	300 $^{(8}$

Anmerkungen zur Tabelle 5.8-7

Der Bündelquerschnitt beträgt 31,6 mm x 31,6 mm oder 35,7 mm Φ (Fläche 1000 mm^2). Für das Interferenz-Verlauffilter ist der Bündelquerschnitt 4 mm x 25 mm (Fläche 100 mm^2).

Es bedeuten:

Bereich: ( )-Werte nennen den Bereich, in dem der Gerätetyp üblicherweise eingesetzt wird. Nicht eingeklammerte Werte sind der im speziellen Fall zugrundegelegte Einstellbereich.

λ: Wellenlänge, für die die Angaben gelten

$\Delta\lambda_H$: Halbwertbreite

G_{eff}: effektiver optischer Leitwert

$G_{\lambda eff}$: effektiver spektraler optischer Leitwert (für Filter s. Anm. zu Tabelle 5.8-8)

Φ_L: von einem Linienstrahler (Quecksilberlampe) durchgelassene Strahlungsleistung; ( )-Werte durch Strahler begrenzt

Φ_K: von einem Kontinuumstrahler (Deuterium- bzw. Glühlampe) durchgelassene Strahlungsleistung; ( ) - Werte nur spektral durch Filter begrenzt, geometrisch durch Strahler

(^{1} mit zwei einfachen Kollimatoren

(^{2} mit zwei Kollimatoren je mit Umlenkspiegel ähnlich Abbildung 5.2-4 und Feldlinse, für großen Spektralbereich

(^{3} zum Vergleich mit Prisma aus Quarzglas

(^{4} zum Vergleich mit Gitter

(^{5} zum Vergleich mit Prisma aus Glas F2

(^{6} zum Vergleich mit Fabry-Perot-Interferometer

(^{7} gerechnet für eine Strahlung, die auch im Vergleich zu den angegebenen kleinen Halbwertbreiten noch als monochromatisch angesehen werden darf, was für gewöhnliche Quecksilberlampen nicht zutrifft

(^{8} Aufgrund der spektralen Modulation der Strahlungsleistung durch das spektrale Durchlaßprofil ist der über den ganzen Bereich gemittelte Transmissionsionsgrad nur halb so groß, wie in Tabelle 5.8-11 für konstruktive Interferenz angegeben

Tabelle 5.8-8 : Daten der Filter in Tabelle 5.8-7

Filterdurchmesser 35,7 mm (Fläche 1000 mm^2) außer Interferenz-Verlauffilter mit B = 4 mm, H = 25 mm (Fläche 100 mm^2).
Die Daten gelten für die Filter allein, also ohne Kollimatoren oder andere optische Teile.

Filter	$\Delta\lambda_H$ nm	w Grad	k	G mm^2·sr	G_λ (mm^2·sr)/nm	τ
Absorptions- Filter	60	30	1	785	13,3	0,4
MDI	10	10	2,9	95	9,5	0,5
ADI	3	3	9,6	8,6	2,9	0,7
MDI-Verlauff.	14	10	2,9	9,5	0,68	0,3

$\Delta\lambda_H$: Halbwertbreite

w : zulässiger Öffnungswinkel

k : zulässige Öffnungszahl

G : optischer Leitwert des Filters

G_λ: spektraler optischer Leitwert des Filters (diese Größe, die zur Charakterisierung eines einzelnen Filters ungeeignet und daher in Abschnitt 5.7 für Filter nicht erklärt ist, ist hier zum Vergleich mit den anderen Spektralapparaten mit aufgenommen und nach der Gleichung

$$G_\lambda = G / \Delta\lambda_H$$

analog zu Gleichung (5.7-25) berechnet)

τ : spektraler Transmissionsgrad des Filters im Transmissionsmaximum

Das Verlauffilter hat für den Bereich 400 nm bis 700 nm eine Länge von 120 mm, also eine Pseudo-Lineardispersion von 0,4 mm/nm. Die Halbwertbreite für eine sehr schmale Zone beträgt 10 nm. Der in der Tabelle enthaltene Wert gilt für die 4 mm breite Zone.

Tabelle 5.8-12: Daten der Strahler in Tabelle 5.8-7

Strahler	λ	L	L_λ	Φ	Φ_λ
	nm	$\mu W/(mm^2 \cdot sr)$	$\mu W/(mm^2 \cdot sr \cdot nm)$	μW	$\mu W/nm$
Hg-Lampe	546,1	700		3500	
Deuterium-	220		6		0,6
Lampe	275		3,6		0,35
Glühlampe	546		95		475
	800		200		1000
	2000		54		270
	400...800	50000		250000	

Die strahlende Fläche der Hg- und der Glühlampe beträgt 0,7 mm x 7 mm,
der maximal nutzbare optische Leitwert 5 $mm^2 \cdot sr$.
Die Deuteriumlampe hat eine strahlende Fläche von 0,5 mm x 2 mm, einen
maximal nutzbaren einseitigen Winkel von 10°, sowie einen maximal nutzbaren optischen Leitwert von 0,1 $mm^2 \cdot sr$.
Die Strahldichteangaben sind Mittelwerte über die strahlende Fläche bzw.
das der Glühlampenwendel umschriebene Rechteck nach Messungen des
Verfassers.

λ: Wellenlänge bzw. Wellenlängenbereich
L: Strahldichte
L_λ: spektrale Strahldichte
Φ: maximal gewinnbare Strahlungsleistung (berechnet aus Strahldichte und maximal nutzbarem optischem Leitwert)
Φ_λ: maximal gewinnbare spektrale Strahlungsleistung (berechnet aus spektraler
Strahldichte und maximal nutzbarem optischem Leitwert)

Tabelle 5.8-9: Daten der Prismenmonochromatoren in Tabelle 5.8-7

Material	λ nm	$dn/d\lambda$ nm^{-1}	b mm	R_o	$\delta_o\lambda$ nm	$dx/d\lambda$ mm/nm
Glas F2	546	$109\cdot10^{-6}$	54,15	5902	0,0925	0,056
Quarzglas	220	$900\cdot10^{-6}$		43000	0,005	0,408
	275	$399\cdot10^{-6}$	47,77	19060	0,014	0,181
	546	$44,4\cdot10^{-6}$		2120	0,26	0,0201
	2000	$14,6\cdot10^{-6}$		700	2,87	0,0066

Wirksame Bündelbreite B_w = 31,6 mm (bei Quarzglas nur für 275 nm
diese Unterschiede sind nicht berücksichtigt), wirksame Bündelhöhe H_w=
Prismenform bei Glas F2 : 60° - Prisma, bei Quarzglas verspiegeltes Halb
Alle Geräte mit zwei Kollimatoren mit der Brennweite f = 300 mm, Spalt
fachen Kollimatoren, Prisma aus Quarzglas für größeren Spektralbereich mit
(Bauform ähnlich Abbildung 5.2-4).

λ:　　　　Wellenlänge
$dn/d\lambda$: Materialdispersion
b:　　　　Prismenbasis
R_o:　　　theoretisches Auflösungsvermögen
$\delta_o\lambda$:　　theoretisch auflösbarer Wellenlängenabstand
$dx/d\lambda$: Lineardispersion

$\Delta\lambda_s$ nm	s mm	G mm$^2\cdot$sr	G_λ (mm$^2\cdot$sr)/nm	τ_P	τ_K	τ
0,3	0,017	$2,83\cdot10^{-3}$				
0,8	0,045	$7,55\cdot10^{-3}$	$9,44\cdot10^{-3}$	0,88	0,85	0,74
0,05	0,020	$3,33\cdot10^{-3}$				
0,1	0,041	$6,66\cdot10^{-3}$	$67\cdot10^{-3}$	0,74	0,36	0,27
0,05	0,009	$1,5\cdot10^{-3}$	$30\cdot10^{-3}$	0,78	0,48	0,38
0,8	0,016	$2,67\cdot10^{-3}$	$3,3\cdot10^{-3}$	0,81	0,53	0,43
8,0	0,053	$8,83\cdot10^{-3}$	$1,1\cdot10^{-3}$	0,85	0,72	0,61

exakt, für andere Wellenlängen geringfügig anders, vgl. Tabelle 5.4-1, 31,6 mm, Bündelquerschnitt $A = 1000$ mm^2.
prisma mit 30°.
höhe h = 15 mm. Prisma aus Glas für kleineren Spektralbereich mit ein-
Kollimatoren, die je einen Umlenkspiegel und eine Feldlinse enthalten

$\Delta\lambda_s$:   spektrale Spaltbreite
s: Spaltbreite
G: Optischer Leitwert
G_λ: spektraler optischer Leitwert
τ_P: Transmissionsgrad des Prismas (beim Halbprisma einschließlich Reflexion an der Rückfläche)
τ_K: Transmissionsgrad der Kollimatoren
τ: Transmissionsgrad des Monochromators

Tabelle 5.8-10: Daten der Gittermonochromatoren in Tabelle 5.8-7

λ_b nm	λ nm	γ Grad	B mm	R_o	$\delta_o\lambda$ nm	$dx/d\lambda$ mm/nm	$\Delta\lambda_s$ nm
546							
	546	9,427	32,03	19220	0,028	0,182	$\left\{\begin{matrix} 0,08 \\ 0,3 \\ 0,8 \end{matrix}\right.$
275	220	3,784	31,67	19001	0,011	0,180	0,1
	275	4,732	31,71	19025	0,014	0,181	0,05
	546	9,427	32,03	19220	0,028	0,182	$\left\{\begin{matrix} 0,08 \\ 0,3 \\ 0,8 \end{matrix}\right.$
	800	13,886	32,55	19531	0,041	0,185	0,12

Wirksame Bündelbreite B_w = 31,6 mm, wirksame Bündelhöhe H_w = 31,6 mm
Alle Geräte mit zwei Kollimatoren mit der Brennweite f= 300 mm, Spalthöhe
mit einfachen Kollimatoren. Gitter mit Glanzwellenlänge 275 nm für großen
linse enthalten (Bauform ähnlich Abbildung 5.2-4).

λ_b: Glanzwellenlänge des Gitters
λ: Wellenlänge
γ: Drehwinkel ($\approx$ Einfalls-, $\approx$ Ausfallswinkel, wenn Aufspaltungswinkel klein,
       5.4.2 $\leftarrow$)
B: ausgenutzte Breite des Gitters
R_o theoretisches Auflösungsvermögen
$\delta_o\lambda$:   theoretisch auflösbarer Wellenlängenabstand
$dx/d\lambda$:   Lineardispersion
$\Delta\lambda$:   spektrale Spaltbreite

s mm	G mm²·sr	G_λ (mm²·sr)/nm	η_{rel}	ρ_{Al}	η	τ_K	τ
0,015 0,055 0,146	$2,4\cdot10^{-3}$ $9,1\cdot10^{-3}$ $24,3\cdot10^{-3}$	$30\cdot10^{-3}$	0,88	0,95	0,84	0,85	0,71
0,018	$3,0\cdot10^{-3}$	$30\cdot10^{-3}$	0,82	0,88	0,72	0,36	0,26
0,009	$1,5\cdot10^{-3}$	$30\cdot10^{-3}$	0,88	0,90	0,79	0,48	0,38
0,015 0,055 0,146	$2,4\cdot10^{-3}$ $9,1\cdot10^{-3}$ $24,3\cdot10^{-3}$	$30\cdot10^{-3}$	0,45	0,92	0,42	0,53	0,22
0,022	$3,7\cdot10^{-3}$	$31\cdot10^{-3}$	0,20	0,88	0,18	0,38	0,067

(Bündelquerschnittsfläche 1000 mm²). Echelettegitter 600 Furchen/mm.
h = 15 mm. Gitter mit Glanzwellenlänge 546 nm für kleinen Spektralbereich
Spektralbereich mit Kollimatoren, die je einen Umlenkspiegel und eine Feld-

s: Spaltbreite
G: optischer Leitwert
G_λ: spektraler optischer Leitwert
η_{rel}: relativer Wirkungsgrad des Gitters, bezogen auf einen Aluminiumspiegel
ρ_{Al}: Reflexionsgrad eines Aluminiumspiegels
η: Wirkungsgrad des Gitters
τ_K: Transmissionsgrad der Kollimatoren
τ: Transmissionsgrad des Monochromators

Tabelle 5.8-11: Daten der Interferometer in Tabelle 5.8-7

Interferometer	Bereich	λ	$\delta_o\lambda$	$\Delta\lambda_H$	R_o	a
		nm	nm	nm		mm
Fabry-Perot	1	546	0,0207	0,02	26317	0,149
	0,1		0,0021	0,002	263172	1,490
	0,01		0,00021	0,0002	2631720	14,906
Twyman	400...800	546	0,0207	-	26317	3,592
			0,002	-	273000	37,264

Der wirksame Bündeldurchmesser beträgt 35,7 mm (Bündelquerschnitt 1000
Alle Geräte sind mit zwei einfachen Kollimatoren (ohne Umlenkspiegel und
Beim Fabry-Perot-Interferometer wurden Planplatten und eine Finesse F =
sind theoretisch (ohne Apodisation) mindestens Einzelmessungen bei 52634
Spektralbereich das angegebene Auflösungsvermögen zu erzielen.

Bereich: freier Spektralbereich beim Fabry-Perot-Interferometer; beim   Twyman-
Interferometer ist er durch Strahlungsquelle, spektralen Transmissionsgrad
und Empfänger bestimmt (hier angenommen: Glühlampe und Photokathodenempfänger)

λ: Wellenlänge

$\delta_o\lambda$:   theoretisch auflösbarer Wellenlängenabstand

$\Delta\lambda_H$:   Halbwertbreite

R_o: theoretisches Auflösungsvermögen

a: Plattenabstand beim Fabry-Perot-Interferometer , maximale Spiegelverschiebung beim Twyman-Interferometer

m	r_o (mm)	G (mm²·sr)	G_λ ((mm²·sr)/nm)	τ_i	τ_K	τ
546	2,615	$239 \cdot 10^{-3}$				
5461	0,827	$24 \cdot 10^{-3}$	11,94	0,7	0,85	0,59
54607	0,261	$2,4 \cdot 10^{-3}$				
13159	2,615	$239 \cdot 10^{-3}$				
			11,51	0,64 [1]	0,85	0,54 [1]
136500	0,812	$24 \cdot 10^{-3}$				

mm²), zwischen den Spiegeln und Teilerplatten befindet sich Luft (n = 1).
Feldlinsen) mit der Brennweite f = 300 mm ausgestattet.
50 angenommen. Beim Twyman-Interferometer für die Fourier-Spektroskopie
bzw. 546000 Spiegelpositionen notwendig, um im ganzen angegebenen

m: Ordnung der Interferenz (Twyman: maximale Ordnung)
r_o: Radius der förderlichen Eintrittsluke
G: optischer Leitwert
G_λ: spektraler optischer Leitwert
τ_i: Transmissionsgrad des interferometrischen Teils bei konstruktiver Interferenz
τ_K: Transmissionsgrad der Kollimatoren
τ: Transmisionsgrad des ganzen Interferometers

[1] Aufgrund der spektralen Modulation der Strahlungsleistung durch das spektrale
Durchlaßprofil ist der über den ganzen Bereich gemittelte Transmissionsgrad nur
halb so groß. Das ist in Tabelle 5.8-7 berücksichtigt.

Die **Tabelle 5.8-12**, in der die Daten der Strahler zusammengestellt sind, die der vergleichenden Übersicht über die verschiedenen Arten von Spektralapparaten der Tabelle 5.8-7 zugrunde liegen, befindet sich auf S. 297. Die nachträgliche Umorganisation der Tabellen ist vorgenommen worden, um beim Lesen der Tabelle 5.8-7 einen besseren Zugriff auf die Daten der von der Quecksilberlampe auf der einen und von der Deuterium- bzw. Glühlampe auf der anderen Seite emittierten Stahlung zu haben.

Anmerkung des Herausgebers

Unter **Dispersion** versteht man (CEI, 1987)

- den Vorgang der Änderung der Geschwindigkeit monochromatischer Strahlung in einem Material als Funktion der Wellenlänge bzw. Frequenz dieser Strahlung

- die Eigenschaft eines Materials, die diesen Vorgang hervorruft

- die Eigenschaft eines optischen Systems, die monochromatischen Komponenten einer Strahlung auszusondern

6 Spektrale Kennzahlen von Materialien

D. Gundlach (Berlin)

6.1 Einleitung

Materialien sind hier die Medien oder Stoffe, die in der Transmissions- oder Reflexionsspektrometrie als zu messende Proben oder als Referenzmaterialien mit optischer Strahlung in Wechselwirkung treten. Das können Gase, Aerosole (Nebel, Dunst, Rauch), Flüssigkeiten, aber auch spiegelnde Metalloberflächen oder opake (undurchsichtige) stark streuende Flächen von Pigmenten sowie glänzende oder matte Lackschichten sein.

Wenn optische Strahlung (UV-Strahlung, Licht oder IR-Strahlung, 1←) auf ein Material trifft, kann sie ohne Änderung ihrer Wellenlänge gebrochen, reflektiert, transmittiert, gestreut oder auch absorbiert und in Wärme umgewandelt werden. Die entsprechenden physikalischen Vorgänge heißen *Refraktion*, *Reflexion*, *Transmission*, *Streuung* und *Absorption*. Nicht selten wird ein Teil der absorbierten Strahlung bei größeren Wellenlängen (niedrigeren Frequenzen oder Wellenzahlen) wieder emittiert (ausgestrahlt). Dieser physikalische Vorgang heißt *Photolumineszenz*.

Welcher Anteil der auftreffenden Strahlung unter gegebenen optisch-geometrischen Bedingungen von einem Material reflektiert, transmittiert, absorbiert oder auch emittiert wird, ist dem Zustand des Materials zugeeignet und nicht allein seiner stofflichen Zusammensetzung. Ein Beispiel möge das belegen: Kupfer-(II)-Sulfat ($CuSO_4 \cdot 5\,H_2O$) kristallisiert in großen, durchsichtigen, lasurblauen Kristallen. Zermahlt man diese Kristalle sehr fein, erhält man ein fast weißes Pulver mit ganz anderen optischen Eigenschaften, obwohl sich in der chemischen Zusammensetzung nichts geändert hat.

Die optischen Eigenschaften eines Materials werden durch Kennzahlen beschrieben. Sind die Materialeigenschaften wellenlängenabhängig, werden **spektrale Kennzahlen für die quantitative Beschreibung** benötigt. Hierbei sind die vorliegenden optisch-geometrischen Bedingungen anzugeben.

6.2 Grundlagen

Wenn elektromagnetische Strahlung mit der Lichtgeschwindigkeit c_o ($\approx 300\,000$ km$\cdot$s^{-1}) aus dem Vakuum kommend in ein Material eintritt, so ändert sich ihre Geschwindigkeit, und zwar wellenlängenabhängig. Das Verhältnis der Geschwindigkeiten c_o imVakuum und $v(\lambda)$ im Material wird **Brechzahl** $n(\lambda)$ genannt (Definitionsgleichung 2.3-7 ←).

Die Abhängigkeit der Brechzahl von der Wellenlänge nennt man **Dispersion**. Dem materiefreien Vakuum, das keine Dispersion aufweist, wird die wellenlängenunabhängige Brechzahl $n_o = 1$ zugeordnet.

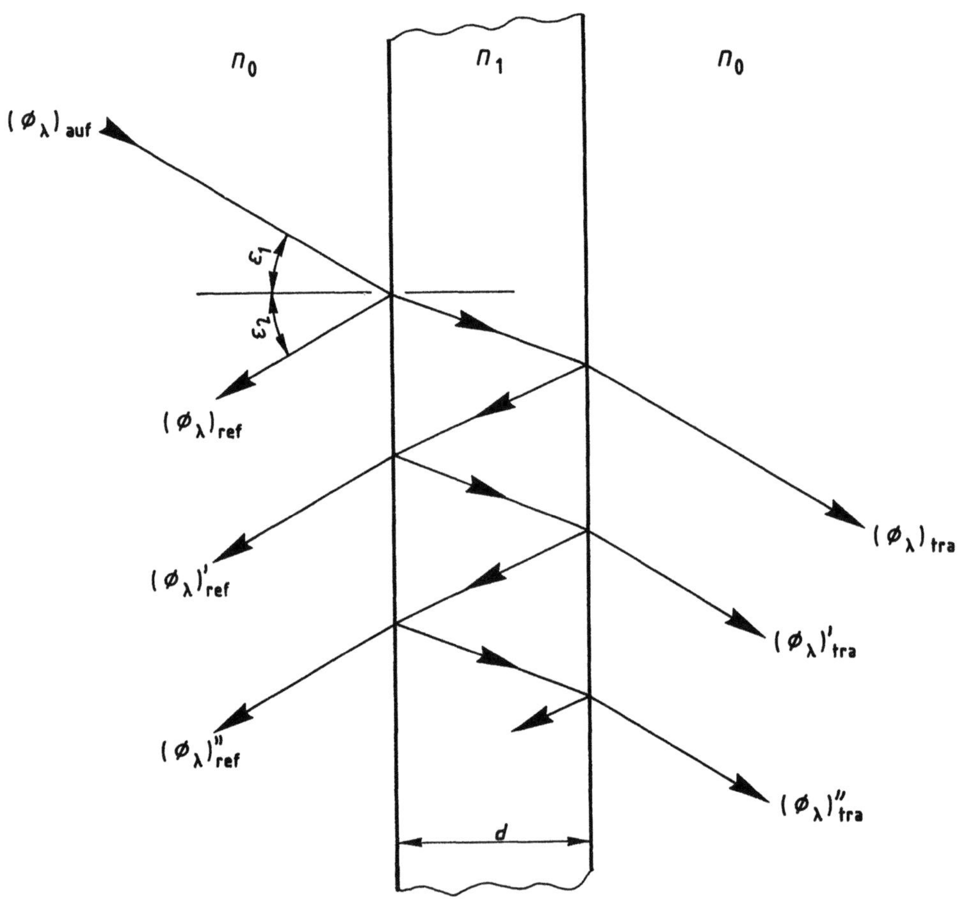

Abbildung 6.2-1: Vielfachreflexion und -transmission an einer planparallelen optisch klaren Platte. n Brechzahl, d Dicke.

Im Kapitel 2 (2.3 ←) wurde die auffallende Strahlungsleistung mit dem Index i, die reflektierte mit dem Index r, die transmittierte mit dem Index t und die absorbierte mit dem Index a gekennzeichnet. In diesem Kapitel 6 sind der Index i für das dem Reintransmissionsgrad zugewiesene Formelzeichen τ_i und der Index r bei ρ_r, dem Grad der gerichteten Reflexion, bereits belegt. Aus diesem Grunde erfolgte die Umschlüsselung: i $\rightarrow$ auf, r $\rightarrow$ ref, t $\rightarrow$ tra, a $\rightarrow$ abs.

Trifft entsprechend **Abbildung 6.2-1** gerichtete optische Strahlung auf eine ebene Grenzfläche zwischen Vakuum und Material (oder zwischen Materialien mit unterschiedlichen Brechzahlen), so tritt **Reflexion** auf. Ein Teil der Strahlung wird **gespiegelt**. Fällt die Strahlung dabei unter einem bestimmten Winkel zur Normalen der Oberfläche, dem Einfallswinkel ε_1 ein, so hat die unter dem Ausfallswinkel ε_2 reflektierte Strahlung einen anderen Polarisationszustand als die aufgefallene. Das gilt auch für die in das Material eingedrungene Strahlung. Diese durchläuft das Material mit der Brechzahl $n(\lambda)$, das keine Absorption aufweisen soll, in Richtung der nächsten Grenzfläche. Hier tritt, nachdem ein Teil der Strahlung ins Material reflektiert wurde, transmittierte Strahlung aus. Der reflektierte Anteil der Strahlung läuft zurück zur ersten Grenzfläche, wo sich Reflexions- und Transmissionsvorgang wiederholen. Welcher Anteil der auffallenden Strahlung, bei gegebenem Einfallswinkel, in welchem Polarisationszustand von einem Material mit der spektralen Brechzahl $n(\lambda)$ reflektiert wird, kann aus den Gleichungen des französischen Physikers *Augustin Jean Fresnel* (1788 - 1827) berechnet werden. Für den Fall, daß natürliche (d.h. unpolarisierte) Strahlung, aus dem Vakuum kommend, unter dem Einfallswinkel $\varepsilon_1 = 0^\circ$ auf eine ebene Oberfläche mit der Brechzahl $n(\lambda)$ fällt, kann ein sog. **Fresnelscher Reflexionsgrad** $\overline{\rho}_o(\lambda)$ nach der unter diesen Bedingungen einfachen Formel

$$\overline{\rho}_o(\lambda) = \left(\frac{n(\lambda) - 1}{n(\lambda) + 1} \right)^2 \qquad (6.2\text{-}1)$$

berechnet werden. Diese Formel läßt sich aus den komplizierteren **Fresnelschen Gleichungen** (Bergmann-Schaefer, 1987), die hier nicht gebracht werden sollen, ableiten. Sie gilt in der Praxis auch für den Strahlungseinfall aus Luft.

Nimmt man an, daß entsprechend **Abbildung 6.2-1** monochromatische Strahlung, z.B. der Wellenlänge 550 nm, unter dem Einfallswinkel $\varepsilon_1 = 0^\circ$ auf eine planparallele Glasplatte mit der Brechzahl $n = 1,5$ fällt, so folgt aus Gleichung (6.2-1), daß an der ersten Grenzfläche der Fresnelsche Reflexionsgrad $\overline{\rho}_o(\lambda = 550$ nm) gleich 0,04 ist, d.h. daß 4 % der Strahlung reflektiert werden. 96 % der Strahlungsleistung treten in das Material ein. Wenn weiter angenommen wird, daß keine Absorption von Strahlung im Glas stattfindet, was streng genommen aber nicht gilt, werden an der hinteren Grenzfläche nach der gleichen Gesetzmäßigkeit ebenfalls 4 % reflektiert und 96 % transmittiert. Mit dem in das Glas hineinreflektierten Anteil wiederholen sich die Vorgänge. Nach einmaliger Wiederholung sind aber bereits über 99,99 % der Strahlung entweder nach vorn gerichtet reflektiert (7,7 %) oder nach hinten gerichtet transmittiert (92,3 %) worden.

Es soll auch der interessierende Fall betrachtet werden, daß die Strahlung nicht gerichtet, sondern diffus, d.h. aus allen Richtungen gleichmäßig kommend, auf die erste Grenzfläche fällt. Dann läßt sich nach komplizierten Formeln berechnen, daß unter den angenommenen Bedingungen nach vorn 15,5 % diffus reflektiert und nach hinten 84,5 % diffus transmittiert werden.

Unter der vereinfachenden Annahme, daß keine Absorption auftritt, beträgt in den beiden vorstehenden Fällen die Summe der reflektierten und transmittierten Anteile jeweils 1 (oder 100 %). Es muß hier angemerkt werden, daß man in der Praxis selten die reflektierten und transmittierten Strahlungsanteile mit Hilfe der Fresnelschen Gleichungen aus gemessenen Brechzahlen berechnet. Der Hauptgrund dafür ist, daß sich die optischen Eigenschaften der Oberflächenschicht eines Materials, bedingt durch Adsorption oder Kontamination und damit verbundenen chemischen Veränderungen, wesentlich von denen des kompakten Materials unterscheiden können. Statt dessen mißt man die einzelnen Strahlungsanteile direkt und bildet ihre Verhältnisse.

Wenn elektromagnetische Strahlung aus dem ultravioletten oder auch aus dem sichtbaren Spektralbereich bei Raumtemperatur in ein nicht glühendes Material eindringt, dann tritt sie in Resonanz mit den Elektronen der Atome. Die Folge davon ist eine Schwächung der Strahlung bei den Resonanzwellenlängen bis zur vollständigen Absorption. Ein bekanntes Beispiel hierfür ist das Auftreten der *Fraunhoferschen Linien*, der feinen dunklen Linien im Sonnenspektrum. Hier wird Strahlung der Photosphäre der Sonne bei bestimmten Wellenlängen durch bestimmte Atome in ihrer kühlen Umgebung absorbiert. In Atom- oder Molekülaggregaten, wie komprimierten Gasen, Flüssigkeiten oder Festkörpern verbreitern sich diese Linien zu Resonanz- und Absorptionsbanden. Verfolgt man die Dispersion in der Nähe einer derartigen Absorptionsstelle, so beobachtet man dort eine sprunghafte Änderung der Brechzahl: man befindet sich in einem Bereich mit **anomaler Dispersion.**

Die **Brechzahl** $n^x(\lambda)$ **absorbierender Materialien** kann man als komplexe Rechengröße in der Form

$$n^x(\lambda) = n(\lambda) - i\,x(\lambda) \qquad\qquad (6.2\text{-}2)$$

d.h. als aus einem reellen und einem imaginären Anteil bestehend, schreiben. Letzterer enthält die weiter unten definierte **spektrale Absorptionszahl** $x(\lambda)$, die die Dämpfung der in das Material eingetretenen Strahlung beschreibt. Im Bereich der Resonanzstelle dominiert der imaginäre Anteil gegenüber dem Anteil der reellen Brechzahl $n(\lambda)$.

Für eine Brechzahl gilt allgemein, daß sie im Anschluß an eine Resonanz- und Absorptionsstelle mit zunehmender Wellenlänge abnimmt. Wenn also die Resonanzstelle der Elektronen im UV liegt, wie es bei allen farblosen Materialien der Fall ist, beobachtet man grundsätzlich eine Abnahme der Brechzahl vom kurzwelligen blauen zum langwelligen roten Ende des sichtbaren Spektralbereiches. Wenn die UV-Resonanzstelle eines weißen Materials (z.B. die von ZnO) nahe am sichtbaren Spektralbereich liegt, macht sie sich bei Temperaturerhöhung in der Weise bemerkbar, daß sich das Material reversibel gelb verfärbt. Wenn die Resonanzstelle weit entfernt im UV liegt, wie z.B. bei den Gasen Wasserstoff und Helium, so ändert sich die Brechzahl im sichtbaren Spektralbereich nur wenig, und man spricht von **nichtabsorbierenden Materialien**, obwohl es diese im strengen Sinne nicht geben kann.

Weitere Resonanz- und Absorptionsstellen können bei Materialien im IR auftreten. So beobachtet man manchmal im sichtbaren Spektralbereich einen unerwartet langsamen Abfall der Brechzahl, der die Folge eines erneuten Anstieges zu einer Resonanzstelle im IR sein kann. Die Ursache für diese Resonanzstellen sind Molekülschwingungen, z.B. die relativ langsamen Schwingungen von Atomkernen mit Elektronenhüllen um ihre Ruhelagen.

Wenn Resonanz- und Absorptionsbanden im sichtbaren Spektralbereich oder aber in seiner Nachbarschaft auftreten, zeigen die Materialien eine bunte Farbe in Aufsicht (z.B. Keramikkachel) oder in Durchsicht (z.B. Farbglas), d.h. sie **absorbieren** im sichtbaren Spektralbereich mehr oder minder stark **selektiv.** Dabei herrscht im reflektierten Licht Strahlung der Wellenlängen vor, die im transmittierten Licht fehlen, also absorbiert wurden. Ist der gesamte sichtbare Spektralbereich eines elektrisch nichtleitenden Materials (Isolator) mit Absorptionsbanden besetzt, so ist es ab einer bestimmten Dicke undurchsichtig und sieht im Aufsicht schwarz aus. Trotz der nach außen hin stark erscheinenden Absorption sind **Isolatoren schwach absorbierende Materialien**, weil eine merkliche Absorption nur auf einem langen Weg (oft im Bereich von Millimetern bis Kilometern) erfolgt.

Im Gegensatz dazu werden stark glänzende Metalloberflächen, besonders im IR als stark absorbierende Materialien angesehen, obwohl sie kaum absorbieren, sondern spiegelnd reflektieren. Die Ursache hierfür sind die frei beweglichen Elektronen in elektrisch leitenden Materialien (Elektronengas), die die Ausbildung eines elektromagnetischen Wechselfeldes und damit das Eindringen von Strahlung in das Material weitgehend verhindern. Die elektromagnetische Welle wird innerhalb weniger Atomlagen (auf einer Strecke kleiner als die Wellenlänge der Strahlung) so stark gedämpft, daß nur ein kleiner Strahlungsanteil absorbiert und der überwiegende Anteil reflektiert wird. Extrem dünne Aufdampfschichten von Metallen sind aber auch transparent (z.B. halbdurchlässige Spiegel). Daneben zeigen Metalle im UV (wie z.B. Silber bei 350 nm) oder im sichtbaren Spektralbereich (z.B. Kupfer und Gold) zusätzlich spezielle Resonanz- und Absorptionsbanden. So erscheint Blattgold von 100 nm Dicke in Aufsicht goldfarben, in Durchsicht dagegen blaugrün.

In Spektralbereichen, in denen keine Absorption stattfindet, kann trotzdem eine Strahlungsschwächung auftreten, und zwar durch **Streuung** an Atomen und Molekülen. Diese Streuung ist wellenlängenabhängig. Hierbei spielt das Verhältnis der Wellenlänge der Strahlung und der Abmessungen der streuenden Teilchen eine große Rolle. Man kann das beobachten, wenn man eine wäßrige Lösung von Natriumthiosulfat ($Na_2S_2O_3$) mit Schwefelsäure ansäuert. Die vorher optisch klare Lösung beginnt sich durch Abscheiden kleinster Schwefelteilchen zu trüben und erscheint in Aufsicht bläulich, in Durchsicht dagegen rötlich. Mit zunehmendem Wachstum der Schwefelteilchen wird die Lösung weißer und undurchsichtiger.

Zu Beginn der Trübung liegen Teilchen vor, deren Durchmesser klein gegen die Wellenlänge des auffallenden Lichtes ist. Unter diesen Bedingungen kann zwischen den Vorgängen Brechung, Beugung und Reflexion nicht unterschieden werden. Man spricht von Streuung. Die Winkelverteilung der gestreuten Strahlung ist anisotrop, d.h. von der Richtung abhängig. Von dem englischen Physiker und Nobelpreisträger *John William Rayleigh* (1842 - 1919) (Rayleigh, 1881, 1899) wurde aus der molekularen Einfachstreuung von Gasen eine strenge Theorie dieser Streuung abgeleitet, die einen Grenzfall der allgemeineren Theorie der Streuung des deutschen Physikers *Gustav Mie* (1868 - 1957) (Mie, 1908) darstellt, die auch für größere Teilchen gilt. Nach Rayleigh wird die Strahlung mit der vierten Potenz der Frequenz gestreut. Das bedeutet, daß blaues Licht (380 nm) achtmal stärker gestreut wird als das eine Oktave längerwellige rote Licht (760 nm). Die frisch angesäuerte Thiosulfatlösung erscheint in Aufsicht bläulich, weil man hier nur den gestreuten Anteil der Strahlung sieht, und in Durchsicht rötlich, weil nur die nicht gestreute längerwellige Strahlung übrig bleibt. Das gleiche Phänomen ist auch Ursache für die blaue Farbe des Himmels und das Morgen- bzw. Abendrot.

Sind die Abmessungen der steuenden Teilchen gleich oder größer als die Wellenlänge der auffallenden Strahlung, können die Vorgänge bei der Streuung durch das Zusammenwirken der Vorgänge Brechung, Beugung und Reflexion weitgehend erklärt werden, wenn einzelne, nicht wechselwirkende Teilchen vorliegen. Bei dem Beispiel der angesäuerten Thiosulfatlösung beobachtet man, daß nach der Bildung größerer Teilchen die Lösung stärker und im sichtbaren Spektralbereich nahezu wellenlängenunabhängig streut. Ebenso können Wolken, als Ansammlung kleiner Wassertröpfchen, im Vergleich zum molekularen Wasserdampf weiß und undurchsichtig am blauen Himmel erscheinen.

Im Gegensatz zur Einfachstreuung (Streuung an einzelnen, nicht wechselwirkenden Teilchen) ist die Beschreibung der Mehrfachstreuung bei höheren Teilchendichten (nicht mehr zu vernachlässigende Wechselwirkung der Teilchen untereinander) theoretisch sehr viel schwieriger und bisher nicht vollkommen gelungen. Man kann jedoch festhalten, daß auch in diesem Fall die Streuung keinesfalls isotrop ist. Wenn zahlreiche, dicht gepackte Teilchen zusammenwirken, wie z.B. bei einem Preßling aus Bariumsulfatpulver (BaSO$_4$), tritt ein Phänomen auf, das als **diffuse Reflexion** bekannt ist.

Die erste und auch bekannteste Theorie der diffusen Reflexion wurde von dem Elsässer *Johann Heinrich Lambert* (1728 - 1777) (Lambert, 1760) aufgestellt, dem auffiel, daß eine sonnenbeschienene weiße Wand wie eine selbstleuchtende Fläche wirkt, die unter allen Betrachtungswinkeln gleich hell erscheint (Lambert-Fläche). Dies bedeutet, daß die spektrale Strahldichte (2.2 ←) der Wand

$$L_\lambda = \frac{d^2\Phi_\lambda}{d\Omega \cdot dA \cdot \cos\varepsilon}$$

(6.2-3)

über die gesamte Fläche A und unter jedem Betrachtungswinkel ε konstant sein muß. Wenn das erfüllt sein soll, muß, wie man aus Gleichung (6.2-3) ableiten kann, die spektrale Strahlstärke I_λ (2.2 ←) der von einem Punkt der reflektierenden Fläche ausgehenden Strahlung mit dem Kosinus des Beobachtungswinkels ε entsprechend

$$I_\lambda = I_{\lambda 0} \cdot \cos\varepsilon$$

(6.2-4)

abnehmen. Dieses sog. **Lambertsche Kosinusgesetz** ist in der Praxis nur näherungsweise erfüllt.

Stellt man die Winkelverteilung der diffus reflektierten Strahlung (Reflexionsindikatrix) graphisch dar, so erhielte man für den Fall der strengen Gültigkeit dieser Gesetzmäßigkeit die in der **Abbildung 6.2-2** gezeigte kugelförmige Indikatrix.

6.3 Definition spektraler optischer Kennzahlen

Alle vorstehend erwähnten physikalischen Phänomene können quantitativ durch spektrale Kennzahlen beschrieben werden. Aus diesen Kennzahlen lassen sich Aussagen über die Eigenschaften oder auch Konzentration o.ä. (→ 7) eines Materials machen.

Die Namen der spektralen Kennzahlen werden außer durch den Zusatz spektral, der nur wegfallen darf, wenn keine Mißverständnisse auftreten können (2.2 ←), aus Wörtern wie **Brechung, Reflexion, Transmission, Absorption, Emission** (physikalische Phänomene) oder Strahldichte (strahlungsphysikalische Größe) in Verbindung mit Wörtern wie **Zahl, Grad, Maß, Faktor** und **Koeffizient** gebildet.

Für die Bildung der Benennung gelten Regeln, die im Sinne einer unmißverständlichen und einheitlichen Sprachregelung auch zwischen verschiedenen Disziplinen eingehalten werden sollten.

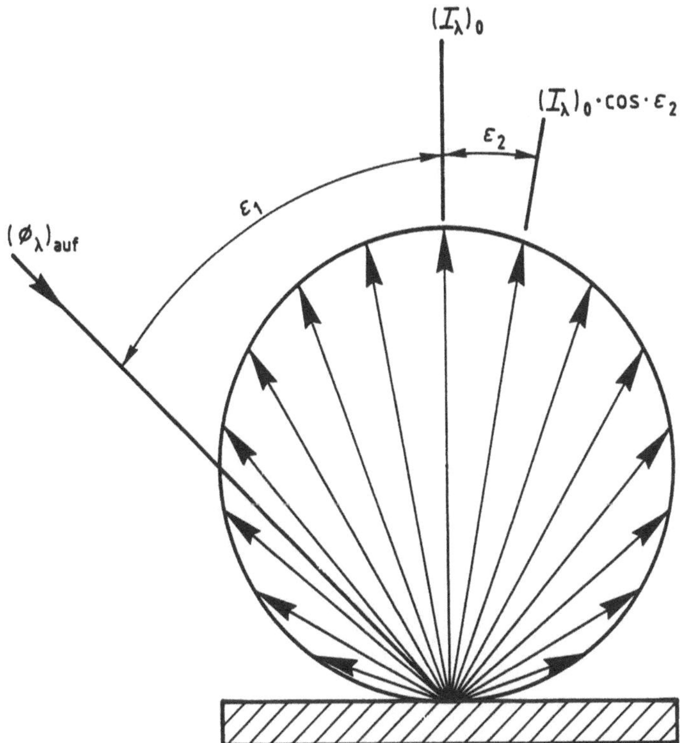

Abbildung 6.2-2: Schnitt durch die Indikatrix eines ideal streuenden Materials bei gerichteter Einstrahlung (Darstellung des Lambertschen Kosinusgesetzes).

6.3.1 Zahlen

Eine Zahl dient einerseits zur Benennung des Quotienten zweier Größen gleicher Art in unterschiedlichen Materialien. So ist die **spektrale Brechzahl** $n(\lambda)$ (Gleichung 2.3-7 ←) als der Quotient der Lichtgeschwindigkeiten im Vakuum und im Material definiert. Andererseits wird eine Zahl auch verwendet, um das Verhältnis zweier Größen gleicher Dimension, aber verschiedener Art zu benennen. Eine derartige Zahl ist die **spektrale Absorptionszahl**

$$x(\lambda) = \frac{1}{4\pi} \cdot \frac{\lambda}{x} \cdot A_n(\lambda) \qquad\qquad (6.3-1)$$

in die das Verhältnis der Wellenlänge λ der einfallenden Strahlung zur Weglänge x dieser Strahlung in dem betrachteten Material eingeht. $A_n(\lambda)$ ist das unter Maße ($\rightarrow$ 6.3.4) definierte spektrale natürliche Absorptionsmaß.

Wie bereits erwähnt (Gleichung 6.2-2), geht die spektrale Absorptionszahl in den imaginären Teil der komplexen Brechzahl absorbierender Materialien ein und beschreibt die Dämpfung der eindringenden Strahlung.

6.3.2 Grade

Mit Grad benennt man das Verhältnis zweier Größen gleicher Art mit dem Größtwert Eins. Die wichtigsten Grade sind (**beachte** die Anmerkung zu Abbildung 6.2-1.)

- der **spektrale Reflexionsgrad**

$$\rho(\lambda) = \frac{\Phi_{\lambda,ref}}{\Phi_{\lambda,auf}} \qquad\qquad (6.3\text{-}2)$$

- der **spektrale Transmissionsgrad**

$$\tau(\lambda) = \frac{\Phi_{\lambda,tra}}{\Phi_{\lambda,auf}} \qquad\qquad (6.3\text{-}3)$$

- der **spektrale Absorptionsgrad**

$$\alpha(\lambda) = \frac{\Phi_{\lambda,abs}}{\Phi_{\lambda,auf}} \qquad\qquad (6.3\text{-}4)$$

In den vorstehenden Gleichungen sind die Größen gleicher Art spektrale Strahlungsleistungen Φ_λ, die nach Gleichung (2.2-33) als differentielle Strahlungsleistungen $d\Phi$ in identischen infinitesimalen Wellenlängenintervallen $d\lambda$ definiert sind, was einer spektralen Dichte der Strahlungsleistungen (2.2 $\leftarrow$) entspricht.

6.3.2.1 Spezielle Kennzeichnung von Graden

Man definiert unterschiedliche Grade zum einen durch die Eigenschaften, die durch das Material gegeben sind und zum anderen durch die optisch-geometrischen Bedingungen bei der Messung. Man kennzeichnet sie durch Indizes am Formelzeichen. So kennt man unter anderem folgende Reflexionsgrade
- **Grad der gerichteten Reflexion** $\rho_r(\lambda)$, der dadurch gekennzeichnet ist, daß nach der Reflexion das photometrische Entfernungsgesetz (2.2 $\leftarrow$) vom virtuellen Bild der Strahlungsquelle aus gilt, wie z.B. bei der Reflexion an einem Spiegel oder an einer hochglänzenden ebenen Oberfläche.
- **Grad der gestreuten Reflexion** $\rho_d(\lambda)$, der dadurch gekennzeichnet ist, daß nach der Reflexion das photometrische Entfernungsgesetz von der Oberfläche des Materials aus

gilt, was charakteristisch für ideal streuende Materialien ist. Der Grad der gestreuten Reflexion bei gerichtetem Strahlungseinfall ist gegeben durch (vgl. Abbildung 6.2-2)

$$\rho_d(\lambda) = \frac{L_\lambda \iint\limits_{A\,\Omega} \cos\varepsilon \cdot dA \cdot d\Omega}{\Phi_{\lambda,\text{auf}}} \qquad (6.3\text{-}5)$$

Wie diese Gleichung zeigt, muß bei konstanter spektraler Strahldichte über die Fläche A und den Raumwinkel Ω integriert werden. Wenn die Strahlung konisch oder diffus einfällt und zudem noch auf ein nicht ideal diffus streuendes Material mit wellenlängenabhängiger Strahldichte trifft, wird der Ansatz für die vorstehende Gleichung sehr kompliziert. Man verzichtet dann auf eine Absolutberechnung und mißt statt dessen gegen ein Reflexionsnormal.

- **Grad der gemischten Reflexion** $\rho(\lambda)$, der auch einfach **Reflexionsgrad** genannt wird und sich je nach Material aus wechselnden Anteilen gerichteter und diffuser Reflexion zusammensetzt. Er ist der in der Praxis häufigste Fall. Man bestimmt ihn grundsätzlich gegen ein anzugebendes Reflexionsnormal. Allgemein kennzeichnet den Reflexionsgrad, daß zu seiner Bestimmung stets die gesamte in den Halbraum (Raumwinkel 2π sr) reflektierte Strahlung erfaßt werden muß. Da man ein Material aber verschiedenartig bestrahlen kann, unterscheidet man nach der **Art der Einstrahlung** den

  - Reflexionsgrad ρ_{dif} für **halbräumliche** Einstrahlung
  - Reflexionsgrad ρ_k für **konische** Einstrahlung
  - Reflexionsgrad ρ_g für **gerichtete** Einstrahlung

Zur vollständigen Kennzeichnung dieser Reflexionsgrade gehört bei konischer und gerichteter Einstrahlung noch die Angabe des **Einfallswinkels** ε_1, d.h. des Winkels zwischen der Achse des eingestrahlten Bündels und der Probennormalen, und des **Öffnungswinkels** σ_1, d.h. des Kegelwinkels bei konischem Bündel, der einfallenden Strahlung.

Auch bei den Transmissionsgraden unterscheidet man:
- **Grad der gerichteten Transmission** $\tau_r(\lambda)$, der dadurch gekennzeichnet ist, daß nach der Transmission das photometrische Entfernungsgesetz von der Strahlungsquelle aus gilt. Damit wird z.B. das Verhalten eines optisch klaren Filterglases vor einer punktförmigen Lichtquelle vollständig beschrieben.
- **Grad der gestreuten Transmission** $\tau_{dif}(\lambda)$, der dadurch gegeben ist, daß nach der Transmission das photometrische Entfernungsgesetz von der Oberfläche des Materials aus gilt. Damit könnte z.B. das Verhalten einer Trübglasscheibe in einem gerichteten Strahlengang allein beschrieben werden, wenn ideales Streuverhalten vorliegen würde, was über weite Wellenlängenbereiche aber nicht der Fall ist (6.2 ←). Besonders im IR nimmt der Grad der gerichteten Transmission rasch zu und der Grad der gestreuten Transmission ab.

Grad der gemischten Transmission $\tau(\lambda)$, der auch einfach **Transmissionsgrad** genannt wird, und die Summe aus gerichtetem und gestreutem Transmissionsgrad darstellt. Allgemein kennzeichnet den Transmissionsgrad, daß unabhängig von der Art der Einstrahlung, stets die gesamte in den Halbraum (Raumwinkel 2π sr) transmittierte Strahlungsleistung erfaßt werden muß. Da man aber auch ein transmittierendes Material verschiedenartig bestrahlen kann, unterscheidet man nach der **Art der Einstrahlung** den

- Transmissionsgrad $\tau_{dif}(\lambda)$ für **halbräumliche** Einstrahlung
- Transmissionsgrad $\tau_{k}(\lambda)$ für **konische** Einstrahlung
- Transmissionsgrad $\tau_{g}(\lambda)$ für **gerichtete** Einstrahlung

Zur vollständigen Kennzeichnung dieser Transmissionsgrade gehört bei konischer und gerichteter Einstrahlung noch die Angabe des Einfallswinkels ε_1 und des Öffnungswinkel σ_1 der einfallenden Strahlung.

Eine besondere Bedeutung unter den Transmissionsgraden kommt dem **spektralen Reintransmissionsgrad**

$$\tau_i(\lambda) = \frac{\Phi_{\lambda,ex}}{\Phi_{\lambda,in}} \qquad\qquad (6.3\text{-}6)$$

zu. Dieser ist als das Verhältnis der gerichteten spektralen Strahlungsleistung $\Phi_{\lambda,ex}$, die die Austrittsfläche einer homogenen (einheitlichen, insbesondere mit einheitlicher Brechzahl) und nicht steuender Schicht eines Materials erreicht, zur spektralen Strahlungsleistung $\Phi_{\lambda,in}$, die die Eintrittsfläche dieser Schicht passiert hat. Die Weglänge x ist dabei anzugeben. **Abbildung 6.3-1** verdeutlicht diese Verhältnisse. Zur eindeutigen Unterscheidung von der Definition des allgemeinen spektralen Transmissionsgrades wird dieser mit dem Index i (innerer Transmissionsgrad, engl. internal transmittance) gekennzeichnet.

Auch die Indizes ex und in machen das deutlich. **Der spektrale Reintransmissionsgrad** wird zur Bildung der unter Maße ($\rightarrow$ 6.3.4) besprochenen spektralen Absorptionsmaße benötigt und **bildet** damit **die Basis aller Konzentrationsbestimmungen nach dem Lambert-Beerschen Gesetz** ($\rightarrow$ 7.3).

Von gleich wichtiger Bedeutung wie der spektrale Reintransmissionsgrad ist der **spektrale Reinabsorptionsgrad**, der als Quotient der spektralen Strahlungsleistung, die in einer homogen und nicht streuenden Schicht eines Materials auf dem Wege zwischen Eintritts- und Austrittsfläche absorbiert wurde, und der spektralen Strahlungsleistung, die die Eintrittsfläche passiert hat, definiert ist

$$\alpha_i(\lambda) = \frac{\Phi_{\lambda,in} - \Phi_{\lambda,ex}}{\Phi_{\lambda,in}} \qquad\qquad (6.3\text{-}7)$$

Für die Summe der Grade gilt Gleichung (2.3-6). Das bedeutet aber nicht, daß man damit den spektralen Absorptionsgrad grundsätzlich als Ergänzung zu Eins annehmen darf,

wenn der spektrale Reflexions- und Transmissionsgrad bekannt sind. Das wäre nur dann
möglich, wenn diese beiden Grade unter identischen optisch-geometrischen Bedingungen bestimmt werden könnten, was aber instrumentell meist nicht möglich ist.

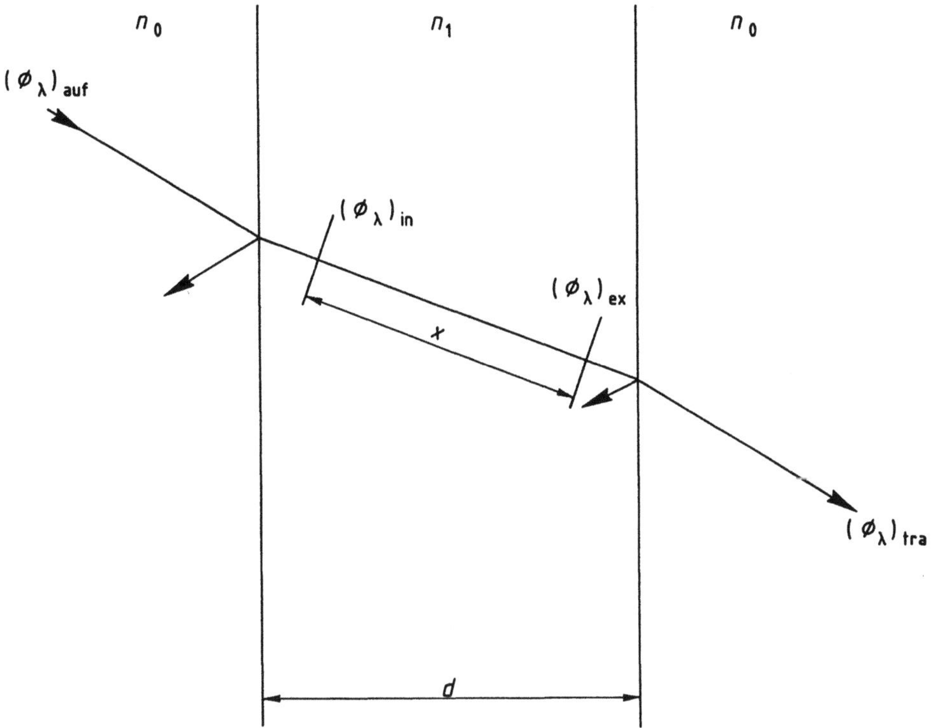

**Abbildung 6.3-1: Zur Definition des spektralen Reintransmissions- und des spektralen Rein-
absorptionsgrades.** x Weglänge der Strahlung in der Schicht, d Dicke der Schicht.

6.3.3 Faktoren

Ein Faktor benennt das Verhältnis zweier Größen gleicher Art. Dieses Verhältnis kann
im Gegensatz zum Grad (6.3.2 ←) auch Werte größer als Eins annehmen. Ein wichtiger
Faktor ist der in der Reflexionsspektrometrie zur Kennzeichnung diffuser Materialien notwendige **spektrale Strahldichtefaktor**. Er ist als Quotient der spektralen Strahldichte einer
Probe (Index P) und der spektralen Strahldichte des in gleicher Weise bestrahlten vollkommen mattweißen Körpers (Index W) definiert, wobei vorausgesetzt ist, daß beide
Strahldichten unter gleichen optisch-geometrischen Bedingungen gemessen werden

$$\beta(\lambda) = \frac{L_{\lambda,P}}{L_{\lambda,W}} \qquad\qquad (6.3\text{-}8)$$

Der vollkommen mattweiße Körper ist als gleichmäßig streuendes Material mit dem Reflexionsgrad Eins definiert.

Die Angabe des spektralen Strahldichtefaktors ist nur bei streuenden Proben sinnvoll. Die Größen gleicher Art sind hier spektrale Strahldichten L_λ nach Gleichung (6.2-3). Da eine nicht ideal streuende Probe bei einem gegebenen Beobachtungswinkel eine größere Strahldichte aufweisen kann, als der vollkommen mattweiße Körper, kann $\beta(\lambda)$ auch größer als Eins sein.

Der spektrale Strahldichtefaktor kann bei bestimmten Wellenlängen Zahlenwerte größer als 2 annehmen, wenn lumineszierende Materialien vorliegen. Die durch kurzwellige Strahlung angeregte Strahlung der Photolumineszenz ($\to$ 7.1), die hier meist eine sehr schnell abklingende Fluoreszenz ($\to$ 7.1) ist, überlagert sich der reflektierten Strahlung und ist von ihr ohne besondere Maßnahmen nicht zu trennen. Der **integrale Gesamtstrahldichtefaktor** β_T lumineszierender Materialien setzt sich somit aus dem **Reflexionsstrahldichtefaktor** β_S und dem **Lumineszenzstrahldichtefaktor** β_T zusammen

$$\left(\beta_T\right)_{S(\lambda)} = \beta_S + \left(\beta_L\right)_{S(\lambda)} \tag{6.3-9}$$

Da β_L von der relativen spektralen Strahlungsverteilung (Strahlungsfunktion $S(\lambda)$, 2.2 $\leftarrow$) der die Lumineszenz anregenden Strahlung abhängt, gilt dies auch für den Gesamtstrahldichtefaktor β_T. Das ist der Grund dafür, daß hier kein spektraler Lumineszenzstrahldichtefaktor definiert wird.

Spektrale Strahldichtefaktoren können sowohl für gerichtete als auch diffuse Einstrahlung bestimmt werden. Voraussetzung ist jedoch, daß der bei der Messung erfaßte Raumwinkel möglichst klein ist. Da in der Praxis aus energetischen Gründen alle Meßgeräte mit mehr oder minder großen Öffnungswinkeln arbeiten müssen, wird hier anstelle des spektralen Strahldichtefaktors ein **spektraler Reflexionsfaktor** gemessen. Er ist definiert als Quotient der von der Probe und der vom vollkommen mattweißen Körper reflektierten Strahlungsleistungen, wobei die jeweils vorliegenden optisch-geometrischen Bedingungen anzugeben sind

$$R(\lambda) = \frac{\Phi_{\lambda,\text{ref,P}}}{\Phi_{\lambda,\text{ref,W}}} \tag{6.3-10}$$

Der Wert des spektralen Reflexionsfaktors kann aus den gleichen Gründen wie beim spektralen Strahldichtefaktors den Wert Eins überschreiten.

6.3.4 Maße

Unter Maß versteht man den Logarithmus des Quotienten zweier Größen gleicher Art zur Beschreibung von Vorgängen bei Übertragungen, z.B. bei Verstärkung oder Dämpfung. Wenn man Logarithmen zur Basis 10 verwendet erhält man dekadische Maße, bei Verwendung natürlicher Logarithmen natürliche Maße.

Ein wichtiges Maß ist das **spektrale dekadische Absoptionsmaß**

$$A(\lambda) = -\lg \frac{\Phi_{\lambda,ex}}{\Phi_{\lambda,in}} \qquad (6.3-11)$$

das früher Extinktion genannt wurde und mit dem Formelzeichen $E(\lambda)$ bezeichnet wurde. $\Phi_{\lambda,in}$ ist die in ein homogenes und nicht streuendes Material gerichtet eingedrungene Strahlungsleistung und $\Phi_{\lambda,ex}$ die aus dem Material gerichtet austretende Strahlungsleistung. Die Dicke des durchstrahlten Materials ist dabei anzugeben.
Analog ist das **spektrale natürliche Absorptionsmaß** $A_n(\lambda)$ eingeführt.

6.3.5 Koeffizienten

Von einem Koeffizienten spricht man, wenn der Quotient zweier Größen verschiedener Dimension gebildet wird. Er ist damit dimensionsbehaftet. So heißt z.B. der Quotient aus spektraler Strahldichte L_λ eines Materials und der spektralen Bestrahlungsstärke E_λ auf dem Material **spektraler Strahldichtekoeffizient**

$$q(\lambda) = \frac{L_\lambda}{E_\lambda} \qquad (6.3-12)$$

Der spektrale Strahldichtekoeffizient ist oft einfacher zu bestimmen als der spektrale Strahldichtefaktor (6.3.3 ←).
Andere wichtige Faktoren sind
- der **spektrale natürliche Absorptionskoeffizient**

$$a_n(\lambda) = \frac{A_n(\lambda)}{x} \qquad (6.3-13)$$

mit der SI-Einheit cm^{-1}, bei dem das natürliche Absorptionsmaß sich auf die durchstrahlte Schichtdicke x bezieht
- der **spektrale Streukoeffizient**

$$s(\lambda) = \frac{1}{L_\lambda} \cdot \frac{dL_\lambda}{dx} \qquad (6.3-14)$$

mit der SI-Einheit cm^{-1}, der die Abnahme der gerichtet eingefallenen Strahlung durch Streuung längs des Weges erfaßt.
Die Summe aus spektralem natürlichen Absorptionskoeffizienten und spektralem Streukoeffizienten gibt den **spektralen Schwächungskoeffizienten** gerichteter Strahlung

$$\mu(\lambda) = a_n(\lambda) + s(\lambda) \qquad (6.3-15)$$

6.4 Parameter und Einflüsse

Die optischen Kennzahlen von Materialien hängen von zahlreichen Parametern ab. Die
für die Spektrometrie wichtigste Abhängigkeit ist zweifellos die Abhängigkeit von der
Wellenlänge, die durch spektrale Kennzahlen erfaßt wird. Zusätzlich ist die Abhängigkeit
von folgenden Parametern anzugeben (siehe dazu auch **Abbildung 6.4-1**)

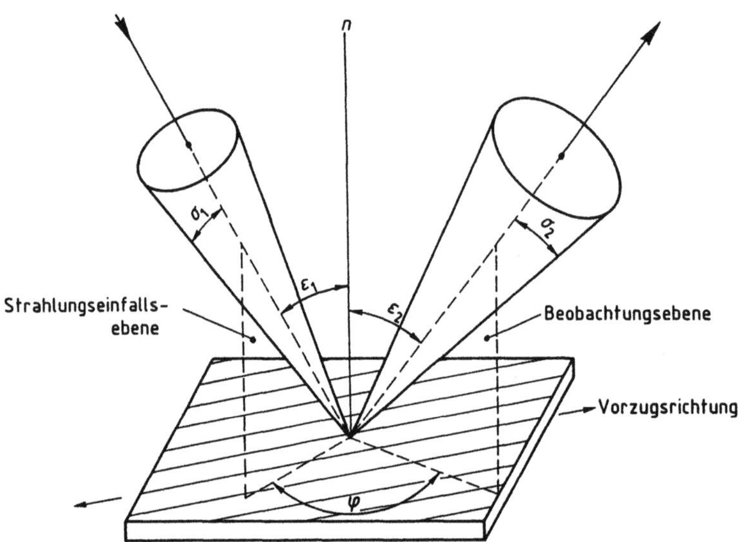

**Abbildung 6.4-1: Richtungen, Winkel und Ebenen der Bestrahlung und Beobachtung
an einer Probe mit Vorzugsrichtung.**

- **Einstrahlungswinkel** ε_1, das ist der Winkel zwischen der Achse des eingestrahlten Bün-
dels und der Probennormalen
- **Meßwinkel** ε_2, das ist der Winkel zwischen der Achse des bei der Messung erfaßten
Bündels und der Probennormalen
- **Öffnungswinkel** σ_1 und σ_2, das sind bei konischen Bündeln die Kegelwinkel des ein-
fallenden bzw. des bei der Messung erfaßten Bündels
- **Azimutwinkel** φ_1 und φ_2, das sind die Winkel zwischen einer auf der Probe festgeleg-
ten Vorzugsrichtung und der Schnittlinie der Strahlungseinfalls- bzw. Beobachtungs-
ebene mit der Probenoberfläche (in der Mehrzahl der Fälle genügt aber schon die An-
gabe der Differenz $\varphi = \varphi_1 - \varphi_2$)
- **Polarisationszustand** der einfallenden und der gemessenen Strahlung
- **Temperatur** des Materials
- **Zeit**, bei zeitabhängigen Vorgängen
Außerdem werden die Meßergebnisse natürlich zusätzlich durch Einflüsse wie z.B.
Oberflächenzustand (Kratzer, Beschädigungen, Kontamination, usw.), **Schichtdicke** oder
Vorbehandlung beeinflußt.

6.5 Hinweise

Die in diesem Kapitel angeführten spektralen Kennzahlen von Materialien sind nur eine Auswahl. Daneben werden in den einzelnen Zweigen der Naturwissenschaften und Technik, von der klinischen Chemie bis zur Papierindustrie, von der Astronomie bis zur Solartechnik, von der angewandten Optik über die Lichttechnik bis zur farbgebende Industrie, zahlreiche andere spektrale Kennzahlen definiert und routinemäßig bestimmt. Näheres muß entsprechenden Monographien, Einzelveröffentlichungen und Anwendernormen entnommen werden.

Die hier besprochenen spektralen Kennzahlen und ihre Definition findet man neben anderen in den grundlegenden Normblättern (DIN 1349 Teil 1 und Teil 2, DIN 5036 Teil 1 und Teil 2).

7 Zusammenhang zwischen optischen Kennzahlen und Stoffkenngrößen bei spektrometrischen Analyseverfahren

M. Krystek (Braunschweig)

7.1 Einführung

Die Aufgabe der Spektrometrie ist die qualitative und quantitative Messung der Wechselwirkung zwischen elektromagnetischer Strahlung und Materie als Funktion der Wellenlänge (oder der Wellenzahl oder der Frequenz) der Strahlung, d.h. die Ermittlung von Spektren der Emission, Absorption, Reflexion, Streuung und Lumineszenz von Gasen, Flüssigkeiten, Lösungen und Festkörpern. Zur Auswertung solcher Spektren ist es notwendig, sich einen Überblick über die zugrundeliegenden Gesetzmäßigkeiten zu verschaffen.

Emissionsspektren erhält man, wenn man den Bausteinen der Materie, den Atomen und Molekülen, von außen Energie (z.B. in Form von Wärme) zuführt. Dadurch werden sie zunächst in einen angeregten Zustand überführt, der aber im allgemeinen nicht stabil ist. Bei der Rückkehr in den Grundzustand wird die überschüssige Energie dann als elektromagnetische Strahlung wieder abgegeben. Dabei entsteht ein für das Material charakteristisches Emissionsspektrum. Während glühende Materialien, ähnlich wie der schwarze Strahler (Hohlraumstrahler, Planckscher Strahler), ein breites, kontinuierliches Spektrum haben (s. Abbildung 3.3-1 auf S. 32), zeigen die Emissionsspektren von glühenden Gasen oder Dämpfen bei niedrigem Druck ein ausgeprägtes Linienspektrum (s. Abbildung 3.6-2 auf S. 73). Dabei sind in Bezug auf Anzahl und Verteilung der Linien die Atomspektren einfacher als die Molekülspektren, bei denen die Linien teilweise so dicht beeinanderliegen, daß sie zu sogenannten Banden verschmelzen.

Wesentlich aussagekräftiger als die Emissionsspektren sind die **Absorptionsspektren**, die ebenfalls charakteristisch für das jeweilige Material sind. Die Absorptionsspektren von Gasen und verdünnten Dämpfen bei niedrigem Druck sind wiederum Linienspektren, während Flüssigkeiten, Lösungen und Festkörper bis auf Ausnahmen im wesentlichen Bandenspektren zeigen. Diese entstehen aufgrund der starken Verbreiterung und der damit verbundenen weitgehenden Überlagerung der Linien infolge relativ starker Wechselwirkungen zwischen den Atomen bzw. Molekülen. Die Absorptionsbanden im ultravioletten und sichtbaren Spektralbereich, in dem die Linienvielfalt und Dichte am größten ist, beruhen auf Elektronenanregungsprozessen der Atome und Moleküle. Diesen Elektronenbanden können noch Rotations- und Schwingungsbanden überlagert sein. Reine Rotations- und Schwingungsabsorptionsspektren findet man im infraroten Spektralbereich, wobei im fernen Infrarot bis hin zu den Mikrowellen nur noch Rotationsspektren allein beobachtet werden.

Absorptionsspektren eignen sich sehr gut zur Konstitutionsermittlung von Materialien, da die Lage und Gestalt der Absorptionsbanden, insbesondere der elektronischen Übergänge im ultravioletten und sichtbaren Spektralbereich, eng mit der elektronischen Struktur der Atome und Moleküle zusammenhängt. Bei organischen Verbindungen wird die Absorption durch bestimmte Atomgruppen verursacht, die valenzmäßig mehr oder weniger ungesättigt sind und daher Mehrfachbindungen aufweisen. Einfache kovalente Bindungen tragen dagegen praktisch nicht zur Absorption bei. Die Deformierbarkeit der locker gebundenen Elektronen begünstigt offenbar die Absorption. Übergänge innerer Elektronen, die durch äußere Elektronenschalen abgeschirmter sind, zeichnen sich durch eine ausgeprägt selektive Absorption aus.

Absorptionsspektren eines Materials, die in der Gas- bzw. Dampfphase eine deutliche Linienstruktur zeigen, verändern sich oft zu Bandenspektren, wenn der Stoff in Lösung gemessen wird. Hier spielt offenbar die intramolekulare Wechselwirkung mit dem Lösungsmittel eine Rolle, die die Absorptionslinien so verbreitert, daß sie miteinander verschmelzen. Man erhält dann in der Regel so etwas wie ein einhüllendes Spektrum des Linienspektrums. Das gilt insbesondere, wenn das Lösungsmittel selbst nicht absorbiert, was man in der Praxis immer anstrebt.

Organische Verbindungen können nur dann im sichtbaren Spektralbereich absorbieren, wenn sie sogenannte Chromophore enthalten, d.h. Atomgruppen mit konjugierten Doppel- oder Dreifachbindungen, wie z.B. $>C=C<$, $>C=O$, $-N=N-$ oder $-N=O$. Daraus folgt, daß Stoffe, die die gleichen Chromophore enthalten und auch eine ähnliche Elektronenstruktur besitzen, auch ähnliche Absorptionsspektren (Gestalt, Lage der Maxima, Halbwertbreiten, Intensitäten, usw.) haben. Die Anwesenheit weiterer Atomgruppen in der unmittelbaren Nachbarschaft der Chromophore modifiziert das Absorptionsspektrum. Dabei können im wesentlichen vier Effekte unterschieden werden: Verschiebung zum langwelligen Spektralgebiet (bathochromer Effekt), Verschiebung zum kurzwelligen Spektralgebiet (hypsochromer Effekt), Vergrößerung der Intensität der Bande (hyperchromer Effekt) und Verringerung der Intensität der Bande (hypochromer Effekt). Eine Vergrößerung der Moleküle führt im allgemeinen zusätzlich zu einer Verbreiterung der Banden bei gleichzeitiger Verschiebung zum langwelligen Spektralgebiet. Dieser Effekt kann allein mit der Massenzunahme ausreichend und zufriedenstellend erklärt werden. Auch die Veränderung der Symmetrie der unsymmetrisch an den Chromophor gebundenen chemischen Gruppen ändert das Absorptionsspektrum.

Die Absorptionsspektren anorganischer Substanzen beruhen auf Elektronenübergängen innerhalb von Ionen und Komplexen oder auf Anregung von Bindungselektronen. Diese Spektren können sehr linienhaft sein, wie z.B. die Spektren der seltenen Erden, oder aber relativ breit, wie z.B. die Absorption des Permanganations in Lösung.

Wie bereits erwähnt, sind die Elektronenspektren sowohl in Emission, als auch in Absorption von den Schwingungs- und Rotationsspektren der Moleküle überlagert, die dicht beieinander liegen und nur mit hochauflösenden Spektrometern voneinander getrennt werden können. Diese Linien besitzen gewöhnlich an einer Seite der jeweiligen Elektronenbande (entweder am langwelligen oder am kurzwelligen Ende) eine Häufungsstelle. Diese sogenannten Bandenkanten sind im Spektrum relativ deutlich sichtbar und erleichtern damit die Klassifizierung der Banden.

Sehr viel einfacher als die Elektronenspektren des ultravioletten und sichtbaren Spektralbereiches sind die im Infraroten auftretenden reinen Rotations-Schwingungs-Spektren

und die im fernen Infraroten (bis hin zu den Mikrowellen) auftretenden reinen Rotationsspektren, mit ihren annähernd äquidistanten Linienabständen. Rotationsspektren sind aufgrund von Auswahlregeln nur bei solchen Molekülen zu beobachten, die ein permanentes Dipolmoment besitzen (z.B. H_2O, HCl, NH_3), während Rotations-Schwingungs
Spektren auch bei unpolaren Molekülen (z.B. O_2, N_2, CO_2) auftreten, wenn deren Rotationen optisch aktiv sind. Aus den Infrarot-Absorptionsspektren lassen sich die Kraftkonstanten und Trägheitsmomente der Moleküle ermitteln. Daraus folgt auch, daß die Spektren einen ausgeprägten Isotopieeffekt zeigen, der auf den Massenunterschieden der
Isotope beruht und sich in der Aufspaltung der Absorptionslinien sowohl bei Rotationsals auch bei Rotations-Schwingungs-Spektren zeigt. Bei Gasen unter höherem Druck, bei
Flüssigkeiten und Lösungen, werden die Rotations-Absorptionslinien durch Stoßwechselwirkung der Moleküle so stark verbreitert, daß die linienhafte Rotationsstruktur gänzlich
verlorengeht und die Linien sich zu einer breiten, kontinuierlichen Bande überlagern.
In gleicher Weise können die Schwingungsabsorptionslinien durch Dissoziations- und
Rekombinationsvorgänge zum Verschwinden gebracht werden.
Neben der Absorption elektromagnetischer Strahlung durch Materialien kommt es an
der Oberfläche von Festkörpern (kristallin oder pulverförmig) zur Reflexion von Strahlung. Der Reflexionsgrad ist zwar für jeden Stoff spezifisch, aber zusätzlich noch von
der Oberflächenbeschaffenheit abhängig. Die Reflexion besteht aus zwei Anteilen,
nämlich aus einem gerichteten (spiegelnden) und einem diffusen, der verstärkt bei
Pulvern auftritt. Der diffuse Anteil der Reflexion kommt dadurch zustande, daß die
Strahlung in das Material eindringt und nach mehrfacher Streuung (bei teilweiser
Absorption) wieder zurück an die Oberfläche gelangt. Die beiden Anteile der Reflexion
folgen unterschiedlichen Gesetzmäßigkeiten. Die gerichtete Reflexion ist bei stark absorbierenden Materialien (z.B. Metalle) besonders groß, wobei vorwiegend gerade derjenige
Wellenlängenbereich reflektiert wird, der auch absorbiert wird. Da beide Arten der
Reflexion gleichzeitig, wenn auch unterschiedlich stark, bei jedem Material vorhanden
sind, sich aber in ihrer Abhängigkeit von der Wellenlänge gerade entgegengesetzt verhalten, besitzen **Reflexionsspektren** im allgemeinen keine ausgeprägten differenzierten
Maxima und sind deshalb nicht so aussagekräftig wie Absorptionsspektren.
Bei pulverisiertem Material hängt das Verhältnis der beiden Reflexionsanteile stark von
der Korngröße ab, wenn das Material nur schwach absorbiert, und ist weitestgehend
von der Korngröße unabhängig, wenn das Material stark absorbiert. Dies beruht darauf,
daß bei schwach absorbierenden Substanzen mit abnehmender Korngröße die Eindringtiefe der Strahlung abnimmt, und damit auch der Anteil der diffusen Reflexion, während
bei stark absorbierenden Stoffen die Eindringtiefe von vornherein nur sehr klein ist und
sich damit der Anteil der diffusen Reflexion nur sehr wenig verändern kann. Gelingt es,
die beiden Anteile der Reflexion voneinander zu trennen, dann zeigt das Reflexionsspektrum des diffusen Anteils (vgl. **Abbildung 7.1-1**) -gegebenenfalls nach gewissen Umrechnungen- eine weitgehende Ähnlichkeit mit dem Absorptionsspektrum des Materials in
Lösung. Eine genaue Übereinstimmung der beiden Spektren liegt aber nicht vor.
Da bei der Reflexion die Oberfläche eine große Rolle spielt, können die Reflexionsspektren durch Adsorption, Chemisorption oder Kontamination stark verfälscht werden.
Dies geschieht in der Regel auch schon durch Adsorption von Wasser oder Sauerstoff,
aber auch durch Kontamination mit Kohlenwasserstoffen, wie Ölen oder Fetten. Eine

Reinigung der Oberfläche bringt normalerweise auch keine Verbesserung der Situation,
da das Reinigungsmittel selbst als Verunreinigung der Oberfläche anzusehen ist. Deshalb
werden Reflexionsmessungen für hohe Ansprüche an frischen Spaltflächen von Ein-
kristallen im Ultrahochvakuum durchgeführt, wodurch wirklich reine Oberflächen
garantiert werden können. Diese Technik ist allerdings sehr aufwendig.

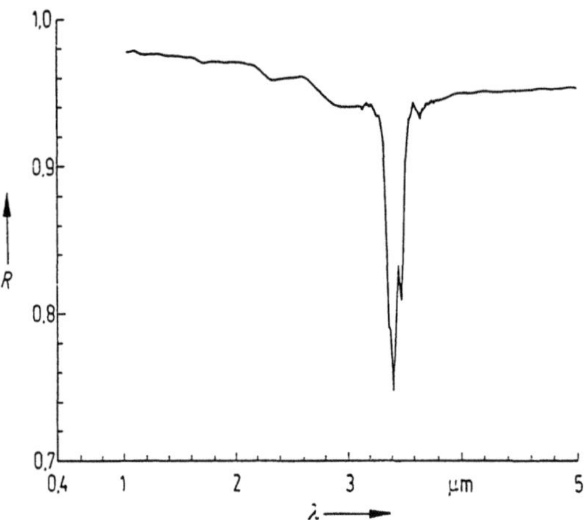

**Abbildung 7.1-1: Reflexionsfaktor R (6.3.3 ←) von gepreßtem Schwefelpulver als Funktion
der Wellenlänge λ.**

Die Schwächung elektromagnetischer Strahlung beim Durchgang durch Materie beruht
neben der Absorption auch noch auf der Streuung. Dieser Effekt tritt im Prinzip immer
mit der Absorption und der diffusen Reflexion gemeinsam auf und ist bei trüben Materialien besonders ausgeprägt, während er bei optisch klaren Materialien zu vernachlässigen
ist, d.h. die Trübung an sich ist bereits ein Hinweis auf eine starke Streuung. Die Ursache
der Trübung bzw. der Streuung ist nämlich die Beugung der elektromagnetischen Strahlung an den einzelnen inhomogen verteilten Teilchen des Stoffes oder in der Lösung,
wobei die linearen Dimensionen der Teilchen kleiner als die Wellenlänge der Strahlung
sind. Am deutlichsten läßt sich die Streuung bei kolloiden Lösungen beobachten, die
eine besonders große Mikroheterogenität besitzen (Tyndall-Phänomen). Die durch die
Streuung verursachte Schwächung der Strahlung ist um so größer, je kleiner die Wellenlänge der Strahlung ist (Rayleigh-Streuung), und zwar unabhängig vom Material (die
Streuung ist praktisch keine Materialeigenschaft). Daraus folgt, daß die Streustrahlung
einen größeren Anteil kurzwelliger Strahlung enthält als die durchgelassene Strahlung.
Daraus erklärt sich z.B auch die blaue Farbe des Himmels oder das Morgen- bzw.
Abendrot. Streuungsmessungen eignen sich zur Bestimmung der Konzentration kolloider
Teilchen (Nephelometrie) oder bei Verwendung der Winkelabhängigkeit der Streustrah-
lung auch zur Bestimmung der Größe, Gestalt oder Molmasse der streuenden Teilchen.
Unter dem Einfluß des Schwerefeldes können auch Sedimentationserscheinungen quan-
titativ verfolgt werden, z.B. Sedimentationsgleichgewichte der Korngrößenverteilung.
Ebenso ist die Untersuchung von Fällungsreaktionen (sogenannte Fällungstitration) oder
der Kinetik von Keimbildungen möglich.

Die von dem Material absorbierte Strahlungsenergie wird in der Regel in Wärme umgewandelt. Es kommt jedoch auch vor, daß ein mehr oder weniger großer Anteil dieser Energie das Material wieder in Form elektromagnetischer Strahlung verläßt. Dieser Effekt wird als Lumineszenz (genauer Photolumineszenz) bezeichnet. Ist die Wellenlänge dieser Lumineszenzstrahlung gleich der der einfallenden (anregenden) Strahlung, so handelt es sich um Resonanzlumineszenz, die von der Streuung dadurch zu unterscheiden ist, daß sie im Gegensatz zu dieser eine materialspezifische Wellenlängenabhängigkeit der Anregung zeigt (Resonanzlumineszenzspektrum). In der Regel folgt die Photolumineszenz der Stokesschen-Regel, wonach die Lumineszenzstrahlung (vgl. **Abbildung 7.1-2**) langwelliger ist als die Anregungsstrahlung (vgl. **Abbildung 7.1-3**) Abweichungen von dieser Regel, d.h. die Lumineszenzstrahlung ist kurzwelliger als die Anregungsstrahlung (Anti-Stokessches Verhalten), kommt nur vor, wenn die dann zusätzlich zur absorbierten Strahlungsenergie notwendige Energie aus anderen Quellen kommen kann (z.B. Wärmeenergie bei sehr hohen Temperaturen). Betrachtet man die Zeitabhängigkeit der Lumineszenz, d.h. das Abklingverhalten der emittierten Strahlung nach Abschalten der Anregung, so kann man noch die Fluoreszenz von der Phosphoreszenz unterscheiden.

Bei der Fluoreszenz erfolgt die Abstrahlung von Lumineszenzstrahlung praktisch nur so lange, wie die Anregung vorhanden ist, und klingt danach innerhalb von 10^{-8} s ... 10^{-5} s wieder vollständig ab. Bei der Phosphoreszenz dagegen klingt die Lumineszenz nach Beendigung der Anregung frühestens nach etwa 10^{-2} s ab, kann aber auch noch Stunden oder Tage anhalten, wobei die Intensität ständig gesetzmäßig (z.B. exponentiell) abnimmt. Fluoreszenz wird im wesentlichen bei Gasen oder schwach konzentrierten Lösungen beobachtet, während bei stark konzentrierten Lösungen, bei Flüssigkeiten und bei Festkörpern fast nur Phosphoreszenz auftritt. Die Fluoreszenz kann damit begründet werden, daß die durch Strahlungsabsorption angeregten Atome so schnell unter Strahlungsemission in den Grundzustand zurückkehren, daß praktisch keine Wechselwirkung mit anderen Atomen zur Energieübertragung erfolgen kann. Diese schnelle Rückkehr in den Grundzustand ist dagegen bei der Phosphoreszenz behindert. Die angeregten Elektronen verharren hier in einem metastabilen Zustand (Elektronentraps), den sie erst nach einer gewissen Zeit wieder verlassen können. Für die Stabilität dieses metastabilen Zustandes ist die Art und Stärke der Wechselwirkung mit den Nachbaratomen von großer Bedeutung. Deshalb zeigen Flüssigkeiten nur dann eine ausgeprägte Phosphoreszenz, wenn sie eine große Viskosität besitzen und die Temperatur tief genug ist, daß eine thermische Anregung des metastabilen Zustandes, und damit sein Zerfall, weitestgehend unmöglich ist.

Lumineszenz ist bei Festkörpern immer an die Existenz von Gitterstörungen gebunden. Dabei kann es sich um Eigenfehlstellen oder um Verunreinigungen durch Fremdatome handeln, die man als Aktivatoren bezeichnet. Das **Lumineszenzspektrum** hängt dabei im ersten Fall ausschließlich vom Wirtsgitter ab, im zweiten Fall dagegen noch zusätzlich von der Art und der Konzentration der Verunreinigung. Fremdatome können aber auch dazu führen, daß eine vorher bestehende Lumineszenz unterdrückt wird. Dieser Effekt wird als Löschung bezeichnet.

Löschung wird auch bei der Fluoreszenz von Lösungen beobachtet. Hier kommt sie dadurch zustande, daß angeregte Atome oder Moleküle durch Wechselwirkung mit nicht angeregten ihre Anregungsenergie wieder verlieren, bevor sie unter Ausstrahlung von elektromagnetischer Strahlung in den Grundzustand zurückkehren können.

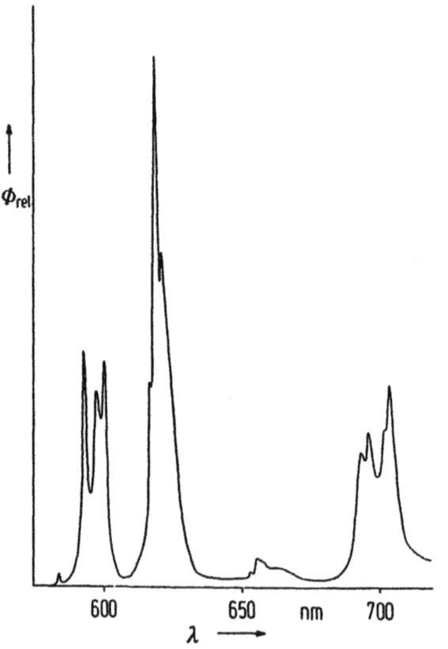

Abbildung 7.1-2: *Emissions*spektrum der Photolumineszenz von $BaSO_4$-Einkristallen dotiert mit Europium.

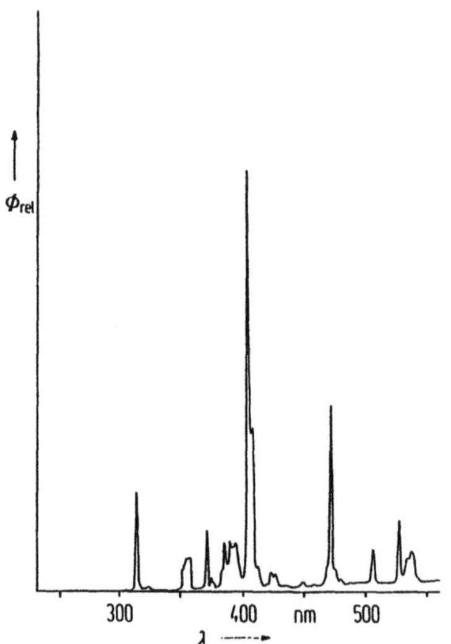

Abbildung 7.1-3: *Anregungs*spektrum der Photolumineszenz von Eu-dotierten $BaSO_4$-Einkristallen.

Ist die lumineszierende Lösung eine Säure oder Base und unterscheidet sich das Lumineszenzspektrum der dissozierten von der nichtdissozierten Form, bzw. luminesziert eine der beiden Formen überhaupt nicht, dann zeigt sich eine charakteristische Abhängigkeit der Lumineszenzstrahlung vom pH-Wert der Lösung. Solche Lösungen können daher als Lumineszenzindikatoren bei Neutralisationsanalysen (sogenannte Lumineszenz-Titration) oder auch zur direkten Bestimmung des pH-Wertes benutzt werden. Dafür geeignete Substanzen sind z.B. Phthaleine, Derivate des Naphthalins und Acridins, sowie Pyronverbindungen.

Bei der Behandlung der Streuung ist stillschweigend vorausgesetzt worden, daß die Wellenlänge der Streustrahlung mit der Wellenlänge der Primärstrahlung übereinstimmt. Dies ist jedoch keineswegs immer der Fall. Vielmehr treten in gewissen Fällen im Spektrum der senkrecht zur Einfallsrichtung der monochromatischen Primärstrahlung beobachteten Streustrahlung zusätzlich zur Linie der Primärstrahlung auf beiden Seiten davon weitere Linien auf, die charakteristisch für das streuende Material sind. Dieses als Raman-Effekt bekannte Phänomen wird in Gasen, Flüssigkeiten und Festkörpern hauptsächlich in Spektralbereichen mit sehr schwacher oder fehlender Absorption beobachtet und besitzt immer ein reines Linienspektrum. Der Raman-Effekt läßt sich vom Standpunkt einer klassischen Wellentheorie als Effekt der Modulation der Primärwelle der einfallenden elektromagnetischen Strahlung mit den Schwingungen oder Rotationen der streuenden Moleküle deuten. Dabei treten Summen- und Differenzfrequenzen auf beiden Seiten der Primärfrequenz auf. In der Praxis zeigt sich aber, daß die höherfrequenten Linien immer schwächer sind, als die niederfrequenten. **Raman-Spektren** sind ein wichtiges Hilfsmittel zur Aufklärung von Molekülstrukturen und ergänzen damit die Infrarotspektren.

Der hier einführend und keineswegs vollständig gegebene Überblick über die Wechselwirkung elektromagnetischer Strahlung mit Materie zeigt deutlich, wie umfangreich dieses Gebiet ist. Es ist daher unmöglich, auf die Problematik der Anwendung aller oben genannten Phänomene in der Praxis ausführlich einzugehen, ohne den Rahmen dieses Buches zu sprengen. Andererseits ist es auch wenig hilfreich, zwar vollständig, aber dann nur oberflächlich auf die Einzelheiten einzugehen. Deshalb wird hier als Kompromiß nur der für die Praxis wichtigste Fall der Absorption ausführlich behandelt, und zwar nur im Zusammenhang mit der quantitativen Analyse, wie sie zur Konzentrationsbestimmung notwendig ist.

Für die qualitative Analyse von Absorptionsspektren muß auf die Spezialliteratur verwiesen werden.

7.2 Materialkennzahlen

Trifft Strahlung auf Materie auf, so wird ein Teil reflektiert, ein Teil durchgelassen und ein Teil absorbiert bzw. gestreut, wobei die absorbierte Energie hauptsächlich in Wärme umgewandelt wird oder aber unter Umständen als Lumineszenzstrahlung im gleichen oder einem anderen Wellenlängenbereich wieder abgestrahlt werden kann. Die Anteile der Reflexion, Transmission und Absorption sind vom Material (Art, Dicke, Oberflächenbeschaffenheit, usw.), von der einfallenden Strahlung (Wellenlänge, Polarisation, usw.) und auch von der Meßgeometrie (Öffnungswinkel des Strahlenbündels, Einfallswinkel,

Beobachtungswinkel, usw.) abhängig. Die Wechselwirkung der Strahlung mit dem Material wird durch Materialkennzahlen charakterisiert, die hier abweichend von DIN 1349, Teil 1 und DIN 5036, Teil 1 nur für **monochromatische Strahlung** eingeführt werden.

λ bedeutet hier und im folgenden die Wellenlänge der monochromatischen Strahlung.

Der **spektrale Reflexionsgrad** $\rho(\lambda)$ ist der Quotient aus der reflektierten Strahlungsleistung $\Phi_r(\lambda)$ und der einfallenden Strahlungsleistung $\Phi_i(\lambda)$

$$\rho(\lambda) = \frac{\Phi_r(\lambda)}{\Phi_i(\lambda)} \qquad (7.2\text{-}1)$$

Der **spektrale Transmissionsgrad** $\tau(\lambda)$ ist der Quotient aus der durchgelassenen Strahlungsleistung $\Phi_t(\lambda)$ und der einfallenden Strahlungsleistung $\Phi_i(\lambda)$

$$\tau(\lambda) = \frac{\Phi_t(\lambda)}{\Phi_i(\lambda)} \qquad (7.2\text{-}2)$$

Der **spektrale Absorptionsgrad** $\alpha(\lambda)$ ist der Quotient aus der absorbierten Strahlungsleistung $\Phi_a(\lambda)$ und der einfallenden Strahlungsleistung $\Phi_i(\lambda)$

$$\alpha(\lambda) = \frac{\Phi_a(\lambda)}{\Phi_i(\lambda)} \qquad (7.2\text{-}3)$$

Alle drei Materialkennzahlen sind Größen der Dimension Eins und ihr Zahlenwert liegt zwischen Null und Eins. Außerdem gilt der Zusammenhang

$$\rho(\lambda) + \tau(\lambda) + \alpha(\lambda) = 1 \qquad (7.2\text{-}4)$$

für jede beliebige Wellenlänge, unter der Voraussetzung, daß das betreffende Material selbst keine Strahlung emittiert, also auch nicht luminesziert.

Die Reflexion ist ein Oberflächeneffekt, d.h. sie findet immer an den jeweiligen Grenzflächen des Materials statt. Betrachtet man nur den reinen Volumeneffekt der Transmission bzw. der Absorption, so kann man den **Reintransmissionsgrad** bzw. den **Reinabsorptionsgrad** definieren.

Der **spektrale Reintransmissionsgrad** $\tau_i(\lambda)$ ist der Quotient aus der das Material wieder verlassenden Strahlungsleistung $\Phi_{ex}(\lambda)$ zu der in sie eintretenden Strahlungsleistung $\Phi_{in}(\lambda)$ (d.h. den nach der Reflexion verbleibenden Anteil der auf das Material auftreffenden Strahlungsleistung)

$$\tau_i(\lambda) = \frac{\Phi_{ex}(\lambda)}{\Phi_{in}(\lambda)} \qquad (7.2\text{-}5)$$

Da die das Material nicht wieder verlassende Strahlungsleistung absorbiert worden ist, gilt für den **spektralen Reinabsorptionsgrad**

$$\alpha_i(\lambda) = 1 - \tau_i(\lambda) \qquad (7.2\text{-}6)$$

Der negative dekadische Logarithmus des spektralen Reintransmissionsgrades wird als **spektrales (dekadisches) Absorptionsmaß** oder Extinktion bezeichnet

$$A(\lambda) = -\lg \tau_i(\lambda) \qquad (7.2\text{-}7)$$

In der älteren Literatur wird statt $A(\lambda)$ auch $E(\lambda)$ verwendet.

Wird statt des dekadischen Logarithmus der natürliche Logarithmus verwendet, so spricht man vom **spektralen natürlichen Absorptionsmaß $A_n(\lambda)$** oder der natürlichen Extinktion

$$A_n(\lambda) = -\ln \tau_i(\lambda) \qquad (7.2\text{-}8)$$

Dividiert man das spektrale Absorptionsmaß $A(\lambda)$ durch die Dicke d der von der Strahlung durchsetzten Schicht, so erhält man den **spektralen (dekadischen) Absorptionskoeffizienten** (auch Extinktionsmodul genannt)

$$a(\lambda) = \frac{A(\lambda)}{d} \qquad (7.2\text{-}9)$$

Ersetzt man $A(\lambda)$ durch $A_n(\lambda)$, so erhält man statt dessen den **spektralen natürlichen Absorptionskoeffizienten**

$$a_n(\lambda) = \frac{A_n(\lambda)}{d} \qquad (7.2\text{-}10)$$

In der älteren Literatur werden statt $a(\lambda)$ und $a_n(\lambda)$ auch die Formelzeichen $m(\lambda)$ bzw. $m_n(\lambda)$ verwendet.
Bezieht man den spektralen Absorptionskoeffizienten $a(\lambda)$ auf die Konzentration der absorbierenden Teilchen (dies geschieht im allgemeinen bei Lösungen), so erhält man den **bezogenen (dekadischen) spektralen Absorptionskoeffizienten**

$$\varkappa(\lambda) = \frac{a(\lambda)}{c} = -\frac{1}{c \cdot d} \lg \tau_i(\lambda) \qquad (7.2\text{-}11)$$

Benutzt man in dieser Beziehung statt des dekadischen Logarithmus den natürlichen Logarithmus, so erhält man den **bezogenen natürlichen spektralen Absorptionskoeffizienten**

$$\varkappa_n(\lambda) = \frac{a_n(\lambda)}{c} = -\frac{1}{c \cdot d} \ln \tau_i(\lambda) \qquad (7.2\text{-}12)$$

Man kann statt auf die molare Konzentration c auch auf die Massenkonzentration $\gamma^* = m/V$ beziehen, wobei m die Masse und V das Volumen bedeuten. Die Beziehungen (7.2-11) bzw. (7.2-12) ändern sich dadurch nur insoweit, als c durch γ^* zu ersetzen ist und $\varkappa(\lambda)$ bzw. $\varkappa_n(\lambda)$ in $\varkappa^*(\lambda)$ bzw. $\varkappa_n^*(\lambda)$ übergehen.

Bei *Gasen* ist es von Vorteil, statt mit der Konzentration c mit dem Druck p zu arbeiten. Für ideale Gase gilt ja bekanntlich die Zustandsgleichung

$$p \cdot V = n \cdot R \cdot T \tag{7.2-13}$$

mit der Molzahl n, der allgemeinen Gaskonstanten R und der absoluten Temperatur T. Da die molare Konzentration c der Quotient aus Molzahl n und Volumen V ist, folgt aus der Zustandsgleichung (7.2-13) für den Zusammenhang zwischen molarer Konzentration und Druck

$$p = c \cdot R \cdot T \tag{7.2-14}$$

so daß man die Beziehung (7.2-11) für Gase auch in der Form

$$\varkappa(\lambda) = -\frac{R \cdot T}{p \cdot d} \ln \tau_i(\lambda) \tag{7.2-15}$$

schreiben kann.

Analog folgt aus der Beziehung (7.2-12)

$$\varkappa_n(\lambda) = -\frac{R \cdot T}{p \cdot d} \ln \tau_i(\lambda) \tag{7.2-16}$$

Der bezogene spektrale Absorptionskoeffizient $\varkappa_n(\lambda)$ zeigt damit bei konstantem Gasdruck eine explizite Temperaturabhängigkeit.

Die Beziehung (7.2-16) wird häufig auch bei realen Gasen verwendet, wenn die van-der-Waalsschen Wechselwirkungskräfte nur klein sind. In allen anderen Fällen muß, wenn möglich, zur Umformung die korrekte Zustandsgleichung des jeweiligen Gases verwendet werden.

7.3 Das Lambert-Beersche Absorptionsgesetz

Beim Durchgang elektromagnetischer Strahlung durch ein homogenes, nicht trübes Material kann die Streuung praktisch vernachlässigt werden, so daß nur die Absorption als bestimmender Effekt der Strahlungsschwächung übrig bleibt. Ihre Abhängigkeit von der Wellenlänge der einfallenden elektromagnetischen Strahlung ist charakteristisch für das jeweilige Material. Wie stark die Strahlung durch die Absorption geschwächt wird, hängt bei homogener Verteilung der Materie im durchstrahlten Volumen von der Anzahl der darin enthaltenen, bei der entsprechenden Wellenlänge absorbierenden Zentren (Atome, Moleküle, Ionen, Komplexe, Radikale, usw.) einerseits und der Strahlungsleistung andererseits ab.

Erste systematische Betrachtungen über die Absorption wurden bereits von Bouguer (Bouguer, 1729) durchgeführt. Er fand den empirischen Zusammenhang, daß bei arithmetischer Zunahme der Dicke einer absorbierenden Schicht der durchgelassene Teil der Strahlungsleistung eine geometrische Folge bildet, d.h. daß ein exponentieller Zusammenhang zwischen dem Transmissionsgrad und der Schichtdicke bestehen muß. Eine mathematische Formulierung dieser Gesetzmäßigkeit basierend auf der Arbeit von Bouguer wurde von Lambert (Lambert, 1760) durchgeführt. Diese Ableitung soll hier kurz nachvollzogen werden.

Wird ein homogenes Material von monochromatischer Strahlung der Wellenlänge λ und der Strahlungsleistung $\Phi(\lambda)$ durchstrahlt, so wird sie auf einer infinitesimal kleinen Wegstrecke dx um den infinitesimalen Anteil $d\Phi(\lambda)$ geschwächt, d.h. war $\Phi(\lambda)$ die Strahlungsleistung am Ort x, so ist sie am Ort x + dx aufgrund der Absorption gleich $\Phi(\lambda) - d\Phi(\lambda)$. Zufolge des von Bouguer gefundenen empirischen Zusammenhanges muß die Strahlungsschwächung sowohl proportional zur Strahlungsleistung selbst, als auch proportional zur Wegstrecke sein, entlang derer die Strahlung absorbiert wurde, d.h. es muß gelten

$$d\Phi(\lambda) = -a_n(\lambda) \cdot \Phi(\lambda) \cdot dx \qquad (7.3\text{-}1)$$

Dabei wurde $a_n(\lambda)$ als wellenlängenabhängiger, für das Material spezifischer Proportionalitätsfaktor eingeführt, das Minuszeichen deutet auf die Schwächung (Abnahme) der Strahlung hin. Der Proportionalitätsfaktor ist identisch mit dem spektralen natürlichen Absorptionskoeffizienten $(7.2\leftarrow)$. Für diese Materialkennzahl erhält man demnach aus der Beziehung (7.3-1) eine differentielle Formulierung

$$a_n(\lambda) = -\frac{1}{\Phi(\lambda)} \cdot \frac{d\Phi(\lambda)}{dx} \qquad (7.3\text{-}2)$$

Trennt man in der Beziehung (7.3-1) die Variablen und integriert über die gesamte Dicke d der absorbierenden Schicht, so folgt

$$\int_{\Phi_{in}(\lambda)}^{\Phi_{ex}(\lambda)} \frac{d\Phi(\lambda)}{\Phi(\lambda)} = -a_n(\lambda) \int_{0}^{d} dx \qquad (7.3\text{-}3)$$

und damit

$$\ln \frac{\Phi_{ex}(\lambda)}{\Phi_{in}(\lambda)} = -a_n(\lambda) \cdot d \qquad (7.3\text{-}4)$$

wobei $\Phi_{in}(\lambda)$ die in die absorbierende Schicht eintretende und $\Phi_{ex}(\lambda)$ die aus der Schicht austretende Strahlungsleistung ist. Die Gleichung (7.3-4) läßt sich durch Delogarithmieren auch auf die Form bringen

$$\Phi_{ex}(\lambda) = \Phi_{in}(\lambda) \cdot \exp[-a_n(\lambda) \cdot d] \qquad (7.3\text{-}5)$$

Der gleiche Zusammenhang folgt auch aus der auf den Maxwellschen Gleichungen der Elektrodynamik beruhenden elektromagnetischen Theorie für monochromatische ebene Wellen, wenn man setzt

$$a_n(\lambda) = \frac{4\pi}{\lambda} \cdot n(\lambda) \cdot k(\lambda) \tag{7.3-6}$$

wobei $n(\lambda)$ die Brechzahl, $k(\lambda)$ die Absorptionszahl des Materials und λ die Vakuumwellenlänge der elektromagnetischen Welle bedeuten. Die Wellenlängenabhängigkeit der beiden optischen Konstanten $n(\lambda)$ und $k(\lambda)$ muß dabei mit Hilfe der Dispersionstheorie berechnet werden, so daß eine relativ komplizierte Abhängigkeit des spektralen Absorptionskoeffizienten $a_n(\lambda)$ von der Wellenlänge zu erwarten ist, wie noch zu zeigen sein wird.

Erste experimentelle Untersuchungen der Absorption von gelösten Stoffen führten Beer (Beer, 1852) zu der Aussage, daß bei konstantem Produkt aus der molaren Konzentration c und der Dicke d der absorbierenden Schicht die Absorption der elektromagnetischen Strahlungsleistung ebenfalls konstant bleibt, d.h. es sollte gelten

$$a_n(\lambda) = \varkappa_n(\lambda) \cdot c \tag{7.3-7}$$

wobei $\varkappa_n(\lambda)$ ein wellenlängenabhängiger, für das jeweilige Material spezifischer Proportionalitätsfaktor ist, der identisch mit dem natürlichen spektralen Absorptionskoeffizienten (7.2 ←) ist. Setzt man den Beerschen Ansatz (7.3-7) in die Beziehung (7.3-5) ein, so erhält man das sogenannte **Lambert-Beersche-Gesetz** der Strahlungsabsorption

$$\Phi_{ex}(\lambda) = \Phi_{in}(\lambda) \cdot \exp[-c \cdot d \cdot \varkappa_n(\lambda)] \tag{7.3-8}$$

Sind in der absorbierenden Schicht mehrere unterschiedliche Teilchensorten vorhanden (z.B. unterschiedliche Ionenarten), die alle bei der gerade eingestellten Wellenlänge der Strahlung absorbieren, so wird sich ihre Wirkung linear überlagern (Superpositionsprinzip). Dann muß man anstelle der Beziehung (7.3-7) mit der Beziehung

$$a_n(\lambda) = \sum_i \varkappa_{n,i}(\lambda) \cdot c_i \tag{7.3-9}$$

arbeiten, so daß das Lambert-Beersche Gesetz für diesen allgemeineren Fall die Gestalt

$$\Phi_{ex}(\lambda) = \Phi_{in}(\lambda) \cdot \exp\left[-d \cdot \sum_i \varkappa_{n,i}(\lambda) \cdot c_i\right] \tag{7.3-10}$$

annimmt. Für Gase mit nur sehr schwacher innerer Wechselwirkung (niedrige Drücke) kann analog zur Beziehung (7.2-14) für die Partialdrücke der Ansatz

$$p_i = c_i \cdot R \cdot T \tag{7.3-11}$$

gemacht werden, so daß das Lambert-Beersche Gesetz in diesem Fall durch Kombination der Gleichungen (7.3-10) und (7.3-11) in die Form

$$\Phi_{ex}(\lambda) = \Phi_{in}(\lambda)\cdot\exp\left[-\frac{d}{R\cdot T}\cdot\sum_i x_{n,i}(\lambda)\cdot p_i\right] \qquad (7.3\text{-}12)$$

gebracht werden kann. Diesem Absorptionsgesetz entnimmt man, daß das Absorptionsverhalten für Gase eine ausgeprägte Temperaturabhängigkeit zeigen sollte. Dies wird in der Praxis auch tatsächlich beobachtet.

Die Beersche Hypothese findet in einer quantenmechanisch begründeten Dispersionstheorie eine gewisse Rechtfertigung, solange die absorbierenden Teilchen als wechselwirkungsfreie Oszillatoren aufgefaßt werden können. Diese Voraussetzung ist aber praktisch nur bei starker Verdünnung erfüllt, d.h. bei Gasen unter niedrigem Druck und bei sehr schwach konzentrierten Lösungen bzw. bei schwachen Elektrolyten.

Die daraus folgenden sogenannten Abweichungen vom Lambert-Beerschen Gesetz sind bei Gasen aufgrund der van-der-Waalsschen Wechselwirkungen und bei Lösungen durch Assoziation, Dissoziation, Hydrolyse, Hydratation bzw. Solvatation, chemische Reaktionen, usw. zu erwarten. Auf die Abweichungen von der Beerschen Hypothese bei Gasen und Lösungen wird noch näher einzugehen sein.

Bei Festkörpern ist die Anwendung der Beerschen Hypothese praktisch nicht möglich.

7.4 Form der Absorptionslinien

Stellt man den spektralen natürlichen Absorptionskoeffizienten $a_n(\lambda)$ eines Materials als Funktion der Wellenlänge λ dar, so erhält man das Absorptionsspektrum des Stoffes. Es besteht im allgemeinen aus einer Vielzahl von einzelnen **Absorptionslinien**, die mehr oder weniger stark überlagert sind. Die Form einer einzelnen Absorptionslinie wird durch den bereits im vorhergehenden Abschnitt angegebenen Zusammenhang (7.3-6) beschrieben, wenn die beiden optischen Konstanten Brechzahl $n(\lambda)$ und Absorptionszahl $k(\lambda)$ als Funktion der Wellenlänge gegeben sind.

Wie bereits erwähnt, müssen die optischen Konstanten mit Hilfe der Dispersionstheorie berechnet werden. Eine allgemeine, für jeden Anwendungsfall zutreffende Berechnung ist allerdings nur im Rahmen der Quantentheorie möglich.

Glücklicherweise kann man aber die charakteristische Form der Absorptionslinien bereits aus einem klassischen Ansatz für die Wechselwirkung der elektromagnetischen Strahlung mit der Materie erhalten. Dabei geht man nur von der Tatsache aus, daß jedes Material aus positiv geladenen Atomkernen und negativ geladenen Elektronen besteht, so daß die elektrische Feldkomponente der Strahlung eine Ladungsverschiebung (Polarisation) bei Erhaltung der Ladungsneutralität im Innern des Materials hervorruft. Die Polarisation erfolgt dabei periodisch, wobei wegen der hohen Frequenz der elektromagnetischen Strahlung $(1\leftarrow)$ sich praktisch nur die leichteren Elektronen bewegen, während die schwereren Kerne als unbeweglich angesehen werden dürfen. Die Auslenkung der Elektronen aus ihren Gleichgewichtslagen ist nur relativ gering, so daß die Kräfte als quasi-elastisch angesehen werden können.

Betrachtet man klassisch die Bewegung eines Elektrons der Masse m und der Ladung e
im lokalen elektrischen Feld (Feldstärke E_o) eines Atomkernes unter dem gleichzeitigen
Einfluß des elektrischen Wechselfeldes der elektromagnetischen Strahlung (Feldstärke E
und Kreisfrequenz ω), so lautet die Bewegungsgleichung für den eindimensionalen
Fall

$$m\frac{d^2x}{dt^2} + \gamma\frac{dx}{dt} + Kx = eE_o \qquad (7.4\text{-}1)$$

mit der Auslenkung x, der Zeit t, der Kraftkonstanten K und der Dämpfungskonstan-
ten γ. Die Dämpfungskonstante γ beschreibt dabei die Absorption von Energie aus
der elektromagnetischen Welle. Multipliziert man die Bewegungsgleichung (7.4-1) mit
der Elektronenladung e und berücksichtigt, daß aus der Elektrostatik für das Dipolmoment p die Beziehung

$$p = e\cdot x \qquad (7.4\text{-}2)$$

folgt, so erhält man

$$m\frac{d^2p}{dt^2} + \gamma\frac{dp}{dt} + Kp = e^2E_o \qquad (7.4\text{-}3)$$

Die Differentialgleichung (7.4-3) gilt für einen einzelnen Dipol. Sind im absorbierenden
Volumen N gleichartige Dipole enthalten, so kann man aus der Gleichung (7.4-3)
durch Multiplikation mit N die Differentialgleichung für die Polarisation P erhalten,
denn es gilt

$$P = N\cdot p \qquad (7.4\text{-}4)$$

Für den Zusammenhang der lokalen atomaren elektrischen Feldstärke E_o mit der Polarisation P gilt in der Näherung von Clausius (Clausius, 1879) und Mosotti (Mosotti, 1850)

$$E_o = \frac{\varepsilon+2}{\varepsilon-1}\cdot\frac{P}{3\varepsilon_o} \qquad (7.4\text{-}5)$$

wobei ε die relative Dielektrizitätskonstante des Materials und ε_o die elektrische Feldkonstante ist. Setzt man die Beziehungen (7.4-4) und (7.4-5) in die Differentialglei-
chung (7.4-3) ein, so erhält man

$$m\frac{d^2P}{dt^2} + \gamma\frac{dP}{dt} + \left(K - \frac{Ne^2}{3\varepsilon_o}\cdot\frac{\varepsilon+2}{\varepsilon-1}\right)P = 0 \qquad (7.4\text{-}6)$$

Wie bereits erwähnt, schwankt die Polarisation P mit der gleichen Frequenz wie die
Feldstärke der elektromagnetischen Strahlung. Daraus folgt, daß stationäre periodische
Lösungen der Differentialgleichung (7.4-6) nur möglich sind, wenn für die relative
Dielektrizitätskonstante gilt:

$$\varepsilon = 1 + \frac{Mc_o\delta}{\omega_o^2 - \omega^2 + i\delta\omega} \qquad (7.4-7)$$

mit den Abkürzungen

$$\omega_o = \sqrt{\frac{K}{m} - \frac{Ne^2}{3m\varepsilon_o}} \qquad (7.4-8)$$

$$M = \frac{Ne^2}{\delta mc_o\varepsilon_o} \qquad (7.4-9)$$

$$\delta = \frac{\Upsilon}{m} \qquad (7.4-10)$$

$$\omega = \frac{2\pi c_o}{\lambda} \qquad (7.4-11)$$

wobei c_o die Vakuumlichtgeschwindigkeit ist. Außerdem gilt für unmagnetische, absorbierende Substanzen die Maxwell-Relation

$$\sqrt{\varepsilon} = n(1 - ik) \qquad (7.4-12)$$

(n Brechzahl, k Absorptionszahl, $i = \sqrt{-1}$ imaginäre Einheit), so daß man aus den Gleichungen (7.4-7) und (7.4-11) den Zusammenhang

$$n(1 - ik) = \sqrt{1 + \frac{Mc_o\delta}{\omega_o^2 - \omega^2 + i\delta\omega}} \qquad (7.4-13)$$

erhält.

Das gleiche Resultat hätte man aus einer strengeren quantenmechanischen Rechnung ebenfalls erhalten. Der Unterschied zu der hier gezeigten klassischen Rechnung besteht nämlich lediglich darin, daß die Konstante M und die Resonanzfrequenz ω_o modifiziert werden müssen, indem man den Quotienten e^2/m noch mit einem Faktor f, der sogenannten Oszillatorenstärke, zu multiplizieren hat.

Für nur wenig von Eins verschiedene Brechzahlen kann man die Wurzel in der Gleichung (7.4-13) entwickeln und die Entwicklung in der Lorentz-Näherung (Lorentz, 1880; Lorenz, 1880) nach dem ersten Glied abbrechen. Betrachtet man außerdem nur die unmittelbare Umgebung der Resonanzfrequenz ω_o, so kann man näherungsweise $\omega_o^2 - \omega^2$ durch $2\omega(\omega_o - \omega)$ ersetzen. Dann erhält man aus der Gleichung nach Trennen von Real- und Imaginärteil und Verwendung der Beziehung (7.4-11) die Frequenzabhängigkeit der optischen Konstanten zu

$$n = 1 + M\delta\frac{\lambda}{2\pi} \cdot \frac{\omega_o - \omega}{4(\omega_o - \omega)^2 + \delta^2} \qquad (7.4-14)$$

und

$$nk = M\frac{\lambda}{4\pi}\cdot\frac{\delta^2}{4(\omega_o - \omega)^2 + \delta^2} \qquad (7.4\text{-}15)$$

Setzt man die Näherung (7.4-15) in die Definitionsgleichung (7.3-6) für den spektralen natürlichen Absorptionskoeffizienten a_n ein, so erhält man

$$a_n(\omega) = \frac{M\delta}{4(\omega_o - \omega)^2 + \delta^2} \qquad (7.4\text{-}16)$$

d.h. die Form einer einzelnen Absorptionslinie ist näherungsweise durch die Gleichung (7.4-16) gegeben, welche die sogenannte Lorentz-Linie beschreibt. Wie man leicht nachprüft, ist die Lorentz-Linie symmetrisch zu ω_o, wo sie ihr Maximum M annimmt. Außerdem findet man, daß der halbe Maximalwert für $2\cdot|\omega - \omega_o| = \delta$ angenommen wird, d.h. δ ist die Halbwertbreite (5.5.4 $\leftarrow$) der Absorptionslinie.
Die Gleichung (7.4-16) läßt sich noch auf eine etwas andere Form bringen, wenn man berücksichtigt, daß die Beziehung

$$N = N_A\cdot c \qquad (7.4\text{-}17)$$

gilt, wobei c die molare Konzentration und N_A die Avogadro-Konstante ist. Setzt man die Gleichungen (7.4-9) und (7.4-17) in die Gleichung (7.4-16) ein und berücksichtigt außerdem die quantenmechanische Korrektur durch die Oszillatorenstärke f, so erhält man

$$a_n(\omega) = f\cdot\frac{Ne^2}{\delta mc_o\varepsilon_o}\cdot\frac{\delta^2}{4(\omega_o - \omega)^2 + \delta^2}\cdot c \qquad (7.4\text{-}18)$$

Der Vergleich mit der Beziehung (7.3-7) zeigt, daß man demnach für den bezogenen natürlichen spektralen Absorptionskoeffizienten ebenfalls eine Lorentz-Linie erhält

$$\varkappa_n(\omega) = f\cdot\frac{Ne^2}{\delta mc_o\varepsilon_o}\cdot\frac{\delta^2}{4(\omega_o - \omega)^2 + \delta^2} \qquad (7.4\text{-}19)$$

Damit ist es gelungen, das *Lambert-Beersche Absorptionsgesetz* durch die Dispersionstheorie zu bestätigen und gleichzeitig aufzuzeigen, *unter welchen Voraussetzungen bzw. Näherungen es gültig ist.*
Die Linienform nach der Gleichung (7.4-19) eignet sich in der Praxis zur Beschreibung der Absorption von Gasen bei niedrigen Drücken und von schwach konzentrierten Lösungen, d.h. innerhalb des Gültigkeitsbereiches des Lambert-Beerschen Absorptionsgesetzes nach den Gleichungen (7.3-10) und (7.3-12). Höhere Gasdrücke oder Konzentrationen verursachen wegen der dann stärker ins Gewicht fallenden Wechselwirkung der absorbierenden Teilchen untereinander eine Verschiebung und Verbreiterung der Absorptionslinien. Der Effekt kann dadurch berücksichtigt werden (Weisskopf, 1932),

daß man ω_0 um einen gewissen Betrag verringert und δ um den gleichen Betrag vergrößert, d.h. die Absorptionslinie verschiebt sich zu größeren Wellenlängen und wird dabei gleichzeitig breiter. Werden die Wechselwirkungen noch stärker, dann weicht die Form der Absorptionslinie immer stärker von der Lorentz-Linie ab, weil die oben gemachten Näherungen (die Entwicklung der Wurzel in der Gleichung (7.4-13) und die Lorentz-Näherung) nicht mehr zulässig sind.

7.5 Integrale Absorption

Die direkte Anwendung der im vorhergehenden Abschnitt aufgestellten Absorptionsgleichungen, die eine streng monochromatische Strahlung voraussetzen, ist in der Praxis aufgrund der endlichen Bandbreite der Spektrometer (5.5.4 ←) nicht möglich. Der Einfluß der endlichen Bandbreite modifiziert nämlich die Form der Absorptionslinien des Materials und verfälscht damit die Meßergebnisse. Der Fehler kann bei der Messung sehr schmaler Linien, wie sie insbesondere bei Infrarotspektren auftreten können, erheblich werden. Deshalb zieht man es in solchen Fällen vor, nicht mit den spektralen, sondern mit den integralen Größen zu arbeiten. Diese erweisen sich gegenüber dem Einfluß der spektralen Spaltbreite als wesentlich weniger empfindlich, so daß sie ein genaueres Maß für die Stärke der Absorption darstellen, was insbesondere bei Konzentrationsbestimmungen eine wichtige Rolle spielt.

Der **integrale Absorptionskoeffizient** ist definiert durch

$$A = \int_{-\infty}^{+\infty} \varkappa_n(\omega)\,d\omega = \frac{1}{c \cdot d} \int_{-\infty}^{+\infty} A_n(\omega)\,d\omega \tag{7.5-1}$$

wobei anstelle der Wellenlängenabhängigkeit die Abhängigkeit von der Kreisfrequenz ω (siehe dazu die Beziehung (7.4-11) für den Zusammenhang zwischen λ und ω) benutzt wurde. Das Integral (7.5-1) ist über den gesamten Existenzbereich der Absorptionslinie zu erstrecken, wobei es in der Praxis völlig ausreichend ist, nur über einen Bereich von der zehnfachen Halbwertbreite symmetrisch zum Maximum der Linie zu integrieren. Die integrale Absorption A ist demnach die Fläche unter dem Absorptionsspektrum, das über der Kreisfrequenz aufgetragen wurde. Ist das Spektrum dagegen über der Wellenlänge aufgetragen, dann gilt ein anderer Zusammenhang, (2.1←). Aus der Beziehung (7.4-11) folgt nämlich

$$d\omega = -\frac{2\pi c_0}{\lambda^2}\,d\lambda \tag{7.5-2}$$

so daß die Definition für A nun

$$A = 2\pi c_0 \int_{-\infty}^{\infty} \frac{\varkappa_n(\lambda)}{\lambda^2}\,d\lambda = \frac{2\pi c_0}{c \cdot d} \int_{-\infty}^{\infty} \frac{A(\lambda)}{\lambda^2}\,d\lambda \tag{7.5-3}$$

lautet, die für eine praktische Anwendung nicht besonders brauchbar ist. Dagegen kann man die Darstellung des Spektrums über der Wellenzahl $\tilde{\nu}$ ebenfalls benutzen, denn es gilt

$$\tilde{\nu} = \frac{1}{\lambda} = \frac{\omega}{2\pi c_o} \qquad (7.5\text{-}4)$$

und damit

$$d\omega = 2\pi c_o \, d\tilde{\nu} \qquad (7.5\text{-}5)$$

so daß folgt

$$A = 2\pi c_o \int_{-\infty}^{+\infty} \kappa_n(\tilde{\nu}) d\tilde{\nu} = \frac{2\pi c_o}{c\cdot d} \int_{-\infty}^{+\infty} A(\tilde{\nu}) d\tilde{\nu} \qquad (7.5\text{-}6)$$

Hier muß man die ermittelte Fläche unter der Absorptionskurve also nur noch mit der Konstanten $2\pi c_o$ multiplizieren, um den integralen Absorptionskoeffizienten zu erhalten.

Der integrale Absorptionskoeffizient ist nach Definition ($\kappa_n(\omega)$ ist als Materialkennzahl nicht von der Konzentration und der Schichtdicke abhängig) weder von der Konzentration, noch von der Dicke der absorbierenden Schicht abhängig und somit ebenfalls eine reine Materialkennzahl.

Ihr Wert soll nun für den bei schmalen Linien gegebenen Fall ermittelt werden, daß die Absorption durch eine Lorentz-Kurve beschrieben werden kann. Setzt man $\kappa_n(\omega)$ nach der Gleichung (7.4-19) in die Definitionsgleichung (7.5-1) für A ein, so erhält man

$$A = f \cdot \frac{N_A e^2}{m c_o \varepsilon_o} \cdot \delta \int_{-\infty}^{+\infty} \frac{d\omega}{4(\omega_o - \omega)^2 + \delta^2} \qquad (7.5\text{-}7)$$

Das Integral (7.5-7) geht durch die Substitution

$$\omega = \omega_o + \frac{\delta}{2} \cdot \tan\frac{\xi}{2} \qquad (7.5\text{-}8)$$

$$d\omega = \frac{\delta}{2} \cdot \frac{d\xi}{1 + \cos\xi} \qquad (7.5\text{-}9)$$

über in eine Form, die sich unmittelbar integrieren läßt

$$A = f \cdot \frac{N_A e^2}{4 m c_o \varepsilon_o} \cdot \int_{-\infty}^{\infty} d\xi = f \cdot \frac{\pi N_A e^2}{2 m c_o \varepsilon_o} \qquad (7.5\text{-}10)$$

Für eine Lorentz-Linie ist der integrale Absorptionskoeffizient nur durch Naturkonstanten und die Oszillatorenstärke f bestimmt. Daraus folgt, daß man aus dem integralen

Absorptionskoeffizienten die Oszillatorenstärke ermitteln kann. Setzt man die Werte für die Naturkonstanten ein, so erhält man aus der Beziehung (7.5-10)

$$f = A \cdot 2{,}986 \cdot 10^{-11}\, \text{mol}^{-1} \qquad (7.5\text{-}11)$$

Die Oszillatorenstärke f liegt für schwache Absorption etwa im Bereich 10^{-4} bis 10^{-2} und für starke Absorption etwa bei 1 bis 10, d.h. der integrale Absorptionskoeffizient liegt im Bereich $10^{6} \dots 10^{12}\, \text{mol}^{-1}$.

Bei sehr schwacher Absorption ist die Ermittlung des integralen Absorptionskoeffizienten durch Integration der Absorptionslinie sehr schwierig und mit großen Fehlern behaftet. Man arbeitet dann besser mit dem **integralen Absorptionsgrad**

$$A' = \frac{1}{c \cdot d} \int\limits_{-\infty}^{+\infty} \alpha_i(\omega)\, d\omega = \frac{1}{c \cdot d} \int\limits_{-\infty}^{+\infty} \left(1 - \frac{\Phi_{ex}(\omega)}{\Phi_{in}(\omega)}\right) d\omega \qquad (7.5\text{-}12)$$

der sich zudem noch als vom Auflösungsvermögen des Spektrometers unabhängig erweist (siehe dazu z.B. Dennison, 1928 oder Nielsen et. al., 1944). Setzt man in die Definitionsgleichung (7.5-12) das Lambert-Beersche Gesetz (7.3-8) ein, so erhält man

$$A' = \frac{1}{c \cdot d} \int\limits_{-\infty}^{+\infty} \left[1 - e^{-c \cdot d \cdot \varkappa_n(\omega)}\right] d\omega \qquad (7.5\text{-}13)$$

Durch Reihenentwicklung der Exponentialfunktion in der Gleichung (7.5-13) bis zum linearen Glied kann man zeigen, daß für sehr kleine Werte von $c \cdot d$ gilt

$$A' = \frac{1}{c \cdot d} \int\limits_{-\infty}^{+\infty} \left[1 - 1 + c \cdot d \cdot \varkappa_n(\omega) + \cdots\right] d\omega = \int\limits_{-\infty}^{+\infty} \varkappa_n(\omega)\, d\omega = A \qquad (7.5\text{-}14)$$

d.h. der integrale Absorptionsgrad A' geht dafür in den integralen Absorptionskoeffizienten A über, unabhängig von der speziellen Gestalt der Absorptionslinie. Dies kann man in der Praxis zur Bestimmung von A ausnutzen, indem man A' für verschiedene Werte des Produktes $c \cdot d$ bestimmt und als Funktion von $c \cdot d$ aufträgt. Die Extrapolation dieser Funktion auf $c \cdot d = 0$ ergibt dann den Wert für A.

Der integrale Absorptionsgrad läßt sich für den Fall der Lorentz-Linie exakt als Funktion des Produktes $c \cdot d$ berechnen. Diese Rechnung soll nun durchgeführt werden.

Setzt man die Beziehung (7.4-19) in die Gleichung (7.5-13) ein und verwendet als Abkürzung die rechte Seite der Gleichung (7.5-10), so folgt

$$A' = \frac{1}{c \cdot d} \int\limits_{-\infty}^{+\infty} \left[1 - \exp\left(-\frac{2A}{\pi \delta} \cdot c \cdot d \cdot \frac{\delta^2}{4(\omega_o - \omega)^2 + \delta^2}\right)\right] d\omega \qquad (7.5\text{-}15)$$

Das Integral (7.5-15) läßt sich durch die Substitution (7.5-8) und (7.5-9) auf die Form

$$A' = \frac{\delta}{2cd} \int_{-\pi}^{+\pi} \left\{ 1 - \exp\left[-\frac{A}{\pi\delta} \cdot c \cdot d \cdot (1 + \cos\xi) \right] \right\} \frac{d\xi}{1 + \cos\xi} \qquad (7.5\text{-}16)$$

bringen. Durch partielle Integration geht das Integral (7.5-16) über in

$$A' = \frac{A}{\pi} \cdot \exp\left(-\frac{A}{\pi\delta} \cdot c \cdot d \right) \int_{-\pi}^{+\pi} (1 - \cos\xi) \cdot \exp\left(-\frac{A}{\pi\delta} \cdot c \cdot d \cdot \cos\xi \right) d\xi \qquad (7.5\text{-}17)$$

Das Integral in der Gleichung (7.5-17) läßt sich auf die Besselfunktionen erster Gattung

$$I_n(z) = \frac{(-1)^n}{\pi} \int_0^{\pi} \cos n\xi \cdot e^{z \cdot \cos\xi} \, d\xi \qquad (7.5\text{-}18)$$

zurückführen, so daß man schließlich schreiben kann

$$A' = A \, e^{-z} \left[I_0(z) + I_1(z) \right] \qquad (7.5\text{-}19)$$

mit der Abkürzung

$$z = \frac{A}{\pi\delta} \cdot c \cdot d \qquad (7.5\text{-}20)$$

Mit der Gleichung (7.5-19) ist die Beziehung zwischen A′ und A hergestellt. Wie man sieht, ist A′ außer von A und dem Produkt $c \cdot d$ auch noch von der Halbwertbreite δ abhängig, so daß für Grenzwertbetrachtungen der Parameter z maßgeblich ist. Die Funktion (7.5-19) hat ihr Maximum A bei $z = 0$ und fällt mit wachsendem z monoton auf Null ab. Daraus folgt, daß A′ stets kleiner als A ist.
Für kleine Werte von z kann man die Besselfunktionen entwickeln. Es gilt für positive, ganzzahlige Werte von n

$$I_n(z) = \sum_{k=0}^{\infty} \frac{1}{k! \cdot (n+k)!} \cdot \left(\frac{z}{2} \right)^{n+2k} \qquad (7.5\text{-}21)$$

und damit bis zu linearen Gliedern in z

$$I_0(z) + I_1(z) = 1 + \frac{z}{2} + \cdots \qquad (7.5\text{-}22)$$

Entwickelt man die Exponentialfunktion e ebenfalls bis zum linearen Glied

$$e^{-z} = 1 - z + \cdots \qquad (7.5\text{-}23)$$

und setzt die Beziehungen (7.5-22), (7.5-23) und (7.5-20) in die Gleichung (7.5-19) ein, so erhält man für kleine z in linearer Näherung

$$A'_o = A - \frac{A^2}{2\pi\delta}\cdot c\cdot d \tag{7.5-24}$$

d.h. A'_o ergibt über $c\cdot d$ aufgetragen näherungsweise eine fallende Gerade mit dem Achsenabschnitt A. Die Steigung der Geraden hängt dabei quadratisch von A ab und ist umgekehrt proportional zur Halbwertbreite δ, d.h. für schmale, starke Absorptionslinien ist sie größer als für breite, schwache.

Es soll abschließend noch der Grenzfall großer Werte von z betrachtet werden. Für diesen Fall kann man die asymptotische Näherung der Besselfunktionen benutzen

$$I_n(z) = \frac{e^z}{\sqrt{2\pi z}} \tag{7.5-25}$$

Aus den Gleichungen (7.5-19), (7.5-25) und (7.5-29) folgt dann für große Werte von z die Näherung

$$A'_\infty = \sqrt{\frac{A\delta}{2cd}} \tag{7.5-26}$$

bzw. nach Logarithmieren

$$\log A'_\infty = \frac{1}{2}\log\left(\frac{A\delta}{2}\right) - \frac{1}{2}\log(c\cdot d) \tag{7.5-27}$$

Trägt man also den Logarithmus von A'_∞ über dem Logarithmus des Produktes $c\cdot d$ auf, so erhält man wiederum näherungsweise eine fallende Gerade, aus deren Achsenabschnitt man das Produkt aus A und δ ermitteln kann. Daraus folgt, daß aus den beiden Grenzfällen für große bzw. kleine Werte des Produktes $c\cdot d$ sowohl A, als auch δ ermittelt werden können. Da A bis auf einen Faktor gleich dem Maximalwert der Absorptionslinie ist, sind damit alle Parameter der Linie bekannt. Außerdem kann mittels der Beziehung (7.5-11) auch die Oszillatorenstärke berechnet werden. Man sieht also, daß die Verwendung des integralen Absorptionsgrades A' sehr vorteilhaft ist, wenn die spektrale Methode zur Bestimmung der Linienparameter nicht mehr genügend genau ist.

7.6 Konzentrationsbestimmung bei fehlender Wechselwirkung

Eine der Hauptaufgaben der Absorptionsspektrometrie ist die Ermittlung der Konzentrationen der absorbierenden Materialien (**quantitative spektrometrische Analyse**). Als Hauptgrundlage für die Auswertung der Meßergebnisse dient dabei das Lambert-Beersche Absorptionsgesetz. Dabei wird vorausgesetzt, daß zwischen den absorbierenden Teilchen untereinander und mit dem Lösungsmittel keinerlei Wechselwirkung vorhanden ist. Nur dann gilt nämlich das Lambert-Beersche Gesetz streng. Diese Voraussetzung ist selbstverständlich eine Idealisierung der wahren Verhältnisse. Schon bei stark verdünnten Gasen z.B., ist der Absorptionskoeffizient eine Funktion der Brechzahl, die ihrerseits eine Funktion der Dichte ist, worin sich die bestehende Wechselwirkung der Moleküle untereinander deutlich zeigt. Für diesen Fall hat Kortüm gezeigt (Kortüm, 1936), daß die Abweichungen vom Lambert-Beerschen Absorptionsgesetz für Konzentrationen die kleiner als 10^{-2} mol/l sind, vernachlässigbar klein sind.

In Lösungen sind die Wechselwirkungen wesentlich stärker. Hier kann sich unter dem Einfluß der Wechselwirkung mit dem Lösungsmittel z.B. der Solvatationszustand der absorbierenden Moleküle bzw. Ionen mit der Konzentration ändern (Mediumeffekt) oder die Konzentration nicht absorbierender Zusätze kann Einfluß auf die Absorption haben (Salzfehler).

Bei Elektrolyten führt die elektrostatische Wechselwirkung der Ionen untereinander oder bei polaren Lösungsmitteln (z.B. Wasser) auch mit dem Lösungsmittel selbst zu großen Fehlern bei der Konzentrationsbestimmung, wenn man diese Effekte unberücksichtigt läßt. Merkliche Abweichungen vom Lambert-Beerschen Absorptionsgesetz können dabei schon bei Konzentrationen von weniger als 10^{-4} mol/l auftreten.

Die in diesem Abschnitt abgeleiteten Zusammenhänge gelten aus den genannten Gründen nur unter der Voraussetzung kleiner Konzentrationen, wobei im Einzelfall zu untersuchen bleibt, was "klein" dabei jeweils bedeutet.

Es soll nun gezeigt werden, wie man zur **Konzentrationsbestimmung** aus spektrometrischen Messungen gelangen kann. Ausgangspunkt der Rechnung ist dabei das Lambert-Beersche Absorptionsgesetz in der Form (7.3-10), die sich umformen läßt zu

$$\sum_i x_i(\lambda) \cdot c_i = -\frac{1}{d} \cdot \lg \frac{\Phi_{ex}(\lambda)}{\Phi_{in}(\lambda)} \qquad (7.6\text{-}1)$$

Setzt man noch die Definitionen (7.2-5) und (7.2-7) für den Reintransmissionsgrad $\tau_i(\lambda)$ und für das spektrale Absorptionsmaß (Extinktion) $A(\lambda)$ ein, so geht die Gleichung (7.6-1) über in

$$\sum_i x_i(\lambda) \cdot c_i = \frac{A(\lambda)}{d} \qquad (7.6\text{-}2)$$

Um mit der Gleichung (7.6-2) bei gegebener Dicke d der absorbierenden Schicht aus der gemessenen Wellenlängenabhängigkeit des Absorptionsmaßes $A(\lambda)$ die unbekannten Konzentrationen c_i der absorbierenden Materialien zu bestimmen, muß man die Wellenlängenabhängigkeit des bezogenen spektralen Absorptionskoeffizienten $x_i(\lambda)$ für jedes dieser Materialien kennen. Dabei ist es allerdings ausreichend, die Werte von $x_i(\lambda)$ nur bei den Wellenlängen λ_j zu kennen, bei denen die Werte von $A(\lambda)$ gemessen werden. Die Anzahl dieser Wellenlängen muß dabei mindestens so groß sein, wie die Anzahl der beteiligten absorbierenden Materialien, damit sich die Gleichung (7.6-2) nach den Konzentrationen c_i auflösen läßt. Daraus folgt, daß vor jeder Konzentrationsbestimmung (quantitative Analyse) zunächst festgestellt werden muß, welche Materialien in der zu messenden Probe enthalten sind (qualitative Analyse). Sind diese dann bekannt, so muß man für jedes dieser reinen Materialien die Funktion $x_i(\lambda)$ messen, und zwar mit derselben apparativen Anordnung (Spektrometer, Küvette, usw.) und unter den gleichen Bedingungen (Lösungsmittel, Temperatur, usw.) wie sie für die Messungen zur Konzentrationsbestimmung vorliegen (Kalibrierung), damit die Werte der $x_i(\lambda_j)$ zur Berechnung der c_i brauchbar sind.

Diese **Kalibrierung** erfolgt üblicherweise durch Registrieren der sogenannten **typischen Farbkurven** der reinen Materialien. Diese erhält man, wenn man den Logarithmus des Absorptionsmaßes (Extinktion) über der Wellenlänge aufträgt. Aus diesen Kurven läßt sich bei bekannter Schichtdicke d und Konzentration c die Funktion $x(\lambda)$ auf einfache Weise bestimmen. Für ein reines Material kann man nämlich in der Gleichung (7.6-2) die Summe und die Indizes i weglassen (es liegt ja nur ein Stoff vor), so daß dann gilt

$$x(\lambda)\cdot c = \frac{A(\lambda)}{d} \qquad (7.6\text{-}3)$$

Die Gleichung (7.6-3) läßt sich durch Umformen und Logarithmieren auf die Form

$$\lg x(\lambda) = \lg A(\lambda) - \lg(c\cdot d) \qquad (7.6\text{-}4)$$

bringen, die den Zusammenhang zwischen der Stoffkennzahl $x(\lambda)$ und der Meßkurve $A(\lambda)$ für bekannte Werte des Produktes $c\cdot d$ herstellt. Wie man sieht, erhält man für verschiedene Werte des Produktes $c\cdot d$ für $\lg A(\lambda)$ eine Schar völlig gleichartiger Kurven, die lediglich um den Wert von $\lg(c\cdot d)$ in der Ordinatenrichtung verschoben sind. Eine dieser Kurven, nämlich diejenige, für die das Produkt $c\cdot d$ gleich Eins wird (dann ist $\lg(c\cdot d)$ gleich Null) ist mit der typischen Farbkurve $\lg x(\lambda)$ des reinen Stoffes identisch, wie man der Gleichung (7.6-4) unmittelbar entnimmt.

Sind die typischen Farbkurven aller beteiligten reinen Materialien bestimmt, so kann anschließend die Konzentrationsbestimmung erfolgen. Dazu wird das Absorptionsmaß $A(\lambda)$ für die Wellenlängen λ_j (j = 1,..., n) gemessen, wobei n größer als die Anzahl m der an der Absorption beteiligten reinen Materialien (Komponenten) sein sollte, um eine genauere Auswertung zu ermöglichen. Außerdem müssen für die gleichen Wellenlängen λ_j die Werte $x_i(\lambda_j)$ aus den typischen Farbkurven entnommen werden und die Dicke der absorbierenden Schicht ermittelt werden (falls sie nicht schon bekannt sind). Mit allen diesen Werten kann nun die Berechnung der Konzentrationen c_i durchgeführt werden.

Dazu ist wie folgt vorzugehen. Die Gleichung (7.6-2) geht für n diskrete Wellenlängen λ_j über in das lineare Gleichungssystem

$$\sum_{i=1}^{m} x_i(\lambda_j)\cdot c_i = \frac{A(\lambda_j)}{d} \qquad (j = 1,...,n) \qquad (7.6\text{-}5)$$

Wie bereits erwähnt, soll die Anzahl der Wellenlängen, bei denen gemessen wird, größer sein, als die Anzahl der Komponenten, deren Konzentration zu ermitteln ist (d.h. $n > m$), so daß das Gleichungssystem (7.6-5) überbestimmt ist und somit nicht unmittelbar (z.B. durch die Determinantenmethode) nach den c_i aufgelöst werden kann. Vielmehr muß die Methode der Ausgleichsrechnung (siehe z.B. Zurmühl, 1965) angewendet werden, deren Ziel es ist, aus den mit unvermeidlichen Meßfehlern behafteten Meßwerten möglichst gute Näherungen für die gesuchten Größen zu erhalten. Dazu wird die Beziehung (7.6-5) mit $x_k(\lambda_j)$ $(k = 1,\ldots,m)$ multipliziert und über den Index j summiert, so daß man erhält

$$\sum_{i=1}^{m} u_{ki} \cdot c_i = v_k \qquad (k = 1,\ldots,m) \qquad\qquad (7.6\text{-}6)$$

mit den Abkürzungen

$$u_{ki} = \sum_{j=1}^{n} x_k(\lambda_j) \cdot x_i(\lambda_j) \qquad (k = 1,\ldots,m) \qquad\qquad (7.6\text{-}7)$$

$$v_k = \frac{1}{d} \cdot \sum_{j=1}^{n} x_k(\lambda_j) \cdot A(\lambda_j) \qquad (k = 1,\ldots,m) \qquad\qquad (7.6\text{-}8)$$

Die Beziehung (7.6-6) ist wiederum ein lineares Gleichungssystem zur Berechnung der c_i, das aber nun nicht mehr überbestimmt ist. Die formale Lösung dieses Gleichungssystems lautet

$$c_i = \sum_{k=1}^{m} w_{ik} \cdot v_k \qquad (i = 1,\ldots,m) \qquad\qquad (7.6\text{-}9)$$

wobei w_{ik} die Koeffizienten einer symmetrischen Matrix (d.h. $w_{ik} = w_{ki}$) sind, die als inverse Matrix der symmetrischen Matrix mit den Koeffizienten u_{ki} (mit $u_{ki} = u_{ik}$) berechnet werden kann (z.B. mit Hilfe des Gaußschen Algorithmus). Diese Rechnung braucht dabei vorab nur einmal zu erfolgen, denn die u_{ki} (und damit auch die w_{ik}) hängen gemäß der Beziehung (7.6-7) nicht von den Meßwerten $A(\lambda_j)$ ab.
Durch Kombination der Gleichungen (7.6-8) und (7.6-9) erhält man noch

$$c_i = \sum_{j=1}^{n} m_{ij} \cdot A(\lambda_j) \qquad (i = 1,\ldots,m) \qquad\qquad (7.6\text{-}10)$$

mit den Koeffizienten

$$m_{ij} = \frac{1}{d} \cdot \sum_{k=1}^{m} w_{ik} \cdot x_k(\lambda_j) \qquad (i,\, j = 1,\ldots,m) \qquad\qquad (7.6\text{-}11)$$

Die Koeffizienten m_{ij} hängen ebenfalls nur von den Kalibriergrößen ab und brauchen deshalb ebenfalls nur einmal vorab berechnet zu werden. Dann kann die Berechnung der Konzentrationen c_i aus den Meßwerten $A(\lambda_j)$ nach der Beziehung (7.6-10) sehr schnell und bequem erfolgen, was insbesondere für Routinemessungen wünschenswert ist.

Hier soll noch der für die Praxis wichtige Fall der Konzentrationsbestimmung für ein reines Material (m = 1) betrachtet werden, wenn darauf die Ausgleichsrechnung nach den Beziehungen (7.6-5) bis (7.6-11) angewendet wird.

Das lineare Gleichungssystem (7.6-5) lautet für m = 1

$$c \cdot x(\lambda_j) = \frac{A(\lambda_j)}{d} \qquad (j = 1,\ldots,n) \qquad (7.6\text{-}12)$$

d.h. zur Berechnung der einen Konzentration c liegen n Gleichungen für die n Meßwerte $A(\lambda_j)$ vor. Der Ausgleich erfolgt nun wie vorher beschrieben. Die Gleichungen (7.6-12) werden mit $x(\lambda_j)$ multipliziert und anschließend wird über den Index j summiert. Löst man darauf noch nach der Konzentration c auf, so erhält man

$$c = \sum_{j=1}^{n} m_j \cdot A(\lambda_j) \qquad (7.6\text{-}13)$$

mit den Koeffizienten

$$m_j = \frac{x(\lambda_j)}{d \cdot \sum_{j=1}^{n} x^2(\lambda_j)} \qquad (j = 1,\ldots,n) \qquad (7.6\text{-}14)$$

Die Beziehungen (7.6-13) und (7.6-14) sind analog zu den Beziehungen (7.6-10) und (7.6-11). Auch bei reinen Materialien ist es also sinnvoll, die Koeffizienten m_j nach der Gleichung (7.6-14) vorab ein für allemal zu berechnen und damit die Auswertung der Meßergebnisse wesentlich zu beschleunigen.

Der **Ablauf einer Konzentrationsbestimmung** stellt sich zusammenfassend wie folgt dar:

a) qualitative Analyse, um die beteiligten reinen Materialien zu ermitteln

b) Messung der typischen Farbkurven für alle unter a) ermittelten reinen Materialien

c) Festlegen der Wellenlängen λ_j, bei denen zur Konzentrationsbestimmung gemessen werden soll, unter Berücksichtigung der spektralen Verläufe der typischen Farbkurven

d) Berechnung der Koeffizienten m_{ij} mit Hilfe der Gleichungen (7.6-11) und (7.6-7) und einem geeigneten Algorithmus zur Matrixinversion

e) Messung des Absorptionsmaßes $A(\lambda_j)$ der Probe für die unter c) festgelegten Wellenlängen λ_j

f) Berechnung der Konzentrationen c_i aus den Meßwerten nach der Beziehung (7.6-10)

Die Punkte e) (Messung) und f) (Auswertung) können beliebig häufig erfolgen, ohne die Punkte a) bis d) (Kalibrierung) wiederholen zu müssen, wenn Routinearbeiten durchzuführen sind. In regelmäßigen Abständen sollte allerdings auch wieder eine Kalibrierung erfolgen und protokolliert werden, um systematische Fehler auszuschalten.

Bei sequentiell messenden Geräten (5.3.3, 5.8.2 ←) wird die Bestimmung des spektralen Absorptionsmaßes $A(\lambda)$ bei mehreren Wellenlängen λ_j aus zeitlichen Gründen in der Regel nicht durchgeführt. Diese Gründe gelten jedoch nicht für Messungen mit einem Simultanspektrometer. Hier läßt sich das oben vorgestellte Verfahren, nämlich für die Konzentrationsbestimmung einen Satz von Meßwerten $A(\lambda_j)$ zu nehmen, zwanglos anwenden.

7.7 Tautomerengleichgewichte

Liegt eine organische Verbindung in Form zweier Isomere vor, die miteinander im Gleichgewicht stehen, so spricht man von **Tautomerie**. Ein klassisches Beispiel dafür ist der Äthylester der Acetessigsäure. Hier liegt das Tautomerengleichgewicht auf der Seite der Ketoform (92 %). Allgemein wird das Tautomerengleichgewicht durch die Gleichgewichtskonstante K_T charakterisiert. Hier soll nun der Fall untersucht werden, daß eines der Isomere oder auch beide elektromagnetische Strahlung absorbieren.
Für das Tautomerengleichgewicht zweier Isomere A und B gilt die chemische Reaktionsgleichung

$$A \rightleftharpoons B \tag{7.7-1}$$

und für die Gleichgewichtskonstante K_T folgt aus dem Massenwirkungsgesetz

$$K_T = \frac{c_B}{c_A} \tag{7.7-2}$$

wobei c_A und c_B die Konzentrationen der beiden Isomere sind. Bezeichnet man mit c_o die Konzentration des eingewogenen und aus einer Mischung der Isomere A und B bestehenden Materials und mit β den Bruchteil davon, der in der isomeren Form B vorliegt, so gilt

$$c_A = (1 - \beta) \cdot c_o \tag{7.7-3}$$

$$c_B = \beta \cdot c_o \tag{7.7-4}$$

wobei selbstverständlich

$$c_o = c_A + c_B \tag{7.7-5}$$

ist. Setzt man die Beziehungen (7.7-3) und (7.7-4) in die Definitionsgleichung (7.7-2) für die Gleichgewichtskonstante K_T ein und löst nach β auf, so erhält man

$$\beta = \frac{K_T}{1 + K_T} \tag{7.7-6}$$

Setzt man dieses β in die Beziehungen (7.7-3) und (7.7-4) ein, so folgt

$$c_A = \frac{1}{1 + K_T} \cdot c_o \qquad\qquad (7.7\text{-}7)$$

$$c_B = \frac{K_T}{1 + K_T} \cdot c_o \qquad\qquad (7.7\text{-}8)$$

Sind $\varkappa_A(\lambda)$ und $\varkappa_B(\lambda)$ die bezogenen spektralen Absorptionskoeffizienten der beiden isomeren Formen A und B, so ergibt sich durch Einsetzen der Beziehungen (7.7-7) und (7.7-8) in die Gleichung (7.7-2) für das spektrale Absorptionsmaß $A(\lambda)$ des tautomeren Gemisches die Beziehung

$$A(\lambda) = \bar{\varkappa}(\lambda) \cdot c_o \cdot d \qquad\qquad (7.7\text{-}9)$$

mit der Abkürzung

$$\bar{\varkappa}(\lambda) = \frac{\varkappa_A(\lambda) + K_T \cdot \varkappa_B(\lambda)}{1 + K_T} \qquad\qquad (7.7\text{-}10)$$

Wie man durch Vergleich der Beziehungen (7.6-3) und (7.7-9) sieht, verhält sich das tautomere Gemisch in seinem Absorptionsverhalten wie ein reines Material mit der Konzentration c_o und dem spektralen Absorptionskoeffizienten $\bar{\varkappa}(\lambda)$.
Man kann die Beziehung (7.7-9) gemeinsam mit den Gleichungen (7.7-7) und (7.7-8) zur Konzentrationsbestimmung der beiden Isomere benutzen, wenn die Gleichgewichtskonstante K_T bekannt ist. Dazu wird, wie im Abschnitt 7.6 für ein reines Material angegeben, zunächst c_o bestimmt. Anschließend werden die Konzentrationen c_A und c_B berechnet.

7.8 Binäre Gleichgewichte

Binäre Gleichgewichte stellen einen wichtigen Fall in der Lösungsmittelchemie dar. Sie treten bei der Dissoziation bzw. Assoziation von Materialien, bei der Auflösung von Salzen oder bei der Bildung binärer stöchiometrischer Verbindungen auf. Das sich einstellende Gleichgewicht wird, wie schon beim Tautomerengleichgewicht, durch eine Gleichgewichtskonstante beschrieben, die hier mit K_c bezeichnet wird (der Index c soll auf ihre Abhängigkeit von der Konzentration der am Gleichgewicht beteiligten Materialien hindeuten). Absorbieren die Materialien, so kann man häufig beobachten, daß die für verschiedene Konzentrationen aufgenommenen typischen Farbkurven (7.6 ←) zwar nicht identisch sind, aber wenigstens alle durch einen gemeinsamen Punkt gehen, der als **isobestischer Punkt** bezeichnet wird. Hier soll nun untersucht werden, wie dieses Absorptionsverhalten bei binären Gleichgewichten zustande kommt.
Binäre Gleichgewichte lassen sich verallgemeinert durch die chemische Reaktionsgleichung:

$$AB \rightleftharpoons A + B \tag{7.8-1}$$

beschreiben, wobei die von links nach rechts verlaufende Reaktion (Zerfall des Materials AB in die Materialien A und B) mit der von rechts nach links verlaufenden Reaktion (Bildung des Materials AB aus den Materialien A und B) im Gleichgewicht ist. Dieses Gleichgewicht wird nach dem Massenwirkungsgesetz durch die Gleichgewichtskonstante

$$K_c = \frac{c_A \cdot c_B}{c_{AB}} \tag{7.8-2}$$

eindeutig beschrieben. Bezeichnet man mit c_o die Konzentration des Materials AB vor Beginn der chemischen Reaktion (7.8-1) und mit β den nach Einstellen des Gleichgewichtes zerfallenen Anteil davon (Anmerkung: bei einer Dissoziation heißt β Dissoziationskonstante, während bei einer Assoziation β der Kehrwert der Assoziationskonstanten ist), so liegen im Gleichgewicht die folgenden Konzentrationen der an der Reaktion beteiligten Materialien vor

$$c_A = \beta \cdot c_o \tag{7.8-3}$$

$$c_B = \beta \cdot c_o \tag{7.8-4}$$

$$c_{AB} = (1 - \beta) \cdot c_o \tag{7.8-5}$$

Setzt man diese Konzentrationen in die Gleichung (7.8-2) ein, so erhält man für die Gleichgewichtskonstante

$$K_c = \frac{\beta^2}{1 - \beta} \cdot c_o \tag{7.8-6}$$

Die Beziehung (7.8-6) stellt eine quadratische Gleichung in β dar. Eine der beiden Lösungen lautet

$$\beta = \frac{K_c}{2c_o} \cdot \left(\sqrt{1 + \frac{4c_o}{K_c}} - 1 \right) \tag{7.8-7}$$

während die andere Lösung keine praktische Relevanz hat, da sie zu negativen Werten von β führt.
Setzt man β gemäß der Gleichung (7.8-7) in die Gleichungen (7.8-3), (7.8-4) und (7.8-5) ein, so erhält man für die Gleichgewichtskonzentrationen der Materialien

$$c_A = \frac{K_c}{2} \cdot \left(\sqrt{1 + \frac{4c_o}{K_c}} - 1 \right) \tag{7.8-8}$$

$$c_B = \frac{K_c}{2} \cdot \left(\sqrt{1 + \frac{4c_o}{K_c}} - 1 \right) \tag{7.8-9}$$

$$c_{AB} = c_o - \frac{K_c}{2} \cdot \left(\sqrt{1 + \frac{4c_o}{K_c}} - 1 \right) \tag{7.8-10}$$

Sind $\varkappa_A(\lambda)$, $\varkappa_B(\lambda)$ und $\varkappa_{AB}(\lambda)$ die bezogenen spektralen Absorptionskoeffizienten der Materialien A, B und AB, so folgt durch Einsetzen der Beziehungen (7.8-8), (7.8-9) und (7.8-10) in die Gleichung (7.8-2) für das spektrale Absorptionsmaß (Extinktion) $A(\lambda)$ der Materialien im Gleichgewicht

$$A(\lambda) = \bar{\varkappa}(\lambda) \cdot c_o \cdot d \tag{7.8-11}$$

mit der Abkürzung

$$\bar{\varkappa}(\lambda) = \varkappa_{AB}(\lambda) + \left[\varkappa_A(\lambda) + \varkappa_B(\lambda) - \varkappa_{AB}(\lambda) \right] \cdot \frac{K_c}{2c_o} \cdot \left(\sqrt{1 + \frac{4c_o}{K_c}} - 1 \right) \tag{7.8-12}$$

Wie man der Gleichung (7.8-12) entnimmt, ist $\varkappa(\lambda)$ jetzt von der Konzentration c_o abhängig, so daß das spektrale Absorptionsmaß $A(\lambda)$ im allgemeinen keine lineare Funktion der Konzentration c_o mehr ist, wie es bei einem reinen Material der Fall ist. Dies führt dazu, daß für verschiedene Konzentrationen die Absorptionsspektren verschieden sind. Im isobestischen Punkt dagegen (d.h. für genau eine Wellenlänge) muß $\bar{\varkappa}(\lambda)$ von der Konzentration unabhängig sein, d.h. hier gilt

$$\varkappa_{AB}(\lambda') = \varkappa_A(\lambda') + \varkappa_B(\lambda') \tag{7.8-13}$$

wobei λ' die Wellenlänge für den isobestischen Punkt bedeutet. Aus den Gleichungen (7.8-11), (7.8-12) und (7.8-13) folgt dann

$$A(\lambda') = \varkappa_{AB}(\lambda') \cdot c_o \cdot d \tag{7.8-14}$$

d.h. hier erhält man wieder eine Gesetzmäßigkeit mit einer linearen Konzentrationsabhängigkeit des spektralen Absorptionsmaßes. Daraus folgt, daß man Konzentrationsbestimmungen für den Fall eines binären Gleichgewichtes am besten bei der Wellenlänge λ' des isobestischen Punktes durchführen sollte. Diese erfolgt dann genauso wie für ein reines Material. Ist die Konzentration c_o bestimmt, so können bei bekannter Gleichgewichtskonstanten K_c die Gleichgewichtskonzentrationen c_A, c_B und c_{AB} der beteiligten Materialien aus den Gleichungen (7.8-8), (7.8-9) und (7.8-10) berechnet werden.

Die Tatsache, daß $A(\lambda)$ keine lineare Funktion der Konzentration mehr ist, wird häufig als Abweichung vom Lambert-Beerschen Absorptionsgesetz angesehen. Deshalb sei an dieser Stelle ausdrücklich darauf hingewiesen, daß für den hier betrachteten Fall des binären Gleichgewichtes trotz der nichtlinearen Konzentrationsabhängigkeit von $A(\lambda)$

das Lambert-Beersche Absorptionsgesetz weiterhin gültig ist. Diese Aussage gilt auch
für jeden beliebigen anderen Fall, bei dem absorbierende Materialien an chemischen
Reaktionen beteiligt sind. Die Konzentrationsabhängigkeit von $A(\lambda)$ muß dann in jedem
Einzelfall, analog wie hier für den einfachen Fall des binären Gleichgewichtes, untersucht werden.

Absorptionsmessungen eignen sich auch zur Ermittlung der Gleichgewichtskonstanten
K_c, wobei die nichtlineare Konzentrationsabhängigkeit von $A(\lambda)$ direkt ausgenutzt
wird. Wie dabei vorzugehen ist, wird im Folgenden gezeigt.

Als Grundlage der Rechnung dienen die Gleichungen (7.8-11) und (7.8-12), wobei zu
beachten ist, daß die bezogenen spektralen Absorptionskoeffizienten $x_A(\lambda)$, $x_B(\lambda)$ und
$x_{AB}(\lambda)$ sämtlich unbekannt sind. Um $x_{AB}(\lambda)$ zu ermitteln, müßte das Gleichgewicht
vollständig auf der linken Seite der chemischen Reaktion (7.8-1) liegen. Für den Fall,
daß das Gleichgewicht vollständig auf der rechten Seite liegt, würde man nur die
Summe von $x_A(\lambda)$ und $x_B(\lambda)$ ermitteln können. Eine vollständige Verlagerung des
Gleichgewichtes auf eine der beiden Seiten ist aber prinzipiell nicht möglich. Deshalb
muß die Auswertung nach dem Differenzenverfahren erfolgen, bei dem sich die unbekannten Größen eliminieren lassen.

Aus den Gleichungen (7.8-11) und (7.8-12) erhält man für den Zusammenhang zwischen
der Meßgröße $A(\lambda)$ und der gesuchten Gleichgewichtskonstanten K_c die Beziehung

$$y(\lambda) = x_{AB}(\lambda) + \left[x_A(\lambda) + x_B(\lambda) - x_{AB}(\lambda) \right] \cdot \frac{2}{z} \cdot \left(\sqrt{1+z} - 1 \right) \qquad (7.8\text{-}15)$$

mit den Abkürzungen

$$y(\lambda) = \frac{A(\lambda)}{c_o \cdot d} \qquad (7.8\text{-}16)$$

$$z = \frac{4 c_o}{K_c} \qquad (7.8\text{-}17)$$

Die Funktion $y(\lambda)$, die nur gemessene Größen enthält, ist hier stellvertretend für die
Meßgröße anzusehen, während z stellvertretend für die gesuchte Größe steht, denn
aus z läßt sich K_c unmittelbar berechnen. Ermittelt man nun verschiedene Werte y_j
für verschiedene Werte der Konzentration c_o, so erhält man durch Bilden der ersten
Differenzen zunächst

$$\Delta y_j(\lambda) = y_{j+1}(\lambda) - y_j(\lambda) = \qquad (7.8\text{-}18)$$

$$\left[x_A(\lambda) + x_B(\lambda) - x_{AB}(\lambda) \right] \cdot \left[\frac{2}{z_{j+1}} \cdot \left(\sqrt{1+z_{j+1}} - 1 \right) - \frac{2}{z_j} \cdot \left(\sqrt{1+z_j} - 1 \right) \right]$$

und schließlich als Quotient zweier aufeinanderfolgender erster Differenzen

$$\frac{\Delta y_{j+1}(\lambda)}{\Delta y_j(\lambda)} = \frac{z_j}{z_{j+2}} \cdot \frac{z_{j+2} \cdot \left(1 - \sqrt{1+z_{j+1}} \right) - z_{j+1} \cdot \left(1 - \sqrt{1+z_{j+2}} \right)}{z_{j+1} \cdot \left(1 - \sqrt{1+z_j} \right) - z_j \cdot \left(1 - \sqrt{1+z_{j+1}} \right)} \qquad (7.8\text{-}19)$$

Wählt man nun für die Messung durch Verdünnung progressiv fallende Konzentrationen mit dem Verdünnungsfaktor b ($b \leq 1$), dann gilt

$$z_{j+1} = b \cdot z_j \qquad (7.8\text{-}20)$$

so daß die Gleichung (7.8-19) übergeht in

$$\frac{\Delta y_{j+1}(\lambda)}{\Delta y_j(\lambda)} = \frac{1}{b} \cdot \frac{(b - 1) + \sqrt{1 + b^2 z_j} - b\sqrt{1 + bz_j}}{(b - 1) + \sqrt{1 + bz_j} - b\sqrt{1 + z_j}} \qquad (7.8\text{-}21)$$

Beschränkt man sich auf kleine Konzentrationen (dies ist ohnehin häufig notwendig, wie weiter unten noch ausgeführt wird), so kann man die Wurzeln in der Gleichung (7.8-21) sämtlich entwickeln. Wird diese Entwicklung bei den Gliedern dritter Ordnung abgebrochen, so erhält man

$$\frac{\Delta y_{j+1}(\lambda)}{\Delta y_j(\lambda)} = b \cdot \frac{2 - b \cdot (1 + b) \cdot z_j}{2 - (1 + b) \cdot z_j} \qquad (7.8\text{-}22)$$

bzw. in linearer Näherung, wenn man auch noch den Bruch in der Gleichung (7.8-22) entwickelt

$$\frac{\Delta y_{j+1}(\lambda)}{\Delta y_j(\lambda)} = b \cdot \left[1 + \frac{1}{2} \cdot (1 - b^2) \cdot z_j \right] \qquad (7.8\text{-}23)$$

Setzt man in die Gleichung (7.8-23) wieder die Definition (7.8-18) der ersten Differenzen und die Abkürzungen (7.8-16) und (7.8-17) ein, so erhält man

$$\frac{A_{j+2}(\lambda) - b \cdot A_{j+1}(\lambda)}{A_{j+1}(\lambda) - b \cdot A_j(\lambda)} = b^2 + \frac{2 \cdot c_o}{K_c} \cdot (1 - b^2) \cdot b^{j+1} \qquad (7.8\text{-}24)$$

wobei c_o die Anfangskonzentration der Verdünnungsreihe (d.h. für $j = 1$) bedeutet. Zusätzlich wurde ausgenutzt, daß aus der Beziehung (7.8-20) unmittelbar $z_j = z_1 \cdot b^{j-1}$ folgt. Die Gleichung (7.8-24) kann nach K_c aufgelöst werden, so daß man schließlich erhält

$$K_c = 2 \cdot c_o \cdot (1 - b^2) \cdot b^{j+1} \cdot \left[\frac{A_{j+2}(\lambda) - b \cdot A_{j+1}(\lambda)}{A_{j+1}(\lambda) - b \cdot A_j(\lambda)} - b^2 \right]^{-1} \qquad (7.8\text{-}25)$$

Die Gleichung (7.8-25) ermöglicht die Ermittlung der Gleichgewichtskonstanten K_c aus der Konzentrationsabhängigkeit des Absorptionsgrades $A(\lambda)$ bei irgendeiner Wellenlänge, die nicht gleich der Wellenlänge λ' am isobestischen Punkt ist.

Abweichend von der hier vorgestellten Methode zur Ermittlung der Gleichgewichtskonstanten sind auch andere Verfahren angegeben worden (Benesi et. al., 1949; Bale et. al., 1956; Perkampus et. al., 1956; Kortüm et. al., 1960; Newman et. al., 1957; Liptay, 1961). Ihnen allen ist gemeinsam, daß sie von einer Linearisierung der Ausgangsbeziehungen (7.8-11) und (7.8-12) ausgehen, d.h. implizit ebenfalls kleine Konzentrationen voraussetzen. Diese Forderung erweist sich auch insofern als berechtigt, als die Gültigkeit des Lambert-Beerschen Absorptionsgesetzes als Basis der hier (und in der Literatur) angegebenen Rechnungen von der Wechselwirkungsfreiheit der absorbierenden Teilchen ausgeht, die nur für kleine Konzentrationen näherungsweise erfüllt ist. Das gilt insbesondere für Elektrolyte, bei denen in der Definition der Gleichgewichtskonstanten in Strenge nicht die Konzentrationen, sondern die Aktivitäten der am Gleichgewicht beteiligten Materialien, stehen müssen. Die hier gemachte Näherung ist dann ebenfalls nur für starke Verdünnung zulässig. Daraus folgt, daß die Näherung kleiner Konzentrationen mit den Näherungen, die zum Lambert-Beerschen Absorptionsgesetz führen, verträglich ist.

7.9 Elektrolyte

Elektrolyte besitzen in der Klinischen Chemie eine große Bedeutung, da bereits geringe Abweichungen vom Sollwertbereich auf eine hohe Gefährdung der Patienten hindeuten können. Konzentrationsbestimmungen von Elektrolyten erfordern demgemäß eine hohe Genauigkeit, die sich nur unter Beachtung gewisser, für Elektrolyte typischer Gesetzmäßigkeiten erreichen läßt. Dazu ist natürlich zunächst eine eingehende Kenntnis der wesentlichen Zusammenhänge zwischen der Konzentration und den optischen Kennzahlen notwendig. Großer Wert muß dabei auf die interionischen Wechselwirkungen gelegt werden, weil sie zu starken nichtlinearen Abweichungen von den Beziehungen bei der üblichen Konzentrationsbestimmung (7.6 ←) führen. In diesem Abschnitt soll darauf näher eingegangen werden, wobei allerdings nur die grundlegenden Dinge angesprochen werden können und für den Einzelfall dringend zu empfehlen ist, die dort jeweils vorliegenden Zusammenhänge bei der Auswertung von Meßergebnissen zu berücksichtigen.
Elektrolyte sind Lösungen, die eine mehr oder weniger starke Leitfähigkeit zeigen. Der Grund dafür sind die in der Lösung enthaltenen positiv oder negativ geladenen Teilchen (Ionen). Die Ionen können aufgrund ihrer unterschiedlichen Ladungen miteinander in Wechselwirkung treten. Die Stärke dieser elektrostatischen Wechselwirkung ist vom Abstand der Ionen untereinander und damit von der Konzentration abhängig. Da elektrostatische Wechselwirkungskräfte eine große Reichweite haben, macht sich ihr Einfluß schon bei relativ kleinen Konzentrationen bemerkbar.
Die Theorie der Elektrolyte ist bereits im Jahre 1923 von Debye und Hückel entwickelt worden und beruht auf molekularkinetischen Vorstellungen, wobei der Einfluß der zwischen den Ionen wirkenden elektrostatischen Kräfte dadurch berücksichtigt wird, daß die potentielle Energie einer Ionenart im elektrischen Potential aller übrigen Ionen berechnet wird. Die Ionen selbst werden dabei als geladene Kugeln mit einem endlichen Radius angesehen, die aufgrund der elektrostatischen Anziehungs- bzw. Abstoßungskräfte von einer Wolke anderer Ionen umgeben sind. Wegen der *grundlegenden Bedeutung für die Praxis*, soll die Debye- Hückel-Theorie hier wenigstens ansatzweise wiedergegeben werden.

Betrachtet man ein einzelnes Ion in der Lösung, so wird es sich infolge der elektrischen Anziehungs- und Abstoßungskräfte vorzugsweise mit Ionen entgegengesetzter Ladung umgeben. Dadurch bildet sich um das betrachtete Ion (Zentralion) eine Ionenwolke aus, die ein elektrostatisches Potential hervorruft, das sich dem des Zentralions überlagert und so ein resultierendes Potential φ bildet. Dieses läßt sich aus der Poisson-Gleichung der Elektrostatik

$$\Delta\varphi = -\frac{\rho}{\varepsilon_o \cdot \varepsilon} \qquad (7.9\text{-}1)$$

berechnen, wenn die Raumladungsdichte ρ als Funktion des Ortes und die Dielektrizitätskonstante ε des Lösungsmittels bekannt sind. Das Symbol Δ steht für den Laplace-Operator und ε_o ist die elektrische Feldkonstante. Da das sich ausbildende resultierende Potential in einer homogenen Lösung kugelsymmetrisch sein muß, kann man sich auf den Radialanteil des Laplace-Operators beschränken, so daß die Gleichung (7.9-1) sich auch in der Form

$$\frac{d^2\varphi}{dr^2} + \frac{2}{r}\cdot\frac{d\varphi}{dr} = -\frac{\rho}{\varepsilon_o \cdot \varepsilon} \qquad (7.9\text{-}2)$$

schreiben läßt, wobei r den Abstand vom Zentrum des Zentralions bedeutet. Um die Differentialgleichung (7.9-2) lösen zu können, benötigt man noch die Raumladungsdichte ρ. Diese kann aufgrund des statistischen Charakters der Ionenwolke aus dem Boltzmann-Theorem ermittelt werden. Danach gilt für die Teilchendichte dN_i/dV der Ionensorte i im Volumenelement dV die Beziehung

$$\frac{dN_i}{dV} = N_A \cdot c_i \cdot \exp\!\left(-\frac{W_i}{kT}\right) \qquad (7.9\text{-}3)$$

wobei N_A die Avogadro-Konstante, c_i die mittlere Konzentration der Ionensorte i, W_i die elektrostatische Energie dieser Ionensorte, k die Boltzmann-Konstante und T die absolute Temperatur bedeuten. Multipliziert man die Teilchendichten mit den Ladungen q_i der Ionensorten und summiert über alle Ionensorten, so erhält man mit der Beziehung (7.9-3) für die Raumladungsdichte ρ den Ausdruck

$$\rho = \sum_i q_i \cdot \frac{dN_i}{dV} = N_A \cdot \sum_i q_i \cdot c_i \cdot \exp\!\left(-\frac{W_i}{kT}\right) \qquad (7.9\text{-}4)$$

Die elektrostatische Energie W_i der i-ten Ionensorte im resultierenden Potential φ ist nach der Elektrostatik gegeben durch

$$W_i = q_i \cdot \varphi \qquad (7.9\text{-}5)$$

Diese Energie ist bei genügend hohen Temperaturen (z.B. schon bei Zimmertemperatur) klein gegenüber der thermischen Energie $k \cdot T$, so daß man die Exponentialfunktion in der Gleichung (7.9-5) in eine Reihe entwickeln kann:

$$\exp\left(-\frac{W_i}{kT}\right) = 1 - \frac{W_i}{kT} + \ldots \qquad\qquad (7.9\text{-}6)$$

Bricht man die Entwicklung nach dem linearen Glied ab und setzt außerdem den Ausdruck (7.9-5) ein, so geht die Gleichung (7.9-4) über in

$$\rho = N_A \cdot \sum_i q_i \cdot c_i \cdot \left(1 - \frac{q_i \varphi}{kT}\right) \qquad\qquad (7.9\text{-}7)$$

Berücksichtigt man noch, daß aufgrund der Elektroneutralitätsforderung

$$\sum_i q_i \cdot c_i = 0 \qquad\qquad (7.9\text{-}8)$$

gelten muß und die Ionenladung q_i sich als Produkt der Elementarladung e und der Ladungszahl z_i für die jeweilige Ionensorte i schreiben läßt, so erhält man schließlich

$$\rho = -\frac{2N_A e^2 J}{kT} \cdot \varphi \qquad\qquad (7.9\text{-}9)$$

wobei die Abkürzung

$$J = \frac{1}{2} \cdot \sum_i z_i^2 \cdot c_i \qquad\qquad (7.9\text{-}10)$$

für die Ionenstärke verwendet wurde.
Setzt man die Raumladungsdichte nach der Gleichung (7.9-9) in die Differentialgleichung (7.9-2) ein, so erhält man

$$\frac{d^2\varphi}{dr^2} + \frac{2}{r} \cdot \frac{d\varphi}{dr} + \frac{2N_A e\, J}{\varepsilon_o \varepsilon\, kT} \cdot \varphi = 0 \qquad\qquad (7.9\text{-}11)$$

Die Differentialgleichung (7.9-11) hat unter der Randbedingung, daß das Potential φ im Unendlichen verschwinden muß, die Lösung

$$\varphi(r) = \varphi_o \cdot \frac{1}{r} \cdot \exp\left(-\sqrt{\frac{2N_A e^2 J}{\varepsilon_o \varepsilon\, kT}} \cdot r\right) \qquad\qquad (7.9\text{-}12)$$

wobei φ_o eine noch zu bestimmende Integrationskonstante ist. Man erhält sie aufgrund der Elektroneutralitätsbedingung, denn die Gesamtladung der Ionenwolke und die Ladung $z_i \cdot e$ des Zentralions müssen sich gerade gegenseitig kompensieren, d.h. es muß gelten

$$4\pi \cdot \int_{r_i}^{\infty} \rho(r) \cdot r^2 \cdot dr + z_i \cdot e = 0 \qquad\qquad (7.9\text{-}13)$$

wobei r_i der Radius des Zentralions ist (die Ionenwolke beginnt ja erst an der Oberfläche des Zentralions). Setzt man die Raumladungsdichte $\rho(r)$ der Ionenwolke nach der Gleichung (7.9-9) ein und benutzt für das Potential $\varphi(r)$ die Gleichung (7.9-12), so folgt

$$\varphi_o \cdot \int_{r_i}^{\infty} r \cdot \exp\left(- \sqrt{\frac{2N_A e^2 J}{\varepsilon_o \varepsilon\, kT}} \cdot r\right) \cdot dr = \frac{z_i\, kT}{8\pi N_A e J} \qquad (7.9\text{-}14)$$

Das Integral in der Gleichung (7.9-14) läßt sich elementar berechnen, so daß nach Integration und Auflösen nach φ_o folgt

$$\varphi_o = \frac{z_i e}{4\pi\,\varepsilon_o \varepsilon} \cdot \left(1 + r_i \cdot \sqrt{\frac{2N_A e^2 J}{\varepsilon_o \varepsilon\, kT}}\right)^{-1} \cdot \exp\left(- \sqrt{\frac{2N_A e^2 J}{\varepsilon_o \varepsilon\, kT}} \cdot r_i\right) \qquad (7.9\text{-}15)$$

Setzt man die Konstante φ_o nach der Gleichung (7.9-15) in die Gleichung (7.9-12) ein, so erhält man für das Potential

$$\varphi(r) = \frac{z_i e}{4\pi\,\varepsilon_o \varepsilon\, r} \cdot \left(1 + r_i \cdot \sqrt{\frac{2N_A e^2 J}{\varepsilon_o \varepsilon\, kT}}\right)^{-1} \cdot \exp\left(- \sqrt{\frac{2N_A e^2 J}{\varepsilon_o \varepsilon\, kT}} \cdot (r_i - r)\right) \qquad (7.9\text{-}16)$$

Wie man der Gleichung (7.9-10) entnimmt, geht die Ionenstärke J für unendliche Verdünnung, d.h. wenn alle Konzentrationen sind gleich Null sind, gegen Null. In diesem Fall muß auch die Ionenwolke verschwinden und es bleibt das Potential $\varphi_i(r)$ des Zentralions übrig

$$\varphi_i(r) = \frac{z_i e}{4\pi\,\varepsilon_o \varepsilon\, r} \qquad (7.9\text{-}17)$$

Subtrahiert man das Potential des Zentralions $\varphi_i(r)$ vom Gesamtpotential $\varphi(r)$, so erhält man aus den Gleichungen (7.9-16) und (7.9-17) das Potential der Ionenwolke $\varphi_w(r)$. Für dieses gilt an der Oberfläche des Zentralions, also für $r = r_i$

$$\varphi_w(r_i) = - \frac{z_i e}{4\pi\,\varepsilon_o \varepsilon} \cdot \left(1 + r_i \cdot \sqrt{\frac{2N_A e^2 J}{\varepsilon_o \varepsilon\, kT}}\right)^{-1} \cdot \sqrt{\frac{2N_A e^2 J}{\varepsilon_o \varepsilon\, kT}} \qquad (7.9\text{-}18)$$

Multipliziert man den Ausdruck (7.9-18) mit der Ladung des Zentralions $z_i \cdot e$ und der Avogadro-Konstanten N_A und dividiert durch zwei, so erhält man die molare elektrostatische Wechselwirkungsenergie der i-ten Ionensorte

$$w_i = - \frac{N_A z_i^2 e^2}{8\pi\,\varepsilon_o \varepsilon} \cdot \left(1 + r_i \cdot \sqrt{\frac{2N_A e^2 J}{\varepsilon_o \varepsilon\, kT}}\right)^{-1} \cdot \sqrt{\frac{2N_A e^2 J}{\varepsilon_o \varepsilon\, kT}} \qquad (7.9\text{-}19)$$

Das Verhältnis dieser Wechselwirkungsenergie zur mittleren molaren thermischen Energie R·T ist gleich dem natürlichen Logarithmus des sogenannten Aktivitätskoeffizienten f_i der i-ten Ionensorte, so daß gilt

$$f_i = \exp\left(-\frac{k_1 z_i^2 \sqrt{J}}{1 + k_2 r_i \sqrt{J}}\right) \tag{7.9-20}$$

mit den Konstanten

$$k_1 = \frac{e^3}{8\pi} \cdot \sqrt{2 N_A} \cdot (\varepsilon_o \varepsilon k T)^{-\frac{3}{2}} \tag{7.9-21}$$

$$k_2 = e \cdot \sqrt{\frac{2 N_A}{\varepsilon_o \varepsilon k T}} \tag{7.9-22}$$

Für verdünnte, wässrige Lösungen bei 298 K (25 °C) erhält man für die Konstanten (für Wasser ist $\varepsilon = 78,56$ bei 298 K)

$$k_1 = 3,706 \cdot 10^{-2} \ m^{3/2} mol^{-1/2} \tag{7.9-23}$$

$$k_2 = 1,039 \cdot 10^8 \ m^{1/2} mol^{-1/2} \tag{7.9-24}$$

Der Aktivitätskoeffizient f_i ist andererseits als Quotient aus der Aktivität a_i der i-ten Ionensorte und der Konzentration c_i dieser Ionen definiert

$$f_i = \frac{a_i}{c_i} \tag{7.9-25}$$

Dies ist deshalb so wesentlich, weil aus der strengeren thermodynamischen Theorie der Gleichgewichte folgt, daß bei der Berechnung der Gleichgewichtskonstanten die Aktivitäten anstelle der Konzentrationen einzusetzen sind, wenn Wechselwirkungen nicht vernachlässigt werden dürfen. Ein Indiz für nicht zu vernachlässigende Wechselwirkungen ist bei Elektrolyten die starke Abweichung der Aktivitätskoeffizienten der beteiligten Ionen vom Wert Eins. Dieser Wert ergibt sich nämlich bei fehlender Wechselwirkung, z.B. für ungeladene Teilchen ($z_i = 0$) oder unendliche Verdünnung ($c_i = 0$).
Die Beziehung (7.9-20) zur Berechnung der Aktivitätskoeffizienten ist aufgrund ihrer Herleitung (stark vereinfachende Voraussetzungen) nur für schwache Elektrolyte (z.B. Essigsäure) bis zu Konzentrationen von etwa 0,1 mol/l brauchbar.
Eine bessere Anpassung an die realen Aktivitätskoeffizienten erhält man, wenn man die Exponentialfunktion in der Beziehung (7.9-20) noch mit der Ionenstärke J und einer empirischen Konstanten k_3 multipliziert. Es gilt dann

$$f_i = k_3 \cdot J \cdot \exp\left(-\frac{k_1 z_i^2 \sqrt{J}}{1 + k_2 r_i \sqrt{J}}\right) \tag{7.9-26}$$

Da sich k_3 nur äußerst mühsam aus der Theorie ermitteln läßt und zudem noch für verschiedene Bedingungen unterschiedliche Werte annimmt, arbeitet man in der Praxis mit einer *vollkommen empirischen Formel*

$$\lg f_i = -\frac{A\sqrt{J}}{1 + B\sqrt{J}} + C \cdot J \qquad (7.9-27)$$

wobei die drei Konstanten A, B und C aus Messungen (z.B. Leitfähigkeitsmessungen) ermittelt werden.

Um den Einfluß der Wechselwirkungen abschätzen zu können, soll hier als Beispiel die Auflösung von KCl in Wasser bei 25 °C betrachtet werden. Die Auflösung wird durch die chemische Reaktionsgleichung

$$KCl \rightleftharpoons K^+ + Cl^- \qquad (7.9-28)$$

beschrieben, d.h. es ist $z_{K^+} = z_{Cl^-} = 1$. Für die Ionenradien gilt nach Pauling (Pauling, 1960) $r_{K^+} = 1{,}33 \cdot 10^{-10}$ m und $r_{Cl^-} = 1{,}81 \cdot 10^{-10}$ m. Damit folgt in diesem Fall für die Aktivitätskoeffizienten unter Verwendung der Beziehungen (7.9-20), (7.9-23) und (7.9-24) wenn die Ionenstärke J in mol/l eingesetzt wird

$$\lg f_{K^+} = -\frac{0{,}509\sqrt{J}}{1 + 0{,}438\sqrt{J}} \qquad (7.9-29)$$

$$\lg f_{Cl^-} = -\frac{0{,}509\sqrt{J}}{1 + 0{,}595\sqrt{J}} \qquad (7.9-30)$$

Der Aktivitätskoeffizient f_{KCl} des undissoziierten Materials ist natürlich gleich Eins, da es ungeladen ist und somit nicht an der elektrostatischen Wechselwirkung teilnimmt (in Strenge gilt dies allerdings nicht, da es außer den hier betrachteten elektrostatischen Wechselwirkungen auch noch andere Wechselwirkungskräfte gibt).

Bezeichnet man mit c_o die Konzentration des KCl vor Beginn der Dissoziation und mit β die Dissoziationskonstante, so folgt

$$c_{K^+} = \beta \cdot c_o \qquad (7.9-31)$$

$$c_{Cl^-} = \beta \cdot c_o \qquad (7.9-32)$$

$$c_{KCl} = (1 - \beta) \cdot c_o \qquad (7.9-33)$$

und daraus durch Einsetzen in die Gleichung (7.9-10) für die Ionenstärke

$$J = \beta \cdot c_o \qquad (7.9-34)$$

Setzt man die Ionenstärke nach der Gleichung (7.9-34) in die Beziehungen (7.9-29) und (7.7-30) ein, so erhält man:

$$\lg f_{K^+} = - \frac{0.509\sqrt{\beta \cdot c_o}}{1 + 0.438\sqrt{\beta \cdot c_o}} \qquad (7.9\text{-}35)$$

$$\lg f_{Cl^-} = - \frac{0.509\sqrt{\beta \cdot c_o}}{1 + 0.595\sqrt{\beta \cdot c_o}} \qquad (7.9\text{-}36)$$

Wie bereits erwähnt, muß man in der Gleichgewichtskonstanten der Reaktion (7.9-28) anstelle der Konzentrationen die Aktivitäten benutzen, so daß gilt

$$K_a = \frac{a_{K^+} \cdot a_{Cl^-}}{a_{KCl}} \qquad (7.9\text{-}37)$$

bzw. mit der Gleichung (7.9-25)

$$K_c = \frac{c_{K^+} \cdot c_{Cl^-}}{c_{KCl}} \cdot \frac{f_{K^+} \cdot f_{Cl^-}}{f_{KCl}} \qquad (7.9\text{-}38)$$

Setzt man die Aktivitätskoeffizienten nach den Gleichungen (7.9-35) und (7.9-36) und die Konzentrationen nach den Gleichungen (7.9-31) bis (7.9-33) in die Gleichung (7.9-38) ein, wobei f_{KCl} gleich Eins zu setzen ist, so folgt nach Logarithmieren

$$pK_a = pK_c + \frac{0.509\sqrt{\beta \cdot c_o}}{1 + 0.438\sqrt{\beta \cdot c_o}} + \frac{0.509\sqrt{\beta \cdot c_o}}{1 + 0.595\sqrt{\beta \cdot c_o}} \qquad (7.9\text{-}39)$$

mit der Abkürzung

$$pK_c = -\lg \frac{\beta^2}{1 - \beta} - \lg c_o \qquad (7.9\text{-}40)$$

(Anmerkung: pK ist als negativer dekadischer Logarithmus von K definiert, in ähnlicher Weise wie bei der Definition des pH-Wertes.)

Berechnet man nach der Gleichung (7.9-39) die Differenz $pK_a - pK_c$, so findet man eine starke Abhängigkeit vom Produkt $\beta \cdot c_o$. So ist z.B. für $\beta \cdot c_o = 0.1$ mol/l die Differenz $pK_a - pK_c = 0.279$, während man für $\beta \cdot c_o = 10^{-4}$ mol/l den Wert $pK_a - pK_c = 0.010$ errechnet.

Wie man daran sieht, sind die Abweichungen für sehr kleine Konzentrationen vernachlässigbar klein, während sie für größere Konzentrationen erheblich werden.

8 Anhang

bearbeitet von

W. Erb (Braunschweig)

Die Meßsicherheit bei medizinischen Meßgeräten soll nach der Eichordnung (EO) vom
12. August 1988 durch
- die Konformitätsbescheinigung
- eine beizufügende Wartungs- und Gebrauchsanweisung
- die Wartung der Meßgeräte
- die Teilnahme an Vergleichsmessungen
gewährleistet werden.

Eine wesentliche Neuerung der EO ist, daß an die Stelle der amtlichen Eichung eines
Meßgerätes die Ausstellung einer Konformitätsbescheinigung durch den Gerätehersteller
treten kann, durch die die Übereinstimmung des Meßgerätes mit der Zulassung bestätigt
wird. In gleicher Weise wie die Zulassung Voraussetzung zur Eichung ist, muß auch die
Zulassung zur Ausstellung einer Konformitätsbescheinigung erfolgen. Die Zulassung wird
von der Physikalisch-Technischen Bundesanstalt (PTB) erteilt, sofern die Meßgeräteart
nicht allgemein zugelassen ist.
Die EO unterscheidet zwischen der allgemeinen Zulassung und der Bauartzulassung von
Meßgeräten. Die Bauart kann zugelassen werden, wenn eine ausreichende Meßsicherheit
zu erwarten ist. Diese ist grundsätzlich gegeben, wenn die Bauart den Anforderungen
der EO und den anerkannten Regeln der Technik, zu denen die PTB-Anforderungen gehören, entsprechen. Zu der bisherigen allgemeinen Zulassung und der Bauartzulassung
tritt nun eine Zulassung ohne Eichung, wie z.B. die Zulassung zur Ausstellung einer Konformitätsbescheinigung in den entsprechenden Anlagen zur EO.
Während die Konformitätsbescheinigung als Ersatz für die Ersteichung angesehen werden
kann, sind Wartung oder Vergleichsmessungen als Ersatz für die Nacheichung zu sehen.

Bei quantitativen labormedizinischen Untersuchungen müssen die verwendeten Meßgeräte durch laborinterne Qualitätskontrollen und durch Teilnahme an Ringversuchen
nach den Richtlinien der Bundesärztekammer (Dt. Ärzteblatt 85, Heft 11, 17. 3. 88, (71),
A-699) überwacht werden. Dies stellt eine wesentliche Änderung dar, denn die Pflicht
zur laborinternen Qualitätskontrolle und zur Teilnahme an Vergleichsmessungen bestand
bisher lediglich bei der Verwendung ungeeichter Meßgeräte.

Mit der neuen EO wird die Verantwortung für die Richtigkeit der Meßgeräte vom Staat
auch auf die Gerätehersteller und die Anwender verlagert und damit einer Forderung
des Bundesrates zur Entbürokratisierung der technischen Rechtsvorschriften sowie der
Stellungnahme des Beirates für medizinische Meßgeräte bei der PTB Rechnung getragen.

Auszug aus der
Eichordnung
vom 12. August 1988

(Bundesgesetzblatt, Jahrgang 1988, Teil I, Nr. 43-Tag der Ausgabe: Bonn, 26. August 1988)

Teil 1
Pflichten beim Inverkehrbringen, Verwenden und Bereithalten von Meßgeräten

§ 1
Medizinische Meßgeräte

(1) Die nachstehenden medizinischen Meßgeräte dürfen nur in den Verkehr gebracht, verwendet oder bereitgehalten werden, wenn sie geeicht sind:

1. Meßgeräte zur Bestimmung von Körpertemperaturen mit Ausnahme von bildgebenden Meßgeräten,
2. nichtinvasive Blutdruckmeßgeräte,
3. Blutmischpipetten,
4. Zellenzählkammern,
5. Meßgeräte zur Bestimmung des Augeninnendruckes (Augentonometer),
6. Meßgeräte zur Bestimmung des Blutdrucks am Auge (Ophthalmodynamometer).

(2) Die nachstehenden medizinischen Meßgeräte dürfen nur verwendet oder bereitgehalten werden, wenn sie geeicht sind:

1. Waagen zur Bestimmung des Körpergewichts bei der Ausübung der Heilkunde,
2. Präzisionswaagen, Feinwaagen,
3. Meßgeräte zur Bestimmung der Dichte von Flüssigkeiten,
4. Therapiedosimeter bei der Behandlung von Patienten mit Photonenstrahlung von außen im Energiebereich zwischen 0,005 bis 3 Megaelektronenvolt.

(3) Die nachstehenden medizinischen Meßgeräte dürfen nur verwendet oder bereitgehalten werden, wenn sie zugelassen sind und die Übereinstimmung des Meßgeräts mit der Zulassung bescheinigt ist:

1. Meßkolben, Büretten, Pipetten, Kolbenbüretten, Kolbenhubpipetten, Dispenser, Dilutoren, Blutsenkungsrohre, Spritzen mit Ausnahme von Hochdruck-Injektionsspritzen,
2. Meßgeräte für quantitative Untersuchungen an Lösungen durch Messung des spektralen Absorptionsmaßes (Absorptionsphotometer) mit Ausnahme von Geräten für Trübungsmessungen,
3. Elektrokardiographen, sofern sie Frank- oder Standardableitungen automatisch auswerten, mit Ausnahme von intrakardial anwendbaren Geräten.

(4) Die nachstehenden medizinischen Meßgeräte dürfen nur verwendet oder bereitgehalten werden, wenn sie zugelassen sind, die Übereinstimmung des Meßgerätes mit der Zulassung bescheinigt und das Meßgerät nach den Anforderungen der Zulassung gewartet ist:

1. Meßgeräte zur Bestimmung der Hörfähigkeit (Audiometer),

2. bildgebende Meßgeräte zur Bestimmung von Körpertemperaturen (Thermographiegeräte),
3. Tretkurbelergometer zur definierten physikalischen und reproduzierbaren Belastung
   von Patienten (Tretkurbelergometer).

(5) Bereitgehalten im Sinne dieser Verordnung wird ein Meßgerät, wenn es ohne besondere Vorbereitung in Gebrauch genommen werden kann.

(6) Medizinische Meßgeräte, für die in der Zulassung die Beifügung einer Wartungsund Gebrauchsanweisung vorgeschrieben ist, dürfen nur mit dieser Wartungs- und Gebrauchsanweisung in den Verkehr gebracht werden.

(7) Die Absätze 1 bis 6 gelten nicht für rückwirkungsfreie Zusatzeinrichtungen nach
§ 5 des Eichgesetzes.

(8) Die Absätze 1 bis 6 gelten nicht für die Dauer der klinischen Erprobung neuentwickelter Meßgeräte, sofern der Hersteller oder Einführer der Geräte die Erprobung der
Physikalisch-Technischen Bundesanstalt (Bundesanstalt) angezeigt hat und eine Durchschrift der Anzeige dem Gerät beigefügt ist. In der Anzeige sind Verwendungsort, Anzahl
der Geräte und voraussichtliche Dauer der Erprobung anzugeben. Die Bundesanstalt kann
die Anzahl der Geräte beschränken und die Dauer der Erprobung befristen.

(9) Die Absätze 1 bis 6 gelten nicht für Meßgeräte, die zur Ausfuhr bestimmt sind.

§ 4
Kontrolluntersuchungen und Vergleichsmessungen

(1) Wer mit medizinischen Meßgeräten quantitative labormedizinische Untersuchungen
durchführt, hat die Meßergebnisse durch Kontrolluntersuchungen (laborinterne Qualitätskontrollen) und durch Teilnahme an jährlich zwei Vergleichsmessungen (Ringversuche)
gemäß Teil I Abschnitt 2 der Richtlinien der Bundesärztekammer zur Qualitätssicherung
in medizinischen Laboratorien vom 16. Januar und 16. Oktober 1987 (Deutsches Ärzteblatt 1988, S. A-699) zu überwachen. Er hat die Unterlagen über die durchgeführten
Kontrolluntersuchungen und die Bescheinigungen über die Teilnahme an Ringversuchen
für die Dauer von fünf Jahren aufzubewahren und der zuständigen Behörde auf Verlangen vorzulegen.

(2) Absatz 1 gilt nicht für Untersuchungen im Bereich der Zahnheilkunde und der Tierheilkunde.

§ 5
Konformitätsbescheinigung

(1) Die Übereinstimmung von Meßgeräten mit der Zulassung wird vom Hersteller oder
der zuständigen Behörde durch Anbringung des Konformitätszeichens bescheinigt (Ausstellung der Konformitätsbescheinigung).

(2) Wer die Konformitätsbescheinigung ausstellt, hat zu prüfen, ob die Meßgeräte der Zulassung entsprechen. Zur Konformitätsprüfung dürfen nur Normale benutzt werden, die rückverfolgbar an ein nationales Normal angeschlossen sind und hinreichend kleine Fehlergrenzen einhalten, soweit in den Anlagen kein besonderer Wert festgestellt ist, gilt die Fehlergrenze als hinreichend klein, wenn sie ein Drittel der Fehlergrenze des zu prüfenden Meßgerätes nicht überschreitet.

(3) Meßgeräte, die der Zulassung entsprechen, sind nach der Prüfung mit dem Konformitätszeichen nach Anhang D Nr. 1 dauerhaft zu kennzeichnen. Bei Meßgeräten zur einmaligen Verwendung darf das Zeichen auf der Verpackung angebracht sein. Meßgeräte, die der Zulassung nicht entsprechen, dürfen mit dem Konformitätszeichen nicht gekennzeichnet werden.

(4) Geräteteile, die einen Eingriff in meßtechnische Funktionen ermöglichen, sind, soweit die Zulassung dies vorsieht, nach der Prüfung durch Plomben, Klebemarken oder in sonst geeigneter Weise zu sichern.

(5) Wer die Konformitätsbescheinigung ausstellt, hat über die Prüfungen nachprüfbare Unterlagen zu fertigen und für die Dauer von fünf Jahren aufzubewahren. Wer eingeführte Meßgeräte in den Verkehr bringt, hat Unterlagen über im Ausland durchgeführte Prüfungen ab der Einfuhr für die Dauer von fünf Jahren bereitzuhalten.

(6) Meßgeräte mit einem Konformitätszeichen, deren Art oder Bauart nicht zur Ausstellung einer Konformitätsbescheinigung zugelassen ist oder die mit der Zulassung nicht übereinstimmen, dürfen nicht in den Verkehr gebracht, verwendet oder bereitgehalten werden.

(7) Wenn Tatsachen vorliegen, aus denen sich die Unzuverlässigkeit des Herstellers in bezug auf die Ausstellung von Konformitätsbescheinigungen ergibt, kann dem Hersteller die Ausstellung von Konformitätsbescheinigungen oder dem Einführer von Meßgeräten dieses Herstellers ihr Inverkehrbringen untersagt werden.

Teil 5
Zulassung

§ 15
Allgemeine Zulassung

(1) Meßgerätearten sind zur Eichung allgemein zugelassen, soweit dies in den Anlagen bestimmt ist. Meßgeräte einer allgemein zugelassenen Art müssen den Anforderungen dieser Verordnung und den anerkannten Regeln der Technik entsprechen.

(2) Die allgemeine innerstaatliche Zulassung ist die Zulassung von Meßgeräten zur innerstaatlichen Eichung.

Anlage 15 zur Eichordnung (EO 15)

EO 15-2 **Absorptionsphotometer**

1   **Zulassung**

Absorptionsphotometer nach § 1 Abs. 3 Nr. 2 sind als Einzelgerät oder als Bestandteil eines Analysensystems allgemein zur Ausstellung einer Konformitätsbescheinigung zugelassen.

2   **Anforderungen**

2.1   Anzeige des Absorptionsmaßes

An Absorptionsphotometern, die nach dem 31. Dezember 1994 in den Verkehr gebracht werden, muß ein Betriebszustand einstellbar sein, bei dem das spektrale Absorptionsmaß eines Referenzmaterials für Vergleichsmessungen bestimmt werden kann. Die Bestimmung des Absorptionsmaßes aus einem angezeigten Wert durch Verwendung eines vom Hersteller angegebenen Faktors ist zulässig.

2.2   Meßtechnische Beschreibung

Jedem Absorptionsphotometer muß eine Beschreibung der meßtechnischen Spezifikationen beigefügt sein.

2.3   Konformitätsbescheinigung

Durch die Konformitätsbescheinigung ist zu bestätigen, daß das Absorptionsphotometer die angegebenen Spezifikationen einhält.

2.4   Gebrauchsanweisung

Jedem Absorptionsphotometer muß eine Gebrauchsanweisung beigefügt sein. Die Gebrauchsanweisung muß Angaben für die Einstellung des Betriebszustandes und für die Ermittlung des spektralen Absorptionsmaßes enthalten, soweit sie gemäß Nummer 2.1 erforderlich sind.

PTB-Anforderungen
PTB-A 15.2, August 1988

Medizinische Meßgeräte
Absorptionsphotometer:
Meßtechnische Beschreibung

Die PTB-Anforderungen (PTB-A) an die meßtechnische Beschreibung von Absorptionsphotometern für die Zulassung zur Ausstellung einer Konformitätsbescheinigung entsprechen den anerkannten Regeln der Technik. Diese Anforderungen wurden von der
Vollversammlung der Physikalisch-Technischen Bundesanstalt (PTB) zum Meß- und Eichwesen 1987 verabschiedet.

Absorptionsphotometer, die der Eichordnung (EO) einschließlich der Anlage 15 Abschnitt
2 (EO 15-2) sowie der nachstehenden meßtechnischen Beschreibung entsprechen, sind
allgemein zur Ausstellung einer Konformitätsbescheinigung zugelassen.

Inhaltsübersicht

I Form und Inhalt der meßtechnischen Beschreibung
II Erläuterungen zur meßtechnischen Beschreibung

I Form und Inhalt der meßtechnischen Beschreibung

*Die meßtechnische Beschreibung ist gemäß nachfolgendem Schema unter Einhaltung
der Nomenklatur vollständig auszustellen. Alle Index-Ziffern weisen auf entsprechende
Erläuterungen zur meßtechnischen Beschreibung im Abschnitt II hin. Textteile in
eckigen Klammern [. . .] sind sinngemäß zu berücksichtigen.*

Meßtechnische Beschreibung des Absorptionsphotometers

- Art: . . . . . [1]

- Typ: . . . . .   Fabrikationsnummer: . . . . . [2]

- Hersteller: . . . . . [3]

- Vertreiber: . . . . . [4]

- Gebrauchsanweisung: . . . . . [5]

1 Meßsystem

- Strahlengang: . . . . . [6]

- Strahler: . . . . . [7]

- Spektralapparat: . . . . . [8]

- Strahlungsempfänger: . . . . . [9]

- Küvette: . . . . . [10]

- Küvettentemperierung: . . . . . [11]

- Meßwertanzeige: . . . . . [12]

- Angezeigte Meßgrößen: . . . . . [13]

2 Meßverfahren

- Bestimmung des Küvettenleerwertes: . . . . . [14]

- Konzentrationsbestimmung: . . . . . [15]

- Vergleichsmessung an Referenzmaterial
  (Photometer-Ringversuch)[16]: [nicht] durchführbar: . . . . . [17]

3 Meßbereich des spektralen Absorptionsmaßes

$A(\lambda)$: . . . . . bis . . . . .
Außerhalb dieses Meßbereichs und bei anderen als den folgenden Nenngebrauchsbedingungen können die im Abschnitt 5 aufgeführten Fehlergrenzen überschritten werden.

4 Nenngebrauchsbedingungen [18]

- Küvettenleerwert: Spektraler Transmissionsgrad $\geq$ . . . . .

- Meßwellenlänge λ : . . . . . nm [bis . . . . . nm] [19]

- Anwärmzeit: . . . . . min [20]

- Betriebsspannung [Netz/Batterie]: . . . . . V bis V

- Umgebungstemperatur: . . . . . °C bis . . . . . °C

- [Weitere Nenngebrauchsbedingungen]: [21]

5 Fehlergrenzen und andere Grenzwerte

- Relative photometrische Unsicherheit des spektralen Absorptionsmaßes für eine Einzel-
  messung ≤ . . . . . % [22]

- Relative photometrische Kurzzeit-Standardabweichung ≤ . . . . . % [23]

- Wellenlängenunsicherheit ≤ . . . . . nm [24]

- Spektrale Halbwertbreite ≤ . . . . . nm [25]

- Integraler Fehlstrahlungsanteil ≤ . . . . . % gemessen bei . . . . . nm
  mit Kanten- [Bandsperr-] Filter . . . . . [26]

- Temperaturunsicherheit ≤ . . . . . °C Meßort: . . . . . [27]

- Probenverschleppungsgrad ≤ . . . . . % gemessen nach . . . . . mit . . . . . [28]

Diese meßtechnische Beschreibung wurde erstellt

am . . . . . [von . . . .] [29]

II Erläuterungen zur meßtechnischen Beschreibung

Begriffe, Definitionen, Normen, Schrifttum, Kommentare

1) Absorptionsphotometerart.
   Z.B.: Spektrometer, Schmalbandphotometer (Filterphotometer),
   Schmalbandphotometer mit Linienstrahler (Spektrallinienphotometer) (DIN 5030 Teil 3
   (1984)),
   Zahl der Strahlengänge (DIN 58 960 Teil 2 (1988)),
   Technische Besonderheiten, z.B. automatisierter Küvettentransport.

2) Typen- und/oder Handelsbezeichnungen des Absorptionsphotometers.
   Die Fabrikationsnummer kann entfallen, wenn die Typen- oder Handelsbezeich-
   nung für die eindeutige Zuordnung des einzelnen Gerätes zur meßtechnischen
   Beschreibung ausreicht.

3) Name und Anschrift des Herstellers.
   Bei Sitz des Herstellers außerhalb der Bundesrepublik Deutschland einschließlich
   Berlin (West) ist die Angabe des Staates ausreichend.

4) Name und Anschrift des Importeurs.
   Diese Angabe entfällt, wenn der Sitz des Herstellers in der Bundesrepublik Deutschland einschließlich Berlin (West) liegt.

5) Kennzeichnung der Gebrauchsanweisung

6) Schematische Darstellung des Strahlenganges mit Anordnung und Bezeichnung
   aller für die Funktion des Absorptionsphotometers wesentlichen optischen Elemente.
   Lage von Strahlungsquellen, Spiegeln, Filtern, Monochromatoren, Spaltblenden,
   Küvetten mit Meßlösung, Strahlungsempfängern etc.
   Bewegliche Teile, wie z.B. Umlenkspiegel, Filter, Gitter, Prismen, einstellbare
   Spaltblenden, Küvetten, sind besonders zu kennzeichnen.

7) Art der Strahlungsquelle und ihres Spektrums.
   Z.B.: Vorjustierte Halogenlampe, kontinuierliches Spektrum.

8) Art des Spektralapparates.
   Z.B.: Interferenzfilter (als Steckfilter oder in Filterrad), Doppel-, Gitter-, Prismen-
   Monochromator, Polychromator.

9) Art und Spektralbereich des Strahlungsempfängers (DIN 5030 Teil 5 (ENTWURF 1986)).
   Z.B.: Photoelektronenvervielfacher, Photodioden, UV-A, VIS-Bereich.

10) Art (DIN 58 963 Teil 1 (1983)), Material, Form und Mindestfüllvolumen (z.B. nach
    DIN 58 963 Teil 2 (1983)).

Typen- und/oder Handelsbezeichnungen von Küvetten, die verwendet werden dürfen.
Bei genormten Küvetten ist ein Hinweis auf die entsprechende Norm ausreichend.

11) Angabe, ob das Gerät mit oder ohne Temperiervorrichtung arbeitet oder ob eine
Temperiervorrichtung angeboten wird.
Bereich der einstellbaren Temperaturen von . . . . . °C bis . . . . . °C kontinuierlich
oder in Stufen von . . . . . °C .

12) Anzeigeart, z.B. Skalen-, Ziffern-, Bildschirmanzeige.

13) Z.B.: Spektraler (Rein-) Transmissionsgrad $\tau(\lambda)$,
        spektrales (dekadisches) Absorptionsmaß $A(\lambda)$,
        Massenkonzentration β,
        Stoffmengenkonzentration c,
        Enzymaktivität-Konzentration c_E

14) Z.B.: Festwert, Zweistrahlverfahren, bichromatische Messung.
Der Küvettenleerwert ist der Anteil von Küvette und Lösungsmittel am Meßwert
für Küvette, Lösungsmittel und Analyt.

15) Beziehung, nach der im Absortpionsphotometer aus dem gemessenen spektralen
Absorptionsmaß die angezeigte Konzentration (eines Analyten in der unverdünn-
ten Probe) ermittelt wird.
Z.B.: Beersches Gesetz; kinetisches Verfahren nach Gleichung . . . .

16) Vergleiche Anlage 15, Abschnitt 2, Nr. 2.1 zur Eichordnung vom 12. August 1988
(BGBl. I S. 1657).

17) Erforderlichenfalls Angabe besonderer Hilfsmittel oder Arbeitsschritte.
Z.B.: Sonderküvette;
Umrechnung einer angezeigten Konzentration in das spektrale Absorptionsmaß.
Falls die Durchführung von Vergleichsmessungen nicht möglich ist, müssen die
technischen Gründe angegeben werden.

18) Nenngebrauchsbedingungen sind die Wertebereiche von Einflußgrößen, innerhalb
derer die in Abschnitt 5 angegebenen Fehlergrenzen eingehalten werden.

19) Wellenlängenbereich, feste Meßwellenlängen sollen einzeln angegeben werden.
Meßwellenlänge ist die Schwerpunktwellenlänge (DIN 5030 Teil 3 (1984)).

20) Siehe DIN 58 960 Teil 3 (1988).

21) Falls weitere Nenngebrauchsbedingungen einzuhalten sind, müssen diese angegeben werden, z.B.:

- Spaltbreiten
- Integrationszeit (Zeitkonstante) des Meßsignal-Verstärkers.

22) Anzugeben ist der Höchstbetrag der relativen Abweichung des gemessenen spektralen Absorptionsmaßes vom richtigen Wert eines Referenzmaterials einschließlich zufälliger Anteile der Abweichung. Die zufälligen Anteile werden durch den doppelten Wert des unter Langzeitwiederholbedingungen ermittelten Variationskoeffizienten erfaßt.
Für Teile des Meßbereichs des spektralen Absorptionsmaßes können Höchstbeträge der relativen photometrischen Unsicherheit auch einzeln angegeben werden.
Als Referenzmaterial können Neutraldichte-Filter verwendet werden. Das verwendete Referenzmaterial muß rückverfolgbar an ein nationales Normal angeschlossen sein.
Fehlereinflüsse der übrigen unter Abschnitt 5 aufzuführenden Geräteeigenschaften werden durch die photometrische Unsicherheit nicht erfaßt.

23) Variationskoeffizient des unter Kurzzeit-Wiederholbedingungen gemessenen spektralen Absorptionsmaßes.

24) Höchstbetrag der Abweichung der eingestellten Wellenlänge von der Schwerpunktwellenlänge einschließlich zufälliger Anteil der Abweichung (doppelte Standardabweichung).

25) Entfällt bei Spektrallinien-Photometern.

26) Höchstwert des integralen Fehlstrahlungsanteils (DIN 5030 Teil 3 (1984)). Meßmethoden werden von der AMERICAN SOCIETY FOR TESTING AND MATERIALS beschrieben, ASTM-Designation: E 387-84 (1984).

27) Entfällt, falls keine Temperiervorrichtung im Absorptionsphotometer vorhanden ist. Höchstbetrag der Abweichung der eingestellten Temperatur von der am Meßort ermittelten Temperatur.

28) Entfällt, falls mehrfache automatische Füllung derselben Küvette im Absorptionsphotometer nicht vorgesehen ist.
Höchstwert, Zitat der Meßmethode und verwendetes Prüfmaterial.
Der Probenverschleppungsgrad (Specimen-related carry-over ratio K) und eine Meßmethode werden von EUROPEAN COMMITTEE FOR CLINICAL LABORATORY STANDARDS in ECCLS-Document VOL. 3, No. 2 (1986), Abschnitt 3.4.3.1 auf Seite 8 und Seite 17 beschrieben.

29) Falls die meßtechnische Beschreibung nicht vom Hersteller erstellt worden ist, sind auch Name und Anschrift anzugeben.

9 Literaturverzeichnis

A l b r e c h t, H. u.a. (1977): Optische Strahlungsquellen. (Kontakt + [und] Studium, Bd. 15) Grafenau/Württ.: Lexika Verlag

A n d e r s, H. (1965): Dünne Schichten für die Optik. Stuttgart: Wiss. Verlagsgesell.

B a c h m a i e r, H., M e l c h e r t, F. (1985): Gleichstrom. in: Kohlrausch, Praktische Physik, 23. Aufl., Bd. 2, 23ff. Stuttgart: B. G. Teubner

B a l e, W. D., D a v i e s, E. W., M o n k, C. B. (1956): Spectrophotometric studies of electrolytic dissociation. Trans. Faraday Soc. **52**, 816-823

B a r t h, G. (1959): Die natürliche Nachweisgrenze beim Metallbolometer. Optik **15**, 694-709

B e e r, A. (1852): Bestimmung der Absorption des rothen Lichts in farbigen Flüssigkeiten. Ann. Phys. Chem. **86** (2), 78

B e l l, R. J. (1972): Introductory Fourier Transform Spectroscopy. New York: Academic Press

B e n e s i, H. A., H i l d e b r a n d, J. H. (1949): A spectrophotometric investigation of the interaction of iodine with aromatic hydrocarbons. J. Amer. chem. Soc. **71**, 2703-2707

B e r g m a n n - S c h a e f e r (Hrsg. H. Gobrecht) (1987): Lehrbuch der Experimentalphysik, Bd. III, Optik, 8. Aufl. Berlin: Walter de Gruyter

B i m b e r g, D. (Hrsg.) (1985): Laser in Industrie und Technik. (Kontakt + [und] Studium, Bd. 13) Sindelfingen: Export Verlag

B i s c h o f f, K. (1961): Die Messung des Proportionalitätsverhaltens von Strahlungsempfängern über große Bestrahlungsstärkebereiche. Z. Instrum. **69**, 143-147

B i s c h o f f, K. (1964): Die spektrale Empfindlichkeit thermischer Strahlungsempfänger. Optik **21**, 521-525

B i s c h o f f, K. (1968): Ein einfacher Absolutempfänger hoher Genauigkeit. Optik **28**, 183-189

B l e v i n, W. R. (1977): Poling rates for films of polyvinylidene fluoride. Appl. Phys. Lett. **31**, 6-8

B l e v i n, W. R., B r o w n, W. J. (1965): Large-area bolometers of evaporated gold. J. Sci. Instrum. **42**, 19-23

B l e v i n, W. R., B r o w n, W. J. (1967): Development of a scale of optical radiation. Austr. J. Phys. **20**, 567-576

B l e v i n, W. R., B r o w n, W. J. (1971): A Precise Measurement of the Stefan-Boltzmann Constant. Metrologia **7**, 15-29

B l e v i n, W. R., G e i s t, J. (1974): Influence of Black Coatings on Pyroelectric Detectors. Appl. Opt. **13**, 1171-1178

B o i v i n, L. P., M c N e e l y, F. T. (1986): Electrically calibrated absolute radiometer suitable for measurement automation. Appl. Opt. **25**, 554-561

B o i v i n, L. P., S m i t h, T. C. (1978): Electrically calibrated radiometer using a thin film thermopile. Appl. Opt. **17**, 3067-3075

B o r n, M. (1981): Optik, 3. Aufl. Berlin: Springer-Verlag

B o r n, M., W o l f, E. (1986): Principles of Optics, 6. Aufl. 1980, korr. Nachdruck 1986. Oxford: Pergamon Press

B o u g u e r, P. (1729): Essai d'Optique sur la gradation de la Lumière. Paris: Claude Tombert

B r ü g e l, W. (1961): Physik und Technik der Ultrarotstrahlung. Hannover: C. R. Vincentz

B r u s a, R. W., F r ö h l i c h, C. (1986): Absolute radiometers (PMO6) and their experimental characterization. Appl. Opt. **25**, 4173-4179

B u d d e, W. (1973): Aging of S-10 photocathodes. Appl. Opt. **12**, 2108-2114

C E I (Commission Électrotechnique Internationale) (1987): Publication 50(845), International Electrotechnical Vocabulary. gleichzeitig: C I E (Commission Internationale De L'Éclairage)-Publ. No. 17.4, Internationales Wörterbuch der Lichttechnik

C l a u s i u s, R. (1879): Mechanische Wärmetheorie. Bd. 2, 2. Aufl., Braunschweig

C o o p e r, J. (1962): A fast-response pyroelectric thermal detector. J. Sci. Instrum. **39**, 467-472

C z e k a l l a, J., W i c k, G. (1959): Der Polarisationszustand der Strahlung aus Zeiss-Monochromatoren. Zeiss-Mitt. **1**, 347-353

D a v i e s, M. (Ed.) (1963): Infrared-Spectroscopy and Molecular Structure. Amsterdam: Elsevier Publ. Company

D e m t r ö d e r, W. (1988): Laser Specroscopy, 2. Aufl. Berlin: Springer-Verlag

D e n n i s o n, D. M. (1928): The shape and intensities of infra-red absorption lines. Phys. Rev. **31**, 503-519

D I N 1349 Teil 1 (1972): Durchgang optischer Strahlung durch Medien, Optisch klare Stoffe, Größen, Formelzeichen und Einheiten. Berlin 30 und Köln 1: Beuth Verlag

DIN 1349 Teil 2 (1975): Durchgang optischer Strahlung durch Medien, Optisch trübe Stoffe, Begriffe. Berlin 30 und Köln 1: Beuth Verlag

D I N 5030 Teil 1 (1985): Spektrale Strahlungsmessung, Begriffe, Größen, Kennzahlen. Berlin 30 und Köln 1: Beuth Verlag

D I N 5030 Teil 2 (1982): Spektrale Strahlungsmessung, Strahler für spektrale Strahlungsmessung, Auswahlkriterien. Berlin 30 und Köln 1: Beuth Verlag

D I N 5030 Teil 3 (1984): Spektrale Strahlungsmessung, Spektrale Aussonderung - Begriffe und Kennzeichnungsmerkmale. Berlin 30 und Köln 1: Beuth Verlag

D I N 5031 Teil 1 (1982): Strahlungsphysik im optischen Bereich und Lichttechnik, Größen, Formelzeichen und Einheiten der Strahlungsphysik. Berlin 30 und Köln 1: Beuth Verlag

D I N 5031 Teil 10 (1986): Strahlungsphysik im optischen Bereich und Lichttechnik, Begriffe der physiologischen Optik. Berlin 30 und Köln 1: Beuth Verlag

D I N 5032 Teil 1 (1978): Lichtmessung, Photometrische Verfahren. Berlin 30 und Köln 1: Beuth Verlag

D I N 5033 Teil 6 (1976): Farbmessung, Dreibereichsverfahren. Berlin 30 und Köln 1: Beuth Verlag

D I N 5036 Teil 1 (1978): Strahlungsphysikalische und lichttechnische Eigenschaften von Materialien, Begriffe, Kennzahlen. Berlin 30 und Köln 1: Beuth Verlag

D I N 5036 Teil 3 (1978): Strahlungsphysikalische und lichttechnische Eigenschaften von Materialien, Meßverfahren für lichttechnische und spektrale strahlungsphysikalische Kennzahlen. Berlin 30 und Köln 1: Beuth Verlag

D I N 51401 Teil 1 (1982): Absorptionsspektrometrie (AAS), Begriffe. Berlin 30 und Köln 1: Beuth Verlag

D I N 51401 Teil 2 (1985): Absorptionsspektrometrie (AAS), Aufbau von Atomabsorptionsspektrometern. Berlin 30 und Köln 1: Beuth Verlag

D I N 57835 (1979): Leistungs- und Energiemeßgeräte für Laserstrahlung. Berlin 30 und Köln 1: Beuth Verlag

D I N 58190 Teil 1 (1972): Optische Strahlungsfilter, Einteilung, Begriffe. Berlin 30 und Köln 1: Beuth Verlag

D I N 58191 Teil 1 (1982): Optische Strahlungsfilter, Begriff, Kurzbeschreibung und Beschriftung von Neutralfiltern. Berlin 30 und Köln 1: Beuth Verlag

D I N 58191 Teil 2 (1982): Optische Strahlungsfilter, Begriff, Kurzbeschreibung und Beschriftung von Kantenfiltern. Berlin 30 und Köln 1: Beuth Verlag

D I N 58191 Teil 3 (1982): Optische Strahlungsfilter, Begriff, Kurzbeschreibung und Beschriftung von Bandpaßfiltern. Berlin 30 und Köln 1: Beuth Verlag

D I N 58960 Teil 2 (1977): Photometer für analytische Untersuchungen, Technischer Aufbau, Einteilung, Bauelemente, Begriffe. Berlin 30 und Köln 1: Beuth Verlag

D I N 58960 Teil 3 (1978): Photometer für analytische Untersuchungen, Begriffe zur Kennzeichnung der technischen Eigenschaften von Absorptionsphotometern. Berlin 30 und Köln 1: Beuth Verlag

D I N 58960 Teil 4 (1981): Photometer für analytische Untersuchungen, Anforderungen an die Beschreibung technischer Daten für den Anwender. Berlin 30 und Köln 1: Beuth Verlag

D r a g o v a n, M., M o s e l e y, S. H. (1984): Gold absorbing film for a composite bolometer. Appl. Opt. **23**, 654-656

E d w a r d s, J. G., J e f f e r i e s, R. (1969): Response time of F4000 biplanar photocell in various holders. J. Phys. E: Sci. Instrum. **2**, 1126-1129

E l b e l, Th., M ü l l e r, J. E., V ö l k l e i n, F. (1985): Miniaturisierte thermische Strahlungssensoren: Die neue Thermosäule TS-50.1. Feingerätetechnik **34**, 113-115

G a l a n de, L. (1986): New Directions in Optical Atomic Spectrometry. Analytical Chem. **58** (6), 697A-707A

G e i s t, J., B l e v i n, W. R. (1973): Chopper-Stabilized Null Radiometer Based Upon an Electrically Calibrated Pyroelectric Detector. Appl. Opt. **12**, 2532-2535

G e i s t, J., Z a l e w s k i, E. F., S c h a e f e r, A. R. (1980): Spectral response self-calibration and interpolation of silicon photodiodes. Appl. Opt. **19**, 3795-3799

G i l l h a m, E. J. (1962): Recent developments in absolute radiometry. Proc. Roy. Soc. A **269**, 249-276

G i n n i n g s, D. C., R e i l l e y, M. L. (1972): Calorimetric measurement of thermodynamic temperatures above 0 °C using total blackbody radiation. in: Temperature, its measurement and control in science and industry, Vol. 4, 339-348. New York: Reinhold

H e c h t, E., Z a j a k, A. (1980): Optics, 6. Aufl. Reading. Mass.: Addison-Wesley Publ. Comp.

H e n g s t b e r g e r, F. (1977): The absolute radiometer at the National Physical Research Laboratory. CSIR Research Report 331. CSIR, Pretoria

H e r z b e r g, G. (Ed.) (1950): Molecular Spectra and Molecular Structure, Vol I, Spectra of Diatomic Molecules, 2nd ed. New York: Van Nostrand Reinhold Company

H e r z b e r g, G. (Ed.) (1945): Molecular Spectra and Molecular Structure, Vol II, Infrared and Raman Spectra of Polyatomic Molecules. New York: Van Nostrand Reinhold Company

H ö f e r t. H.-J. (1966): Die "Lichtstärke" von Monochromatoren. Zeiss-Sonderdruck. 50 - 659 d, gekürzt erschienen in: Zeiss-Informationen **14** (Heft 60), 59-64

H o f f m a n n, G., N e u m a n n, N., W a l t h e r, L. (1982): Pyroelektrische Strahlungssensoren mit hoher spezifischer Detektivität. Feingerätetechnik **31**, 243-245

H o l e m a n, B. R. (1972): Sinusoidally modulated heat flow and the pyroelectric effect. Infrared Phys. **12**, 125-135

H u t l e y, M. C. (1982): Diffraction Gratings (Techniques of Physics No. 6). New York: Academic Press

I U P A P (Internationale Union für reine und angewandte Physik) (1978): Symbole, Einheiten und Nomenklatur in der Physik. Dokument U.I.P. 20 (1978). Deutsche Ausgabe 1980, Weinheim: Physik-Verlag

J a m e s, J. F., S t e r n b e r g, R. S. (1969): The Design of Optical Spectrometers. London: Chapman and Hall

J u n k e s, J. (1959): Zur theoretischen Auflösungsgrenze von Prismen. Naturwiss. **46**, 396-397

K i e f e r, J. (Hrsg.) (1977): Ultraviolette Strahlen. Berlin: Walter de Gruyter

K l e i n, M. V., Furtak, Th. E. (1988): Optik (Übersetzung aus dem Amerikanischen). Berlin: Springer-Verlag

K l i n g l e r, H. H. (1964): Laser. Stuttgart: Franck'sche Verlagshandlung

K o r d e, R., G e i s t, J. (1987): Quantum efficiency stability of silicon photodiodes. Appl. Opt. **26**, 5284-5290

K o r t ü m, G. (1936): Das optische Verhalten gelöster Ionen und seine Bedeutung für die Struktur elektrolytischer Lösungen. IV Der Geltungsbereich des Lambert-Beerschen Gesetzes in wässerigen Lösungen anorganischer Stoffe. Z. physik. Chem. (B) **33**, 243-264

K o r t ü m, G., W e b e r, G. (1960): Über die graphische Auswertung spektralphotometrischer Messungen zur Ermittlung von Assoziationskonstanten organischer Molekülverbindungen aus den Abweichungen vom Lambert-Beerschen Gesetz. Z. Elektrochem. **64**, 642-650

K o r t ü m, G. (1962): Kolorimetrie, Photometrie und Spektrometrie. Berlin: Springer-Verlag

K o r t ü m, G. (1969): Reflexionsspektroskopie. Berlin: Springer-Verlag

K ü h n e, M., W e n d e, B. (1985): Radiometrie für Wellenlängen unterhalb 200 nm. in: Kohlrausch, Praktische Physik, 23. Aufl., Bd. 2, 549ff. Stuttgart: B. G. Teubner

L a m b e r t, J. H. (1760): Photometria sive de mensura et gradibus luminis, colorum et umbrae. (Eine von G. Anding angefertigte deutsche Übersetzung der wesentlichen Teile des Buches erschien 1892 in Ostwalds Klassikern.)

L i d d i a r d, K. C. (1984): Thin-Film Resistance Bolometer IR Detectors. Infrared Phys. **24**, 57-64

L i p t a y, W. (1961): Über die Bestimmung von Komplex-Gleichgewichtskonstanten aus spektrophotometrischen Absorptionsmessungen. Z. Elektrochem. **65**, 375-383

L o r e n t z, H. A. (1880): Über die Beziehung zwischen der Fortpflanzungsgeschwindig-
keit des Lichtes und der Körperdichte. Ann. Phys. u. Chem., Neue Folge (hrsg. von
G. Wiedemann) 9, 641-665

L o r e n z, L. (1880): Über die Refractionsconstante. Ann. Phys. u. Chem., Neue Folge
(hrsg. G. Wiedemann) 11, 70-103

L o w, F. J. (1961): Low-Temperature Germanium Bolometer. J. Opt. Soc. Am. 51, 1300-1304

L o w, F. J., H o f f m a n, A. R. (1963): The Detectivity of Cryogenic Bolometers. Appl.
Opt. 2, 649-650

L u b i n, M. J., L e i s i n g, W. (1967): Photodiode Holder with 300 psec Risetime for
Laser Studies. Rev. Sci. Instrum. 38, 1157-1158

M a c l e o d, H. A. (1986): Thin-film optical filters, 2. Aufl. Bristol: Adam Hilger Ltd.

M a i m a n, T. H. (1960): Stimulated Optical Radiation in Ruby. Nature 187, 493-494

M a r t i n, J. E., F o x, N. P., K e y, P. J. (1985): A Cryogenic Radiometer for Absolute
Radiometric Measurements. Metrologia 21, 147-155

M a t h e r, J. C. (1984): Bolometers: ultimate sensitivity, optimization, and amplifier
coupling. Appl. Opt. 23, 584-589

M c D o n a l d, D. G. (1987): Novel superconducting thermometer for bolometer
applications. Appl. Phys. Lett. 50, 775-777

M i e, G. (1908): Beiträge zur Optik trüber Medien, speziell kolloidaler Metallösungen.
Ann. Physik 25, 377-445

M ö s t l, K. (1978): Empfängernormale zur Messung der Strahlungsleistung von Dauer-
strich-Lasern. Feinwerktechnik & Meßtechnik 86, 72-75

M ö s t l, K. (1986): Ein Präzisionsradiometer für Laserstrahlung. in: Laser/Optoelektronik
in der Technik, Hrsg. W. Waidelich. Berlin: Springer-Verlag

M ö s t l, K. (1988) in: Absolute Radiometry, Hrsg. F. Hengstberger. New York: Academic
Press

M o l l, W. J. H. (1923): A Thermopile for Measuring Radiation. Proc. Phys. Soc. London
35, 257-260

M o s o t t i, O. F. (1850): Mem. della Soc. scient. Modena Bd. 14, Modena

N e w m a n, L., H u m e, D. N. (1957): Determination of successive formation constants
by spectrophotometry. Amer. chem. Soc. 79, 4571-4585

N i e l s e n, J. R., T h o r t o n, V., D a l e, E. B. (1944): The absorption laws for gases
in the infra-red. Rev. mod. Phys. 16, 307-324

N y q u i s t, H. (1928): Thermal Agitation of Electric Charge in Conductors. Phys. Rev.
32, 110-113

P a s c h k e, H., L u c k n e r, K. (1975): Moderne Methoden der Spektralanalyse.
Pysik in unserer Zeit 6, 151-161

P a u l i n g, L. (1960): The Nature of Chemical Bond 3, Ithaca

P e r k a m p u s, H. H., R ö s s e l, T. (1956): Spektroskopische Bestimmung der p_K-Werte
N-heterocyclischer Verbindungen. Z. Elektrochem. 60, 1102-1111

P o h l, R. W. (1976): Optik und Atomphysik, 13. Aufl. Berlin: Springer-Verlag

P r e s t o n, J. S. (1971): A radiation thermopile for cw and laser pulse measurement.
J. Phys. E.: Sci. Instrum. 4, 969-972

Q u i n n, T. J., M a r t i n, J. E. (1985): A radiometric determination of the thermodynamic temperatures between -40 °C and +100 °C. Phil. Trans. R. Soc. Lond. A
316, 85-189

R a y l e i g h, J. W. (1881): On the Electromagnetic Theory of Light. Phil Mag. **12,** 81-101

R a y l e i g h, J. W. (1899): On the Transmission of Light through the Atmosphere containing Small Particles in Suspension, and on the Origin of the Blue of the Sky. Phil Mag. **47,** 375-384

R e u l e, A. (1971): Vergleich von Doppelmonochromatoren mit additiver und subtraktiver Dispersion hinsichtlich Lichtleitwert und Falschlicht. Coll. Spectr. Int. XVI, Vorabdrucke, 107-113. London: Verl. Hilger

R e u l e, A. (1976): Errors in spectrophotometry and calibration procedures to avoid them. Journ. of Res. N.B.S. **80A,** 609-624

R e u l e, A. (1986): Dispersive Spektralapparate. PTB-Bericht PTB-Opt-24, 18-45

S c h r ö d e r, G. (1984): Technische Optik, 4. Aufl. Würzburg: Verlag Vogel

S c h w a r z, E. (1952): Semi-Conductor Thermopiles. Research **5,** 407-411

S h u r c l i f f, W. A. (1962): Polarized Light. Cambridge Mass.: Harvard University Press

S t o c k, K. D. (1983): Effects of gusts of wind on a thermal detector of radiation. Rev. Sci. Instrum. **54,** 1708-1711

S t o c k, K. D. (1984): Measurement of low level irradiances in the near infrared. Proc. 11th Int. Symp. Photon Detectors, Weimar 1984. Budapest: IMEKO Sekretariat

S t o c k, K. D. (1986): Si-photodiode spectral nonlinearity in the infrared. Appl. Opt. **25,** 830-832

S t o c k, K. D. (1988): Regeneration of the Internal Quantum Efficiency of Si Photodiodes. Proc. Conf. "New Developments and Applications in Optical Radiometry". Bristol: IOP Publishing Ltd.

S t o c k, K. D. (1988): Ge photodiodes as transfer standards for radiant power measurements in the field of fiber optics. J. Measurement (im Druck)

V D E -Bestimmung 0835 (1979): Leistungs- und Energiemeßgeräte für Laserstrahlung. Berlin: VDE- Verlag

V o s de, J. C. (1954): A new determination of the emissivity of tungsten ribbon. Physica **20,** 690-714

W a d a, Y., H a y a k a w a, R. (1976): Piezoelectricity and Pyroelectricity of Polymers. Japan. J. Appl. Phys. **15,** 2041-2057

W e i s s k o p f, V. (1932): Zur Theorie der Kopplungsbreite und der Stoßdämpfung. Z. Physik **75,** 287-301

W e l z, B. (1983): Atom-Absorptions-Spektroskopie, 3. Aufl. Weinheim: Verlag Chemie

W i l l s o n, R. C. (1980): Active cavity radiometer type V. Appl. Opt. **19,** 3256-3257

Z u r m ü h l, R. (1965): Praktische Mathematik für Ingenieure und Physiker. Berlin-Heidelberg-New York: Springer-Verlag

10 Sachverzeichnis

*Eigenschaftsworte sind den Stichworten meist nachgestellt (z.B. Halbwertbreite, spektrale).
Spezielle Begriffe suche man auch unter den allgemeineren (z.B. Photometer, Absorptions-).
Fett gedruckte Seitenzahlen weisen auf den Beginn eines eigenen Abschnittes zu dem Stichwort
hin; man beachte dann wie auch bei dem Hinweis f bzw. ff die folgende(n) Seite(n).*

Abfallzeit 165

Absolutempfänger s. Empfänger

Absolutmessung 100

Absolutwert 100

Absorber 102, 103, 107, 112, 117

-, -schicht 116ff

Absorption 3, 20, 322ff, **330**

-, integrale **337**

-, selektive 308

Absorptionsbande 321f

Absorptionsgesetz,
   Lambert-Beersches **330**, 336, 341f

-, -, Abweichungen 342, 349f, 352

- bei mehreren Teilchensorten 332

Absorptionsgrad, integraler 339ff

-, spektraler 21, 312, 328

-, Rein- 314, 329

Absorptionskoeffizient, bezogener 329

-, integraler 337ff

-, spektraler 317, 329f

Absorptionslinie, Form **333**

Absorptionsmaß, spektrales 317, 329, 342ff

-, relativer Fehler 267ff

Absorptionszahl, spektrale 308, 311, 332,
             335f

Abstandsgesetz s. Entfernungsgesetz

Abstrahlungsrichtung 13

Abtastfrequenz 147

Abtastsonde 146, 148

Additionsverfahren 167

Aktivatoren 325

Aktivität 356

Aktivitätskoeffizient 356ff

Akzeptor 135

Allochromator 185f

-, Doppel- 186

-, Einfach- 186

Alterung **170**

-, Photodiode 142f

Alterungsrate 142f, 170

Analyse, spektrometrische **341**

Anode 122, 126ff

Anoden(photo)strom 124, 126ff

Anstiegszeit 165

Antimonsulfid 148

Apparatefunktion 258

Arbeitsnormal 36

Auer-Brenner 30, **47**

Auflösung **236**, 242, 266, 272, 282, 285

Auflösungsvermögen **240**, 256

-, praktisches 240, 255

-, theoretisches 199f, 204, 209, 213, 216,
                237, 240, 253

Aufspaltungswinkel, beim Gitter 197

-, beim Prisma 197

Ausfallswinkel, beim Gitter 198

-, beim Prisma 197

Ausgleichsrechnung 344

Ausleuchtung 180, 248, 251

Aussonderung, spektrale 3f, **179**ff

Ausstrahlung, spezifische 12, 19

-, spektrale - 18

Ausstrahlungsrichtung
         s. Abstrahlungsrichtung
Austrittsarbeit 121
Austrittsspalt, spektrale Breite 226, 259ff
Azimutwinkel 318

Bandbreite, spektrale 16, 224, 229, 241,
         250, 255, 266ff, 279f, 283
Banden 2, 49, 321ff
-, -kante 322
Bandenspektrum s. Spektrum
Bandlampe, Wolfram- 30, **32**, 41
bathochromer Effekt 322
Beer s. Absorptionsgesetz
Bel 7
Beleuchtungsstärke 19
Belichtung 19
Beugung 5
Beugungsgitter s. Gitter
Bestrahlung 14, 19
-, spektrale 18
Bestrahlungsstärke 14, 19
-, spektrale 18
Bewertungsfunktion 20
Bezugslichtart 74
Bezugsstrahlungsquelle 36
Bleiselenid-Photowiderstand 134
Bleisulfid-Photowiderstand 133
Blende 5
Blitzlampe **60**, 94, 96
Bogenentladungslampe
         s. Entladungslampe
Bolometer 103, **108**
-, Eigenschaften (Tabelle) 110
-, Rauschen 110
-, -widerstand 108ff
-, Halbleiter- 111
-, Metall- 111
Boltzmann-Theorem 353ff
Bouguersche Beziehung 330f
Brechungswinkel 22
Brechzahl, spektrale 21, 305, 308, 311, 332
Brennfleck 84
Brennlage 41
Brewsterfenster 154

CdS-Photowiderstand 133
CdSe-Photowiderstand 133
Chopper 108, 115, 119
Chromophor 322

Debye-Hückel-Theorie 352ff
Detektivität **160**
-, normierte **160**
-, - von Empfängern (Tabelle) 110, 120,
         133, 144
Detektor s. Empfänger
Deuteriumlampe **69**
-, spektrale Strahldichteverteilung 69
Dezibel s. Bel
Dichte, spektrale 15ff
Dichtefunktion, spektrale 20
Diffusion, Ladungsträger 120, 135ff, 142
Diode 135
Diodenzeile 146ff
Dipolmoment 323, 334
Dispersion 200, 304f
-, anormale 308
-, Linear- **224**
-, Material- 203
-, Pseudo-Linear- 222
-, Pseudo-Winkel- 217
-, Winkel- 199, 204, 209
Dispersionsebene 194, 196
Dispersionselement 181, 186, 199
Dispersionstheorie 333ff
dispersive Elemente **196**
Donator 135
Doppelwendelleuchtkörper 36
Dotierung 141
Dotierungsmaterial, Angabe 134
Drahtwendellampe **36**
- im Vakuum **37**
Drehwinkel, beim Gitter 197
-, beim Prisma 197
Dreifachwendelleuchtkörper 36
Drift 171
Drossel 56
Dunkelausgangssignal 160
Dunkelstrom 123, 124, 128, 139, 143,
         148, 149

Durchlaßfunktion, spektrale **227**, 233
Durchlaßprofil **288**
Dyelaser s. Farbstofflaser
Dynode 122, 125ff

Einfachwendelleuchtkörper 36
Einfallswinkel 22
-, beim Gitter 198
-, beim Prisma 197
Einlinienstrahlung 80
Einstellzeit 165
Einstrahlungsrichtung 13
Einstrahlungswinkel 318
Eintrittsluke, förderliche **241**
Eintrittsspalt, spektrale Breite 226, 259ff
Elektrolumineszenz 97
Elektrolumineszenzstrahler 31, **97**
Elektrolyte **352**
Elektronenvervielfachung 122
Elektron-Loch-Paar 121, 130, 135, 141f
Emissionsgrad, spektraler 32
- thermischer Strahler 46, 48f
Empfänger 3, 13, 14, **101**ff
-, Absolut- 101, **150**
-, -ausgangsgröße 101
-, -eingangsgröße 101
-, Ermüdung 170
-, -fläche 13ff, **156**
-, -Fenster 103
-, Gebrauchs- 101
-, -kenngrößen **156**ff
-, -matrix 146
-, -normal **150**
-, ortsauflösender **146**
-, -, spezielle Kenngrößen **172**
-, photoelektrischer **120**
-, pneumatischer 103
-, pyroelektrischer 103, **112**
-, -, Eigenschaften (Tabelle) 120
-, selektiver 102
-, thermischer **102**
-, - Zeitkonstante 105, 107
-, - gekapselter 103
-, unselektiver 102
-, -zeile 146ff

Empfindlichkeit 101, **158**
-, Frequenzgang **164**
-, homogener Bereich **168**
-, isotroper Bereich **168**
-, spektrale 20, 123, **158**
-, -, absolute 20, 159
-, -, differentielle 158
-, -, relative 20, 159f
-, - idealer Photoempfänger 121
-, - Photowiderstand 131f
-, - Photodiode 140ff
-, - Photodiodenzeile 148
Entfernungsgesetz, quadratisches 14
Entladungslampe 30, **50**
Excimere 97
Extinktion
            s. Absorptionsmaß, spektrales
Extinktionsmodul
            s. Absorptionskoeffizient, spektraler

Fällungstitration 324
Farbkurve, typische 343ff
Farbmeßgerät 193
Farbtemperatur 34
-, ähnlichste 35
Farbwiedergabe 74
Fehlstrahlung, heterochrome **232**
Fehlstrahlungsanteil, spektraler 233, 283
-, integraler 234, 269, 283, 286ff
-, spektrale Dichte 235
Feldwinkel 196
Felgett-Advantage 191
Fenster, atmosphärische 134
-, Empfänger 103f
Filter, optisches 186f, 192, **218**, 227ff,
            232ff, **249**, 263, 273f, 288f
-, Absorptions- 220, 273
-, Band- 218
-, Bandpaß- 218, 221, 223
-, Bandsperr- 218, 221, 234
-, Christiansen- 222
-, -fehler 269
-, Homogen- 219, 273
-, Interferenz- 216, 220ff, 262, 273
-, Interferenzband- 230

-, Kanten- 218, 234
-, Kurzpaß- 218, 291
-, Langpaß- 218, 222
-, Metallinterferenz- 220
-, mit Grenzflächenwirkung 219f
-, mit Resonatoren 221
-, mit Volumenwirkung 219
-, Mosaik- 219
-, Neutral- 218
-, Ordnungs- 207, 289, 291
-, Polarisationsinterferenz- 222, 263
-, Reflexions- 218, 220
-, Schicht- 220
-, Streuungs- 222
-, Transmissions- 218, 220
-, Verlauf- 219, 222, 244, 274
-, zur spektralen Aussonderung 66ff
Finesse 216
FIR 1
Flamme **49**
Fraunhofersche Linien 308
Fluoreszenz 316, 325
Frequenz 8f
-, -abhängigkeit opt. Konstanten 335f
-, -darstellung 17ff
-, -intervall 16ff
-, Kreis- 334f
-, optischer Strahlung 1
Füllgas 38f
Funkenentladung **70**
FUV 1

Gase, Zustandsgleichung 330, 332
-, Absorptionsverhalten 333, 336f, 342
Gasentladung 50
-, slampe s. Entladungslampe
Gemisch, tautomeres 346f
Gerätefunktion, spektrale **228**, 236
Germanium 134, 138, 140, 143
Gesamtstrahlung 31
Gitter 5, **205**, 263, 275, 277,289, 291f
-, Blaze- 207
-, Echelle 207
-, Eigenschaften 276
-, -furchen 205ff

-, -geister 207
-, -gleichung 206
-, holographisches 206
-, Kenndaten (Tabelle) 211
-, Konkav- 206
-, -konstante 206
-, mechanisches 206
-, Plan- 206
-, Reflexions- 206
-, Spektrum m-ter Ordnung 207
-, Stufen- 207
-, Transmissions- 206
-, Winkelvergößerung 210
-, Wirkungsgrad 208
-, Woodsche Anomalien 264f
Gleichgewichte, binäre **347**
-, tautomere **346**
Gleichlichtmethode 110
Glimmentladung 51
Glimmlampe **51**
Glühlampen 6, 30, 40ff
-, gasgefüllte **38**
-, Halogen- **39**
-, Hinweise zum Betrieb **41**
-, Niedervolt- 42
-, Nutzungsdauer 41
-, -Wendeln 37
Globar 30, **47**
Goldschwarz 116, 118
Grenzabstand, photometrischer 28
Grenzwellenlänge 121
Größen, strahlungsphysikalische 12ff
Grundgesetz, photometrisches
                        bzw. radiometrisches 28

Halbraum 12
Halbwertbreite, spektrale 226f, 228ff, 236,
239, 254, 257f, 260f, 267, 273f, 285, 292f
- einer Absorptionslinie 337, 340
Halogenkreisprozeß 39f
Halogen-Metalldampflampe **76**
Halogenmetall-Mittelbogenlampe **88**
Hertz 8
HgCdTe-Photowiderstand 133f
Hochdruckentladung **72**

Hochdrucklampe 72ff
-, Krypton- **86**
-, Natrium- **79**
-, Quecksilberdampf- **72**
-, - mit Leuchtstoff **74**
-, Xenon- **82**
Höchstdrucklampe, Quecksilber- **86**
Hohlkathodenlampe **70**
Hundertstelwertbreite 228ff
hyperchromer Effekt 322
hypochromer Effekt 322

Impulslampe s. Blitzlampe
Infrarot 1
InGaAs 143
Injektionslumineszenz 98
Interferenz 5
-, Ordnung 216
Interferometer **211**, 227, 232, 238, 250,
            253f, 257f, 261f, 284f, 293
-, Daten (Tabelle) 294f, 302f
-, Etalon- 215
-, Fabry-Perot- 215, 217, 243, 258, 261,
            263, 293
-, Michelson- 212
-, Twyman- 212f, 243, 258, 262f, 292f
-, Vielstrahl- 212, 214ff, 275
-, Zweistrahl- 211ff
Ionenstärke 354ff
Ionenwolke 353ff
Ionisationskammer 120
IR s. Infrarot
IRED **98**
isobestischer Punkt 347
Isotopieeffekt 323

Jacquinot-Advantage 192
Jones-Vektoren 265

Kalibrierung 101, 150, 343, 345
Kamera 182, **194**, 197
Kathode, sonnenblinde 123
Kennzahl s. Materialkennzahl
Körper, vollkommen mattweißer 316
kohärent 5

Kohle-Strahler **49**
Kolbenschwärzung 38ff
Kollimator **194**
-, Ausgangs- 182f, 194ff
-, Eingangs- 182f, 194ff
Kontinuum s. Strahlung, Kontinuum-
Konzentration 329f, 332, 342ff, 356ff
Konzentrationsbestimmung 327, 342ff, 349
- bei fehlender Wechselwirkung **341**
- bei Gasen 330
- von Elektrolyten **362**
Kosinuskorrektur 157
Kristalle, polare 113
Kryoradiometer 153ff
Kugelkoordinaten 10
Kurzbogenlampe 86ff
Kurzschlußbetrieb 114f, 138f

Lambert s. Absorptionsgesetz
Lambertsches Kosinusgesetz 310
Lampe **23ff**
-, elektrodenlose **71**
Lampenfassung 42
Lampenlebensdauer 39, 41, 52
Lampenleuchtstoff 53ff
Langbogenlampe 60
Langdrahtlampe 41
Langdrahtleuchtkörper 36
Laser 31, **89**
-, Anregungsmechanismen 92
-, CO_2- **97**
-, Edelgas-Ionen- **96**
-, Excimer- **97**
-, Farbstoff- **94**
-, -farbstoffe 95
-, Farbzentren- **94**
-, Festkörper- **93**
-, Flüssigkeits- s. Farbstofflaser
-, Gas- **96**
-, Helium-Neon- **96**
-, -linien 94
-, Neodym- **93**
-, Neodym-Glas- **93**
-, Prinzip-Aufbau 91
-, Rubin- **93**

-, -stab 93
-, Stickstoff- 92
-, YAG- 93
Laserfarbstoffe, Emissionsspektren 95
Laserstrahlung, Messung 151f
LED **98**
Leitungsband 120ff, 129, 135
Leitwert 14f
-, effektiver optischer 15, 247, 253
-, geometrischer 14, 251
-, optischer 15, 252f, 283
-, -, spektraler **254**, 283
Leuchtdichte 19
Leuchtkörper 36f
Leuchtplatte 31, 97f
Leuchtstoff 53
-, Absorptions- u. Emissionsspektren 55
Leuchtstofflampe **52**
-, Ausführungsformen 57
-, elektrisches Schaltschema 57
-, spektrale Strahlungsverteilung 58f
Licht 1f
-, -art 34
-, -menge 19
-, -meßgerät 193
-, -strom 19
-, -stärke 19
Linearität 138ff
Linearitätsbereich **166**
Linienform 336f
Linienparameter 337ff
Linienstruktur 322
Linienverbreiterung 86, 321f, 336f
Loch 121, 129, 135f, 141f
Lock-in Verstärker **175**
Longitudinalwelle 5
Lorentz-Linie 336, 338f
Luke 194f
Lumen 19
Lumineszenz 316, 325ff
-, Photo- 305, 316, 325
-, Resonanz- 325
Lumineszenzdiode **98**
-, Infrarot- **98**
-, lichtemittierende **99**
Lux 19

Majoritätsladungsträger 135f
Materialkennzahlen **20, 306ff, 327**, 338
Maximumwellenlänge 230
Maxwellrelation 335
Medianwellenlänge 231
Mediumeffekt 342
Meßwinkel 318
Metallstrahler 30, **47**
Minoritätsladungsträger 135f
MIR 1
Mischlichtlampe **74**
Mittelbogenlampe **88**
Mittenwellenlänge 230
Moden, longitudinale 93
Modulationsfrequenz 117, 119, 130
Monochromasie 223f
Monochromator **183**, 189, 194, 202, 225f,
    242, 245, 250, 254ff, 275, 278, 285, 288
-, Doppel- **184**, 225, 227, 278, 280, 288
-, - additiver 184f, 227, 282
-, - subtraktiver 184f, 227
-, Einfach- **183**, 225f, 270, 278, 280, 286f
Mueller-Matrizen 265
Multiplexer 146
Multiplexvorteil 191

Natrium-Niederdruckentladung **59**
-, Strahlungsverteilung 79
-Hochdruckentladung **79**
NEP 162
Neper 7
Nephelometrie 324
Nernststift **45**
Nichtäquivalenz 153
Nichtlinearität **138, 166**
Niederdruckentladung **52**
Niederdrucklampe, -strahler 52ff
NIR 1
n-Leitung 135
Nutzbereich 233
Nutzstrahlung 102, 232

Öffnungsverhältnis 246
Öffnungswinkel 318
Öffnungszahl 195, 246, 283
Oszillatorenstärke 335ff

Periodendauer 8
Pixel 146
Phonon 121
Phosphoreszenz 325
Photodiode **134**
-, elektrisches Ersatzschaltbild 137
-, Lawinen- 143
-, Schottky- 135
-, Silizium- 141ff
-, spektrale Anwendungsbereiche
                          (Tabelle) 144
Photodiodenzeile 146ff
Photoeffekt, äußerer & innerer 121ff
Photoelement **134**
Photoempfänger
        s. photoelektrischer Empfänger
-, Sperrschicht- **134**
Photokathoden (Tabelle) 123
Photoleiter **129**
-, Eigenschaften (Tabelle) 133
Photometer 4, 192ff
-, Breitband- **193**, 219
-, Filter- 192, 229
-, Quanten- 193
-, Schmalband- **192**, 223, 230f, 234,
                          273, 284
-, Spektrallinien- 192, 228
Photometrie 19
Photon 120
Photonenzählung 129
Photostrom 122
Phototransistor **134**, 144
Photovervielfacher **122**
-, Rauschen 127f
-, Spannungsversorgung 126f
Photowiderstand **129**
Photozelle **122**
-, biplanare 125
-, gasgefüllte 124
-, Vakuum- 124
Plasmabrenner 30, **71**
p-Leitung 135
pn-Übergang 135
Poisson-Gleichung 353

Polarisation 6, 333f
-, spontane (elektrische) 112
-, Volumen- 113
Polarisationszustand,
        ausgesonderter Strahlung 262ff
Polychromator 185
Prisma **200**
-, Eigenschaften 276
Pupille 195
-, wirksame 195
pyroelektrisch 112

Quantenausbeute, äußere & innere 122
-, externe & interne **163**
Quantenwirkungsgrad 122
Quecksilberdampf-Hochdrucklampe **72**
-Höchstdrucklampe **86**
Quecksilberspektrum 56, 64

Radiant 9
Radiometer, (absolutes) 101, **150**
Radiometrie 19
Raman-Effekt 327
Raumladung 124, 135f
Raumwinkel 9
Rauschabstand 7
Rauschausgangssignal 160
Rauschen 7, 109
- eines Photovervielfachers 127f
-, Empfänger- 111, 132
-, Flicker- 109
-, Korngrenzen- 109
-, Photonen- 7
-, Temperatur- 109, 112
-, weißes 190
-, Widerstands- 109, 112
Rauschspannung 109
Rauschstrom 128, 139
Rayleigh-Kriterium, erstes 237
-, zweites 236
Reflexion 20, 305ff, 323ff
-, diffuse 310, 323
-, gerichtete 323
-, Grad der gemischten 313
-, Grad der gerichteten 312

384   Sachverzeichnis

-, Grad der gestreuten 312f

-, Oberflächeneinfluß 323f

Reflexionsfaktor, spektraler 316

Reflexionsgrad, Fresnelscher 307

-, spektraler 21, 312, 328

Reinheit, spektrale **223**, 230, 267, 283

Rekombination 55, 71, 122, 130, 135f, 142

Rekombinationsstrahlung 83

Relativmessung 100

Relativwert 100

Resonanzfrequenz 335

Resonanzlinien 79, 80

Resonator 90ff

-, bedingung 91

Salzfehler 342

Schottky-Photodiode 135

-, -Übergang 135

Schwächungskoeffizient, spektraler 317

Schwarzlack 102

Schwerpunktwellenlänge 231

Sekundärelektronenvervielfacher

         s. Photovervielfacher

Sekundärelektronenvervielfachung 125f

Selbstabsorption 80

Selbstkalibriermethode 155f

Signal-Rausch-Verhältnis 7

Silizium 108, 141ff

Silizium-pn-Photodiode 141ff

Simultanvorteil 189

Sonderstrahler **70**

Spaltbreite, förderliche 242ff, 251ff

-, spektrale **226**, 253ff, 260, 279f, 283, 337

Spalthöhe, förderliche 242

Spektralapparat **181ff**, 292ff

-, Autokollimations- 183

-, Bestrahlungsstärke **244**

-, dispersiver **181**, 224ff, 236ff, 251ff

-, Filter- 186

-, Gitter- 181ff

-, Interferenz- 187, **211**, **214**

-, Komponenten **194**

-, Prismen- 181ff

-, nichtdispersiver **186**, 192f, 211ff, 230ff

-, stigmatischer 182

-, Strahlungsleistung **244**

-, vollständiger 195

-, wesentliche Typen 292ff

Spektralbereich(e), Einteilung 1

-, Aussonderung 3f, 6, 63, 66

-, freier 210, 217

-, nutzbarer **27**, **163**, 214, 283

Spektralelement 189

Spektrallampen **63**, 71

-, wichtigste Linien 64ff

Spektrallinie 6, 50, 63ff

Spektrograph **188**, 203, 210, 224f, 244,
                       272, 285

-, Echelle- 188

Spektrometer 4, **189**, 214, 223, 229ff, 234,
                       244, 273, 284

-, Echelle- 190

-, Fourier- 192, 214, 271

-, Hadamard- 192, 271

-, Multiplex- 190f

-, Sequenz- 189, 271

-, Simultan- 189, 272

Spektrometrie 321

Spektroradiometrie 2, 5, 18

Spektroskop **187**

Spektrum 3, 6, 180f, 190, 194, 207, 224,
                       266, 272f

-, Absorptions- 321ff, 333

-, Banden 25ff, 321f

-, Druckabhängigkeit 321, 323, 333

-, Emissions- 321

-, energiegleiches 83

-, kontinuierliches 321

-, Linien- 25f, 64, 321ff

-, Lumineszenz- 325

-, Raman- 327

-, Reflexions- 323

-, Resonanzlumineszenz- 325

-, Rotations- 321ff

-, Schwingungsabsorptions- 321

Spektrumsebene, -fläche 182f, 185, 188,
                       191, 207

Sperrbereich 233

Sperrschicht 134ff

Sperrschicht-Photoempfänger 134

Steradiant 10
Störgröße 7
Störstellen 121, 132, 134
Stoffkenngröße 4, 321
Stokesche-Regel 325
Stokes-Vektoren 265
Stoßionisation 124, 143
Strahldichte 13, 19
-, spektrale 18
Strahldichtefaktor, spektraler 315
-, Lumineszenz- 316
-, Reflexions- 316
Strahldichtekoeffizient, spektraler 317
Strahler **23**
-, grauer 45
-, Hochdruck- 72ff
-, Hohlraum- 30
-, kalibrierfähiger **28**
-, kolbenlose thermische **42**
-, Linien- 50, 59, 63
-, schwarzer **29**
Strahlergrößen 12ff
Strahlstärke 13, 19
-, spektrale 18
Strahlung, optische 1
-, Kontinuum-
    2, 6, 17, 25, 27, 69, 72, 83, 88
-, Linien- 20, 59
-, Lumineszenz- 325ff
-, monochromatische 6
-, Nutz- 102
-, Primär- 327
-, Quant 12f
-, quasi-monochromatische 6
-, schwarze 29f
-, Streu- 324
-, Wirkungen 101
Strahlungsempfänger s. Empfänger
Strahlungsenergie 12, 14, 18, 19
Strahlungsfluß 12, 19
-, spektraler 18
Strahlungsfunktion 20
Strahlungsgrößen **8**
Strahlungsleistung 12, 19
-, rauschäquivalente 161f
-, spektrale 18

Strahlungsnormal 28f
Strahlungsquelle s. Strahler
-, Halbleiter- 98ff
Strahlungsschwächung **330**
Strahlungstemperatur, spektrale 35
Strahlungsthermoelement **105**
Strahlungsübertragung 13
Strahlungsverteilung, spektrale 3, 6, 8ff, 17
-, Art der - **25**
-, Tageslicht 83
Streukoeffizient, spektraler 317
Streuung 15, 309f, 324
-, Rayleigh- 324
Stroboskoplampe 62f
S-Typen-Nummern 123
Supralinearität 142
Synchrotronstrahlung 29

Tautomerengleichgewicht **346**
-, Gleichgewichtskonstante 346ff
Tautomerie 346
Temperatur, schwarze 35
Temperaturbegriffe 34f
Temperatursensor 103, 105
Temperaturstrahler 25, 29ff
Thermokraft 106
Thermosäule 103, **105**, 119
-, Dünnfilm- 107f
-, Eigenschaften 107
-, Vakuum- 119
Thermospannung 106
Transmission 3, 20
-, Grad der gemischten 314
-, Grad der gerichteten 312
-, Grad der gestreuten 313
Transmissionsgrad, spektraler 21, 312, 328
-, - Rein- 314, 328
-, verschiedener Materialien 43ff
Transversalwelle 5
Tyndall-Phänomen 324

Übersprechen 172
Unterwasserfunke 70

Vakuumlampe **37**
Valenzband 120

Verteilung, spektrale 15
Verteilungstemperatur 34
Vidikon-Röhre 148ff
VIS 1
Vorzerleger **187**
VUV 1

Wärmeleitungs-Differentialgleichung 116
Wärmesenke 103, 106, 116ff, 132
Wechselwirkung, interionische 352
Welle 2, 5f, 8
Wellenlänge 8
-, Blaze- 208
-, Einstell- 258
-, Glanz- 208
-, optischer Strahlung 1
-, Vorzugs- 208

Wellenlängenabhängigkeit 6
Wellenlängenabstand,
                     auflösbarer **237**, 240
Wellenlängenangaben 8
Wellenzahl 8
-, optischer Strahlung 1
Wendellampe **36**
Winkeldispersion s. Dispersion
Winkelvergrößerung 199, 204, 210
Wolframbandlampe **32**
Woodsche Anomalien 264

Xenon-Niederdrucklampe **60**
-Blitzlampe **60**
-Hochdrucklampe **82**

YAG s. Neodymlaser

Band 5

K.-G. v. Boroviczény, R. Merten, U. P. Merten, (Hrsg.)

Qualitätssicherung im medizinischen Laboratorium

1987. 112 Abbildungen, 337 Tabellen. XXXII, 1071 Seiten.
Gebunden DM 198,–. ISBN 3-540-13496-4

„Qualitätssicherung im medizinischen Laboratorium" ist
ein modernes, systematisches Lehrbuch und zugleich Nach-
schlagewerk und Ratgeber für die Gebiete Klinische
Chemie, Hämatologie, Mikrobiologie und Photometerkon-
trollen.
Im allgemeinen Teil werden grundsätzliche Fragen, aber
auch Randgebiete wie Computerisierung, Sicherheit,
Kosten-Nutzen, juristische Aspekte und Normung dargestellt.
Die speziellen Teile für klinische Chemie, Hämatologie und
Mikrobiologie behandeln systematisch alle Gebiete der
Laboratoriumsmedizin und in der Routine vorkommenden
Analysenbestandteile.
Die Kapitel sind nach einem einheitlichen Schema aufge-
baut, was Übersicht und rasches Auffinden erleichtert. Sie
sind von Fachleuten geschrieben, die in der Praxis stehen,
von Laborchefs und Oberärzten, niedergelassenen Labor-
ärzten und klinischen Chemikern. Im Anhang werden
Begriffsdefinitionen, Formeln und ähnliches erläutert.
Ausführliche Literatur- und Sachverzeichnisse bilden den
Abschluß des Bandes.

Springer-Verlag Berlin
Heidelberg New York London
Paris Tokyo Hong Kong

MIX
Papier aus verantwortungsvollen Quellen
Paper from responsible sources
FSC® C105338

If you have any concerns about our products,
you can contact us on
ProductSafety@springernature.com

In case Publisher is established outside the EU,
the EU authorized representative is:
Springer Nature Customer Service Center GmbH
Europaplatz 3, 69115 Heidelberg, Germany

Printed by Libri Plureos GmbH
in Hamburg, Germany